# 工程估价

（第3版）

刘钟莹　俞启元　李　泉　等　**编著**

东南大学出版社
SOUTHEAST UNIVERSITY PRESS
·南京·

## 内容提要

本书根据《建设工程工程量清单计价规范》(2013)、《房屋建筑与装饰工程工程量计算规范》(2013),结合《江苏省建筑与装饰工程计价定额》(2014)以及江苏省建设厅2014年颁布执行的费用定额和配套文件,分两方面展开:一是介绍计价定额条件下的造价构成、计价定额应用、工程量计算,进而掌握应用计价定额计价的基本技能;二是介绍清单计价条件下工程量计算、工程量清单编制、招标控制价编制、承包商投标报价的基本方法。对于2013版《建筑工程工程量清单计价规范》体现的工程实施阶段全过程造价控制也体现在相关章节中。

**图书在版编目(CIP)数据**

工程估价/刘钟莹等编著. —3版. —南京:东南大学出版社,2016.7 (2018.1重印)

ISBN 978-7-5641-6574-1

Ⅰ.①工… Ⅱ.①刘… Ⅲ.①建筑工程-工程造价 Ⅳ.①TU723.3

中国版本图书馆CIP数据核字(2016)第132912号

东南大学出版社出版发行

(南京市四牌楼2号 邮编210096)

出版人:江建中

全国各地新华书店经销 南京京新印刷有限公司印刷

开本:B5 印张:30.5 字数:598千字

2016年7月第3版 2018年1月第2次印刷

ISBN 978-7-5641-6574-1

印数:4001~7000 定价:49.00元

(本社图书若有印装质量问题,请直接与营销部联系。电话(传真):025-83791830)

# 第 3 版前言

2013 年以来,《建设工程工程量清单计价规范》(GB 50500—2013)、《房屋建筑与装饰工程工程量计算规范》(GB 50854—2013)、《建筑工程建筑面积计算规范》(GB/T 50353—2013)、《建设工程施工合同(示范文本)》(GF—2013—0201)、《江苏省建设工程费用定额》(2014)、《江苏省建筑与装饰工程计价定额》(2014)等相继实施,本书第 3 版以此为基础,系统阐述了建筑工程清单计价的基础知识、费用结构、施工资源消耗量的确定、施工资源价格原理、工程量计算与工程量清单计价原理和方法,介绍了工程量清单及招标控制价编制方法,对建筑工程承包商投标报价作了较详细的论述。

2013 版规范由计价规范与工程量计算规范两部分组成。其中计价规范对工程计量、合同价款调整、中期支付、竣工结算、合同解除的价款结算方面做了进一步的细化、完善,更具操作性与实用性。工程量计算规范将建筑、装饰专业合并为一个专业。

2013 版规范总结了《建设工程工程量清单计价规范 》(GB 50500—2008)实施以来的经验,针对执行中存在的问题,主要修订了原规范正文中不尽合理、可操作性不强的条款及表格格式,特别增加了采用工程量清单计价如何编制工程量清单和招标控制价、投标报价、合同价款约定以及工程计量与价款支付、工程价款调整、索赔、竣工结算、工程计价争议处理等内容。江苏省建设厅为了贯彻住房和城乡建设部《建设工程工程量清单计价规范》(GB 50500—2013)及其 9 本工程量计算规范,组织编制了《江苏省建筑与装饰工程计价定额》《江苏省安装工程计价定额》《江苏省市政工程计价定额》,自 2014 年 7 月 1 日起执行。本书第 3 版注重结合新规范、新定额,既重视理论概念的阐述,也注意工程实例的讲解,并尽量反映最新的科技成果。由于建筑工程造价工作有较强的实践性和政策性,本书内容如与有关政策不符,应按有关政策文件执行。

我们按工程管理专业系列教材编委会审定的编写大纲，根据《建筑工程工程量清单计价规范》(2013)、《房屋建筑与装饰工程工程量计算规范》(2013)，结合《江苏省建筑与装饰工程计价定额》(2014)以及江苏省建设厅2014年颁布执行的费用定额和配套文件，分两方面展开：一是介绍计价定额条件下的造价构成、计价定额应用、工程量计算，进而掌握应用计价定额计价的基本技能；二是介绍清单计价条件下工程量计算、工程量清单编制、招标控制价编制、承包商投标报价的基本方法。对于2013版《建筑工程工程量清单计价规范》体现的工程实施阶段全过程造价控制也体现在相关章节中。

本书在编写中，既注意介绍当今国际通行的工程估价的原理和方法，又着眼于现实的工程估价、计价方法。理论概念的阐述、实际操作的要点和工程实例的附录，也都尽量反映了工程估价的新内容。

本书可用作工程管理、土木工程相关专业的教材，也可供工程估价从业人员参考。

本书第1、8、9章由扬州大学刘钟莹编写；第2章、第8.3.8节由扬州市工程造价管理处茅剑、扬州大学刘钟莹编写；第3、4、7章由苏州科技大学俞启元编写；第5章由扬州大学李泉、扬州市建设局潘大伟、江苏省鼎诚建设工程顾问有限公司韩苗编写；第6章由李攀登编写；第10章由李泉和江苏省鼎诚建设工程顾问有限公司杨梅编写；附录一、附录二由江苏唯诚建设咨询有限公司仲玲钰编写；茅剑、卜宏马参加了本书第8章的部分例题的编写工作；全书由刘钟莹主编。

当前，工程估价管理体制正处于剧烈的变革时期，许多问题有待研究探讨，加之作者水平所限，书中必然存在缺点和错误，恳请读者批评指正。

编　者

2015年10月

# 目　　录

# 1 工程估价基础知识

## 1.1 工程建设及其产品

### 1.1.1 工程建设概念

工程建设是实现固定资产再生产的一种经济活动，是建筑、购置和安装固定资产的一切活动及与之相联系的有关工作，如工厂、农场、铁路、商店、住宅、医院、学校等的建设。

工程建设的最终成果表现为固定资产的增加，它是一种涉及生产、流通和分配等多个环节的综合性的经济活动，其工作内容包括建筑安装工程、设备和工器具的购置及与其相联系的土地征购、勘察设计、研究试验、技术引进、职工培训、联合试运转等其他建设工作。

在工程建设中，建筑安装工程是创造价值的生产活动，它由建筑工程和安装工程两部分组成。

1）建筑工程

（1）各类房屋建筑工程和列入房屋建筑工程的供水、供暖、供电、卫生、通风、煤气等设备安装工程，以及列入建筑工程的各种管道、电力、电信和电缆导线敷设工程。

（2）设备基础、支柱、工作台、烟囱、水塔、水池等附属工程。

（3）为施工而进行的场地平整，工程和水文地质勘察，原有建筑物和障碍物的拆除以及施工临时用水、电、气、路和完工后的场地清理、环境绿化、美化等工作。

（4）矿井开凿、井巷延伸，石油、天然气钻井，以及修建铁路、公路、桥梁、水库、堤坝、灌渠及防洪等工程。

2）安装工程

（1）生产、动力、起重、运输、传动和医疗、实验等各种需要安装的机械设备的装配，与设备相连的工作台、梯子、栏杆等安装工程以及附设于被安装设备的管线敷设工程和被安装设备的绝缘、防腐、保温、油漆等工作。

（2）为测定安装工程质量，对单个设备进行单机试运转和对系统设备进行系统联动无负荷试运转而进行的调试工作。

### 1.1.2 工程建设程序

工程建设程序是指工程建设中必须遵循的先后次序。它反映了工程建设各个阶段之间的内在联系，是从事建设工作的各有关部门和人员都必须遵守的原则。

一般工程建设项目的建设程序为：

(1) 提出项目建议书，为推荐的拟建项目提出说明，论述建设的必要性。

(2) 进行可行性研究，对拟建项目的技术和经济的可行性进行分析和论证。

(3) 编制可行性研究报告，选择最优建设方案。

(4) 编制设计文件。项目业主按建设监理制的要求委托工程建设监理，在监理单位的协助下，组织开展设计方案竞赛或设计招标，确定设计方案和设计单位。

(5) 签订施工合同进行开工准备。包括征地、拆迁、平整场地、通水、通电、通路以及组织设备、材料订货，组织施工招标，选择施工单位，报批开工报告等项工作。

(6) 按设计进行施工安装，与此同时，业主在监理单位协助下做好为项目建成必需的一系列准备工作，例如人员培训、组织准备、技术准备、物资准备等。

(7) 试车验收，竣工验收。

(8) 后评价。项目建成投产后，对建设项目进行的评价。

以上工程建设程序可以概括为：先调查、规划、评价，而后确定项目、投资；先勘察、选址，而后设计；先设计，而后施工；先安装试车，而后竣工投产；先竣工验收，而后交付使用。上述工程建设程序顺应了市场经济的发展，体现了项目业主责任制、建设监理制、工程招标投标制、项目咨询评估制的要求，并且与国际惯例基本趋于一致。

### 1.1.3 工程建设产品分类

工程建设产品按照使用目的通常可以分成以下三类：

1) 土木工程

土木工程包括铁路工程、公路工程、桥梁工程、水利工程、港口工程、航空工程、通信工程、地下工程等。

2) 市政工程

市政工程包括城市交通设施、城市集中供热工程、燃气工程、给水工程、排水工程、道路工程、园林绿化工程等。

3) 建筑安装工程

建筑安装工程包括工业建筑、农业建筑、民用建筑等(包括本类建筑物内的生产和生活设备的安装)。

### 1.1.4 工程建设项目的组成划分

为便于工程建设管理和确定建设产品的价格，人们将建设项目整体根据其组成进行科学的分解，划分为若干个单项工程、单位工程，每个单位工程又划分为若干分部工程、分项工程等。

1）建设项目

建设项目一般是指在一个或几个场地上，按照一个总体设计或初步设计建设的全部工程。如一个工厂、一个学校、一所医院、一个住宅小区等均为一个建设项目。一个建设项目可以是一个独立工程，也可以包括几个或更多个单项工程。建设项目在经济上实行统一核算，行政上具有独立的组织形式。

2）单项工程

单项工程亦称"工程项目"，一般是指具有独立的设计文件，建成后能够独立发挥生产能力或效益的工程，即建筑产品，它是建设项目的组成部分。如一所大学中每栋教学楼、宿舍楼或图书馆都是一个单项工程。

3）单位工程

单位工程一般是在单项工程中具有单独设计文件和独立的施工图，并且单独作为一个施工对象的工程。单位工程包括一般土建工程、电气照明、给水排水、设备安装工程等。单位工程一般是进行施工成本核算的对象。

4）分部工程

分部工程是指单位工程中按工程结构、所用工种、材料和施工方法的不同而划分为若干部分，其中的每一部分称为分部工程。一般房屋的单位工程中包括土石方工程、打桩工程、砖石工程、脚手架工程、混凝土及钢筋混凝土工程、木结构工程、楼地面工程、抹灰与油漆工程、金属结构工程、构筑物工程、装修工程等。分部工程是单位工程的组成部分，同时它又包括若干个分项工程。

5）分项工程

分项工程一般是指通过较为单纯的施工过程就能生产出来，并且可以用适当计量单位计算的建筑或设备安装工程。如 10 $m^3$ 砖基础砌筑、一台某型号的设备安装等。分项工程是建筑与安装工程的基本构成要素，是为了便于确定建筑及设备安装工程费用而划分出来的一种假定产品。这种产品的工料消耗标准作为建筑产品计价的基础。

综上所述，一个建设项目由一个或几个单项工程组成，一个单项工程又是由几个单位工程组成，一个单位工程又可划分为若干个分部工程，分部工程还可以细分为若干个分项工程。

### 1.1.5 工程建设产品的商品特征

工程建设产品的范围和内涵具有一定的不确定性，可以是涵盖范围很大的一个建设项目，也可以是一个单项工程，甚至还可以是整个建设工程中的某个阶段，如土地开发工程、建筑安装工程、装饰工程，或者其中的某个组成部分。

在市场经济条件下，作为商品的工程建设产品具有各种表现形态。传统体制下，投资者主要追求工程建设产品的使用功能，如生产产品或商业经营。但在市场经济条件下，产品的价值尺度职能赋予产品价格，一旦投资者不再需要它的使用功能，产品可以立即进入流通，成为真实的商品。抵押、拍卖、租赁以及企业兼并等是产品实现价值的不同形式。

随着技术进步、分工细化及市场完善，工程建设的中间产品会越来越多，如土地开发产品、标准厂房等均可直接进入流通领域。工程建设的最终产品，如写字楼、商业设施、住宅等都是投资者为卖而建的工程，它们的交易价格不同于工程价格。

## 1.2 工程造价的概念及其计价特点

### 1.2.1 工程造价概念

建设工程造价指完成一项建设工程所需的费用总和。其中建筑安装工程费，也即建筑、安装工程的造价，在涉及承发包的关系时，与建筑、安装工程造价意义相同。这实际赋予了建设工程造价建设投资（费用总和）和工程价格两个不同的内涵。投资方开展建设投资管理的目标是完善功能，提高质量，降低投资，按期或提前交付。工程价格管理是业主与承包商双方关注的问题。建设投资管理应遵循投资的规律和科学，开展市场调研、投资决策和投资管理。工程价格管理应遵循市场经济下的价格规律，强化市场定价的原则。这是两个不同的研究方向。

建设工程造价主要由建筑安装工程造价、设备工器具购置费和工程建设其他费用组成。

1）建筑安装工程造价

建筑安装工程造价是指建设单位用于建筑和安装工程方面的投资，包括用于建筑物的建造及有关准备、清理等工程的费用，用于需要安装的设备的安置、装配工程的费用。

2）设备工器具购置费

设备工器具购置费是指按照建设项目设计文件要求，建设单位（或其委托单位）购置或自制达到固定资产标准的设备和新、扩建项目配置的首套工器具及生产家具所需的费用。它由设备工器具原价和包括成套设备公司服务费在内的运杂费组成。

3）工程建设其他费用

工程建设其他费用是指未纳入以上两项的由项目投资支付的为保证工程建设顺利完成和交付使用后能够正常发挥效用而发生的各项费用总和。它可分为5类：第1类为土地转让费，包括土地征用及迁移补偿费、土地使用权出让金等；第2

类是与项目建设有关的费用，包括建设单位管理费、勘察设计费、研究试验费、财务费用（如建设期贷款利息）等；第 3 类是与未来企业生产经营有关的费用，如生产准备费等费用；第 4 类为预备费，包括基本预备费和工程造价调整预备费；第 5 类是应缴纳的固定资产投资方向调节税。

### 1.2.2 工程造价项目划分

为了更有效地控制工程造价，在编制业主预算时常将建设项目的各项费用划分为 4 个部分。

1）业主管理项目

业主管理项目主要指业主直接予以管理和不通过建设单位直接拨付工程费用的项目，如建设期贷款利息、业主管理费等。

2）建设单位管理项目

建设单位管理项目主要指由建设单位管理（不含主体建安工程、设备采购工程和一般建筑工程）的项目和费用。如建设管理费、生产准备费、科研勘测费、工程保险费、基本预备费等。

3）招标项目

招标项目主要指进行招标的主体建安工程和设备采购工程。该部分造价在整个建设项目造价中占有很大的比例，是工程建设中最活跃的部分，其价格由招投标双方在市场竞争中形成。

4）其他项目

其他项目主要指不包括上述 3 个部分项目内容在内、由建设单位直接管理的其他建安工程项目。

### 1.2.3 工程造价计价特点

建设工程的生产周期长、规模大、造价高、可变因素多，因此工程造价具有下面的特点。

1）单件计价

建设工程是按照特定使用者的专门用途，在指定地点逐个建造的。每项建筑工程为适应不同使用要求，其面积和体积、造型和结构、装修与设备的标准及数量都会有所不同，而且特定地点的气候、地质、水文、地形等自然条件及当地政治、经济、风俗习惯等因素必然使建筑产品实物形态千差万别。再加上不同地区构成投资费用的各种价格要素（如人工、材料）的差异，最终导致建设工程造价的千差万别。所以建设工程和建筑产品不可能像工业产品那样统一地成批定价，而只能根据它们各自所需的物化劳动和活劳动消耗量，按国家统一规定的一整套特殊程序来逐项计价，即单件计价。

2) 多次计价

建设工程周期长，按建设程序要分阶段进行，相应的，也要在不同阶段多次计价，以保证工程造价确定与控制的科学性。多次计价是一个逐步深化、逐步细化和逐步接近实际造价的过程。其过程如图 1.2.1 所示。

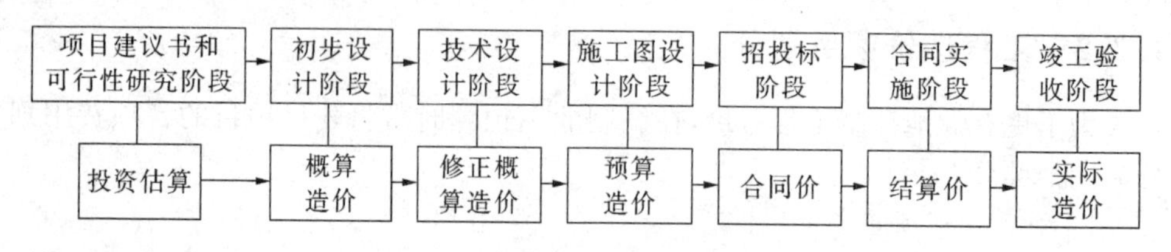


**图 1.2.1　工程多次计价示意图**

(1) 投资估算。投资估算是指在项目建议书和可行性研究阶段对拟建项目所需投资，通过编制估算文件预先测算和确定的过程。就一个工程来说，如果项目建议书和可行性研究分不同阶段，例如分规划阶段、项目建议书阶段、可行性研究阶段、评审阶段，则相应的投资估算也分为四个阶段。投资估算是决策、筹资和控制造价的主要依据。

(2) 概算造价。概算造价指在初步设计阶段，根据设计意图，通过编制工程概算文件预先测算和确定的工程造价。概算造价较投资估算准确性有所提高，但它受估算造价的控制。概算造价的层次性十分明显，分建设项目概算总造价、各个单项工程概算综合造价、各单位工程概算造价。

(3) 修正概算造价。修正概算造价指在采用三阶段设计的技术设计阶段，根据技术设计的要求，通过编制修正概算文件预先测算和确定的工程造价。它对初步设计概算进行修正调整，比概算造价准确，但受概算造价控制。

(4) 预算造价。预算造价指在施工图设计阶段，根据施工图纸通过编制预算文件，预先测算和确定的工程造价。它比概算造价或修正概算造价更为详尽和准确。但同样要受前一阶段所确定的工程造价的控制。

(5) 合同价。合同价指在工程招投标阶段通过签订总承包合同、建筑安装工程承包合同、设备材料采购合同，以及技术和咨询服务合同确定的价格。合同价属于市场价格的性质，它是由承发包双方根据市场行情共同议定和认可的成交价格，但它并不等同于实际工程造价。现行有关规定的三种合同价形式是固定合同价、可调合同价和工程成本加酬金合同价。

(6) 结算价。结算价是指在合同实施阶段，在工程结算时按合同调价范围和调价方法，对实际发生的工程量增减、设备和材料价差等进行调整后计算和确定的价格。结算价是该结算工程的实际价格。

(7) 实际造价。实际造价是指竣工决算阶段，通过为建设项目编制竣工决算，最终确定的实际工程造价。

以上内容说明,多次计价是一个由粗到细、由浅入深、由概略到精确的计价过程,是一个复杂而重要的管理系统。

3）组合计价

一个建设项目可以分解为许多有内在联系的独立的和不能独立的工程,如图1.2.2所示。从计价和工程管理的角度,分部分项工程还可以分解。建设项目的这种组合性决定了计价的过程是一个逐步组合的过程。这一特征在计算概算造价和预算造价时尤为明显,所以也反映到合同价和结算价。其计算过程和计算顺序是分部分项工程单价→单位工程造价→单项工程造价→建设项目总造价。

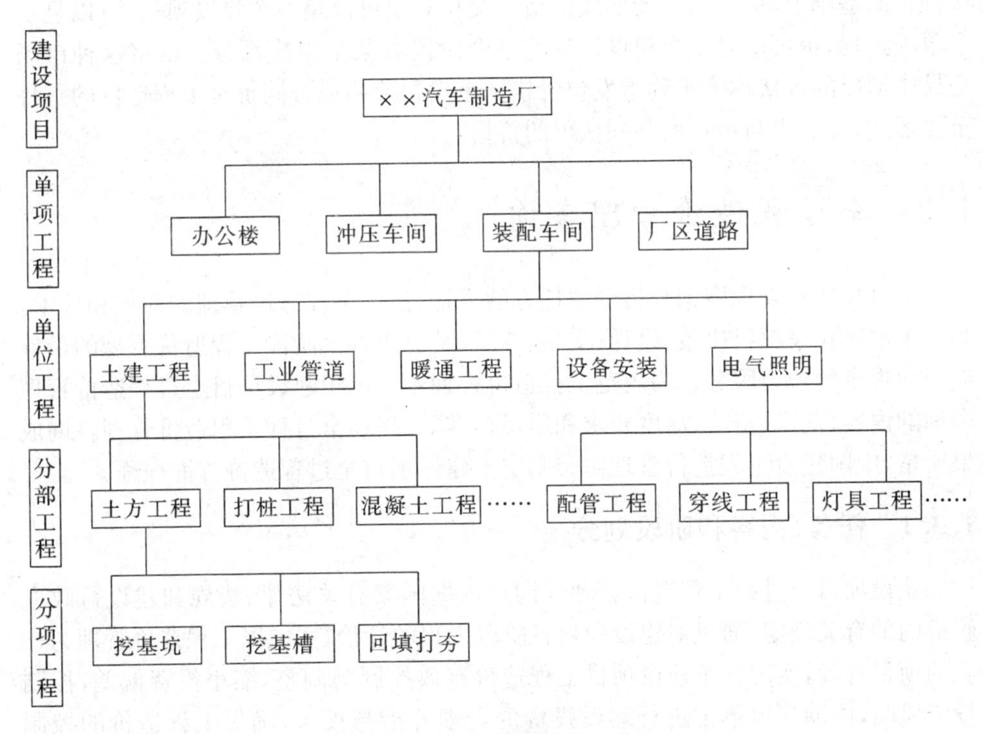


**图1.2.2　建设项目划分示意图**

4）动态计价

一项工程从决策到竣工交付使用,有一个较长的建设周期。由于不可控因素的影响,在预计工期内,许多影响工程造价的动态因素,如工程变更、设备材料价格、工资标准以及费率、利率、汇率的变化必然会影响到造价的变动。此外,计算工程造价还应考虑资金的时间价值。所以,工程造价在整个建设期中处于不确定状态,直至竣工决算后才能最终确定工程的实际造价。

静态投资是以某一基准年、月的建设要素的价格为依据所计算出的建设项目投资的瞬时值。但它会因工程量误差而引起工程造价的增减。静态投资包括建筑安装工程费、设备和工器具购置费、工程建设其他费用、基本预备费等。

动态投资是指为完成一个工程项目的建设，预计投资需要量的总和。它除了包括静态投资所含内容之外，还包括建设期贷款利息、投资方向调节税、涨价预备金、新开征税费，以及汇率变动引起的造价调整。

静态投资和动态投资虽然内容有所区别，但两者有密切联系。动态投资包含静态投资，静态投资是动态投资最主要的组成部分，也是动态投资的计算基础。

5）市场定价

工程建设产品作为交易对象，通过招投标、承发包或其他交易方式，在进行多次预估的基础上，最终由市场形成价格。交易对象可以是一个建设项目，可以是一个单项工程，也可以是整个建设工程的某个阶段或某个组成部分。常将这种市场交易中形成的价格称为工程承发包价格。承发包价格或合同价是工程造价的一种重要形式，是业主与承包商共同认可的价格。

## 1.3 全过程造价管理咨询

全过程造价管理咨询是指受委托方的委托，运用工程造价管理的知识和技术，为寻求解决建设项目决策、设计、交易、施工、结算等各个阶段工程造价管理的最佳途径而提供的智力服务。为规范工程造价咨询企业承担建设项目全过程造价管理咨询的内容、范围、格式、深度要求和质量标准等，提高全过程工程造价管理咨询成果质量，中国建设工程造价管理协会制定了建设项目全过程造价咨询规程。

### 1.3.1 任务、内容和阶段划分

建设项目全过程工程造价管理咨询是依据国家有关法律、法规和建设行政主管部门的有关规定，通过对建设项目各阶段工程的计价，实施以工程造价管理为核心的项目管理，实现整个建设项目工程造价有效控制与调整，缩小投资偏差，控制投资风险，协助建设单位进行建设投资的合理筹措与投入，确保工程造价的控制目标。

根据建设项目的建设程序可划分为五个阶段，分别是决策阶段、设计阶段、交易阶段、施工阶段、竣工阶段。建设项目全过程工程造价管理咨询企业可负责或参与的主要工作包括：

（1）建设项目投资估算的编制、审核与调整。

（2）建设项目经济评价。

（3）设计概算的编制、审核与调整。

(4) 施工图预算的编制或审核。

(5) 参与工程招标文件的编制。

(6) 施工合同的相关造价条款的拟定。

(7) 招标工程工程量清单的编制。

(8) 招标工程招标控制价的编制或审核。

(9) 各类招标项目投标价合理性的分析。

(10) 建设项目工程造价相关合同履行过程的管理。

(11) 工程计量支付的确定,审核工程款支付申请,提出资金使用计划建议。

(12) 施工过程的设计变更、工程签证和工程索赔的处理。

(13) 提出工程设计、施工方案的优化建议,各方案工程造价的编制与比选。

(14) 协助建设单位进行投资分析、风险控制,提出融资方案的建议。

(15) 各类工程的竣工结算审核。

(16) 竣工决算的编制与审核。

(17) 建设项目后评价。

(18) 建设单位委托的其他工作。

工程造价管理咨询可分为项目的全过程工程造价管理咨询和某一阶段或若干阶段的工程造价管理咨询。承担全过程某一阶段或若干阶段工程造价管理咨询业务,在工程造价咨询合同中应具体约定服务内容、范围、深度或参与程度。

工程造价咨询企业承担全过程工程造价管理咨询业务的,应关注各阶段工程造价的关系,力求建设项目在实施过程中做到工程造价的有效控制。在相同的口径下,使设计概算不突破投资估算,建设项目的工程决算不突破设计概算。在不能满足上述要求时,工程造价咨询企业应及时与建设单位进行沟通,采取必要的工程造价控制措施或进行投资调整。

### 1.3.2 项目组织与实施

工程造价咨询企业承担工程造价管理咨询项目后应编制工程造价管理咨询项目工作大纲,完善工程造价咨询企业承担咨询项目本身的管理内容。工作大纲的内容应包括项目概况、咨询服务范围、工作组织、工作进度、人员安排、实施方案、质量管理等内容。

工程造价咨询企业应建立有效的内部组织管理和外部组织管理体系。内部组织管理体系主要包括承担咨询项目的管理模式、企业各级组织管理的职责与分工、现场管理和非现场管理的协调方式等。外部组织管理是以咨询合同约定的服务内容为核心,在确保工程项目参与各方权利与义务的前提下,努力协调好与建设项目参与各方的关系,促进项目的顺利实施。

工作进度计划应按工程造价咨询合同的要求制订,进度计划应服从整个建设项目的总体进度要求，各类工程造价咨询成果文件的提交时间与总体进度相协调，各类咨询成果的编制应有合理的工作周期。

工程造价咨询项目的人员包括现场和非现场的管理、编制、审核、审定人员。各类人员的安排除应符合咨询合同要求外，还应符合项目质量管理、信息管理、档案管理等其他方面的要求。

工程造价咨询企业应编制工程造价管理咨询实施方案，实施方案应重点突出、内容全面、方法明确、措施具体，全面反映各阶段项目管理要求、工程造价确定、工程造价的控制、投资分析方案或措施。

### 1.3.3 风险管理

工程造价咨询企业应参与建设项目的风险管理，关注建设工程全过程的决策、设计、施工及移交的各个阶段可能发生的风险，正确分析和控制涉及人为、经济、自然灾害等诸多方面的风险因素。重点关注合同文件、建设条件、人工及设备材料价格、质量、进度、施工措施、汇率、自然灾害等风险因素。工程造价咨询企业在项目实施中应进行正确的风险分析与风险评估，风险评估应包括对建设项目工程造价的影响和整个建设项目经济评价指标的影响。

承担建设项目工程造价管理咨询时，应在工作大纲中拟定建设项目风险管理方案，提出或分析主要风险因素。工程造价咨询企业应根据风险分析与风险评估的预测结果，向建设单位提出风险回避、风险分散、风险转移的措施。

工程造价咨询企业对于已经发生的风险事件应进行风险的分析与评估，为处理风险事件、工程索赔等问题提出合理建议，尽可能降低风险损失，同时避免风险带来的损失扩大。

### 1.3.4 信息管理

信息管理应包括工程造价信息数据库建立、工程造价软件使用及咨询企业管理系统的建设，利用计算机及网络通信技术为工程造价全过程信息化管理服务。

信息管理应贯穿建设工程项目计价的全过程，包括投资估算、设计概算、施工图预算、合同价确定、工程计量与支付及竣工结(决)算，对所收集的工程造价信息资料应及时处理，并应用于工程造价的确定、审核及成本分析等环节。

工程造价咨询企业应利用现代化的信息管理手段，自行建立或充分利用市场已有的有关工程造价信息资料和工程项目各阶段积累的工程价格信息，建立并完善工程造价信息数据库，主要包括政策法规、工程计价定额、市场价格、工程造价指标数据库等。通过现场和非现场两种渠道，建立可靠的信息来源途径，随时掌握工程计价在不同阶段和不同时期的人工、材料、机械、设备等价格信息的变化，利用编码体系，做好信息获取、分析整理、信息利用、信息更新及信息淘汰等工作。

工程造价咨询企业应遵循统一化、标准化、网络化的原则，在工程项目各阶段有效地应用工程项目全过程工程造价软件，主要包括基础数据管理软件，工程项目估算、概算、预（结）算编审软件，招投标管理软件，施工阶段全过程工程造价控制软件等。工程造价咨询企业还应逐步建立项目管理系统和企业管理系统：项目管理系统涉及咨询合同管理、咨询的核心业务管理等内容；企业管理系统在项目管理系统基础上，考虑自动化办公（OA）、人力资源及财务管理等内容。

### 1.3.5 质量管理

工程造价咨询企业应建立相应的质量管理体系。对其承担各阶段工程造价咨询的基础资料的收集、归纳和整理，投资估算的编制、审核和修改，成果文件的提交、报审和归档等，都要有具体的规定。

工程造价咨询企业应对委托者提供的书面资料（委托者提供的书面资料应加盖公章或有效合法的签名）进行有效性和合理性核对，应保证自身收集的或已有的造价基础资料和编制依据全面、现行、有效。编制的各类工程造价咨询成果应在已评定的编制大纲基础上进行。成果文件应经相关责任人的审核、审定两级审查。工程造价咨询成果文件的编制、审核、审定人员应在工程造价咨询的成果文件上签署注册造价工程师执业资格专用章或造价员从业资格专用章。

工程造价咨询企业出具的各阶段工程造价咨询成果文件质量应符合国家或行业工程计价的有关规定、标准、规范的要求。工程造价咨询合同应约定具体的工程咨询质量精度标准。

投资估算、工程概算、工程预算的预备费费率，工程交易阶段的暂定金额的预备费费率应控制在行业或地方工程造价管理机构发布的计价依据的合理范围内。无相应规定者执行表1.3.1中工程咨询预备费费率参考标准。

**表1.3.1 工程咨询预备费费率参考标准表**

| 咨询类别 | 依据文件 | 预备费费率(%) |
|---|---|---|
| 投资估算 | 项目建议书 | 10～20 |
| 投资估算 | 可行性研究报告 | 8～10 |
| 工程概算 | 初步设计文件 | 4～6 |
| 工程预算 | 施工图设计文件 | 3～5 |
| 招标控制价 | 施工图设计文件 | 3～5 |

工程造价咨询企业在各阶段工程造价咨询服务完成后，项目负责人应组织有关人员对咨询业务委托方进行回访，听取委托方对服务质量的评价意见，及时总结咨询服务的优点、缺点和经验教训，将存在的问题纳入质量改进计划，提出相应的

改进措施。

### 1.3.6 档案管理

工程造价咨询企业应依照《中华人民共和国档案法》的有关规定，建立、健全档案管理的各项规章制度，包括档案收集制度、统计制度、保密制度、借阅制度和库房管理制度，以及档案管理人员守则等。

工程造价技术档案可分为过程文件和成果文件两类。过程文件应按照造价咨询项目的类别各自制定文件目录，主要包括委托服务合同，工程施工合同或协议书，补充合同或补充协议书，中标通知书，投标文件及其附件，招标文件及招标补遗文件，竣工验收报告及完整的竣工验收资料，工程结算书及完整的结算资料，图纸会审记录，工程的洽商、变更、会议纪要等书面协议或文件，施工过程中甲方确认的材料、设备价款、甲供材料、设备清单，承包人的营业执照及资质等级证书等。成果文件包括投资估算、工程概算、工程预算、工程量清单、招标控制价、工程计量支付文件、工程索赔处理报告、工程结算等。工程造价技术档案应按委托服务合同建立，按服务项目分类整理归纳。

工程造价技术档案过程文件自归档之日起，保存期应为5年；成果文件自归档之日起，保存期应为10年。

工程造价咨询企业应加强造价咨询档案现代化管理，运用计算机对档案进行编目、检索、借阅管理和综合利用，为造价咨询工作提供准确、方便、快捷的信息与服务。

## 1.4 造价从业人员执业资格制度

执业资格许可制度是指对具备一定专业学历的从事建筑活动的专业技术人员，通过考试和注册确定其执业的技术资格，获得相应建筑工程文件签字权的一种制度。对从事建筑活动的专业技术人员实行执业资格制度是非常必要的。我国对从事工程造价行业的人员执行造价工程师执业资格和建设工程造价员执业资格制度。

### 1.4.1 造价工程师执业资格

注册造价工程师，是指通过全国造价工程师执业资格统一考试或者资格认定、资格互认，取得中华人民共和国造价工程师执业资格（以下简称执业资格），并按照有关规定注册，取得中华人民共和国造价工程师注册执业证书（以下简称注册证书）和执业印章，从事工程造价活动的专业人员。

1）造价工程师考试

造价工程师执业资格考试实行全国统一大纲、统一命题、统一组织的方法，原则上每年举行一次。考试以两年为一个周期，参加全部科目考试的人员须在连续两个考试年度内通过全部科目的考试。免试部分科目的人员须在一个考试年度内通过应试科目。

2）报考条件

凡中华人民共和国公民，遵纪守法并具备以下条件之一者，均可参加造价工程师执业资格考试：

（1）工程造价专业大专毕业后，从事工程造价业务工作满 5 年；工程或工程经济类大专毕业后，从事工程造价业务工作满 6 年。

（2）工程造价专业本科毕业后，从事工程造价业务工作满 4 年；工程或工程经济类本科毕业后，从事工程造价业务工作满 5 年。

（3）获上述专业第二学士学位或研究生班毕业和取得硕士学位后，从事工程造价业务工作满 3 年。

（4）获上述专业博士学位后，从事工程造价业务工作满 2 年。

3）考试科目设置

“工程造价管理相关知识”、“工程造价的确定与控制”、“建设工程技术与计量”（本科目分土建和安装两个专业，考生可任选其一）、“工程造价案例分析”。

4）注册管理

注册造价工程师实行注册执业管理制度。取得执业资格的人员，经过注册方能以注册造价工程师的名义执业。取得执业资格的人员申请注册的，应当向聘用单位工商注册所在地的省、自治区、直辖市人民政府建设主管部门或者国务院有关部门提出注册申请。

5）造价工程师的执业

注册造价工程师执业范围包括以下几点：建设项目建议书、可行性研究投资估算的编制和审核，项目经济评价，工程概、预、结算和竣工结（决）算的编制与审核；工程量清单、标底（或者控制价）、投标报价的编制和审核，工程合同价款的签订及变更、调整，工程款支付与工程索赔费用的计算；建设项目管理过程中设计方案的优化、限额设计等工程造价分析与控制，工程保险理赔的核查；工程经济纠纷的鉴定。

### 1.4.2 建设工程造价员执业资格

建设工程造价员是指经过全省统一考试合格，取得《全国建设工程造价员资格证书》（简称造价员资格证），从事工程造价业务活动的人员（简称造价员）。

《全国建设工程造价员资格证书》是造价员从事工程造价业务资格和专业水平的证明。如江苏省造价员资格分为土建、安装、市政、装饰等专业，每个专业设初级、中级、高级三个等级。

## 1.5 工程估价

工程估价就是估算工程造价。由于工程造价具有单件计价、多次计价、组合计价、动态计价和市场定价等特点，工程估价的内容、方法及表现形式也就有很多种。业主或其委托的咨询单位编制的工程估算、设计单位编制的概算、咨询单位编制的招标控制价、承包商及分包商提出的报价，都是工程估价的不同表现形式。

### 1.5.1 工程估价的产生与发展

1）工程估价的产生

在生产规模小、技术水平低的生产条件下，生产者在长期劳动中积累起生产某种产品所需的知识和技能，也获得了生产一件产品需要投入的劳动时间和材料的经验。这种生产管理的经验常运用于组织规模宏大的生产活动之中。在古代的土木建筑工程中尤为多见。埃及的金字塔，我国的长城、都江堰和赵州桥，等等，不但在技术上令今人为之叹服，就是在管理上也可以想象其中不乏科学方法的采用。北宋时期丁渭修复皇宫工程中采用的挖沟取土、以沟运料、废料填沟的办法，所取得的"一举三得"的显效，可谓古代工程管理的范例。其中也包括算工算料方面的方法和经验。著名的古代土木建筑家北宋李诫编修的《营造法式》，成书于公元1100年。它不仅是土木建筑工程技术的巨著，也是工料计算方面的巨著。《营造法式》共有三十四卷，分为释名、各作制度、功限、料例和图样5个部分。第十六卷至二十五卷是各工种计算用工量的规定，第二十六卷至二十八卷是各工程计算用料的规定。这些规定，我们可以看做是古代的工料定额。由此可知，那时已有了工程估价的雏形。

清工部《工程做法则例》主要是一部算工算料的书。梁思成先生在《清式营造则例》一书的序中曾说，"《工程做法则例》是一部名不符实的书，因为只是27种建筑物的各部尺寸单和瓦工油漆等作的算工算料算账法"。在古代和近代，在算工算料方面流传许多秘传抄本，其中失传了很多。梁思成先生根据所搜集到的秘传抄本编著的《营造算例》，"在标列尺寸方面的确是一部原则的书，在权衡比例上则有计算的程式……其主要目的在算料"。这都说明，在中国古代工程中，很重视材料消耗的计算，并已形成了许多则例。

国外工程估价的起源可以追溯到16世纪以前，当时的手工艺人受到当地行会的控制。行会负责监督管理手工艺人的工作，维护行会的工作质量和价格水准，那时候建筑师尚未成为一种独立的职业。除了宗教、军队的以外，大多数的建筑规模都比较小，且设计简单，业主一般请当地的工匠来负责房屋的设计和建造。而对于那些重要的建筑，业主则直接购买材料，雇佣工匠或者雇佣一个主要的工匠，通常是石匠来代表其利益，负责监督项目的建造，工程完成后按双方事先协商好的总价支付，或者先确定单价，然后乘以实际完成的工程量。

现代意义上的工程估价产生于资本主义社会化大生产的出现，最先产生的是现代工业发展最早的英国。16 世纪至 18 世纪，技术发展促使大批工业厂房的兴建，许多农民在失去土地后向城市集中，需要大量住房，从而使建筑业逐渐得到发展，设计和施工逐步分离为独立的专业。工程数量和工程规模的扩大要求有专人对已完工程量进行测量、计算工料和进行估价。从事这些工作的人员逐步专门化，并被称为工料测量师。他们以工匠小组的名义与工程委托人和建筑师洽商，估算和确定工程价款。工程估价由此产生。

2）工程估价的发展

历时 23 年之久的英法战争(1793—1815)几乎耗尽了英国的财力，国家负债严重，货币贬值，物价飞涨。当时英国军队需要大量的军营，为了节约成本，特别成立了军营筹建办公室。由于工程数量多，又要满足建造速度快、价格便宜的要求，军营筹建办公室决定每一个工程由一个承包商负责，由该承包商负责统筹工程中各个工种的工作，并且通过竞争报价的方式来选择承包商。这种承包方式有效地控制了费用支出。从此，竞争性的招标方式开始被认为是达到物有所值的最佳方法。

竞争性招标需要每个承包商在工程开始前根据图纸进行工程量的测算，然后根据工程情况做出估价。开始时，每个参与投标的承包商各自雇佣估价师来计算工程量，后来，为了避免重复地对同一工程进行工程量计算，参与投标的承包商联合起来雇佣一个估价师。建筑师为了保护业主和自己的利益再另行雇佣自己的估价师。

这样在估价领域里有了两种类型的估价师。一种受雇于业主或代表业主的建筑师，另一种则受雇于承包商。到了 19 世纪 30 年代，计算工程量、提供工程量清单发展成为业主估价师的职责，所有的投标都以业主提供的工程量清单为基础，从而使得最后的投标结果具有可比性。

从此，工程估价逐渐形成了独立的专业。1881 年英国皇家特许测量师学会成立，这个时期完成了工程估价的第一次飞跃。至此，工程委托人能够做到在工程开工之前，预先了解到需要支付的投资额，但是他还不能做到在设计阶段就对工程项目所需的投资进行准确预计，并对设计进行有效的监督、控制。因此，往往在招标时或招标后才发现，根据当时完成的设计，工程费用过高，投资不足，不得不中途停工或修改设计。业主为了使投资花得明智和恰当，为了使各种资源得到最有效的利用，迫切要求在设计的早期阶段以至在作投资决策时，就开始进行投资估算，并对设计进行控制。

1950 年，英国的教育部为了控制大型教育设施的成本，采用了分部工程成本规划法，随后英国皇家特许测量师学会(RICS)的成本研究小组(RICS Cost Research Panel)也提出了其他的成本分析和规划方法,例如比较成本规划法等。成本规划法的提出大大改变了估价工作的意义,使估价工作从原来被动的工作状况转变成主动,从原来设计结束后做估价转变成与设计工作同时进行,甚至在设计之前即可做出估算,并可根据工程委托人的要求使工程造价控制在限额以内。这样,从 20 世纪 50 年代开始,"投资计划和控制制度"就在英国等经济发达的国家应运而生,完成了工程估价的第二次飞跃。承包商为适应市场的需要,也强化了自身的估价管理和成本控制。

1964 年,RICS 成本信息服务部门(RICS Building Cost Information Service,简称 BCIS)又在估价领域跨出了一大步。BCIS 颁布了划分建筑工程的标准方法,这样使得每个工程的成本可以相同的方法分摊到各分部中,从而方便了不同工程的成本比较和成本信息资料的贮存。

到了 20 世纪 70 年代末,建筑业有了一种普遍的认识,认为在对各种可选方案进行估价时仅仅考虑初始成本是不够的,还应考虑到工程交付使用后的维修和运行成本。这种"使用成本"或"总成本"的理论进一步地拓展了估价工作的含义,从而使估价工作贯穿了项目的全过程。

从上述工程估价发展简史中不难看出,工程估价是随着工程建设的发展和市场经济的发展而产生并日臻完善的。这个发展过程归纳起来有以下特点:

(1) 从事后算账发展到事先算账。即从最初只是消极地反映已完工程量的价格,逐步发展到在开工前进行工程量的计算和估价,进而发展到在初步设计时提出概算,在可行性研究时提出投资估算,成为业主作出投资决策的重要依据。

(2) 从被动地反映设计和施工发展到能动地影响设计和施工。即从最初负责施工阶段工程造价的确定和结算,逐步发展到在设计阶段、投资决策阶段对工程造价作出预测,并对设计和施工过程投资的支出进行监督和控制,进行工程建设全过程的造价控制和管理。

(3) 从依附于施工者或建筑师发展成一个独立的专业。如在英国,有专业学会,有统一的业务职称评定和职业守则。不少高等院校也开设了工程估价专业,培养专门人才。

3) 我国工程估价发展概况

(1) 新中国成立以前,我国现代意义上的工程估价的产生应追溯到 19 世纪末至 20 世纪上半叶。当时在外国资本侵入的一些口岸和沿海城市,工程投资的规模有所扩大,出现了招投标承包方式,建筑市场开始形成。为适应这一形势,国外工程估价方法和经验逐步传入。但是,由于受历史条件的限制,特别是受到经济发展水平的限制,工程估价及招投标只能在狭小的地区和少量的工程建设中采用。

(2) 概预算制度的建立时期。1949 年新中国成立后,三年经济恢复时期和第一个五年计划时期，全国面临着大规模的恢复重建工作。为合理确定工程造价，用好有限的基本建设资金，引进了苏联的一套概预算定额管理制度，同时也为新组建的国营建筑施工企业建立了企业管理制度。

为加强概预算的管理工作，国家综合管理部门先后成立预算组、标准定额处、标准定额局，1956 年单独成立建筑经济局。概预算制度的建立，有效地促进了建设资金的合理安排和节约使用，为国民经济恢复和第一个五年计划的顺利完成起到了积极的作用。但这个时期的造价管理只局限于建设项目的概预算管理。

（3）概预算制度的削弱时期。1958—1966 年，概预算定额管理逐渐被削弱，各级基建管理机构的概算部门被精简，设计单位概预算人员减少，只算政治账，不讲经济账，概预算控制投资作用被削弱，投资大撒手之风逐渐滋长。尽管在短时期内也有过重整定额管理的迹象，但总的趋势并未改变。

（4）概预算制度的破坏时期。1966—1976 年，概预算定额管理遭到严重破坏。概预算和定额管理机构被撤销，预算人员改行，大量基础资料被销毁，定额被说成是“管、卡、压”的工具。1967 年，建工部直属企业实行经常费制度。工程完工后向建设单位实报实销，从而使施工企业变成了行政事业单位。这一制度实行了 6 年，于 1973 年 1 月 1 日被迫停止，同时恢复建设单位与施工单位施工图预算结算制度。

（5）概预算制度的恢复和发展时期。1977—1992 年，这一阶段是概预算制度的恢复和发展时期。1977 年，国家恢复重建造价管理机构。1978 年，国家计委、国家建委和财政部颁发《关于加强基本建设概、预、决算管理工作的几项规定》，强调了加强“三算”在基本建设管理中的作用和意义。1983 年，国家计委、中国人民建设银行又颁发了《关于改进工程建设概预算工作的若干规定》。此外，《中华人民共和国经济合同法》明确了设计单位在施工设计阶段编制预算，也就是恢复了设计单位编制施工图预算。

1988 年，建设部成立标准定额司，各省市、各部委建立了定额管理站，全国颁布一系列推动概预算管理和定额管理发展的文件，以及大量的预算定额、概算定额、估算指标。20 世纪 80 年代后期，中国建设工程造价管理协会成立，全过程造价管理概念逐渐为广大造价管理人员所接受，对推动建筑业改革起到了促进作用。

（6）市场经济条件下工程造价管理体制的建立时期。1993—2001 年，在总结改革开放经验的基础上，党的十四大明确提出我国经济体制改革的目标是建立社会主义市场经济体制。广大工程造价管理人员也逐渐认识到，传统的概预算定额管理必须改革，不改革没有出路，而改革又是一个长期的、艰难的过程，不可能一蹴而就，只能是先易后难，循序渐进，重点突破。与过渡时期相适应的“统一量、指导价、竞争费”工程造价管理模式被越来越多的工程造价管理人员所接受，改革的步伐不断加快。

(7) 与国际惯例接轨。2001 年，我国顺利加入 WTO。今后一段时间工程估价工作的首要任务是探索既符合国际惯例又具有中国特色的工程估价模式。

《建设工程工程量清单计价规范》(GB 50500—2003)于 2003 年 2 月 17 日以国家标准发布，自 2003 年 7 月 1 日起在全国范围内实施。《建设工程工程量清单计价规范》是统一工程量清单编制、规范工程量清单计价的国家标准，是调节建设工程招标投标中使用清单计价的招标人、投标人双方利益的规范性文件。

《建设工程工程量清单计价规范》(GB 50500—2008)于 2008 年 7 月 9 日以国家标准发布，自 2008 年 12 月 1 日起在全国范围内实施。2008 版清单计价规范对清单计价的指导思想进行了进一步的深化，在“政府宏观调控、企业自主报价、市场形成价格”的基础上提出了“加强市场监管”的思路，以进一步强化清单计价的执行。2008 版清单计价规范新增了招标控制价、投标报价的编制、合同价款的约定、工程量的计量和价款支付、索赔与现场签证、工程价款调整、竣工结算的办理及工程计价争议的处理。这样，2008 版清单计价规范基本涵盖了工程实施阶段的全过程。

2013 年以来，《建设工程工程量清单计价规范》(GB 50500—2013)、《房屋建筑与装饰工程工程量计算规范》(GB 50854—2013)、《建筑工程建筑面积计算规范》(GB/T 50353—2013)、《建设工程施工合同(示范文本)》(GF—2013—0201)、《江苏省建设工程费用定额》(2014)、《江苏省建筑与装饰工程计价定额》(2014)等相继实施，2013 版规范由计价规范与工程量计算规范两部分组成。其中计价规范对工程计量、合同价款调整、中期支付、竣工结算、合同解除的价款结算方面做了进一步的细化、完善，更具操作性与实用性。

### 1.5.2 工程估价的作用

从工程估价的发展历史可以看出，工程估价的作用是逐步扩大的。

1) 工程估价是项目决策的工具

建设工程投资大、生产和使用周期长等特点决定了项目决策的重要性，工程造价决定项目的一次投资费用。投资者是否有足够的财务能力支付这笔费用，是否值得支付这项费用，是项目决策中要考虑的主要问题。在项目决策阶段，建设工程造价是项目财务分析和经济评价的重要依据。

2) 工程估价是制订投资计划和控制投资的有效工具

投资计划按照建设工期、工程进度和建设价格等逐年分月制订，正确的投资计划有助于合理和有效地使用资金。

工程估价在控制投资方面的作用非常明显。工程造价每一次估算对下一次估算都是严格的控制，具体来说，后一次估算不能超过前一次估算的一定范围。这种控制是在投资者财务能力的限度内为取得既定的投资效益所必需的。

3）工程估价是筹集建设资金的依据

投资体制的改革和市场经济的建立，要求项目的投资者必须有很强的筹资能力，以保证工程建设有充足的资金供应。工程估价基本确定了建设资金的需要量，从而为筹集资金提供了比较准确的依据。当建设资金来源于金融机构的贷款时，金融机构在对项目的偿贷能力进行评估的基础上，也需要依据工程估价来确定给予投资者的贷款数额。

4）工程估价是合理分配效益和调节产业结构的手段

在市场经济中，工程价格受供求状况的影响，并在围绕价值的波动中实现对建设规模、产业结构和利益分配的调节。政府采取正确的宏观调控和价格政策导向，可以使工程估价在这方面的作用更加明显。

5）工程估价是承包商加强成本控制的依据

在价格一定的条件下，企业实际成本决定企业的盈利水平，成本越高盈利越低，成本高于价格就危及企业的生存，所以企业要利用工程估价提供的信息资料作为控制成本的依据。

6）工程估价是评价投资效益的依据

工程估价是评价土地价格、建筑安装产品和设备价格的合理性的依据，工程估价是评价建设项目偿贷能力、获利能力的依据，工程估价也是评价承包商管理水平和经营成果的重要依据。

## 复习思考题

1. 什么是工程建设？工程建设包括哪些主要内容？
2. 建设项目如何按组成由大到小进行分解？
3. 什么是工程造价？工程造价的计价特点主要表现在哪几方面？
4. 在建设项目的生产过程中，为什么要对建设工程进行多次计价和动态计价？
5. 建设工程市场定价的含义是什么？市场定价的交易对象是什么？
6. 造价工程师应具备的注册条件和执业范围是什么？
7. 工程估价的主要作用有哪些？

# 2 建设工程费用结构

## 2.1 建设工程投资构成

建设项目投资含固定资产投资和流动资产投资两部分，其中，建设项目总投资中的固定资产投资与建设项目的工程造价在量上相等。工程造价是工程项目按照确定的建设内容、建设标准、建设规模、功能要求和使用要求等全部建成并验收合格交付使用所需的全部费用，包括用于购买土地所需费用，用于委托工程勘察设计所需费用，用于购买工程项目所含各种设备的费用，用于建筑安装施工所需费用，用于建设单位进行项目筹建和项目管理所花费的费用。

目前我国现行工程造价的构成主要划分为建筑安装工程费、设备及工器具购置费、工程建设其他费用、预备费、建设期贷款利息、固定资产投资方向调节税等几项。具体构成内容如图 2.1.1 所示。

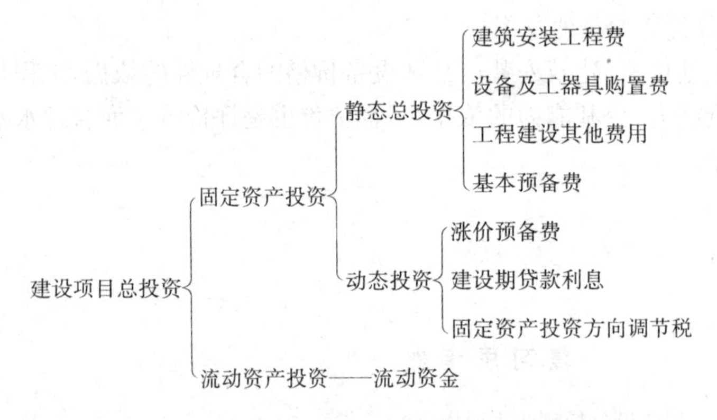


**图 2.1.1 建设工程投资构成**

根据《建筑安装工程费用项目组成》(建标〔2013〕44 号)规定，将建筑安装工程费用项目按费用构成要素组成划分为人工费、材料费、施工机具使用费、企业管理费、利润、规费和税金。

为指导工程造价专业人员计算建筑安装工程造价，将建筑安装工程费用按工程造价形成顺序划分为分部分项工程费、措施项目费、其他项目费、规费和税金。

设备及工具、器具购置费用由设备购置费和工具、器具及生产家具购置费组成，是固定资产投资中的积极部分。在生产性工程建设中，设备及工具、器具购置费用占工程造价比重的增大，意味着生产技术的进步和资本构成的提高。

设备购置费是指为建设项目购置或自制的达到固定资产标准的各种国产或进口设备、工具、器具的购置费用。它由设备原价和设备运杂费构成。

$$设备购置费 = 设备原价 + 设备运杂费 \tag{2.1.1}$$

工具、器具及生产家具购置费是指新建或扩建项目初步设计规定的，保证初期正常生产必须购置的没有达到固定资产标准的设备、仪器、工卡模具、器具、生产家具和备品备件的购置费用。一般以设备购置费为计算基数，按照部门或行业规定的工具、器具及生产家具费率计算。

$$工具、器具及生产家具购置费 = 设备购置费 \times 定额费率 \tag{2.1.2}$$

工程建设其他费用按其内容大体可分为五类：第一类为土地转让费，由于工程项目固定于一定地点与地面相连接，必须占用一定量的土地，也就必然要发生为获得建设用地而支付的费用；第二类是与项目建设有关的费用；第三类是业主费用；第四类为预备费，包括基本预备费和工程造价调整预备费等；第五类是依照《中华人民共和国固定资产投资方向调节税暂行条例》规定应缴纳的固定资产投资方向调节税。

## 2.2 建设工程费用构成

### 2.2.1 费用构成与造价形成要素

在工程建设中，建筑安装工程是创造价值的生产活动。建筑安装工程费用作为建筑安装工程的货币表现，也被称为建筑安装工程造价。

为适应深化工程计价改革的需要，住房和城乡建设部、财政部根据国家有关法律、法规及相关政策，在总结原建设部、财政部《关于印发〈建筑安装工程费用项目组成〉的通知》（建标〔2003〕206 号）执行情况的基础上修订完成了《建筑安装工程费用项目组成》（简称《费用组成》），明确规定自 2013 年 7 月 1 日起施行。

1）按费用构成要素划分

建筑安装工程费按照费用构成要素划分，由人工费、材料（包含工程设备，下同）费、施工机具使用费、企业管理费、利润、规费和税金组成。其中人工费、材料费、施工机具使用费、企业管理费和利润包含在分部分项工程费、措施项目费、其他项目费中（见图 2.2.1）。

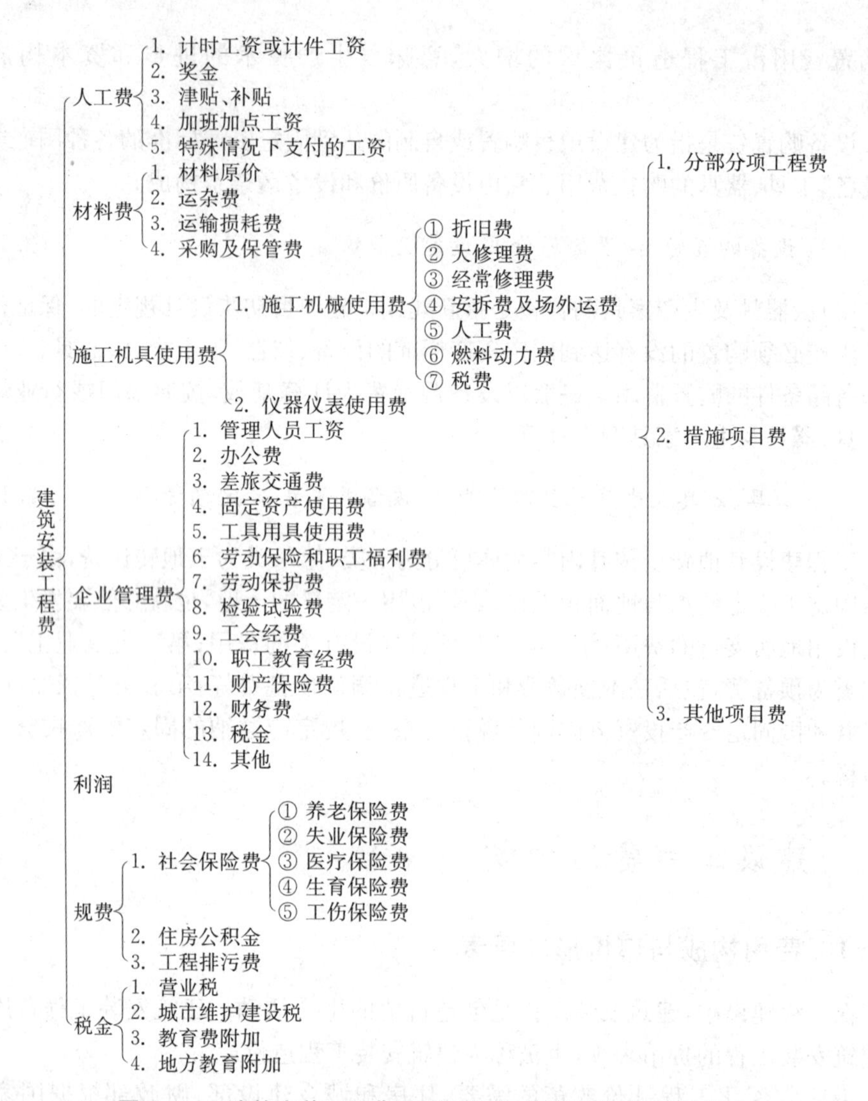


**图 2.2.1 建筑安装工程费用项目组成(按费用构成要素划分)**

(1) 人工费:是指按工资总额构成规定,支付给从事建筑安装工程施工的生产工人和附属生产单位工人的各项费用。内容包括:

① 计时工资或计件工资:是指按计时工资标准和工作时间或对已做工作按计件单价支付给个人的劳动报酬。

② 奖金:是指对超额劳动和增收节支支付给个人的劳动报酬。如节约奖、劳动竞赛奖等。

③ 津贴、补贴:是指为了补偿职工特殊或额外的劳动消耗和因其他特殊原因支付给个人的津贴,以及为了保证职工工资水平不受物价影响支付给个人的

物价补贴。如流动施工津贴、特殊地区施工津贴、高温(寒)作业临时津贴、高空津贴等。

④ 加班加点工资:是指按规定支付的在法定节假日工作的加班工资和在法定日工作时间外延时工作的加点工资。

⑤ 特殊情况下支付的工资:是指根据国家法律、法规和政策规定,因病、工伤、产假、计划生育假、婚丧假、事假、探亲假、定期休假、停工学习、执行国家或社会义务等原因按计时工资标准或计时工资标准的一定比例支付的工资。

注意:人工费中不包括材料管理、采购及保管员,驾驶或操作施工机械及运输工具的工人,材料到达工地仓库或施工地点存放材料的地方以前的搬运、装卸工人和其他由管理费支付工资的人员的工资。以上人员的工资应分别列入采购保管费、材料运输费、机械费等各相应的费用项目中去。

(2) 材料费:是指施工过程中耗费的原材料、辅助材料、构配件、零件、半成品或成品、工程设备的费用。内容包括:

① 材料原价:是指材料、工程设备的出厂价格或商家供应价格。

② 运杂费:是指材料、工程设备自来源地运至工地仓库或指定堆放地点所发生的全部费用。

③ 运输损耗费:是指材料在运输装卸过程中不可避免的损耗。

④ 采购及保管费:是指为组织采购、供应和保管材料、工程设备的过程中所需要的各项费用。包括采购费、仓储费、工地保管费、仓储损耗。

工程设备是指构成或计划构成永久工程一部分的机电设备、金属结构设备、仪器装置及其他类似的设备和装置。

(3) 施工机具使用费:是指施工作业所发生的施工机械、仪器仪表使用费或其租赁费。

① 施工机械使用费:以施工机械台班耗用量乘以施工机械台班单价表示,施工机械台班单价应由下列七项费用组成:

A. 折旧费:指施工机械在规定的使用年限内,陆续收回其原值的费用。

B. 大修理费:指施工机械按规定的大修理间隔台班进行必要的大修理,以恢复其正常功能所需的费用。

C. 经常修理费:指施工机械除大修理以外的各级保养和临时故障排除所需的费用。包括为保障机械正常运转所需替换设备与随机配备工具附具的摊销和维护费用,机械运转中日常保养所需润滑与擦拭的材料费用及机械停滞期间的维护和保养费用等。

D. 安拆费及场外运费:安拆费指施工机械(大型机械除外)在现场进行安装与拆卸所需的人工、材料、机械和试运转费用以及机械辅助设施的折旧、搭设、拆除等费用;场外运费指施工机械整体或分体自停放地点运至施工现场或由一施工地点运至另一施工地点的运输、装卸、辅助材料及架线等费用。

E. 人工费：指机上司机（司炉）和其他操作人员的人工费。

F. 燃料动力费：指施工机械在运转作业中所消耗的各种燃料及水、电等。

G. 税费：指施工机械按照国家规定应缴纳的车船使用税、保险费及年检费等。

② 仪器仪表使用费：是指工程施工所需使用的仪器仪表的摊销及维修费用。

（4）企业管理费：是指建筑安装企业组织施工生产和经营管理所需的费用。内容包括：

① 管理人员工资：是指按规定支付给管理人员的计时工资、奖金、津贴补贴、加班加点工资及特殊情况下支付的工资等。

② 办公费：是指企业管理办公用的文具、纸张、账表、印刷、邮电、书报、办公软件、现场监控、会议、水电、烧水和集体取暖降温（包括现场临时宿舍取暖降温）等费用。

③ 差旅交通费：是指职工因公出差、调动工作的差旅费、住勤补助费，市内交通费和误餐补助费，职工探亲路费，劳动力招募费，职工退休、退职一次性路费，工伤人员就医路费，工地转移费以及管理部门使用的交通工具的油料、燃料等费用。

④ 固定资产使用费：是指管理和试验部门及附属生产单位使用的属于固定资产的房屋、设备、仪器等的折旧、大修、维修或租赁费。

⑤ 工具用具使用费：是指企业施工生产和管理使用的不属于固定资产的工具、器具、家具、交通工具和检验、试验、测绘、消防用具等的购置、维修和摊销费。

⑥ 劳动保险和职工福利费：是指由企业支付的职工退职金，按规定支付给离休干部的经费，集体福利费，夏季防暑降温、冬季取暖补贴，上下班交通补贴等。

⑦ 劳动保护费：是企业按规定发放的劳动保护用品的支出。如工作服、手套、防暑降温饮料以及在有碍身体健康的环境中施工的保健费用等。

⑧ 检验试验费：是指施工企业按照有关标准规定，对建筑以及材料、构件和建筑安装物进行一般鉴定、检查所发生的费用，包括自设试验室进行试验所耗用的材料等费用。不包括新结构、新材料的试验费，对构件做破坏性试验及其他特殊要求检验试验的费用和建设单位委托检测机构进行检测的费用，对此类检测发生的费用，由建设单位在工程建设其他费用中列支。但对施工企业提供的具有合格证明的材料进行检测不合格的，该检测费用由施工企业支付。

⑨ 工会经费：是指企业按《工会法》规定的全部职工工资总额比例计提的工会经费。

⑩ 职工教育经费：是指按职工工资总额的规定比例计提，企业为职工进行专业技术和职业技能培训，专业技术人员继续教育、职工职业技能鉴定、职业资格认定以及根据需要对职工进行各类文化教育所发生的费用。

⑪ 财产保险费:是指施工管理用财产、车辆等的保险费用。

⑫ 财务费:是指企业为施工生产筹集资金或提供预付款担保、履约担保、职工工资支付担保等所发生的各种费用。

⑬ 税金:是指企业按规定缴纳的房产税、车船使用税、土地使用税、印花税等。

⑭ 其他:包括技术转让费、技术开发费、投标费、业务招待费、绿化费、广告费、公证费、法律顾问费、审计费、咨询费、保险费等。

(5) 利润:是指施工企业完成所承包工程获得的盈利。

目前,由于建筑施工队伍生产能力大于建筑市场需求,使得建筑施工企业与其他行业的利润水平之间存在着较大的差距,并且可能在一段时间内不能有大幅度的提高。但从长远发展趋势来看,随着建设管理体制的改革和建筑市场的完善和发展,这个差距一定会逐步缩小的。

(6) 规费:是指按国家法律、法规规定,由省级政府和省级有关权力部门规定必须缴纳或计取的费用。包括:

① 社会保险费

A. 养老保险费:是指企业按照规定标准为职工缴纳的基本养老保险费。

B. 失业保险费:是指企业按照规定标准为职工缴纳的失业保险费。

C. 医疗保险费:是指企业按照规定标准为职工缴纳的基本医疗保险费。

D. 生育保险费:是指企业按照规定标准为职工缴纳的生育保险费。

E. 工伤保险费:是指企业按照规定标准为职工缴纳的工伤保险费。

② 住房公积金:是指企业按规定标准为职工缴纳的住房公积金。

③ 工程排污费:是指按规定缴纳的施工现场工程排污费。

④ 其他应列而未列入的规费,按实际发生计取。

(7) 税金:是指国家税法规定的应计入建筑安装工程造价内的营业税、城市维护建设税、教育费附加以及地方教育附加。

① 营业税:是指对从事建筑业、交通运输业和各种服务行业的单位和个人,就其营业收入征收的一种税。营业税应纳税额的税率为 3%,计征基数为直接工程费、间接费、利润等全部收入(即工程造价)。

② 城市维护建设税:是国家为了加强城市的维护建设,扩大和稳定城市维护建设资金来源,而对有经营收入的单位和个人征收的一种税。城市维护建设税应纳税额的税率按纳税人工程所在地不同分为三个档次:纳税人工程所在地在市区的,税率为 7%;纳税人工程所在地在县城、镇的,税率为 5%;纳税人工程所在地不在市区、县城、镇的,税率为 1%。计征基数为营业税额。

③ 教育费附加以及地方教育附加:是指为加快发展地方教育事业,扩大地方教育资金来源而征收的一种地方税。教育费附加应纳税额的税率按工程所在地

政府规定执行，计征基数为营业税额。

2）按造价形成划分

建筑安装工程费按照工程造价形成由分部分项工程费、措施项目费、其他项目费、规费、税金组成，分部分项工程费、措施项目费、其他项目费包含人工费、材料费、施工机具使用费、企业管理费和利润（见图 2.2.2）。

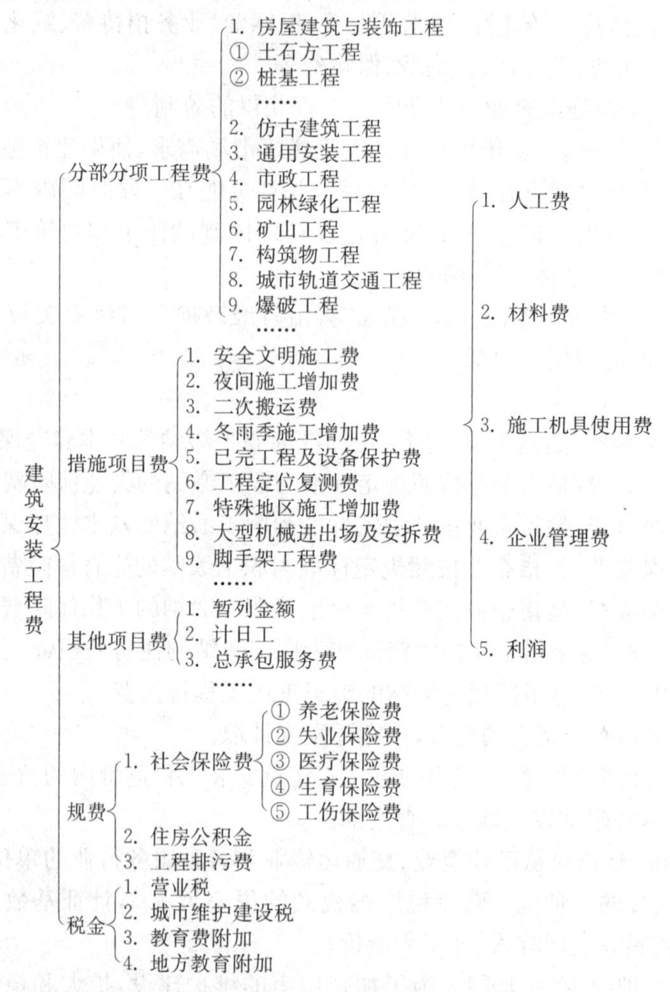


**图 2.2.2　建筑安装工程费用项目组成（按造价形成划分）**

（1）分部分项工程费：是指各专业工程的分部分项工程应予列支的各项费用。

① 专业工程：是指按现行国家计量规范划分的房屋建筑与装饰工程、仿古建筑工程、通用安装工程、市政工程、园林绿化工程、矿山工程、构筑物工程、城市轨道交通工程、爆破工程等各类工程。

② 分部分项工程：指按现行国家计量规范对各专业工程划分的项目。如房屋

建筑与装饰工程划分的土石方工程、地基处理与桩基工程、砌筑工程、钢筋及钢筋混凝土工程等。

各类专业工程的分部分项工程划分见现行国家或行业计量规范。

(2) 措施项目费:是指为完成建设工程施工,发生于该工程施工前和施工过程中的技术、生活、安全、环境保护等方面的费用。内容包括:

① 安全文明施工费

A. 环境保护费:是指施工现场为达到环保部门要求所需要的各项费用。

B. 文明施工费:是指施工现场文明施工所需要的各项费用。

C. 安全施工费:是指施工现场安全施工所需要的各项费用。

D. 临时设施费:是指施工企业为进行建设工程施工所必须搭设的生活和生产用的临时建筑物、构筑物和其他临时设施费用。包括临时设施的搭设、维修、拆除、清理费或摊销费等。

② 夜间施工增加费:是指因夜间施工所发生的夜班补助费、夜间施工降效、夜间施工照明设备摊销及照明用电等费用。

③ 二次搬运费:是指因施工场地条件限制而发生的材料、构配件、半成品等一次运输不能到达堆放地点,必须进行二次或多次搬运所发生的费用。

④ 冬雨季施工增加费:是指在冬季或雨季施工需增加的临时设施、防滑、排除雨雪,人工及施工机械效率降低等费用。

⑤ 已完工程及设备保护费:是指竣工验收前,对已完工程及设备采取的必要保护措施所发生的费用。

⑥ 工程定位复测费:是指工程施工过程中进行全部施工测量放线和复测工作的费用。

⑦ 特殊地区施工增加费:是指工程在沙漠或其边缘地区、高海拔、高寒、原始森林等特殊地区施工增加的费用。

⑧ 大型机械设备进出场及安拆费:是指机械整体或分体自停放场地运至施工现场或由一个施工地点运至另一个施工地点,所发生的机械进出场运输及转移费用及机械在施工现场进行安装、拆卸所需的人工费、材料费、机械费、试运转费和安装所需的辅助设施的费用。

⑨ 脚手架工程费:是指施工需要的各种脚手架搭、拆、运输费用以及脚手架购置费的摊销(或租赁)费用。

措施项目及其包含的内容详见各类专业工程的现行国家或行业计量规范。

(3) 其他项目费

① 暂列金额:是指建设单位在工程量清单中暂定并包括在工程合同价款中的一笔款项。用于施工合同签订时尚未确定或者不可预见的所需材料、工程设备、服务的采购,施工中可能发生的工程变更、合同约定调整因素出现时的工程价款调整

以及发生的索赔、现场签证确认等的费用。

② 计日工:是指在施工过程中,施工企业完成建设单位提出的施工图纸以外的零星项目或工作所需的费用。

③ 总承包服务费:是指总承包人为配合、协调建设单位进行的专业工程发包,对建设单位自行采购的材料、工程设备等进行保管以及施工现场管理、竣工资料汇总整理等服务所需的费用。

(4) 规费:同"费用构成要素划分"中的定义。

(5) 税金:同"费用构成要素划分"中的定义。

### 2.2.2 工程量清单计价的费用构成

1) 费用项目构成

《建设工程工程量清单计价规范》(GB 50500—2013)规定了采用工程量清单计价,建设工程造价由分部分项工程费、措施项目费、其他项目费、规费和税金组成。

(1) 分部分项工程费是指各专业工程的分部分项工程应予列支的各项费用,由人工费、材料费、施工机具使用费、企业管理费和利润构成。

(2) 措施项目费是指为完成建设工程施工,发生于该工程施工前和施工过程中的技术、生活、安全、环境保护等方面的费用。

① 单价措施项目费指在现行工程量清单计算规范中有对应工程量计算规则,按人工费、材料费、施工机具使用费、管理费和利润形式组成综合单价的措施项目。

② 总价措施项目费指在现行工程量清单计算规范中无工程量计算规则,以总价(或计算基础乘费率)计算的措施项目。

(3) 其他项目费包括暂列金额、暂估价、计日工、总承包服务费。

① 暂列金额:招标人在工程量清单中暂定并包括在合同价款中的一笔款项。用于工程合同签订时尚未确定或者不可预见的所需材料、工程设备、服务的采购,施工中可能发生的工程变更、合同约定调整因素出现时的合同价款调整以及发生的索赔、现场签证等确认的费用。

② 暂估价:招标人在工程量清单中提供的用于支付必然发生但暂时不能确定价格的材料、工程设备的单价以及专业工程的金额。

③ 计日工:在施工过程中,承包人完成发包人提出的工程合同范围以外的零星项目或工作,按合同中约定的单价计价的一种方式。

④ 总承包服务费:总承包人为配合协调发包人进行的专业工程发包,对发包人自行采购的材料、工程设备等进行保管以及施工现场管理、竣工资料汇总整理等服务所需的费用。

(4) 规费:根据国家法律、法规规定,由省级政府或省级有关权力部门规定施工企业必须缴纳的,应计入建筑安装工程造价的费用。

(5) 税金:国家税法规定的应计入建筑安装工程造价内的营业税、城市维护建设税、教育费附加和地方教育附加。

2) 费用项目分类

(1) 按限制性规定分

① 不可竞争费用:包括现场安全文明施工措施费、工程排污费、建设工程安全监督管理费、劳动保障费、公积金、税金、有权部门批准的其他不可竞争费用。

② 可竞争费用:除不可竞争费用以外的其他费用。

(2) 按工程取费标准划分

① 建筑工程(按工程类别划分):一类、二类、三类工程。

② 单独装饰工程(不分工程类别)。

③ 包工不包料。

④ 点工。

(3) 按计算方式分

① 按照计价定额子目计算

A. 分部分项工程费。

B. 措施项目中的单价措施项目费:

a. 脚手架费; b. 模板费用; c. 垂直运输机械费; d. 二次搬运费; e. 施工排水降水、边坡支护费; f. 大型机械进(退)场及安拆费。

② 按照费用计算规则系数计算

A. 措施项目中的总价措施费:

a. 环境保护费; b. 临时设施费; c. 夜间施工增加费; d. 检验试验费; e. 工程按质论价费; f. 赶工措施费; g. 现场安全文明施工措施费; h. 特殊条件下施工增加费。

B. 其他项目费。

③ 按照有关部门规定标准计算

A. 规费。

B. 税金。

## 2.3 建设工程费用定额

为了规范建设工程计价行为,合理确定和有效控制工程造价,根据《建设工程工程量清单计价规范》(GB 50500—2013)及其 9 本计算规范和《建筑安装工程费用项目组成》(建标〔2013〕44 号)等有关规定,结合江苏省实际情况,江苏省住房和城乡建设厅组织编制了《江苏省建设工程费用定额》(2014)(简称费用定额)。

费用定额是建设工程编制设计概算、施工图预(结)算、最高投标限价(招标控制价)、标底以及调解处理工程造价纠纷的依据,是确定投标价、工程结算审核的指导,也可作为企业内部核算和制定企业定额的参考。

费用定额适用于在江苏省行政区域内新建、扩建和改建的建筑与装饰、安装、市政、仿古建筑及园林绿化、房屋修缮、城市轨道交通工程等,与江苏省现行的建筑与装饰、安装、市政、仿古建筑及园林绿化、房屋修缮、城市轨道交通工程计价表(定额)配套使用,原有关规定与本定额不一致的,按照本定额规定执行。

费用定额费用内容由分部分项工程费、措施项目费、其他项目费、规费和税金组成。其中,安全文明施工措施费、规费和税金为不可竞争费,应按规定标准计取。

包工包料、包工不包料和点工说明:

(1) 包工包料:是施工企业承包工程用工、材料、机械的方式。

(2) 包工不包料:指只承包工程用工的方式。施工企业自带施工机械和周转材料的工程按包工包料标准执行。

(3) 点工:适用于在建设工程中由于各种因素所造成的损失、清理等不在定额范围内的用工。

(4) 包工不包料、点工的临时设施应由建设单位(发包人)提供。

### 2.3.1 费用定额中建设工程费用构成

1) 分部分项工程费

分部分项工程费是指各专业工程的分部分项工程应予列支的各项费用,由人工费、材料费、施工机具使用费、企业管理费和利润构成。

(1) 人工费:是指按工资总额构成规定,支付给从事建筑安装工程施工的生产工人和附属生产单位工人的各项费用。内容包括:

① 计时工资或计件工资:是指按计时工资标准和工作时间或对已做工作按计件单价支付给个人的劳动报酬。

② 奖金:是指对超额劳动和增收节支支付给个人的劳动报酬。如节约奖、劳动竞赛奖等。

③ 津贴补贴:是指为了补偿职工特殊或额外的劳动消耗和因其他特殊原因支付给个人的津贴,以及为了保证职工工资水平不受物价影响支付给个人的物价补贴。如流动施工津贴、特殊地区施工津贴、高温(寒)作业临时津贴、高空津贴等。

④ 加班加点工资:是指按规定支付的在法定节假日工作的加班工资和法定日工作时间外延时工作的加点工资。

⑤ 特殊情况下支付的工资:是指根据国家法律、法规和政策规定,因病、工伤、

产假、计划生育假、婚丧假、事假、探亲假、定期休假、停工学习、执行国家或社会义务等原因按计时工资标准或计时工资标准的一定比例支付的工资。

(2) 材料费:是指施工过程中耗费的原材料、辅助材料、构配件、零件、半成品或成品、工程设备的费用。内容包括:

① 材料原价:是指材料、工程设备的出厂价格或商家供应价格。

② 运杂费:是指材料、工程设备自来源地运至工地仓库或指定堆放地点所发生的全部费用。

③ 运输损耗费:是指材料在运输装卸过程中不可避免的损耗。

④ 采购及保管费:是指为组织采购、供应和保管材料、工程设备的过程中所需要的各项费用。包括采购费、仓储费、工地保管费、仓储损耗。

工程设备是指房屋建筑及其配套的构成或计划构成永久工程一部分的机电设备、金属结构设备、仪器装置等建筑设备,包括附属工程中电气、采暖、通风空调、给排水、通信及建筑智能等为房屋功能服务的设备,不包括工艺设备,具体划分标准见《建设工程计价设备材料划分标准》(GB/T 50531—2009)。明确由建设单位提供的建筑设备,其设备费用不作为计取税金的基数。

(3) 施工机具使用费:是指施工作业所发生的施工机械、仪器仪表使用费或其租赁费。内容包括:

① 施工机械使用费:以施工机械台班耗用量乘以施工机械台班单价表示,施工机械台班单价应由下列七项费用组成:

A. 折旧费:指施工机械在规定的使用年限内,陆续收回其原值的费用。

B. 大修理费:指施工机械按规定的大修理间隔台班进行必要的大修理,以恢复其正常功能所需的费用。

C. 经常修理费:指施工机械除大修理以外的各级保养和临时故障排除所需的费用。包括为保障机械正常运转所需替换设备与随机配备工具附具的摊销和维护费用,机械运转中日常保养所需润滑与擦拭的材料费用及机械停滞期间的维护和保养费用等。

D. 安拆费及场外运费:安拆费指施工机械(大型机械除外)在现场进行安装与拆卸所需的人工、材料、机械和试运转费用以及机械辅助设施的折旧、搭设、拆除等费用;场外运费指施工机械整体或分体自停放地点运至施工现场或由一施工地点运至另一施工地点的运输、装卸、辅助材料及架线等费用。

E. 人工费:指机上司机(司炉)和其他操作人员的人工费。

F. 燃料动力费:指施工机械在运转作业中所消耗的各种燃料及水、电等。

G. 税费:指施工机械按照国家规定应缴纳的车船使用税、保险费及年检费等。

② 仪器仪表使用费:是指工程施工所需使用的仪器仪表的摊销及维修费用。

(4) 企业管理费:是指施工企业组织施工生产和经营管理所需的费用。内容包括：

① 管理人员工资：是指按规定支付给管理人员的计时工资、奖金、津贴补贴、加班加点工资及特殊情况下支付的工资等。

② 办公费：是指企业管理办公用的文具、纸张、账表、印刷、邮电、书报、办公软件、监控、会议、水电、燃气、采暖、降温等费用。

③ 差旅交通费：是指职工因公出差、调动工作的差旅费、住勤补助费，市内交通费和误餐补助费，职工探亲路费，劳动力招募费，职工退休、退职一次性路费，工伤人员就医路费，工地转移费以及管理部门使用的交通工具的油料、燃料等费用。

④ 固定资产使用费：是指企业及其附属单位使用的属于固定资产的房屋、设备、仪器等的折旧、大修、维修或租赁费。

⑤ 工具用具使用费：是指企业施工生产和管理使用的不属于固定资产的工具、器具、家具、交通工具和检验、试验、测绘、消防用具等的购置、维修和摊销费，以及支付给工人自备工具的补贴费。

⑥ 劳动保险和职工福利费：是指由企业支付的职工退职金，按规定支付给离休干部的经费，集体福利费，夏季防暑降温、冬季取暖补贴，上下班交通补贴等。

⑦ 劳动保护费：是指企业按规定发放的劳动保护用品的支出。如工作服、手套、防暑降温饮料、高危险工作工种施工作业防护补贴以及在有碍身体健康的环境中施工的保健费用等。

⑧ 工会经费：是指企业按《工会法》规定的全部职工工资总额比例计提的工会经费。

⑨ 职工教育经费：是指按职工工资总额的规定比例计提，企业为职工进行专业技术和职业技能培训，专业技术人员继续教育、职工职业技能鉴定、职业资格认定以及根据需要对职工进行各类文化教育所发生的费用。

⑩ 财产保险费：是指企业管理用财产、车辆的保险费用。

⑪ 财务费：是指企业为施工生产筹集资金或提供预付款担保、履约担保、职工工资支付担保等所发生的各种费用。

⑫ 税金：是指企业按规定缴纳的房产税、车船使用税、土地使用税、印花税等。

⑬ 意外伤害保险费：是指企业为从事危险作业的建筑安装施工人员支付的意外伤害保险费。

⑭ 工程定位复测费：是指工程施工过程中进行全部施工测量放线和复测工作的费用。建筑物沉降观测由建设单位直接委托有资质的检测机构完成，费用由建设单位承担，不包含在工程定位复测费中。

⑮ 检验试验费：是指施工企业按规定进行建筑材料、构配件等试样的制作、封样、送达和其他为保证工程质量进行的材料检验试验工作所发生的费用。不包括新结构、新材料的试验费，对构件（如幕墙、预制桩、门窗）做破坏性试验所发生的试

样费用和根据国家标准和施工验收规范要求对材料、构配件和建筑物工程质量检测检验发生的第三方检测费用，对此类检测发生的费用，由建设单位承担，在工程建设其他费用中列支。但对施工企业提供的具有合格证明的材料进行检测不合格的，该检测费用由施工企业支付。

⑯ 非建设单位所为四小时以内的临时停水停电费用。

⑰ 企业技术研发费：是指建筑企业为转型升级、提高管理水平所进行的技术转让、科技研发、信息化建设等费用。

⑱ 其他：业务招待费、远地施工增加费、劳务培训费、绿化费、广告费、公证费、法律顾问费、审计费、咨询费、投标费、保险费、联防费、施工现场生活用水电费等等。

(5) 利润：是指施工企业完成所承包工程获得的盈利。

2) 措施项目费

措施项目费是指为完成建设工程施工，发生于该工程施工前和施工过程中的技术、生活、安全、环境保护等方面的费用。

根据现行工程量清单计算规范，措施项目费分为单价措施项目费与总价措施项目费。

(1) 单价措施项目是指在现行工程量清单计算规范中有对应工程量计算规则，按人工费、材料费、施工机具使用费、管理费和利润形式组成综合单价的措施项目。单价措施项目建筑与装饰工程包括脚手架工程，混凝土模板及支架(撑)，垂直运输，超高施工增加，大型机械设备进出场及安拆，施工排水、降水。

单价措施项目中各措施项目的工程量清单项目设置、项目特征、计量单位、工程量计算规则及工作内容均按现行工程量清单计算规范执行。

(2) 总价措施项目是指在现行工程量清单计算规范中无工程量计算规则，以总价(或计算基础乘费率)计算的措施项目。其中各专业都可能发生的通用的总价措施项目如下：

① 安全文明施工：为满足施工安全，文明、绿色施工以及环境保护，职工健康生活所需要的各项费用。本项为不可竞争费用。

A. 环境保护包含范围：现场施工机械设备降低噪音、防扰民措施费用；水泥和其他易飞扬细颗粒建筑材料密闭存放或采取覆盖措施等费用；工程防扬尘洒水费用；土石方、建渣外运车辆冲洗、防撒漏等费用；现场污染源的控制、生活垃圾清理外运、场地排水排污措施的费用；其他环境保护措施费用。

B. 文明施工包含范围："五牌一图"的费用；现场围挡的墙面美化(包括内外粉刷、刷白、标语等)、压顶装饰费用；现场厕所便槽刷白、贴面砖，水泥砂浆地面或地砖费用，建筑物内临时便溺设施费用；其他施工现场临时设施的装饰装修、美化措施费用；现场生活卫生设施费用；符合卫生要求的饮水设备、淋浴、消毒等设施费用;生活用洁净燃料费用;防煤气中毒、防蚊虫叮咬等措施费用;施工现场操作场地的硬化费用;现场绿化费用、治安综合治理费用、现场电子监控设备费用;现场配备医药保健器材、物品费用和急救人员培训费用;用于现场工人的防暑降温费用,电风扇、空调等设备及用电费用;其他文明施工措施费用。

C. 安全施工包含范围:安全资料、特殊作业专项方案的编制,安全施工标志的购置及安全宣传的费用;“三宝”(安全帽、安全带、安全网)、“四口”(楼梯口、电梯井口、通道口、预留洞口)、“五临边”(阳台围边、楼板围边、屋面围边、槽坑围边、卸料平台两侧),水平防护架、垂直防护架、外架封闭等防护的费用;施工安全用电的费用,包括配电箱三级配电、两级保护装置要求、外电防护措施;起重机、塔吊等起重设备(含井架、门架)及外用电梯的安全防护措施(含警示标志)费用及卸料平台的临边防护、层间安全门、防护棚等设施费用;建筑工地起重机械的检验检测费用;施工机具防护棚及其围栏的安全保护设施费用;施工安全防护通道的费用;工人的安全防护用品、用具购置费用;消防设施与消防器材的配置费用;电气保护、安全照明设施费;其他安全防护措施费用。

D. 绿色施工包含范围:建筑垃圾分类收集及回收利用费用;夜间焊接作业及大型照明灯具的挡光措施费用;施工现场办公区、生活区使用节水器具及节能灯具增加费用;施工现场基坑降水储存使用、雨水收集系统、冲洗设备用水回收利用设施增加费用;施工现场生活区厕所化粪池、厨房隔油池设置及清理费用;从事有毒、有害、有刺激性气味和强光、噪音施工人员的防护器具;现场危险设备、地段、有毒物品存放地安全标志和防护措施;厕所、卫生设施、排水沟、阴暗潮湿地带定期消毒费用;保障现场施工人员劳动强度和工作时间符合国家标准《体力劳动强度分级》(GB 3869)的增加费用等。

此项费用是为了切实保护人民生产生活的安全,保证安全和文明施工措施落实到位,江苏省规定此费用作为不可竞争费用,建设单位不得任意压低费用标准,施工单位不得让利。此项费用的计取由各市造价管理部门根据工程实际情况予以核定,并进行监督,未经核定不得计取。

② 夜间施工:规范、规程要求正常作业而发生的夜班补助,夜间施工降效,夜间照明设施的安拆、摊销,照明用电以及夜间施工现场交通标志、安全标牌、警示灯安拆等费用。

③ 二次搬运:由于施工场地限制而发生的材料、成品、半成品等一次运输不能到达堆放地点,必须进行的二次或多次搬运费用。

例如:场内堆置材料有困难的沿街建筑;单位工程的外边线有一长边自外墙边线向外推移小于 3 m 或单位工程四周外边线往外推移平均小于 5 m 的建筑;汽车不能直接进入巷内的城镇市区建筑;不具备施工组织设计规定的地点堆放材料的工程,所需的材料需用人工或人力车二次搬运到单位工程现场的,其所需费用可考虑列为材料二次搬运费。由施工单位根据工程的具体情况报价或可参考计价定额计算,发承包双方在合同中约定。

④ 冬雨季施工:在冬雨季施工期间所增加的费用。包括冬季作业、临时取暖、建筑物门窗洞口封闭及防雨措施、排水、工效降低、防冻等费用。不包括设计要求混凝土内添加防冻剂的费用。

⑤ 地上、地下设施和建筑物的临时保护设施:在工程施工过程中,对已建成的地上、地下设施和建筑物进行的遮盖、封闭、隔离等必要保护措施。在园林绿化工程中,还包括对已有植物的保护。

⑥ 已完工程及设备保护费:对已完工程及设备采取的覆盖、包裹、封闭、隔离等必要保护措施所发生的费用。

⑦ 临时设施费:施工企业为进行工程施工所必需的生活和生产用的临时建筑物、构筑物和其他临时设施的搭设、使用、拆除等费用。

江苏省规定该费用建筑工程按分部分项工程费的1%～2.2%计算,单独装饰工程按分部分项工程费的0.3%～1.2%计算。由施工单位根据工程的具体情况报价,发承包双方在合同中约定。

A. 临时设施包括临时宿舍、文化福利及公用事业房屋与构筑物、仓库、办公室、加工厂等。

B. 建筑、装饰、安装、修缮、古建园林工程规定范围内(建筑物沿边起50 m以内,多幢建筑两幢间隔50 m内)围墙、临时道路、水电、管线和轨道垫层等。

建设单位同意在施工就近地点临时修建混凝土构件预制场所发生的费用,应向建设单位结算。

⑧ 赶工措施费:施工合同约定工期比江苏省现行工期定额提前,施工企业为缩短工期所发生的费用。如施工过程中,发包人要求实际工期比合同工期提前时,由发承包双方另行约定。

目前,江苏省规定:现行定额工期按《关于贯彻执行〈全国统一建筑安装工程工期定额〉的通知》(苏建定〔2000〕283号)执行,赶工措施费由发承包双方在合同中约定。

⑨ 工程按质论价:施工合同约定质量标准超过国家规定,施工企业完成的工程质量达到经有权部门鉴定或评定为优质工程所必须增加的施工成本费。

⑩ 特殊条件下施工增加费:地下不明障碍物以及铁路、航空、航运等交通干扰而发生的施工降效费用。

在有毒有害气体和有放射性物质区域范围内的施工人员的保健费,与建设单位职工享受同等特殊保险津贴,享受人数根据现场实际完成的工作量(区域外加工的制品不应计入)的计价定额耗工数,并加计10%的现场管理人员的人工数确定。

该部分费用由施工单位根据工程实际情况报价,发承包双方在合同中约定。

⑪ 总价措施项目中,除通用措施项目外,建筑与装饰工程专业措施项目如下:

A. 非夜间施工照明：为保证工程施工正常进行，在如地下室、地宫等特殊施工部位施工时所采用的照明设备的安拆、维护、摊销及照明用电等费用。

B. 住宅工程分户验收：按《住宅工程质量分户验收规程》（DGJ 32/TJ 103—2010）的要求对住宅工程进行专门验收（包括蓄水、门窗淋水等）发生的费用。室内空气污染测试不包含在住宅工程分户验收费用中，由建设单位直接委托检测机构完成，由建设单位承担费用。

注意：在编制工程预算时需注意地下室、地宫等应与上部结构分开计算，因为上部结构是不计取非夜间施工照明，地下室及非住宅楼层不计取住宅工程分户验收费用。

3）其他项目费

（1）暂列金额：建设单位在工程量清单中暂定并包括在工程合同价款中的一笔款项，用于施工合同签订时尚未确定或者不可预见的所需材料、工程设备、服务的采购，施工中可能发生的工程变更、合同约定调整因素出现时的工程价款调整以及发生的索赔、现场签证确认等的费用。由建设单位根据工程特点，按有关计价规定估算；施工过程中由建设单位掌握使用，扣除合同价款调整后如有余额，归建设单位。

引起工程量变化和费用增加的原因很多，归纳起来一般主要有以下几个方面：

① 清单编制人员在计算工程量时发生的漏算、错算等引起的工程量增加；

② 设计深度不够、设计质量低造成的设计变更引起的工程量增加；

③ 在现场施工过程中，应业主要求，并由设计或监理工程师出具的工程变更增加的工程量；

④ 其他原因引起的，且应由业主承担的费用增加，如各种索赔费用。

该费用由清单编制人根据业主意图和设计文件的深度、设计质量的高低、拟建工程的成熟程度以及工程风险的性质来确定其额度。设计深度深，设计质量高，已经成熟的工程设计，一般为分部分项工程费的3%～5%即可；工程设计不成熟的，可稍微多一些，江苏省规定不宜超过分部分项工程费的10%。

（2）暂估价：建设单位在工程量清单中提供的用于支付必然发生但暂时不能确定价格的材料的单价以及专业工程的金额，包括材料暂估价和专业工程暂估价。材料暂估价在清单综合单价中考虑，不计入暂估价汇总。工程投标时，材料暂估单价和专业工程暂估价投标单位不得调整。

（3）计日工：是指在施工过程中，施工企业完成建设单位提出的施工图纸以外的零星项目或工作所需的费用。

本费用不仅包括人工，还包括材料和机械。一般适用于施工现场建设单位零星用工或其他可能发生的零星工作量，待工程竣工结算时再根据实际完成的工作量按投标时报的单价进行调整。

编制招标工程量清单时，计日工中的工料机计量，要根据工程的复杂程度、工程设计质量的优劣，以及工程项目设计的成熟程度等因素来确定其数量。一般工程以人工计量为基础，按人工消耗总量的1%取值即可。材料消耗主要是辅助材料消耗，按不同专业工人消耗材料类别列项，按工人每日消耗的材料数量计入。机械列项计量，除了考虑人工因素外，还要参考各单位工程机械消耗的种类，可按机械消耗总量的1%取值。计日工表见表2.3.1所示。

**表2.3.1 计日工表**

工程名称： 标段： 第 页 共 页

| 编号 | 项目名称 | 单位 | 暂定数量 | 实际数量 | 综合单价（元） | 合价（元） | |
|---|---|---|---|---|---|---|---|
| | | | | | | 暂定 | 实际 |
| 一 | 人 工 | | | | | | |
| 1 | 一级工 | 工日 | 30.00 | | | | |
| 2 | 二级工 | 工日 | 30.00 | | | | |
| 3 | 三级工 | 工日 | 30.00 | | | | |
| 4 | | | | | | | |
| 人 工 小 计 | | | | | | | |
| 二 | 材 料 | | | | | | |
| 1 | 水泥 32.5 | kg | 10 000.00 | | | | |
| 2 | 石子 5～31.5 mm | kg | 20 000.00 | | | | |
| 3 | 砂（江砂） | kg | 30 000.00 | | | | |
| 4 | | | | | | | |
| 5 | | | | | | | |
| 6 | | | | | | | |
| 材 料 小 计 | | | | | | | |
| 三 | 施工机械 | | | | | | |
| 1 | 25 t 履带吊 | 台班 | 3.00 | | | | |
| 2 | 40 t 汽车吊 | 台班 | 5.00 | | | | |
| 3 | 夯实机 | 台班 | 1.00 | | | | |
| 4 | | | | | | | |
| 施工机械小计 | | | | | | | |
| 四 | 企业管理费和利润 | | | | | | |
| 总 计 | | | | | | | |

注：上表项目名称、暂定数量由招标人填写，编制招标控制价时，单价由招标人按有关计价规定确定。投标时，单价由投标人自主报价，按暂定数量计算合价计入投标总价中。结算时，按承发包双方确认的实际数量计算合价。

(4) 总承包服务费：是指总承包人为配合、协调建设单位进行的专业工程发包，对建设单位自行采购的材料、工程设备等进行保管以及施工现场管理、竣工资料汇总整理等服务所需的费用。总包服务范围由建设单位在招标文件中明示，并且发承包双方在施工合同中约定。

① 本费用适用于建设项目从开始立项至竣工投产的全过程承包的“交钥匙”工程，包括建设工程的勘察、设计、施工、设备采购等阶段的工作。此费用应根据总承包的范围、深度按工程总造价的百分比向建设单位收取。

② 当建设单位单独分包时，总分包的配合费由建设单位、总包单位、分包单位三方在合同中约定；当总包单位自行分包时，总包管理费由总分包单位之间解决；安装单位与土建单位的施工配合费由双方协商确定。

③ 江苏省计价标准：建设单位仅要求对分包的专业工程进行总承包和协调时，按分包的专业工程估算造价的1%计算；建设单位要求对分包的专业工程进行总承包管理和协调，并同时要求提供配合服务时，根据招标文件中列出的配合服务内容和提出的要求，按分包的专业工程估算造价的2%～3%计算。

4) 规费

规费是指政府或有权部门规定必须缴纳的费用。

(1) 工程排污费：包括废气、污水、固体及危险废物和噪声排污费等。

(2) 社会保险费：企业应为职工缴纳的养老保险、医疗保险、失业保险、工伤保险和生育保险等五项社会保障方面的费用。建筑工程社会保险费费率为3%。

(3) 住房公积金：企业应为职工缴纳的住房公积金。建筑工程住房公积金费率为0.5%。

5) 税金

税金是指国家税法规定的应计入建筑安装工程造价内的营业税、城市维护建设税、教育费附加及地方教育附加。

(1) 营业税：是指以产品销售或劳务取得的营业额为对象的税种。

(2) 城市维护建设税：是为加强城市公共事业和公共设施的维护建设而开征的税，它以附加形式依附于营业税。

(3) 教育费附加及地方教育附加：是为发展地方教育事业，扩大教育经费来源而征收的税种。它以营业税的税额为计征基数。

① 税金计算公式

$$税金 = 税前造价 \times 综合税率(\%) \tag{2.3.1}$$

② 综合税率

A. 纳税地点在市区的企业

$$综合税率(\%)=\frac{1}{1-3\%-(3\%\times 7\%)-(3\%\times 3\%)-(3\%\times 2\%)}-1 \quad (2.3.2)$$

B. 纳税地点在县城、镇的企业

$$综合税率(\%)=\frac{1}{1-3\%-(3\%\times 5\%)-(3\%\times 3\%)-(3\%\times 2\%)}-1 \quad (2.3.3)$$

C. 纳税地点不在市区、县城、镇的企业

$$综合税率(\%)=\frac{1}{1-3\%-(3\%\times 1\%)-(3\%\times 3\%)-(3\%\times 2\%)}-1 \quad (2.3.4)$$

D. 实行营业税改增值税的，按纳税地点现行税率计算。

**例 2.3.1** 江苏省××市×××工程税前造价为 1 500 万元，该市的营业税税率为 3%，城市维护建设税税率为 3%，教育费附加税率为 4%，请计算该市的税率和该工程的税金。

**解** 

$$综合税率(\%)=\frac{1}{1-3\%-(3\%\times 7\%)-(3\%\times 3\%)-(3\%\times 2\%)}-1 = 3.477\%$$

税金=1 500×3.477%=52.155(万元)

### 2.3.2 工程类别运用要点

(1)《江苏省建筑与装饰工程计价定额》中定额子目的基价由人工费、材料费、机械费、管理费、利润构成。建筑工程将工程类别划分为三类工程，不同类别的项目管理费不同。计价定额中一般建筑工程、单独打桩与制作兼打桩项目的管理费与利润是按照三类工程计入综合单价内的，若工程类别实际是一、二类工程和单独装饰工程的，其费率与计价定额中三类工程费率不符的，应根据 2014 年《江苏省建设工程费用定额》的规定，对管理费和利润进行调整后再计入综合单价内。

(2) 江苏省根据建筑市场历年来的实际施工项目，按施工难易程度，对不同的单位工程划分了类别，各单位工程按核定的类别取费。

① 工程分类

A. 工业建筑工程：指从事物质生产和直接为生产服务的建筑工程，主要包括生产(加工)车间、实验车间、仓库、独立实验室、化验室、民用锅炉房、变电所和其他生产用建筑工程。

B. 民用建筑工程：指直接用于满足人们的物质和文化生活需要的非生产性建筑，主要包括商住楼、综合楼、办公楼、教学楼、宾馆、宿舍及其他民用建筑工程。

C. 构筑物工程：指与工业与民用建筑工程相配套且独立于工业与民用建筑的工程，主要包括烟囱、水塔、仓类、池类、栈桥等。

D. 桩基础工程：指天然地基上的浅基础不能满足建筑物、构筑物稳定要求而采用的一种深基础。主要包括各种现浇和预制桩。

E. 大型土石方工程：指单独编制概预算或在一个单位工程内挖方或填方在 5 000 $m^3$（含 5 000 $m^3$）以上的工民建土石方工程。包括土石方挖或填等。

② 工程类别划分指标设置

A. 工业建筑：单层按檐口高度、跨度两个指标划分；多层按檐口高度一个指标划分。

B. 民用建筑：分住宅和公共建筑，按檐口高度、层数两个指标划分。

C. 构筑物：分烟囱、水塔、筒仓、贮池、栈桥。

D. 大型机械吊装工程：按檐口高度、跨度两个指标划分。

E. 桩基础工程：分预制混凝土（钢板）桩和灌注混凝土桩，按桩长指标划分。

F. 大型土石方工程：根据挖或填的土（石）方容量划分。

注意：凡工程类别标准中有两个指标控制的，只要满足其中一个指标即可按该指标确定工程类别。建筑工程类别划分如表 2.3.2 所示。

**表 2.3.2 建筑工程类别划分表**

| 工程类型 | | | 单位 | 工程类别划分标准 | | |
|---|---|---|---|---|---|---|
| | | | | 一类 | 二类 | 三类 |
| 工业建筑 | 单层 | 檐口高度 | m | ≥20 | ≥16 | <16 |
| | | 跨度 | m | ≥24 | ≥18 | <18 |
| | 多层 | 檐口高度 | m | ≥30 | ≥18 | <18 |
| 民用建筑 | 住宅 | 檐口高度 | m | ≥62 | ≥34 | <34 |
| | | 层数 | 层 | ≥22 | ≥12 | <12 |
| | 公共建筑 | 檐口高度 | m | ≥56 | ≥30 | <30 |
| | | 层数 | 层 | ≥18 | ≥10 | <10 |
| 构筑物 | 烟囱 | 混凝土结构高度 | m | ≥100 | ≥50 | <50 |
| | | 砖结构高度 | m | ≥50 | ≥30 | <30 |
| | 水塔 | 高度 | m | ≥40 | ≥30 | <30 |
| | 筒仓 | 高度 | m | ≥30 | ≥20 | <20 |
| | 贮池 | 容积（单体） | $m^3$ | ≥2 000 | ≥1 000 | <1 000 |
| | 栈桥 | 高度 | m | — | ≥30 | <30 |
| | | 跨度 | m | — | ≥30 | <30 |

续表 2.3.2

| 工程类型 | | 单位 | 工程类别划分标准 | | |
|---|---|---|---|---|---|
| | | | 一类 | 二类 | 三类 |
| 大型机械吊装工程 | 檐口高度 | m | ≥20 | ≥16 | <16 |
| | 跨度 | m | ≥24 | ≥18 | <18 |
| 大型土石方工程 | 单位挖或填土(石)方容量 | $m^3$ | ≥5 000 | | |
| 桩基础工程 | 预制混凝土(钢板)桩长 | m | ≥30 | ≥20 | <20 |
| | 灌注混凝土桩长 | m | ≥50 | ≥30 | <30 |

**例 2.3.2** 某工业重型单层厂房,跨度 21 m,檐口高度 15 m;某综合楼 16 层,檐口高度 56.45 m,地下一层,地下室面积 5 000 $m^2$。请判断以上两个项目的工程类别。

**分析:**查上表,工业建筑单层,跨度 21 m>18 m,跨度指标达到二类,檐口高度 15 m<16 m,跨度指标达到三类,有两个指标控制的,只要满足其中一个指标即可按该指标确定,因此为二类工程。民用建筑公共建筑,层数 16 层>10 层,层数指标达到二类,檐口高度 56.45 m>56 m,檐口高度指标达到一类,有地下室建筑物,工程类别至少二类。因此该综合楼为一类工程。

③ 注意点

A. 工程类别划分是根据不同的单位工程按施工难易程度,结合江苏省建筑工程项目管理水平确定的。

B. 不同层数组成的单位工程,当高层部分的面积(竖向切分)占总面积 30% 以上时,按高层的指标确定工程类别;不足 30% 的按低层指标确定工程类别。

**例:**某建筑工程写字楼,由中间主楼和周围裙楼组成,主楼 12 层,檐口高度 36 m,裙楼 3 层,檐口高度 9 m,主楼每层建筑面积 2 000 $m^2$,裙楼(含 1~3 层主楼部分)30 000 $m^2$,无地下室,请判断工程类别。

**分析:**以竖向切分判断,主楼面积 2 000×12=24 000 ($m^2$),总面积 30 000×3+2 000×9=108 000 ($m^2$),主楼面积占总面积百分比 24 000÷108 000=22.22%<30%,因此按裙楼的指标套工程类别为三类工程。

C. 建筑物、构筑物高度系指设计室外地面标高至檐口顶标高(不包括女儿墙,高出屋面电梯间、楼梯间、水箱间等的高度),跨度系指轴线之间的宽度。

D. 强夯法加固地基、基础钢筋混凝土支撑和钢支撑均按建筑工程二类标准执行。深层搅拌桩、粉喷桩、基坑锚喷护壁按制作兼打桩三类标准执行。专业预应力张拉施工如主体为一类工程按一类工程取费;主体为二、三类工程均按二类工程取费。钢板桩按打预制桩标准取费。

E. 预制构件制作工程类别划分按相应的建筑工程类别划分标准执行。

F. 与建筑物配套的零星项目，如化粪池、检查井、围墙、道路、下水道、挡土墙等，均按三类标准执行。

G. 建筑物加层扩建时要与原建筑物一并考虑套用类别标准。

H. 确定类别时，地下室、半地下室和层高小于 2.2 m 的楼层均不计算层数。空间可利用的坡屋顶或顶楼的跃层，当净高超过 2.1 m 部分的水平面积与标准层建筑面积相比达到 50%以上时应计算层数。底层车库(不包括地下或半地下车库)在设计室外地面以上部分不小于 2.2 m 时，应计算层数。

I. 基槽坑回填砂、灰土、碎石工程量不执行大型土石方工程，按相应的主体建筑工程类别标准执行。如回填土(石)方，需考虑工程量的大小，确定是否执行大型土石方工程。

J. 单独地下室工程按二类标准取费，如地下室建筑面积≥10 000 $m^2$则按一类标准取费。

K. 有地下室的建筑物，工程类别不低于二类。

**例：**檐高 30 m，地上层数 10 层，有地下室的住宅，请核定工程类别。

**分析：**根据地上部分指标属于三类工程，但根据本条规定，由于有地下室应划分为二类。

L. 多栋建筑物下有连通的地下室时，地上建筑物的工程类别同有地下室的建筑物，其地下室部分的工程类别同单独地下室工程。

**例：**地下车库 30 000 $m^2$，车库地上住宅楼三栋，檐高 33 m，层数 11 层，请核定工程类别。

**分析：**地下车库为连通地下室，建筑面积 30 000 $m^2$＞10 000 $m^2$，按一类标准取费。车库地上住宅楼三栋，檐高 33 m，层数 11 层，属于三类标准，但由于有连通的地下室，工程类别同有地下室的建筑物，有地下室的建筑物，工程类别不低于二类，因此车库地上的三栋住宅楼工程类别为二类。

M. 桩基工程类别有不同桩长时，按照超过 30%根数的设计最大桩长为准。同一单位工程内有不同类型的桩时，应分别计算。

**例：**某桩基工程，共需打 500 根预制管桩和 100 根钻孔灌注桩，其中预制管桩设计桩长 40 m 的桩 100 根，35 m 的桩 60 根，25 m 的桩 340 根，钻孔灌注桩长都为 40 m，请核定该打桩工程类别。

**分析：**本项目有两种不同类型的桩，需分开套类别。首先看预制管桩，桩长≥30 m 的有 160 根，占总数 500 根的 32%，因此应按一类工程套用；再看灌注桩，30 m＜桩长＜50 m，因此应按二类工程套用。

N. 对钢结构部分的工程类别划分比较复杂。首先应区别加工地，一是施工现场完成加工制作的钢结构工程安全文明施工措施费、管理费和利润费用标准按照建筑工程执行；二是加工厂完成制作，到施工现场安装的钢结构工程（包括网架屋面），安全文明施工措施费按单独发包的构件吊装标准执行。然后再区分加工厂是否为企业自有，一是加工厂为施工企业自有的，钢结构除安全文明施工措施费外，其他费用标准按建筑工程执行；二是加工厂不是施工企业自有的，钢结构为企业成品购入的，钢结构以成品预算价格计入材料费，费用标准按照单独发包的构件吊装工程执行。

O. 在确定工程类别时，对于工程施工难度很大的（如建筑造型、结构复杂，采用新的施工工艺的工程等），以及工程类别标准中未包括的特殊工程，如展览中心、影剧院、体育馆、游泳馆等，由当地工程造价管理机构根据具体情况确定。

### 2.3.3 工程造价计算程序

1）费用计算

（1）分部分项工程费用＝综合单价×工程量

其中：综合单价＝人工费＋材料费＋机械费＋管理费＋利润

管理费＝（人工费＋机械费）×费率

利润＝（人工费＋机械费）×费率

（2）措施项目费用

① 单价措施项目费＝综合单价×工作量

② 总价措施项目费＝（分部分项工程费－工程设备费＋单价措施项目费）×费率

（3）其他项目费用

① 暂列金额、暂估价按发包人给定的标准计取。

② 计日工：由发承包双方在合同中约定。

③ 总承包服务费：应根据招标文件列出的内容和向总承包人提出的要求，参照下列标准计算：

A. 建设单位仅要求对分包的专业工程进行总承包管理和协调时，按分包的专业工程估算造价的1％计算。

B. 建设单位要求对分包的专业工程进行总承包管理和协调，并同时要求提供配合服务时，根据招标文件中列出的配合服务内容和提出的要求，按分包的专业工程估算造价的2％～3％计算。

（4）规费

① 工程排污费：招投标时，招标控制价和投标报价暂按费率1‰计算，计算基数为“分部分项费用＋措施项目费用＋其他项目费用－工程设备费”，待工程结算时按工程所在地环境保护等部门规定的标准缴纳，按实计取计入。

② 社会保险费及住房公积金＝（分部分项费用＋措施项目费用＋其他项目费用－工程设备费）×费率

(5) 税金=(分部分项费用+措施项目费用+其他项目费用+规费-按规定不计税的工程设备费)×税率

(6) 工程造价=分部分项费用+措施项目费用+其他项目费用+规费+税金

2) 费用说明

(1)《江苏省建筑与装饰工程计价定额》(2014 版)中人工工资标准分为三类:一类工标准为 85 元/工日;二类工标准为 82 元/工日;三类工标准为 77 元/工日。单独装饰工程的人工工资可在计价定额单价基础上按每期发布的江苏省人工工资单价调整,装饰人工工资单价标准是幅度范围,具体在投标报价或由双方在合同中予以明确。

(2) 包工不包料、点工单价包括了管理费、利润、社会保险费和公积金。

(3) 建筑工程管理费和利润计算标准:建筑工程计价定额中的管理费是以三类工程的标准列入子目,其计算基础为人工费加机械费。利润不分工程类别按规定计算。

(4) 土建工程中的机械施工大型土石方工程、基础打桩工程、幕墙工程应单独取费。

3) 建筑与装饰工程造价包工包料计算程序

(1) 工程量清单法计算程序(包工包料)如表 2.3.3 所示。

**表 2.3.3 建筑与装饰工程造价计算程序(包工包料)**

| 序号 | 费用名称 | | 计算公式 |
|---|---|---|---|
| 一 | 分部分项工程量清单费用 | | 清单工程量×综合单价 |
| | 其中 | 1. 人工费 | 人工消耗量×人工单价 |
| | | 2. 材料费 | 材料消耗量×材料单价 |
| | | 3. 机械费 | 机械消耗量×机械单价 |
| | | 4. 管理费 | (1+3)×费率 |
| | | 5. 利润 | (1+3)×费率 |
| 二 | 措施项目费 | | |
| | 其中 | 单价措施项目费 | 清单工程量×综合单价 |
| | | 总价措施项目费 | (分部分项工程费+单价措施项目费-工程设备费)×费率或以项计算 |
| 三 | 其他项目费 | | |
| 四 | 规费 | | |
| | 其中 | 1. 工程排污费 | (一+二+三-工程设备费)×费率 |
| | | 2. 社会保险费 | |
| | | 3. 住房公积金 | |
| 五 | 税金 | | (一+二+三+四-按规定不计税的工程设备金额)×费率 |
| 六 | 工程造价 | | 一+二+三+四+五 |

(2) 工程量清单法计算程序(包工不包料)如表 2.3.4 所示。

**表 2.3.4 建筑与装饰工程造价计算程序(包工不包料)**

<table>
<tr><th>序号</th><th colspan="2">费 用 名 称</th><th>计 算 公 式</th></tr>
<tr><td>一</td><td colspan="2">分部分项工程费中人工费</td><td>清单人工消耗量×人工单价</td></tr>
<tr><td rowspan="2">二</td><td colspan="2">措施项目费中人工费</td><td></td></tr>
<tr><td>其中</td><td>单价措施项目中人工费</td><td>清单人工消耗量×人工单价</td></tr>
<tr><td>三</td><td colspan="2">其他项目费用</td><td></td></tr>
<tr><td rowspan="2">四</td><td colspan="2">规费</td><td></td></tr>
<tr><td>其中</td><td>工程排污费</td><td>(一+二+三)×费率</td></tr>
<tr><td>五</td><td colspan="2">税金</td><td>(一+二+三+四)×费率</td></tr>
<tr><td>六</td><td colspan="2">工程造价</td><td>一+二+三+四+五</td></tr>
</table>

## 复习思考题

1. 建设工程投资由哪几部分组成?
2. 根据现行规定,我国建筑安装工程造价可分解为哪几部分性质不同的费用?
3. 工程建设其他费用主要包括哪几方面?
4. 按现行费用定额的规定,建筑工程费用由哪几部分组成?
5. 如何划分工程类别?
6. 简述现行建筑安装工程造价的计算程序。

# 3 建设工程定额

建设工程是人们为了获得固定资产而开展的一次性活动。

建设工程的实施过程，首先必须明确目标，即定义所需的固定资产；其次必须组织劳动力和机械设备等资源形成相应的建设能力；再次必须将这种建设能力作用于建筑材料和工程设备，最终将材料和设备转变成所需的固定资产。

在组织资源形成建设能力并借助于这种能力将建筑材料和工程设备转变成固定资产的过程中，必须占用资源的工作时间并消耗建筑材料。建设工程实施过程中必须使用资源和消耗材料的数量标准称为建设工程定额，建设工程定额规定了建设工程实施过程必须达到的生产率水平。

为了编制出符合实际的定额，必须研究建设工程的实施过程，并据此总结建设工程实施过程中投入和产出之间的数量关系，揭示相对稳定的生产率水平，进而将这种相对稳定的生产率水平转化成其适用范围内的数量标准。

建设工程定额作为规定建设工程实施过程生产率水平的数量标准，是编制建设工程计划、估算工程造价以及对建设工程投资进行有效控制的重要依据。

## 3.1 建设工程定额概述

建设工程定额规定了建设工程实施过程中必须达到的生产率标准，根据不同的性质，可以将建设工程定额分成不同的种类，不同种类的建设工程定额具有不同的特点，相应的，其作用也不尽相同。

### 3.1.1 建设工程定额的基本概念

建设工程定额是指在正常的施工条件下，完成单位合格建设工程产品的建设任务所需人工、材料、机具等生产要素消耗的数量标准。

在理解建设工程定额的概念时，还必须注意以下几个问题：

(1) 建设工程定额属于生产消费定额。建设工程的实施过程属于物质资料的生产过程，而物质资料的生产过程必然也是生产的消费过程。无论是新建、改建、扩建，还是恢复工程，都要消耗大量的人力、物力和资金。建设工程定额所反映的，正是在一定的生产力发展水平条件下，完成建设工程产品与相应生产消费之间的特定的数量关系。

建设工程产品与相应生产消费之间的特定的数量关系，一经定额编制部门的确定，即成为建设工程实施过程中生产消费的限量标准。这种限量标准，一方面是定额编制部门对建设工程实施单位在生产效率方面的一种要求，另一方面也是建设工程实施单位用以编制建设计划、考核和评价工程实施效果的重要标准。

(2) 建设工程定额的定额水平，必须与当时的生产力发展水平相适应。人们一般把建设工程定额所规定的生产要素消耗量的大小称为定额水平。定额水平受一定的生产力水平的制约。一般来说，生产力发展水平高，则生产效率高，生产过程中的消耗就少，定额所规定的生产要素消耗量应相应地降低，称为定额水平高；反之，生产力水平低，则生产效率低，生产过程中的消耗就多，定额所规定的生产要素消耗量应相应地提高，称为定额水平低。

建设工程定额的定额水平必须如实地反映当时的生产力水平，反映现实的生产效率水平，或者说，建设工程定额所规定的生产要素消耗的数量是在一定的生产力水平、一定的生产效率水平条件下的限量标准。为此，在编制建设工程定额时，必须根据定额的不同作用，在其适用范围内选择有代表性的工程实施过程加以考察、测定，即必须从生产工艺、机械装备、组织管理水平等多个角度，构筑一个定额适用范围内大部分生产部门或单位能够达到的建设工程实施过程作为样本，通过对样本的考察、测定，获得生产要素消耗量的数据，借助定额编制部门的权威把它转变成一种限量标准，作为今后其他建设工程实施过程中生产性消费的限量标准。

(3) 建设工程定额所规定的生产要素消耗量，是指完成单位合格建设工程产品的建设任务，所需消耗生产要素的限量标准。这里所谓的建设工程产品是一个笼统的概念，是一种假设产品，其含义随不同的定额而改变，它可以指整个建设工程项目的建设过程，也可以指建设工程施工中的某个阶段，甚至可以指某个施工作业过程或某个施工工艺环节。一般来说，把建设工程产品称为建设工程定额的标定对象，不同的建设工程定额有不同的标定对象。

(4) 建设工程定额反映的生产要素消耗量的内容，包括了为完成工程产品的生产任务所需的所有消耗。建设工程实施过程是一项物质生产活动，为完成物质生产任务必须形成有效的生产能力，生产能力的形成必须消耗劳动力、劳动对象和劳动工具，反映在建设工程实施过程中，即为人工、材料和机具等三种消耗。

### 3.1.2 建设工程定额的分类及作用

建设工程定额是工程建设管理中所使用的各类定额的总称，为了对建设工程定额有一个全面的了解，必须按照不同的原则和方法，对其进行科学的分类。按照不同的分类方法，建设工程定额可以分成不同的类型，不同类型的定额其作用也不尽相同。

1) 按定额所反映的物质消耗的性质分类

按定额所反映的物质消耗的性质分类，建设工程定额可以分成劳动定额、材料消耗定额及机械台班消耗定额等三种类型。

(1) 劳动定额

劳动定额是指在正常的施工条件下，完成单位合格建设工程产品的施工任务，所需劳动力消耗的数量标准。劳动定额所反映的劳动力消耗，其含义是指活劳动的消耗，而不是活劳动和物化劳动的全部消耗。根据反映活劳动消耗的方式不同，劳动定额包括时间定额和产量定额两种形式。时间定额以劳动力的工作时间消耗为计量单位来反映劳动力的消耗，其形式表现为完成单位合格建设工程产品的施工任务所需消耗生产工人的工作时间；产量定额则以生产工人在单位工作时间里所必须完成的建设工程产品的数量来反映劳动力的消耗，其形式表现为生产工人在单位工作时间里必须完成工程产品的产量。为了便于综合和核算，劳动定额大多采用时间定额的形式。

(2) 机械台班消耗定额

机械台班消耗定额是指在正常的施工条件下，完成单位合格建设工程产品的施工任务，所需施工机具消耗的数量标准。根据反映机具消耗的方式不同，机械台班消耗定额同样包括时间定额和产量定额两种形式。时间定额以施工机具的工作时间消耗为计量单位来反映机具的消耗，其形式表现为完成单位合格建设工程产品的施工任务所需消耗机具的工作时间；产量定额则以机具在单位工作时间里所必须完成的建设工程产品的数量来反映机具的消耗，其形式表现为施工机具在单位工作时间里必须完成工程产品的产量。由于我国习惯上是以一台机具一个工作班(台班)为机具消耗的计量单位，所以又称为机械台班消耗定额。

(3) 材料消耗定额

材料消耗定额是指在正常的施工条件下，完成单位合格建设工程产品的施工任务所需材料消耗的数量标准。材料作为劳动对象，是构成建设工程的实体物资，需用数量很大，种类繁多，所以材料消耗量的多少、消耗是否合理，不仅关系到资源的有效利用，影响市场供求状况，而且对建设工程的投资、建筑产品的成本控制都起着决定性的影响。

材料消耗定额在很大程度上可以影响材料的合理调配和使用，在产品生产数量和材料质量一定的条件下，材料的供应计划和需求都会受材料消耗定额的影响。重视和加强材料定额管理，制定合理的材料消耗定额，是组织材料正常供应、保证生产顺利进行、合理利用资源、减少积压浪费的必要前提。

由于劳动力、劳动对象和劳动工具是形成生产力的三个基本要素，所以任何生产过程均伴随着上述三个基本要素的消耗。反映在建设工程领域，任何建设工程实施过程均伴随着人工、材料和机具的消耗。所以把劳动定额、材料消耗定额和机械台班消耗定额称为三大基本定额，它们是组成任何使用定额消耗内容的基础。

2) 按定额的编制程序和用途分类

按定额的编制程序和用途分类，可以把建设工程定额划分为施工定额、预算

(计价)定额、概算定额或概算指标等三种类型。

(1) 施工定额

施工定额是指在合理的资源组合及节约材料的前提下,完成单位合格施工单元(工作过程、综合工序)及分项工程(建筑构件)的施工任务,所需人工、机具和材料消耗的数量标准。

施工定额是一种作业性定额,包括资源定额和材料消耗定额两部分内容。其中,资源定额反映具有合理资源配置的专业生产班组,在开展相应施工活动(施工单元、工作过程、综合工序)时必须达到的生产率水平,它是考核施工单位劳动生产率的标尺;材料消耗定额反映在合理节约材料的前提下,完成分项工程(建筑构件)的施工任务所需材料消耗的数量标准。施工定额是施工企业开展生产管理和确定工程施工成本的重要依据。

施工定额是施工企业进行生产管理的重要依据,也是建设工程定额体系中最基础性的使用定额,它在施工企业生产管理中所发挥的主要作用如下:

① 施工定额是施工企业编制施工组织设计和施工作业计划的依据。各类施工组织设计的内容一般包括三个方面,即拟建工程施工对资源和材料的需求、使用这些资源和材料的最佳时间安排以及施工现场平面规划。确定拟建工程的资源和材料需求量,需要依据施工定额;排列施工进度计划以确定不同时间上的资源配置和相应的材料需求,也需要依据施工定额。

施工作业计划的内容一般也包括三个方面:本月(旬)应完成的施工任务、完成施工任务的资源和材料需求计划、提高劳动生产率和节约材料措施计划。编制施工作业计划,需要以施工定额提供的数据作为依据。

② 施工定额是组织和指挥施工生产的有效工具。施工企业在组织和指挥施工生产时,一般会按施工作业计划下达施工任务书。施工任务书列明应完成的施工任务,也记录生产班组实际完成计划任务的情况,并据此进行班组工人的工资核算。施工任务书包括的实物工程量计量单位、产量定额和计件单价等,均需取自施工定额,工资核算也需要根据施工定额的完成情况计算。

③ 施工定额是计算工人劳动报酬的根据。社会主义的分配原则主要是按劳分配,所谓劳主要是指劳动的数量和质量、劳动的成果和效益。施工定额是衡量生产工人劳动数量和质量的标准,是计算工人计件工资的基础,也是计算奖励工资的依据。完成定额好,工资报酬就多;达不到定额,工资报酬就少。真正实现多劳多得,少劳少得。

④ 施工定额有利于推广先进技术。作业性定额水平中包含着某些已成熟的先进的施工技术和经验,工人要达到和超过定额,就必须掌握和运用这些先进技术,注意改进工具和改进技术操作方法,注意节约原材料,避免浪费。当施工定额明确要求采用某些较先进的施工工具和施工方法时,贯彻作业性定额就意味着推

广先进技术。

⑤ 施工定额是编制施工预算，加强成本管理和经济核算的基础。施工预算是施工企业用以确定单位工程人工、机具、材料和资金需要量的计划文件，它以施工定额为编制基础，既反映设计图纸的要求，也考虑在现实条件下可能采取的提高生产效率和降低施工成本的各项具体措施。严格执行施工定额不仅可以起到控制消耗、降低成本和费用的作用，同时也为贯彻经济核算制度、加强班组核算和增加盈利创造了良好的条件。

由此可见，施工定额在施工企业生产管理的各个环节中都是不可缺少的，针对施工定额的科学管理，是有效开展施工管理的重要基础工作。

(2) 预算(计价)定额

预算(计价)定额是指在合理的施工组织和正常的施工条件下，完成单位合格分项工程(建筑构件)的施工任务所需人工、机具、材料消耗的数量标准。

预算(计价)定额是一种计价性定额，基于合理的施工组织和正常的施工条件，预算(计价)定额规定的人工、机具、材料的消耗，范围包括了为生产单位合格建筑构件发生在施工现场的“一切在内”的消耗。

预算(计价)定额作为计价性定额，应该由施工企业根据本企业的实际情况自行编制，作为本企业承包工程造价计价工作的直接依据。

预算(计价)定额的主要作用如下：

① 预算(计价)定额是确定承包工程造价(价格)的重要依据。承包工程具有单件性及一次性特点，为了有效确定承包工程造价，根据我国现行工程造价计价办法的规定，承包工程均应根据其不同的工程特点，并依据相应的预算(计价)定额，单独进行工程造价的计价活动。从承包工程造价的计价过程看，无论是施工图设计阶段编制施工图预算、发承包阶段编制招标控制价或投标报价、施工阶段调整合同价款及办理中间结算，还是竣工阶段编制竣工结算，都离不开预算(计价)定额。

② 预算(计价)定额是施工企业控制工程造价的基础。施工企业进行工程造价控制的内容包括两个方面：一是通过对外正确核算工程造价以确保企业的合理收入；二是通过对内实施费用控制以确保合理降低施工成本，不论是对外核算工程造价还是对内实施费用控制，均需要依据预算(计价)定额。

③ 预算(计价)定额是投资决策的重要依据。建设工程项目投资决策部门可以利用预算(计价)定额估算建设工程所需的投资额，在此基础上预测建设工程实施过程的现金流量，有效提高决策的科学性，优化投资行为。

(3) 概算定额或概算指标

概算定额或概算指标是指在一般社会平均生产力水平及一般社会平均生产效率水平的条件下，完成单位合格建设工程产品的建设任务所需人工、机具、材料消耗的数量标准。

概算定额或概算指标作为计价性定额，规定了在一般社会平均生产力水平及一般社会平均生产效率水平的条件下，完成单位合格建设工程产品所需人工、材料、机具的消耗标准，是编制项目建议书、开展可行性研究和编制设计任务书等阶段进行投资估算、预测项目投资额的重要依据，也是编制扩大初步设计概算阶段计算和确定概算造价，计算劳动力、机具台班、材料需要量的重要依据。

概算定额或概算指标非常概略，定额项目的划分较粗，定额对象包括的工程内容比较综合，一般以完成建设工程中某项扩大结构构件甚至整个单位工程的施工任务为计算对象，以适应在项目建议书、可行性研究和设计任务书等阶段编制投资估算或在扩大初步设计阶段编制扩大初步设计概算的需要。概算定额或概算指标是建设工程的投资主体控制建设投资的重要依据，在建设工程的投资管理中发挥着重要的作用。

在建设工程实施过程的各个不同阶段，出于投资控制和价格管理的需要，分别要使用施工定额、预算（计价）定额、概算定额或概算指标作为确定和控制建设工程造价的依据，所以一般把上述三种定额称为三大使用定额。

## 3.2　时间研究

时间研究的成果是编制施工定额的重要依据，施工定额作为施工企业用于内部生产管理的标准，一般由资源定额和材料消耗定额两部分组成，其中，资源定额是在时间研究的基础上，经标准化过程形成的。

### 3.2.1　时间研究的概念

时间研究是测量完成一项工作所需资源时间的应用技术。围绕施工过程的时间研究，研究对象是施工单元（也称为工作过程、综合工序等，以下统称为施工单元），研究成果是施工单元的额定生产率，采用的方法是时间测量技术。

从施工组织的角度看，施工单元是组成施工过程的最基本的活动单元。依据一定资源配置条件下所能形成的施工能力，施工单元具有属于其自身属性的相对稳定的生产率。时间研究的目的，就是借助于时间测量技术，将属于施工单元自身属性的额定生产率揭示出来。

时间测量技术是指在一定的标准测量条件下，通过对施工单元的作业时间和相应产出成果进行观察记录和统计分析，最终确定施工单元额定生产率的程序和方法。

由于不可避免地会受到干扰因素的影响，在实际施工过程中，同一个施工单元在不同的工程上，或同一个施工单元在同一工程的不同施工阶段上，其能够达到的实际生产率水平是不同的。时间测量技术企图运用现场测量和统计分析的原理，排除施工过程中影响施工单元生产率的一系列干扰因素，从而确定在既定的标准工作条件下，由施工单元自身属性决定的生产率标准。

生产率作为一种衡量生产过程中投入和产出关系的经济指标，通常可以采用两种方法加以计量，其一是完成一个计量单位施工单元的施工任务所需施工资源的工作时间（时间定额），其二是在一定资源配置条件下，单位时间内所能形成施工单元产出成果的数量（产量定额）。

科学合理的生产率标准可以在施工管理的如下方面发挥重要作用：

（1）编制资源定额的直接依据；

（2）为确定合适的人员和机械配置提供决策依据，实现施工项目的均衡施工；

（3）确定标准的计划目标，为成本和进度控制提供依据。

### 3.2.2 施工过程分析

工程产品的单件性导致施工过程的一次性，由于需根据拟建工程的特点选择施工技术和组织方法，所以，就整体而言，在不同拟建工程的施工过程中，客观上能够达到的生产率水平是不同的。为了获得相对稳定的生产率，必须将复杂的施工过程分解开来，形成一系列相对简单的施工活动，并以这些施工活动为时间研究的对象，通过基于标准化过程的时间测量，获得施工活动的额定生产率。

将施工过程分解开来，形成具有层次化树状结构的一系列施工活动，被称为构建施工过程的工作分解结构（Work Breakdown Structure，简称 WBS）。如果将拟建工程的施工过程称为施工项目，则基于对施工技术和组织方法的一般规律的认识，可以归纳出如图 3.2.1 所示的施工过程一般模型。

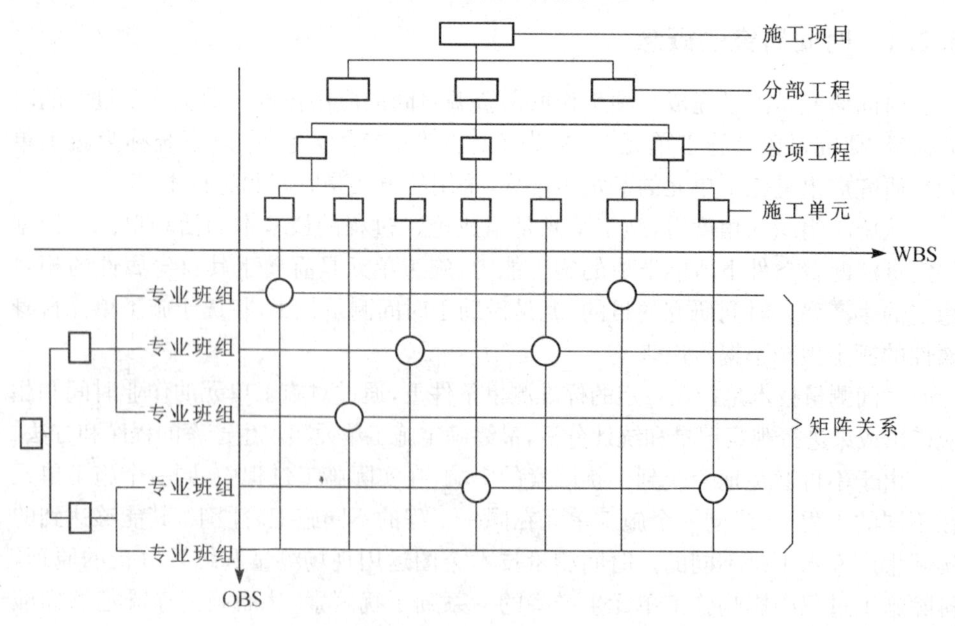


图 3.2.1 拟建工程施工过程一般模型示意图

首先，施工过程是一系列具有层次化树状结构的施工活动的集合，构成施工过程的施工活动，根据活动采用的技术方法及复杂程度不同，可依次分解成分部工程、分项工程、施工单元等不同的层次。

其次，作为施工活动的实施主体，配置在施工现场的施工资源同样具备相应的层次性。这种由施工资源组成的层次化树状结构，被称为施工过程的组织分解结构（Organization Breakdown Structure，简称 OBS）。处于组织分解结构中不同层次的资源组合，分别作用于不同的施工活动，才能形成完成施工任务所需的施工能力。

最后，如果不考虑施工过程的时间因素，则工作分解结构与组织分解结构之间是一种矩阵关系，基于这种施工过程的矩阵关系，施工过程工作分解结构中不同层次的施工活动具有下列基本特征。

(1) 施工单元

施工单元是施工过程工作分解结构中最基层的施工活动。它通常由最基本的资源组合，也就是施工现场最基本的生产单位，即专业生产班组，为完成最基本的施工任务而开展的施工活动。从施工组织的角度看，施工单元是组成施工过程的最基本的活动单元。

(2) 分项工程

分项工程是指在施工现场同时进行的并且在工艺上紧密相关的若干施工单元的集合。作为较施工单元高一层次的施工活动，分项工程的实施主体一般由若干在工艺上紧密相关的专业生产班组组合而成。分项工程的施工成果，通常是完成拟建工程的某项可交付物（建筑构件）的施工任务。所谓可交付物，是指构成永久性或临时性工程的有形的、可单独检验和计量的生产成果。

(3) 分部工程

根据不同的管理需要，可将具有某种共同特征的分项工程进行集成，通过集成组成不同的分部工程。例如，如果按专业工种不同对分项工程进行集成，则可以形成土方、砌筑、混凝土浇筑等分部工程；再如，如果按工程部位对分项工程进程集成，则可以形成基础、主体结构、屋盖、楼地面等分部工程。在划分分部工程时，不论从什么角度进行集成，分部工程的实施主体均是由具备某种共同特征的专业生产班组在更大范围内的集合。

### 3.2.3 工作时间分析

施工单元生产率的大小，取决于其施工过程中需占用施工资源的工作时间和相应产出数量的比例关系。对施工资源工作时间的计量，出于使用上的需要，一般采用标准时间的计量方式。

标准时间即定额时间，是指在正常的施工条件下，施工资源开展施工活动所必需的时间占用，它由直接完成施工任务所需的基本时间和必须分摊的时间损耗两部分组成。工作时间分析的意义，就在于通过对构成标准时间的基本时间和时间损耗进行明确的定义，为时间测量工作提供统计分组的依据。

考察资源在施工过程中的活动规律可以发现，在工作班（8小时）延续时间内，施工资源的时间分配情况如下：

1）基本时间

基本时间是指发生在与完成施工作业直接相关的施工活动上的资源时间，该时间反映施工资源按完成施工作业的工艺要求开展工作所能达到的最高的生产率水平。根据在施工作业过程中所发挥作用的不同，基本时间一般包括基本工作时间、辅助工作时间和不可避免的中断时间等三种情况。

（1）基本工作时间

基本工作时间是指施工资源在完成施工任务的工作过程中直接作用于施工对象使其改变外形、位置、形态的时间。例如在施工资源的直接作用下使钢筋成型、使混凝土变成构件、把材料从一个地点运送到另一个地点等。

（2）辅助工作时间

辅助工作时间是指为确保基本工作能顺利进行而必须开展的辅助性工作所需的时间。资源在进行辅助性工作时并不能使施工对象发生外形、位置、形态的改变，但它是完成施工任务所必需发生的。例如，在砌筑砖墙时必须挂灰线、施工过程中对工具的校正和维护、施工机械的调整以及搭设小型脚手架、运输车辆空车返回等。

（3）不可避免的中断时间

不可避免的中断时间是指由于施工工艺的特点引起了施工作业中断，使资源处于停等状态的时间。受施工工艺和技术条件限制，施工过程中客观上存在着资源的停等，所以，资源的中断时间是由施工单元的内部原因引起的工作中断。例如，汽车等待装车、卸货的时间，混凝土搅拌机在装料时间内的等待，与混凝土搅拌机配合施工的工人在搅拌机转动时的等待时间等。

基本时间的长短是由施工单元自身性质决定的，属于完成施工作业所必需的“内部”时间，是在不受任何干扰因素影响的条件下，独立地完成施工作业所需占用资源的时间。

2）合理的时间损耗

考虑到施工生产的特殊性，在确定施工单元所需资源时间的过程中，在计算基本时间的基础上，还必须适当考虑资源在工作班（8小时）延续时间内不可避免的时间损耗。

合理的时间损耗是指虽然不是直接发生在施工单元的作业过程中，但受现有施工方法和组织体制的制约，施工资源在工作班（8小时）内发生的不可避免的时间损耗。按照引起时间损耗的原因分类，则合理的时间损耗一般可包括准备与结束工作时间、必要的休息时间和意外事件引起的时间损耗等三种情况。

（1）准备与结束工作时间

准备与结束工作时间是指发生在执行施工任务前或完成施工任务后所需开展的准备工作和结束工作所占用资源的时间。在工作班延续时间内，施工资源除了从事与完成施工任务直接相关的施工作业外，还必须为完成施工任务进行必要的准备和结束工作。按引起准备和结束工作的原因分类，一般可分为班内准备与结束时间和任务内准备与结束时间。

班内准备与结束时间是指受作息制度的影响，每天上班后到正式开始工作期间所需进行必要准备的时间和每天结束工作任务到正式下班期间从事必要结束工作的时间。班内准备工作时间包括每天从工地仓库领取料具的时间、机器开动前的观察和试车时间、到达工作面的时间以及由于各专业生产班组之间的不同步引起的等待时间等。班内结束工作时间包括清理机械设备的时间、整理清洗工具的时间、退还料具的时间、从工作面上下来的时间等。

任务内准备和结束时间是指与工作班的交替无关，而是在接受和完成具体施工任务时必须开展的准备工作和结束工作的时间。例如在接受施工任务时的技术交底时间、研究施工图纸的时间、接受施工任务书的时间以及交工验收的时间等。

（2）必要的休息时间

必要的休息时间是指生产工人在施工过程中为恢复体力所必需的短暂休息以及由其他生理需要引起的时间损耗，这种时间是为了保证工人精力充沛地进行工作，应作为合理损耗的时间。受生理和心理因素的制约，生产工人在工作班内必须进行适度的休息以确保能精力充沛地进行工作，由工人的休息所引起的施工资源的闲置等待的时间是资源在工作班内客观存在的时间损耗。

（3）意外事件引起的时间损耗

在现场施工过程中客观上存在着一些不能精确定义但又可能发生的意想不到的事件，意外事件的发生可能会引起配置在施工现场的资源出现停等或降低工作效率的情况。由意外事件引起现场资源的闲置等待或工作效率的降低，同样是施工资源在工作班内时间分配的组成部分，所以必须将其计入标准时间。意外事件引起的时间损耗包括：

① 工具的损坏、调整和维修引起的等待时间；

② 由分包商的过错、材料短缺、机械损坏等原因引起的资源闲置等待时间；

③ 意料不到的现场条件，如不良的地面条件或恶劣天气等引起的工作效率降低；

④ 一次性作业；

⑤ 施工过程中出现的其他干扰因素，如设计变更或地基条件变更等。

合理的时间损耗由于其不可避免，所以必须纳入标准时间的计量范围。

3）损失时间

损失时间即非定额时间，是指与完成施工任务的作业过程无关，工作班内由于施工技术和组织的缺陷、操作人员的过错等因素引起的资源时间损失。由于该损失时间可以通过加强管理予以避免或可以在进度计划中定量地反映，所以它不能作为标准时间的组成部分。

（1）多余工作时间

多余工作时间是指资源进行了施工任务以外的工作而引起的时间损失。例如对质量不合格的产品进行返工的时间、盲目提高质量标准引起的生产效率降低等。多余工作时间一般是由生产工人或管理人员的差错引起的，所以，一般可通过加强管理加以避免。

（2）组织不当引起的资源闲置

在施工过程中，相关施工活动之间存在着技术和组织上的相互关系，这种关系的存在使得施工活动不能以完全自主的方式进行施工作业，某项施工活动的作业过程受其他相关施工活动作业进展情况的制约。如果组织不当，则存在于施工活动之间的不协调关系可能会引起施工活动的作业中断，从而导致配置于该施工活动上的资源出现闲置。

由于组织不当引起的资源闲置时间主要来源于施工活动之间的不协调的制约关系，所以，这种时间不是完成施工任务所必需的，它不属于标准时间的考虑范围。虽然在确定施工活动的标准时间时不考虑因施工组织不当引起的资源闲置时间，但这种时间损失可能在施工过程中客观存在，对于因组织不当引起的资源闲置时间，通常可以在针对施工项目的进度计划过程中得到定量的体现。

（3）违反劳动纪律的时间损失

违反劳动纪律的时间损失是指生产工人在工作班内因为迟到、早退、擅自离岗、办私事等不遵守劳动纪律引起的时间损失。

施工资源在工作班(8 小时)内的时间分配，主要包括三个部分，其一是与完成施工任务直接相关的基本时间，其二是受施工方法和组织体制制约不可避免的时间损耗，其三是不合理的时间损失。其中，基本时间与合理的时间损耗构成了资源完成施工任务的作业过程的标准时间。时间研究的任务，就是要借助于时间测量和统计分析技术，在把握施工资源在工作班内时间分配规律的基础上，定量地研究施工资源在某施工单元作业过程中的基本时间和相应的时间损耗，据此确定该施工单元的标准时间。

### 3.2.4 时间研究的程序

时间研究的目的是测量完成一项施工活动所需的标准时间，以便建立生产工人和施工机具在完成该施工活动的施工任务时所能达到的生产率标准。为了使研究成果具有普遍的适用性，时间研究一般按下面的程序开展工作。

1）确定并定义时间研究的对象

时间研究的对象就是需要进行时间测量的施工单元，为了获取稳定的测时数据以确保时间研究的成果具有普遍的适用性，必须对需要开展时间测量的施工单元进行严格的定义。通过定义施工单元所包含的工作内容、配置在施工现场的资源、施工作业的对象、所处的施工条件以及测量其产出成果时所采用的计量单位和计量规则等内容，以完成对施工单元的标准化过程。

2）基本时间的测量

在确定并定义施工单元的基础上，深入施工现场，选择有代表性的施工单元作为统计调查的样本，对其施工过程进行计时观察，记录在一定资源配置条件下该施工单元的基本时间以及相应的产出数量，并据此计算该施工单元完成单位产出成果所需基本时间的观察值。

反复进行若干次计时观察，记录抽样调查所需的样本数据，在此基础上对样本数据进行统计分析，最终确定施工单元的基本时间。

3）时间损耗的测量

以负责施工单元施工的专业生产班组中的某项施工资源为观察对象，对其在工作班内的时间分配情况进行写实记录，计算该施工单元所属的施工资源在工作班内所发生的合理时间损耗与工作班延续时间的百分比。

反复若干次这样的写实记录，形成抽样调查所需的样本数据，对样本数据进行统计分析，获得能够反映该施工单元所属施工资源在工作班内所需合理时间损耗与工作班延续时间比例关系一般水平的百分比数据，则该百分比数据即为施工单元的合理时间损耗率。

4）确定施工单元的额定生产率

将施工单元的基本时间加上相应的合理时间损耗即为该施工单元的标准时间，由于施工单元的标准时间反映该施工单元在标准的工作条件下完成单位产出任务所需的资源时间，所以它就是该施工单元的额定生产率。

### 3.2.5 确定并定义时间研究的对象

时间研究的对象就是需要进行时间测量的施工单元，为了获得稳定的测时数据以确保时间研究的成果具有普遍的适用性，在开展时间测量之前，必须在对施工过程进行研究的基础上，建立划分施工单元的标准，进而在该标准的指导下将施工过程分解成不同的施工单元，并对施工单元的工作内容、资源配置、作业对象、生产条件、计量单位及相应计量规则等内容进行严格的定义，以完成对施工单元的标准化过程。

1）工作内容

对施工单元所含工作内容的定义，就是要明确施工单元所需完成施工任务的具体内容并据此规定不同施工单元之间在施工任务方面的分界线。

施工单元的工作内容是指该施工单元的实施主体在开展施工作业时必须完成的施工任务，在定义施工单元的工作内容时，应该根据完成施工任务的工艺要求确定其实施主体所必须完成的具体工作。

组成施工过程的施工单元之间客观上存在着十分紧密的系统联系，它们原本是不可分割的有机整体，所谓对施工单元的划分，其实是按实施主体的不同，在概念上对施工过程进行的人为分解。所以，在定义施工单元的工作内容时，还必须对不同施工单元之间的边界条件进行明确的规定。

2）资源配置

作为施工单元实施主体的施工资源，其配置情况直接决定施工单元生产率的高低，在不同资源配置条件下完成同一项施工任务，其能够达到的生产率是不同的。所以，在定义施工单元时，必须对配置在施工单元上的通常以专业生产班组形式存在的施工资源的配置情况进行定义，明确组成该专业生产班组的施工资源的性质、种类、规格以及不同资源之间的数量结构等情况。

配置在施工单元上的施工资源，按其在施工过程中发挥作用的不同，一般可分为主动性资源和辅助性资源两类。主动性资源是指在施工过程中处于主动地位并且可以自主作业的资源，该资源所具有的生产能力直接决定了施工单元的生产率，例如，在"搅拌混凝土"施工单元的实施主体中，由于混凝土搅拌机在搅拌混凝土的施工作业中处于主动地位，所以是主动性资源。辅助性资源是指在施工过程中处于被动地位并且仅仅对主动性资源的作业过程起辅助作用的资源，由于该资源只是发挥辅助性作用，所以其生产能力的发挥要受主动性资源作业状况的影响，例如，在"搅拌混凝土"施工单元的实施主体中，由于与混凝土搅拌机配合施工的普通工人在搅拌混凝土的施工作业中处于辅助地位，所以是辅助性资源。

由于不同性质、不同种类和规格以及不同数量构成的施工资源的组合能形成不同的生产能力，所以在对施工单元的资源配置进行定义时，还必须在区分主动性资源和辅助性资源的基础上，明确规定施工单元所采用的这些资源的具体种类和规格，并确定相应的数量构成。

3）作业对象

施工单元的作业对象是指诸如材料和构配件等施工作业所指向的物料，施工过程采用物料的品种、规格以及质量等级不同，必将影响施工单元的生产率。所以，必须对施工单元的作业对象进行明确的定义。

4）施工生产条件

施工生产条件也会影响施工单元的生产率。为了获得稳定的测时数据，必须对施工单元所处的正常的施工生产条件进行明确的定义。

所谓正常施工生产条件的具体内容，一般包括如下几个方面：

（1）施工方法

在一定资源配置条件下完成同样的施工任务，采用不同的施工方法会产生不同的生产率，施工单元的生产率应该以科学合理的施工方法为前提。为此，必须根据施工经验或通过施工方法研究确定施工单元完成施工任务所采用的科学合理的方法。

（2）用工制度

用工制度一般包括雇佣条件、劳动组织形式、作息时间以及工资报酬的支付方式等内容，不同的用工制度不仅会影响生产班组在工作班延续时间内的时间分配，而且会影响工人的生产积极性，从而影响施工单元的生产率。

（3）安全措施

施工单元的生产率应该以确保安全施工为前提。为此，必须根据施工规范和安全操作规程的要求，确定施工单元在完成施工任务时必须采取的安全措施。

（4）气候条件

正常施工生产条件还应该包括气候的因素，在定义所谓正常的气候条件时，一般应将大风、暴雨、严寒、高温等恶劣天气排除在外。

施工单元能够达到的生产率水平，必须以"正常"的施工生产条件为前提，所谓正常的施工生产条件，应该是在符合有关施工技术规范和安全操作规程的要求、符合正确的施工组织和劳动管理条件、采用已经推广的先进的施工技术和方法的基础上，施工企业在组织施工时应该具备也能够具备的施工生产条件。

5）生产成果的质量标准、计量单位和计量规则

对施工单元进行定义，还必须对施工单元的生产成果也就是对通过施工作业所形成的工程产品的质量标准、计量单位及计量规则进行明确的规定。

对施工单元的生产成果进行定义，就是要明确规定生产成果的产品标准、规格和质量要求等方面内容。为了对施工单元的成果进行有效计量，还必须规定施工单元生产成果的计量单位和相应的计量规则。

对施工单元进行划分和定义，是一项技术要求高并且十分繁琐的基础性工作，该工作的质量状况将直接影响时间研究的质量和效率。为了形成能代表施工过程工作分解结构一般模式的施工单元体系，必须组织专门机构从事该项工作以完成对施工单元的标准化过程。

### 3.2.6 基本时间的测量

施工单元的基本时间必须来源于实际的施工作业过程。在确定并定义时间研究对象的基础上，时间测量人员必须深入施工现场，选择有代表性的施工单元作为抽样调查的样本，通过直接观察施工单元的作业过程，测量并记录被观察的施工单

元在完成施工任务时所发生的时间消耗和相应施工成果的数量，据此计算每次抽样调查所形成的施工单元基本时间的观察值。反复进行若干次这样的抽样调查，当施工单元基本时间的观察值达到一定数量时，借助于统计分析的原理，就可以据此计算出该施工单元的相对稳定的基本时间。

用以测量施工单元基本时间的调查记录表必须能全面地反映被测量对象的相关信息。表 3.2.1 是测量施工单元基本时间所用的调查记录表。

**表 3.2.1　时间研究观察记录表(基本时间观察记录)**

工程名称:某工程　　　　　　　　　　　　观察日期:某年某月某日

<table>
<tr><td>生产班组</td><td colspan="2"></td><td>单元名称</td><td></td><td>计量单位</td><td colspan="2"></td><td>完成数量</td><td></td></tr>
<tr><td>记录人员</td><td colspan="2"></td><td>允许误差</td><td></td><td>置信程度</td><td colspan="2"></td><td>基本时间</td><td></td></tr>
<tr><td>观察记录时的资源配置</td><td colspan="4"></td><td>对所处施工条件的描述</td><td colspan="4"></td></tr>
<tr><td>记录编号</td><td>起始时间</td><td>终止时间</td><td>等级系数</td><td>延续时间</td><td>记录编号</td><td>起始时间</td><td>终止时间</td><td>等级系数</td><td>延续时间</td></tr>
<tr><td></td><td></td><td></td><td></td><td></td><td></td><td></td><td></td><td></td><td></td></tr>
<tr><td></td><td></td><td></td><td></td><td></td><td></td><td></td><td></td><td></td><td></td></tr>
<tr><td></td><td></td><td></td><td></td><td></td><td></td><td></td><td></td><td></td><td></td></tr>
<tr><td></td><td></td><td></td><td></td><td></td><td></td><td></td><td></td><td></td><td></td></tr>
<tr><td></td><td></td><td></td><td></td><td></td><td></td><td></td><td></td><td></td><td></td></tr>
<tr><td></td><td></td><td></td><td></td><td></td><td></td><td></td><td></td><td></td><td></td></tr>
<tr><td></td><td></td><td></td><td></td><td></td><td></td><td></td><td></td><td></td><td></td></tr>
<tr><td></td><td></td><td></td><td></td><td></td><td></td><td></td><td></td><td></td><td></td></tr>
<tr><td></td><td></td><td></td><td></td><td></td><td></td><td></td><td></td><td></td><td></td></tr>
<tr><td></td><td></td><td></td><td></td><td></td><td></td><td></td><td></td><td></td><td></td></tr>
</table>

注:为了能反映被观察对象的实际生产率水平,观察期通常取半个或整个工作班时间。

1) 确定抽样调查的适当范围

通过时间研究确定的施工单元的生产率，一般具有一定的适用范围，所以在定义时间研究的对象，也就是需要进行时间测量的施工单元时，应该允许其在工作内容、生产条件及产品标准等方面存在一定的差异。就某个施工单元而言，如果其适用范围大，则允许存在的误差大，相应的，该施工单元的综合程度高，但测时数据的准确性低；反之，如果其适用范围小，则允许存在的误差也小，相应地，该施工单元的综合程度低，但测时数据的准确性高。

为了使抽样调查的数据更具代表性，在确定抽样调查的样本时，应根据施工单元的适用范围，充分考虑属于施工单元内部差异的变动因素，确保所选择的调查样本能有效地覆盖该施工单元适用范围内存在的各种差异。例如，由于施工单元的生产率必须适用于整个工作班时间，所以在选择调查样本时必须考虑使其分布在工作班延续时间的各个阶段上。又如，由于施工单元的生产率应该适用于所有正常的气候条件，所以在选择调查样本时应该考虑使其分布在属于正常气候条件的各种天气中。再如，在使用起重机浇筑混凝土构件的施工过程中，由于浇筑混凝土构件的速度随混凝土吊斗的大小、模板开口的尺寸以及所需浇筑的混凝土体量等因素的变化而变化，所以在选择调查样本时必须根据施工单元的适用范围，使样本能覆盖不同大小的吊斗、模板开口和不同体积的混凝土构件。

2）确定等级系数

受生产工人主观因素的影响，施工单元在完成施工任务的作业过程中所处的工作状态有可能存在差异。相应的，即使抽样调查的对象完全相同，通过现场观察所形成的记录数据所反映的施工单元的生产效率也会有高低变化。为了将观察数据中受生产工人主观因素影响的成分抽象掉，还必须根据施工单元的工作状态确定所观察数据的等级系数。

时间测量人员必须具备从经验得来的用以判断不同的运转速度、努力程度、协调程度和熟练程度的标准等级的概念，并据此评估所观察的施工单元所处的工作状态。对施工单元工作状态的衡量，一般采用确定其等级系数的方法。按工作效率的高低，可将工作状态划分成若干个等级，分别确定相应的等级系数。

表 3.2.2 是在时间测量过程中确定施工单元工作状态的等级系数参考表。

**表 3.2.2　等级系数参考表**

企业名称：某施工企业

| 等级 | 等级系数 | 特　征 |
| --- | --- | --- |
| 高 | 1.25 | 非常快、高技能、非常积极 |
| 一般 | 1.00 | 正常、合格的技能、积极 |
| 较低 | 0.75 | 不快、一般水平的技能、无工作兴趣 |
| 很低 | 0.50 | 很慢、不熟练、没有积极性 |
| 消极 | 0.25 | 极慢、很不熟练、有对抗情绪 |

在对具体的施工单元进行时间测量时，时间测量人员必须对每次观察记录的作业过程确定一个等级系数来评估该施工作业所处的工作状态。根据每次观察的

记录时间和相应的等级系数，采用式(3.2.1)和式(3.2.2)可确定每次观察记录的施工单元的延续时间。

$$\text{某次记录的观察记录时间} = \text{终止时间} - \text{起始时间} \tag{3.2.1}$$

$$\text{某次记录的延续时间} = \text{某次记录的观察记录时间} \times \text{等级系数} \tag{3.2.2}$$

3) 基本时间观察值

基本时间观察值是指根据某观察期内进行观察记录所得到的施工单元所属的资源延续时间与相应产出数量的比值，基本时间观察值可采用式(3.2.3)进行计算。

$$\text{基本时间观察值} = \frac{\text{资源配置强度} \times \sum \text{某次记录的延续时间}}{\text{观察记录产量}} \tag{3.2.3}$$

式中，资源配置强度——被观察记录的专业生产班组中该资源的配置强度；

某次记录的延续时间——公式(3.2.2)的计算结果；

观察记录产量——观察期内发生的与每次记录的延续时间之和相对应的产出数量。

**例 3.2.1** 于2007年5月18日对某工程所包括的"混凝土搅拌"施工单元进行为期8小时(一个工作班)的计时观察，所得观察记录的原始资料以及按式(3.2.1)和式(3.2.2)计算所得的延续时间等数据详见表3.2.3：

**表 3.2.3 时间研究观察记录表(基本时间观察记录)**

工程名称：某工程　　　　观察日期：2007年5月18日

| 生产班组 | 现拌混凝土班组 | | 单元名称 | 混凝土搅拌 | 计量单位 | $m^3$ | 完成数量 | 80 $m^3$ | |
|---|---|---|---|---|---|---|---|---|---|
| 记录人员 | 张三 | | 允许误差 | 0.5 min | 置信程度 | 95% | 基本时间 | 搅拌机：5.125 min<br>普工：10.25 min | |
| 观察记录时的资源配置 | 0.5 $m^3$混凝土搅拌机1台<br>普通工人2名与其配合施工 | | | | 对所处施工条件的描述 | 正常 | | | |
| 记录编号 | 起始时间 | 终止时间 | 等级系数 | 延续时间(min) | 记录编号 | 起始时间 | 终止时间 | 等级系数 | 延续时间(min) |
| 1 | 8:00 | 8:20 | 1.25 | 25 | 6 | 11:10 | 11:30 | 1.25 | 25 |
| 2 | 8:30 | 8:50 | 1.25 | 25 | 7 | 13:00 | 14:00 | 1 | 60 |
| 3 | 9:00 | 10:00 | 1 | 60 | 8 | 14:10 | 14:30 | 1.25 | 25 |
| 4 | 10:10 | 10:30 | 1.25 | 25 | 9 | 15:00 | 16:00 | 1 | 60 |
| 5 | 10:40 | 11:00 | 1.25 | 25 | 10 | 16:10 | 17:30 | 1 | 80 |

则对该施工单元所属资源的基本时间观察值的计算如下：

$$混凝土搅拌机的基本时间观察值 = \frac{410 \times 1}{80} = 5.125(\text{min/ m}^3)$$

$$普通工人的基本时间观察值=\frac{410\times2}{80}=10.25(\text{min/m}^3)$$

**例 3.2.2** 于 2007 年 5 月 28 日对某工程所包括的“混凝土浇捣”施工单元进行为期半个工作班的计时观察，所得观察记录的原始资料以及按式(3.2.1)和式(3.2.2)计算所得的延续时间等数据详见表 3.2.4：

**表 3.2.4 时间研究观察记录表(基本时间观察记录)**

工程名称:某工程　　　　观察日期:2007 年 5 月 28 日

| 生产班组 | 瓦工班组 | | 单元名称 | 混凝土浇捣 | 计量单位 | $m^3$ | | 完成数量 | $100\ m^3$ |
|---|---|---|---|---|---|---|---|---|---|
| 记录人员 | 李四 | | 允许误差 | 0.5 min | 置信程度 | 95% | | 基本时间 | 振捣机:10 min<br>瓦工:24 min |
| 观察记录时的资源配置 | 瓦工 12 名<br>混凝土振捣机 5 台与其配合施工 | | | | 对所处施工条件的描述 | 正常 | | | |
| 记录编号 | 起始时间 | 终止时间 | 等级系数 | 延续时间(min) | 记录编号 | 起始时间 | 终止时间 | 等级系数 | 延续时间(min) |
| 1 | 8:00 | 9:00 | 1 | 60 | 3 | 10:00 | 11:00 | 1 | 60 |
| 2 | 9:10 | 9:50 | 1 | 40 | 4 | 11:20 | 12:00 | 1 | 40 |

则对该施工单元所属资源的基本时间观察值的计算如下：

$$瓦工基本时间观察值 = \frac{200 \times 12}{100} = 24(\text{min/ m}^3)$$

$$振捣机基本时间观察值=\frac{200\times5}{100}=10(\text{min/m}^3)$$

4) 施工单元基本时间的确定

反复进行若干次这样的观察记录，可得到由一系列基本时间观察值组成的测时数列，则采用式(3.2.4)经计算得到的该测时数列的算术平均值，即为施工单元的基本时间。

$$X=\frac{\sum_{i=1}^{n}x_i}{n} \tag{3.2.4}$$

式中，$X$——基于实际观察次数的主动性资源基本时间观察值的算术平均数，通常将该平均数作为施工单元中该施工资源的基本时间；

$x_i$——通过某次观察并经式(3.2.3)计算得到的该资源的基本时间观察值；

$n$——实际观察记录次数；

$i$——观察记录序数。

由于对施工单元的观察记录属于抽样调查，所以，采用式(3.2.4)计算得到的基本时间属于抽样平均数，抽样平均数与总体平均数之间总是存在误差。为了将这种误差控制在所要求的范围内，还必须根据给定的允许误差和置信度验证观察记录的次数。

在验证所需进行观察记录的次数时，通常以施工单元所属的主动性资源的基本时间为对象，采用式(3.2.5)进行计算。

$$N=\frac{t}{\Delta}\sqrt{\sum_{i=1}^{n}(x_i-X)^2} \quad \text{当 } N\leqslant n \text{ 时，符合次数要求} \tag{3.2.5}$$

式中，$t$——置信度的变量，一般称为概率度，可根据要求的“置信度”通过查阅“正态概率表”确定，例如，当所要求的“置信度”为95%时，查表得相应的“$t$”约等于“2”；

$\Delta$——允许误差的值；

$n$——同式(3.2.4)；

$i$——同式(3.2.4)；

$x_i$——同式(3.2.4)；

$X$——同式(3.2.4)；

$N$——为了达到既定的精度要求所必需的观察记录次数。

**例3.2.3** 对“混凝土搅拌”施工单元进行20次观察记录，形成如表3.2.5所示的由混凝土搅拌机的基本时间观察值所组成的测时数列，如果所要求的置信度为95%，允许误差范围为0.5 min，则套用式(3.2.5)以验证实际观察记录次数是否符合要求。

**表 3.2.5　基本时间观察记录测时数列表**

施工单元:混凝土搅拌　　　　主动性资源:混凝土搅拌机

| | | | | |
|---|---|---|---|---|
| 5 | 6 | 5.5 | 6.2 | 5 |
| 6 | 7 | 6 | 5 | 5 |
| 6 | 5 | 5.5 | 6.3 | 5 |
| 6.5 | 6.5 | 6 | 5 | 5.5 |

注:时间计量单位为“min”。

$$X=\frac{\sum_{i=1}^{n}x_i}{n}=\frac{5\times7+6\times5+6.5\times2+7+5.5\times3+6.3+6.2}{20}$$
$$=5.7(\text{min})$$

$$N=\frac{t}{\Delta}\sqrt{\sum_{i=1}^{20}(x_i-X)^2}=\frac{2}{0.5}\sqrt{\sum_{i=1}^{20}(x_i-5.7)^2}=11.012(\text{次})$$

因为 $N<n$,即 20>11,所以观察记录次数符合精度要求。

### 3.2.7　时间损耗的测量

时间损耗是指因受现有施工方法和组织体制的制约,施工资源在工作班内必定要发生的而且必须计入施工单元标准时间的时间损耗。由于该时间损耗不是直接发生在施工单元完成施工任务的作业过程中,其时间损耗的大小与完成产量的多少并无直接关系。所以,在测量施工单元时间损耗的过程中,不能采用对施工单元的作业过程进行直接观察记录的方式,而是应该通过对施工单元的实施主体,也就是专业生产班组中的主动性资源在工作班内的时间分配情况进行写实记录及统计分析,在总结该主动性资源在工作班内时间分配的一般规律的基础上,确定相应的时间损耗率,该时间损耗率是将时间损耗计入施工单元标准时间的直接依据。

选择有代表性的工作班,以施工单元实施主体中的主动性资源为观察记录的对象,对其在工作班的时间分配情况进行写实记录,通过对记录资料的整理,分别确定该施工单元实施主体中主动性资源在工作班延续时间内所发生的基本时间、时间损耗及损失时间占工作班延续时间的比例,在此基础上,计算施工单元时间损耗率的观察值。

对同一种施工资源在完成相同施工单元施工任务的工作班内的时间分配情况进行反复若干次写实记录,形成抽样调查所需要的样本数据,通过对样本数据的统计分析,最终得到能反映该主动性资源在完成相应施工单元施工任务的作业过程中时间损耗一般水平的时间损耗率。

用以对施工单元实施主体中主动性资源在工作班内时间分配情况进行写实记录的调查表,必须能全面反映该主动性资源在工作班内时间分配情况的相关信息,表 3.2.6 是测量施工资源在完成相应施工单元施工任务的工作班内必须发生的时间损耗率所采用的调查记录表示例。

**表 3.2.6　时间研究观察记录表(工作班写实记录)**

工程名称:某工程　　　　　　　　　　　　　　　　写实日期:2007 年 6 月 18 日

| 时间损耗 | 20.1% | 单元名称 | 砌砖墙 | 施工条件 | 正常 | | |
|---|---|---|---|---|---|---|---|
| 记录人员 | 张三 | 班组名称 | 瓦工班组 | 资源名称 | 瓦工(平均技术等级 3.6 级) | | |
| 耗时因素 | 耗用时间 | 钟点 | 备注说明 | 耗时因素 | 耗用时间 | 钟点 | 备注说明 |
| 开始 | 0 | 8:00 | | B | 10 | 11:00 | 休息 |
| A | 55 | 8:55 | | … | … | … | … |
| B | 5 | 9:00 | 机械故障 | 合计 | 480 | | 占总时间 100% |
| A | 30 | 9:30 | | A | 346 | | 占总时间 72% |
| C | 20 | 9:50 | 违反劳动纪律 | B | 87 | | 占总时间 18% |
| A | 60 | 10:50 | | C | 47 | | 占总时间 10% |

注:耗时因素包括基本时间(A)、时间损耗(B)、损失时间(C)。

1) 进行写实记录

选择有代表性的工作班,以被测量施工单元中的主动性资源为观察对象,根据“工作时间分析”中对基本时间、时间损耗和损失时间的定义,对工作班延续时间内被观察对象在基本时间、时间损耗和损失时间上的分配情况进行写实记录,采用式(3.2.6)汇总并最终确定施工单元经一次写实记录所形成的时间损耗率的观察值。

$$\text{时间损耗率观察值} = \frac{\sum \text{时间损耗记录值}}{\text{工作班延续时间} - \sum \text{损失时间记录值}} \tag{3.2.6}$$

**例 3.2.4**　根据表 3.2.6 所示的写实记录数据,套用式(3.2.6)计算经由该次写实记录所形成的施工单元的时间损耗率观察值的过程如下:

$$\text{时间损耗率观察值} = \frac{87}{480-47} \times 100\% = 20.1\%$$

2）施工单元时间损耗率的确定

对相同施工单元在工作班内的时间分配情况进行反复若干次的写实记录，分别确定每次写实记录所形成的时间损耗率观察值，当所形成的时间损耗率观察值足够多时，则通过对这些时间损耗率观察值进行统计分析，可获得能反映施工单元时间损耗一般水平的时间损耗率。施工单元时间损耗率可用式(3.2.7)进行计算。

$$P = \frac{\sum_{i=1}^{n} p_i}{n} \tag{3.2.7}$$

式中，$n$——实际完成的写实记录次数；

$i$——观察记录序数；

$P$——基于实际写实记录次数的资源时间损耗率观察值的平均数，通常将该平均数作为施工单元的时间损耗率；

$p_i$——每次写实记录所形成的时间损耗率观察值。

由于对施工单元进行的写实记录属于抽样调查，所以，采用式(3.2.7)计算得到的平均时间损耗率只是抽样平均数，根据抽样调查的误差理论，抽样指标与总体指标之间总是存在一定的误差，为了将这种误差控制在所要求的范围内，必须根据所给定的置信度和允许误差范围，采用式(3.2.8)计算并最终验证实际完成的写实记录次数是否满足要求。

$$N = \frac{t^2}{\Delta^2} P(1-P) \quad \text{当 } N \leqslant n \text{ 时，则次数符合要求} \tag{3.2.8}$$

式中，$N$——需要的写实记录次数；

$t$——置信度的变量，一般称为概率度，可根据要求的“置信度”通过查阅“正态概率表”确定，例如，当所要求的“置信度”为95%时，查表得相应的“$t$”约等于“2”；

$\Delta$——允许误差的值；

$p$——同式(3.2.7)；

$n$——实际完成的写实记录次数。

**例 3.2.5** 对“砌砖墙”施工单元的实施主体，也就是“砌墙专业生产班组”中的“瓦工”进行20次写实记录，形成如表3.2.7所示的由该专业生产班组中瓦工的时间损耗率观察值所组成的测时数列。如果所要求的置信度为95%，允许误差范围为3%，则套用式(3.2.7)和式(3.2.8)计算承担“砌砖墙”施工任务的“瓦工”的时间损耗率并据此验证实际写实记录次数是否符合要求。

表 3.2.7　工作班写实记录测时数列表

施工单元:砌砖墙　　　　　　　　　　　　　　　　　　　　主动性资源:瓦工

| | | | | | | | | | |
|---|---|---|---|---|---|---|---|---|---|
| 32% | 31% | 31% | 37% | 30% | 32% | 35% | 34% | 34% | 35% |
| 34% | 34% | 31% | 36% | 34% | 32% | 35% | 32% | 33% | 32% |

$$P=\frac{32\times5+31\times3+37+30+35\times3+34\times5+36+33}{20}=33.2(\%)$$

$$N=\frac{2^2}{0.03^2}\times0.332\times(1-0.332)=985(\text{次})$$

因为 $N>n$,即 985>20,所以写实记录次数不符合要求。

### 3.2.8　施工单元的额定生产率

施工单元的生产率是指在正常的施工条件下,该施工单元的实施主体,也就是相应专业生产班组在完成施工任务时所需的资源时间,通常用完成单位产出成果所需资源的标准时间来衡量。标准时间通常由完成施工任务所需资源的基本时间和必须分摊的时间损耗两部分组成。

当施工单元的基本时间和相应的时间损耗率已经确定,则可采用式(3.2.9)所示的方法计算确定施工单元的额定生产率。

$$\text{标准时间}=\frac{\text{基本时间}}{1-\text{时间损耗率}}\tag{3.2.9}$$

## 3.3　施工定额的编制

施工定额包括资源定额和材料消耗定额两部分内容,它们是由施工企业自行编制的,用以规定施工过程必须达到的生产率和消耗率的数量标准。

生产率是针对施工资源而言的,完成单位施工任务所需资源工作时间的数量指标被称为生产率,该生产率一旦被转化成企业标准就是资源定额。

消耗率是针对材料消耗而言的,完成单位施工任务所需消耗材料的数量指标被称为消耗率,该消耗率一旦被转化成企业标准则被称为材料消耗定额。

### 3.3.1　施工定额的概念及性质

1) 施工定额的概念

施工定额是指在合理的资源组合以及节约材料的前提下,完成单位合格施工单元(工作过程、综合工序)及分项工程(建筑构件)的施工任务所需生产人工、施工机具和材料消耗的数量标准。

2）施工定额的性质

在理解施工定额概念的基础上，还必须注意认识施工定额的如下性质：

（1）施工定额是作业性定额

施工定额的主要作用是作为施工企业进行生产管理的重要依据，例如，作为编制施工作业计划、施工预算、进行施工作业控制以及生产班组经济核算等的依据。

（2）施工定额是企业定额

施工定额是施工企业自行编制的一种企业内部有关生产消耗的数量标准，其作用也仅仅局限在企业内部。

（3）施工定额的标定对象

施工定额包括资源定额和材料消耗定额两部分内容，其中，资源定额的标定对象是施工单元，材料消耗定额的标定对象是分项工程。

（4）施工定额的定额水平

施工定额的定额水平一般是平均先进水平，即施工企业中大部分生产工人通过努力能够达到的水平。

（5）施工定额所规定的消耗内容

由于施工定额包括资源定额和材料消耗定额两部分，所以必须分别讨论它们的消耗内容。其中，资源定额规定的消耗内容包括人工和机具等施工资源；材料消耗定额规定的消耗内容包括原材料、构件和配件等消耗。

### 3.3.2 资源定额

施工企业将时间研究的成果，也就是通过时间研究所形成的属于施工单元固有属性的生产率，转化成企业开展生产管理所需的内部标准，这种企业标准通常被称为资源定额。

1）资源定额的概念

资源定额是指在正常的施工生产条件下，具有合理资源配置的专业生产班组，在开展施工单元的作业过程中，形成单位合格生产成果所需使用人工和机具等施工资源工作时间的数量标准。

资源定额作为规定具有合理资源配置的专业生产班组在开展相应施工作业时必须达到的生产率标准，它不仅是考核施工单位劳动生产率的标尺，而且是合理确定和有效控制施工项目成本的重要依据。

2）资源定额的表达形式

根据对资源时间的不同计量方式，资源定额所规定的生产率标准，可以用时间定额和产量定额两种形式来表达。

（1）时间定额

时间定额是指为获得单位合格施工单元生产成果必须使用施工资源的工时数

量，它以合理的资源配置为条件，以完成质量合格的生产成果为前提，定额时间包括施工资源在形成生产成果的施工作业过程中必须发生的基本时间和合理时间损耗。

在我国，由于习惯上的原因，定额时间一般用“工日”或“台班”作为计量单位，例如，某资源定额规定，由一台混凝土搅拌机和两个普通工人组成的专业生产班组，在完成 1 $m^3$ 混凝土搅拌的作业过程中，必须使用混凝土搅拌机的时间是 0.02 台班，必须使用普通工人的时间是 0.04 工日。

(2) 产量定额

产量定额是指在单位工作时间（一般为一个工作班）内，具有合理资源配置的专业生产班组必须完成施工单元生产成果的数量，它同样以合理的资源配置为条件，以完成质量合格的生产成果为前提。

3) 资源时间的确定方法

(1) 技术测定法

技术测定法是指应用本章所述时间研究的方法获得工时消耗数据，进而制定资源定额中资源时间数量标准的方法。

通过时间研究可以确定施工单元的额定生产率，施工单元的额定生产率表现为形成单位合格施工单元生产成果所需施工资源的工作时间，该工作时间是制定资源定额中资源时间数量标准的直接依据。

(2) 比较类推法

比较类推法是选定一项已经精确测定好的典型项目的资源定额，据此计算出同类型其他相邻项目资源定额的方法。例如，已知挖一类土方的资源定额，根据各类土耗用工时的比例关系来推算挖二、三、四类土方的资源定额，又如已知架设单排脚手架的资源定额，推算架设双排脚手架的资源定额。

比较类推法计算简便而准确，但选择典型定额时务必恰当而合理，类推计算结果有的需要做一定的调整，这种方法适用于制定规格较多的同类型施工单元的资源定额。

(3) 经验估计法

经验估计法适用于制定那些次要的、资源时间数量小的、产出成果品种和规格多的施工单元的资源定额，完全是凭借经验，根据分析图纸，现场观察，分解施工工艺、组织条件和操作方法来估计。

采用经验估计法时，必须挑选有丰富经验的、秉公正派的工人和技术人员参加，并且要在充分调查和征求群众意见的基础上确定定额水平。在定额的使用过程中要不断地统计实耗工时，当统计数据与所制定的资源定额数据相比差异幅度较大时，说明所估计的资源定额不具有合理性，要及时进行修订。

4) 资源定额的编制

资源定额作为施工企业据以开展内部生产管理的企业标准，从制定标准的一般原则出发，其编制过程必须符合相应的程序要求，将所确定的定额项目按一定的顺序汇编成册，则该定额手册就是施工企业据以开展生产管理的企业标准。

（1）编制程序

在采用相应方法测定专业生产班组完成单位施工任务所需资源时间的基础上，编制资源定额的过程，其实就是按制定企业标准的要求，将相关的资源时间进行分类汇总，并汇编成定额手册的过程。

① 确定适用范围。决定施工单元生产率的因素多种多样，在测定用以衡量施工单元生产率的资源时间之前，已经对相关影响因素进行了明确的定义，相应的，通过计时观察和写实记录所形成的施工单元的标准时间，只能代表施工单元在既定条件下的生产率水平。为了合理地使用资源定额，还必须明确规定施工单元生产率的约束条件，包括所适用的管理体制、必须执行的工法工艺标准、相关的质量标准和安全操作规程以及开展施工作业时所处的自然条件等，通过明确这些约束条件以确定资源定额的适用范围。

② 明确定额对象。从理论上讲，资源定额的对象是组成施工过程的施工单元，也就是施工现场最基本的资源组合，即专业生产班组，为完成最基本的施工任务所开展的施工活动。然而，在编制资源定额实践中，还必须将施工单元的上述概念具体化，分别从专业生产班组的资源配置结构、施工任务、工作内容以及开展施工作业时所采用的技术方法等角度对定额对象进行定义，并分别确定其定额名称、计量单位和相应的计量规则。

在确定资源定额的定额对象时，首先必须从满足施工组织对资源定额的精度要求出发，根据施工单元的固有属性，通过严格定义资源定额的定额对象以揭示施工单元的固有生产率。在此基础上，为了力争使所编制的定额简明适用，还必须根据相关测时数据的分布情况，将相同生产班组完成同类施工任务且生产率相近的施工单元进行合并，综合类似施工单元共同组成资源定额的定额对象。

③ 确定生产率标准。采用前面所述测定资源时间的方法，分别确定施工单元的生产率，并根据所确定的定额对象，将相关施工单元的生产率进行综合，即得该定额对象的生产率标准。

**例 3.3.1** 如表 3.3.1 所示，假定通过计时观察和写实记录，分别获得浇捣不同断面尺寸的混凝土柱的标准时间，又假定通过对以往施工过程中混凝土柱的实物工程量的统计，获得能反映不同断面尺寸的混凝土柱的数量占混凝土柱总量之比一般水平的数据，如果将“浇捣混凝土柱”作为资源定额的定额对象，则计算该项定额生产率标准的过程如下：

$$\text{定额生产率标准} = \frac{0.052\times 10 + 0.048\times 20 + 0.046\times 30 + 0.045\times 35 + 0.044\times 5}{100}$$

$$= 0.04655$$

**表 3.3.1 施工单元生产率及相应权重分配表**

施工单元类型:浇捣混凝土柱　　　　计量单位:工日/$m^3$

| 端面尺寸 | 生产率 | 权重(%) |
|---|---|---|
| 200 mm×200 mm | 0.052 | 10 |
| 300 mm×300 mm | 0.048 | 20 |
| 400 mm×400 mm | 0.046 | 30 |
| 500 mm×500 mm | 0.045 | 20 |
| 600 mm×600 mm | 0.045 | 15 |
| 700 mm×700 mm | 0.044 | 5 |

④ 编制定额手册。将经过上述综合过程计算出来的每个定额对象的生产率标准,按既定的索引体系加以分类汇总,并根据标准化要求汇编成册,则该手册就是作为企业标准的资源定额。

(2) 编制定额手册应注意的几个问题

作为本书笔者提出的理论概念,资源定额其实并不存在于目前施工企业生产管理的实践中。然而,通过对施工过程的分析可以看出,由于生产班组在完成最基本施工任务时通常具备相对稳定的资源配置结构,所以,施工单元相对稳定的生产率是客观存在的。为了强化生产管理的基础工作,有些施工企业已经开始重视资源定额的编制工作,为了总结定额编制工作的经验,有必要将编制资源定额手册时应注意的若干问题向大家提出。

① 关于定额项目的划分。如何划分定额项目是决定资源定额适用性的重要因素。为了确保资源定额的适用性,一方面必须保证资源定额所规定的生产率标准能符合既定的精确程度,另一方面,为了在使用定额手册时做到简明适用,必须尽量减少定额手册所包括定额项目的数量。为了同时满足上述两项要求,在划分定额项目的实际工作中,首先必须考虑资源组合的稳定性,其次要考虑施工工艺的统一性,最后才考虑将同类型的施工任务加以合理组合。通过不断权衡和反复进行以上工作,才能最终形成符合施工过程工作分解结构一般模式的定额结构。

资源定额是用以规定最基本的资源组合,也就是专业生产班组,在完成相应施工任务时必须达到的生产率标准。为此,在划分定额项目时,首先必须从资源组合的角度入手,在总结本企业施工经验的基础上,确定相对稳定的专业生产班组,定义相应的资源配置结构,并将这种专业生产班组作为组成定额项目的第一要素。

完成相同施工任务所采用的技术方法可能多种多样,采用不同技术方法完成相同施工任务,所能达到的生产率是不同的。所以,在划分定额项目时,必须将针对相同施工任务的不同技术方法区分开来,并以此作为组成定额项目的另一项要素。

在定义专业生产班组以及明确其完成施工任务所采用技术方法的基础上,还必须依据测时资料分析完成相同类型但不同规格的施工任务时所达到的生产率水平之间的差异情况，并按既定的精度要求将生产率差异不大的施工任务综合起来形成定额项目，对于生产率差异较大的施工任务，则必须将其区分开来，分别形成不同的定额项目。

② 关于定额形式。资源定额所规定的生产率标准，虽然可以用时间定额和产量定额两种形式来表达，但由于习惯上的原因，目前国内的施工企业在编制资源定额时，一般均采用时间定额的形式。

③ 关于计量方式。资源定额规定完成单位合格施工任务所需资源的工作时间，在编制资源定额时，对单位施工任务的计量，一般采用计算其产出成果实物工程量的方式。

④ 定额项目表。定额项目表是用以反映资源定额具体内容的表格，为了使资源定额的具体内容得到系统的反映，首先必须按一定的规则对定额项目进行编排，以方便使用过程中的检索，其次必须对定额项目做详细的描述，通过描述定额项目的特征以明确定额生产率的经济意义。

施工企业在编制适用于本企业的资源定额时，可以采用不同形式的定额项目表。作为参考，表 3.3.2 是某企业编制的定额项目表，该定额项目表属于资源定额手册的第一章第一节中的第一项子目，即“挖掘”名下的“挖土”中的“土方开挖”。

**表 3.3.2 资源定额项目表**

工作内容：挖土并修理边坡、将土堆放一边或装车

清理机下余土、工作面内排水　　　　计量单位：1 000 $m^3$

| 定额编号 | | | | 1-1-1-8 | 1-1-1-9 | 1-1-1-10 | 1-1-1-11 |
|---|---|---|---|---|---|---|---|
| 定额项目 | | | | 挖掘机挖土 | | | |
| | | | | 正铲 | | 反铲 | |
| | | | | 装车 | 不装车 | 装车 | 不装车 |
| 序号 | 专业班组 | 资源配置 | 单位 | 时间定额 | 时间定额 | 时间定额 | 时间定额 |
| 1 | 斗容量 0.6 $m^3$ 履带式单斗挖掘机施工班组 | 0.6 $m^3$ 挖掘机 1 台 | 台班 | 3.01 | 2.73 | 3.90 | 3.26 |
| | | 司机 2 名 | 工日 | 6.02 | 5.46 | 7.80 | 6.52 |
| | | 普工 2 名 | 工日 | 6.02 | 5.46 | 7.80 | 6.52 |
| 2 | 斗容量 1 $m^3$ 履带式单斗挖掘机施工班组 | 1 $m^3$ 挖掘机 1 台 | 台班 | 2.06 | 1.95 | 2.36 | 1.84 |
| | | 司机 2 名 | 工日 | 4.12 | 3.90 | 4.72 | 3.68 |
| | | 普工 2 名 | 工日 | 4.12 | 3.90 | 4.72 | 3.68 |
| … | … | … | … | … | … | … | … |

注：在套用资源定额时，其定额编号＝“定额编号”＋“序号”。

⑤ 定额手册的组成内容。资源定额手册的组成部分，除了定额项目表外，还必须包括总说明、章说明、附注说明以及工程量计算规则等内容。

总说明是针对定额手册的共性问题所做的说明，主要包括定额的编制依据、适用范围、所拟定的施工条件、所执行的质量标准和安全操作规程、材料的品质要求以及编制定额时所做的相关假设条件等。

章说明通常是针对某一章定额的共性问题所做的说明，主要包括本章定额的适用范围、引用标准、工法工艺以及为确保正确使用定额所必须制定的相关规定等。

附注说明一般是针对某项或某几项定额所做的说明，主要说明在特定条件下套用定额时必须采用的换算方法，附注说明通常附在相应定额项目表的下面。

为了在套用定额项目时统一计量标准，必须编制与定额项目相对应的工程量计算规则，工程量计算规则主要规定对定额工程量的计量方式和计算方法。为了便于阅读和查寻，通常针对不同章节的定额分别编制，并编排在相应章节定额项目表的前面。

### 3.3.3 材料消耗定额

施工项目的实施过程，就是选择并配置施工资源以形成相应施工能力，进而将这种施工能力作用于建筑材料上，使其按设计要求改变位置、外形和形态，最终形成施工合同所规定工程产品的系统活动过程。

基于建设产品生产的工艺要求，施工过程可以被分解成由复杂到简单的具有一定层次结构的施工活动体系，即工作分解结构，处于工作分解结构次底层的施工活动，也就是分项工程，是由若干工艺上紧密相关的施工单元组成的集合，分项工程的目标通常是完成某个永久性或临时性工程的可交付成果(建筑构件)的施工任务。

在技术装备和管理水平一定的条件下，施工企业完成分项工程施工任务所需建筑材料的消耗率是相对稳定的，如果将这种相对稳定的材料消耗率事先揭示出来，并上升为施工企业的标准，则该标准可以作为确定和控制施工过程中材料消耗的依据。

1) 材料消耗定额的概念

材料消耗定额是指在正常的施工条件和合理使用材料的前提下，开展分项工程的施工作业，形成单位合格生产成果(建筑构件)所需材料消耗的数量标准。

2) 材料消耗定额的编制程序

材料消耗定额作为形成单位合格分项工程生产成果，在相应施工过程中所需材料消耗的数量标准，为了使该数量标准具有普遍的适用性，必须在明确定义材料消耗定额的对象，也就是分项工程的工程内容和产品标准的基础上，通过科学计算和统计分析以揭示经由施工过程所形成的分项工程生产成果与相应材料消耗的数量关系，进而确定能代表施工企业材料消耗一般水平的消耗量标准。

（1）对分项工程的标准化过程

将施工过程分解成一系列分项工程，分别对分项工程所包括的工程内容和产品标准、分项工程的施工方法、相应的计量单位和计量规则进行定义，以完成对分项工程的标准化过程。

① 工程内容及产品标准。分项工程所包括的工程内容和相应产品标准的综合程度，将直接影响材料消耗定额的适用性，一般地讲，分项工程的综合程度高，则材料消耗定额的项目会减少，相应的，其精确程度会降低；反之，则材料消耗定额的项目会增加，相应的，其精确程度会提高。

例如，按工程产品的构造要求，砖外墙通常由砖墙、砖过梁、砖砌窗台及腰线等构件组成，如果将其作为不同的分项工程，则材料消耗定额所包括的定额项目会很多，相应的，每项定额的精度也高；反之，如果将这些工程内容综合在一起，组成一个分项工程，则材料消耗定额所包括的定额项目会减少，相应的，每项定额的精度降低。

在确定分项工程的工程内容和相应产品标准时，应从提高材料消耗定额的适用性要求出发，对那些重要的、常用的、价值量大的项目，其分项工程的划分宜细；而对那些次要的、不常用的、价值量相对较小的项目，其分项工程的划分可粗略一些。

② 施工方法。采用不同的施工方法对相同的分项工程进行施工，其施工过程所需材料消耗的数量是不尽相同的。所以，必须对分项工程所采用的施工方法进行明确的定义。

例如，对某混凝土构件进行施工，可采用现浇的方法，也可采用预制的方法，采用不同的施工方法完成同样数量和规格的混凝土构件的施工任务，其施工过程对混凝土的需求量是不同的。所以，即使是相同的混凝土构件，也必须按现浇和预制两种不同的施工方法分别列项。再如，在采用现浇方法完成混凝土构件的施工任务时，对于混凝土的制备和运输，可以采用现拌混凝土非泵送和商品混凝土泵送两种施工方法，不同的施工方法引起不同的混凝土消耗以及不同的混凝土配合比要求，所以同样必须分别列项。

③ 计量单位和计量规则。在对分项工程进行计量时，一般采用计算其生产成果实物工程量的方式进行，为了便于对实物工程量的测量和计算，必须选择并确定合理的计量单位。

当采用一定的计量单位对分项工程进行测量和计算时，为了统一核算口径，还必须建立相应的计量规则以明确实物工程量的边界条件和计算方法。

在确定分项工程的计量单位和相应计量规则时，必须遵循“简明适用”的原则。一方面，所确定的计量单位和相应计量规则必须能满足对实物工程量进行计量的精度要求，另一方面，在满足精度要求的前提下，应尽量做到简化对实物工程量的测量和计量过程，以方便计量工作。

(2) 测定材料消耗指标

当完成对分项工程的标准化过程后，为了确定其材料消耗，必须深入施工现场，选择有代表性的分项工程作为统计调查的样本，通过测量、计算和统计分析，最终确定其施工过程所发生的相关材料消耗指标。

(3) 编制材料消耗定额

在确定分项工程所包括的相关材料消耗指标的基础上，根据使用的要求，将这些材料消耗指标加以综合，最终形成能反映该分项工程材料消耗一般水平的材料消耗定额。

3) 材料消耗指标的确定方法

施工过程所需消耗的材料，按其消耗方式不同，可分成实体材料和周转材料两种。实体材料是指在施工过程中被一次性消耗并构成工程实体的材料，例如，砌筑砖墙时所用的标准砖、浇筑混凝土构件时所用的混凝土等；周转材料是指在施工过程中被周转使用并且其价值是分批分次地转移到工程实体中去的材料，这种材料一般不构成工程实体，而是在形成工程实体的施工过程中发挥辅助作用，例如，砌筑砖墙时必须搭设的脚手架、浇筑混凝土构件所需的模板等。在确定分项工程材料消耗指标时，由于实体材料和周转材料在其施工过程中的消耗方式不同，对应于不同消耗方式的材料，必须采用不同的方法确定其消耗指标。

(1) 实体材料消耗指标的确定

材料消耗定额所规定的实体材料消耗量，是指在正常的施工条件和合理使用材料的前提下，开展分项工程的施工作业，形成单位合格生产成果所需的材料消耗。通过分析实体材料在施工过程中的消耗情况可以发现，实体材料消耗一般包括直接构成工程实体的材料消耗和不可避免的材料损耗两个部分，相应的，组成材料消耗定额的实体材料消耗指标也应该包括两种类型：其一是材料定额净用量指标，是指直接构成材料消耗定额所规定生产成果的材料消耗；其二是材料定额损耗量指标，是指在完成材料消耗定额所规定生产成果的施工过程中不可避免的材料损耗。

① 材料定额净用量的确定

由于实体材料定额净用量是直接构成材料消耗定额所规定生产成果的材料消耗量，所以，在确定材料净用量时，可采用理论计算和实验室试验的方法进行。

Ⅰ. 理论计算法

理论计算法是一种根据施工图设计规定的工程实体的外形尺寸和构造要求，运用相应数学公式直接计算组成工程实体材料净用量的方法，它以形成分项工程生产成果所依据的设计要求为基础，通过理论计算获得材料净用量数据。

Ⅱ. 试验法

试验法是一种通过试验和测定手段确定材料净用量数据的方法，例如，以各种原材料为变量因素，经试验求得不同强度等级混凝土的配合比，从而计算搅拌每立方米混凝土所需各种材料的净用量。

在采用试验法确定材料净用量时，必须符合国家有关试验规范、计量用具和称量设备以及有关施工及验收规范的要求，以保证获得可靠的试验结果。

② 实体材料损耗率的确定

实体材料定额损耗量是指在形成材料消耗定额所规定的生产成果的施工过程中，不可避免的材料损耗。导致损耗的原因，一般包括现场堆放、运输、施工作业以及施工废料等。在确定实体材料定额损耗量时，一般采用如下方式进行：首先，确定实体材料定额净用量；其次，将该净用量乘以相应材料损耗率。

实体材料损耗率是指在分项工程的施工作业过程中所发生的材料损耗量与相应净用量之间的比率，一般可采用统计分析的方法，在经理论计算或科学试验确定实体材料净用量的基础上，通过对施工作业过程所形成的生产成果和实际消耗材料的数量统计，分析并计算不同分项工程的材料损耗率。

实体材料损耗率的统计数据，应该来源于实际的施工过程。为了获得稳定的统计数据以确保所形成的材料损耗率具有普遍的适用性，必须在明确统计调查对象的基础上，经过实地测量获得调查数据，再通过对调查数据进行统计分析最终确定能代表材料损耗一般水平的实体材料损耗率。

Ⅰ. 确定统计调查的对象

统计调查的对象就是施工现场被调查的施工过程，由于采用相同施工工艺进行不同分项工程的施工时，这些分项工程施工过程发生的材料损耗率可能是相同或相近的，所以，可将施工工艺相同的分项工程进行分类，归并成具有相同或相近材料损耗率的不同类型，并以这种具有相同或相近材料损耗率的类型作为统计研究的对象，经过对实际施工过程中材料消耗情况的统计调查，总结该类型分项工程的材料损耗率。

Ⅱ. 对统计调查对象进行实地测量

选择有代表性的施工过程，调查在分项工程施工过程中发生的材料消耗数量及产出的分项工程生产成果数量，用式(3.3.1)计算经一次调查所形成的材料损耗率。

$$\text{材料损耗率的调查值} = \frac{\text{实际材料消耗量} - \sum(\text{实际完成实物工程量} \times \text{材料定额净用量})}{\sum(\text{实际完成实物工程量} \times \text{材料定额净用量})} \quad (3.3.1)$$

式中，材料损耗率的调查值——经过一次统计调查得到的某类分项工程的实体材料损耗率；

实际材料消耗量——经过一次调查记录的施工过程中发生的实体材料消耗量；

实际完成实物工程量——经过一次调查记录得到的完成不同分项工程产出成果的实物工程量；

材料定额净用量——经理论计算或科学试验得到的不同分项工程的实体材料定额净用量。

Ⅲ. 对调查数据进行统计分析

反复进行若干次这样的统计调查，得到由一系列实体材料损耗率调查值所组成的统计数列，计算该数列的算术平均数指标，当调查次数达到一定的规模，使得由此产生的平均数指标足以在所容许的误差范围和置信程度内有效地代表总体平均数指标时，则根据该统计数列计算的材料损耗率的平均值就是这类分项工程的材料损耗率。

(2) 周转材料消耗指标的确定

周转材料是指在施工过程中被周转使用的材料，这种材料一般不构成工程实体，而是在形成工程实体的施工过程中发挥辅助作用，实际施工过程使用的周转材料对应于一个材料消耗定额计量单位的施工任务，周转材料在经一次周转使用时所需计算的材料消耗，通常包括周转材料的一次使用量、施工损耗量和周转摊销量等三个消耗指标。

① 周转材料定额一次使用量的确定

周转材料定额一次使用量是指完成一个材料消耗定额计量单位包含的施工任务所需投入使用周转材料的数量，该数量可以在明确材料消耗定额的工程内容和相应计量单位的基础上，根据完成施工任务的工艺要求经理论计算确定。

② 周转材料损耗率的确定

周转材料定额损耗量是指在完成材料消耗定额规定生产成果的施工过程中不可避免的材料损耗，与确定实体材料定额损耗量的计算方法类似，确定周转材料定额损耗量时一般采用如下方法：首先，确定周转材料定额一次使用量；其次，将该一次使用量乘以相应材料损耗率，即得周转材料的定额损耗量。

周转材料损耗率是指在分项工程施工作业过程中周转材料经一次周转使用所需发生的施工损耗量与相应周转使用投入量之间的比率，与确定实体材料损耗率的方法类似，同样可采用统计分析的方法，在经理论计算确定周转材料定额一次使用量的基础上，通过对施工过程所形成的生产成果和周转材料实际损耗量数据的统计调查，采用式(3.3.2)所示的计算方法，分析并计算不同分项工程的周转材料损耗率。

$$\text{周转材料损耗率调查值}=\frac{\text{周转材料实际施工损耗量}}{\sum(\text{实际完成实物工程量}\times\text{周转材料定额一次使用量})}\tag{3.3.2}$$

式中,周转材料损耗率调查值——经过一次统计调查得到的周转材料经一次周转使用所需发生的施工损耗量与相应周转使用投入量的比率,其中,周转使用投入量是指在该统计调查期内的实际完成实物工程量与相应周转材料定额一次使用量的乘积;

周转材料实际施工损耗量——经一次统计调查所得到的该周转材料的实际损耗量;

实际完成实物工程量——经一次调查所记录的施工过程所形成的不同分项工程产出成果的实物工程量。

反复进行若干次这样的统计调查,得到由一系列周转材料损耗率调查值组成的统计数列,计算该数列的算术平均数指标,当调查次数达到一定的规模,使得由此产生的平均数指标足以在所容许的误差范围和置信程度内有效地代表总体平均数指标时,则根据该统计数列计算的周转材料损耗率的平均值可以被作为确定周转材料定额损耗量的依据。

③ 周转材料定额摊销量的确定

周转材料定额摊销量是指对应于一个材料消耗定额计量单位的施工任务,周转材料经一次周转使用所需发生的摊销数量,摊销量的计算可用式(3.3.3)进行。

$$\text{定额摊销量}=\frac{\text{周材定额一次使用量}\times(1-\text{周材损耗率})\times(1-\text{周材残值率})}{\text{周转材料寿命期可周转使用次数}}\tag{3.3.3}$$

式中,定额摊销量——对应于一个材料消耗定额计量单位的施工任务,周转材料经一次周转使用所需发生的摊销数量;

残值率——周转材料在退出周转使用时能够被回收的残值与该周转材料原值的比率;

周转材料寿命期可周转次数——周转材料从开始投入周转使用到退出周转的时间内可以被周转使用的次数。

计算周转材料的周转摊销量时,式(3.3.3)中周转材料的残值率和寿命期可周转次数的具体数值,可通过对以往施工过程中同类周转材料使用情况的调查统计经分析计算确定。

4) 编制材料消耗定额

编制材料消耗定额的过程,其实就是分别确定不同分项工程的定额消耗指标并将这些定额消耗指标按一定的索引规则加以分类汇编，最终形成定额手册的过程。

(1) 定额消耗指标的确定

材料消耗定额是确定施工过程中材料需求并据此估算材料费用的重要依据，根据不同的核算体制，在估算材料费用时需采用不同的方式对材料需求进行计量，对材料需求的不同计量方式需要不同形式的材料消耗定额。所以，对应于材料需求的不同计量方式，材料消耗定额通常包括实体材料消耗定额、周转材料消耗定额和周转材料使用定额等三种形式。

① 实体材料消耗定额

实体材料消耗定额是指在正常的施工条件和合理使用材料的前提下，开展分项工程的施工作业，形成单位合格生产成果所需实体材料消耗的数量标准。

实体材料消耗定额必须包括如下材料消耗指标：

◇ 实体材料定额净用量指标

◇ 实体材料定额损耗量指标

实体材料消耗定额是确定施工过程对实体材料需求数量并据此估算实体材料费用的重要依据。从会计核算的角度出发，施工过程的实体材料费等于其消耗的实体材料与相应材料价格的乘积。其中，实体材料消耗量由实体材料净用量和实体材料损耗量两部分组成。在已知分项工程实物工程量的条件下，对应于该分项工程的实体材料净用量、损耗量和消耗量的计算方法如式(3.3.4)至式(3.3.6)所示。

$$\text{实体材料净用量} = \sum(\text{分项工程实物工程量} \times \text{实体材料定额净用量指标}) \tag{3.3.4}$$

$$\text{实体材料损耗量} = \sum(\text{分项工程实物工程量} \times \text{实体材料定额损耗量指标}) \tag{3.3.5}$$

$$\text{实体材料消耗量} = \text{实体材料净用量} + \text{实体材料损耗量} \tag{3.3.6}$$

② 周转材料消耗定额

周转材料消耗定额是指在正常的施工条件和合理使用材料的前提下，开展分项工程的施工作业，形成单位合格生产成果所需周转材料施工损耗量和周转摊销量的数量标准。

周转材料消耗定额必须包括如下材料消耗指标：

◇ 周转材料定额损耗量指标

◇ 周转材料定额摊销量指标

周转材料消耗定额是确定施工过程发生的周转材料损耗量和周转材料摊销量，并据此估算周转材料费用的重要依据。当采用“静态”方法核算施工过程的周转材料费时，施工过程需要支出的周转材料费等于其发生的周转材料损耗量与周转材料摊销量之和与相应材料价格的乘积。在已知分项工程实物工程量的条件下，对应于该分项工程的周转材料损耗量、摊销量和消耗量的计算方法如式(3.3.7)至式(3.3.9)所示。

$$周转材料损耗量 = \sum(分项工程实物工程量 \times 周转材料定额损耗量指标) \tag{3.3.7}$$

$$周转材料摊销量 = \sum(分项工程实物工程量 \times 周转材料定额摊销量指标) \tag{3.3.8}$$

$$周转材料消耗量 = 周转材料损耗量 + 周转材料摊销量 \tag{3.3.9}$$

③ 周转材料使用定额

周转材料使用定额是指在正常的施工条件和合理使用材料的前提下，开展分项工程的施工作业，形成单位合格生产成果，所需周转材料一次使用量和相应损耗量的数量标准。

周转材料使用定额必须包括如下材料消耗指标：

◇ 周转材料定额一次使用量指标

◇ 周转材料定额损耗量指标

周转材料使用定额是确定施工过程发生周转材料周转使用量和相应损耗量，并据此估算周转材料费用的重要依据。当采用“动态”方法核算施工过程的周转材料费时，施工过程使用的周转材料通常是租用的，其需要支出的周转材料费等于施工过程发生的周转材料周转使用量乘以相应租赁单价再加上周转材料损耗量乘以相应赔偿价格。在已知分项工程实物工程量的条件下，对应于该分项工程的周转材料周转使用量和损耗量的计算方法如式(3.3.10)至式(3.3.11)所示。

$$周转使用量 = \sum\left(\begin{matrix}分项工程\\实物工程量\end{matrix} \times \begin{matrix}周转材料定额\\一次使用量\end{matrix} \times 需配置时间\right) \tag{3.3.10}$$

$$周转材料损耗量 = \sum(分项工程实物工程量 \times 周转材料定额损耗量指标) \tag{3.3.11}$$

(2) 定额手册

材料消耗定额作为施工企业编制施工过程材料需求计划，并据此进行材料控制的企业标准，在分别确定不同分项工程材料消耗定额的基础上，还必须根据编制企业标准的要求将其汇编，最终形成材料消耗定额手册。

施工企业编制适用于本企业的材料消耗定额，可以采用不同形式的定额项目表，表3.3.3是某施工企业自行编制的材料消耗定额手册中反映标准砖内墙的定额项目表。

表 3.3.3　材料消耗定额项目表

工程内容:砌墙、砌砖过梁、砖平拱、安装预制过梁板、垫块　　　　　　　　计量单位:$m^3$

| 定额编号 | | 3-11 | | 3-12 | | 3-13 | | 3-14 | |
|---|---|---|---|---|---|---|---|---|---|
| 项目 | | 标准砖内墙 | | | | | | | |
| | | 直形 | | | | | | | |
| | | 0.5 砖厚 | | 0.75 砖厚 | | 1 砖厚 | | 1.5 砖厚 | |
| 材料名称 | 单位 | 净用量 | 损耗量 | 净用量 | 损耗量 | 净用量 | 损耗量 | 净用量 | 损耗量 |
| 标准砖 | 百块 | 5.3 | 0.28 | 5.2 | 0.24 | 5.1 | 0.22 | 5.05 | 0.21 |
| 水 | $m^3$ | | 0.112 | | 0.109 | | 0.106 | | 0.105 |
| M5 混合砂浆 | $m^3$ | 0.178 | 0.018 | 0.136 | 0.079 | 0.214 | 0.021 | 0.219 | 0.021 |
| M7.5 混合砂浆 | $m^3$ | (0.178) | (0.018) | (0.136) | (0.079) | (0.214) | (0.021) | (0.219) | (0.021) |
| M10 混合砂浆 | $m^3$ | (0.178) | (0.018) | (0.136) | (0.079) | (0.214) | (0.021) | (0.219) | (0.021) |

编制材料消耗定额手册的过程,除了按既定的章、节、子目将定额项目纳入不同的定额项目表中,为了全面定义定额消耗量的经济意义,还必须编制相应的定额说明、工程量计算规则以及必要的附录等。定额说明一般包括总说明、章说明和附注说明等三个层次,分别针对定额手册的共性问题、章节所属定额的共性问题以及某几条定额的问题进行说明;工程量计算规则的主要作用是用以规范定额工程量的计算;另外,可以将一些与定额有关的资料以附录的形式编入定额手册,附录通常可包括材料表、混凝土和砂浆的配合比表、常用型材比重表、几何形体计算公式等内容。

## 3.4　预算(计价)定额的编制

预算定额是根据工程计价的需要提出的一种定额形式,它将分项工程作为定额标定对象,在综合相关施工定额的基础上形成规定完成单位合格分项工程(建筑构件)的施工任务所需人工、机具、材料消耗的数量标准。

由于预算定额是承包工程计价过程的重要依据,所以,通常将预算定额称为计价定额。

### 3.4.1　预算(计价)定额的概念及性质

1) 预算(计价)定额的概念

预算(计价)定额是指在正常的施工条件下,完成单位合格分项工程(建筑构件)的施工任务所需人工、机具、材料消耗的数量标准。预算(计价)定额反映在一定的施工方案和一定的资源配置条件下，施工企业在完成分项工程（建筑构件）施工任务的过程中必须达到的生产效率水平，可以作为确定施工过程对资源和材料需求量并在此基础上核算工程造价的重要依据。

2）预算（计价）定额的性质

在理解预算（计价）定额概念的基础上，还必须注意预算（计价）定额的如下性质：

（1）预算（计价）定额是一种计价性定额

预算（计价）定额的主要作用是作为使用"单价估算法"估算承包工程造价的依据。使用"单价估算法"估算承包工程造价的程序是：首先，根据工程的设计内容和现场条件，拟订施工方案并确定相应的资源配置；其次，据此编制能反映施工过程中资源和材料消耗水平的预算（计价）定额，并结合资源和材料的价格确定定额单价；最后，将承包工程包括的分项工程实物工程量乘以定额单价，汇总得承包工程的直接费用，再据此计算诸如管理费、规费、利润、税金等，得到承包工程造价。

（2）预算（计价）定额是一种数量标准

当施工企业自行编制预算（计价）定额，将它作为企业内部标准，据此采用"单价估算法"估算承包工程个别成本并最终确定承包工程造价时，其性质属于企业定额；当预算（计价）定额由政府授权部门编制，作为一种规定社会平均生产消耗水平的推荐性标准，被发承包双方及社会中介机构作为依据，据此估算承包工程的社会平均成本并最终确定承包工程造价时，它是一种反映社会平均生产消耗的数量标准，其性质属于社会定额。

（3）预算（计价）定额的对象是分项工程

预算（计价）定额的标定对象是分项工程（建筑构件），分项工程是根据工程构造要求和形象部位对施工过程进行结构分解所形成的概念，它以产出建筑构件为目标，是工艺上紧密相关的施工单元的集合。

（4）预算（计价）定额的水平是一般平均水平

预算（计价）定额的水平是一般平均水平，是施工企业大部分生产工人按一般的速度工作，在正常的施工条件下所能达到的水平。

（5）预算（计价）定额规定人工、材料和机具三大消耗

预算（计价）定额规定的消耗内容，包括为完成分项工程（建筑构件）的施工任务，在施工现场所需全部人工、材料及机具的消耗。

### 3.4.2 预算（计价）定额的编制依据和程序

1）预算（计价）定额的编制依据

（1）施工企业自行编制的施工定额

为了减少定额编制的工作量，缩短编制时间，预算（计价）定额规定的人工、机

具和材料的消耗量水平，一般是参考有代表性的施工定额的消耗量水平综合取定的。定额计量单位的选用一般也要参考施工定额，以便提高两种定额之间的协调和可比性。

(2) 现行设计规范、施工及验收规范、质量评定标准和安全操作规程

编制预算(计价)定额，在确定人工、材料和机具台班消耗数量时，必须考虑现行设计规范、施工及验收规范、质量评定标准和安全操作规程等法规和规范的要求。

(3) 具有代表性的典型施工图及有关标准图

通过对有代表性的施工图及有关标准图的分析研究，据此计算出实物工程量，可以作为编制预算(计价)定额时选择施工方法、测定定额含量的依据。

(4) 其他相关资料

其他相关资料包括用以调整定额水平和增加新的定额项目所必需的新技术、新结构、新材料和先进的施工方法，用以确定定额水平的相关科学试验、技术测定和统计、经验资料以及有代表性的施工方案和相应的资源配置情况等。

2) 预算(计价)定额的编制程序

(1) 根据需要选择分项工程的划分标准，明确定额的标定对象

选择或建立分项工程的划分标准是一项十分重要的基础性工作，施工企业可以根据本企业的实际情况建立自己的标准，也可以选择统一的国家标准(如我国基础定额的标准)，或者是选择某个行业协会制定的标准。选定了标准后，必须认真学习标准中有关对分项工程的定义、工程量的计量单位及相应的计算规则等内容，以便掌握分项工程包括的工作内容、工程量的计量单位、各分项工程之间的边界条件及计算规则等。

(2) 拟定施工方案及相应的资源配置

不同的施工方案及资源配置必然得到不同的资源消耗量，预算(计价)定额规定的消耗量标准必须是在一定的并且有代表性的施工方案及资源配置条件下的消耗量，所以，在编制预算(计价)定额前，必须明确施工过程的施工方案及相应的资源配置。

(3) 设计分项工程的工艺流程

根据拟定好的施工方案及相应的资源配置，设计分项工程的工艺流程，据此明确分项工程施工过程包含的施工单元以及施工单元之间的相互关系，在此基础上，综合与此相关的施工定额形成预算(计价)定额的消耗量标准。

(4) 编制定额项目表及相应的说明

定额项目表用以反映分项工程的定额消耗量标准，定额的说明主要是对定额的编制原理、已包括的消耗内容、没包括的消耗内容以及有关附注等所作的说明。定额项目表和相应的定额说明是预算(计价)定额不可缺少的组成部分，它们相辅

相成，共同构成了预算(计价)定额。

### 3.4.3 预算(计价)定额的编制原则

为了保证预算(计价)定额的编制质量，充分发挥定额的作用并使其使用简便，在编制预算(计价)定额的工作中应遵循下列原则。

1) 平均合理的原则

平均合理是指预算(计价)定额的定额水平应平均合理。所谓平均合理，是指在定额适用范围内，在正常的施工生产条件下，大部分生产工人不需要做出努力就能达到的水平。定额水平与各项消耗数量之间是反比关系，与劳动生产率成正比。定额水平高，完成单位合格分项工程所需的人工、材料和机具台班消耗少，也即劳动生产率高。

虽然预算(计价)定额是在施工定额的基础上综合而来的，但是，预算(计价)定额绝不是简单地套用施工定额的水平。首先，在比施工定额所含工作内容综合扩大了的预算(计价)定额中，包含了更多的可变因素，需要保留合理的幅度差，例如，人工幅度差、机具幅度差、材料的运输、辅助性工作以及材料堆放、运输、操作损耗和由细到粗综合过程形成的量差等；其次，由于预算(计价)定额是计价性定额，所以其定额水平应当是平均水平，而施工定额是平均先进水平，两者相比，预算(计价)定额水平要相对低一些，但应限制在一定范围内。

2) 简明适用的原则

简明适用是指在编制预算(计价)定额时，对于那些主要的、常用的、价值量大的施工过程，其分项工程的划分宜细；而对那些次要的、不常用的、价值量相对较小的，定额项目可以放粗一些。

定额项目的多少，与设定的定额步距有关。步距大，定额项目就会减少，精确度就会降低；步距小，定额项目则会增加，精确度也会提高。所以，确定步距时，对主要工种、主要项目和常用项目，定额步距要小一些；对次要工种、次要项目和不常用项目，定额步距可以适当大一些。

编制预算(计价)定额时，所包括的定额项目要齐全，如果项目不全，缺项多，就会使估价工作缺少充足的、可靠的依据。补充定额一般因资料所限，费时费力，可靠性较差，容易引起争执。对定额的活口也要设置适当，所谓活口，即在预算(计价)定额中设置的、符合一定条件时允许定额另行调整的规定。预算(计价)定额中存在的活口越少越好，对实际情况变化较大、影响定额水平幅度大的项目，确需留活口的，应从实际出发尽量少留；即使留有活口，也要注意尽量规定换算方法，避免采取“按实计算”的处理方式。

简明适用，还要求合理确定预算(计价)定额的计量单位，简化工程量的计算，尽可能避免同一种材料使用不同的计量单位，尽量少用定额附注和换算系数。

3）一切在内的原则

一切在内是指在确定预算（计价）定额的消耗量标准时，应考虑施工现场为完成某一分项工程的施工任务所必须发生的所有消耗，也即在确定定额消耗量时，应考虑包括施工现场范围内的一切直接的消耗因素。由于预算（计价）定额是计价性定额，所以按定额计算的消耗量必须包括现场范围内的一切直接的消耗，只有这样才能确保计算工程造价时计入施工过程中的所有消耗而不至于漏算。

### 3.4.4 预算（计价）定额消耗量的确定方法

1）人工、机具等施工资源消耗量的确定方法

预算（计价）定额作为计价性定额，其资源消耗的内容必须包括完成分项工程的施工任务，在施工现场所需开展所有施工作业的资源消耗。相应的，确定预算（计价）定额资源消耗量的方法，可以在施工定额的基础上，将预算（计价）定额标定对象包括的若干施工单元所对应的施工定额，按施工作业的工艺逻辑进行综合，经计算汇总得到预算（计价）定额的资源消耗量标准。

预算（计价）定额中规定的资源消耗量，是指在正常施工条件下，为完成单位合格分项工程的施工任务所必须消耗的施工资源的工作时间。由于预算（计价）定额属于计价性定额，所以其资源消耗必须包括施工现场为完成该分项工程的施工任务必需的“一切在内”的消耗。从施工过程的工作分解结构看，分项工程是由若干在工艺上紧密相关的施工单元组成的。相应的，完成分项工程施工任务需要消耗资源的工作时间也应该由为完成该分项工程施工任务需要开展的各项施工单元的资源时间汇总而成。

根据在施工现场的不同工作性质，组成分项工程的施工单元通常可分为工序作业、超运距运输、辅助工作和零星工作等四种类型。相应的，发生在施工现场的资源消耗一般也包括消耗在工序作业上的资源时间、消耗在超运距运输上的资源时间、消耗在辅助工作上的资源时间以及资源幅度差等四种类型。

（1）消耗在工序作业和超运距运输上的资源时间的确定方法

工序作业是指为完成分项工程（形成建筑构件）的施工任务需要开展的在工艺上紧密相连的施工单元的集合，其中有一项施工单元必须直接占用拟建工程的工作面。当拟建工程的施工现场较大，其材料运输半径超出垂直运输机械的覆盖范围时，则需要另外组织超运距材料运输，超运距材料运输与组成工序作业的施工单元之间同样存在密切的工艺关系。由于组成工序作业和超运距运输的施工单元之间存在密切相关的工艺关系，其施工单元实际生产率的大小往往要受到该分项工程的施工组织情况的影响。所以，确定消耗在工序作业和超运距运输上的资源时

间，必须在施工定额的基础上，根据所取定的能代表施工现场一般情况的施工方案和工艺设计进行综合计算。

确定消耗在工序作业和超运距运输上的资源时间的具体方法如下：

① 选择有代表性的施工方案，据此对分项工程的施工过程进行工作分解，确定该分项工程施工必须包括的施工单元。

② 对分项工程的施工过程进行工艺设计，确定相关施工单元的资源配置，并据此套用相应的施工定额，分别计算每项施工单元在单位合格分项工程的施工过程中所需的作业时间。在此基础上，根据施工单元之间的工艺关系，确定完成单位合格分项工程的施工任务所需的作业时间。

③ 根据单位合格分项工程的作业时间计算相应的资源工作时间，则该资源时间即为预算（计价）定额包括的工序作业和超运距运输上的资源消耗量。

预算（计价）定额的工序作业和超运距运输上的资源消耗量是在相关施工定额的基础上综合扩大而成的，其综合过程必须充分考虑到施工单元之间的工艺关系对资源利用效率的影响。为了具体说明预算（计价）定额中工序作业和超运距运输的资源消耗量的计算过程，现举例如下。

**例 3.4.1** 在施工定额基础上，确定“现场浇筑某种混凝土构件”预算（计价）定额包括的工序作业和超运距运输的资源消耗量标准。

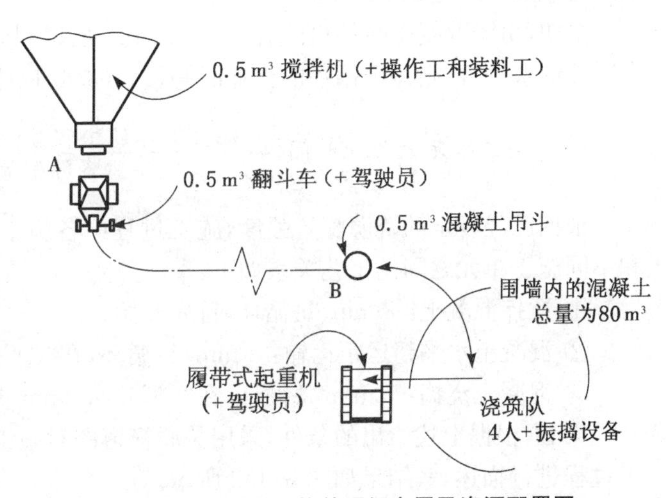


图 3.4.1 浇筑混凝土构件现场布置及资源配置图

第一，根据这类混凝土构件的施工特点，采用有代表性的施工方法，拟定其施工方案及其相应的现场布置和资源配置情况如图 3.4.1 所示。请注意，作为编制预算（计价）定额的“取定”条件，根据以往的施工经验，将施工现场的材料运输半径“取定”为 150 m，考虑到履带式吊车的覆盖范围为 50 m，则需要的超运距为 100 m。

第二，根据既定的施工方案，将分项工程的施工过程分解为混凝土搅拌、超运距混凝土水平运输、混凝土浇捣等三项施工单元，其施工定额的汇总情况见表 3.4.1 所示。

**表 3.4.1 施工定额汇总表**

计量单位:$m^3$

| 施工定额名称 | 技工(工日) | 普工(工日) | 混凝土搅拌机(台班) | 机动翻斗车(台班) | 履带式吊车(台班) | 混凝土振捣机(台班) |
|---|---|---|---|---|---|---|
| 搅拌混凝土 | — | 0.025 | 0.012 5 | — | — | — |
| 混凝土水平超运距运输 | — | 0.016 7 | — | 0.016 7 | — | — |
| 混凝土浇捣 | 0.083 2 | — | — | — | 0.020 8 | 0.041 6 |

注:根据我国的习惯,将操作施工机械的司机的消耗包括在机械台班中。

第三,取定施工过程中各施工单元的资源配置情况如下:

① 搅拌混凝土:0.5 $m^3$ 混凝土搅拌机 1 台、普通工人 2 名;

② 混凝土水平超运距运输(包括空车返回):0.5 $m^3$ 机动翻斗车 1 辆、普通工人 1 名;

③ 混凝土浇捣(包括履带吊车的空车返回):履带式吊车 1 台、混凝土工(技工)4 名、混凝土振捣机 2 台。

第四,由于混凝土搅拌机的容量是 0.5 $m^3$,所以,其施工过程按 0.5 $m^3$ 作为一个循环依次进行,则每个循环的作业时间按式(3.4.1)计算:

$$\text{施工单元的作业时间} = \frac{\text{每次循环的工程量} \times \text{施工定额消耗量}}{\text{资源配置强度}} \tag{3.4.1}$$

根据已经设定的资源配置强度,施工过程中各施工单元每次循环的作业时间和不同施工单元之间的工艺关系如下:

① 搅拌混凝土:3 min/每循环,首先开始;

② 混凝土水平超运距运输:4 min/每循环,在"①"完成后进行;

③ 混凝土浇捣:5 min/每循环,在"②"开始 2 min 后进行。

第五,根据上述给出的条件,采用关联横道图对施工现场浇筑混凝土构件的施工过程进行描述,其结果如图 3.4.2 所示。

第六,从图 3.4.2 可以看出,现场浇筑混凝土构件的施工周期为 10 min/$m^3$,根据上述给出的资源配置强度,现场浇筑混凝土构件预算(计价)定额的工序作业和超运距运输的资源消耗量的计算过程如下:

工序作业的消耗:① 技工的时间消耗=4×10 min　即为 0.084 工日

② 普工的时间消耗=2×10 min　即为 0.042 工日

③ 混凝土搅拌机的时间消耗=1×10 min　即为 0.021 台班

④ 履带式吊车的时间消耗=1×10 min　即为 0.021 台班

⑤ 混凝土振捣机的时间消耗=2×10 min　即为 0.042 台班

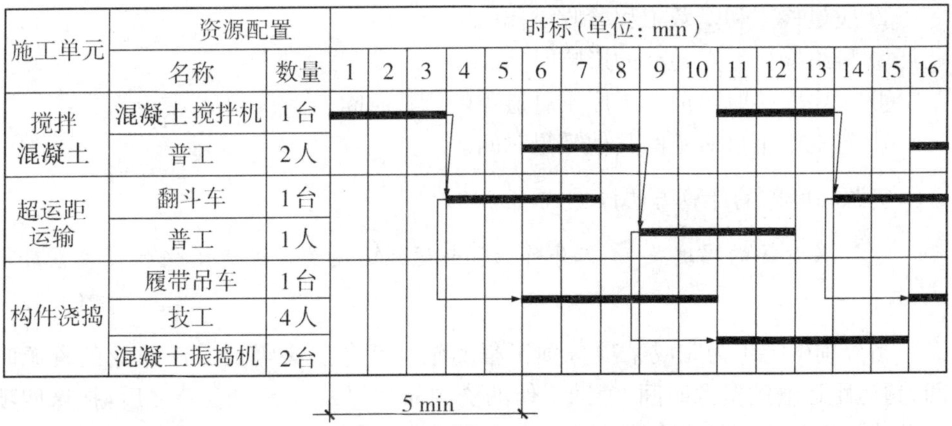

| 施工单元 | 资源配置 | | 时标(单位: min) | | | | | | | | | | | | | | | |
|---|---|---|---|---|---|---|---|---|---|---|---|---|---|---|---|---|---|---|
| | 名称 | 数量 | 1 | 2 | 3 | 4 | 5 | 6 | 7 | 8 | 9 | 10 | 11 | 12 | 13 | 14 | 15 | 16 |
| 搅拌混凝土 | 混凝土搅拌机 | 1台 | | | | | | | | | | | | | | | | |
| | 普工 | 2人 | | | | | | | | | | | | | | | | |
| 超运距运输 | 翻斗车 | 1台 | | | | | | | | | | | | | | | | |
| | 普工 | 1人 | | | | | | | | | | | | | | | | |
| 构件浇捣 | 履带吊车 | 1台 | | | | | | | | | | | | | | | | |
| | 技工 | 4人 | | | | | | | | | | | | | | | | |
| | 混凝土振捣机 | 2台 | | | | | | | | | | | | | | | | |

5 min

**图 3.4.2　现场浇捣混凝土构件作业性进度计划**

超运距运输的消耗:① 机动翻斗车的时间消耗=1×10 min　　即为 0.021 台班

② 普工的时间消耗=1×10 min　　即为 0.021 工日

(2) 消耗在辅助工作上的资源时间的确定方法

辅助工作是指在施工现场开展的,目标是为工序作业上的施工单元提供必要服务的施工单元,例如,施工现场开展的材料加工、筛选黄砂、淋石灰膏等。施工现场开展辅助工作的过程同样需要消耗资源的工作时间,由于辅助工作与工序作业在施工工艺上并无直接的逻辑关系,所以,辅助工作的生产率一般不受工序作业上的施工单元的施工组织状况影响。在确定预算(计价)定额包括的辅助工作的资源时间的过程中,一般只需要将各辅助工作的资源时间消耗按式(3.4.2)所示的方法计算并简单相加。

$$\text{辅助工作的资源时间} = \sum(\text{需加工的材料数量} \times \text{相应的施工定额}) \tag{3.4.2}$$

**例 3.4.2**　假定现场浇筑 1 $m^3$ 混凝土构件需要筛选黄砂 0.8 t,每筛选 1 t 黄砂的施工定额为 0.1 工日。则浇筑混凝土构件预算(计价)定额包括的辅助工作的资源消耗量为:

辅助工作上的人工消耗 = 0.8 × 0.1 = 0.08(工日)

(3) 资源幅度差的确定方法

资源幅度差是指预算(计价)定额与施工定额在定额水平方面的差额,主要包括在施工定额中未考虑而在现场施工条件下又不可避免的且很难准确计量的各种零星的资源消耗和损失,资源幅度差的内容主要包括如下各项:

① 施工机具在单位工程之间转移及临时水电线路移动所造成的停工时间。

② 质量检查和隐蔽工程验收工作的影响。

③ 班组操作地点转移的影响时间。

④ 工序交接时对前一工序不可避免的修整时间。

⑤ 施工中不可避免的其他零星时间。

资源幅度差的计算方法详见式(3.4.3)。

$$某资源的幅度差 = 工序作业和超运距运输的资源消耗 \times 幅度差系数 \tag{3.4.3}$$

当分别确定了为完成某项分项工程的施工任务所必需的工序作业的资源时间、超运距运输的资源时间、辅助工作的资源时间以及资源幅度差之后，把这四项资源消耗简单相加即成为该分项工程的资源消耗量。

2）材料消耗量的确定方法

(1) 材料消耗量的概念

预算(计价)定额材料消耗量是指在合理使用材料的条件下，完成单位合格分项工程(建筑构件)的施工任务，所需消耗一定品种、一定规格的材料(包括成品、半成品、配件、水电等)的数量标准。

建设工程的直接成本中，材料费占70%左右。材料消耗量的多少、消耗是否合理，关系到建设资金的有效利用，对建设工程的造价确定和成本控制有着决定性影响。

(2) 材料消耗量的计算方法

施工过程中消耗的材料，包括实体材料和周转材料两种。就实体材料而言，施工定额编制了相应的消耗量标准；就周转材料而言，施工定额不仅编制了消耗量标准(包括定额损耗量和定额摊销量)，而且编制了周转材料使用定额(包括定额一次使用量和定额损耗量)。相应的，预算(计价)定额就材料消耗而言，也需要包括实体材料消耗量、周转材料消耗量和周转材料使用量等三项消耗指标。

虽然预算(计价)定额的标定对象和施工定额中材料消耗定额的标定对象一致，它们均是分项工程，但是，由于预算(计价)定额是计价性定额，所以，为了使用上的方便，在具体定义定额标定对象时，往往将若干个性质相同的材料消耗定额合并为一个预算(计价)定额，或者说，预算(计价)定额的综合程度往往比施工定额中材料消耗定额的更大。

例如，预算(计价)定额工程量计算规则规定，计算墙体工程量时其厚度一律按实体砖墙的厚度计算，不计突出墙面三皮砖以下腰线所占的体积，则突出墙面三皮砖以下腰线所占的体积被少算了。再如，江苏省编制的预算(计价)定额中脚手架工程是按钢管和毛竹综合取定的，该定额综合了钢管脚手架和毛竹脚手架两项材料消耗定额。又如，预算(计价)定额中现浇构件的钢筋定额是按直径不同区分直径12以内、直径12到25以内和直径25以外列项的，其综合程度大于施工定额中的材料消耗定额。

根据预算(计价)定额和材料消耗定额之间的上述关系，预算(计价)定额材料消耗量的计算方法是：首先，直接套用施工定额中材料消耗定额的消耗量标准；其次，在直接套用施工定额中材料消耗定额的消耗量标准的基础上，按式(3.4.4)所示方法进行综合计算。

$$预算定额材料消耗量=\sum(权重\times 材料消耗定额) \tag{3.4.4}$$

式中，权重——某材料消耗定额工程量占预算定额计量单位的比重；

材料消耗定额——对应于"权重"的施工定额中的材料消耗定额。

### 3.4.5 现行体制下我国预算(计价)定额的特点

由于历史的原因，我国政府一直把预算(计价)定额作为政府直接管理和控制基本建设投资的重要工具。到目前为止，预算(计价)定额仍然是由政府授权部门统一编制并颁发的一种反映社会平均生产消费水平的推荐性数量标准。凡在我国境内投资建设的工程项目，只要牵涉国有资本(或业主在招标文件中指定)，均必须执行由政府造价管理部门统一编制的预算(计价)定额。政府投资项目在招标采购时，必须依据预算(计价)定额编制招标控制价；施工过程中必须依据预算(计价)定额进行合同价款调整和工程价款结算；竣工阶段办理竣工结算，也需依据预算(计价)定额。由于预算(计价)定额在作用上的特殊性，决定了我国现行的预算(计价)定额在概念、编制方法上的不同特点。

1) 概念上的特点

我国现行的预算(计价)定额是指由政府授权部门统一编制的，用以规定在正常的施工条件下，完成单位合格分项工程(建筑构件)的施工任务，所需人工、机具、材料消耗量的限量标准。它反映在一定的社会生产力水平、一定的社会生产效率水平条件下，定额适用范围内建筑业的施工水平、管理水平及生产消费的水平。我国现行的预算(计价)定额作为国家编制的一种有关建筑业生产消费水平方面的推荐性标准，只要牵涉国有资本或业主在招标文件中明确规定，则预算(计价)定额即成为确定和控制工程造价的重要依据。

2) 编制方法上的特点

我国现行的预算(计价)定额，作为一种行业推荐性标准，其消耗量必须反映社会平均的生产消费水平。为此，在编制预算(计价)定额时，一般采用综合取定的方法来确定资源消耗量标准。下面以"全国统一建筑工程基础定额"为例，说明我国现行预算(计价)定额在编制方法上的特点。

（1）综合取定定额水平

确定定额消耗量时，以大多数工程具备的"正常"的现场施工条件，目前大多数建筑施工企业能达到的施工机械装备程度，合理的施工工期、施工工艺、劳动组织及管理水平为基础，在综合考虑有关国家现行的产品标准、设计规范、施工验收规范、质量评定标准、安全操作规程以及有代表性的工程设计、施工资料和其他资料的基础上，确定能综合反映社会平均生产消费水平的资源消耗量标准。适用于定额规定的正常条件下的施工过程，定额执行过程中一般不得任意调整和换算；对于定额规定的非正常条件下的施工过程，定额消耗量可以根据有关规定及说明对原定额进行调整或换算后执行。

（2）统一计量规则

"全国统一建筑工程基础定额"依据全国统一的工程量计算规则、分项工程划分标准及计量单位编制，有利于在全国范围内统一造价计价的核算口径。

（3）人工工日消耗量的确定

定额人工消耗量不分工种、技术等级，一律以综合工日表示，人工消耗量的确定，是以现行"全国建筑安装工程统一劳动定额"为基础进行综合扩大，缺项部分参考地区现行定额及实际调查资料计算。凡依据劳动定额计算的，均按规定计入人工幅度差；根据施工实际需要计算的，未计人工幅度差。

（4）材料消耗量的确定

定额中的材料消耗包括主要材料（实体材料和周转材料）、辅助材料、零星材料等，凡能计量的材料、成品、半成品均按品种、规格逐一列出数量，并计入了相应损耗，内容和范围包括从工地仓库、现场集中堆放地点或现场加工地点至操作、安装地点的运输损耗、施工操作损耗、施工现场堆放损耗。

混凝土、砌筑砂浆、抹灰砂浆及各种胶泥等混合材料均按半成品消耗量以体积计量，其配合比是按现行规范规定通过综合考虑后确定的，对于同级别、同标号的混合材料，不论施工现场的配料情况如何，均按定额配合比执行。各省、自治区、直辖市可按当地材料质量情况调整其配合比和材料用量。

施工措施性消耗部分，周转材料按不同施工方法、不同材质分别列出一次使用量（在相应章节后以附录列出，不作为计价依据）和定额消耗量（在定额项目中列出，定额消耗量等于定额损耗量和定额摊销量之和）。

施工工具用具性消耗材料归入建筑安装工程费用定额中工具用具使用费项下，不再列入定额消耗量之内。

（5）施工机具台班消耗量的确定

挖掘机械、打桩机械、吊装机械、运输机械（包括推土机、铲运机及构件运输机械等）分别根据机械、容量、性能及工作对象不同，按单机或主机与配合辅助机械，分别以台班消耗量表示。

随工人班组配备的中小型机具,其台班消耗量列入相应的定额项目内。

定额中的机具类型、规格是按常用机具类型确定的,各省、自治区、直辖市人民政府,国务院有关部门如需重新选用机型、规格时,可按选用的机型、规格调整台班消耗量。

定额中均已包括材料、成品、半成品从工地仓库、现场集中堆放地点或现场加工地点至操作、安装地点的水平和垂直运输所需的人工和机具消耗量。如发生再次搬运,应在建筑安装工程费用定额中二次搬运费项下列支。预制钢筋混凝土构件和钢构件安装是按机械回转半径 150 m 以内运距考虑的。

(6) 其他方面的特点

① 除了脚手架、垂直运输机械的台班定额已注明其适用高度外,其余均按建筑物檐口高度 20 m 以下编制;檐口高度超过 20 m 时,另按定额中有关建筑物超高增加人工、机具台班定额项目计算。

② 定额适用海拔高程 2 000 m 以下、地震烈度七度以下地区。超过上述情况时,可结合高原地区的特殊情况和地震烈度要求,由各省、自治区、直辖市或国务院有关部门制定调整办法。

③ 各种材料、构件及配件所需的检验试验应在建筑安装工程费用定额中的检验试验费项下列支,本定额不包括这些费用。

④ 定额的工程内容中已说明了主要的施工工序,次要工序虽未说明,但均已考虑在定额内。

3) 作用上的特点

我国现行预算(计价)定额作为政府授权部门编制并颁发的一种推荐性限量标准,其作用上的特点主要是突出定额的社会属性,具体作用如下:

(1) 确定工程造价的依据

预算(计价)定额是编制施工图预算、招标控制价和投标报价的重要依据,也是确定和控制项目投资的依据。

(2) 预算(计价)定额是对设计方案进行技术经济比较和分析的依据

设计方案在设计工作中居于中心地位,对设计方案的选择应该在满足功能要求并符合设计规范的基础上,追求技术上的先进性和经济上的合理性。依据预算(计价)定额对方案进行技术经济分析和比较,是选择经济合理的设计方案的重要方法。

对设计方案进行比较,主要内容是对不同方案依据定额计算相应的人工、材料和机具台班消耗量,进而判明不同方案对工程造价及工期的影响,还可以判明材料重量对荷载、基础工程量及材料运输量的影响,以及因此而产生的对工程造价的影响。

对于新结构、新材料的应用和推广,也需要借助于预算(计价)定额,据此进行技术经济分析和比较,从技术与经济的结合上考虑普遍采用的可能性和效益。

(3) 预算(计价)定额是编制施工组织设计的依据

在不同的阶段编制施工组织设计,确定出拟建工程所采用的施工方法与相应的技术组织措施,确定现场平面布置和施工进度安排,确定出人工、材料、机具、水电动力等需要量,以及物料运输方案,不仅是建设和施工准备工作所必需的,也是保证工程顺利实施、进行建设工程成本控制的有效手段。根据预算(计价)定额确定的劳动力、建筑材料、成品、半成品和机具台班的需用量,为组织材料供应和预制构件加工、平衡劳动力和施工机具提供了可靠依据。

(4) 预算(计价)定额是施工企业进行经济活动分析的依据

实行经济核算的根本目的是用经济的方法促使企业在保证质量和工期的条件下,用较少的劳动消耗取得最大的经济效果。作为推荐性标准的预算(计价)定额,如果被选作招标工程的结算依据,则定额决定了施工企业在承包工程上的收入,企业就必须以预算(计价)定额为评价企业工作效率的标准,定额就成为努力实现的具体目标。施工企业只有在施工中尽量降低劳动消耗,提高劳动生产率,采用新技术和提高劳动者素质,才能取得较好的经济效果。

(5) 预算(计价)定额是编制概算定额和概算指标的基础

概算定额和概算指标是在预算(计价)定额基础上经综合扩大编制的,编制概算定额需要利用预算(计价)定额作为编制依据,这样做可以节省编制工作中大量的人力、物力和时间,收到事半功倍的效果。

### 3.4.6 预算(计价)定额手册

将编制的预算(计价)定额按一定的章节汇编成册,即形成预算(计价)定额手册。预算(计价)定额手册是工程估价的重要依据,工程估价人员必须熟悉手册的内容和相关规定并掌握手册的使用方法。

1) 预算(计价)定额手册的基本内容

虽然不同版本的预算(计价)定额(如全国统一基础定额、各个省编制的定额、相关部委编制的定额等)在具体内容上不尽相同,但定额手册的基本构成是一样的。

(1) 说明

预算(计价)定额手册的第一项内容是说明。说明是采用文字的形式对预算(计价)定额内涵的规范和描述,按适用范围的不同,说明一般分为总说明、分部工程说明和附注说明等三个层次。

① 总说明。总说明是针对整个定额手册所做的说明,重点说明定额手册的编制依据、适用范围、主要作用、取定的技术经济条件以及一些必须说明的共性问题。

② 分部工程说明。汇编预算(计价)定额手册时,按分部工程到分项工程的顺序,将属于同一分部工程的定额项目汇编在一起,形成手册的"章",再将每一"章"中属于同类分项工程的定额项目汇编在一起,形成手册的"节",手册的"节"往下,

则是具体的定额项目。

针对不同“章”所属的定额项目，定额手册一般要安排相应的说明，称为分部工程说明或称章说明，主要说明本章定额的设定条件、换算规定以及相关的换算方法等。

③ 附注说明。附注说明是针对一项或若干项定额所做的说明，主要说明定额的换算条件和相应的换算方法。

（2）计量规则

预算（计价）定额手册包括的计量规则是工程估价过程中进行工程计量的重要依据，主要是实物工程量计算规则。实物工程量计算规则详细规定了计算预算（计价）定额实物工程量的计量单位、数据要求和计算方法，它是与预算（计价）定额紧密相关的规定性文件，必须严格执行。

（3）定额项目表

将相同性质的预算（计价）定额编辑在一起，并用表格的形式描述其定额编号、项目名称、计量单位、定额项目人工、机具、材料的消耗情况，这种表格被称为定额项目表。定额项目表除了描述上述信息外，还包括针对定额项目的工作内容说明，当定额项目表中的定额存在附注说明时，则在表格下面另外标注相应的附注说明。表3.4.2是摘自《江苏省建筑与装饰工程计价定额》（2014 版）中定额项目表的示例。值得注意的是，江苏省住房与城乡建设厅为了适应实行工程量清单计价的要求，于 2013 年组织编制本省范围内的计价定额，将编制的定额项目和相应的定额单价（综合单价）汇编在一起，命名为《江苏省建筑与装饰工程计价定额》，于 2014 年执行。

（4）附录

编制预算（计价）定额手册时，将有关定额“取定”的内容以及使用定额时需要的信息汇编在手册中，作为定额手册的组成部分，称为定额手册的附录。一般包括各种混合材料（如各种砂浆、混凝土等）的配合比表、主要建筑材料预算价格取定表、主要材料和半成品损耗率取定表、机具台班预算单价取定表以及常用钢材理论重量表、常用形体计算公式表、砖砌大放脚的折加高度表等。

2）定额套用

依据预算（计价）定额手册计算拟建工程人工、材料、机具消耗量的过程如下：首先，根据定额手册划定的定额项目进行工程量计算；其次，针对已经计算出来的定额工程量，选择相应的定额项目并按式（3.4.5）计算完成该定额项目的施工任务需要的人工、材料、机具消耗量；最后，将完成拟建工程施工任务对应的全部定额项目的人工、材料、机具消耗量加以汇总，按式（3.4.6）计算拟建工程对人工、材料、机具的总消耗量。

$$\text{某定额项目对某要素的消耗量} = \text{工程量} \times \text{预算定额消耗量标准} \quad (3.4.5)$$

$$\text{拟建工程对某要素的总消耗量} = \sum \text{某定额项目对该要素的消耗量} \quad (3.4.6)$$

**表 3.4.2　定额项目表示例**

工作内容：1. 清理、修补、湿润基层表面、堵墙眼、调运砂浆、清扫落地灰。

2. 刷浆、分层抹灰找平、洒水湿润、罩面压光。　　　　计量单位：10 m²

| 定额编号 | | | 14-37 | | 14-38 | | 14-39 | | 14-40 | |
|---|---|---|---|---|---|---|---|---|---|---|
| 项目 | 单位 | 单价 | 抹混合砂浆 | | | | | | | |
| | | | 砖墙外墙 | | 砖墙内墙 | | 混凝土外墙 | | 混凝土内墙 | |
| | | | 数量 | 合价 | 数量 | 合价 | 数量 | 合价 | 数量 | 合价 |
| 综合单价 | | 元 | 235.95 | | 209.95 | | 248.52 | | 222.70 | |
| 人工费 | | 元 | 127.92 | | 111.52 | | 136.94 | | 120.54 | |
| 材料费 | | 元 | 52.97 | | 49.77 | | 53.34 | | 50.34 | |
| 机械费 | | 元 | 5.64 | | 5.40 | | 5.52 | | 5.27 | |
| 管理费 | | 元 | 33.39 | | 29.23 | | 35.62 | | 31.45 | |
| 利润 | | 元 | 16.03 | | 14.03 | | 17.10 | | 15.10 | |
| 二类工 | 工日 | 82.00 | 1.56 | 127.92 | 1.36 | 111.52 | 1.67 | 136.94 | 1.47 | 120.54 |
| 混合砂浆 1∶1∶6 | m³ | 215.85 | 0.225 | 48.57 | 0.165 | 35.62 | 0.217 | 46.84 | 0.158 | 34.10 |
| 混合砂浆 1∶0.3∶3 | m³ | 253.85 | | | 0.051 | 12.95 | | | 0.051 | 12.95 |
| 水泥砂浆 1∶2.5 | m³ | 265.07 | 0.003 | 0.80 | 0.003 | 0.80 | 0.003 | 0.80 | 0.003 | 0.80 |
| 901 胶素水泥浆 | m³ | 525.21 | | | | | 0.004 | 2.10 | 0.004 | 2.10 |
| 普通木成材 | m³ | 1 600.0 | 0.002 | 3.20 | | | 0.002 | 3.20 | | |
| 水 | m³ | 4.70 | 0.086 | 0.4 | 0.086 | 0.40 | 0.085 | 0.40 | 0.083 | 0.39 |
| 砂浆搅拌机 200 L | 台班 | 122.64 | 0.046 | 5.64 | 0.044 | 5.40 | 0.045 | 5.52 | 0.043 | 5.27 |

注：江苏省计价定额将定额项目和相应的定额单价（综合单价）合二为一，综合单价的概念和计算详见本书第 4 章的内容。

所谓定额套用，就是在对某定额项目进行工程量计算的基础上，在定额手册中选择相应的定额项目，将已得的工程量乘以定额项目规定的消耗量标准，计算完成该定额项目施工任务需要的人工、材料、机具消耗量的过程。

在套用定额的过程中，只有当定额"取定"的分项工程的规格、品种、做法与工程图纸规定的完全一致，才能"直接"套用。否则，必须按定额手册的规定，首先对原定额进行"换算"处理后才能套用。

定额换算的过程，就是对照定额的"取定"和图纸的"规定"，在原定额消耗量标准的基础上，将原定额消耗量标准中与图纸“规定”不相符的消耗内容减除，再补入按图纸“规定”必须消耗的内容，最终形成与图纸“规定”相符的定额消耗量标准的过程，其基本原理可用式(3.4.7)表示。

$$[\text{换算后的定额消耗量}]=[\text{原定额消耗量}]-[\text{对照图纸不相符的消耗内容}]+[\text{按图纸施工必须消耗的内容}] \tag{3.4.7}$$

实际工作中，对定额进行“换算”的具体形式多种多样。如果按引起“换算”的原因分类，则主要包括“说明换算”、“配合比换算”和“面积计量厚度换算”等类型。下面根据《江苏省建筑与装饰工程计价定额》(2014 版)的有关规定，选择相关的定额项目，说明对原定额进行“换算”的具体方法。

(1) 说明换算

定额手册的“分部工程说明”和“附注说明”中，有一些说明主要针对定额换算的条件和相应的换算方法做了规定。例如，第十三章(楼地面工程)的说明中规定：踢脚线定额项目按长度(10 m)计量，其高度是按 150 mm 编制的，如设计高度与定额取定高度不同时，块料面层(不包括粘贴砂浆材料)按高度比例调整面层材料消耗量，其他不变。

假设某建筑工程的施工图设计规定，采用水泥砂浆铺设花岗岩楼地面，相应的踢脚线的设计高度是 120 mm，则选择适用定额，其编号为 13-50，由于定额“取定”高度与设计“要求”高度不符，按说明换算其中的花岗岩板的消耗量如下：

$$\text{换算后花岗岩板的消耗量}=\frac{1.53\times 120}{150}=1.224(\text{m}^2)$$

(2) 配合比换算

当定额手册中针对某条定额项目“取定”的配合比与工程图纸“要求”的配合比不一致时，则必须对原定额项目进行“换算”后才能套用，换算的原则是“定额中砂浆、混凝土等混合材料的消耗量不变，混合材料的配合比需要调换”。例如，第四章(砌筑工程)中编号为 4-1 的定额项目，原定额“取定”用 M5 水泥砂浆砌筑标准砖基础，如果施工图设计“要求”用 M10 水泥砂浆砌筑砖基础，则换算其中的水泥(注：还包括中砂和水，本例略)消耗量如下：

$$\text{换算后的水泥消耗量}=0.242\times 253=61.226(\text{kg})$$

(3) 面积计量厚度换算

当定额项目的计量单位是面积时，则针对这种定额项目一般会“取定”一个厚度，如果定额“取定”的厚度与工程图设计“要求”的厚度不一致，则需要根据两者的厚度差异对原定额消耗量进行换算，换算方法分两种情况，其一是执行“增减定额”，其二是按“厚度比例”调整定额消耗量。

例如，第十三章(楼地面工程)中编号为13-22的定额项目，原定额“取定”用1∶2水泥砂浆铺设楼地面面层，厚度“取定”为20 mm。如果施工图设计“要求”用1∶2水泥砂浆铺设楼地面面层，厚度“规定”为25 mm，则需要套用相应的“增减定额”(编号为13-23，每增减5 mm)，换算其中的水泥(注：还包括中砂和水，本例略)消耗量如下：

$$\text{换算后的水泥消耗量} = 0.202 \times 557 + 0.051 \times 557 = 140.92(\text{kg})$$

再如，第十四章(墙柱面工程)中定额编号为14-38的定额项目，原定额“取定”的砂浆是：用1∶1∶6混合砂浆打底，厚度15 mm；1∶0.3∶3混合砂浆罩面，厚度5 mm。如果施工图设计“要求”打底层厚度为18 mm，罩面层厚度不变，则需要按“厚度比例”调整原定额中打底砂浆的消耗量和相应的材料消耗量，换算其中的水泥(注：还包括中砂、石灰膏和水，本例略)消耗量如下：

$$\begin{aligned}\text{换算后的水泥消耗量} &= \frac{0.165 \times 18}{15} \times 204 + 0.051 \times 391 + 0.003 \times 490 \\ &= 61.8(\text{kg})\end{aligned}$$

预算(计价)定额手册是估算承包工程造价的重要依据，只有全面熟悉定额手册的基本内容，掌握手册中有关定额项目的划分标准、各层次的定额说明、工程计量规则、附录的内容和使用，掌握有关定额换算的原理和方法，才能成为技术合格的工程估价人员。

## 3.5 概算定额及概算指标

### 3.5.1 概算定额的概念和作用

1) 概算定额的概念

概算定额是指在正常的施工条件下，为完成一定计量单位的扩大分项工程或扩大结构构件的施工任务所需人工、材料和机具台班的消耗数量及费用标准。

概算定额是在预算(计价)定额的基础上，根据有代表性的工程通用图纸和标准图集等资料进行综合、扩大和合并而成。

概算定额具有如下性质：

(1) 概算定额是一种计价性定额，主要作用是编制设计概算的依据

由于对设计概算进行编制和审核是我国目前控制建设工程投资的主要方法，所以，概算定额也是我国目前控制建设工程投资的主要依据。

(2) 概算定额是一种社会标准

在涉及国有资本投资的建设工程领域，概算定额具有技术经济法规的性质，定额水平一般取社会平均水平。

(3) 概算定额的对象是扩大分项工程或扩大结构构件

概算定额的标定对象是由若干个相互关联的分项工程构成的工程实体，该工程实体一般被称为扩大分项工程或扩大结构构件。所以，概算定额包含的工程内容是由若干个分项工程集合而成的。相应的，概算定额的消耗量也是由定额标定对象所包含的分项工程的预算(计价)定额消耗量综合而成。

(4) 概算定额是在预算(计价)定额的基础上综合扩大而成的

在编制概算定额的过程中，将若干分项工程组成概算定额的标定对象时，不是把它们简单地相加，而是要根据施工规律或工程构造要求，按概算定额的计量单位进行综合。

另外，在编制概算定额时，应考虑到能适应规划、设计、施工各阶段的要求。概算定额与预算(计价)定额应保持一致水平，即在正常条件下，反映大多数企业的设计、生产及施工管理水平。

2) 概算定额的作用

概算定额在控制建设投资、合理使用建设资金及充分发挥投资效果等方面发挥着积极的作用。现以江苏省编制颁发的《江苏省建筑工程概算定额》(2005 年)为例加以说明，为了合理确定工程造价和有效控制建设工程投资，江苏省编制颁发的现行《江苏省建筑工程概算定额》自 2006 年起在全省范围内施行，定额的主要作用是：

(1) 编制初步设计概算的依据。

(2) 设计人员在初步设计阶段做多方案技术经济比较之用。

### 3.5.2 概算定额的内容和特点

1) 概算定额的内容

概算定额由文字说明和定额项目表两部分内容组成。

文字说明包括总说明和各分部工程的说明，总说明中主要说明定额的编制目的、编制依据、适用范围、定额作用、使用方法、取费计算基础以及其他有关规定等；分部说明中主要阐述本分部综合分项工程内容、使用方法、工程量计算规则以及其他有关规定等。

定额项目表是概算定额的主要组成部分，是用表格的形式，按分部分项工程的顺序，反映各概算定额项目的定额名称、编号、计量单位、所包括的工程内容、消耗量标准以及有关附注说明等内容。

例如，现浇钢筋混凝土柱概算定额项目包括了混凝土、钢筋、柱面室内抹灰、刷乳胶漆等工程内容，表 3.5.1 是《江苏省建筑工程概算定额》(2005 年)中柱、梁分部工程中关于现浇钢筋混凝土柱概算定额的定额项目表的示例。

**表 3.5.1　现浇钢筋混凝土柱概算定额示例**

工作内容：钢筋制作、绑扎、安装、混凝土浇捣、养护、抹灰、刷乳胶漆。　　计量单位：m$^3$

| 概算定额编号 | | | | 4-3 | | 4-4 | | 4-5 | |
|---|---|---|---|---|---|---|---|---|---|
| 计价定额编号 | 项目名称 | 综合单价 | 单位 | 矩形柱 | | | | 圆异形柱 | |
| | | | | 周长(m) | | | | | |
| | | | | 1.8 以内 | | 1.8 以外 | | 3.0 以内 | |
| | | | | 数量 | 合价 | 数量 | 合价 | 数量 | 合价 |
| 基准价 | | | 元 | 953.58 | | 1 041.16 | | 1 033.20 | |
| 其中 | 人工费 | | 元 | 123.61 | | 112.74 | | 147.50 | |
| | 材料费 | | 元 | 732.58 | | 832.16 | | 775.24 | |
| | 机械费 | | 元 | 26.74 | | 29.43 | | 27.98 | |
| | 管理费 | | 元 | 52.61 | | 49.76 | | 61.42 | |
| | 利润 | | 元 | 18.04 | | 17.07 | | 21.06 | |
| 4-1 | 钢筋制安 12 内 | 3 538.49 | t | 0.038 | 134.46 | 0.05 | 176.92 | 0.042 | 148.62 |
| 4-2 | 钢筋制安 12 外 | 3 309.55 | t | 0.088 | 291.24 | 0.116 | 383.91 | 0.098 | 324.34 |
| 5-181 | C35 泵送商品混凝土矩形柱 | 369.20 | m$^3$ | 1.00 | 369.20 | 1.00 | 369.20 | | |
| 13-40 | 矩形柱面抹混合砂浆 | 139.06 | 10 m$^2$ | 0.644 | 89.55 | 0.451 | 62.72 | | |
| 16-308 | 抹灰面刷乳胶漆三遍 | 107.35 | 10 m$^2$ | 0.644 | 69.13 | 0.451 | 48.41 | 0.691 | 74.18 |
| 5-182 | C35 泵送商品混凝土圆形柱 | 371.25 | m$^3$ | | | | | 1.00 | 371.25 |
| 13-39 | 圆形柱面抹混合砂浆 | 166.15 | 10 m$^2$ | | | | | 0.691 | 114.81 |
| 人工及主要材料 | 一类工 | | 工日 | 0.84 | | 0.59 | | 0.90 | |
| | 二类工 | | 工日 | 3.23 | | 3.13 | | 3.96 | |
| | 中砂 | | t | 0.28 | | 0.21 | | 0.29 | |
| | 石灰膏 | | m$^3$ | 0.02 | | 0.01 | | 0.02 | |
| | 白水泥 | | kg | 3.41 | | 2.39 | | 3.66 | |
| | 水泥 32.5 级 | | kg | 64.53 | | 50.36 | | 59.87 | |
| | 商品混凝土 C35(泵送) | | t | 0.99 | | 0.99 | | 0.99 | |
| | 钢筋(综合) | | t | 0.13 | | 0.17 | | 0.14 | |
| | 电焊条 | | kg | 0.92 | | 1.21 | | 1.02 | |
| | 镀锌铁丝 22$^{\#}$ | | kg | 0.43 | | 0.57 | | 0.48 | |
| | 乳胶漆 | | kg | 2.98 | | 2.09 | | 3.20 | |

注：劲性混凝土柱按矩形子目执行。

2）概算定额的特点

现以《江苏省建筑工程概算定额》(2005 年)为例，说明概算定额的特点如下：

(1) 项目划分贯彻简明适用的原则

在预算(计价)定额项目划分的基础上，进一步综合扩大，适当合并相关项目，拉大步距，以简化编制概算的手续。

(2) 按工程构造进行综合扩大

全部定额项目，基本形成独立、完整的单位产品价格，便于设计人员做多方案技术经济比较，提高设计质量。

例如，屋面工程定额项目综合了保温层、防水层，该保温层、防水层作为一个完整的项目实体，同时综合了相关的找平层。如设计要更换另一种保温层、防水层材料时，可按预算(计价)定额调整或换算。

(3) 原则上不留“活口”

以预算(计价)定额为基础，充分考虑到定额水平合理的前提，除了按定额规定必须调整和换算的外，原则上尽量不留“活口”，为有效控制建设投资创造条件。例如，相关定额项目中综合了钢筋和铁件含量，如与设计规定不符时，应调整；计算混凝土构件的钢材含量时，设计图纸未说明的钢筋接头，不计算；混凝土和钢筋混凝土强度等级，如与设计规定不同时，也应调整；砌筑砂浆等级和抹灰砂浆配合比，编制概算时不调整。

(4) 基本保持预算(计价)定额的水平，略有余地

经测算，概算定额加权综合平均水平比预算(计价)定额增加造价 6.5%左右，这个水平是比较合适的。

### 3.5.3 概算定额的编制

1）概算定额的编制依据

现以《江苏省建筑工程概算定额》(2005 年)为例，其编制依据如下：

(1)《江苏省建筑与装饰工程计价表》(2003 年)。

(2)《江苏省建筑工程综合预算定额》(2001 年)。

(3)《江苏省建筑工程概算定额》(1999 年)。

2）概算定额的编制原则

概算定额的编制深度，要适应设计的要求，在保证设计概算质量的前提下，应贯彻社会平均水平和简明适用的原则。概算定额是工程计价的依据，应符合价值规律和反映现阶段社会生产力水平。

概算定额的项目划分，应简明和便于计算。要求计算简单和项目齐全，只能综合，而不能漏项。在保证一定准确性的前提下，以主体结构分部工程为主，合并相关联的子项，并考虑应用计算机编制概算的要求。

概算定额在综合过程中，应使概算定额与预算（计价）定额之间留有余地，即两者之间将产生一定的允许幅度差，一般应控制在7%以内，这样才能使设计概算起到控制施工图预算的作用。

为了稳定概算定额水平，统一考核和简化计算工作量，并考虑到扩大初步设计图的深度条件，概算定额的编制尽量不留活口或少留活口。如对混凝土和砌筑砂浆的强度等级、钢筋及预埋铁件用量等，可根据工程结构的不同部位，通过测算、统计而综合确定合理数据。

3）概算定额的编制步骤

概算定额的编制一般分三个阶段：准备阶段、编制阶段、审批阶段。

（1）准备阶段

准备阶段主要是成立编制机构、确定组成人员、进行调查研究、了解现行概算定额执行情况及存在问题、明确编制范围及编制内容等。在此基础上，制定概算定额的编制细则和定额项目划分标准。

（2）编制阶段

编制阶段是根据已制定的编制细则、定额项目划分标准和工程量计算规则，对收集到的技术资料和设计图纸，进行细致的测算和分析，编制出概算定额初稿，将该初稿的定额总水平与预算（计价）定额水平相比较，分析两者在水平上的一致性。如果水平差距较大，则应进行必要的调整。

（3）审批阶段

审批阶段是在征求意见修改之后，形成审批稿，再经批准后即可交付印刷。

4）概算定额消耗量的确定方法

概算定额的消耗量是在相关的预算（计价）定额消耗量的基础上综合扩大而来，这种综合扩大的过程，从工作程序上看，一般由三个步骤组成：

步骤1　应确定概算定额的标定对象。概算定额的标定对象一般是由若干相关的分项工程组合而成的所谓扩大分项工程或扩大结构构件。所谓明确概算定额的标定对象，就是对扩大分项工程或扩大结构构件的划分原则、所包含的工作内容（即包括的分项工程）进行定义并确定其计量单位、编制相应的工程量计算规则等。

步骤2　在确定了每个定额项目所包含的分项工程的基础上，按有关标准图集或有代表性的工程图纸、施工方案及现场条件等资料，综合测定概算定额项目所包括的每个分项工程的“含量”，即综合测定概算定额项目所包括的每个分项工程在概算定额计量单位中所占的数量。概算定额中的“含量”是一个特定的概念，通常由概算定额的编制部门通过综合测定而得到。在定额执行过程中，即使施工现场的某个分项工程的实际发生量与概算定额综合测定的“含量”不同，只要没有明确的规定和说明，一般还是按概算定额“含量”计算的数据为准。

步骤3　在完成上述步骤的基础上，根据概算定额的“含量”和相应的预算（计价)定额,按式(3.5.1)所示的方法,综合计算概算定额的消耗量标准。

$$某概算定额消耗量 = \sum(含量\ i \times 预算定额消耗量\ i) \tag{3.5.1}$$

在确定具体概算定额的标定对象时,实际上是根据施工规律和工程构造的要求,从概念上将相关的分项工程进行组合,形成扩大的工程实体或施工作业过程。按组合分项工程的不同方式,在实际工作中可用如下方法确定概算定额的标定对象:

(1) 综合法

综合是指将预算(计价)定额中的主要分项工程作为计量单位,然后按系数(含量)综合其他次要分项工程编制概算定额的方法。例如,基础工程定额中,将各种类型的基础项目作为计量单位,然后按照测算所得的工程量综合挖土、回填土、人工运土等,组成概算定额的标定对象。

(2) 归并法

归并是指将计算口径相同的预算(计价)定额项目进行归并编制概算定额的方法。例如,将预制钢筋混凝土构件及金属构件的运输、吊装以及制作归并在一起,门窗的制安、油漆归并在一起等。

(3) 简化法

简化是改变部分项目在原预算(计价)定额中确定的计量单位和采用系数(含量)综合其他项目编制概算定额的方法,从而简化工程量计算。例如,墙身不用立方米体积计算,而根据不同墙身厚度以平方米计算,钢筋混凝土楼面、屋面也以平方米计算等。

(4) 图算法

当采用标准图集或通用图集的做法确定概算定额项目时,其包含的分项工程及其数量均按图集做法计算。这种概算定额项目的计量单位一般根据项目的形体特征而定。例如,水箱、水池、化粪池以座(只)表示,围墙以 10 m 表示等。

(5) 价差法

对于圈梁、构造柱、水泥砂浆墙裙项目,在墙体工程量计算规则中规定不扣圈梁、构造柱的体积,而在圈梁、构造柱定额中抵扣砖墙含量,以简化工程量计算。采用价差法编制的概算定额也称为价差定额。

### 3.5.4 概算定额手册的应用

使用概算定额必须正确掌握定额的组成内容、使用方法和有关说明、规定等。

1) 了解概算定额与预算(计价)定额的关系,以便正确套用

在熟悉预算(计价)定额的基础上,进一步了解概算定额与预算(计价)定额之间的关系,采用顺藤摸瓜、层层分解的方法,从概算定额的组成,了解到预算(计价)

定额的工程内容、人工、材料、机具的耗用量，再从预算(计价)定额了解到概算定额的含量、综合的内容，根据设计图纸的内容，能正确套用定额。例如，水磨石地面，概算定额有关项目仅仅综合一个相应的预算(计价)定额编号，其所列的工程名称仅说明是否嵌条及嵌条材料，对水磨石地面下的水泥砂浆是否包括及包括的厚度，不能表达清楚。为了查清此点，就需按概算定额编号查到预算(计价)定额编号，再从预算(计价)定额中了解水磨石地面的工料分析，从而得知，预算(计价)定额的水磨石地面单价中，不仅包括水泥砂浆找平层，而且可知其厚度。

2) 熟悉概算定额的内容，以免重复计算或漏算

使用概算定额时，要了解和熟悉概算定额综合的内容，以免重复计算或漏算。例如，水泥砂浆地面定额中已经包括了平整场地，不能再单独计算平整场地。

在执行概算定额时应遵循下列规定：

(1) 概算定额已列的项目，不得再选择预算(计价)定额分解套用。

(2) 概算定额未列的内容，为简化起见，可以按概算定额的编制原则，将相关预算(计价)定额综合进入概算定额，无法综合的，则可直接套用预算(计价)定额。

对于上述第二种情况，属于概算定额的“活口规定”。使用概算定额时，遇有缺项，可以作补充概算定额。不能综合时，可直接将预算(计价)定额列入工程概算。在设计概算列项和工程量计算时应考虑这些规定。

3) 定额所综合的内容和含量不得随意修改

概算定额所综合的内容和含量，是经过测算比较分析后取定的，不得因具体工程的内容和含量不同而随意修改定额，当然定额中说明允许调整者除外。

由于定额本身不能考虑所有工程变化因素，有些作了“硬性”规定，有些留有“活口”，在概算列项及工程量计算等方面也需要变通处理。

当概算定额所综合的项目与工程做法不尽相同，而概算定额规定允许换算时，其不同做法的部分可按预算(计价)定额的相应做法进行换算，但其含量一般不作变动。

概算定额综合的项目及含量是按一般工业与民用建筑标准图集、典型工程施工图，经分析、比较后取定的，除下列情况允许调整外，其余均不得换算调整。

(1) 实际设计使用的混凝土强度等级、钢筋、铁件用量以及概算定额注明的其他可以换算的内容可以调整。

(2) 概算定额综合的预算(计价)定额项目，其材料品种、规格、数量，如果与设计要求不同时，换算应按具体规定进行。

概算定额消耗量中的各种材料、成品、半成品，都包括了从工地仓库、现场堆放点或集中加工点到操作点所需的水平运输和垂直运输的综合平均距离，执行中除专项注明者外，其余均不作调整。

4) 概算定额的换算方法

编制概算定额时，一般的做法是：能综合的尽量综合进去，一般不予调整；一些

综合不进去的，则留有“活口”，并在概算定额说明中规定其调整办法。也就是说，并非所有分项子目都是可以直接套用定额的，在各分部之前有总说明，在各分部又有一些说明和附注，要求对定额进行换算后才能套用。

需要注意的是，所有概算定额项目在套用时，都必须遵循它们所在分部、分项工程中的一些具体规定，如需调整或换算，则应按定额规定执行。

调整或换算的步骤如下：

(1) 首先，根据概算定额，查出需换算（换出）预算（计价）定额的计量单位和含量。

(2) 其次，查出预算（计价）定额中适用的定额编号、适用换入的预算（计价）定额及其人工、材料、机具消耗量。

(3) 最后，调整计算，方法如式(3.5.2)所示。

$$[换算后定额消耗量]=[原定额消耗量]+\{[换入预算定额消耗]-[换出预算定额消耗]\}\times 含量 \quad (3.5.2)$$

### 3.5.5 概算指标

1) 概算指标的含义与作用

概算指标采用统计指标的形式，用以反映建设过程中生产单位合格建设工程产品所需人工、材料、机具消耗量的水平。它比概算定额更为综合和概括，通常是以整个建筑物和构筑物为对象，以建筑面积、建筑体积或成套设备装置的“台”、“组”等为计量单位，规定人工、材料、机具的消耗量标准和造价指标。

概算指标主要有如下作用：

(1) 概算指标可以作为编制建设工程投资估算的参考。

(2) 概算指标中的主要材料消耗指标是估算建设工程主要材料需求量的依据。

(3) 概算指标是设计单位进行设计方案比较，建设单位选址的一种依据。

(4) 概算指标是编制固定资产投资计划，确定投资额的主要依据。

2) 概算指标的编制原则

(1) 按平均水平确定概算指标的原则

在我国社会主义市场经济条件下，概算指标作为确定工程造价的依据，必须遵照价值规律的客观要求，编制概算指标时，必须按社会必要劳动时间，贯彻平均水平的原则。只有这样，才能使概算指标合理确定和控制工程造价的作用得到充分发挥。

(2) 概算指标的内容和表现形式，要贯彻简明适用的原则

概算指标从形式到内容应简明易懂，要便于在使用时根据拟建工程的具体情况进行必要的调整换算，能在较大范围内满足不同用途的需要。

(3) 概算指标的编制依据必须具有代表性的原则

编制概算指标所依据的工程设计资料，应是有代表性的，应是技术上先进的、经济上合理的。

3）概算指标的内容和表现形式

（1）概算指标的内容

概算指标的组成内容主要包括文字说明、列表形式、附录等三部分。

文字说明包括总说明和分册说明。其内容一般包括概算指标的编制范围、编制依据、分册情况、指标包括的内容、指标未包括的内容、指标的使用方法、指标允许调整的范围及调整方法等。

建筑工程和安装工程的列表形式不尽相同。建筑工程列表形式的要点是：房屋建筑、构筑物一般以建筑面积、建筑体积、座、套等为计算单位，附以必要的示意图，示意图画出建筑物的轮廓示意或单线平面图，列出综合指标。综合指标包括单位造价、单位消耗量、自然条件（如地耐力、地震烈度等）、建筑物的类型、结构形式及各部位中结构主要特点、主要工程量等内容。安装工程列表形式的要点是：设备以“t”或“台”为计算单位，也有以设备购置费或设备原价的百分比（%）表示；工艺管道一般以“t”为计算单位；通信电话站安装以“站”为计算单位。列出指标编号、项目名称、规格、综合指标（元/计算单位）之后，一般还要列出其中的人工费，必要时还要列出主材费、辅材费。

（2）概算指标的形式

按具体内容和表示方法不同，概算指标一般包括综合指标和单项指标两种形式。综合指标是以一种类型的建筑物或构筑物为研究对象，以建筑物或构筑物的体积或面积为计量单位，综合了该类型范围内各种规格的单位工程的造价和消耗量指标而形成的，它反映的不是具体工程的指标，而是一类工程的综合指标，是一种概括性较强的指标。单项指标则是一种以典型的建筑物或构筑物为分析对象的概算指标，仅仅反映某一具体的建筑物或构筑物的消耗和造价情况。

4）概算指标的编制

（1）概算指标的编制依据

以建筑工程为例，建筑工程概算指标的编制依据有：

① 各种类型工程的典型设计和标准设计图纸。

② 现行建筑工程预算（计价）定额和概算定额。

③ 当地材料价格、工资单价、施工机具台班单价、间接费定额。

④ 各种类型的典型工程结算资料。

⑤ 国家及地区的现行工程建设政策、法令和规章。

（2）概算指标的编制方法

单项指标的编制较为简单，按具体的施工图纸和预算（计价）定额编制工程预算书，算出工程造价及人工、材料、机具消耗量，再将其除以建筑面积即得单项指标。

综合指标的编制是一个综合过程，基本原理是：将相同类型的具体工程单项指标进行加权平均，计算能综合反映一般水平的单位造价及消耗量指标，该指标即为某类型工程的综合指标。

下面以建筑工程为例，简单介绍建筑工程综合概算指标的编制方法。

① 按一定的分组标志（如建筑物的性质、用途、结构类型等）把建筑工程划分成一系列不同的类型，每个类型的建筑物具有相同或近似的造价特征。对工程进行分类的目的是为了分别编制不同类型的建筑物的综合概算指标，从而使概算指标更具针对性，提高概算指标的准确性。

② 在工程分类的基础上，编制分项工程的含量指标，例如，每 10 $m^2$ 框架结构工程中的梁、柱混凝土体积的含量指标。含量指标的编制过程如下：首先是根据现行国家标准图集、各地区设计通用图纸以及历年来建设工程中比较常用的工程结构、构造和建筑要求等基础资料进行测算，得到大量数据；其次是对所得的大量数据加以分析比较、加权平均、合并综合；最终得到能反映该类型工程平均水平的、相对稳定的分项工程含量。例如，为了编制混凝土梁、柱在某类型工程中的单方含量（每平方米建筑面积所包含的梁、柱的体积），首先必须取得不同柱网尺寸、不同基础形式、不同层高等情况下的含量数据，然后再进行加权平均，获得相应的含量指标。

③ 编制单位工程综合概算指标。根据编制好的分项工程含量指标，套用现行预算（计价）定额编出预算书，计算单位建筑面积（或体积）的预算造价、人工、材料、机具费用以及主要材料消耗量指标。与指标相配套，还应对相应工程类型的特征进行文字描述或简图示意，以便正确套用。

## 复习思考题

1. 简述建设工程定额的概念、分类、作用。

2. 简述时间研究的概念及作用。

3. 简述工作时间分析的概念及其内容。

4. 时间研究的目的是测量完成一项工作所需消耗的资源时间，请任选施工过程中的某项工作，设计对其进行时间研究的程序。

5. 简述施工定额的概念及其性质。

6. 请用 1 000 字以内的文字概括施工定额的编制原理。

7. 简述预算（计价）定额的概念及其性质，并用 600 字以内的文字概括在施工定额的基础上确定预算（计价）定额消耗量的基本原理。

8. 简述概算定额的概念及其性质，并用 600 字以内的文字概括在预算（计价）定额的基础上编制概算定额的基本原理。

# 4 基础单价及单位估价表

基础单价是拟建工程施工过程中人工、机械(具)、材料的价格,基于已编制的预算(计价)定额,将定额人工、机械(具)、材料消耗量分别乘以相应的基础单价,通过汇总计算将定额消耗量转化成货币表现形态,则这种货币表现形态称为定额单价,将定额单价按原预算(计价)定额手册的章节顺序汇编成册,称为单位估价表,如表3.4.2所示[摘自《江苏省建筑与装饰工程计价定额》(2014版)]。在实际工作中,政府造价管理部门编制的预算(计价)定额手册一般都包含了单位估价表,包含单位估价表的预算(计价)定额手册是采用“单价估算法”估算承包工程造价的重要依据。

## 4.1 基础单价的概念

### 4.1.1 概念

所谓基础单价,是指为获得和使用施工过程中所需的人工、机械(具)、材料等生产要素而必须支出的单位费用。基础单价的大小主要取决于获得生产要素时的市场条件、采购生产要素的方法、使用生产要素的方式以及相关的政策性因素。

为了做出合理的工程估价,必须仔细计算施工过程对人工、机械(具)、材料等生产要素的需要量,并选择其最适当的来源、采购方法和使用方式。据此,才能准确计算使用这些生产要素的单位费用,最终估算出合理的工程造价。

### 4.1.2 价格水平的取定

编制工程估价时,不同的目的,估价文件的类型也不同。相应的,所采用的生产要素的价格水平也不同。

当编制工程估价的目的是为了确定拟建工程的承包价格(例如,编制施工图预算、投标报价等),估价过程中生产要素价格水平的取定应当根据拟建工程的具体情况,通过市场竞争和施工企业内部核算来确定,此时的价格水平属于拟建工程当时、当地并且符合拟建工程个别情况的市场价格水平。

当编制工程估价的目的是为了获得投资控制的依据(例如,编制设计概算、招标工程的招标控制价等),估价过程中生产要素价格水平的取定只能是拟建工程当时、当地的社会平均水平，因为在编制这类工程估价时，还没有选定施工企业，无法拟定具体的施工计划和采购方案，无法确定生产要素的个别价格。

## 4.2 人工单价的确定

### 4.2.1 人工单价的概念及费用构成

1）概念

人工单价是指一个生产工人一个工作日在工程估价中应计入的全部人工费用。

在理解上述概念时，还必须注意如下三个问题：

(1) 人工单价是指生产工人的人工费用，施工企业经营管理人员的人工费用不属于人工单价的概念范围。

(2) 我国人工单价一般是以“工日”计量的，属于计时工资制度条件下的人工工资标准。

(3) 人工单价是指在工程估价时应该并且可以计入工程成本的人工费用，所以，在确定人工单价时，必须根据具体的工程估价方法所规定的核算口径来确定其费用。

2）人工单价的费用构成

在确定人工单价时，可以考虑计算如下五种费用：

(1) 生产工人的工资。生产工人的工资一般由雇佣合同的具体条款确定，不同的工种、不同的技术等级以及不同的雇佣方式(如固定用工、临时用工等)，其工资水平是不同的。在确定生产工人工资水平时，必须符合政府有关劳动工资制度的规定。

(2) 工资性补贴。生产工人工资性补贴是指为了补偿工人额外或特殊的劳动消耗以及为了保证工人的工资水平不受特殊条件影响，而以补贴形式支付给工人的劳动报酬。它可以包括按规定标准发放的交通费补贴、流动施工津贴及异地施工津贴等。

(3) 生产工人辅助工资。生产工人辅助工资是指在生产工人年有效施工天数以外非作业天数的工资，包括职工学习、培训期间的工资，调动工作、探亲、休假期间的工资，因气候影响的停工工资，女工哺乳时间的工资，病假在6个月以内的工资及产、婚、丧假期的工资等。

(4) 有关法定的费用。法定费用是指政府规定的有关劳动及社会保障制度所要求支付的各项费用，如职工福利费、生产工人劳动保护费等。

(5) 生产工人的雇佣费、有关的保险费及辞退工人的安置费等。

至于在确定具体拟建工程的人工单价时，必须考虑哪些费用，应根据具体的技术经济条件并结合工程估价方法，按规定的造价费用构成及相应的计算方法来确定。

### 4.2.2 影响人工单价的因素

1) 政策因素

如政府规定的有关劳动工资制度、最低工资标准、有关保险的强制规定等。确定具体工程的人工工资单价，必须充分考虑为贯彻执行上述政策而应该发生的费用。

2) 市场因素

如市场供求关系对劳动力价格的影响、不同地区劳动力价格的差异、雇佣工人的不同方式(如临时雇佣、长期雇佣等)，以及不同的雇佣合同条款等。确定具体工程的人工单价，同样必须根据具体的市场条件确定相应的价格水平。

3) 管理因素

如生产效率与人工单价的关系、不同的支付系统对人工单价的影响等。不同的支付系统在处理生产效率与人工单价的关系方面是不同的。例如，在计时工资制的条件下，不论施工现场的生产效率如何，由于是按工作时间发放工资，所以，工人的人工单价是一样的。而在计件工资制条件下，由于生产工人一个工作班的劳动报酬与其在工作班内完成的成果数量成正比关系，所以，施工现场的生产效率直接影响到人工单价的水平。在确定拟建工程的人工单价时，必须结合一定的劳动管理模式，在充分考虑所使用的管理模式对人工单价的影响基础上，确定人工单价水平。

### 4.2.3 综合人工单价的确定

所谓综合人工单价，是指在具体的资源配置条件下，拟建工程施工过程中不同工种、不同技术等级的工人的平均人工单价。综合人工单价是进行工程估价的重要依据，计算原理是将拟建工程施工过程中配置的不同工种、不同技术等级的工人的人工单价进行加权平均。

在实际工作中，一般可按如下步骤计算综合人工单价：

(1) 根据确定的人工单价的费用构成标准，在充分考虑影响单价各因素的基础上，分别计算不同工种、不同技术等级的工人的人工单价。

(2) 根据拟建工程施工过程中的资源配置方案，计算不同工种、不同技术等级的工人在该工程施工过程中的工时比例。

(3) 将不同工种、不同技术等级工人的人工单价按相应的工时比例进行加权平均，即可得拟建工程的综合人工单价。

下面举例说明综合人工单价的确定。

**例 4.2.1** 临时雇佣工人综合人工单价的确定。

雇佣条件：

① 正常工作时间，技术工人 80 元/工日，普通工人 60 元/工日。

② 加班工作时间，按正常工作时间工资标准的 1.5 倍计算。

③ 如果工人的工作效率能达到定额的标准，则除了按正常工资标准支付外，还可得基本工资的 30%作为奖金。

④ 法定节假日按正常工资支付。

⑤ 病假工资 40 元/天。

⑥ 工器具费为 8 元/工日。

⑦ 劳动保险费为工资总额的 10%。

⑧ 非工人原因停工按正常工作工资标准计算。

工作时间的设定：

① 每年按 52 周计，每周的正常工作时间为 5 天，每周双休日加班。

② 节假日规定：除 10 天法定节假日外，每年放假 15 天，均安排在双休日休息。

③ 非工人原因停工 35 天，5 天病假，全年 40 天，其中 35 天属正常上班时间，5 天属于双休日。

工作时间计算：

① 正常工作时间

| | |
|---|---|
| A. 日历天数/天 | 52×5=260 |
| B. 法定节假期/天 | 10 |
| C. 非工人原因停工/天 | 35 |
| 合计/天 | 215 |

② 加班工作时间

| | |
|---|---|
| A. 日历天数/天 | 52×2=104 |
| B. 放假/天 | 15 |
| C. 病假/天 | 5 |
| 合计/天 | 84 |

| | |
|---|---|
| ③ 非工人原因停工/天 | 35 |
| ④ 法定节假日/天 | 10 |
| ⑤ 病假/天 | 5 |

年人工费计算：

| 费用项目 | 公式 | 技工 | 普工 |
| --- | --- | --- | --- |
| ① 正常工作工资/元 | 215×工资标准 | 17 200 | 12 900 |
| ② 非工人原因停工工资/元 | 35×工资标准 | 2 800 | 2 100 |
| 基本工资合计/元 | | 20 000 | 15 000 |
| ③ 奖金/元 | 基本工资×30% | 6 000 | 4 500 |
| ④ 加班工资/元 | 84×工资标准×1.5 | 10 080 | 7 560 |
| ⑤ 法定节假日工资/元 | 10×工资标准 | 800 | 600 |
| ⑥ 病假工资/元 | 5×病假工资 | 200 | 200 |
| ⑦ 工器具费/元 | 工作天数×8 元/工日 | 2 392 | 2 392 |
| ⑧ 劳动保险费/元 | 工资总额×10% | 3 947.20 | 3 025.20 |
| 人工费合计: | | 43 419.20 | 33 277.20 |

人工单价：

$$技工：\frac{43\,419.20}{215}=210.95(元/工日)$$

$$普工：\frac{33\,277.20}{215}=154.78(元/工日)$$

如果技工与普工人数比为 2∶1,则

$$综合单价=201.95\times\frac{2}{3}+154.78\times\frac{1}{3}=186.23(元/工日)$$

### 4.2.4 我国现行体制下的人工单价

我国现行体制下的人工单价,即预算人工工日单价,又称人工工资标准或工资率。合理确定人工工资标准是正确计算人工费和工程造价的前提。

人工工日单价是指一个建筑安装工人一个工作日(8 小时)在工程估价中应计入的全部人工费用。目前我国的人工单价均采用综合人工单价形式。综合人工单价的计算方法,是根据综合取定的不同工种、不同技术等级的工人的人工单价,结合相应的工时比例,将二者加权平均。综合人工单价用以反映施工过程中生产工人的一般价格水平,是估算拟建工程人工费的重要依据。

根据我国现行的有关工程造价的费用划分标准,人工单价的费用组成如下:

1) 生产工人的计时或计件工资

计时工资是指按计时工资标准和工作时间计算支付给个人的劳动报酬;计件工资是指对已做工作按计件单价计算支付给个人的劳动报酬。

2) 奖金

奖金是因超额劳动和增收节支而支付给个人的劳动报酬,包括节约奖、劳动竞赛奖等。

3) 津贴补贴

津贴补贴是指为了补偿工人额外或特殊的劳动消耗和因其他特殊原因支付给

个人的津贴，以及为了保证工人的工资水平不受物价变动影响而支付给个人的物价补贴，包括按规定标准发放的流动施工津贴、特殊地区施工津贴、高温(寒)作业临时津贴、高空津贴等。

4) 加班加点工资

加班加点工资是指按规定支付的在法定节假日工作的加班工资和在法定日工作时间外延时工作的加点工资。

5) 特殊情况下支付的工资

特殊情况下支付的工资是指根据国家法律、法规和政策规定，因病、工伤、产假、计划生育假、婚丧假、事假、探亲假、定期休假、停工学习、执行国家和社会义务等原因，按计时工资标准或计件工资标准的一定比例计算支付的工资。

目前我国人工工日单价各组成内容的费用水平，各部门、各地区之间并不完全相同，但其中每一项内容的费用水平，都是根据有关法规、政策文件的精神，结合本部门、本地区的特点，通过反复测算最终确定的，代表的是本部门、本地区的综合平均水平。

## 4.3 机械台班单价的确定

### 4.3.1 机械台班单价的概念及费用构成

1) 概念

机械台班单价是指一台机械(机具)一个工作日(台班)在工程估价中应计入的全部机械使用费。根据不同的获得方式，施工过程中使用的机械设备一般可分为外部租用和内部租用两种情况。基于完全竞争的市场条件，不论采用外部租用方式还是采用内部租用，确定机械台班单价的方法是相同的。

外部租用是指向外单位(如设备租赁公司、其他施工企业等)租用机械设备，此种方式下的机械台班单价一般以机械设备的租赁单价为基础加以确定。

内部租用是指使用企业自有的机械设备，可以论证的是，此种方式下的机械台班单价同样要以机械设备的租赁单价为基础加以确定。

虽然购买机械设备的投资一般是通过折旧的方式回收的，但是，如果从投资收益的角度看，考虑到施工企业拥有的机械设备具有通过对外出租实现收益的机会，所以，即使采用内部租用方式获得机械设备，基于施工企业“二层分离”的核算体制，机械台班单价也应该以机械的租赁单价为基础加以确定。

虽然机械租赁单价的大小是由市场竞争决定的，但是，不论是机械的出租单位，还是承租单位，在确定机械租赁单价时，均是在充分考虑机械租赁单价的组成因素基础上，首先计算出可以保本的边际单价水平，并以此为基础，再根据拟定的市场策略，适当增加一定的期望利润，最终汇总成租赁单价参加竞争。所以，明确机械租赁单价的费用构成是确定单价水平的基础。

2）机械租赁单价的费用组成

在计算机械租赁单价时，一般应考虑以下五种费用因素：

（1）购置成本

用于购买机械设备的资金通常通过贷款筹集，贷款要支付利息，因此在计算租赁单价时应考虑计入该费用。即使机械设备是利用本公司的保留资金购置的，也应考虑这笔费用，因为这笔钱如果不用于购买机械设备本可以存入银行赚取利息。

（2）使用成本

对于不同类型的机械设备、工作条件以及使用时间，保养和修理费用（使用成本）相差悬殊，从类似机械设备的使用中获得经验，并详细保存记录这种经验，是估算这些费用的唯一办法。使用成本通常以机械设备初值的一个百分比表示，但这方法并不理想，因为大多数施工机械使用年限越长，要做的保养工作也就越多。

动力燃料和润滑油的费用因设备的大小、类型和机龄而产生差异，同样，经验是最好的参考。同时，制造厂家的资料也提供了一些数字，可通过合理的判断估算出机械设备的上述物料的消耗量。

（3）执照和保险费

机械设备保险的类型和保险费多少取决于该机械设备是否使用公共道路。不在公共道路上使用的施工机械，其保险费非常少，只需保火灾和失窃险。使用公路的施工机械同其他道路使用者一样，必须根据最低限度的法规要求进行保险。同样，如果施工机械不在公共道路上使用，执照费也很少，反之，数额就很可观。

（4）管理机构的管理费

施工企业一般组建相应的内部管理部门来管理施工机械，随着社会分工的不断细化，施工企业也可能将机械设备交于独立的盈利部门管理。不论怎样管理，均必须发生管理费。因此，在确定机械设备租赁单价时，必须列入所有一般行政管理和其他管理的费用。

（5）折旧

折旧是指由使用期长短而造成的价值损失。施工企业一般按施工过程中（内部租用）或租出设备时（出租给其他单位）的机械租赁单价的比率增加一笔相当于折旧费用的金额以收回这种损失。在实践中，收回的折旧费常用于许多其他方面，而不允许呆滞地积累下来。当机械设备（属于固定资产）最终被替代完毕时，这笔资金就从公司现金余额中借出或提出。

### 4.3.2 影响机械租赁单价的因素

1）核算机械租赁单价的费用范围

核算机械租赁单价时，所规定的费用范围直接影响其单价水平。例如，机械租赁单价中是否应包括司机的人工费用及机械使用中的动力燃料费等，不同的费用组成决定不同的租赁单价水平。

2）机械设备的采购方法

施工企业如果决定采购施工机械而不是临时租用机械，则可利用下列若干采购方法，不同的采购方法带来不同的资金流量。

（1）现金或当场采购

采购机械设备时可以随即付现款，从而在资产负债表上列入一项有形资产。显然，仅在手头有现金时才能采用这种方式，因此采用这种做法的前提条件是，以前的经营已有利润积累或者可以从投资者处筹集到资金，例如，股东投资、银行贷款等。此外，大型或技术特殊的合同有时也列有专款供施工企业在施工开始时购买必需的施工机械。

用现金采购机械设备可能会享受避税的好处，因为有关税法可能会允许在购置施工机械的年度内，在公司盈利中按采购价格的一定比例保留一笔资金作为投资贴补，也可能会允许对新购置的施工机械进行快速折旧，从而使成本增大。作为政府的一项鼓励措施，其作用是鼓励投资。因此，在决定采购之前应考虑这笔投资的预期收益率，保证这种利用资金的方式是最有利可图的投资方法。

（2）租购

利用租购方式购置机械设备，要由购买者和资金提供者签订一份合同，合同规定购买者在合同期间支付事先规定的租金。合同期满时，机械设备的所有权可以按事先商定的价钱转让给购买者，其数额仅仅是象征性的。租购方法特别有用，可以避免动用大笔资金，而且可以分阶段逐步归还借用的资金。然而，租购常常要支付很高的利息，这是它不利的方面。

（3）租赁

租赁与当场购买或租购根本就不是同一种做法，因此，从理论上讲，施工机械所有权永远不会转到承租人（用户）手中。租约可以认为是一种合同，据此，合同承租人取得另一方（出租人）所有的某项资产的使用权，并支付事先规定的租金。但是，根据这种理解，就产生若干种适合有关各方需要的租赁形式，其中融资租赁和经营租赁是适合施工机械置办的两种形式。

① 融资租赁：这种租赁形式一般由某个金融机构，例如贷款商号安排。收取的租金包括资产购置成本减去租约期满时预期残值之差，以及用于支付出租人管理费、利息、维修成本开销和一定的服务费。租借期限通常分为两个阶段。在基本租期内，通常是 3～5 年，租金定在能够收回上列各项成本的水平。附加租期（又称为续租期）可以按固定期限续订。延长租期是为了适合承租人的需要，在延长期间可能只收取一笔象征性的租金。

因为出租人对租赁出去的机械设备常常没有直接的兴趣，所以，租约直到出租人在基本租期末将投资变现时才能取消。在这期间，承租人可以充分利用该项设备，就如同使用自己所有的一样。然而，租赁与当场购买不同，不能让承租企业利用该项资产投资获得有关避税方面的好处。

② 经营租赁：融资租赁一般由金融机构提供，而经营租赁的出租人很可能是该项设备的制造厂家或供应商，后者的目的就是协助推销这种设备。基本租期租约可能不允许中途取消，租金常常也低于融资租赁，因为这类机械设备可能是价廉物美的二手货，或者附带对出租人有利可图的维修协议或零配件供应协议。实际上，出租人期望的利润可能就要取自这些附带的服务，这些服务有可能延续到租约的附加租期。很显然，这种形式的安排最适合于厂家有熟练的人才，能够进行必要的维修和保养的大型或技术复杂的机械设备的出租。如果有健全的二级市场存在，某些货运卡车制造厂就愿意利用这种方式。

经营租赁对承租人的另一个好处是所有权一直掌握在出租人手中，但是，与融资租赁不同，不要求在承租人的资产负债表上列项。结果，资本运作情况将保持不变。因此，对资金高速周转的公司特别方便。否则，为直接购买，甚至租购施工设备而借贷资金时就会遇到困难。租赁费用被看成是经营开支，因此，可作为成本列入损益账户。

3）机械设备的性能

机械设备的性能决定施工机械的生产能力、使用中的消耗、需要修理的情况及故障率等状况，而这些状况直接影响机械在其寿命期内所需的大修理费用、日常的运行成本、使用寿命及转让价格等。

4）市场条件

市场条件主要是指市场的供求及竞争条件，市场条件直接影响机械出租率的大小、机械出租单位的期望利润水平的高低等。

5）银行利率水平及通货膨胀率

银行利率水平的高低直接影响资金成本的大小及资金时间价值的大小，如果银行利率水平高，则资金的折现系数大，在此条件下，如需保本则要达到更高的内部收益率，而要达到更高的内部收益率，则必须提高租赁单价。通货膨胀即货币贬值，贬值的速度（比率）即为通货膨胀率，通货膨胀率高，则为了不受损失就要以更高的收益率扩大货币的账面价值，而要达到更高的内部收益率，则必须提高租赁单价。

6）折旧的方法

折旧的方法有直线折旧法、余额递减折旧法、定额存储折旧法等不同的种类，采用不同的方法提取机械设备的折旧，则每次计提的费用是不同的。

7）管理水平及有关政策规定

不同的管理水平导致不同的管理费用，管理费用的大小取决于不同的管理水平。有关政策规定也能影响租赁单价的大小，例如，规定的税费、按规定必须办理的保险费等。

### 4.3.3 机械租赁单价的确定

机械租赁单价的确定一般有两种方法：一种是静态的方法，另一种是动态的方法。

1) 静态方法

静态方法是指不考虑资金时间价值的方法，计算租赁单价的基本思路是：首先，根据所规定的构成租赁单价的费用项目，计算施工机械在单位时间里必须发生的费用总和，据此作为施工机械的边际租赁单价（仅仅保本的单价）；其次，增加一定的利润，即为租赁单价。

下面举例说明采用静态方法确定某施工机械租赁单价的计算方法。

**例 4.3.1** 用静态方法计算某施工机械的租赁单价。

| | |
|---|---|
| 机械购置费用/元 | 44 050 |
| 机械转售价值/元 | 2 050 |
| 每年平均工作时数/h | 2 000 |
| 设备的寿命年数/年 | 10 |
| 每年的保险费/元 | 200 |
| 每年的执照费和税费/元 | 100 |
| 每小时燃料费/元 | 2.0 |
| 机油和润滑油 | 燃料费的 10% |
| 修理和保养费 | 每年为购置费用的 15% |
| 要求达到的资金利润率/% | 15 |

说明：为简化起见管理费未计入。

首先计算边际租赁单价，计算过程如下：

费用项目：

| | |
|---|---|
| 折旧(直线法)/(元·年$^{-1}$)：42 000 元/10 年 | 4 200 |
| 贷款利息/元(用年利率 9.9%计算)<br>44 050×0.099 | 4 361 |
| 保险和税款/元 | 300 |
| 机械拥有成本/(元·年$^{-1}$) | 8 861 |
| 燃料：2.0×2 000 | 4 000 |
| 机油和润滑油：4 000×0.1 | 400 |
| 修理费：0.15×44 050 | 6 608 |
| 机械使用成本/(元·年$^{-1}$) | 11 008 |
| 总成本/(元·年$^{-1}$) | 19 869 |

由上可知机械的边际租赁单价：

$$\frac{19\,869}{2\,000}=9.93(\text{元}/\text{h})$$

折合成台班租赁单价：

$$9.93\times 8=79.44(\text{元}/\text{台班})$$

边际租赁单价的计算过程，考虑了创造足够的收入以便更新资产、支付使用成本并实现初始投入资金的回收，实现了简单再生产。据此，加上一定的期望利润，即成施工机械的租赁单价。

计算过程如下：

$$79.44\times(1+0.15)=91.36(\text{元}/\text{台班})$$

*2）动态方法*

动态方法是指在计算租赁单价时考虑资金时间价值的方法，一般可以采用"折现现金流量法"来计算考虑资金时间价值的租赁单价。

现结合上述例题中的数据计算如下：

| | |
|---|---|
| 一次性投资/元 | 44 050 |
| 每年的使用成本/元 | 11 008 |
| 每年的税金及保险/元 | 300 |
| 机械的寿命期/年 | 10 |
| 到期的转让费/元 | 2 050 |
| 期望的收益率/% | 15 |

根据上述资料，采用"折现现金流量法"计算得出，当净现值为零时必需的年机械租金收入为 20 024 元，折合成台班租赁单价为 80.1 元/台班。

### 4.3.4 机械台班单价的计算

基于所计算的机械设备租赁单价，结合工程估价方法所规定的机械台班单价的费用构成，计算其他相关费用，并加以汇总，即得所要的机械台班单价。例如，当机械司机的人工费被规定属于机械台班单价的组成部分时，还必须在租赁单价的基础上增加此费用共同组成机械台班单价。

### 4.3.5 我国现行体制下的机械台班单价

上述有关计算机械台班单价的方法，适用于完全市场经济条件的竞争环境。由于我国目前正处于计划经济向市场经济过渡的阶段，所以，在建设工程领域的很多做法还带有计划经济时代的色彩。具体到机械台班单价的确定，我国现行体制规定，机械台班单价一律根据统一的费用划分标准，采用会计核算的工作原理，由政府授权部门统一编制，价格水平属于社会平均水平。下面就我国现行体制下机械台班单价的确定方法做一介绍。

1）我国现行体制下机械台班单价的概念

机械台班单价是施工机械每个工作台班所必须消耗的人工、材料、燃料动力和应分摊的费用，每台班按 8 小时工作制计算。我国现行体制下的机械台班单价是根据我国现行的财务会计制度中有关施工成本核算方面的规定，由政府行业主管部门统一编制的。从台班单价的费用构成看，它根据会计制度中有关施工成本核算的要求来确定费用内容；从单价水平的取定看，价格水平属于社会平均水平；从作用看，机械台班单价是合理确定和有效控制承包工程造价的重要依据。

2）我国现行体制下机械台班单价的费用组成

我国现行体制下机械台班单价一般由七项费用构成，分别是折旧费、大修理费、经常修理费、安装拆除及场外运输费、燃料动力费、人工费、税费。

(1) 折旧费

折旧费指机械设备在规定的使用年限内，陆续收回其原值及所支付贷款利息的费用。

计算公式如下：

$$台班折旧费=\frac{机械预算价格\times(1-残值率)\times贷款利息系数}{耐用总台班} \tag{4.3.1}$$

其中，机械预算价格包括国产机械预算价格和进口机械预算价格两种情况。国产机械预算价格是指机械的原价（出厂价格）加上从生产厂家（销售单位）交货地点运至使用单位验收入库的全部费用，包括原价（出厂价格）、运杂费和采购保管费等。进口机械预算价格是指进口机械的抵岸价加上从抵岸港口交货地点运至使用单位验收入库的全部费用，包括抵岸价、运杂费和采购保管费等。其中，抵岸价又包括支付给国外供应商的货价、国际运费、国际运输保险费、外贸部门手续费、银行财务费、关税等费用项目。

残值率是指机械设备报废时其回收的残余价值占机械原值（即机械预算价格）的比率，依据《施工、房地产开发企业财务制度》规定，残值率按照固定资产原值的 2%～5%确定。各类施工机械的残值率综合确定如下：

| | |
|---|---|
| 运输机械 | 2% |
| 特、大型机械 | 3% |
| 中、小型机械 | 4% |
| 掘进机械 | 5% |

贷款利息系数是指为补偿施工企业贷款购置机械设备所支付的利息，从而合理反映资金的时间价值，以大于1的贷款利息系数，将贷款利息（单利）分摊在台班折旧费中。

$$贷款利息系数 = 1 + \frac{(n+1)}{2}i \tag{4.3.2}$$

式中，$n$——机械的折旧年限；

$i$——设备更新贷款年利率。

折旧年限是指国家规定的各类固定资产计提折旧的年限。设备更新贷款年利率是以定额编制当年的银行贷款年利率为准。

耐用总台班是指机械在正常施工作业条件下，从投入使用起到报废止，按规定应达到的使用总台班数。机械耐用总台班的计算公式为

$$耐用总台班 = 大修间隔台班 \times 大修周期数 \tag{4.3.3}$$

大修间隔台班是指机械自投入使用起至第一次大修止或自上一次大修后投入使用起至下一次大修止应达到的使用台班数。

大修周期数即使用周期数，是指机械在正常的施工作业条件下，将其寿命期（即耐用总台班）按规定的大修理次数划分为若干个周期。大修周期数的计算公式为

$$大修周期数 = 寿命期大修理次数 + 1 \tag{4.3.4}$$

（2）大修理费

大修理费指机械设备按规定的大修间隔台班必须进行大修理，以恢复机械正常功能所需的费用。台班大修理费则是机械使用期限内全部大修理费之和在台班费中的分摊额。台班大修理费的计算公式为

$$台班大修理费 = \frac{一次大修理费 \times 寿命期内大修理次数}{耐用总台班} \tag{4.3.5}$$

一次大修理费是指机械设备按规定的大修理范围和修理工作内容，进行一次全面修理所需消耗的工时、配件、辅助材料、机油燃料以及送修运输等全部费用。

寿命期内大修理次数是指机械设备为恢复原机功能按规定在使用期限内需要进行的大修理次数。

（3）经常修理费

经常修理费指机械设备除大修理以外必须进行的各级保养（包括一、二、三级保养）以及临时故障排除和机械停置期间的维护保养等所需各项费用；为保障机械正常运转所需替换设备、随机工具附具的摊销及维护费用；机械运转及日常保养所需润滑、擦拭材料费用。机械寿命期内上述各项费用之和分摊到台班费中，即为台班经常修理费。台班经常修理费的计算公式为

$$台班经常修理费=\frac{\sum(各级保养一次费用\times寿命期各级保养总次数)+临时故障排除费用}{耐用总台班}+$$

$$替换设备台班摊销费+工具附具台班摊销费+例保辅料费 \quad (4.3.6)$$

各级保养一次费用是分别指机械在各个使用周期内为保证机械处于完好状况，必须按规定的各级保养间隔周期、保养范围和内容进行的一、二、三级保养或定期保养所消耗的工时、配件、辅料、油燃料等费用，计算方法同一次大修费计算方法。

寿命期各级保养总次数是分别指一、二、三级保养或定期保养在寿命期内各个使用周期中保养次数之和。

机械临时故障排除费用是指机械除规定的大修理及各级保养以外，临时故障所需费用以及机械在工作日以外的保养维护所需润滑擦拭材料费。经调查和测算，按各级保养(不包括例保辅料费)费用之和的3%计算。

替换设备及工具附具台班摊销费是指轮胎、电缆、蓄电池、运输皮带、钢丝绳、胶皮管、履带板等消耗性物品和按规定随机配备的全套工具附具的台班摊销费用。

例保辅料费即为机械日常保养所需润滑擦拭材料的费用。

(4) 安装拆除及场外运输费

安装拆除费是指机械设备在施工现场进行安装、拆卸所需人工、材料、机械和试运转费用以及安装所需的机械辅助设施(如基础、底座、固定锚桩、行走轨道、枕木等)的折旧、搭设、拆除等费用。

场外运输费是指机械整体或分体自停置地点运至施工现场或一工地运至另一工地的运输、装卸、辅助材料以及架线等费用。

现行预算(计价)定额手册中取定的机械台班单价，其安装拆除及场外运输费均分别按不同类别、型号、外形、体积的机械以及安装拆除和场外运输的方法等，测算其工、料、机的耗用量，并据此综合计算取定。除地下工程机械外，均按年平均4次运输、运距平均25 km以内考虑。

安装拆除及场外运输费的计算公式如下：

$$台班安拆费=\frac{机械一次安拆费\times年平均安拆次数}{年工作台班}+台班辅助设施摊销费 \quad (4.3.7)$$

其中，

$$台班辅助设施摊销费=\frac{辅助设施一次费用\times(1-残值率)}{辅助设施耐用台班} \quad (4.3.8)$$

$$台班场外运费=\frac{(一次运输及装卸费+辅助材料一次摊销费+一次架线费)\times年平均场外运输次数}{年工作台班} \quad (4.3.9)$$

现行预算(计价)定额手册中取定的机械台班单价,未列出安装拆除及场外运输费的项目有:一是金属切削加工机械等,由于该类机械系安装在固定的车间内,不需经常安装拆除和运输;二是不需要拆卸安装自身能开行的机械,如水平运输机械;三是不适合按台班摊销本项费用的机械,如特、大型机械,其安装拆除及场外运输费按定额规定另行计算。

(5) 燃料动力费

燃料动力费指机械设备在运转施工作业中所耗用的固体燃料(煤炭、木材)、液体燃料(汽油、柴油)、电力、水等费用。

现行预算(计价)定额手册中取定的机械台班单价,其中的燃料动力消耗量是采用以实测消耗量为主、以现行定额消耗量和调查消耗量为辅的方法确定的。计算公式如下:

$$\text{台班燃料动力消耗量}=\frac{\text{实测数}\times 4+\text{定额平均值}+\text{调查平均值}}{6} \quad (4.3.10)$$

$$\text{台班燃料动力费}=\text{台班燃料动力消耗量}\times\text{相应的单价} \quad (4.3.11)$$

(6) 人工费

人工费是指机上司机、司炉和其他操作人员在工作台班以及上述人员在机械规定的年工作台班以外的人工费用。

工作台班以外机上人员人工费用,以增加机上人员的工日数形式列入台班单价,按下式计算:

$$\text{台班人工费}=\text{定额机上人工工日}\times\text{日工资单价} \quad (4.3.12)$$

$$\text{定额机上人工工日}=\text{机上定员工日}\times(1+\text{增加工日系数}) \quad (4.3.13)$$

$$\text{增加工日系数}=\frac{\text{年度工日}-\text{年工作台班}-\text{管理费内非生产天数}}{\text{年工作台班}} \quad (4.3.14)$$

(7) 税费

税费包括车船使用税、保险费、年检费等,按各省、自治区、直辖市规定的标准,计算后列入机械台班单价。以车船使用税为例,计算公式为

$$\text{台班车船使用税}=\frac{\text{载重量(或核定吨位)}\times\text{车船使用税}[\text{元}/(\text{t}\cdot\text{年})]}{\text{年工作台班}} \quad (4.3.15)$$

在我国现行体制条件下,政府授权部门根据以上所述的机械台班单价的费用构成及确定方法,经综合平均后统一编制,并以《全国统一施工机械台班费用编制规则》的形式,作为一种经济标准,要求在编制工程估价(施工图预算、设计概算、招标控制价、投标报价、合同价款调整等)及结算工程价款时按该标准执行,不得任意

调整及修改。所以，目前在国内编制工程估价时，均以《全国统一施工机械台班费用编制规则》或该规则在某一地区的单位估价表所规定的台班单价作为计算机械(具)使用费的依据。

## 4.4 材料单价的确定

### 4.4.1 材料单价的概念及费用构成

1) 概念

施工过程中所使用的材料，按其消耗的不同性质，可分为实体材料和周转材料两种。由于实体材料和周转材料的消耗性质不同，所以，单价的概念和费用构成也不尽相同。

(1) 实体材料单价

实体材料单价是指通过施工企业采购，将材料运达施工现场的价格，实体材料单价的大小取决于材料从其来源地到达施工现场过程中所需发生费用的多少，实体材料单价一般包括采购该材料时必须支付的原价、材料运杂费和采购保管费用等因素。

(2) 周转材料单价

由于周转材料是在施工过程被周转使用的材料，所以，对应于预算(计价)定额，其消耗量的构成包括两部分，可以在估算承包工程造价时选择使用。其一是周转材料消耗量(包括定额损耗量和定额摊销量)，其二是周转材料定额一次使用量(完成单位施工任务需要占用周转材料的数量)。相应的，周转材料单价也应区分两种情况分别讨论。

对于周转材料消耗量(包括定额损耗量和定额摊销量)，由于其消耗方式与实体材料的消耗方式相同，所以，材料单价的概念也和实体材料一样。

对于周转材料定额一次使用量(完成单位施工任务需要占用周转材料的数量)，由于周转材料是企业的固定资产，类似于机械设备，从投资收益的角度可以论证，施工过程中不论使用本企业拥有的周转材料，还是向外单位租用，周转材料单价的形式均应是租赁单价。租赁单价是施工过程中使用了周转材料，按租赁协议必须支付的单位费用。

施工过程中使用的周转材料，按来源可以分成两种情况，其一是向外单位租用，其二是使用本企业自有的。对于第一种情况，周转材料的单价形式，无疑只能是租赁单价。对于第二种情况的分析是，虽然购买周转材料的投资一般是通过折旧的方式回收的，但是，从投资收益的角度看，施工企业拥有的周转材料具有通过对外出租实现收益的机会，所以，即使施工过程采用本企业自有的周转材料,基于施工企业“二层分离”的核算体制,周转材料单价的形式也应该是租赁单价。

综上所述,周转材料单价包括两种,分别对应于预算(计价)定额的两种不同形式的消耗。其一是对应于周转材料定额消耗量,相应的单价与实体材料单价相同,其二是对应于周转材料定额一次使用量,相应的单价应该采用租赁单价。

2) 材料单价的费用构成

(1) 实体材料单价的构成

从实体材料的概念可以看出,单价的费用构成一般包括:

① 采购材料时支付的原价。

② 材料运杂费。

③ 采购保管费用。

(2) 周转材料单价的构成

从上述对周转材料单价概念的论述可以看出,周转材料的单价分两种情况:

① 对应于周转材料定额消耗量,相应的单价与实体材料单价相同。

② 对应于周转材料定额一次使用量,相应的单价应该采用租赁单价。

类似于机械设备的租赁单价,确定周转材料租赁单价时必须考虑的费用包括一次性投资或折旧、购置成本(贷款利息)、管理费、日常使用及保养费、周转材料出租人所要求的收益率等。

### 4.4.2 实体材料单价的确定

1) 原价

原价是指购买材料时支付给材料生产厂商或供应商的货价。市场经济条件下,原价一般包括供货价、供销部门手续费、包装费等因素。

(1) 供货价

供货价是指材料生产单位标定的出厂价格或材料供应商标定的批发牌价。

在确定材料供货价时,一般采用询价的方法,先确定材料供应单位,在此基础上通过鉴定材料供销合同来确定材料供货价。

(2) 供销部门手续费

供销部门手续费是指根据国家有关物资供应的规定,在不能直接向生产厂商采购、订货的条件下,需通过指定的物资部门供应而发生的经营管理费用。不需经物资供应部门的材料不计供销部门手续费。随着商品市场的不断开放,需通过国家专门的物资部门供应的材料越来越少,相应的,需要计算供销部门手续费的材料也越来越少。

(3) 包装费

当供货价中没有包括包装材料的费用,当该材料又需包装时,应计算包装费用。包装费是为了便于材料运输和保护材料，进行包装时发生和需要的一切费用，包括水运、陆运的支撑、篷布、包装袋、包装箱、绑扎材料等费用。材料运到现场或使用后，需要对包装材料进行回收并按规定从材料价格中扣除包装品回收的残值。

2）运杂费

运杂费是指材料从采购地点或发货地点至施工现场的仓库或工地存放点（含外埠中转运输）过程中所发生的一切费用。一般包括运费（包括市内和市外的运费）、装卸费、运输保险费、有关过境费及必须缴纳的管理费等。

运杂费应根据材料的来源地、运输里程、运输方法，按国家有关部门或地方政府交通运输管理部门规定的运价标准分别计算。

材料运杂费通常按外埠运费和市内运费两段计算。

外埠运费是指材料从来源地（交货地点）运至本市仓库的全部费用，包括调车费、装卸费、车船运费、运输保险费等。一般是通过公路、铁路和水路运输，有时是水路、铁路混合运输。公路、水路运输按交通部门规定的运价计算；铁路运输，按铁道部门规定的运价计算。

市内运费是由本市仓库至工地仓库的运费。根据不同的运输方式和运输工具，运费也应按不同的方法分别计算。运费的计算按当地运输公司的运输里程示意图确定里程，然后再按货物所属等级，从运价表上查出运价，两者相乘，再加上必要的装卸费用，即为该材料的市内运杂费。

需要指出的是，在确定材料的运杂费时，还应考虑一定的场外运输损耗费用，这是指材料在装卸和运输过程中发生的合理损耗。

3）采购及保管费

采购及保管费是指施工企业的材料供应部门（包括工地仓库及其以上各级材料管理部门）在组织采购、供应和保管材料过程中所需的各项费用。采购及保管费所包含的具体费用项目包括采购保管人员的人工费、办公费、差旅及交通费、采购保管该材料时所需的固定资产使用费、工具用具使用费、劳动保护费、材料储存损耗及其他。

采购及保管费一般按材料到库价格以费率计算。费率由施工企业通过以往的统计资料经分析整理后得到。

在分别确定了材料的原价、单位运杂费以及单位采购保管费后，把三种费用相加即得实体性材料单价。

### 4.4.3 周转材料单价的确定

周转材料单价包括两部分。第一部分对应于周转材料定额消耗量，相应的单价与实体材料单价相同，由于前面已讨论了实体材料单价的确定，这里不再重复。

第二部分对应于周转材料定额一次使用量，相应的单价应该采用租赁单价。下面讨论周转材料租赁单价的确定方法。

1）影响周转材料租赁单价的因素

从周转材料租赁单价的费用构成分析得知，在确定周转材料租赁单价时，应考虑包括购买周转材料时的一次性投资或折旧、购置成本（贷款利息）、管理费、日常使用及保养费及周转材料出租人所要求的收益率等在内的费用。决定这些费用大小的因素与影响机械租赁单价的因素基本相同，具体如下：

（1）周转材料的采购方式

当施工企业决定采购周转材料而不是临时租用时，则可在众多的采购方式中选择一种方式进行购买，不同的采购方式带来不同的资金流量，从而影响周转材料租赁单价的大小。

（2）周转材料的性能

周转材料的性能决定了周转材料可以使用的周转次数、使用中的损坏情况、需要修理的情况等状况，这些状况直接影响着周转材料的使用寿命及在寿命期内所需的修理费用、日常使用成本（例如，给钢模板上机油等）及到期的残值。

（3）市场条件

市场条件主要是指市场的供求及竞争条件，市场条件直接影响着周转材料出租率的大小、周转材料出租单位的期望利润水平的高低等。

（4）银行利率水平及通货膨胀率

银行利率水平的高低直接影响着资金成本的大小以及资金时间价值的大小。如果银行利率水平高，资金的折现系数大，在此条件下，如需保本则需达到更大的内部收益率，而需要达到更高的内部收益率，则必须提高租赁单价。通货膨胀即货币贬值，贬值的速度（比率）即为通货膨胀率。如果通货膨胀率高，为了不受损失就要以更高的收益率扩大货币的账面价值，而需要达到更高的内部收益率，则必须提高租赁单价。

（5）折旧的方法

折旧的方法有直线折旧法、余额递减折旧法、定额存储折旧法等不同的种类，同一种周转材料以不同的方法提取折旧，每次计提的费用是不同的。

（6）管理水平及有关政策规定

不同的管理水平有不同的管理费用，管理费用的大小取决于不同的管理水平。有关政策规定也能影响租赁单价的大小，例如，规定的税费、按规定必须办理的保险费等。

2）周转材料租赁单价的确定

类似于机械设备租赁单价的确定方法，周转材料租赁单价的确定一般也存在两种方法可供选择:一种是静态方法,另一种是动态方法。

(1) 静态方法

静态方法即不考虑资金时间价值的方法,计算租赁单价的基本思路是,首先,根据租赁单价的费用组成,计算周转材料在单位时间里必须发生的费用总和,并以此为周转材料的边际租赁单价(即仅仅保本的单价),然后,增加一定的利润,即成确定的租赁单价。

(2) 动态方法

动态方法即在计算租赁单价时考虑资金时间价值的方法,一般可以采用"折现现金流量法"来计算考虑资金时间价值的租赁单价。

### 4.4.4 我国现行体制下的材料单价

由于我国工程估价中计算周转材料费的方法是基于周转材料定额消耗量(包括定额损耗量和定额摊销量)的,相应的单价与实体材料单价相同,所以,讨论我国现行体制下材料单价(不论是实体材料单价还是周转材料单价)问题,只需要围绕实体材料单价开展讨论即可。我国现行体制下的材料单价统称为材料预算价格,材料预算价格是估算承包工程造价的主要依据。因此,合理确定材料预算价格的费用构成,并据此准确测算价格水平,有利于合理确定和有效控制工程造价。

材料预算价格按适用范围划分,可以分成地区材料预算价格和某项工程使用的材料预算价格。地区材料预算价格是按地区(城市或建设区域)编制的,提供给该地区所有的工程使用;某项工程(一般指大中型工程)使用的材料预算价格,是以一个工程为对象编制的,专供该工程使用。

我国地区材料预算价格由地方造价管理部门统一编制,就编制方法而言,地区材料预算价格和某项工程使用的材料预算价格的编制原理和方法相同,只是在材料来源地、运输数量权数等具体数据上有所不同。

以江苏省为例,地区材料预算价格一般由省(市)造价管理部门统一编制,作为确定和控制本地区工程造价的一种指导性标准。造价管理部门在编制本地区材料预算价格时,一般采用综合平均的方法,通过抽样调查和计算分析,计算出能代表本地区平均水平的价格作为地区材料预算价格。

材料预算价格是指材料(包括构件、成品及半成品等)从其来源地(交货地点、供应者仓库、提货地点)到达施工工地仓库(施工地点内存放材料的地点)后出库的综合平均价格。

材料预算价格一般由材料原价、材料运杂费、采购及保管费组成,其中,原价又包括供货价、供销部门手续费、包装费等费用项目。

## 4.5 单位估价表

### 4.5.1 单位估价表的概念及分类

1) 单位估价表的概念

单位估价表又称定额单价表,是规定预算(计价)定额计量单位某分项工程(建筑构件)施工费用(定额单价)的计价文件。单位估价表按价格的适用范围不同分成两种类型,其一是适用于某个具体工程的单位估价表,其二是适用于某个地区的单位估价表。单位估价表作为预算(计价)定额的货币表现形态,是采用"单价估算法"编制工程估价时提出的特定概念,也是造价估算程序中的一个重要环节。

2) 单位估价表的分类

(1) 按计取费用的范围分类

单位估价表作为规定预算(计价)定额单价的计价文件,按计取费用的不同范围分类,可以分成直接费单位估价表、全费用单位估价表、综合单价单位估价表等类型。

① 直接费单位估价表。直接费单位估价表规定的定额单价,其计取费用的范围仅仅包括分项工程(建筑构件)的直接费用。

② 全费用单位估价表。全费用单位估价表规定的定额单价,其计取费用的范围除了分项工程(建筑构件)的直接费用外,还包括必须分摊的企业管理费。

③ 综合单价单位估价表。综合单价单位估价表规定的定额单价,其计取费用的范围除了分项工程(建筑构件)的直接费用、分摊的企业管理费外,还包括了相应的利润。

如表 3.4.2 所示[摘自《江苏省建筑与装饰工程计价定额》(2014 版)],政府造价管理部门编制的预算(计价)定额手册一般都包含了单位估价表,《江苏省建筑与装饰工程计价定额》(2014 版)采用的定额单价是综合单价,包含单位估价表的预算(计价)定额手册,是采用"单价估算法"估算承包工程造价的重要依据。

(2) 按适用范围分类

按适用范围不同分类,单位估价表可以分成地区单位估价表和个别工程单位估价表两种类型。

① 地区单位估价表。地区单位估价表是根据地区性预算(计价)定额和相应预算价格编制的,在该地区范围内使用的单位估价表,例如,《江苏省建筑与装饰工程计价定额》(2014 版)就属于地区单位估价表,在江苏省范围内作为推荐性标准

被广泛使用。

② 个别工程单位估价表。个别工程单位估价表是根据适用于某个具体工程的预算(计价)定额和相应预算价格编制的,仅仅适用于该具体工程的单位估价表。

### 4.5.2 单位估价表的编制依据和编制方法

1) 编制依据

单位估价表的编制依据包括:

(1) 适用的预算(计价)定额。

(2) 相应的人工单价、材料预算价格、机械台班单价。

(3) 企业管理费、利润的计价依据和方法。

2) 单位估价表的编制方法

单位估价表的内容由两部分组成:其一是预算(计价)定额规定的人工、材料、机械消耗量,其二是基于消耗量的,结合人工、材料、机械价格和管理费、利润计算方法计算的定额单价。

编制单位估价表就是将"量"和"价"结合起来,计算分项工程(建筑构件)的直接费和管理费、利润,并据此汇总成定额单价的过程。

(1) 直接费单价的计算方法

直接费单价可用如下公式进行计算:

$$\text{直接费单价} = \sum(\text{直接人工费} + \text{直接材料费} + \text{直接机械费}) \tag{4.5.1}$$

其中,

$$\text{直接人工费} = \sum(\text{预算定额人工消耗量} \times \text{人工单价}) \tag{4.5.2}$$

$$\text{直接材料费} = \sum(\text{预算定额材料消耗量} \times \text{材料单价}) \tag{4.5.3}$$

$$\text{直接机械费} = \sum(\text{预算定额机械消耗量} \times \text{机械台班单价}) \tag{4.5.4}$$

(2) 全费用单价的计算方法

全费用单价是指在直接费单价的基础上,加上必须分摊的企业管理费所形成的定额单价,可用如下公式进行计算:

$$\text{全费用单价} = \text{直接费单价} + \text{必须分摊的企业管理费} \tag{4.5.5}$$

必须分摊的企业管理费可根据一定的取费率采用系数估价法进行计算。例如,根据江苏省现行规定,计算必须分摊的企业管理费时,计算基础是人工费与机械费之和,取费率由造价管理部门规定(按工程类别一、二、三级分别规定费率),将二者相乘即得企业管理费。

（3）综合单价的计算方法

综合单价是指在全费用单价的基础上，加上利润所形成的定额单价，可用如下公式进行计算：

$$综合单价 = 全费用单价 + 利润 \tag{4.5.6}$$

利润的计算方法同企业管理费的计算方法。

由于生产要素价格总是处于不断地变化之中，所以，在使用单位估价表对某个拟建工程进行估价时，还必须比较编制单位估价表时取定的价格水平与拟建工程当时当地价格水平之间的差异。只有当两者相同时才能直接套用单位估价表，否则必须采用计算“价差”的方法对价格水平进行适当调整，以确保计算的工程造价符合当前价格水平的要求。

## 复习思考题

1. 简述人工单价的概念、费用构成及影响人工单价的因素。

2. 简述机械台班单价的概念，并用 1 000 字以内的文字概括确定机械台班单价的基本原理。

3. 简述材料单价的概念及其费用构成，并简述确定周转材料单价的基本原理。

# 5　工程计量

## 5.1　工程计量的基础知识

### 5.1.1　工程计量的概念

工程计量是指运用一定的划分方法和对应的计算规则进行计算，并以物理计量单位或自然计量单位来表示分部分项工程或项目总体实体数量的工作。工程计量随建设项目所处的阶段及设计深度的不同，其对应的计量单位、计量方法及精确程度也不同。

### 5.1.2　工程计量对象的划分

在进行工程估价时，实物工程量的计量单位最终应与单位价格的计量单位一致。或者说工程计量单位及计量中所包含的内容决定了对应的计量内容的单价。如编制投资估算时，单位价格计量单位的对象取得较大，可能是单项工程或单位工程，甚至是建设项目，即可能以整栋建筑物为计量单位，这时得到的工程估价也就较粗。编制设计概算时，计量单位的对象可以取到单位工程或扩大分部分项工程。编制施工图预算时，则是以分项工程作为计量单位的基本对象，此时工程分解的基本子项数目会远远超过投资估算或设计概算的基本子项数目，得到的工程估价也就较细较准确。计量对象取得越小，说明工程分解结构的层次越多，得到的工程估价也就越准确。所以根据项目所处的建设阶段的不同，人们对拟建工程资料掌握的程度不同，在估价时会把建设项目划分为不同的计量对象。

(1) 按建设项目的组成由大到小来划分：
- 建设项目
- 单项工程
- 单位工程
- 分部工程
- 分项工程

此划分方法是最基本的分部分项工程组合估价的基础。

(2) 按建设项目的用途来分：
- 工业生产项目（化工厂、火电厂、机械制造厂……）
- 民用项目（学校、综合楼、商场、体育馆……）
- 市政项目（路、桥、广场……）

在按估价指标法进行投资估算时一般根据这种划分方法。

(3) 按工程的结构形式划分(也可按其用途划分)
- 砖混
- 框架
- 预制装配
- 排架
- 网架等

(4) 按施工时的工作性质划分
- 土建工程
- 给排水工程
- 暖通工程
- 设备安装工程
- 装饰工程等

(5) 按工程的部位划分
- 基础
- 墙身
- 柱梁
- 楼地面
- 屋盖等

(6) 按施工方法及工料消耗的不同划分
- 砌筑工程(砖基础、墙体……)
- 混凝土工程
- 模板工程
- 钢筋工程
- 抹灰工程
- 油漆工程等

### 5.1.3 与工程计量相关的因素

为了对建设项目进行有效的计量,首先应搞清与工程计量相关的因素。

1) 计量对象的划分

从上述内容可知,工程计量对象有多种划分,对照不同的划分有不同的计量方法,所以,计量对象的划分是进行工程计量的前提。

2) 计量单位

工程计量时采用的计量单位不同,则计算结果也不同,如墙体工程可以用平方米也可以用立方米作计量单位,水泥砂浆找平层可用平方米也可用立方米作计量单位等,所以计量前必须明确计量单位。

3) 设计深度

由于设计深度的不同,图纸提供的计量尺寸详细程度不同,因而会有不同的计量结果,如初步设计阶段只能以总建筑面积或单项工程的建筑面积来反映,技术设计阶段除用建筑面积计量外,还可根据工艺设计反映出设备的类型及需要量等,只有到施工图设计阶段才可准确计算出各种实体工程的工程量。如混凝土基础多少立方米,砖砌体多少立方米,门窗多少平方米等。

4）工程构造做法

如对于铺贴花岗岩地面的计量，规则规定是按平方米计量，但由于设计铺贴时的找平层厚度不同，粘接层材料的不同则会影响该计量所对应的估价结果。

5）施工方案

在工程计量时，对于图纸尺寸相同的构件，往往会因施工方案的不同而导致实际完成工程量的不同。如对于图示尺寸相同的基础工程，因采用放坡挖土或挡板下挖土而导致挖土工程量不同，对于钢筋工程是采用绑扎还是焊接则会导致实际使用长度的不同等。

6）计价方式

计价时采用清单综合单价还是定额子目单价也会影响工程量的计算方式和结果。

由于工程计量受多因素的制约，所以，往往同一工程由不同的人计算时会有不同的结果，这样就会影响估价结果。因此，为了保证计量工作的统一性、可比性，一般有统一的工程量计算规则，计量时则依据对应的规则进行。同时计算者需要理解定额子目中包含的工作内容。

## 5.2 工程量计算原理与方法

### 5.2.1 工程量计算依据

为了保证工程量计算结果的统一性和可比性，以及防止结算时出现不必要的纠纷，计算工程量时应严格按照一定的依据进行，具体包括：

（1）工程量计算规则。

（2）工程设计图纸及说明。

（3）经审定的施工组织设计及施工技术方案。

（4）招标文件中的有关补充说明及合同条件等。

### 5.2.2 工程量计算原理

工程量计算的一般原理是按照工程量计算规则规定，依据图纸尺寸，运用一定的计算方法，采用一定的计量单位算出对应项目的工程量。

### 5.2.3 工程量计算方法

工程量的计算从实际操作来讲，不管运用什么方法，只要根据工程量计算原理不重复不遗漏地准确计算出对应的工程量来即可。目前采用的有手工算量、基本公式模型算量、图形算量等。为了保证传统的手工算量的快速、准确，有一些经过实践总结出来的实用方法值得介绍和应用。

1）统筹法（也称组合计算法）

工程量计算要求及时、准确，而在计算过程中数据繁多、内容复杂、计算量大，那么如何来解决这个矛盾呢？工程造价人员经过实践分析与总结发现，每个分项工程量计算虽有着各自的特点，但都离不开计算“线”、“面”之类的基数，人们在整个工程量计算中常常要反复多次使用。因此根据这个特性，估价人员对每个分项工程的工程量进行分析，然后依据计算过程的内在联系，按先主后次，统筹安排计算程序，从而简化了繁琐的计算，也就形成了统筹计算工程量的计算方法。

(1) 统筹程序，合理安排

在工程量计算中，计算程序安排是否合理直接关系到计算工程量效率的高低、进度的快慢。计算工程量通常采用的方法是按照施工顺序或定额顺序逐项进行计算。这种计算方法虽然可以避免漏项，但对于稍复杂的工程，就显得繁琐，造成大量的重复计算。

例如，室内地面工程中挖（填）土、垫层、找平层、抹面层等几项工作，如果按施工顺序来计算工程量，则如图 5.2.1 所示。

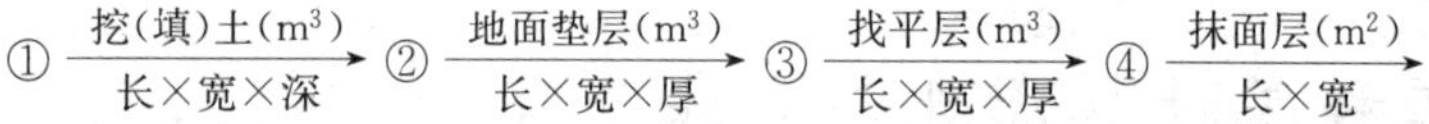

$$①\xrightarrow[\text{长×宽×深}]{\text{挖(填)土}(m^3)}②\xrightarrow[\text{长×宽×厚}]{\text{地面垫层}(m^3)}③\xrightarrow[\text{长×宽×厚}]{\text{找平层}(m^3)}④\xrightarrow[\text{长×宽}]{\text{抹面层}(m^2)}$$

**图 5.2.1　按施工顺序计算工程量示意图**

从上述计算过程看，计算 4 个分项工程量算了 4 次长×宽，这样未能抓住共性因素，重复计算，浪费时间。而通过分析抓住共性后，用下列统筹程序（图 5.2.2）计算，则可减少重复计算，加快计算速度。

$$①\xrightarrow[\text{长×宽}]{\text{抹面层}(m^2)}②\xrightarrow[\text{抹面×厚}]{\text{挖土}(m^3)}③\xrightarrow[\text{抹面×厚}]{\text{垫层}(m^3)}④\xrightarrow[\text{抹面×厚}]{\text{找平层}(m^3)}$$

**图 5.2.2　按统筹法计算工程量示意图**

(2) 利用基数，连续计算

所谓基数就是计算分项工程量时重复利用的数据。在统筹法计算中就是以“线”和“面”为基数，利用连乘或加减算出与它有关的分项工程量。

“线”是指建筑平面图上所标示的外墙中心线、外墙外边线和内墙净长线。即：

外墙中心线（用 $L_{中}$ 表示）＝外墙外边总长度 $L_{外}$ －（墙厚×4）　　(5.2.1)

外墙外边线（用 $L_{外}$ 表示）＝建筑平面图的外围周长尺寸之和　　(5.2.2)

内墙净长线（用 $L_{内}$ 表示）＝建筑平面图中的所有内墙长度之和　　(5.2.3)

根据分项工程量计算的不同情况，以这 3 条线为基数，可计算出的有关项目有：

外墙中心线——外墙基挖地槽、基础垫层、基础砌筑、墙基防潮层、基础梁、圈梁、墙身砌筑等分项工程。

外墙外边线——勒脚、腰线、勾缝、抹灰、散水等分项工程。

内墙净长线——内墙基挖地槽、基础垫层、基础砌筑、墙基防潮层、基础梁、圈梁、墙身砌筑、墙身抹灰等分项工程。

“面”是指建筑平面图上所标示的底层建筑面积，用 $S$ 表示。计算时要结合建筑物的造型而定，即：

$$\text{底层建筑面积}\ S = \text{建筑物底层平面勒脚以上外围水平投影面积} \tag{5.2.4}$$

与“面”有关的计算项目有平整场地、地面、楼面、屋面、顶棚等分项工程。把与它有关的许多项目串起来，使前面的计算项目为后面的计算项目提供依据，这样彼此衔接，可以减少很多重复劳动，加快计算速度，提高工程量计算的质量，如以外墙中心线长度为基数，可以连续计算出与它有关的地槽挖土、墙基垫层、墙身砌体、墙基防潮层等分项工程量。其计算程序如图 5.2.3 所示。

$$\xrightarrow[L_{中}]{\text{外墙中心线(m)}} ① \xrightarrow[L_{中}\times\text{断面}]{\text{挖(填)土(m}^3\text{)}} ② \xrightarrow[L_{中}\times\text{断面}]{\text{墙基垫层(m}^3\text{)}} ③ \xrightarrow[L_{中}\times\text{断面}]{\text{墙基砌体(m}^3\text{)}} ④ \xrightarrow[L_{中}\times\text{墙顶宽度}]{\text{墙基防潮层(m}^2\text{)}}$$

**图 5.2.3　利用基数连续计算示意图**

（3）一次计量，多次使用

在工程量计算的过程中，往往还有一些不能用“线”、“面”基数进行连续计算的项目，如常用的定型钢筋混凝土构件、花瓶栏杆、过梁板、洗脸槽、各种水槽、煤气台、楼梯扶手、栏杆等分项工程，可按它们的数量单位，预先组织力量一次算出工程量编入手册。另外，也要把那些规律性较明显的如土方放坡系数、砖砌大放脚断面系数、屋面坡度系数等预先一次算出，编成手册，供估价人员使用。这样在具体计算时，只要根据设计图纸中有关项目的数量乘上手册的对应系数即可很快算出工程量。

（4）结合实际，灵活机动

由于每项建筑工程的结构和造型不同，它的基础断面、墙厚、砂浆强度等级、各楼层面积等都有可能不同，这就不能只用一个“线”、“面”、“册”基数进行连续计算，而必须结合具体的设计图纸，采用灵活机动的方法来计算。一般有以下几种常用的方法：

① 分段计算法

当有些“线”上断面面积不等时，即应分段计算。

② 分层法

在不规则的多高层建筑中，楼层的面积不等，再加之混凝土及砌筑砂浆强度等级不同时，则应分层计算。

③ 分块法

当同一层楼面有多种装饰构造做法时，应分块计算，如一层、二层楼面的建筑面积相等，但一层地面均为水磨面层，而二层楼面有花岗岩、木地板、地砖时，二层则应分块计算。

④ 增减法

在工程量计算过程中，可把某个部分假设先增加一块而凑成某个“基数”，然后再减去这个部分，这种方法为增减法。

以上介绍的统筹法，对于工程量计算有一定的优越性，但实际操作中如何灵活应用应视工程特点及估价人员的习惯而定。另外，在计算基数时，一定要非常认真细致，因为有许多工程量都是在3条“线”和1个“面”的基数上连续计算出来的，如果基数计算出了错，那么，这些在“线”或“面”上计算出来的工程量则全都错了，所以，计算出正确的基数极为重要。

2）重复计算法

计算工程量时，常常会发现一些分项工程的工程量是相同的或者是相似的，这时可采用重复计算法，即把某个计算式重复利用。如图5.2.4所示的为不同高度的地面、楼面、屋面的构造图。

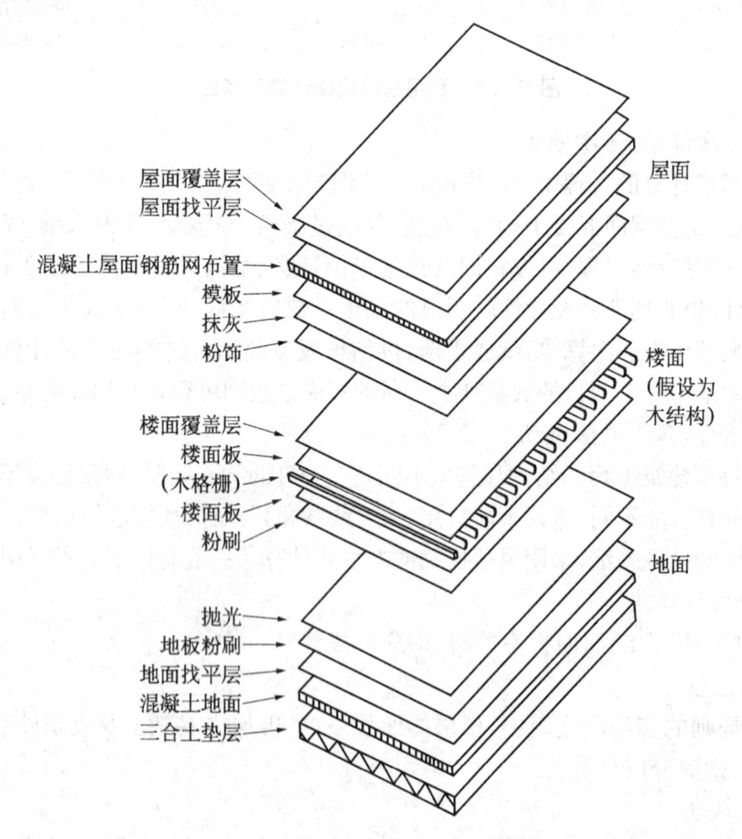


**图5.2.4　楼面、地面、屋面面层分解图**

但在计算水平层的工程量时大多用平方米计算(面层、防水层、模板、抹灰、饰面等),可用同一个计算式表示,对一些用立方米来计算的(找平层、楼板、垫层等),也可用前面的计算式乘对应的厚度求得。

3) 列表法

在计算工程量时,为了使计算清晰,防止遗漏,便于检查,可通过列表法来计算有关工程量,如门窗工程量(见表 5.2.1)、柱梁工程量(见表 5.2.2)等。

**表 5.2.1 门窗工程量计算表**

| 序号 | 门窗编号 | 洞口尺寸(宽×高)(mm×mm) | 部位及数量 | 计算式 | 备注 |
|---|---|---|---|---|---|
| 1 | M-1 | 900×2 100 | 2~6 层各 12 樘 | 0.9×2.1×12×5 | 三合板门 |
| 2 | M-2 | 1 000×2 100 | 1 层 3 樘,2~6 层各 2 樘 | 1×2.1×(3+2×5) | 镶板门 |
| 3 | STM1 | 1 500×2 300 | 2 层 4 樘,3~10 层各 3 樘 | 1.5×2.3×(4+3×8) | 塑钢推拉门 |
| 4 | SZM2 | 1 200×2 800 | 1 层 2 樘 | 1.2×2.8×2 | 铝合金旋转门 |
| 5 | TC1818 | 1 800×1 800 | | | |
| 6 | SC1509 | 1 500×900 | | | |
| 7 | ZSC1 | 6 540×1 900 | | | |

**表 5.2.2 柱梁工程量计算表**

| 序号 | 柱梁编号 | 断面形状及尺寸 | 柱高、梁长及根数 | 计算式 | 备注 |
|---|---|---|---|---|---|
| 1 | $Z_1$ | 500; 400 | −0.8~4.2 m 10 根<br>4.2~10.8 m 8 根 | 0.5×0.4×(4.2+0.8)×10<br>0.5×0.4×(10.8−4.2)×8 | −0.8~4.2 m 混凝土强度等级为 C30<br>其余强度等级为 C20 |
| 2 | $Z_2$ | 200, 300; 200, 200 | −1.2~3.8 m 5 根 | (0.5×0.4−0.3×0.2)×(3.8+1.2)×5 | |
| 3 | $L_1$ | 300; 450 | 梁长 4 m,共 6 根 | 0.3×0.45×4×6 | |
| 4 | $KL_2$ | 100 150 100; 100; 200; 200 | 梁长 4.8 m,每层 3 榀,共 5 层 | $\left[(0.2+0.35)\times0.2\times\frac{1}{2}+0.15\times0.1\right]\times4.8\times3\times5$ | 1~2 层混凝土标号为 C30,<br>3~5 层标号为 C25 |
| 5 | $WL_3$ | 250; 300~500 | 梁长 4.5 m,计 4 根 | $0.25\times(0.3+0.5)\times\frac{1}{2}\times4.5\times4$ | |

## 5.2.4 工程量计算注意事项

(1) 要依据对应的工程量计算规则来进行计算，其中包括项目划分的一致、计量单位的一致及成果格式的一致等。

(2) 注意熟悉设计图纸和设计说明，能作出准确的项目描述，对图中的错漏、尺寸不符、用料及做法不清等问题及时请设计单位解决，计算时应以图纸注明尺寸为依据，不能任意加大或缩小。

(3) 注意计算中的整体性、相关性。在工程量计算时，应有这样的理念：一个建筑物是一个整体，计算时应从整体出发。例如墙身工程，开始计算时不论有无门窗洞口先按整个墙身计算，在算到门、窗或其他相关分部时再在墙身工程中扣除这部分洞口工程量。抹灰工程和粉刷工程也可以用同样的方法来计算。如果门窗工程和粉刷工程是由不同的人来计算的话，那么最好由计算门、窗工程的人来做墙身工程量的扣除和调整。又如计算土方工程量时，要注意自然地坪标高与设计室外地坪标高的差数，为计算挖、填深度提供可靠数据。

(4) 注意计算列式的规范性与完整性。计算时最好采用统一格式的工程量计算纸，书写时必须标清部位、轴线编号(例如D轴线③～⑥的内墙)以便核对。

(5) 注意计算过程中的顺序性：工程量计算时为了避免发生遗漏、重复等现象，应按一定的计算顺序进行计算，一般常用的顺序有下述几种：

① 先外后内，从图纸左上角开始，按顺时针方向依次计算，最后回到左上角的起始点，如图5.2.5所示。这种方法适用于计算外墙、室内楼地面工程、天棚等。

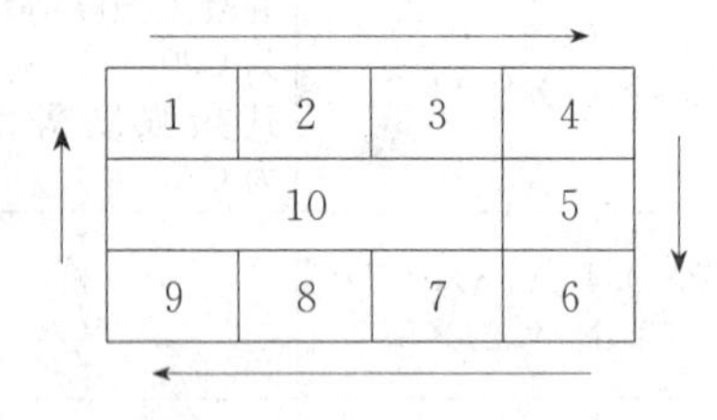


图 5.2.5 工程量计算顺序图

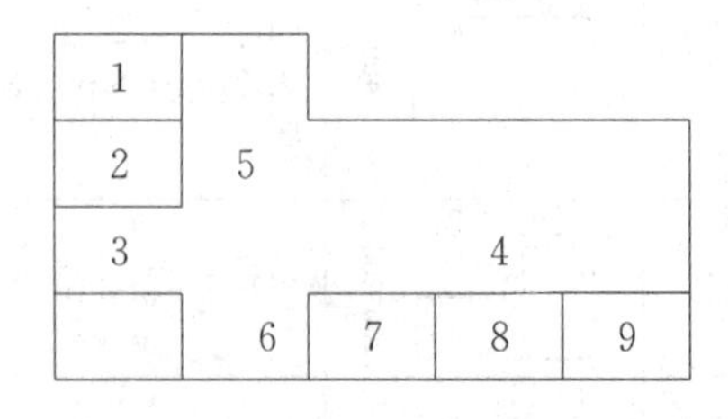


图 5.2.6 工程量计算顺序图

② 按先横后竖、先上后下、先左后右的顺序计算。有些项目如内墙及内墙基础、间隔墙等，都是互相交错的，如图5.2.6所示。按照这个原则，可依次计算1～9的工程量。

③ 按照图纸上所注明不同类别的构件、配件的编号顺序进行计算。如计算钢筋混凝土柱、梁及门、窗、屋架等都可按这种顺序进行。如图5.2.7所示，可按柱$Z_1$，$Z_2$，$Z_3$，……梁$L_1$，$L_2$，$L_3$，……依次计算。

以上几种计算顺序是一般的程序，在实际操作中，可根据具体情况灵活运用，

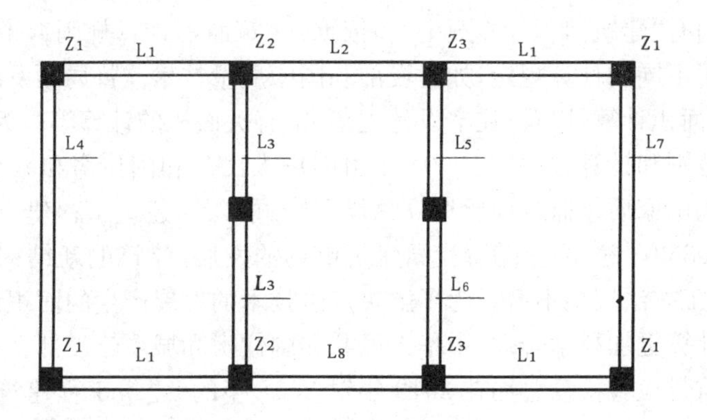


图 5.2.7　工程量计算顺序图

也可将几种顺序混合使用。

(6) 计算过程中应注意切实性。工程量计算前应了解工程的现场情况、拟用的施工方案、施工方法等，从而使工程量更切合实际。当然有些规则规定，计算工程量时只考虑图示尺寸不考虑实际发生的量，这时两者的差异应在报价时考虑。

(7) 注意对计算结果的自检和他检。工程量计算完毕后，自己应进行粗略的检查，如指标检查(某种结构类型的工程正常每平方米耗用的实物工程量指标)、对比检查(同以往类似工程的数字进行比较)等，也可请经验比较丰富、水平比较高的估价师来检查。

## 5.3　建筑工程建筑面积计算

建筑工程中的房屋建筑面积是指房屋建筑的各层的水平平面面积。建筑面积是反映建筑技术经济的重要数据，同时也是工程造价中计算某些分项工程量的依据。

建筑面积的组成包括使用面积、辅助面积和结构面积。其中，使用面积是指建筑物各层平面布置中可直接为生产或生活使用的净面积。辅助面积是指建筑物各层平面布置中为辅助生产或生活所占的净面积。结构面积是指建筑物各平层平面布置中的墙体、柱等结构所占的面积。

### 5.3.1　《建筑工程建筑面积计算规范》(GB/T 50353—2013)概述

建筑面积的计算在建筑工程造价管理方面起着非常重要的作用，是建筑房屋计算工程量的主要指标，是计算单位工程每平方米预算造价的主要依据，是统计部门汇总发布房屋建筑面积完成情况的基础。因此，我国早在 1982 年由国家经委基本建设办公室印发了《建筑面积计算规则》[(82)经基设字 58 号]，然后在 1995 年建设部发布《全国统一建筑工程预算工程量计算规则》(土建工程 GJDGZ-101-

95)，其中专门有“建筑面积计算规则”。依据《建筑面积计算规则》，不同的部门根据需要又作了不同的计算规定，如建设部和国家质量技术监督局颁发的《房产测量规范》的房产面积计算，以及《住宅设计规范》中有关面积的计算等。为了统一建筑面积的计算范围和计算方法，在2005年由中华人民共和国住房和城乡建设部，中华人民共和国国家质量监督检验检疫总局联合颁布了《建筑工程建筑面积计算规范》(GB/T 50353—2005)。随着我国建筑市场的发展，建筑的新结构、新材料、新技术、新的施工方法层出不穷。为了解决建筑技术的发展产生的面积计算问题，使建筑面积的计算更加科学合理，中华人民共和国住房和城乡建设部、中华人民共和国国家质量监督检验检疫总局在2013年对2005年的《建筑工程建筑面积计算规范》进行了修订，重新颁布了《建筑工程建筑面积计算规范》(GB/T 50353—2013)，原有的《建筑工程建筑面积计算规范》(GB/T 50353—2005)同时废止。

### 5.3.2 《建筑工程建筑面积计算规范》(GB/T 50353—2013)的相关术语

1) 建筑面积

建筑面积是指建筑物(包括墙体)所形成的楼地面面积。包括附属于建筑物的室外阳台、雨篷、檐廊、室外走廊、室外楼梯等的面积。

2) 自然层

自然层是指按楼地面结构分层的楼层。

3) 结构层高

结构层高是指楼面或地面结构层上表面至上部结构层上表面之间的垂直距离。

4) 围护结构

围护结构是指围合建筑空间的墙体、门、窗。

5) 建筑空间

建筑空间是指以建筑界面限定的、供人们生活和活动的场所。

6) 结构净高

结构净高是指楼面或地面结构层上表面至上部结构层下表面之间的垂直距离。

7) 围护设施

围护设施是指为保障安全而设置的栏杆、栏板等围挡。

8) 地下室

地下室是指室内地平面低于室外地平面的，高度超过室内净高的1/2的房间。

9) 半地下室

半地下室是指室内地平面低于室外地平面的，高度超过室内净高的1/3，且不超过 1/2 的房间。

10）架空层

架空层是指仅有结构支撑而无外围护结构的开敞空间层。

11）走廊

走廊是指建筑物中的水平交通空间。

12）架空走廊

架空走廊是指专门设置在建筑物的二层或二层以上，作为不同建筑物之间水平交通的空间。

13）结构层

结构层是指整体结构体系中承重的楼板层。

14）落地橱窗

落地橱窗是指突出外墙面且根基落地的橱窗。

15）凸窗（飘窗）

凸窗（飘窗）是指凸出建筑物外墙面的窗户。

16）檐廊

檐廊是指建筑物挑檐下的水平交通空间。

17）挑廊

挑廊是指挑出建筑物外墙的水平交通空间。

18）门斗

门斗是指建筑物入口处两道门之间的空间。

19）雨篷

雨篷是指建筑出入口上方为遮挡雨水而设置的部件。

20）门廊

门廊是指建筑物入口前有顶棚的半围合空间。

21）楼梯

楼梯是指由连续行走的梯级、休息平台和维护安全的栏杆（或栏板）、扶手以及相应的支托结构组成的作为楼层之间垂直交通使用的建筑部件。

22）阳台

阳台是指附设于建筑物外墙，设有栏杆或栏板，可供人活动的室外空间。

23）主体结构

主体结构是指接受、承担和传递建设工程所有上部荷载，维持上部结构整体性、稳定性和安全性的有机联系的构造。

24）变形缝

变形缝是指防止建筑物在某些因素作用下引起开裂甚至破坏而预留的构造缝。

25）骑楼

骑楼是指建筑底层沿街面后退且留出公共人行空间的建筑物。

26）过街楼

过街楼是指跨越道路上空并与两边建筑相连接的建筑物。

27）建筑物通道

建筑物通道是指为穿过建筑物而设置的空间。

28）露台

露台是指设置在屋面、首层地面或雨篷上的供人室外活动的有围护设施的平台。

29）勒脚

勒脚是指在房屋外墙接近地面部位设置的饰面保护构造。

30）台阶

台阶是指联系室内外地坪或同楼层不同标高而设置的阶梯形踏步。

### 5.3.3 计算建筑面积的范围

（1）建筑物的建筑面积应按自然层外墙结构外围水平面积之和计算。结构层高在 2.20 m 及以上的，应计算全面积；结构层高在 2.20 m 以下的，应计算 1/2 面积。

（2）建筑物内设有局部楼层时，对于局部楼层的二层及以上楼层，有围护结构的应按其围护结构外围水平面积计算，无围护结构的应按其结构底板水平面积计算。结构层高在 2.20 m 及以上的，应计算全面积；结构层高在 2.20 m 以下的，应计算 1/2 面积。如图 5.3.1 所示。

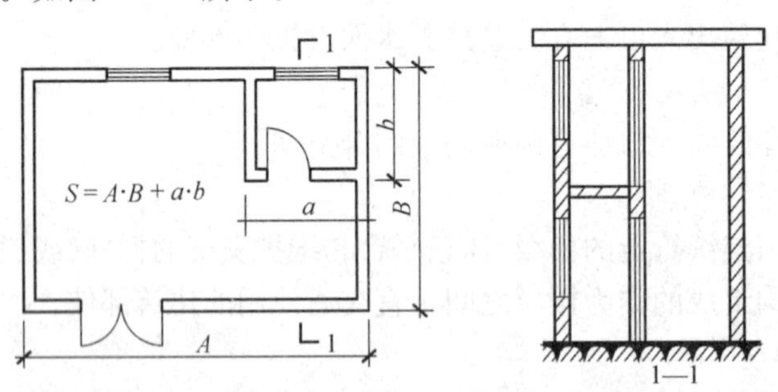


图 5.3.1 建筑物内局部有楼层示意图

（3）形成建筑空间的坡屋顶，结构净高在 2.10 m 及以上的部位应计算全面积；结构净高在 1.20 m 及以上至 2.10 m 以下的部位应计算 1/2 面积；结构净高在 1.20 m 以下的部位不应计算建筑面积。

（4）场馆看台下的建筑空间，结构净高在 2.10 m 及以上的部位应计算全面积；结构净高在 1.20 m 及以上至 2.10 m 以下的部位应计算 1/2 面积；结构净高在 1.20 m 以下的部位不应计算建筑面积。室内单独设置的有围护设施的悬挑看台,应按看台结构底板水平投影面积计算建筑面积。有顶盖无围护结构的场馆看台应按其顶盖水平投影面积的 1/2 计算面积。

(5) 地下室、半地下室应按其结构外围水平面积计算。结构层高在 2.20 m 及以上的,应计算全面积;结构层高在 2.20 m 以下的,应计算 1/2 面积。

(6) 出入口外墙外侧坡道有顶盖的部位,应按其外墙结构外围水平面积的 1/2 计算面积。见图 5.3.2 所示。

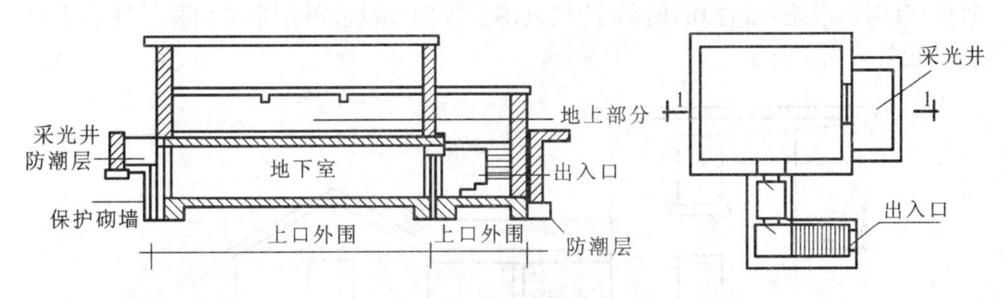


图 5.3.2 出入口外墙外侧坡道有顶盖示意图

(7) 建筑物架空层及坡地建筑物吊脚架空层,应按其顶板水平投影计算建筑面积。结构层高在 2.20 m 及以上的,应计算全面积;结构层高在 2.20 m 以下的,应计算 1/2 面积。

(8) 建筑物的门厅、大厅应按一层计算建筑面积,门厅、大厅内设置的走廊应按走廊结构底板水平投影面积计算建筑面积。结构层高在 2.20 m 及以上的,应计算全面积;结构层高在 2.20 m 以下的,应计算 1/2 面积。

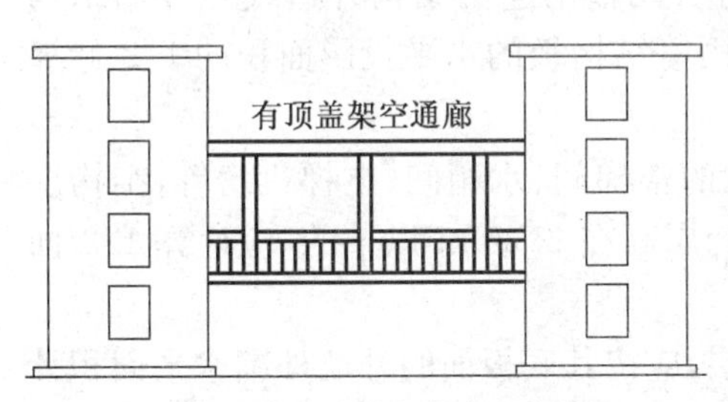


图 5.3.3 架空走廊示意图

(9) 建筑物间的架空走廊,有顶盖和围护结构的,应按其围护结构外围水平面积计算全面积;无围护结构、有围护设施的,应按其结构底板水平投影面积计算 1/2 面积。见图 5.3.3 所示。

(10) 立体书库、立体仓库、立体车库,有围护结构的,应按其围护结构外围水平面积计算建筑面积;无围护结构、有围护设施的,应按其结构底板水平投影面积计算建筑面积。无结构层的应按一层计算,有结构层的应按其结构层面积分别计算。结构层高在 2.20 m 及以上的,应计算全面积;结构层高在 2.20 m 以下的,应计算 1/2 面积。

(11) 有围护结构的舞台灯光控制室,应按其围护结构外围水平面积计算。结构层高在 2.20 m 及以上的,应计算全面积;结构层高在 2.20 m 以下的,应计算

1/2 面积。

(12) 附属在建筑物外墙的落地橱窗，应按其围护结构外围水平面积计算。结构层高在 2.20 m 及以上的，应计算全面积；结构层高在 2.20 m 以下的，应计算 1/2 面积。

(13) 窗台与室内楼地面高差在 0.45 m 以下且结构净高在 2.10 m 及以上的凸(飘)窗，应按其围护结构外围水平面积计算 1/2 面积。

(14) 有围护设施的室外走廊(挑廊)，应按其结构底板水平投影面积计算 1/2 面积；有围护设施(或柱)的檐廊，应按其围护设施(或柱)外围水平面积计算 1/2 面积。见图 5.3.4 所示。

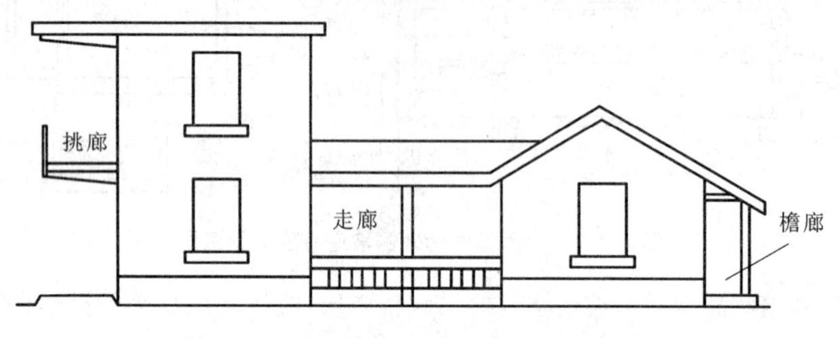


**图 5.3.4　走廊、挑廊、檐廊示意图**

(15) 门斗应按其围护结构外围水平面积计算建筑面积。结构层高在 2.20 m 及以上的，应计算全面积；结构层高在 2.20 m 以下的，应计算 1/2 面积。

(16) 门廊应按其顶板水平投影面积的 1/2 计算建筑面积；有柱雨篷应按其结构板水平投影面积的 1/2 计算建筑面积；无柱雨篷的结构外边线至外墙结构外边线的宽度在 2.10 m 及以上的，应按雨篷结构板的水平投影面积的 1/2 计算建筑面积。

(17) 设在建筑物顶部的、有围护结构的楼梯间、水箱间、电梯机房等，结构层高在 2.20 m 及以上的应计算全面积；结构层高在 2.20 m 以下的，应计算 1/2 面积。见图 5.3.5 所示。

(18) 围护结构不垂直于水平面的楼层，应按其底板面的外墙外围水平面积计算。结构净高在 2.10 m 及以上的部位，应计算全面积；结构净高在 1.20 m 及以上至 2.10 m 以下的部位，应计算 1/2 面积；结构净高在 1.20 m 以下的部位，不应计算建筑面积。

(19) 建筑物的室内楼梯、电梯井、提物井、管道井、通风排气竖井、烟道，应并入建筑物的自然层计算建筑面积。有顶盖的采光井应按一层计算面积，结构净高在 2.10 m 及以上的，应计算全面积，结构净高在 2.10 m 以下的，应计算 1/2 面积。见图 5.3.5 所示。

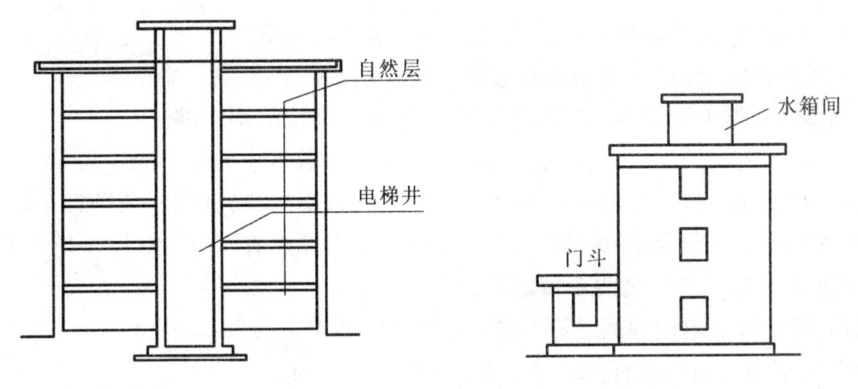


**图 5.3.5　电梯井、水箱间示意图**

（20）室外楼梯应并入所依附建筑物自然层，并应按其水平投影面积的 1/2 计算建筑面积。

（21）在主体结构内的阳台，应按其结构外围水平面积计算全面积；在主体结构外的阳台，应按其结构底板水平投影面积计算 1/2 面积。见图 5.3.6 所示。

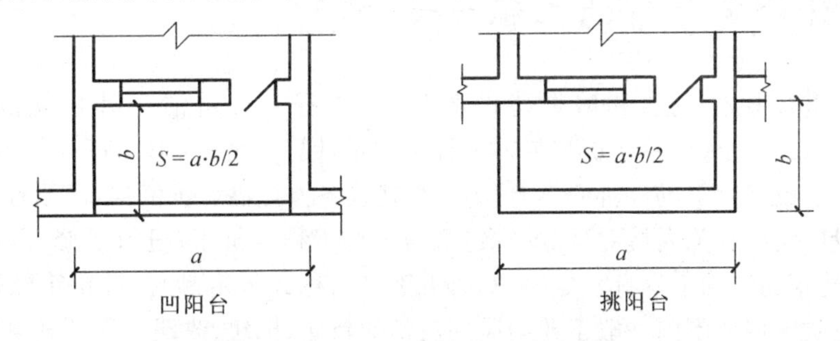


**图 5.3.6　凹阳台、挑阳台示意图**

（22）有顶盖无围护结构的车棚、货棚、站台、加油站、收费站等，应按其顶盖水平投影面积的 1/2 计算建筑面积。

（23）以幕墙作为围护结构的建筑物，应按幕墙外边线计算建筑面积。

（24）建筑物的外墙外保温层，应按其保温材料的水平截面积计算，并计入自然层建筑面积。

（25）与室内相通的变形缝，应按其自然层合并在建筑物建筑面积内计算。对于高低联跨的建筑物，当高低跨内部连通时，其变形缝应计算在低跨面积内。

（26）对于建筑物内的设备层、管道层、避难层等有结构层的楼层，结构层高在 2.20 m 及以上的，应计算全面积；结构层高在 2.20 m 以下的，应计算 1/2 面积。

## 5.3.4　不计算建筑面积的部分

（1）与建筑物内不相连通的建筑部件。

(2) 骑楼、过街楼底层的开放公共空间和建筑物通道。

(3) 舞台及后台悬挂幕布和布景的天桥、挑台等。

(4) 露台、露天游泳池、花架、屋顶的水箱及装饰性结构构件。

(5) 建筑物内的操作平台、上料平台、安装箱和罐体的平台。

(6) 勒脚、附墙柱、垛、台阶、墙面抹灰、装饰面、镶贴块料面层、装饰性幕墙，主体结构外的空调室外机搁板(箱)、构件、配件，挑出宽度在 2.10 m 以下的无柱雨篷和顶盖高度达到或超过两个楼层的无柱雨篷。

(7) 窗台与室内地面高差在 0.45 m 以下且结构净高在 2.10 m 以下的凸(飘)窗，窗台与室内地面高差在 0.45 m 及以上的凸(飘)窗。

(8) 室外爬梯、室外专用消防钢楼梯。

(9) 无围护结构的观光电梯。

(10) 建筑物以外的地下人防通道，独立的烟囱、烟道、地沟、油(水)罐、气柜、水塔、贮油(水)池、贮仓、栈桥等构筑物。

## 5.4 计价定额下的工程计量

为了贯彻执行住房和城乡建设部《建设工程工程量清单计价规范》(GB 50500—2013)以及《房屋建筑与装饰工程工程量计算规范》(GB 50854—2013)，适应江苏省建设工程市场计价的需要，为工程建设各方提供计价依据，江苏省住房和城乡建设厅组织有关人员对《江苏省建筑与装饰工程计价表》进行了修订，形成了《江苏省建筑与装饰工程计价定额》(2014 年)(简称计价定额)。计价定额适用于江苏省行政区域范围内一般工业与民用建筑的新建、扩建、改建工程及其单独装饰工程，不适用于修缮工程。国有资金投资的建筑与装饰工程应执行计价定额，非国有资金投资的建筑与装饰工程可参照使用计价定额。当工程施工合同约定按计价定额规定计价时，应遵守计价定额的相关规定。

计价定额是编制工程招标控制价(最高投标限价)的依据，是编制工程标底、结算审核的指导，是工程投标报价、企业内部核算、制定企业定额的参考，是编制建筑工程概算定额的依据，是建设行政主管部门调解工程价款争议、合理确定工程造价的依据。

为了便于读者理解应用计价定额，在此对计价定额中的工程量计算规则作一个简要的介绍。

### 5.4.1 土、石方工程计量

1) 土、石方工程的计算规则及应用要点

(1) 计算土、石方工程量前，应确定必要的资料，包括土壤及岩石类别的确定，地下水位标高，土方、沟槽、基坑挖(填)起止标高、施工方法及运距，岩石开凿、爆破方法、石碴清运方法及运距，其他有关资料。

(2) 土方体积，以挖凿前的天然密实体积($m^3$)为准，若以虚方计算，应按规定的系数进行折算。

(3) 挖土以设计室外地坪标高为起点，深度按图示尺寸计算。

(4) 按不同的土壤类别、挖土深度、干湿土分别计算工程量。

(5) 在同一槽、坑内或沟内有干、湿土时，应分别计算，但使用定额时，按槽、坑或沟的全深计算。

(6) 桩间挖土不扣除桩的体积。

(7) 平整场地是指建筑物场地挖、填土方厚度在±300 mm 以内及找平。平整场地工程量按建筑物外墙外边线每边各加 2 m，以面积计算。

(8) 沟槽、基坑土石方工程量按下列规定计算：

① 沟槽、基坑划分标准如下：

底宽≤7 m 且底长>3 倍底宽的为沟槽。套用定额计价时，应根据底宽的不同，分别按底宽 3～7 m 间、3 m 以内套用对应的定额子目。

底长≤3 倍底宽且底面积≤150 $m^2$ 的为基坑。套用定额计价时，应根据底面积的不同，分别按底面积 20～150 $m^2$ 间、20 $m^2$ 以内套用对应的定额子目。

凡沟槽底宽 7 m 以上，基坑底面积 150 $m^2$ 以上，按挖一般土方或挖一般石方计算。

② 沟槽工程量按沟槽长度乘以沟槽截面积计算。

沟槽长度：外墙按图示基础中心线长度计算，内墙按图示基础底宽加工作面宽度之间净长度计算。沟槽宽按设计宽度加基础施工所需工作面宽度计算。突出墙面的附墙烟囱、垛等体积并入沟槽土方工程量内。

③ 挖沟槽、基坑、一般土方需放坡时，以施工组织设计规定计算。施工组织设计无明确规定时，放坡高度、比例可按表 5.4.1 计算。

**表 5.4.1　放坡高度、比例确定表**

| 土壤类别 | 放坡深度规定(m) | 高与宽之比 | | | |
|---|---|---|---|---|---|
| | | 人工挖土 | 机械挖土 | | |
| | | | 坑内作业 | 坑上作业 | 顺沟槽在坑上作业 |
| 一、二类土 | 超过 1.20 | 1∶0.5 | 1∶0.33 | 1∶0.75 | 1∶0.5 |
| 三类土 | 超过 1.50 | 1∶0.33 | 1∶0.25 | 1∶0.67 | 1∶0.33 |
| 四类土 | 超过 2.0 | 1∶0.25 | 1∶0.10 | 1∶0.33 | 1∶0.25 |

注：① 沟槽、基坑中土类别不同时，分别按其土壤类别、放坡比例以不同土类别厚度分别计算。

② 计算放坡时，在交接处的重复工程量不扣除。原槽、坑作基础垫层时，放坡自垫层上表面开始计算。

④ 基础施工所需工作面宽度按表5.4.2计算。

**表5.4.2 基础施工所需工作面宽度表**

| 基础材料 | 每边各增加工作面宽度(mm) |
| --- | --- |
| 砖基础 | 200 |
| 浆砌毛石、条石基础 | 150 |
| 混凝土基础垫层支模板 | 300 |
| 混凝土基础支模板 | 300 |
| 基础垂直面做防水层 | 1 000(防水层面) |

⑤ 沟槽、基坑需支挡土板时，挡土板面积按槽、坑边实际支挡板面积(即每块挡板的最长边与挡板的最宽边之积)计算。

⑥ 管沟土方按立方米计算，管沟按图示中心线长度计算，不扣除各类井的长度，井的土方并入；沟底宽度设计有规定的，按设计规定，设计未规定的，按管道结构宽加工作面宽度计算。管沟施工每侧所需工作面按表5.4.3计算。

**表5.4.3 管沟施工每侧所需工作面宽度表**

| 管沟材料 | 管道结构宽(mm) | | | |
| --- | --- | --- | --- | --- |
| | ≤500 | ≤1 000 | ≤2 500 | >2 500 |
| 混凝土及钢筋混凝土管道(mm) | 400 | 500 | 600 | 700 |
| 其他材质管道(mm) | 300 | 400 | 500 | 600 |

(9) 建筑物场地厚度在±300 mm以外的竖向布置挖土或山坡切土，均按挖一般土方计算。

(10) 回填土区分夯填、松填以体积计算。

① 基槽、坑回填土工程量=挖土体积－设计室外地坪以下埋设的体积(包括基础垫层、柱、墙基础及柱等)。

② 室内回填土工程量按主墙间净面积乘以填土厚度计算，不扣除附垛及附墙烟囱等体积。

③ 管道沟槽回填工程量，以挖方体积减去管外径所占体积计算。管外径小于或等于500 mm时，不扣除管道所占体积。管外径超过500 mm以上时，按表5.4.4的规定扣除。

表 5.4.4　管道体积扣除表　　　　单位:m³/m 管长

| 管道名称 | 管道公称直径(mm) | | | | |
|---|---|---|---|---|---|
| | ≥600 | ≥800 | ≥1 000 | ≥1 200 | ≥1 400 |
| 钢管 | 0.21 | 0.44 | 0.71 | — | — |
| 铸铁管、石棉水泥管 | 0.24 | 0.49 | 0.77 | — | — |
| 混凝土、钢筋混凝土、预应力混凝土管 | 0.33 | 0.60 | 0.92 | 1.15 | 1.35 |

(11) 余土外运、缺土内运工程量按下式计算:

运土工程量=挖土工程量−回填土工程量。

正值为余土外运,负值为缺土内运。

(12) 机械土、石方运距按下列规定计算:

推土机推距:按挖方区重心至回填区重心之间的直线距离计算。

铲运机运距:按挖方区重心至卸土区重心加转向距离 45 m 计算。

自卸汽车运距:按挖方区重心至填土区(或堆放地点)重心的最短距离计算。

(13) 建筑场地原土碾压以面积计算,填土碾压按图示填土厚度以体积计算。

2) 土、石方工程工程量计算实例

**例 5.4.1**　某单位传达室基础平面图及基础详图如图 5.4.1 所示。土壤为三类土、干土,场内运土。计算平整场地、人工挖地槽工程量。(墙厚 240 mm)

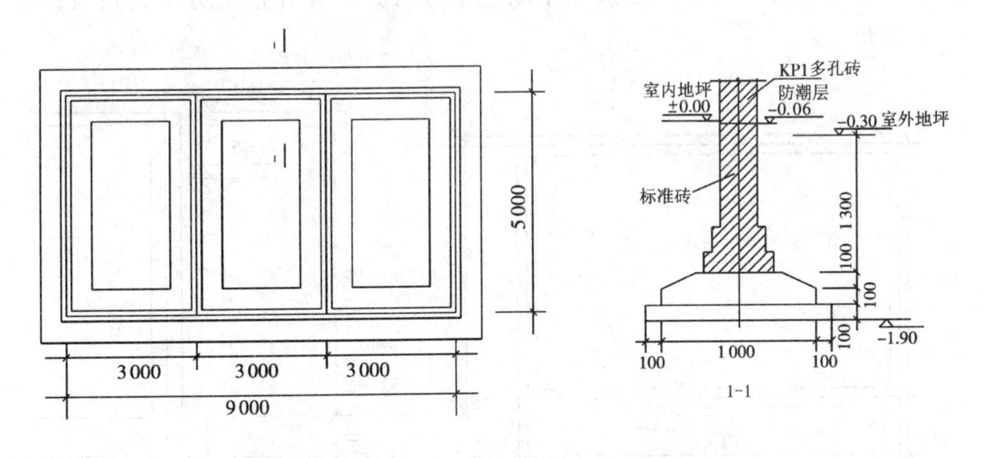


**图 5.4.1　某单位传达室基础平面图及基础详图**

**相关知识**

(1) 挖土深度从设计室外地坪至垫层底面,三类土,挖土深度超过 1.5 m,按表 5.4.1,取 1∶0.33 放坡。

(2) 垫层需支模板，工作面从垫层边至槽边，按表 5.4.2，每边各增加工作面宽度 300 mm。

(3) 地槽长度：外墙按基础中心线长度计算，内墙按扣去基础宽和工作面后的净长线计算，放坡增加的宽度不扣。

**解** 工程量计算如下：

(1) 建筑面积：$(9.00+0.24+4.00)\times(5.00+0.24+4.00)=122.34(m^2)$

(2) 挖土深度：$1.90-0.30=1.60(m)$

(3) 槽底宽度：(加工作面)

$$1.20+0.30\times2=1.80(m)$$

(4) 槽上口宽度：(加放坡长度)

$$放坡长度=1.60\times0.33=0.53(m)$$

$$1.80+0.53\times2=2.86(m)$$

(5) 地槽长度　外：$(9.00+5.00)\times2=28.00(m)$

内：$(5.00-1.80)\times2=6.40(m)$

(6) 体积：$1.60\times(1.80+2.86)\times\frac{1}{2}\times(28.00+6.40)=128.24(m^3)$

(7) 挖出土场内运输：$128.24\ m^3$

**例 5.4.2** 某建筑物地下室如图 5.4.2 所示，地下室墙外壁做涂料防水层，施工组织设计确定用反铲挖掘机挖土，土壤为三类土，机械挖土坑内作业，土方外运 1 km，回填土已堆放在距场地 150 m 处。计算挖土方工程量及回填土工程量。

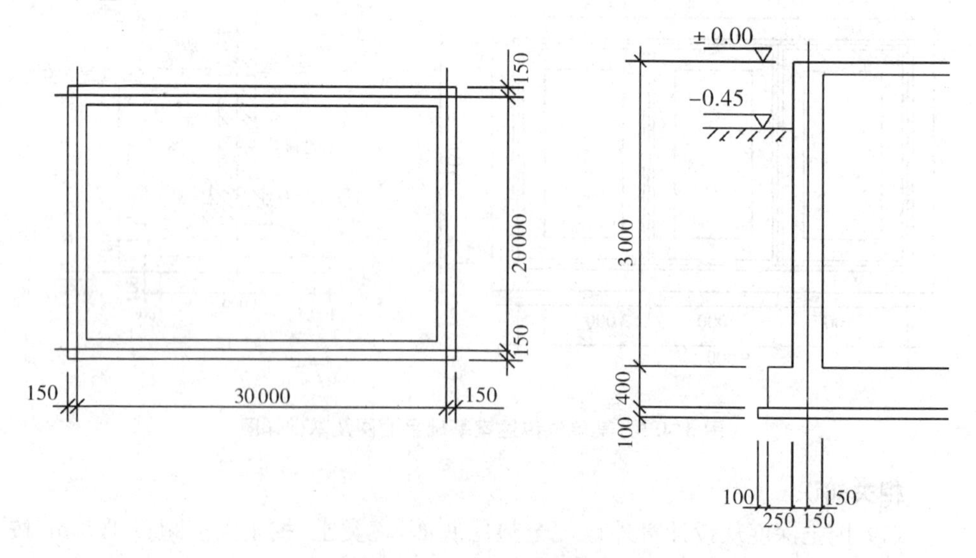


**图 5.4.2　某地下室示意图**

**相关知识**

（1）三类土、机械挖土深度超过 1.5 m，按表 5.4.1，取 1∶0.25 放坡。

（2）垂直面做防水层，工作面从防水层的外表面至地坑边，按表 5.4.2，每边各增加工作面宽度 1 000 mm。

（3）机械挖不到的地方，人工修边坡，整平的工程量需人工挖土方，但量不得超过挖土方总量的 10%。

（4）计算回填土时，用挖出土总量减设计室外地坪以下的垫层、整板基础、地下室墙及地下室净空体积。

**解**　工程量计算如下：

（1）挖土深度：3.50－0.45＝3.05(m)

（2）坑底尺寸：（加工作面，从墙防水层外表面至坑边）

30.30＋1.00×2＝32.30(m)

20.30＋1.00×2＝22.30(m)

（3）坑顶尺寸：（加放坡长度）

放坡长度＝3.05×0.25＝0.76(m)

32.30＋0.76×2＝33.82(m)

22.30＋0.76×2＝23.82(m)

（4）体积：$(32.30\times22.30+33.82\times23.82+66.12\times46.12)\times\frac{3.05}{6}=$

$2\,325.80(m^3)$

其中，人工挖土方量：

坑底整平：$0.20\times32.30\times22.30=144.06(m^3)$

修边坡：斜面长为$\sqrt{3.05\times3.05+0.75\times0.75}=3.14(m)$

$0.10\times(32.30+33.82)\times\frac{1}{2}\times3.14\times2=20.76(m^3)$

$0.10\times(22.30+23.82)\times\frac{1}{2}\times3.14\times2=14.48(m^3)$

计：人工挖土方：$144.06+20.76+14.48=179.30(m^3)$

（未超过挖土方总量的 10%）

机械挖土方：$2\,325.80-179.30=2\,146.50(m^3)$

（5）回填土：挖土方总量：$2\,325.80\ m^3$

垫层体积：$0.10\times31.00\times21.00=65.10(m^3)$

底板体积：$0.40\times30.80\times20.80=256.26(m^3)$

地下室体积：$2.55\times30.30\times20.30=1\,568.48(m^3)$

回填土量：$2\,325.80-65.10-256.26-1\,568.48=435.96(m^3)$

## 5.4.2 地基处理及边坡支护工程计量

1) 地基处理及边坡支护工程的计算规则及运用要点

(1) 强夯加固地基，以夯锤底面积计算，并根据设计要求的夯击能量和每点夯击数执行相应定额。

(2) 深层搅拌桩、粉喷桩加固地基，按设计长度另加 500 mm(设计有规定的按设计要求)乘以设计截面积以立方米计算(重叠部分面积不得重复计算)，群桩间的搭接不扣除。

(3) 高压旋喷桩钻孔长度按自然地面至设计桩底标高以长度计算，喷浆按设计加固桩的截面面积乘以设计桩长以体积计算。

(4) 灰土挤密桩按设计图示尺寸以桩长计算(包括桩尖)。

(5) 压密注浆钻孔按设计长度计算。注浆工程量按以下方式计算：设计图纸注明加固土体体积的，按注明的加固体积计算；设计图纸按布点形式图示土体加固范围的，则按两孔间距的一半作为扩散尺寸，以布点边线各加扩散半径形成计算平面，计算注浆体积；如果设计图纸上注浆点在钻孔灌注桩之间，按两注浆孔距的一半作为每孔的扩散半径，以此圆柱体体积计算。

(6) 基坑锚喷护壁成孔、斜拉锚桩成孔及孔内注浆按设计图示尺寸以长度计算。护壁喷射混凝土按设计图示尺寸以面积计算。

(7) 土钉支护钉土锚杆按设计图示尺寸以长度计算。挂钢筋网按设计图纸以面积计算。

(8) 基坑钢管支撑以坑内的钢立柱、支撑、围檩、活络接头、法兰盘、预埋铁件的合并质量计算。

(9) 打、拔钢板桩按设计钢板桩质量计算。

2) 地基处理及边坡支护工程的工程量计算实例

**例 5.4.3** 某建筑物地基处理采用深层搅拌桩，其桩的剖面及搭接图如图 5.4.3所示，该地基处理的长度为 103 m。试计算该工程的深层搅拌桩的工程量。

**解** 根据图形，每三轴一搅间重复的面积为：

$$[\pi/360^\circ \times \arccos(0.3/0.425) \times 0.425^2 - 0.5 \times 0.3 \times \sqrt{0.425^2 - 0.3^2}] \times 2 \times 2 \times 2 = 0.207(\mathrm{m}^2)$$

总长范围内单根桩的数量为 $\dfrac{103-0.85}{0.6}+1=171$(根)

三轴的搅拌量为：$\dfrac{171}{3}=57$(组)

总的搅拌桩的体积为：

$$(3.14 \times 0.425 \times 0.425 \times 3 - 0.207) \times (13 + 0.5) \times 57 = 1\,150.01(\mathrm{m}^3)$$

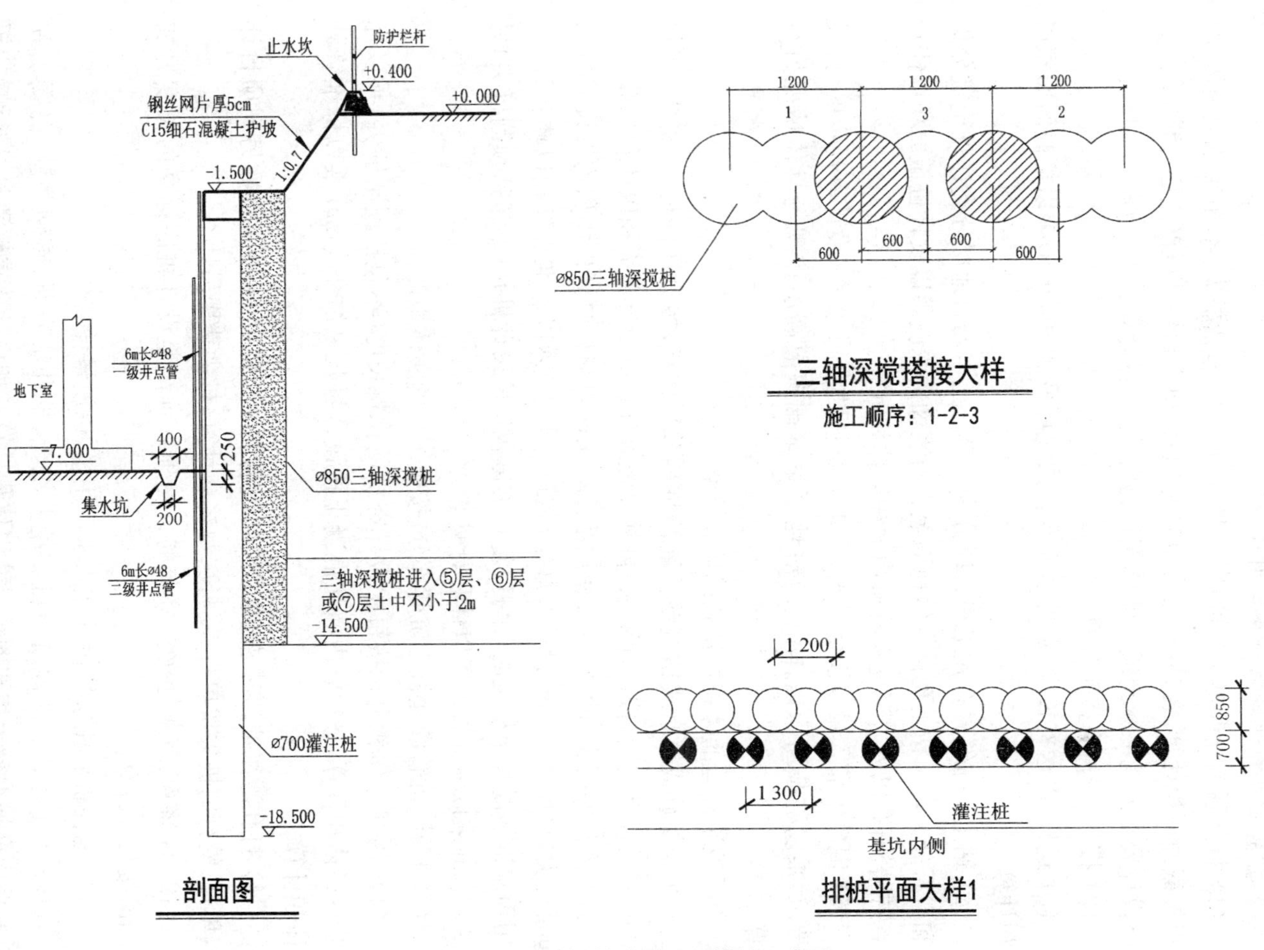

图 5.4.3　某搅拌桩剖面及搭接示意图

### 5.4.3 桩基工程计量

1) 桩基工程的计算规则及运用要点

(1) 打预制钢筋混凝土桩的体积，按设计桩长(包括桩尖，不扣除桩尖虚体积)乘以桩截面面积计算；管桩(空心方桩)的空心体积应扣除，管桩(空心方桩)的空心部分设计要求灌注混凝土或其他填充材料时，应另行计算。

(2) 接桩：按每个接头计算。

(3) 送桩：以送桩长度(自桩顶面至自然地坪另加 500 mm)乘以桩截面面积以体积计算。

(4) 钻土孔与钻岩石孔工程量应分别计算。土与岩石地层分类详见土壤分类表和岩石分类表。钻土孔自自然地面至岩石表面的深度乘以设计桩截面积以体积计算；钻岩石孔以入岩深度乘桩截面面积以体积计算。

(5) 混凝土灌入量以设计桩长(含桩尖长)另加一个直径(设计有规定的，按设计要求)乘以桩截面积以体积计算；地下室基础超灌高度按现场具体情况另行计算。

(6) 泥浆外运的体积按钻孔的体积计算。

(7) 长螺旋或钻盘式钻机钻孔灌注桩的单桩体积，按设计桩长(含桩尖)另加 500 mm(设计有规定，按设计要求)再乘以螺旋外径或设计截面积以体积计算。

(8) 灌注混凝土、砂、碎石桩使用活瓣桩尖时，单打、复打桩体积均按设计桩长(包括桩尖)另加 250 mm(设计有规定，按设计要求)乘以标准管外径以体积计算。使用预制钢筋混凝土桩尖时，单打、复打桩体积均按设计桩长(不包括预制桩尖)另加 250 mm 乘以标准管外径以体积计算。

(9) 打孔、沉管灌注桩空沉管部分，按空沉管的实体积计算。

(10) 夯扩桩体积分别按每次设计夯扩前投料长度(不包括预制桩尖)乘以标准管内径体积计算，最后管内灌注混凝土按设计桩长另加 250 mm 乘以标准管外径体积计算。

(11) 打孔灌注桩、夯扩桩使用预制钢筋混凝土桩尖的，桩尖个数另列项目计算，单打、复打的桩尖按单打、复打次数之和计算，桩尖费用另计。

(12) 注浆管、声测管按打桩前的自然地坪标高至设计桩底标高的长度另加 0.2 m，按长度计算。

(13) 灌注桩后注浆按设计注入水泥用量，以质量计算。

(14) 人工挖孔灌注混凝土桩中挖井坑土、挖井坑岩石、砖砌井壁、混凝土井壁、井壁内灌注混凝土均按图示尺寸以体积计算。如设计要求超灌时，另行增加超灌工程量。

(15) 凿灌注混凝土桩头按体积计算，凿、截断预制方(管)桩均以根计算。

2）桩基工程工程量计算实例

**例 5.4.4** 某工程桩基础为现场预制混凝土方桩（图 5.4.4），C30 商品混凝土，室外地坪标高－0.30 m，桩顶标高－1.80 m，桩计 150 根。计算与打桩有关的工程量。（成品桩长每根 6 m）

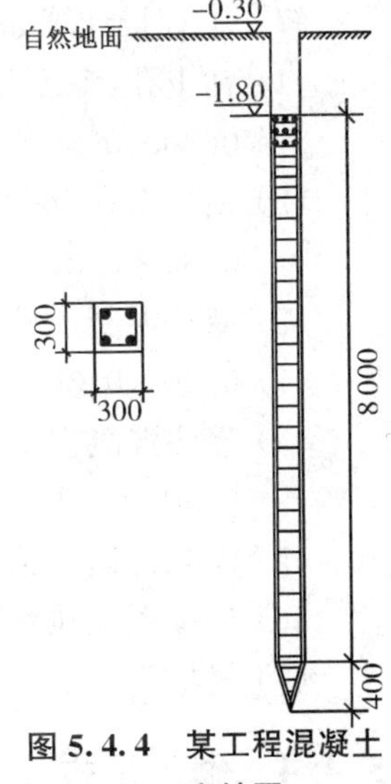


图 5.4.4 某工程混凝土方桩图

**相关知识**

（1）设计桩长包括桩尖，不扣除桩尖虚体积。

（2）送桩长度从桩顶面到自然地面另加 500 mm。

（3）接桩按每个接头算。

（4）桩的制作混凝土按设计桩长乘以桩身截面积计算，钢筋按设计图纸和规范要求计算在钢筋工程内，模板按接触面积计算在措施项目内。

**解** 工程量计算如下：

（1）打桩：桩长＝桩身＋桩尖＝8.00＋0.40＝8.40(m)

$0.30 \times 0.30 \times 8.40 \times 150 = 113.40(\text{m}^3)$

（2）送桩：长度＝1.50＋0.50＝2.00(m)

$0.30 \times 0.30 \times 2.00 \times 150 = 27.00(\text{m}^3)$

（3）接桩：150 个

（4）凿桩头：150 根

**例 5.4.5** 某工程桩基础是钻孔灌注混凝土桩（图 5.4.5），C25 混凝土现场搅拌，土孔中混凝土充盈系数为 1.25，自然地面标高－0.45 m，桩顶标高－3.00 m，设计桩长 12.30 m，桩进入岩层 1 m，桩直径 ϕ600 mm，计 100 根，泥浆外运 5 km。计算与桩有关的工程量。

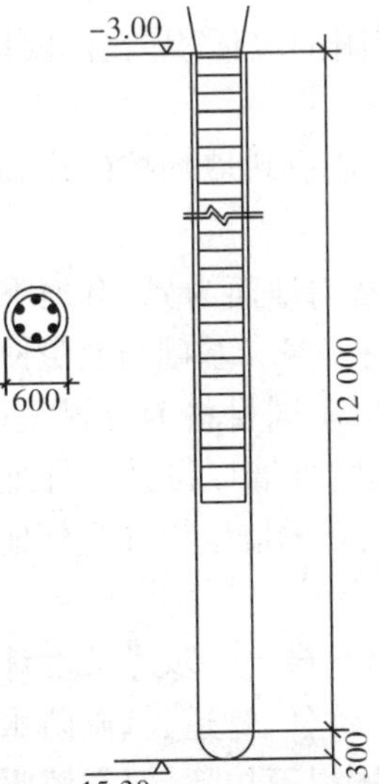

图 5.4.5 某工程混凝土圆桩图

**相关知识**

（1）钻土孔与钻岩石孔分别计算。

（2）钻土孔深度从自然地面至岩石表面，钻岩石孔深度为入岩深度。

（3）土孔与岩石孔灌注混凝土的量分别计算。

（4）灌注混凝土桩长是设计桩长（包括桩尖），另加一个桩直径，如果设计有规定，则加设计要求长度。

（5）砌泥浆池的工料费用在编制标底时暂按每立方米桩 1.0 元计算，结算时按实调整。

解　工程量计算如下：

(1) 钻土孔：深度＝15.30－0.45－1.00＝13.85(m)

0.30×0.30×3.14×13.85×100＝391.40($m^3$)

(2) 钻岩石孔：深度＝1.00 m

0.30×0.30×3.14×1.00×100＝28.26($m^3$)

(3) 灌注混凝土桩(土孔)：桩长＝12.30＋0.60－1.00＝11.90(m)

0.30×0.30×3.14×11.90×100＝336.29($m^3$)

(4) 灌注混凝土桩(岩石孔)：桩长＝1.00 m

0.30×0.30×3.14×1.00×100＝28.26($m^3$)

(5) 泥浆外运＝钻孔体积＝391.40＋28.26＝419.66($m^3$)

(6) 砖砌泥浆池＝桩体积＝336.29＋28.26＝364.55($m^3$)

(7) 凿桩头：0.30×0.30×3.14×0.60×100＝16.96($m^3$)

### 5.4.4 砌筑工程

1) 砌筑工程的计算规则及运用要点

(1) 计算墙体工程量时，应扣除门窗、洞口、嵌入墙内的钢筋混凝土柱、梁、圈梁、挑梁、过梁及凹进墙内的壁龛、管槽、暖气槽、消火栓箱所占体积，不扣除梁头、板头、檩头、垫木、木楞头、沿缘木、木砖、门窗走头、砖墙内加固钢筋、木筋、铁件、钢管及单个面积不大于0.3 $m^2$的孔洞所占的体积。凸出墙面的腰线、挑檐、压顶、窗台线、虎头砖、门窗套的体积亦不增加。凸出墙面的砖垛并入墙体体积内计算。

(2) 附墙烟囱、通风道、垃圾道按其外形体积并入所依附的墙体积内合并计算，不扣除每个横截面在0.1 $m^2$以内的孔洞体积。

(3) 多孔砖、空心砖墙、加气混凝土、硅酸盐砌块、小型空心砌块墙均按砖或砌块的厚度计算，不扣除砖或砌块本身的空心部分体积。

(4) 砖墙：基础与墙(柱)身使用同一种材料时，以设计室内地面为界(有地下室者，以地下室室内设计地面为界)，以下为基础，以上为墙(柱)身。基础与墙身使用不同材料时，位于设计室内地面高度±300 mm以内时，以不同材料为分界线；位于高度±300 mm以外时，以设计室内地面为分界线。石墙：外墙以设计室外地坪，内墙以设计室内地坪为界，以下为基础，以上为墙身。砖、石围墙以设计室外地坪为分界线，以下为基础，以上为墙身。

(5) 外墙墙基按外墙中心线长度计算。内墙墙基按内墙基最上一步净长度计算。基础大放脚T形接头处重叠部分以及嵌入基础的钢筋、铁件、管道、基础防水砂浆防潮层、通过基础单个面积在0.3 $m^2$以内孔洞所占的体积不扣除，但靠墙暖气沟的挑檐亦不增加。附墙垛基础宽出部分体积，并入所依附的基础工程量内。

(6) 外墙按中心线、内墙按净长计算。弧形墙按中心线处长度计算。

(7) 墙身高度的确定

设计有明确高度时以设计高度计算,未明确时按下列规定计算:

① 外墙:坡(斜)屋面无檐口天棚者,算至屋面板底;有屋架且室内外均有天棚者,算至屋架下弦底另加 200 mm;无天棚者,算至屋架下弦另加 300 mm,出檐宽度超过 600 mm 时按实砌高度计算;有现浇钢筋混凝土平板楼层者,算至平板底面。

② 内墙:位于屋架下弦者,算至屋架下弦底;无屋架者,算至天棚底另加 100 mm;有钢筋混凝土楼板隔层者,算至楼板底;有框架梁时,算至梁底。

③ 女儿墙:从屋面板上表面算至女儿墙顶面(如有混凝土压顶时算至压顶下表面)。

(8) 框架间墙不分内外墙,按墙体净尺寸以体积计算。框架外表面镶贴砖部分,按零星砌砖子目计算。

(9) 空斗墙按设计图示尺寸以空斗墙外形体积计算。墙角、内外墙交接处、门窗洞口立边、窗台砖、屋檐处的实砌部分体积,并入空斗墙体积内。空斗墙的窗间墙、窗台下、楼板下、梁头下等的实砌部分,按零星砌砖定额计算。

(10) 空花墙按设计图示尺寸以空花部分的外形体积计算,不扣除空洞部分体积。空花墙外有实砌墙,其实砌部分应以体积另列项目计算。

(11) 围墙按设计图示尺寸以体积计算,其围墙附垛、围墙柱及砖压顶应并入墙身体积内;砖围墙上有混凝土花格、混凝土压顶时,混凝土花格及压顶应按计价定额第六章混凝土工程部分的相应子目计算,其围墙高度算至混凝土压顶下表面。

(12) 填充墙按设计图示尺寸以填充墙外形体积计算,其实砌部分及填充料已包括在定额内,不另计算。

(13) 砖柱按设计图示尺寸以体积计算。扣除混凝土及钢筋混凝土梁垫、梁头、板头所占体积。砖柱基、柱身不分断面,均以设计体积计算,柱身、柱基工程量合并套"砖柱"定额。柱基与柱身砌体品种不同时,应分开计算并分别套用相应定额。

(14) 砖砌地下室墙身及基础,按设计图示以体积计算,内、外墙身工程量合并计算按相应内墙定额执行。墙身外侧面砌贴砖按设计厚度以体积计算。

(15) 加气混凝土、硅酸盐砌块、小型空心砌块墙砌体中设计钢筋砖过梁时,应另行计算,套"零星砌砖"定额。

(16) 墙基防潮层,按墙基顶面水平宽度乘以长度以面积计算,有附垛时将其面积并入墙基内。

(17) 砖砌台阶按水平投影面积以面积计算。毛石、方整石台阶均以图示尺寸按体积计算,毛石台阶按毛石基础定额执行。墙面、柱、底座、台阶的剁斧以设计展开面积计算。砖砌地沟沟底与沟壁工程量合并以体积计算。

(18) 基础垫层按设计图示尺寸以立方米计算。外墙基础垫层长度按外墙中心线长度计算,内墙基础垫层长度按内墙基础垫层净长计算。

2）砌筑工程工程量计算示例

**例 5.4.6** 某单位传达室基础平面图及基础详图如图 5.4.1 所示，室内地坪±0.00 m，防潮层−0.06 m，防潮层以下用 M10 水泥砂浆砌标准砖基础，防潮层以上为多孔砖墙身。计算混凝土垫层、砖基础、防潮层的工程量。

**相关知识**

（1）基础与墙身使用不同材料的分界线位于−60 mm 处，在设计室内地坪±300 mm 范围以内，因此−0.06 m 以下为基础，−0.06 m 以上为墙身。

（2）基础垫层按设计图示尺寸以立方米计算。

（3）墙的长度计算：外墙按中心线，内墙按净长线，大放脚 T 形接头处重叠部分不扣除。

**解** 工程量计算如下：

（1）混凝土垫层

截面积：1.20×0.10＝0.12($m^2$)

外墙基础垫层长度：(9.00＋5.00)×2＝28.00(m)

内墙基础垫层长度：(5.00−1.20)×2＝7.60(m)

体积：0.12×(28＋7.60)＝4.27($m^3$)

（2）砖基础

外墙基础长度：　(9.00＋5.00)×2＝28.00(m)

内墙基础长度：　(5.00−0.24)×2＝9.52(m)

基础高度：　1.30＋0.30−0.06＝1.54(m)

大放脚折加高度：　等高式，240 厚墙，2 层，双面，0.197 m

体积：　0.24×(1.54＋0.197)×(28.0＋9.52)＝15.64($m^3$)

（3）防潮层面积

0.24×(28.0＋9.52)＝9.00($m^2$)

**例 5.4.7** 某单位传达室平面图、剖面图、墙身大样图如图 5.4.6 所示，构造柱240 mm×240 mm，并与墙嵌接，圈梁 240 mm×300 mm，屋面板厚 100 mm，门窗上口无圈梁处设置过梁厚 120 mm，过梁长度为洞口尺寸两边各加 250 mm，窗台板厚 60 mm，长度为窗洞口尺寸两边各加 60 mm，窗两侧有 60 mm 宽砖砌窗套，砌体材料为 KP1 多孔砖，女儿墙为标准砖，计算墙体工程量。

**相关知识**

（1）墙的长度计算：外墙按外墙中心线，内墙按内墙净长线；墙的高度计算：现浇平屋(楼)面板，算至板底；女儿墙自屋面板顶算至压顶底。

（2）计算工程量时，要扣除嵌入墙身的柱、梁、门窗洞口，突出墙面的窗套不增加。

（3）扣构造柱要包括与墙嵌接的部分，本图构造柱与墙嵌接面有 20 个。

（4）因计价定额中 KP1 多孔砖内、外墙为同一定额子目，若砌筑砂浆标号一致，可合并计算。

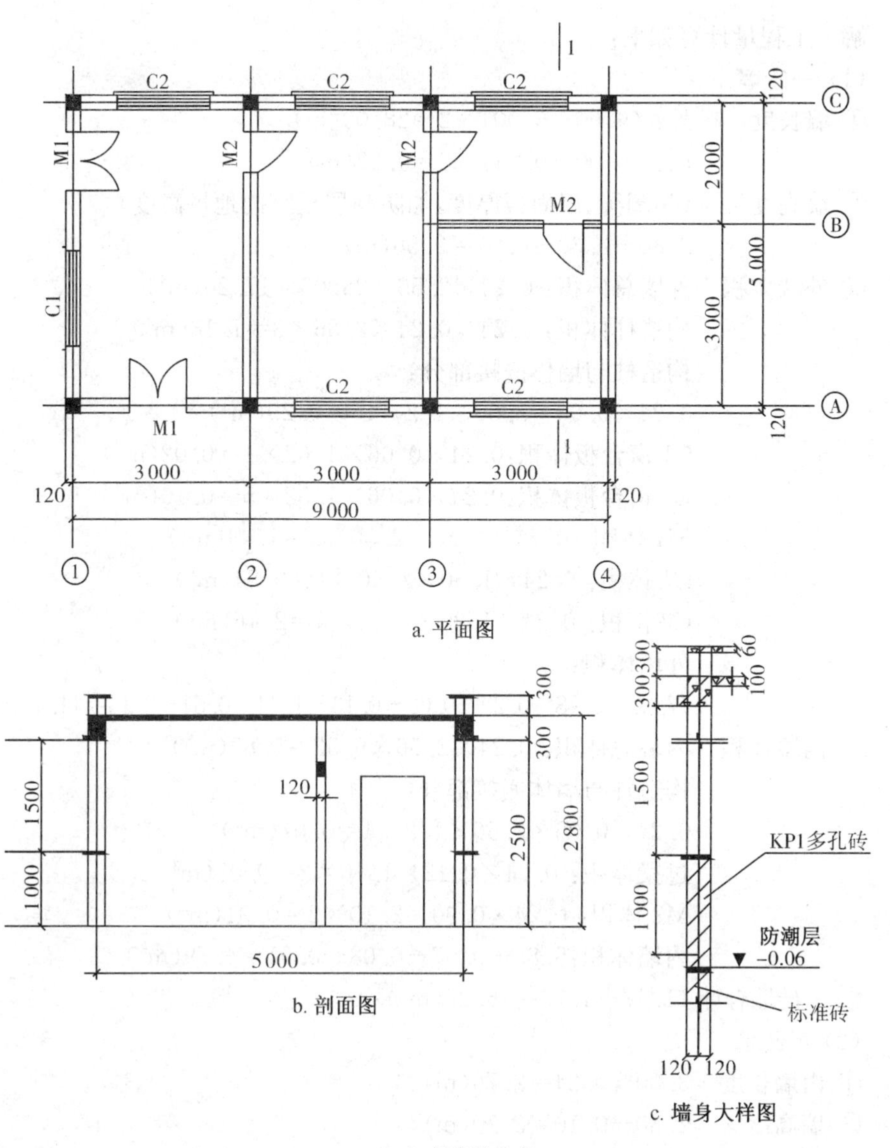

a. 平面图

b. 剖面图

c. 墙身大样图

d. 门窗尺寸表

| 编号 | 宽 | 高 | 樘数 |
| --- | --- | --- | --- |
| M1 | 1 200 | 2 500 | 2 |
| M2 | 900 | 2 100 | 3 |
| C1 | 1 500 | 1 500 | 1 |
| C2 | 1 200 | 1 500 | 5 |

**图 5.4.6　某传达室工程图**

**解** 工程量计算如下：

(1) 一砖墙

① 墙长度 外：(9.00+5.00)×2=28.00(m)

内：(5.00−0.24)×2=9.52(m)

② 墙高度 （扣圈梁、屋面板厚度，加防潮层至室内地坪高度）

2.80−0.30+0.06=2.56(m)

③ 外墙体积 外墙总体积：0.24×2.56×28.00=17.20($m^3$)

构造柱体积：0.24×0.24×2.56×8=1.18($m^3$)

构造柱与墙体嵌接部分：

0.24×0.06×2.56×1/2×16=0.29($m^3$)

C1 窗台板体积：0.24×0.06×1.62×1=0.02($m^3$)

C2 窗台板体积：0.24×0.06×1.32×5=0.10($m^3$)

M1 体积：0.24×1.20×2.50×2=1.44($m^3$)

C1 体积：0.24×1.50×1.50×1=0.54($m^3$)

C2 体积：0.24×1.20×1.50×5=2.16($m^3$)

外墙体积：

17.20−1.18−0.29−0.02−0.10−1.44−0.54−2.16=11.47($m^3$)

④ 内墙体积 内墙总体积：0.24×2.56×9.52=5.85($m^3$)

构造柱与墙体嵌接部分：

0.24×0.06×2.56×1/2×4=0.07($m^3$)

过梁体积：0.24×0.12×1.40×2=0.08($m^3$)

M2 体积：0.24×0.90×2.10×2=0.91($m^3$)

内墙体积：5.85−0.07−0.08−0.91=4.79($m^3$)

⑤ 一砖墙合计 11.47+4.79=16.26($m^3$)

(2) 半砖墙

① 内墙长度 3.00−0.24=2.76(m)

② 墙高度 2.80−0.10=2.70(m)

③ 墙体积 总体积：0.115×2.70×2.76=0.86($m^3$)

过梁体积：0.115×0.12×1.40=0.02($m^3$)

M2 体积：0.115×0.90×2.10=0.22($m^3$)

④ 半砖墙体积 0.86−0.02−0.22=0.62($m^3$)

(3) 女儿墙

① 墙长度 (9.00+5.00)×2=28.00(m)

② 墙高度 0.30−0.06=0.24(m)

③ 墙体积 0.24×0.24×28.0=1.61($m^3$)

### 5.4.5 钢筋工程计量

1）钢筋工程工程量计算规则及应用要点

编制预算时，钢筋工程量可暂按构件体积（或水平投影面积、外围面积、延长米）乘以钢筋含量计算（含量详见计价定额的附录一）。结算工程量计算应按设计图示、标准图集和规范要求计算。当设计图示、标准图集和规范要求不明确时按下列规则计算。

（1）一般规则

① 钢筋工程应区别现浇构件、预制构件、加工厂预制构件、预应力构件、点焊网片等以及不同规格，分别按设计展开长度（展开长度、保护层、搭接长度应符合规范规定）乘单位理论质量计算。

② 计算钢筋工程量时，搭接长度按规范规定计算。当梁、板（包括整板基础）$\phi$8 mm 以上的通筋未设计搭接位置时，预算书暂按 9 m 一个双面电焊接头考虑。结算时应按钢筋实际定尺长度调整搭接个数，搭接方式按已审定的施工组织设计确定。

③ 先张法预应力构件中的预应力和非预应力钢筋工程量应合并按设计长度计算，按预应力钢筋定额（梁、大型屋面板、F 板执行 $\phi$5 mm 外的定额，其余均执行 $\phi$5 mm 内定额）执行。后张法预应力钢筋与非预应力钢筋分别计算，预应力钢筋按设计图规定的预应力钢筋预留孔道长度，区别不同锚具类型，分别按定额有关规定计算。

④ 电渣压力焊、直螺纹、冷压套管挤压等接头以“个”计算。预算书中，底板、梁暂按 9 m 长一个接头的 50%计算；柱按自然层每根钢筋 1 个接头计算。结算时应按钢筋实际接头个数计算。

⑤ 地脚螺栓制作、端头螺杆螺帽制作按设计尺寸以质量计算。植筋按设计数量以根数计算。

⑥ 桩顶部破碎混凝土后主筋与底板钢筋焊接分别分为灌注桩、方桩（离心管桩、空心方桩按方桩）以桩的根数计算。每根桩端焊接钢筋根数不调整。在加工厂制作的铁件（包括半成品铁件）、已弯曲成型钢筋的场外运输以质量计算。各种砌体内的钢筋加固分绑扎、不绑扎以质量计算。

⑦ 混凝土柱中埋设的钢柱，其制作、安装应按相应的钢结构制作、安装定额执行。

⑧ 基础中，多层钢筋的型钢支架、垫铁、撑筋、马凳等按已审定的施工组织设计合并用量计算，按金属结构的钢平台、走道的制、安定额执行。现浇楼板中设置的撑筋按已审定的施工组织设计用量与现浇构件钢筋用量合并计算。

⑨ 铁件按设计尺寸以质量计算，不扣除孔眼、切肢、切角、切边的质量。在计算不规则或多边形钢板质量时均以矩形面积计算。

⑩ 预制柱上钢牛腿按铁件以质量计算。

(2) 钢筋直(弯)、弯钩、圆柱、柱螺旋箍筋及其他长度的计算

① 梁、板为简支，钢筋为Ⅱ、Ⅲ级钢时，可按下列规定计算：

情形一：直钢筋净长＝$L-2c$(图 5.4.7)。

情形二：弯起钢筋净长＝$L-2c+2\times0.414H'$(图 5.4.8)。

当$\theta=30°$时，公式内 0.414 改为 0.268；

当$\theta=60°$时，公式内 0.414 改为 0.577。

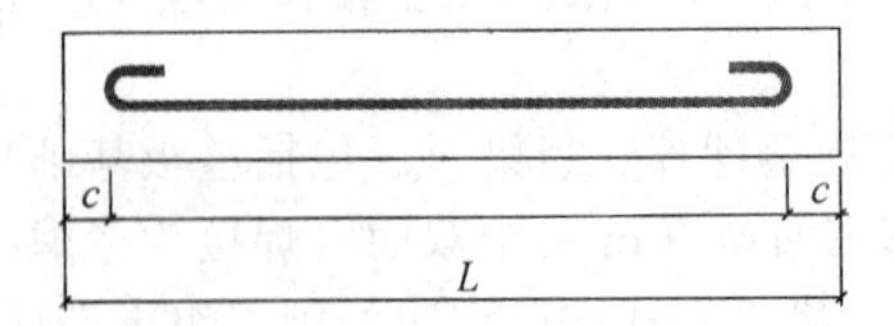


图 5.4.7　直钢筋图

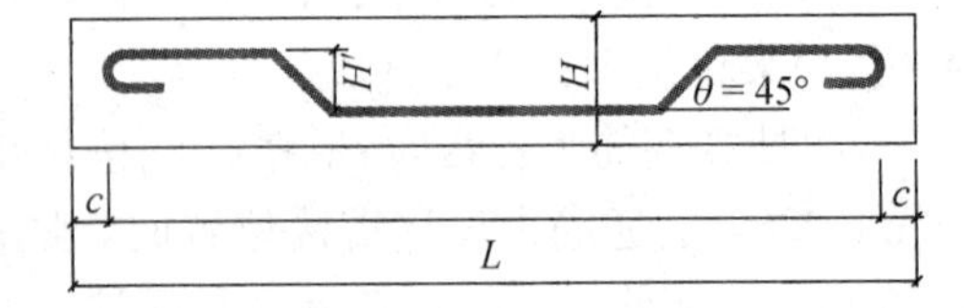


图 5.4.8　弯起钢筋图

情形三：弯起钢筋两端带直钩净长＝$L-2c+2H''+2\times0.414H'$(图 5.4.9)。

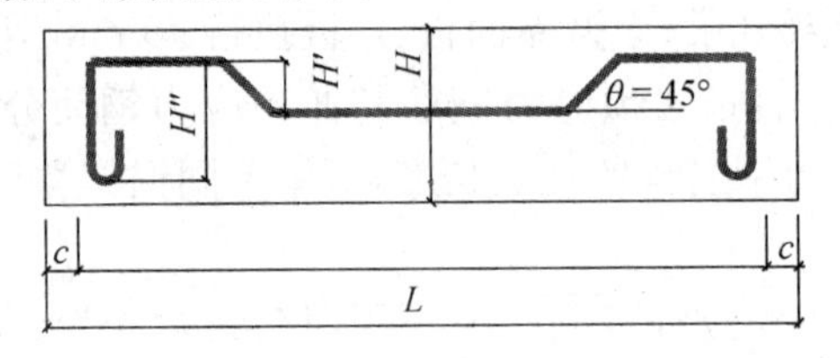


图 5.4.9　弯起钢筋两端带直钩图

当$\theta=30°$时，公式内 0.414 改为0.268；

当$\theta=60°$时，公式内 0.414 改为 0.577。

情形四：末端需作 90°、135°弯折时，其弯起部分长度按设计尺寸计算。

当上述情形一、二、三中采用Ⅰ级钢时，除按上述计算长度外，在钢筋末端应设弯钩，每只弯钩增加 $6.25d$($d$ 为箍筋直径，下同)。

② 箍筋末端应作 135°弯钩，弯钩平直部分长度 $e$ 一般不应小于箍筋直径的 5 倍，对有抗震要求的结构不应小于箍筋直径的 10 倍(图 5.4.10)。

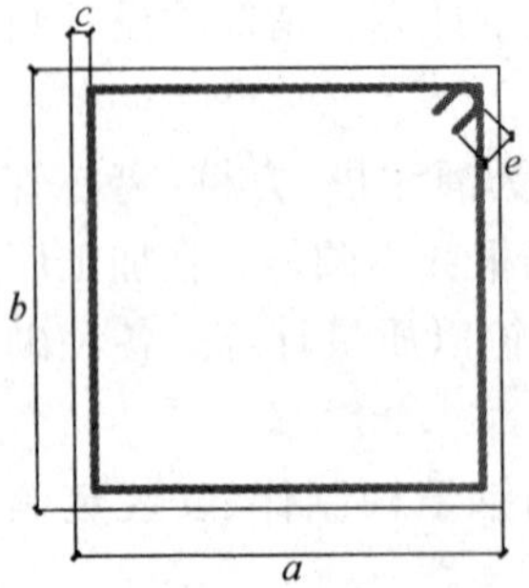

图 5.4.10　箍筋图

当平直部分为 $5d$ 时，箍筋长度 $L=(a-2c+2d)\times2+(b-2c+2d)\times2+14d$；

当平直部分为 $10d$ 时，箍筋长度 $L=(a-2c+2d)\times2+(b-2c+2d)\times2+24d$。

(3) 弯起钢筋终弯点外应留有锚固长度，在受拉区不应小于 $20d$；在受压区不应小于 $10d$(图 5.4.11)。弯起钢筋斜长按下表系数计算(表 5.4.5)。

**表 5.4.5　弯起钢筋斜长系数表**

| 弯起角度 | $\theta=30°$ | $\theta=45°$ | $\theta=60°$ |
|---|---|---|---|
| 斜边长度 $S$ | $2h_0$ | $1.414h_0$ | $1.155h_0$ |
| 底边长度 $L$ | $1.732h_0$ | $h_0$ | $0.577h_0$ |
| 斜长比底长增加 | $0.268h_0$ | $0.414h_0$ | $0.577h_0$ |

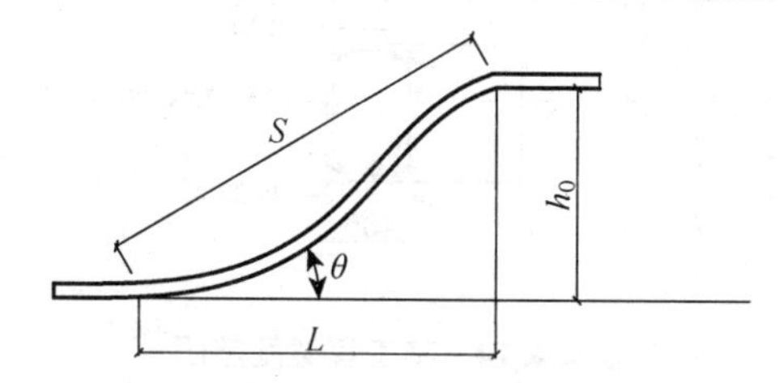


**图 5.4.11　弯起钢筋图**

(4) 箍筋、板筋排列根数 $=\dfrac{L-100\ \text{mm}}{\text{设计间距}}+1$，但在加密区的根数按设计另增。式中 $L$ 为柱、梁、板净长。柱、梁净长计算方法同混凝土，其中柱不扣板厚。板净长指主(次)梁与主(次)梁之间的净长。计算中有小数时，向上进位(如 4.1 取 5)。

(5) 圆桩、柱螺旋箍筋长度计算：$L=\sqrt{[(D-2c+2d)\pi]^2+h^2}\times n$。式中 $D$ 为圆桩、柱直径，$c$ 为主筋保护层厚度，$d$ 为箍筋直径，$H$ 为箍筋间距，箍筋道数 $n=$ 柱、桩中箍筋配置长度 $\div h+1$。

(6) 其他：有设计者按设计要求，当设计无具体要求时，按下列图示规定计算(图 5.4.12，图 5.4.13)。

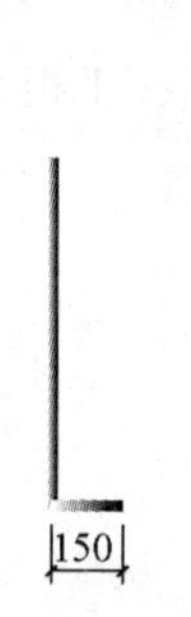


**图 5.4.12　柱底插筋图**

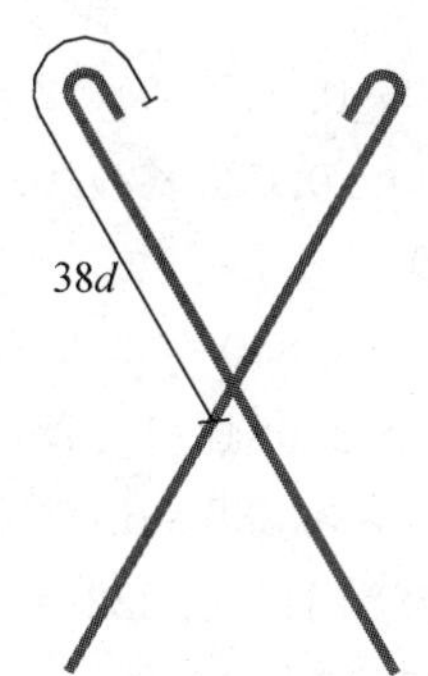


**图 5.4.13　斜筋挑钩计算示意图**

2) 钢筋工程量计算示例

**例 5.4.8**　有一根梁，其配筋如图 5.4.14 所示，其中：① 号筋弯起角度为 45°，请计算该梁钢筋的图示重量(不考虑抗震要求)。

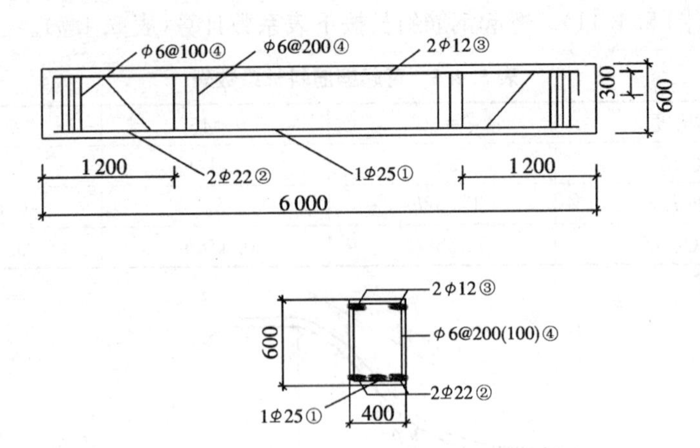


**图 5.4.14　某工程梁配筋图**

**相关知识**

根据 11G101 图集,钢筋保护层厚度为箍筋至混凝土外表面的距离。

**解**　(1) 长度及数量计算

① 号筋(Φ25,1 根):

$L_1=6.00-0.025\times2+0.414\times0.55\times2+0.3\times2=7.01(\mathrm{m})$

② 号筋(Φ22,2 根):

$L_2=6.00-0.025\times2=5.95(\mathrm{m})$

③ 号筋(Φ12,2 根):

$L_3=6.00-0.025\times2+12.5\times0.012=6.10(\mathrm{m})$

④ 号筋Φ6:

$L_4=(0.40-0.025\times2)\times2+(0.60-0.025\times2)\times2+14\times0.006=1.88(\mathrm{m})$

根数为$[(6.00-0.025\times2)/0.2]+1=30.75$(根),取 31 根。

(2) 质量计算

Φ25:　$7.01\times3.850=26.99(\mathrm{kg})$

Φ22:　$5.95\times2.984=17.75(\mathrm{kg})$

Φ12:　$6.10\times0.888=5.42(\mathrm{kg})$

Φ6:　$1.88\times31\times0.222=12.94(\mathrm{kg})$

质量合计:63.10 kg

**例 5.4.9**　框架梁 KL1,如图 5.4.15 所示,混凝土强度等级为 C20,二级抗震设计,钢筋定尺为 8 m,当梁通筋 $d>22$ 时,选择焊接接头,柱的断面均为 600 mm×600 mm。计算该梁的钢筋质量。

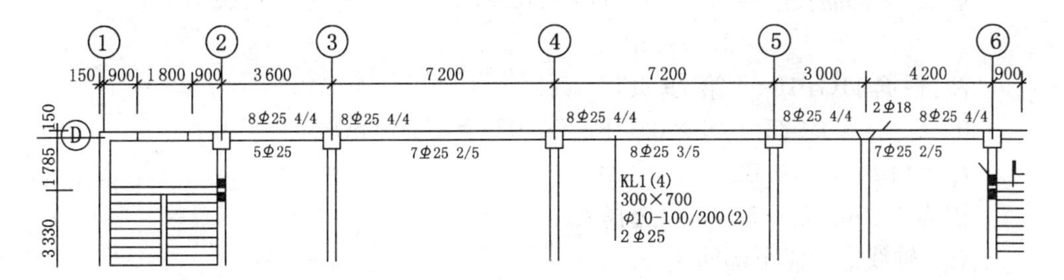


**图 5.4.15　框架梁 KL1 配筋图**

**解**　根据 11G101－1 标准图集，查第 53 页，$l_{ae}=44d$。

(1) 上部钢筋计算

上部通长筋见图 5.4.15 所示：

Φ25 通长筋长度＝(3.6＋7.2×3－0.6＋2×10×0.025＋0.4×44×0.025×2＋15×0.025×2)×2＝53.46(m)

(2) 轴线②～③第 1 排

Φ25 通长筋长度：$\left(3.6-0.6+0.4\times44\times0.025+15\times0.025+0.6+\frac{6.6}{3}\right)\times2$

$=13.23(\text{m})$

第 2 排

Φ25 通长筋长度：$\left(3.6-0.6+0.4\times44\times0.025+15\times0.025+0.6+\frac{6.6}{4}\right)\times4$

$=24.26(\text{m})$

(3) 轴线④、⑤轴支座附加筋

第 1 排

Φ25 附加筋长度：$\left(\frac{6.6}{3}\times2+0.6\right)\times2\times2=20(\text{m})$

第 2 排

Φ25 附加筋长度：$\left(\frac{6.6}{4}\times2+0.6\right)\times4\times2=31.2(\text{m})$

(4) 轴线⑥端头附加筋

第 1 排

Φ25 附加筋长度：$\left(\frac{6.6}{3}+0.4\times44\times0.025+15\times0.025\right)\times2=6.03(\text{m})$

第 2 排

Φ25 附加筋长度：$\left(\frac{6.6}{4}+0.4\times44\times0.025+15\times0.025\right)\times4=9.86(\text{m})$

(5) 轴线②～③下部筋

$\Phi$25：下部筋长度＝(3＋0.4×44×0.025＋15×0.025＋44×0.025)×5

＝24.58(m)

注：根据 11G101－1 第 79 页，

$0.5h_c+5\times0.025=0.5\times0.6+5\times0.025=0.425$(m)

$l_{ae}=44d=44\times0.025=1.1$(m)

因为 $l_{ae}>0.5h_c+5d$，所以选择 $l_{ae}$。

(6) 轴线③～④下部筋

$\Phi$25：下部筋长度＝(6.6＋2×44×0.025)×7＝61.6(m)

(7) 轴线④～⑤下部筋

$\Phi$25：下部筋长度＝(6.6＋2×44×0.025)×8＝70.4(m)

(8) 轴线⑤～⑥下部筋

$\Phi$25：下部筋长度＝(6.6＋0.4×44×0.025＋15×0.025＋44×0.025)×7

＝59.61(m)

(9) 吊筋 2$\Phi$18：

吊筋长度＝[0.35＋20×0.018×2＋(0.7－0.025×2)×1.414×2]×2

＝5.82(m)

(10) 箍筋$\Phi$10：

箍筋长度＝(0.3－0.025×2)×2 ＋(0.7－0.025×2)×2＋24×0.010

＝2.04(m)

加密区长度选择：根据 11G101－1 第 85 页，$1.5h_b=1.5\times0.7=1.05>0.5$。取 1.05 m，加密区箍筋数量为[(1.05－0.05)/0.1＋1]×2×4＝88(只)，非加密区箍筋数量为(3＋6.6×3－1.05×8)/0.2－4＝68(只)；

(88＋68)×2.04＝318.24(m)

(11) KL1 配筋统计

$\Phi$25：配筋长度＝53.46＋13.23＋24.26＋20.00＋31.20＋6.03＋9.86＋24.58＋61.60＋70.40＋59.61＝374.23(m)

$\Phi$18：配筋长度＝5.82(m)

$\Phi$10：配筋长度＝318.24(m)

(12) KL1 配筋质量

$\Phi$25：配筋质量＝374.23×3.850＝1 440.79(kg)

$\Phi$18：配筋质量＝5.82×1.998＝11.63(kg)

$\Phi$10：配筋质量＝318.24×0.617＝196.35(kg)

质量合计：1 648.77 kg

**例 5.4.10** 某工程中楼梯梯段 TB1 共 4 个，TB1 宽 1.18 m，配筋及大样见图 5.4.16 所示，①②③号筋直径 12 mm，④号筋直径 8 mm，求 TB1 的钢筋质量(列表计算)。

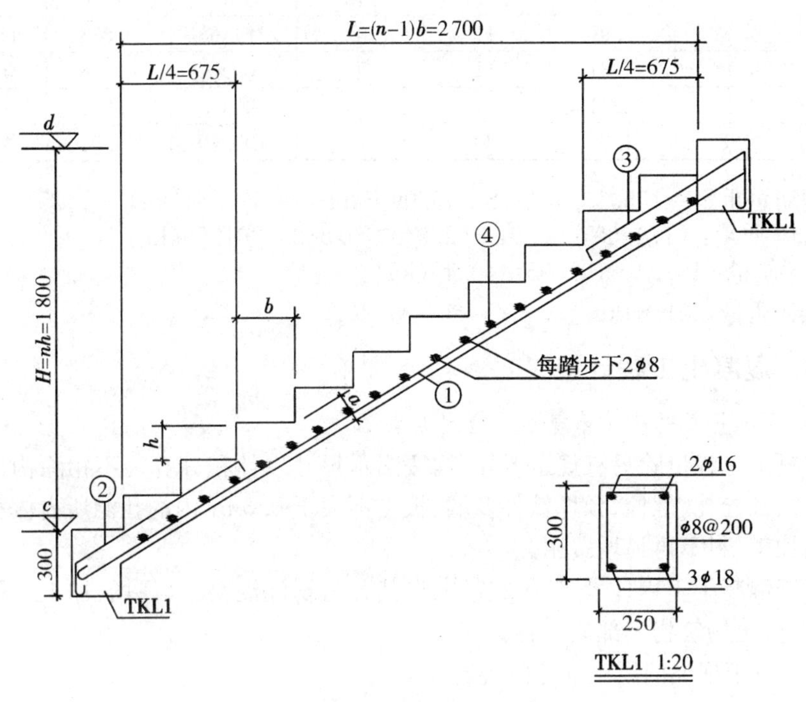


**图 5.4.16 某工程楼梯配筋图**

**解**

① 号钢筋

长度$=\sqrt{(2.7+0.25\times2)^2+1.8^2}+0.15+6.25d\times2=3.97$(m)

根数=(1.21−0.015×2)/0.12+1=11(根)

② 号钢筋

长度$=\sqrt{(0.68+0.25)^2+(0.164\times2+0.15)^2}+0.15+6.25d+3.5d$

$=1.31$(m)

根数=(1.21−0.015×2)/0.12+1=11(根)

③ 号钢筋

长度$=\sqrt{(0.68+0.25)^2+(0.164\times2+0.15)^2}+0.25+6.25d+3.5d$

$=1.41$(m)

根数=(1.21−0.015×2)/0.12+1=11(根)

④ 号钢筋

长度=1.18+6.25$d$×2=1.28(m)

根数=2×10=20(根)

| 序号 | 直径<br>(mm) | 长度<br>(m) | 根数 | 构件数量<br>(个) | 总长度<br>(m) | 理论重量<br>(kg/m) | 总重量<br>(kg) |
|---|---|---|---|---|---|---|---|
| ① | Φ12 | 3.97 | 11 | 4 | 174.68 | 0.888 | 155.12 |
| ② | Φ12 | 1.31 | 11 | 4 | 57.64 | 0.888 | 51.18 |
| ③ | Φ12 | 1.41 | 11 | 4 | 62.04 | 0.888 | 55.09 |
| ④ | Φ8 | 1.28 | 20 | 4 | 102.40 | 0.395 | 40.45 |

钢筋总重量＝155.12＋51.18＋55.09＋40.45＝301.84(kg)

Φ12 质量：(174.68＋57.64＋62.04)×0.888＝261.39(kg)

Φ8 质量：102.40×0.395＝40.45(kg)

合计质量：301.84kg

### 5.4.6 混凝土工程计量

1) 混凝土工程量计算规则及应用要点

混凝土工程量除另有规定者外，均按图示尺寸以体积计算。不扣除构件内钢筋、支架、螺栓孔、螺栓、预埋铁件及墙、板中不大于 0.3 $m^2$ 内的孔洞所占体积。留洞所增加工、料不再另增费用。

对于混凝土工程计量，计价定额中将其分为现浇混凝土，现场、加工厂预制混凝土，混凝土构筑物三部分内容。

(1) 对于现浇混凝土部分的规定如下：

① 混凝土基础垫层是指砖、石、混凝土、钢筋混凝土等基础下的混凝土垫层，按图示尺寸以体积计算。不扣除伸入承台基础的桩头所占体积。

② 外墙基础垫层长度按外墙中心线长度计算，内墙基础垫层长度按内墙基础垫层净长计算。

③ 基础按图示尺寸以体积计算。不扣除伸入承台基础的桩头所占体积。

A. 带形基础长度：外墙下条形基础按外墙中心线长度、内墙下带形基础按基底、有斜坡的按斜坡间的中心线长度、有梁部分按梁净长计算，独立柱基间带形基础按基底净长计算。

B. 有梁带形混凝土基础，其梁高与梁宽之比在 4∶1 以内的，按有梁式带形基础计算(带形基础梁高是指梁底部到上部的高度)。超过 4∶1 时，其基础底按无梁式带形基础计算，上部按墙计算。

C. 满堂(板式)基础有梁式(包括反梁)、无梁式应分别计算，仅带有边肋者，按无梁式满堂基础套用定额。

D. 设备基础除块体以外，其他类型设备基础分别按基础、梁、柱、板、墙等有关规定计算，套相应的定额。

E. 独立柱基、桩承台：按图示尺寸实体积以体积计算至基础扩大顶面。

F. 杯形基础套用独立柱基定额。杯口外壁高度大于杯口外长边的杯形基础，套“高颈杯形基础”定额。

④ 柱按图示断面尺寸乘柱高以体积计算，应扣除构件内型钢体积。柱高按下列规定确定：

A. 有梁板的柱高，应自柱基上表面（或楼板上表面）至上一层楼板上表面之间的高度计算，不扣除板厚。

B. 无梁板的柱高，自柱基上表面（或楼板上表面）至柱帽下表面的高度计算。

C. 有预制板的框架柱柱高自柱基上表面至柱顶高度计算。

D. 构造柱按全高计算，与砖墙嵌接部分的混凝土体积并入柱身体积内计算。

E. 依附柱上的牛腿和升板的柱帽，并入相应柱身体积内计算。

F. L、T、十形柱，按 L、T、十形柱相应定额执行。当两边之和超过 2 000 mm，按直形墙相应定额执行。

⑤ 梁按图示断面尺寸乘梁长以体积计算。梁长按下列规定确定：

A. 梁与柱连接时，梁长算至柱侧面。

B. 主梁与次梁连接时，次梁长算至主梁侧面。伸入砖墙内的梁头、梁垫体积并入梁体积内计算。

C. 圈梁、过梁应分别计算，过梁长度按图示尺寸，图纸无明确表示时，按门窗洞口外围宽另加 500 mm 计算。平板与砖墙上混凝土圈梁相交时，圈梁高应算至板底面。

D. 依附于梁、板、墙（包括阳台梁、圈过梁、挑檐板、混凝土栏板、混凝土墙外侧）上的混凝土线条（包括弧形线条）按小型构件定额执行（梁、板、墙宽算至线条内侧）。

E. 现浇挑梁按挑梁计算，其压入墙身部分按圈梁计算；挑梁与单、框架梁连接时，其挑梁应并入相应梁内计算。

F. 花篮梁二次浇捣部分执行圈梁定额。

⑥ 板按图示面积乘板厚以体积计算（梁板交接处不得重复计算），不扣除单个面积 0.3 $m^2$ 以内的柱、垛以及孔洞所占体积。应扣除构件中压形钢板所占体积。其中：

A. 有梁板按梁（包括主、次梁）、板体积之和计算，有后浇板带时，后浇板带（包括主、次梁）应扣除。厨房间、卫生间墙下设计有素混凝土防水坎时，工程量并入板内，执行有梁板定额。

B. 无梁板按板和柱帽之和以体积计算。

C. 平板按体积计算。

D. 现浇挑檐、天沟与板（包括屋面板、楼板）连接时，以外墙面为分界线，与圈梁（包括其他梁）连接时，以梁外边线为分界线。外墙边线以外或梁外边线以外为挑檐、天沟。天沟底板与侧板工程量应分别计算，底板按板式雨篷以板底水平投影面积计算，侧板按天、檐沟竖向挑板以体积计算。

E. 飘窗的上下挑板按板式雨篷以板底水平投影面积计算。

F. 各类板伸入墙内的板头并入板体积内计算。

G. 预制板缝宽度在 100 mm 以上的现浇板缝按平板计算。

H. 后浇墙、板带(包括主、次梁)按设计图示尺寸以体积计算。

I. 现浇混凝土空心楼板混凝土按图示面积乘板厚以立方米计算,其中空心管、箱体及空心部分体积扣除。

G. 现浇混凝土空心楼板内筒芯按设计图示中心线长度计算;无机阻燃型箱体按设计图示数量计算。

⑦ 外墙按图示中心线(内墙按净长)乘墙高、墙厚以体积计算,应扣除门、窗洞口及 0.3 $m^2$ 外的孔洞体积。单面墙垛其突出部分并入墙体体积内计算,双面墙垛(包括墙)按柱计算。弧形墙按弧线长度乘墙高、墙厚以体积计算,地下室墙有后浇墙带时,后浇墙带应扣除。梯形断面墙按上口与下口的平均宽度计算。墙高按下列规定确定:

A. 墙与梁平行重叠,墙高算至梁顶面;当设计梁宽超过墙宽时,梁、墙分别按相应定额计算。

B. 墙与板相交,墙高算至板底面。

C. 屋面混凝土女儿墙按直(圆)形墙以体积计算。

⑧ 整体楼梯包括休息平台、平台梁、斜梁及楼梯梁,按水平投影面积计算,不扣除宽度在 500 mm 以内的楼梯井,伸入墙内部分不另增加,楼梯与楼板连接时,楼梯算至楼梯梁外侧面。当现浇楼板无梯梁连接时,以楼梯的最后一个踏步边缘加 300 mm 为界。圆弧形楼梯包括圆弧形梯段、圆弧形边梁及与楼板连接的平台,按楼梯的水平投影面积计算。

⑨ 阳台、雨篷,按伸出墙外的板底水平投影面积计算,伸出墙外的牛腿不另计算。

⑩ 阳台、檐廊栏杆的轴线柱、下嵌、扶手以扶手的长度按延长米计算。混凝土栏板、竖向挑板以体积计算。栏板的斜长如图纸无规定时,按水平长度乘以系数 1.18 计算。地沟底、壁应分别计算,沟底按基础垫层定额执行。

⑪ 预制钢筋混凝土框架的梁、柱现浇接头,按设计断面以体积计算,套用"柱接柱接头"定额。

⑫ 台阶按水平投影以面积计算,设计混凝土用量超过定额含量时,应调整。台阶与平台的分界线以最上层台阶的外口增 300 mm 宽度为准,台阶宽以外部分并入地面工程量计算。

⑬ 空调板按板式雨篷以板底水平投影面积计算。

(2) 对于现场、加工厂预制混凝土部分的计算规则规定如下:

① 混凝土工程量均按图示尺寸以体积计算,扣除圆孔板内圆孔体积,不扣除构件内钢筋、铁件、后张法预应力钢筋灌浆孔及板内 0.3 $m^2$ 以内的孔洞所占体积。

② 预制桩按桩全长(包括桩尖)乘设计桩断面积(不扣除桩尖虚体积)以体积计算。

③ 混凝土与钢杆件组合的构件,混凝土按构件以体积计算,钢拉杆按计价定额第七章中相应子目执行。

④ 漏空混凝土花格窗、花格芯按外形面积以面积计算。

⑤ 天窗架、端壁、檩条、支撑、楼梯、板类及厚度在 50 mm 以内的薄型构件按设计图纸加定额规定的场外运输、安装损耗以体积计算。

(3) 对于构筑物工程的工程量计算规则规定如下:

混凝土工程量除另有规定者外,均按图示尺寸以体积计算。不扣除构件内钢筋、支架、螺栓孔、螺栓、预埋铁件及壁、板中 0.3 $m^2$以内的孔洞所占体积。留洞所增加工、料不再另增费用。

伸入构筑物基础内桩头所占体积不扣除。

① 烟囱部分由于使用较少,读者可参照计价定额规定运用。

② 水塔

A. 水塔基础按设计图示尺寸以体积计算(包括基础底板和塔座),塔座以上为塔身,以下为基础。

B. 钢筋混凝土筒式塔身以塔座上表面或基础底板上表面为分界线;柱式塔身以柱脚与基础底板或梁交界处为分界线,与基础底板相连接的梁并入基础内计算。

C. 钢筋混凝土筒式塔身与水箱的分界是以水箱底部的圈梁为界,圈梁底以下为筒式塔身。水箱的槽底(包括圈梁)、塔顶、水箱(槽)壁工程量均应分别按体积计算。

D. 钢筋混凝土筒式塔身以体积计算。应扣除门窗洞口体积,依附于筒身的过梁、雨篷、挑檐等工程量并入筒壁体积内按筒式塔身计算;柱式塔身不分斜柱、直柱和梁,均按体积合并计算按柱式塔身定额执行。

③ 贮水(油)池

A. 池底为平底执行平底定额,其平底体积应包括池壁下部的扩大部分;池底有斜坡者,执行锥形底定额。均按图示尺寸以体积计算。

B. 池壁有壁基梁时,锥形底应算至壁基梁底面,池壁应从壁基梁上口开始,壁基梁应从锥形底上表面算至池壁下口;无壁基梁时锥形底算至坡上表面,池壁应从锥形底的上表面开始。

C. 无梁池盖柱的柱高,应由池底上表面算至池盖的下表面,柱帽和柱座应并在池内柱的体积内。

D. 池壁应分别不同厚度计算,其高度不包括池壁上下处的扩大部分;无扩大部分时,则自池底上表面(或壁基梁上表面)至池盖下表面。

E. 无梁盖应包括与池壁相连的扩大部分的体积;肋形盖应包括主、次梁及盖板部分的体积；球形盖应自池壁顶面以上，包括边侧梁的体积在内。

F. 各类池盖中的进入孔、透气管、水池盖以及与盖相连的结构，均包括在定额内，不另计算。

G. 沉淀池水槽系指池壁上的环形溢水槽及纵横、U形水槽，但不包括与水槽相连接的矩形梁；矩形梁可按现浇构件分部的矩形梁定额计算。

④ 贮仓，不作详细介绍。

⑤ 地沟及支架

A. 计价定额适用于室外的方形(封闭式)、槽形(开口式)、阶梯形(变截面式)的地沟。底、壁、顶应分别按体积计算。

B. 沟壁与底的分界，以底板上表面为界。沟壁与顶的分界以顶板下表面为界。上薄下厚的壁按平均厚度计算；阶梯形的壁按加权平均厚度计算；八字角部分的数量并入沟壁工程量内。

C. 地沟预制顶板，按预制结构分部相应定额计算。

D. 支架均以体积计算(包括支架各组成部分)，框架型或A字形支架应将柱、梁的体积合并计算；支架带操作平台者，其支架与操作台的体积亦合并计算。

E. 支架基础应按现浇构件结构分部的相应定额计算。

⑥ 栈桥

A. 柱、连系梁(包括斜梁)体积合并、肋梁与板的体积合并均按图示尺寸以体积计算。

B. 栈桥斜桥部分不论板顶高度如何均按板高在12 m内定额执行。

C. 板顶高度超过20 m，每增加2 m仅指柱、连系梁的体积(不包括有梁板)。

2) 混凝土工程量计算实例

**例5.4.11** 某单位传达室的基础平面图及剖面图如图5.4.1所示。试计算条形基础的混凝土工程量。(剖面图中砖基每层外挑60 mm，混凝土条基上边缘离砖基础边50 mm)

工程量计算如下：

**解** (1) 条形基础下部矩形部分

截面积：$1.00\times0.10=0.10(m^2)$

外墙条基长： $(9.00+5.00)\times2=28.00(m)$

内墙条基长： $(5.00-0.50\times2)\times2=8.00(m)$

体积：$V_1=0.10\times(28.00+8.00)=3.60(m^3)$

(2) 条形基础上部梯形部分

截面积：$0.50\times(1.00+0.58)\times0.10=0.079(m^2)$

外墙条基长：$(9.00+5.00)\times2=28.00(m)$

内墙条基长：$(5.00-0.395\times2)\times2=8.42(m)$

体积：$V_2=0.079\times(28.00+8.42)=2.88(m^3)$

混凝土条基总体积：$3.60+2.88=6.48(m^3)$

**例 5.4.12** 某工厂方柱的断面尺寸为 400 mm×600 mm，杯形基础尺寸如图5.4.17 所示。试求杯形基础的混凝土工程量。

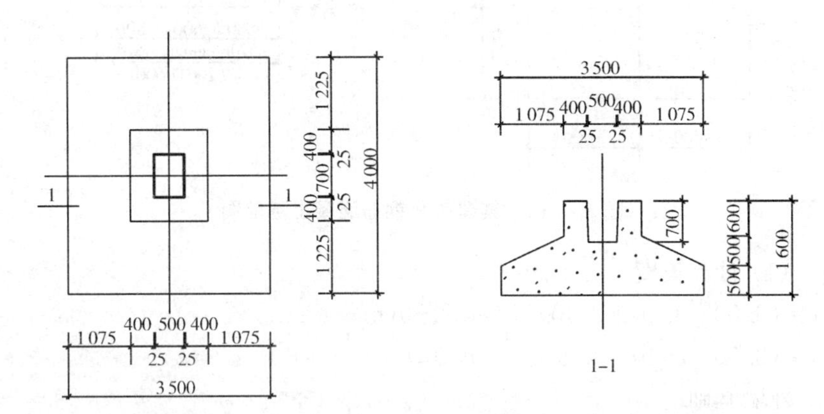


**图 5.4.17 某杯形基础图**

**解** (1) 下部矩形体积 $V_1$

$V_1=3.50\times4.00\times0.50=7.00(m^3)$

(2) 中部棱台体积 $V_2$

根据图示，已知 $a_1=3.50\ m$，$b_1=4.00\ m$，$h=0.50\ m$，则

$a_2=3.50-1.075\times2=1.35(m)$

$b_2=4.00-1.225\times2=1.55(m)$

$$V_2=\frac{1}{3}\times0.50\times(3.50\times4.00+1.35\times1.55+\sqrt{3.50\times4.00\times1.35\times1.55})$$

$$=3.58(m^3)$$

(3) 上部矩形体积 $V_3$

$V_3=a_2\times b_2\times h_2=1.35\times1.55\times0.60=1.26(m^3)$

(4) 杯口净空体积 $V_4$

$$V_4=\frac{1}{3}\times0.70\times(0.55\times0.75+0.50\times0.70+\sqrt{0.55\times0.75\times0.50\times0.70})$$

$$=0.27(m^3)$$

(5) 杯形基础体积

$V=V_1+V_2+V_3-V_4=7.00+3.58+1.26-0.27=11.57(m^3)$

**例 5.4.13** 某建筑物基础采用 C20 钢筋混凝土，平面图形和结构构造如图5.4.18 所示，图中基础的轴心线与中心线重合，括号内为内墙尺寸。试计算钢筋混凝土的工程量。

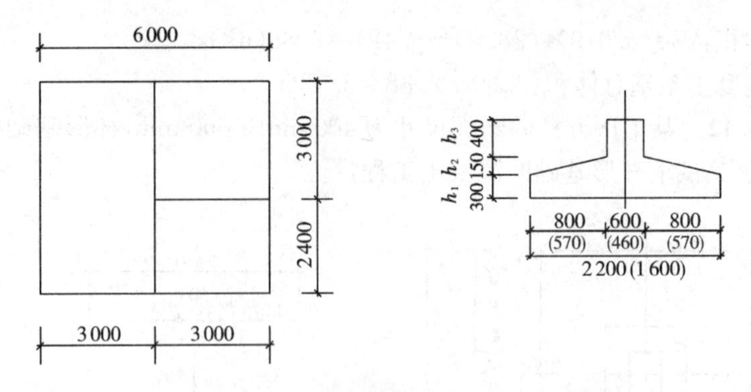


**图 5.4.18　某建筑物钢筋混凝土基础图**

**解**　(1) 计算长度

$L_{外}=(6.00+3.00+2.40)\times2=22.80(\text{m})$

$L_{内}=(3.00+2.40+3.00)=8.40(\text{m})$

(2) 外墙基础

$$V_1=[0.40\times0.60+(0.60+2.20)\times\frac{0.15}{2}+0.30\times2.20]\times22.80=25.31(\text{m}^3)$$

(3) 内墙基础

$V_{2-1}=0.30\times1.60\times(8.40-2.20-1.10-0.80)=2.06(\text{m}^3)$

$V_{2-2}=0.40\times0.46\times(8.40-0.60-0.30-0.23)=1.34(\text{m}^3)$

$$V_{2-3}=[(0.46+1.60)\times\frac{0.15}{2}]\times(8.40-1.40-0.70-0.515)=0.89(\text{m}^3)$$

内墙基础体积小计：4.29 m$^3$

(4) 钢筋混凝土带形基础

体积合计：29.60 m$^3$

**例 5.4.14**　某工程二层局部梁板如图 5.4.19 所示，轴线与柱、梁中心线重合，板厚为 120 mm。计算图所示部分现浇钢筋混凝土有梁板的工程量。

**解**　(由于单根柱与板重合的面积小于 0.3 m$^2$，所以不扣除)

(1) 板的体积

$$V_1=(3.60+3.60+0.25\times2+0.30)\times(6.30+0.35\times2+0.30)\times0.12=7.01(\text{m}^3)$$

(2) 梁的体积

KL1 $V_2$：$0.30\times(0.70-0.12)\times(3.60+3.60)\times2=2.51(\text{m}^3)$

KL5 $V_3$：$0.30\times(0.70-0.12)\times6.30\times2=2.19(\text{m}^3)$

L2 $V_4$：$0.25\times(0.50-0.12)\times(6.30+0.70-0.30)=0.64(\text{m}^3)$

(3) 有梁板工程量

$V=7.01+2.51+2.19+0.64=12.35(\text{m}^3)$

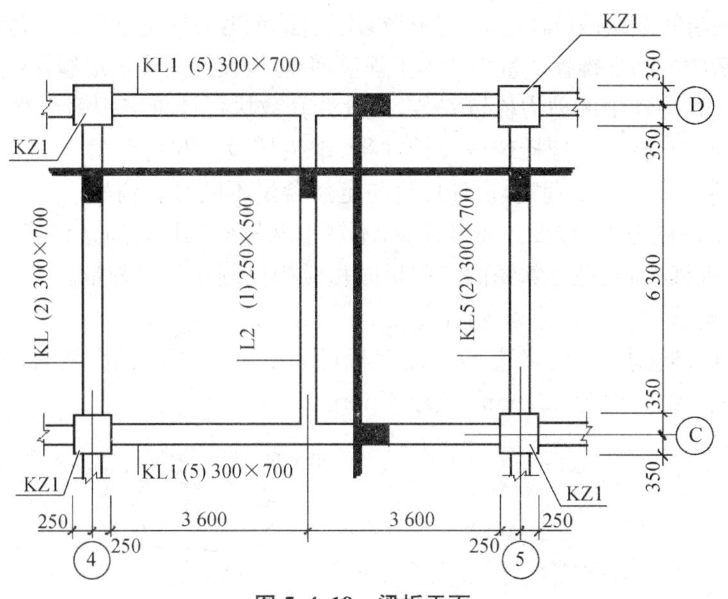


图 5.4.19　梁板平面

## 5.4.7　金属结构工程计量

1）金属结构工程工程量计算规则及应用要点

（1）金属结构制作按图示钢材尺寸以质量计算，不扣除孔眼、切肢、切角、切边的质量，电焊条、铆钉、螺栓、紧定钉等质量不计入工程量。计算不规则或多边形钢板时，以其外接矩形面积乘以厚度再乘以单位理论质量计算。

（2）实腹柱、钢梁、吊车梁、H 型钢、T 型钢构件按图示尺寸计算，其中钢梁、吊车梁腹板及翼板宽度按图示尺寸每边增加 8 mm 计算。

（3）钢柱制作工程量包括依附于柱上的牛腿及悬臂梁质量；制动梁的制作工程量包括制动梁、制动桁架、制动板质量；墙架的制作工程量包括墙架柱、墙架梁及连接杆件质量，轻钢结构中的门框、雨篷的梁柱按墙架定额执行。

（4）钢平台、走道应包括楼梯、平台、栏杆合并计算，钢梯子应包括踏步、栏杆合并计算。栏杆是指平台、阳台、走廊和楼梯的单独栏杆。

（5）钢漏斗制作工程量，矩形按图示分片，圆形按图示展开尺寸，并依钢板宽度分段计算，每段均以其上口长度（圆形以分段展开上口长度）与钢板宽度按矩形计算，依附漏斗的型钢并入漏斗质量内计算。

（6）轻钢檩条以设计型号、规格按质量计算，檩条间的 C 型钢、薄壁槽钢、方钢管、角钢撑杆、窗框并入轻钢檩条内计算。

（7）轻钢檩条的圆钢拉杆按檩条钢拉杆定额执行，套在圆钢拉杆上作为撑杆用的钢管，其质量并入轻钢檩条钢拉杆内计算。

(8) 檩条间圆钢钢拉杆定额中的螺母质量、圆钢剪刀撑定额中的花篮螺栓、螺栓球网架定额中的高强螺栓质量不计入工程量，但应按设计用量对定额含量进行调整。

(9) 金属构件中的剪力栓钉安装，按设计套数执行计价定额第八章相应子目。

(10) 网架制作中：螺栓球按设计球径、锥头按设计尺寸计算质量，高强螺栓、紧定钉的质量不计算工程量，设计用量与定额含量不同时应调整；空心焊接球矩形下料余量定额已考虑，按设计质量计算；不锈钢网架球按设计质量计算。

(11) 机械喷砂、抛丸除锈的工程量同相应构件制作的工程量。

2) 金属结构工程量计算实例

**例 5.4.15** 求 10 块多边形连接钢板（图 5.4.20）的质量，最大的对角线长 640 mm，最大的宽度为 420 mm，板厚 4 mm。

**图 5.4.20 多边形连接钢板平面图**

**相关知识**

在计算不规则或多边形钢板质量时均以矩形面积计算。

**解** (1) 钢板面积：0.64×0.42=0.268 8($m^2$)。

(2) 查预算手册，钢板每平方米理论质量为 31.4 kg。

(3) 图示质量为 0.268 8×31.4=8.44(kg)。

(4) 工程量为 8.44×10=84.4(kg)。

**例 5.4.16** 求如图 5.4.21 所示柱间支撑的制作工程量。

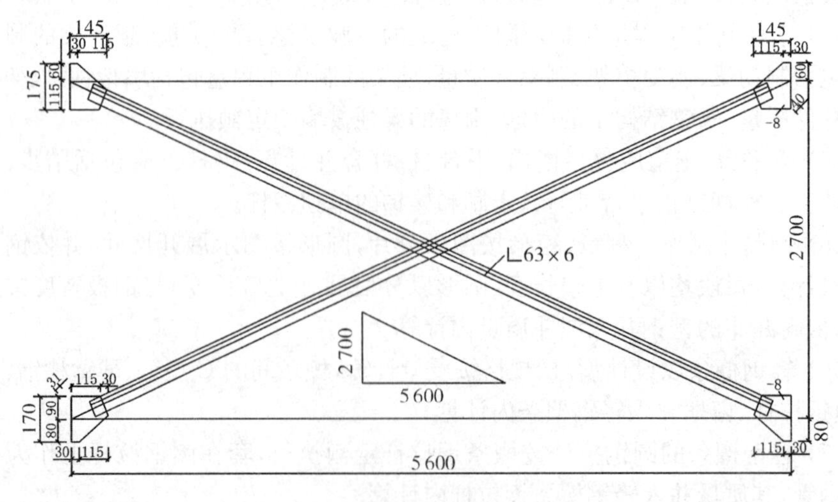


**图 5.4.21 某柱间支撑工程立面图**

**解** (1) 求角钢质量

① 角钢长度可以按照图示尺寸用几何知识求出。

$$L=\sqrt{2.70^2+5.60^2}=6.22(\mathrm{m})$$

$$L_{净长}=6.22-0.031-0.04=6.15(\mathrm{m})$$

② 查角钢∟63×6 理论质量为 5.72 kg/m。

③ 角钢质量:6.15×5.72×2=70.36(kg)

(2) 求节点质量

① 上节点板面积:0.175×0.145×2=0.051($\mathrm{m}^2$)

下节点板面积:0.170×0.145×2=0.049($\mathrm{m}^2$)

② 查 8 mm 扁铁理论质量为 62.8 kg/$\mathrm{m}^2$。

③ 钢板质量:(0.051+0.049)×62.8=6.28(kg)。

(3) 柱间支撑工程量

70.36+6.28=76.64(kg)=0.077(t)

**例 5.4.17** 某工程钢屋架中的 3 种杆件,空间坐标($x$, $y$, $z$)的坐标值分别标在图 5.4.22 中,这 3 种杆件都为∟50×4,杆 1 为 20 根,杆 2 为 16 根,杆 3 为 28 根。求钢屋架中这 3 种杆件的工程量。

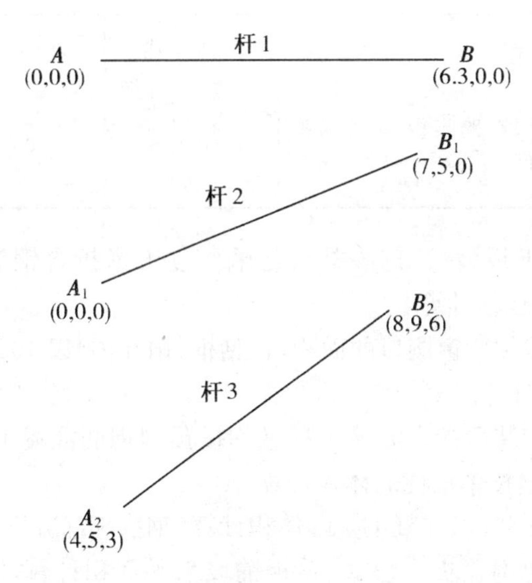


**图 5.4.22 某工程钢屋架中杆件坐标图**(单位:m)

**解** (1) 求 3 种杆件的长度:

$L_1=6.30$ m

$L_2=\sqrt{7^2+5^2}=8.60(\mathrm{m})$

$L_3=\sqrt{(8-4)^2+(9-5)^2+(6-3)^2}=6.40(\mathrm{m})$

(2) 查角钢∟50×4 理论质量为 3.059 kg/m。

(3) 3 种杆件图示质量：

$$(6.30\times20+8.60\times16+6.40\times28)\times3.059=1\,354.53(\mathrm{kg})$$

(4) 钢屋架中这 3 种杆件的工程量为 1.355 t。

### 5.4.8 构件运输及安装工程工程计量

1) 构件运输及安装工程工程量计算规则及应用要点

(1) 构件运输、安装工程量计算方法与构件制作工程量计算方法相同(即运输、安装工程量＝制作工程量)。但下表内构件由于在运输、安装过程中易发生损耗(损耗率见表 5.4.6)，工程量按下列规定计算：

制作、场外运输工程量＝设计工程量×1.018

安装工程量＝设计工程量×1.01

**表 5.4.6 预制钢筋混凝土构件场内、外运输及安装损耗率**

单位：%

| 名称 | 场外运输 | 场内运输 | 安装 |
|---|---|---|---|
| 天窗架、端壁、桁条、支撑、踏步板、板类及厚度在 50 mm 内薄型构件 | 0.8 | 0.5 | 0.5 |

(2) 加气混凝土板(块)、硅酸盐块运输每立方米折合钢筋混凝土构件体积 0.4 $\mathrm{m}^3$，按Ⅱ类构件运输计算。

(3) 木门窗运输按门窗洞口的面积(包括框、扇在内)以 100 $\mathrm{m}^2$ 计算，带纱扇另增洞口面积的 40%计算。

(4) 预制构件安装后接头灌缝工程量均按预制钢筋混凝土构件实体积计算，柱与柱基的接头灌缝按单根柱的体积计算。

(5) 组合屋架安装，以混凝土实际体积计算，钢拉杆部分不另计算。

(6) 成品铸铁地沟盖板安装，按盖板铺设水平面积计算，定额是按盖板厚度 20 mm 计算的，厚度不同，人工含量按比例调整。角钢、圆钢焊制的入口截流沟箅盖制作、安装，按设计质量执行计价定额第七章中钢盖板制、安定额。

2) 构件运输及安装工程工程量计算实例

**例 5.4.18** 某工程有 8 个预制混凝土镂花窗，外形尺寸为 1 200 mm×800 mm，厚 100 mm。计算运输及安装工程量。

**相关知识**

天窗架、端壁、木桁条、支撑、踏步板、板类及厚度在 50 mm 内薄型构件运输及安装工程量要乘以损耗率。

**解** (1)设计工程量为 $1.2\times0.8\times0.1\times8=0.768(m^3)$。

(2) 运输工程量为 $0.768\times1.018=0.782(m^3)$。

(3) 安装工程量为 $0.768\times1.01=0.776(m^3)$。

**例 5.4.19** 某工程需要安装预制钢筋混凝土槽形板 80 块,如图 5.4.23 所示,预制厂距施工现场 12 km,试计算运输、安装工程量。

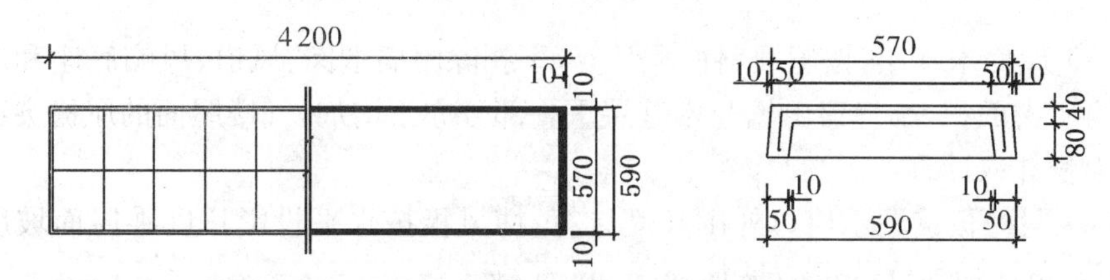


**图 5.4.23 某预制钢筋混凝土槽形板图**

**解** (1) 槽形板图示工程量

单板体积= 大棱台体积 − 小棱台体积

$$= \frac{0.12}{3}\times(0.59\times4.20+0.57\times4.18+\sqrt{0.59\times4.20\times0.57\times4.18}) -$$

$$\frac{0.08}{3}\times(0.49\times4.10+0.47\times4.08+\sqrt{0.49\times4.10\times0.47\times4.08})$$

$$= 0.134\,55(m^3)$$

80 块槽形板体积为 $80\times0.134\,55=10.76(m^3)$。

(2) 运输工程量

$10.76\times1.018=10.95(m^3)$

(3) 安装工程量

$10.76\times1.01=10.87(m^3)$

## 5.4.9 木结构工程计量

1) 木结构工程量计算规则及应用要点

(1) 门制作、安装工程量按门洞口面积计算。无框厂库房大门、特种门按设计门扇外围面积计算。

(2) 木屋架不论圆、方木,其制作安装均按设计断面以立方米计算,分别套相应子目,其后备长度及配制损耗已包括在子目内,不另外计算(游沿木、风撑、剪刀撑、水平撑、夹板、垫木等木料并入相应屋架体积内)。

(3) 圆木屋架刨光时,圆木按直径增加 5 mm 计算,附属于屋架的夹板、垫木等已并入相应的屋架制作项目中，不另计算；与屋架连接的挑檐木、支撑等工程量并入屋架体积内计算。

(4) 圆木屋架连接的挑檐木、支撑等为方木时，方木部分按矩形檩木计算。

(5) 气楼屋架、马尾折角和正交部分的半屋架应并入相连接的正榀屋架体积内计算。

(6) 檩木按立方米计算，简支檩木长度按设计图示中距离增加 200 mm 计算，如两端出山，檩条长度算至博风板。连续檩条的长度按设计长度计算，接头长度按全部连续檩木的总体积的 5%计算。檩条托木已包括在子目内，不另计算。

(7) 屋面木基层，按屋面斜面积计算，不扣除附墙烟囱、风道、风帽底座和屋顶小气窗所占面积，小气窗出檐与木基层重叠部分亦不增加，气楼屋面的屋檐突出部分的面积并入计算。

(8) 封檐板按图示檐口外围长度计算，博风板按水平投影长度乘屋面坡度系数 $C$ 后，单坡加 300 mm，双坡加 500 mm 计算。

(9) 木楼梯(包括休息平台和靠墙踢脚板)按水平投影面积计算，不扣除宽度 300 mm 以内的楼梯井，伸入墙内部分的面积亦不另计算。

(10) 木柱、木梁制作安装均按设计断面竣工木料以立方米计算，其后备长度及配置损耗已包括在子目内。

2) 木结构工程量计算示例

**例 5.4.20** 某工程企口木板大门共 10 樘(平开)，洞口尺寸为 2.4 m×2.6 m；折叠式钢大门 6 樘，洞口尺寸为 3.0 m×2.6 m；冷藏库门(保温层厚 150 mm)洞口尺寸为 3.0 m×2.8 m，1 樘。试计算工程量。

**解** 企口木板大门制作工程量：2.4×2.6×10=62.4($m^2$)

企口木板大门安装工程量： 62.4 $m^2$

折叠式钢大门制作工程量： 3.0×2.6×6=46.8($m^2$)

折叠式钢大门安装工程量： 46.8 $m^2$

冷藏库门制作工程量： 3.0×2.8×1=8.4($m^2$)

冷藏库门安装工程量： 8.4 $m^2$

## 5.4.10 屋面及防水工程计量

1) 屋面及防水工程工程量计算规则及应用要点

(1) 瓦屋面按图示尺寸的水平投影面积乘以屋面坡度延长系数 $C$(表 5.4.7)计算(瓦出线已包括在内)，不扣除房上烟囱、风帽底座、风道、屋面小气窗、斜沟等所占面积，屋面小气窗的出檐部分也不增加。

表 5.4.7　屋面坡度延长米系数表

| 坡度比例 $a/b$ | 角度 $\theta$ | 延长系数 $C$ | 隅延长系数 $D$ |
|---|---|---|---|
| 1/1 | 45° | 1.414 2 | 1.732 1 |
| 1/1.5 | 33°40′ | 1.201 5 | 1.562 0 |
| 1/2 | 26°34′ | 1.118 0 | 1.500 0 |
| 1/2.5 | 21°48′ | 1.077 0 | 1.469 7 |
| 1/3 | 18°26′ | 1.054 1 | 1.453 0 |

(2) 瓦屋面的屋脊、蝴蝶瓦的檐口花边、滴水应另列项目按延长米计算，四坡屋面斜脊长度按图 5.4.24 中的 $b$ 乘以隅延长系数 $D$(表 5.4.7)以延长米计算，山墙泛水长度$=A\times C$，瓦穿铁丝、钉铁钉、水泥砂浆粉挂瓦条按每 10 m² 斜面积计算。当屋面坡度大于 45°时，按设计斜面积计算。

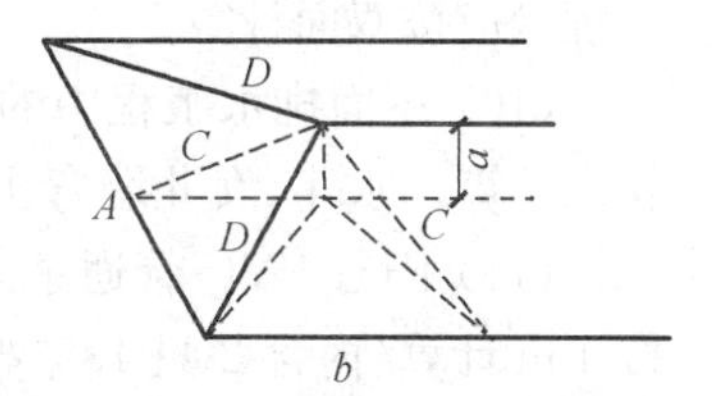

图 5.4.24　屋面参数示意图

(3) 彩钢夹芯板、彩钢复合板屋面按设计图示尺寸以面积计算，支架、槽铝、角铝等均包含在定额内。

(4) 彩板屋脊、天沟、泛水、包角、山头按设计长度以延长米计算，堵头已包含在定额内。

(5) 卷材屋面按图示尺寸的水平投影面积乘以规定的坡度系数计算，但不扣除房上烟囱、风帽底座、风道、屋面小气窗和斜沟所占面积。女儿墙、伸缩缝、天窗等处的弯起高度按图示尺寸计算并入屋面工程量内；如图纸无规定时，伸缩缝、女儿墙的弯起高度按 250 mm 计算，天窗弯起高度按 500 mm 计算并入屋面工程量内；檐沟、天沟按展开面积并入屋面工程量内。油毡屋面均不包括附加层在内，附加层按设计尺寸和层数另行计算。其他卷材屋面已包括附加层在内，不另行计算；收头、接缝材料已列入定额内。

(6) 屋面刚性防水按设计图示尺寸以面积计算，不扣除房上烟囱、风帽底座、风道等所占面积。

(7) 屋面涂膜防水工程量计算同卷材屋面。

(8) 平、立面防水工程量按以下规定计算：

① 涂刷油类防水按设计涂刷面积计算。

② 防水砂浆防水按设计抹灰面积计算，扣除凸出地面的构筑物、设备基础及室内铁道所占的面积，不扣除附墙垛、柱、间壁墙、附墙烟囱及 0.3 m² 以内孔洞所占面积。

③ 粘贴卷材、布类平面部分，建筑物地面、地下室防水层按主墙（承重墙）间净面积计算，扣除凸出地面的构筑物、柱、设备基础等所占面积，不扣除附墙垛、间壁墙、附墙烟囱及 0.3 $m^2$ 以内孔洞所占面积。与墙间连接处高度在 300 mm 以内者，按展开面积计算并入平面工程量内；超过 300 mm 时，按立面防水层计算。立面部分，墙身防水层按设计图示尺寸以面积计算，扣除立面孔洞所占面积（0.3 $m^2$ 以内孔洞不扣）。

④ 构筑物防水层按设计图示尺寸以面积计算，不扣除 0.3 $m^2$ 以内孔洞面积。

(9) 伸缩缝、盖缝、止水带按延长米计算，外墙伸缩缝在墙内、外双面填缝者，工程量应按双面计算。

(10) 屋面排水工程中的玻璃钢、PVC、铸铁水落管、檐沟，均按图示尺寸以延长米计算。水斗、女儿墙弯头、铸铁落水口（带罩），均按只计算。

(11) 阳台 PVC 管通水落管按只计算。每只阳台出水口至水落管中心线斜长按 1 m 计算（内含 2 只 135°弯头、1 只异径三通）。

2) 屋面及防水工程量计算示例

**例 5.4.21** 某工程的平屋面及檐沟做法如图 5.4.25 所示，计算屋面中找平层、找坡层、隔热层、防水层、排水管等的工程量。

**解** (1) 计算现浇混凝土板上 20 mm 厚 1∶3 水泥砂浆找平层（因屋面面积较大，需做分格缝），根据计算规则，按水平投影面积乘以坡度系数计算，这里坡度系数很小，可忽略不计。

$$S = (9.60 + 0.24) \times (5.40 + 0.24) - 0.70 \times 0.70 = 55.01(m^2)$$

(2) 计算 SBS 卷材防水层。根据计算规则，按水平投影面积乘以坡度系数计算，弯起部分另加，檐沟按展开面积并入屋面工程量中。

屋面面积：$(9.60+0.24)\times(5.40+0.24)-0.70\times0.70=55.01(m^2)$

检修孔弯起面积：$0.70\times4\times0.20=0.56(m^2)$

檐沟面积：$(9.84+5.64)\times2\times0.1+[(9.84+0.54)+(5.64+0.54)]\times2\times0.54+[(9.84+1.08)+(5.64+1.08)]\times2\times(0.3+0.06)=33.68(m^2)$

屋面部分工程量合计：$S=55.01+0.56=55.57(m^2)$

檐沟部分工程量：$S=33.68(m^2)$

工程量总计：89.25 $m^2$

(3) 计算 30 mm 厚聚苯乙烯泡沫保温板。根据计算规则，按实铺面积乘以净厚度以立方米计算。

$$V = [(9.60+0.24)\times(5.40+0.24)-0.70\times0.70]\times0.03 = 1.650(m^3)$$

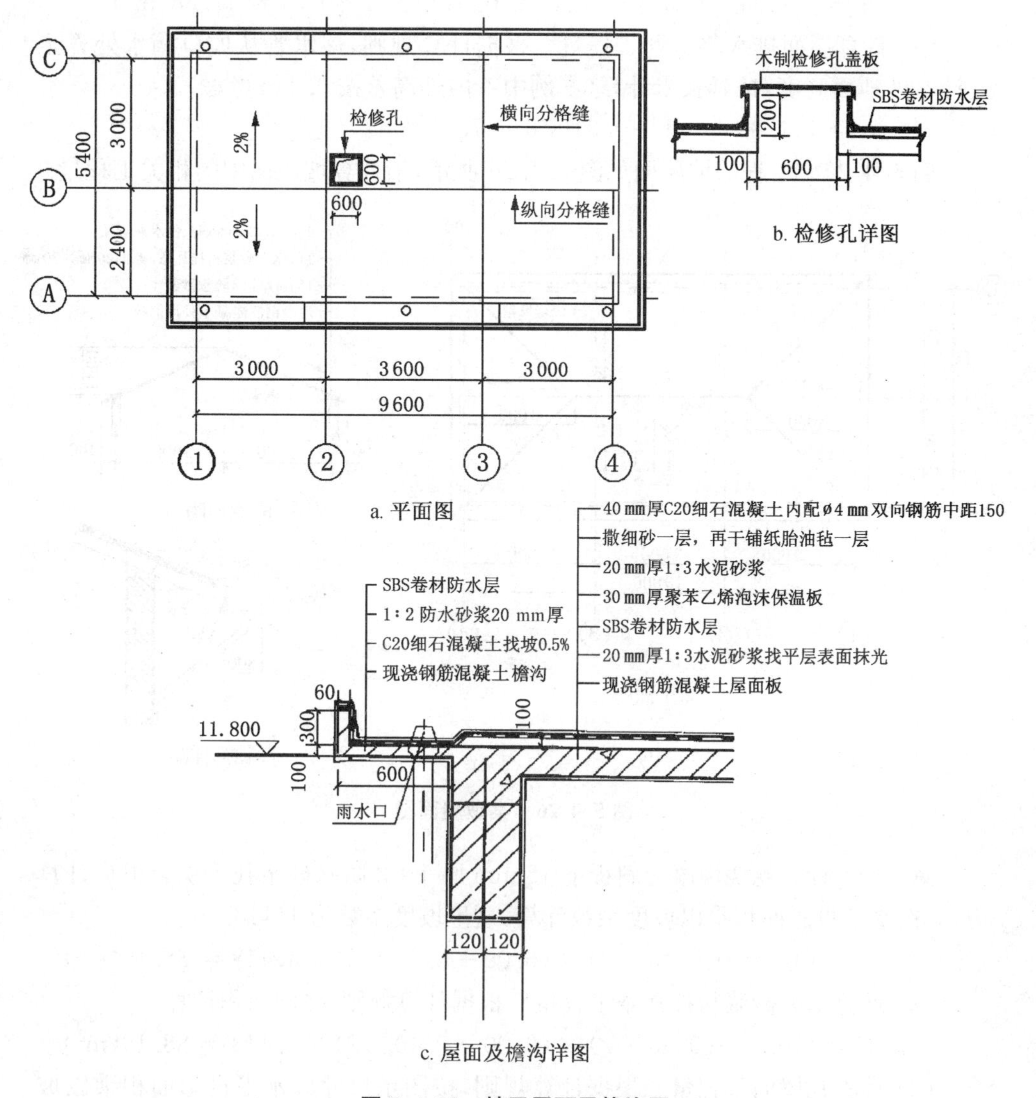


**图 5.4.25　某平屋面及檐沟图**

(4) 计算聚苯乙烯塑料保温板上砂浆找平层工程量:

$$S=(9.60+0.24)\times(5.40+0.24)-0.70\times0.70=55.01(\mathrm{m}^2)$$

(5) 计算细石混凝土屋面工程量:

$$S=(9.60+0.24)\times(5.40+0.24)-0.70\times0.70=55.01(\mathrm{m}^2)$$

(6) 檐沟内侧面及上底面防水砂浆工程量,厚度为 20 mm,无分格缝。工程量同檐沟卷材: $S=33.68\ \mathrm{m}^2$

(7) 计算檐沟细石找坡工程量,平均厚 25 mm。

$$S=[(9.84+0.54)+(5.64+0.54)]\times 2\times 0.54=17.88(\mathrm{m}^2)$$

(8) 计算屋面排水落水管工程量。根据计算规则，落水管从檐口滴水处算至设计室外地面高度，按延长米计算（本例中室内外高差按 0.3 m 考虑）。

$$L=(11.80+0.1+0.3)\times 6=73.20(\mathrm{m})$$

**例 5.4.22** 工程的坡屋面如图 5.4.26 所示，请计算坡屋面中的相关工程量。

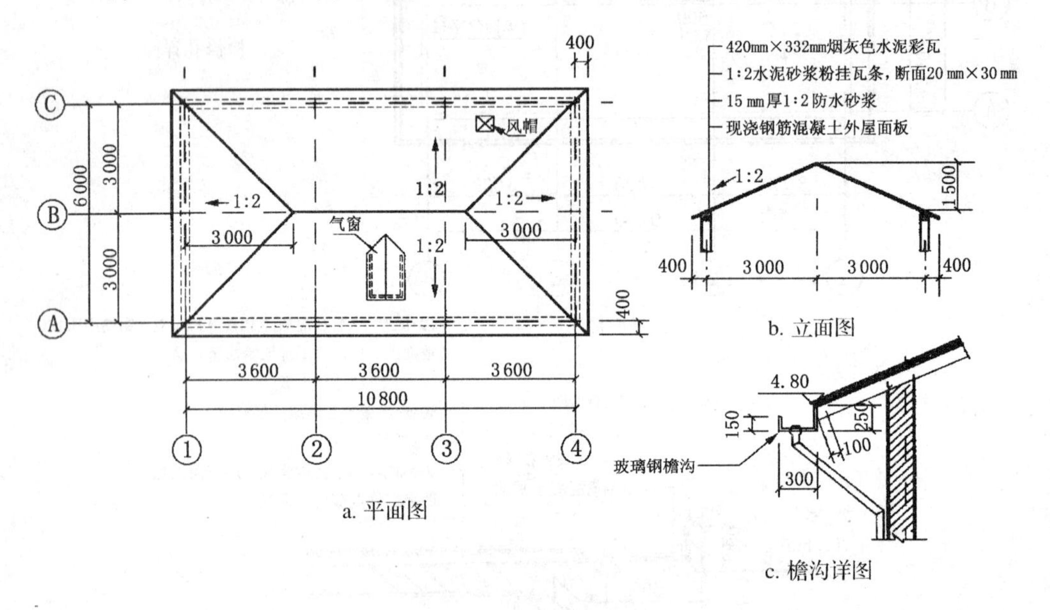


**图 5.4.26 某坡屋面图**

**解** (1) 计算现浇混凝土斜板上 15 mm 厚 1∶2 防水砂浆找平层。根据计算规则，按水平投影面积乘以坡度系数计算，这里坡度系数为 1.118。

$$S=(10.80+0.40\times 2)\times(6.00+0.40\times 2)\times 1.118=88.19(\mathrm{m}^2)$$

(2) 计算水泥砂浆粉挂瓦条工程量。根据计算规则，按斜面积计算。

$$S=(10.80+0.40\times 2)\times(6.00+0.40\times 2)\times 1.118=88.19(\mathrm{m}^2)$$

(3) 计算瓦屋面工程量。根据计算规则，按图示尺寸以水平投影面积乘以坡度系数计算。

$$S=(10.80+0.40\times 2)\times(6.00+0.40\times 2)\times 1.118=88.19(\mathrm{m}^2)$$

(4) 计算脊瓦工程量。根据计算规则，按延长米计算，如为斜脊，则按斜长计算，本例中隅延尺系数为 1.500。

正脊长度：$10.80-3.00\times 2=4.80(\mathrm{m})$

斜脊长度：$(3.00+0.40)\times 1.500\times 4=20.40(\mathrm{m})$

总长：$L=4.80+20.40=25.20(\mathrm{m})$

(5) 计算玻璃钢檐沟工程量。按图示尺寸以延长米计算。

$$L = (10.80 + 0.40 \times 2) \times 2 + (6.00 + 0.40 \times 2) \times 2 = 36.80(\text{m})$$

### 5.4.11　保温、隔热、防腐工程计量

1）保温、隔热、防腐工程工程量计算规则及应用要点

（1）保温隔热层按隔热材料净厚度（不包括胶结材料厚度）乘以设计图示面积按体积计算。

（2）地墙隔热层按围护结构墙体内净面积计算，不扣除 0.3 $m^2$ 以内孔洞所占的面积。

（3）软木、聚苯乙烯泡沫板铺贴平顶以图示长乘宽乘厚的体积计算。

（4）外墙聚苯乙烯挤塑板外保温、外墙聚苯颗粒保温砂浆、屋面架空隔热板、保温隔热砖、瓦、天棚保温（沥青贴软木除外）层，按设计图示尺寸以面积计算。

（5）墙体隔热：外墙按隔热层中心线，内墙按隔热层净长乘图示尺寸的高度（如图纸无注明高度时，则下部由地坪隔热层起算，带阁楼时算至阁楼板顶面止；无阁楼时则算至檐口）及厚度以体积计算，应扣除冷藏门洞口和管道穿墙洞口所占的体积。

（6）门口周围的隔热部分，按图示部位，分别套用墙体或地坪的相应子目以体积计算。

（7）软木、泡沫塑料板铺贴柱帽、梁面，以设计图示尺寸按体积计算。

（8）梁头、管道周围及其他零星隔热工程，均按设计尺寸以体积计算，套用柱帽、梁面定额。

（9）池槽隔热层按设计图示池槽保温隔热层的长、宽及厚度以体积计算，其中池壁按墙面计算，池底按地面计算。

（10）包柱隔热层，按设计图示柱的隔热层中心线的展开长度乘以图示尺寸高度及厚度以体积计算。

（11）防腐工程项目应区分不同防腐材料种类及厚度，按设计图示尺寸以面积计算，应扣除凸出地面的构筑物、设备基础所占的面积。砖垛等突出墙面部分按展开面积计算，并入墙面防腐工程量内。

（12）踢脚板按设计图示尺寸以面积计算，应扣除门洞所占面积，并相应增加侧壁展开面积。

（13）平面砌筑双层耐酸块料时，按单层面积乘以系数 2.0 计算。

（14）防腐卷材接缝附加层收头等工料已计入定额中，不另行计算。

（15）烟囱内表面涂抹隔绝层，按筒身内壁的面积计算，并扣除孔洞面积。

2）保温、隔热、防腐工程量计算示例

**例 5.4.23**　某具有耐酸要求的生产车间及仓库如图 5.4.27 所示，请计算其中的防腐耐酸部分的相关工程量（墙面防腐耐酸处理高度 2.9 m，仓库踢脚板高度 0.2 m，门窗洞口高度分别为 2.7 m、1.5 m）。

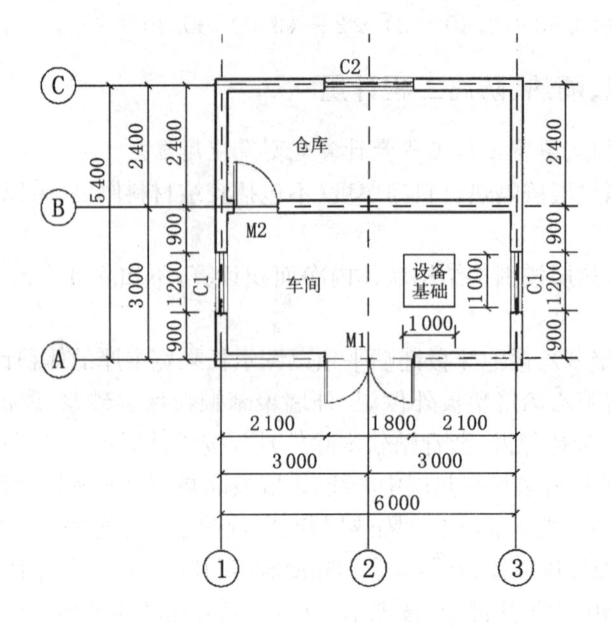


**图 5.4.27　某耐酸生产车间及仓库平面图**

**解**　(1) 计算车间部分防腐地面工程量。本例中车间地面为基层上贴 300 mm×200 mm×20 mm 铸石板，结合层为钠水玻璃胶泥。根据计价定额中的工程量计算规则，块料地面应按设计实铺面积以平方米计算，应扣除突出地面的构筑物、设备基础等所占的面积。本例中假设先做墙面基层抹灰，基层抹灰厚度为 20 mm(以下同)。

房间面积：$(6.00-0.24-0.02\times2)\times(3.00-0.24-0.02\times2)=15.56(m^2)$

设备基础面积：$1.00\times1.00=1.00(m^2)$

M1 开口处面积：$(0.24+0.02\times2)\times(1.80-0.02\times2)=0.49(m^2)$

总面积：$S=15.56-1.00+0.49=15.05(m^2)$

(2) 计算仓库部分防腐地面工程量。仓库地面为基层上贴 230 mm×113 mm×62 mm 瓷砖，结合层为钠水玻璃胶泥，计算方法同上。

房间面积：$(6.00-0.24-0.02\times2)\times(2.40-0.24-0.02\times2)=12.13(m^2)$

M2 开口处面积：$(0.24+0.02\times2)\times(0.90-0.02\times2)=0.24(m^2)$

$$S=12.13+0.24=12.37(m^2)$$

(3) 计算仓库踢脚板的工程量。根据计算规则，踢脚板按实铺长度乘以高度以平方米计算，应扣除门洞所占面积，并相应增加侧壁展开面积。

$$L=(6.00-0.24-0.04)\times2+(2.40-0.24-0.04)\times2-(0.90-0.04)=14.82(m)$$

$S=14.82\times0.20=2.96(m^2)$

(4) 计算车间瓷板面层。根据计算规则,按设计实铺面积以平方米计算。

墙面部分面积:

$$[(6.00-0.24-0.04)\times2+(3.00-0.24-0.04)\times2]\times2.90-1.16\times1.46\times2-0.86\times2.68-1.76\times2.68=38.54(m^2)$$

C1 侧壁面积: $(1.16+1.46)\times2\times0.10\times2=1.05(m^2)$

M1 侧壁面积: $(1.76+2.68\times2)\times0.20=1.42(m^2)$

M2 侧壁面积: $(0.86+2.68\times2)\times0.20=1.24(m^2)$

$$S=38.54+1.05+1.42+1.24=42.25(m^2)$$

(5) 计算仓库 20 mm 厚钠水玻璃砂浆面层工程量。

墙面部分面积:

$[(6.00-0.24-0.04)\times2+(2.40-0.24-0.04)\times2]\times(2.90-0.20)=42.34(m^2)$

C2 面积: $1.76\times1.46=2.57(m^2)$

M2 面积: $0.86\times2.68=2.30(m^2)$

C2 侧壁面积: $(1.76+1.46)\times2\times0.10=0.64(m^2)$

总面积: $S=42.34-2.57-2.30+0.64=38.11(m^2)$

(6) 计算仓库防腐涂料工程量。

同仓库 20 mm 厚钠水玻璃砂浆面层工程量。

### 5.4.12 厂区道路及排水工程

1) 厂区道路及排水工程工程量的计算规则及应用要点

(1) 整理路床、路肩和道路垫层、面层,均按设计图示尺寸以面积计算,不扣除窨井所占面积。

(2) 路牙(沿)以延长米计算。

(3) 钢筋混凝土井(池)底、壁、顶和砖砌井(池)壁,不分厚度以实体积计算,池壁与排水管连接的壁上孔洞其排水管径在 300 mm 以内所占的壁体积不予扣除;超过 300 mm 时,应予扣除。所有井(池)壁孔洞上部砖券已包括在定额内,不另计算。井(池)底、壁抹灰合并计算。

(4) 路面伸缩缝锯缝、嵌缝均按延长米计算。

(5) 混凝土、PVC 排水管按不同管径分别按延长米计算,长度按两井间净长度计算。

2) 厂区道路及排水工程工程量计算示例

**例 5.4.24** 某住宅小区内砖砌排水窨井计 10 座,如图 5.4.28 所示,深度

1.3 m的6座，1.6 m的4座。窨井底板为C10混凝土，井壁为M10水泥砂浆砌240 mm厚标准砖，底板C20细石混凝土找坡，平均厚度30 mm，壁内侧及底板粉1∶2防水砂浆20 mm，铸铁井盖，排水管直径为200 mm，土为三类土，计算相关工程量。

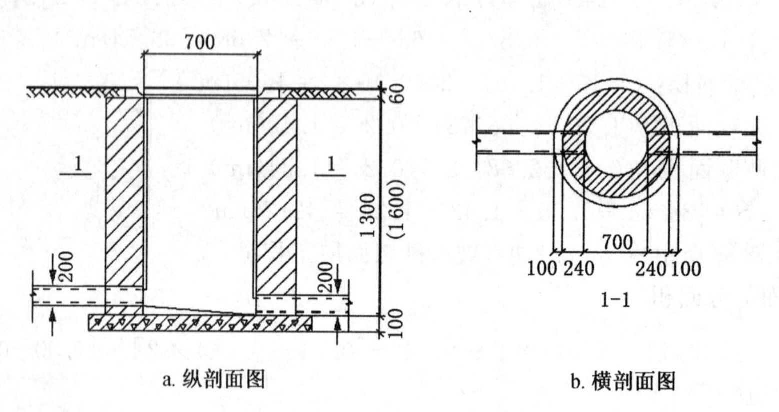


a. 纵剖面图　　b. 横剖面图

**图 5.4.28　某砖砌排水窨井图**

**相关知识**

(1) 排水管径为200 mm，因此计算井壁工程量时，不扣除井壁与排水管连接处孔洞所占的体积。

(2) 回填土为挖出土体积减垫层、砖砌体体积和井内空体积。

(3) 两种不同深度的窨井分别计算，每种先计算1座。

**解**　工程量计算如下：

(1) 窨井1(深度为1.3 m)

① 人工挖地坑　(混凝土垫层支模板，垫层边至坑边工作面300 mm，不放坡)

挖土深度：0.10＋1.30＋0.06＝1.46(m)

坑底半径：$\frac{0.70}{2}+0.24+0.10+0.30=0.99$(m)

挖土体积：1.46×0.99×0.99×3.14＝4.49($m^3$)

② 基坑打夯　坑底面积：0.99×0.99×3.14＝3.08($m^2$)

③ 混凝土垫层　垫层体积：0.10×0.69×0.69×3.14＝0.15($m^3$)

④ 垫层模板　模板面积：0.10×1.38×3.14＝0.43($m^2$)

⑤ 砖砌体　砌体体积：0.24×1.30×2.95＝0.92($m^3$)

⑥ 细石混凝土找坡　找坡面积：0.35×0.35×3.14＝0.38($m^2$)

⑦ 井内抹灰　井底面积：(同找坡面积)0.38 $m^2$

井内壁面积：1.27×0.70×3.14＝2.79($m^2$)

井内抹灰面积：0.38+2.79=3.17($m^2$)

⑧ 抹灰脚手架　(同井内壁面积)2.79 $m^2$

⑨ 井盖　1套

回填土　回填土体积：4.49−0.15−0.92−1.30×0.38=2.93($m^3$)

余土外运　外运土体积：4.49−2.93=1.56($m^3$)

(2) 窨井2(深度为1.6 m)

① 人工挖地坑　(工作面同窨井1，挖土深度超过1.5 m按1∶0.33放坡)

挖土深度：0.10+1.60+0.06=1.76(m)

坑底半径：0.99 m

坑顶半径：(加放坡长度0.58 m) 0.99+0.58=1.57(m)

挖土体积：(截头直圆锥计算公式见计价定额附录)

$$V=\frac{\pi h}{3}(R^2+r^2+rR)$$

$$=(3.14\times1.76/3)\times(1.57^2+0.99^2+0.99\times1.57)$$

$$=9.21(m^3)$$

② 基坑打夯　坑底面积：0.99×0.99×3.14=3.08($m^2$)

③ 混凝土垫层　(同窨井1) 0.15 $m^3$

④ 垫层模板　(同窨井1) 0.43 $m^2$

⑤ 砖砌体　砌体体积：0.24×1.60×2.95=1.13($m^3$)

⑥ 细石混凝土找坡(同窨井1)找坡面积为0.38 $m^2$

⑦ 井内抹灰　井底面积(同找坡面积)：0.38 $m^2$

井内壁面积：1.57×0.70×3.14=3.45($m^2$)

井内抹灰面积：0.38+3.45=3.83($m^2$)

⑧ 抹灰脚手架　(同井内壁面积)3.45 $m^2$

⑨ 井盖　1套

⑩ 回填土　回填土体积：9.21−0.15−1.13−1.60×0.38=7.32($m^3$)

⑪ 余土外运　外运土体积：9.21−7.32=1.89($m^3$)

计价定额中的第十三至十八章为装饰部分的内容，本书不作叙述，第十九至二十四章为措施项目，该部分的工程量计算规则的解读与应用见本书的第八章。

## 5.5 工程量清单计价规范下的工程计量

《建设工程工程量清单计价规范》(简称计价规范)是中华人民共和国住房和城乡建设部为规范建设工程工程量清单计价行为，统一建设工程计价文件的编制和计价方法，根据《中华人民共和国建筑法》、《中华人民共和国合同法》、《中华人民共和国招标投标法》等法律法规而制定的规范。计价规范适用于建设工程发承包及实施阶段的计价活动。

为了与计价规范配套使用，为了规范工程造价计量行为，统一房屋建筑与装饰工程工程量清单的编制、项目设置和计量规则，建设部又编制颁布了《房屋建筑与装饰工程计算规范》(GB 50854—2013，简称计算规范)。该规范适用于房屋建筑与装饰工程施工发承包计价活动中的工程量清单编制和工程量计算。

由于工程量清单项目的划分与计价定额子目的划分不一致，其子目包含的内容有所不同，所以《房屋建筑与装饰工程计算规范》(GB 50854—2013)的工程量计算规则与计价定额的工程量计算规则既有相同点又有不同点，这里选取一些《房屋建筑与装饰工程计算规范》(GB 50854—2013)的工程量计算规则与计价定额的工程量计算规则不同的部分作扼要介绍。

应用计算规范的一般规定：

(1) 工程量清单是工程量清单计价的基础，应作为编制招标控制价、投标报价、计算工程量、支付工程款、调整合同价款、办理竣工结算以及工程索赔等的依据之一。

(2) 编制工程量清单应依据以下内容：

① 计算规范；

② 国家或省级、行业建设主管部门颁发的计价依据和办法；

③ 建设工程设计文件；

④ 与建设工程项目有关的标准、规范、技术资料；

⑤ 招标文件及其补充通知、答疑纪要；

⑥ 施工现场情况、工程特点及常规施工方案；

⑦ 其他相关资料。

(3) 工程量计算除依据本规范各项规定外，尚应依据以下文件：

① 经审定的施工设计图纸及其说明；

② 经审定的施工组织设计或施工技术措施方案；

③ 经审定的其他有关技术经济文件。

(4) 计算规范对现浇混凝土工程项目“工作内容”中包括模板工程的内容，同时又在措施项目中单列了现浇混凝土模板工程项目。对此，由招标人根据工程实际情况选用，若招标人在措施项目清单中未编列现浇混凝土模板项目清单，即表示现浇混凝土模板项目不单列，现浇混凝土工程项目的综合单价中应包括模板工程费用。

(5) 预制混凝土构件按成品构件编制项目，购置费应计入综合单价中。若采用现场预制，包括预制构件制作的所有费用，编制招标控制价时，可按各省、自治区、直辖市或行业建设主管部门发布的计价定额和造价信息组价。

(6) 房屋建筑与装饰工程涉及电气、给排水、消防等安装工程的项目，按照国家标准《通用安装工程工程量计算规范》的相应项目执行；涉及小区道路、室外给排水等工程的项目，按国家标准《市政工程工程量计算规范》的相应项目执行。采用爆破法施工的石方工程按照国家标准《爆破工程工程量计算规范》的相应项目执行。

### 5.5.1 计算规范与计价定额中计算规则的不同点

(1) "平整场地"按设计图示建筑物首层面积计算，即建筑物外墙外边线围成的面积，如果底层有平台，则合并计算，如果是悬挑阳台，则不计算。

(2) "挖基础土方"项目适用于设计室外地坪标高以下的挖土，包括挖地槽、地坑、一般土方；工程量按设计图示尺寸以基础垫层底面积乘以挖土深度计算，或按考虑放坡及工作面以后的尺寸进行计算，这取决于招标文件和清单编制说明。

(3) 深层搅拌桩、粉喷桩加固地基，按设计长度乘以设计截面积以立方米计算，不需另加 500 mm。

(4) 打预制钢筋混凝土桩以米(设计桩长)或以根计算，而不是以体积计算。

(5) 打预制钢筋混凝土桩中的接桩、送桩不单独计量，而是包含在打桩清单工程量中。

(6) 泥浆护壁成孔灌注桩. 以米计量，按设计图示尺寸以桩长(包括桩尖)计算；或以立方米计量，按不同截面在桩上范围内以体积计算，计算桩长时不需加桩径；或以根计量，按设计图示数量计算。砖砌泥浆池及泥浆外运不单独计量。

(7) 天沟(檐沟)、挑檐按设计图示尺寸以体积计算，而计价定额中底板按面积、侧板按体积是分开计算。

(8) 雨篷、悬挑板、阳台板，按设计图示尺寸以墙外部分体积计算，包括伸出墙外的牛腿和雨篷反挑檐的体积。计价定额中按水平投影面积计算。

(9) 钢木屋架按榀计算。计价定额中按设计断面以立方米计算。

(10) 屋面檐沟、天沟的防水单独按平方米计算，而计价定额中檐沟、天沟的防水是并入屋面防水中计算。

(11) 保温隔热层按设计图示尺寸以面积计算，而计价定额按体积计算。

### 5.5.2 计算规范下的工程计量举例

**例 5.5.1** 某单位传达室基础平面图及基础详图如图 5.4.1 所示，土壤为三类土、干土，场内运土 150 m。计算平整场地、挖基础土方的清单工程量。(墙厚 240 mm)

**相关知识**

(1) 平整场地按建筑物的首层建筑面积计算。

(2) 计量规范中挖基础土方是指建筑物设计室外地坪标高以下的挖地槽、挖地坑、挖土方，统称为挖基础土方。

(3) 不需要分土壤类别、干土、湿土。(但计价时需考虑)

(4) 不考虑放工作面、放坡，工程量为垫层面积乘以挖土深度。需考虑运土。

**解** 工程量计算如下：

(1) 建筑面积：(9.00＋0.24)×(5.00＋0.24)＝48.42($m^2$)

(2) 挖基础土方

挖土深度：1.90－0.30＝1.60(m)

垫层宽度：1.20 m

垫层长度：外 (9.00＋5.00)×2＝28.00(m)

内 (5.00－1.20)×2＝7.60(m)

挖基础土方体积：1.60×1.20×(28.00＋7.60)＝68.35($m^3$)

**例 5.5.2** 某建筑物地基处理采用深层搅拌桩，其桩的剖面及搭接图如图 5.4.3 所示，该地基处理的长度为 103 m，试计算该工程的深层搅拌桩的清单工程量。

**解** 根据图形，每三轴一搅间重复的面积为：

$$[\pi/360^\circ \times \arccos(0.3/0.425) \times 0.425^2 - 0.5 \times 0.3 \times \sqrt{0.425^2 - 0.3^2}] \times 2 \times 2 \times 2 = 0.207(m^2)$$

总长范围内单根桩的数量为 $\frac{103 - 0.85}{0.6} + 1 = 171$(根)

三轴的搅拌量为：$\frac{171}{3} = 57$(组)

总的搅拌桩的体积为：

$$(3.14 \times 0.425 \times 0.425 \times 3 - 0.207) \times 13 \times 57 = 1\,107.42(m^3)$$

**例 5.5.3** 某工程桩基础为现场预制混凝土方桩(图 5.4.4)，C30 商品混凝土，室外地坪标高－0.3 m，桩顶标高－1.80 m，桩计 150 根。计算预制混凝土方桩的清单工程量。

**相关知识**

(1) 计量单位为"米"时，只要按图示桩长(包括桩尖)计算长度，不需要考虑送桩；桩断面尺寸不同时，按不同断面分别计算。

(2) 计量单位为"根"时，不同长度、不同断面的桩要分别计算。

**解** 工程量计算如下：

(1) 计量单位为"米"时

桩长：(8.00＋0.40)×150＝1 260.00(m)

(2) 计量单位为"根"时

桩根数：150 根

如果桩的长度、断面尺寸一致，则以根数计算比较简单。

**例 5.5.4** 某工程桩基础是钻孔灌注混凝土桩(图 5.4.5)，C25 混凝土现场搅拌，土孔中混凝土充盈系数为 1.25，自然地面标高－0.45 m，桩顶标高－3.0 m，设计桩长 12.30 m，桩进入岩层 1 m，桩直径 600 mm，计 100 根，泥浆外运 5 km。计算钻孔灌注混凝土桩的工程量。

**相关知识**

(1) 计算桩长时，不需要考虑增加一个桩直径长度。

(2) 不需要计算钻土孔或钻岩石孔的量(但需在清单特征中描述，计价时考虑)。

**解** 工程量计算如下：

桩长：12.30×100=1 230.0(m)

## 5.6 图形算量介绍

### 5.6.1 概述

20 世纪 80 年代末，随着计算机的普及和应用，越来越多的造价人员借助办公软件(如 Excel 等)来进行算量工作，相对传统的手工计算方式，算量效率有了一定的提高，但仍需要人工来控制原始数据的准确性及报表的汇总工作。

到了 20 世纪 90 年代左右，有一批编程人员成立了自己的算量软件公司，开发出了以表格法、构件法等方式进行工程量计算的工具软件，从而使算量效率又有了进一步的提高。这个阶段的算量软件特点在于不容易出现手算中的低级错误，报表汇总比较智能，出现问题后的查找比较方便，软件应用受到了很多算量工作者的欢迎。

随着科学技术的进一步发展，近几年算量软件已经发展到了以 BIM(Building Information Modeling)模型为载体，工程量自动计算的阶段。这个阶段的算量软件特点是，将算量的环境从平面蓝图搬到了电脑三维模型上，真实地将设计图纸通过建模在电脑上反映出实际三维效果，查看工程量直观形象，报表统计灵活快捷，大大提高造价人员的工作效率。

### 5.6.2 图形算量的优点

图形算量是指工程预算人员通过计算机软件建立 BIM 模型，并进行工程量计算和相关造价数据处理的方法。

造价的编制是一项繁琐的计算工作，耗用人力多，计算时间长。而工程量计算是造价编制中最主要的工作之一，其工作量占造价编制工作总量的绝大部分。传统的手工计算不但速度慢，效率低，而且容易出错，很难适应现代管理工作的需要。因此，解决工程量计算的效率问题是目前造价领域的一个热点。图形算量软件可以在造价确定的过程中，依据施工图纸，通过绘制图形或图形导入，定义实体属性的方法，按照既定的规则快速计算出建筑构件的工程量，从而达到提高计算效率的目的。

1）提高工作效率

传统的手工算量工作强度大，耗时长，经常出现工程量报表的计算跟不上工程的进展。算量软件通过简单的工程整体设置—建模—计算三个步骤，就可以完成工程算量工作，整个过程中只需将精力投入在建模环节即可，计算过程全部由软件自动完成。报表统计也非常灵活，不需人工重新汇总填写。

2）提升算量结果的准确性

手工计算工程量容易出现加减算错、小数点错位等低级错误，而且复核难度较大，耗时较长，加上现代建筑结构更加复杂，异型构件的种类增多，手算难以满足必要的计算精度。算量软件可以根据构件的形状自动计算结果，使算量工作既快又准。

3）数据运用和管理更加便捷

手工计算出来的数据、报表都是纸质成果，由资料员统一保管。如果需要查找其中某条工程数据，需要查找很长时间。而且纸质成果不便保管，容易损坏丢失，数据的公用性差。而算量软件可以直接通过搜索、反查、条件统计等各种操作方式快速找到所需要的数据，形成所需要的各类报表，整个过程只需几秒，可以随意备份，相互传输共享，存储便捷。

### 5.6.3 国内几种图形算量软件的特点

经过近几年的发展，国内算量及计价软件出现了多种品牌，这些不同品牌的软件各有特点，各有其优越性，下面选几种品牌作简单介绍。

1）广联达土建 BIM 算量软件

广联达土建 BIM 算量软件是广联达自主图形平台研发的一款基于 BIM 技术的算量软件，无需安装 CAD 即可运行。软件内置《房屋建筑与装饰工程工程量计算规范》及全国各地现行定额计算规则；可以通过三维绘图导入 BIM 设计模型（支持国际通用接口 IFC 文件、Revit、ArchiCAD 文件）、识别二维 CAD 图纸建立 BIM 土建算量模型；模型整体考虑构件之间的扣减关系，提供表格输入辅助算量；三维状态自由绘图、编辑，高效且直观、简单；运用三维布尔技术轻松处理跨层构件计算，彻底解决困扰用户难题；体量简单，无需提供做法亦可出量；报表功能强大，提供做法及构件报表量，满足招标方、投标方各种报表需求。

2）鲁班土建算量软件

鲁班土建算量软件是国内率先基于 AutoCAD 图形平台开发的工程量自动计算软件，它利用 AutoCAD 强大的图形功能，充分考虑了我国工程造价模式的特点及未来造价模式的发展变化。软件易学、易用，内置了全国各地定额的计算规则，可靠、细致，与定额完全吻合，不需再作调整。由于软件采用了三维立体建模的方式，使得整个计算过程可视，工程均可以三维显示，最真实地模拟现实情况。智能检查系统可检查用户建模过程中的错误。强大的报表功能可灵活多变地输出各种形式的工程量数据，满足不同的需求。

3）斯维尔三维算量软件 TH-3DA2014

斯维尔三维算量软件 TH-3DA2014 是国内首款基于 AutoCAD 平台研发的土建工程算量软件，主要应用于工程招投标、施工、竣工阶段的工程量计算业务。斯维尔三维算量是目前能够实现土建预算与钢筋抽样同步出量的主流算量软件，在同一软件内实现了基础土方算量、结构算量、建筑算量、装饰算量、钢筋算量、审核对量、进度管理及正版 CAD 平台八大功能，避免重复翻看图纸，避免重复定义构件，避免设计变更时漏改，达到一图多算、一图多用、一图多对，全面提高算量效率。软件易学、易用，内置了全国各地定额的计算规则，可靠、细致，与定额完全吻合，不需再作调整。由于软件采用了三维立体建模的方式，使得整个计算过程可视，工程均可以三维显示，能真实模拟现实情况。

4）PKPM 算量软件

PKPM 工程量计算软件是中国建筑科学研究院 PKPM 软件研究所在自主研发的 CFG 图形平台基础上开发的，依托 PKPM 结构设计软件的技术优势，可适用于建筑工程的工程量计算，尤其是对于有 PKPM 结构设计数据的用户，可省去模型建立的工作，快速统计出工程量。

### 5.6.4 图形算量软件的应用

不管应用何种品牌的软件，图形算量的基本流程是相似的，其基本流程如图 5.6.1 所示，应用的主要步骤有下列环节。

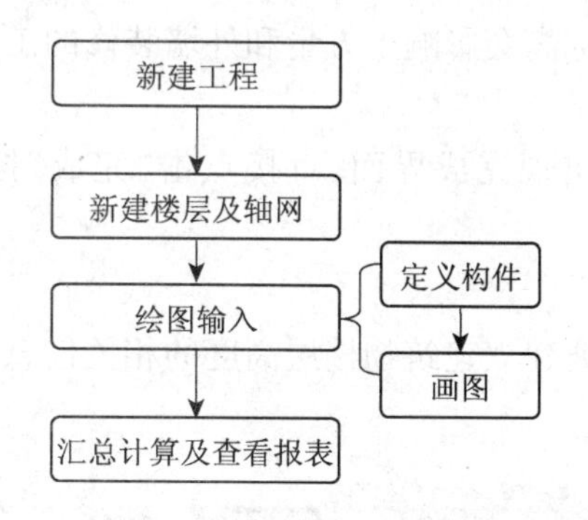


**图 5.6.1 图形算量基本流程图**

1）启动软件，新建工程

（1）打开软件，选择菜单栏“文件”→“新建”，进入“新建工程”界面(图 5.6.2)。

（2）输入工程名称，选择计算规则、清单库和定额库。

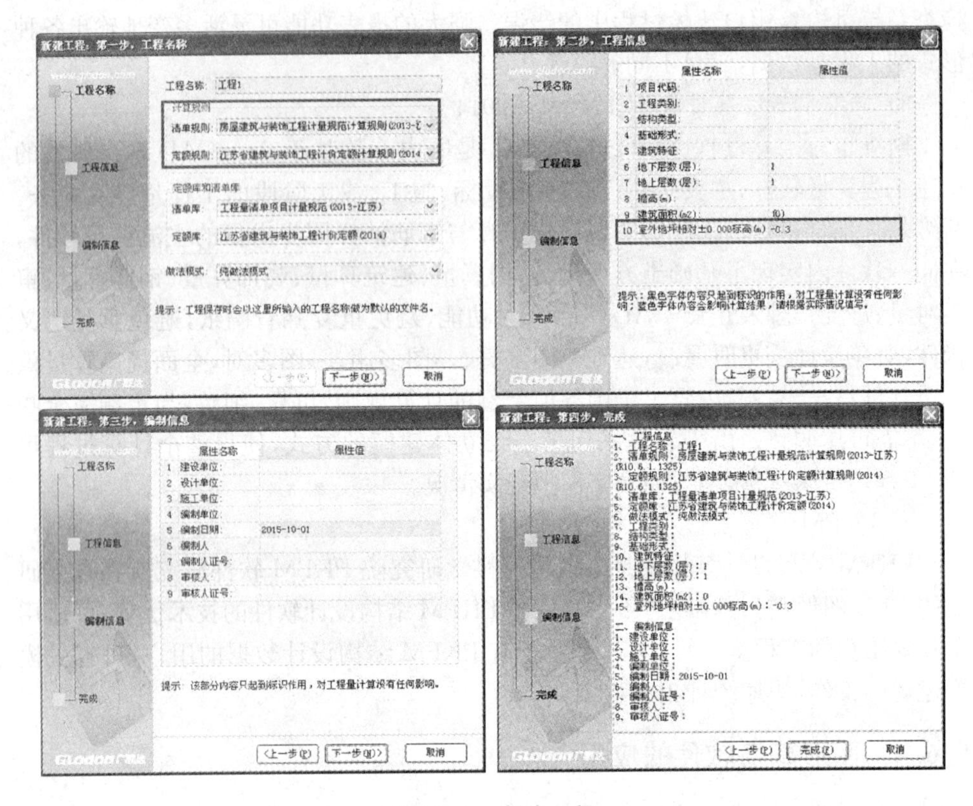


图 5.6.2　新建工程

(3) 点击“下一步”，按照工程图纸输入“工程信息”、“编制信息”、“辅助信息”。

提示：室外地坪相对标高会影响土方量和外墙装修的工程量，外墙裙高度会影响外墙装修的工程量。

(4) 点击“下一步”，出现完成界面，直接点击“完成”按钮，即完成新建工程步骤。

2) 新建楼层

工程建立之后，首先要建立建筑物楼层高度的相关信息，即设置立面高度方面的信息(图 5.6.3)。

模块导航栏 ｜ 插入楼层 ｜ 删除楼层 ｜ 上移 ｜ 下移

工程设置：工程信息、楼层信息、外部清单、计算设置、计算规则

| | 楼层序号 | 名称 | 层高(m) | 首层 | 底标高(m) | 相同层数 | 现浇板厚(mm) | 建筑面积(m²) |
|---|---|---|---|---|---|---|---|---|
| 1 | 3 | 第3层 | 3.000 | ☐ | 6.000 | 1 | 120 | |
| 2 | 2 | 第2层 | 3.000 | ☐ | 3.000 | 1 | 120 | |
| 3 | 1 | 首层 | 3.000 | ☑ | 0.000 | 1 | 120 | |
| 4 | 0 | 基础层 | 3.000 | | -3.000 | 1 | 120 | |

图 5.6.3　新建楼层

(1) 根据图纸新建楼层,点击“插入楼层”,添加新的楼层。

(2) 修改层高为实际高度,层高的单位为“m”。

提示:当建筑物有地下室时,基础层指的是最底层地下室以下的部分。当建筑物没有地下室时,可以把首层以下的部分定义为基础层。如果有地下室,添加楼层后,需要将地下室的楼层编码(如-1,-2)输入到楼层编码中。

3) 新建轴网

(1) 左键单击“绘图输入”,进入绘图界面,切换到“轴网”,在菜单栏点击“轴网管理”(图 5.6.4)。

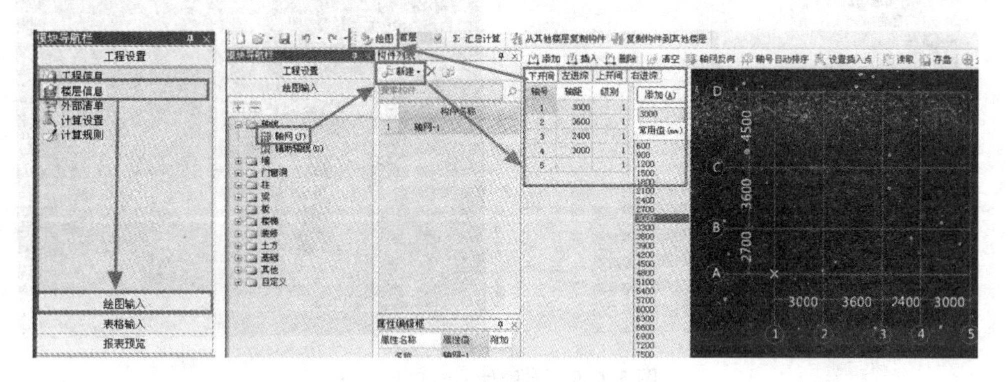


图 5.6.4 新建轴网

(2) 左键单击“新建”,进入“新建轴网”界面。

(3) 点击“下开间”,在下方轴距栏依次输入下开间的轴距。

(4) 依次输入上开间、左进深和右进深,点击“绘图”。

(5) 进入“请输入角度”界面。

提示:输入的角度指轴网在水平面上旋转的角度。一般情况下默认为 0。

(6) 左键单击“确定”,轴网自动插入软件中。轴网建立完成。

4) 绘图输入

(1) 墙构件的定义和绘制(图 5.6.5)

① 切换到导航栏“墙”,在“构件列表”界面新建“墙”,输入名称、厚度。

② 切换到绘图输入界面,选择定义好的墙,点击“直线”、“矩形”、“点加长度”绘制直形墙,或者点击“三点画弧”绘制弧形墙。

(2) 门、窗、过梁的定义及绘制(图 5.6.6、图 5.6.7)

① 切换到导航栏“门”,在“构件列表”界面,新建“矩形门”,输入名称、洞口尺寸及离地高度。

② 切换到绘图输入界面,选择定义好的门,点击“点”或“精确布置”绘制门。

③ 用同样的方法建立窗构件。

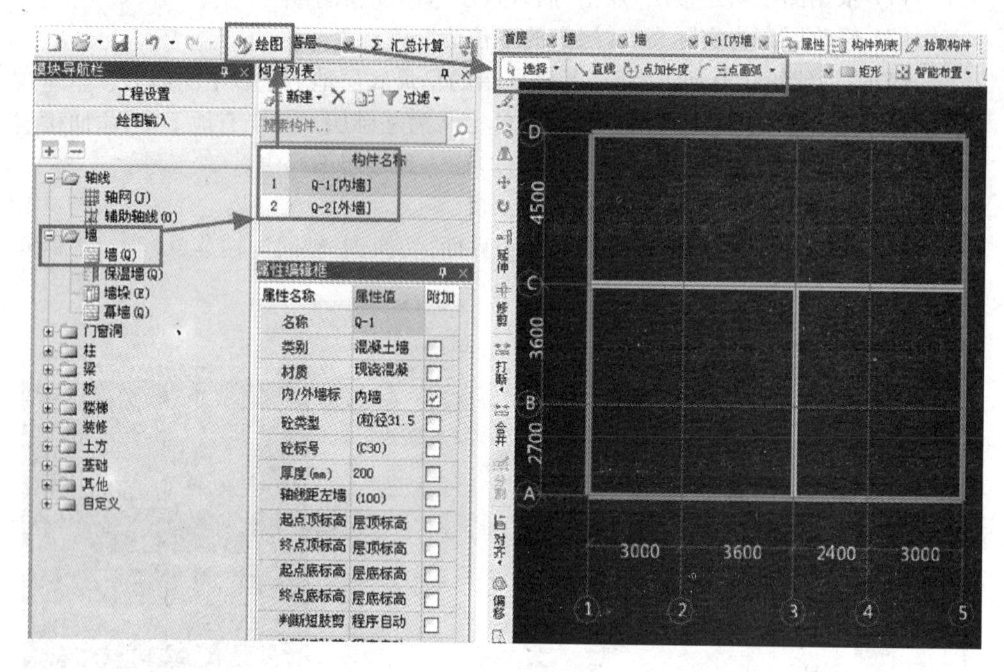


图 5.6.5　墙构件的定义和绘制

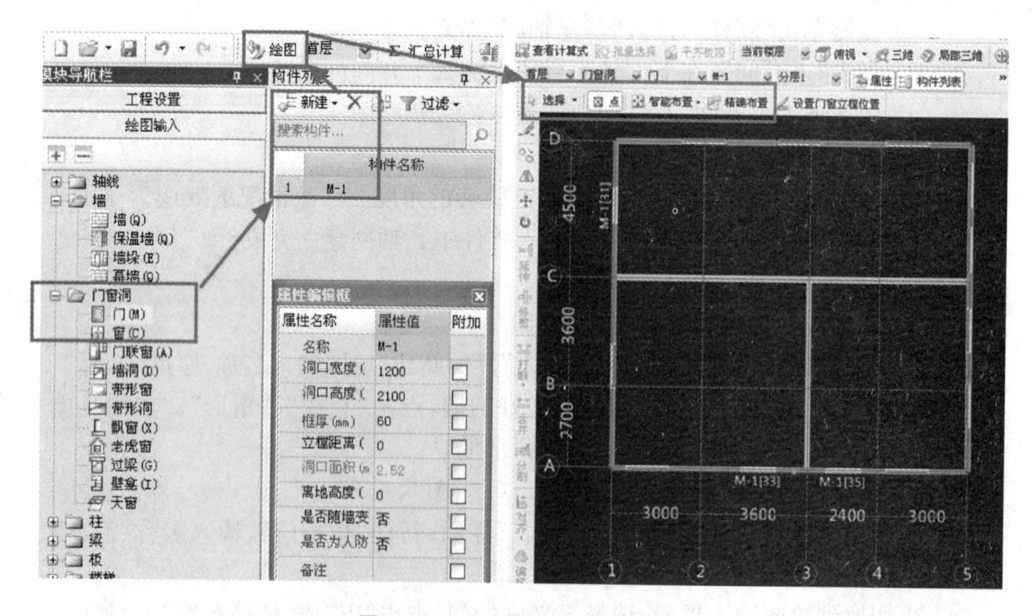


图 5.6.6　门、窗的定义和绘制

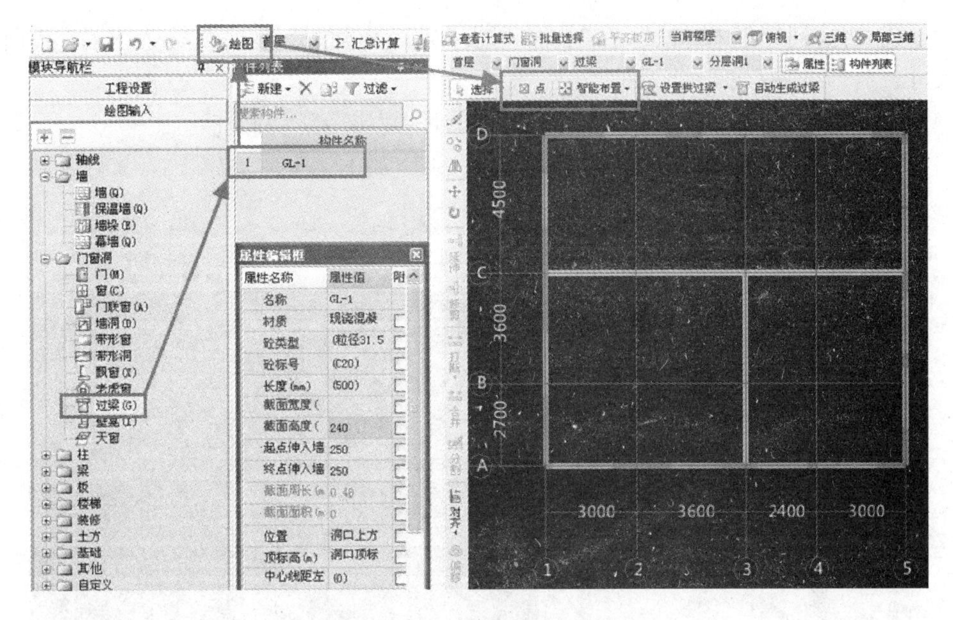

图 5.6.7　过梁的定义和绘制

④ 在构件列表界面“新建矩形过梁”，输入新建过梁名称、材质、截面高度、伸入墙内长度等。

⑤ 选择定义好的过梁，点击“智能布置”、“按门窗门联窗或墙洞智能布置”，拉框选择门窗洞，右键确定，完成过梁的绘制。

(3) 柱构件的定义和绘制(图 5.6.8)

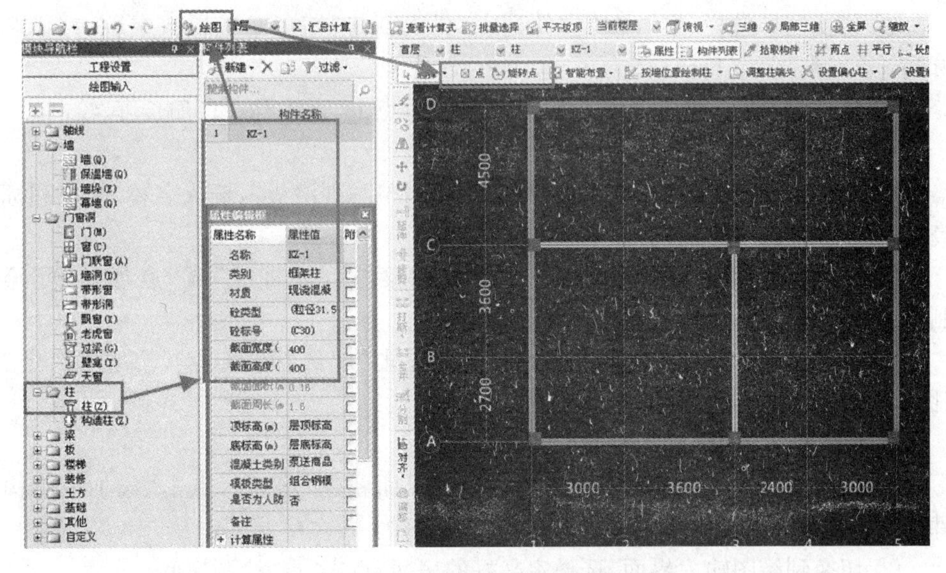

图 5.6.8　柱构件的定义和绘制

① 切换到导航栏“柱”，在“构件列表”界面新建“矩形柱”，输入名称、截面尺寸。

② 切换到绘图输入界面，选择定义好的柱，点击“点”绘制柱。

(4) 梁构件的定义和绘制(图 5.6.9)

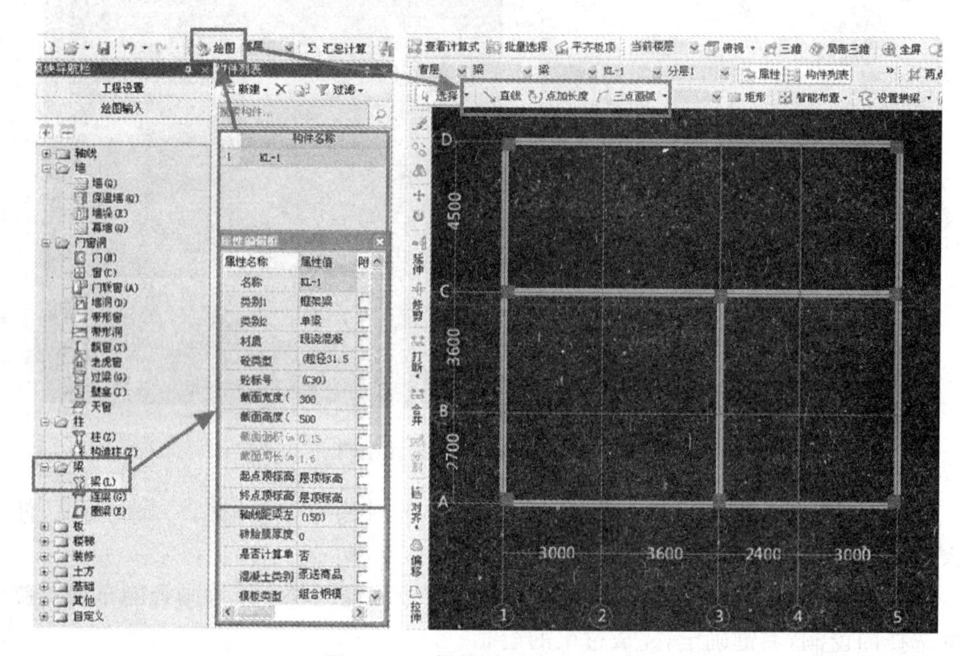


图 5.6.9 梁构件的定义和绘制

① 切换到导航栏“梁”，在“构件列表”界面新建“矩形梁”，输入名称、截面和标高。

② 切换到绘图输入界面，选择定义好的梁，点击“直线”或“点加长度”绘制梁。

(5) 板构件的定义和绘制

① 切换到导航栏“板”，在“构件列表”界面新建“现浇板”，输入名称、板厚和标高(图 5.6.10)。

② 切换到绘图输入界面，选择定义好的梁，点击“直线”或“点加长度”绘制梁。

③ 斜板绘制：选中板，选择箭头标的基准边，选择抬起点，点击“确定”(图5.6.11)。

(6) 房间构件的定义和绘制(图 5.6.12)

① 切换到导航栏“房间”，在“构件列表”界面新建“房间”，点击“添加依附构件”，加入地面、墙面、天棚、踢脚线等。

② 切换到绘图输入界面，选择定义好的房间，点击“点”绘制房间。

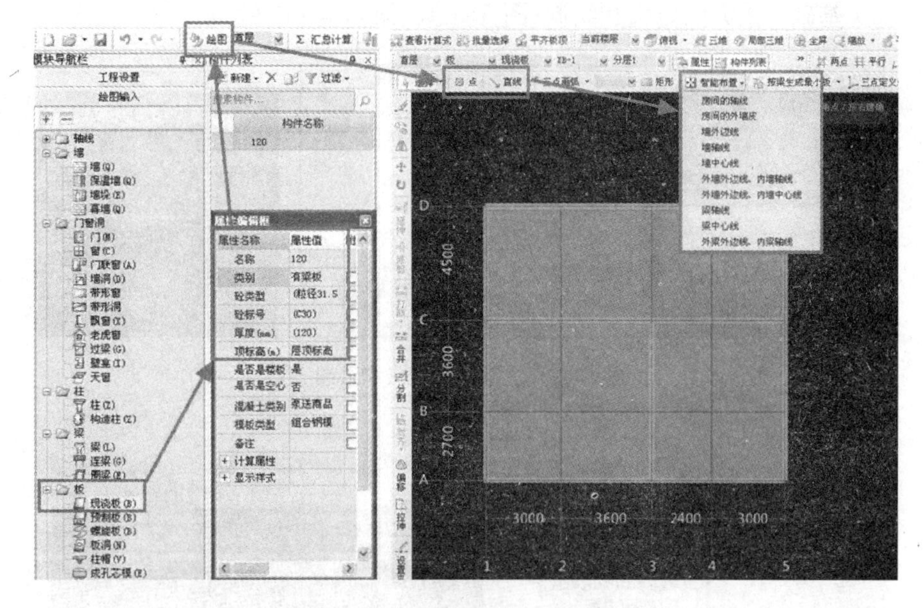

图 5.6.10　板构件的定义和绘制

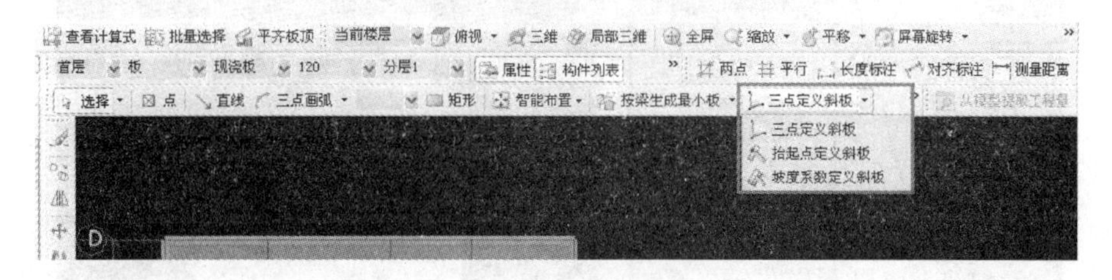

图 5.6.11　斜板的定义和绘制

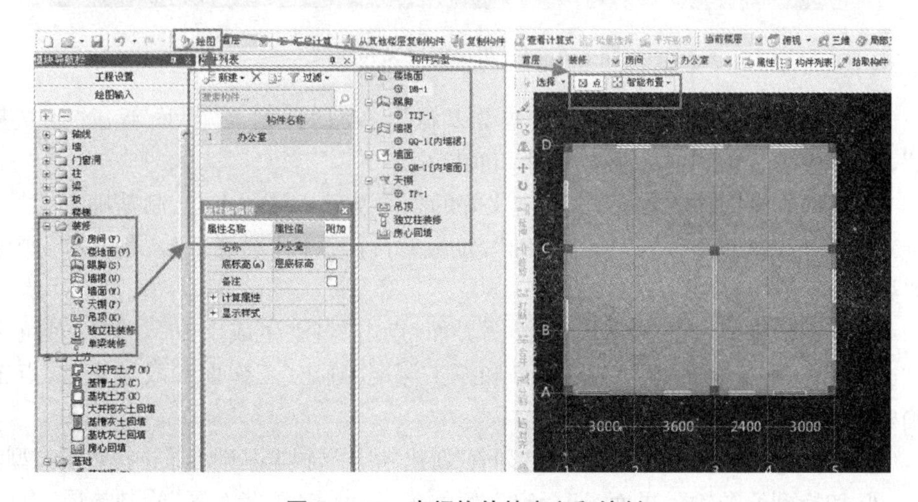

图 5.6.12　房间构件的定义和绘制

(7) 基础和土方的定义和绘制(图 5.6.13、图 5.6.14)

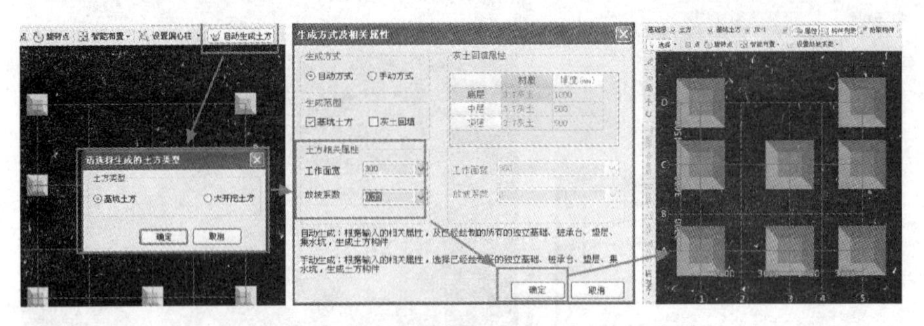

**图 5.6.13 基础的定义和绘制**

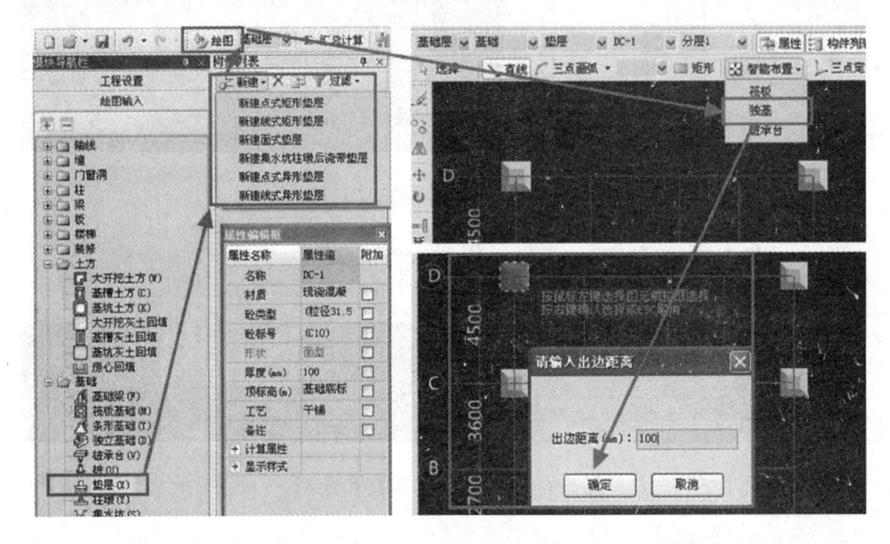


**图 5.6.14 垫层的定义和绘制**

① 切换至“基础层”的导航栏“独立基础”，在“构件列表”界面新建“独立基础”，新建“基础单元”，输入截面尺寸和底标高。

② 切换到绘图输入界面，选择定义好的独立基础，点击“点”绘制基础。

③ “条形基础”画法同“独立基础”，筏板基础画法同“现浇板”，“基础梁”画法同“梁”。

④ 土方的生成：在独立基础的绘图界面，点击“自动生成土方”，选择“基坑土方”或者“大开挖土方”，根据基础类型和挖土深度“确定”工作面和放坡系数，点击“确定”，生成土方。

⑤ 切换到导航栏“垫层”，在“构件列表”新建“垫层”，根据基础形式选择垫层类型。

⑥ 切换到绘图输入界面，选择定义好的垫层，点击“智能布置”绘制垫层。

(8) 屋面及其他构件的定义和绘制(图 5.6.15)

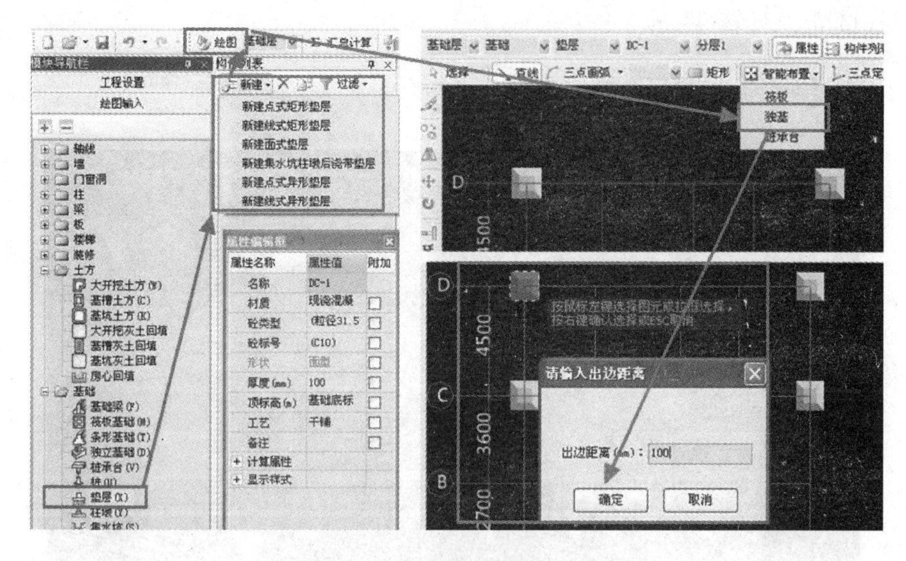


**图 5.6.15 屋面的定义和绘制**

① 切换到导航栏“屋面”,在“构件列表”新建“屋面”。

② 切换到绘图输入界面,选择定义好的屋面,点击“点”、“直线”或者“智能布置”绘制屋面。

③ 其他中的“建筑面积”、“平整场地”、“散水”等构件的定义和绘制方法同屋面。

(9) 三维显示(图 5.6.16)

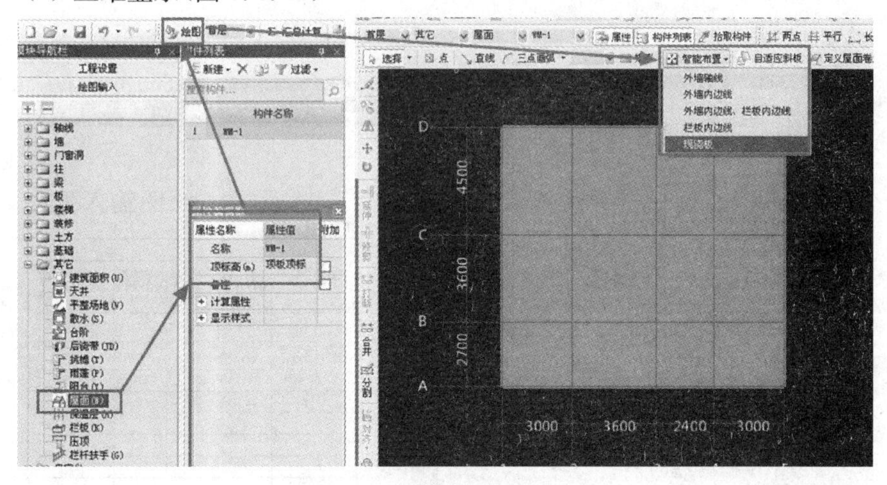


**图 5.6.16 三维显示**

在所有构件绘制完成后可以通过三维显示查看所画工程的立体模型。

5) 汇总计算及查看报表

(1) 汇总计算(图 5.6.17)

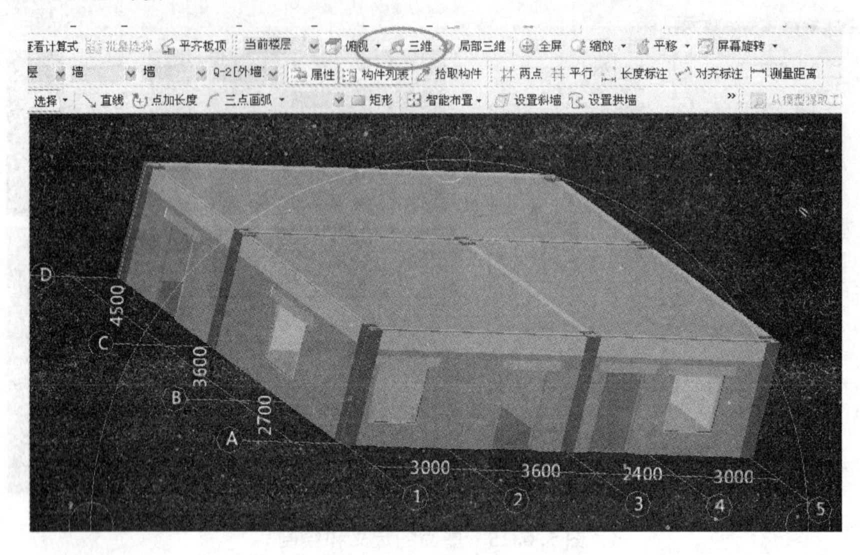


图 5.6.17 汇总计算

点击“汇总计算”,弹出窗体上选择需要汇总的楼层,再点击“计算”,即可进行工程量的汇总计算。在汇总计算后,可以使用“查看工程量”、“查看计算式”的功能,查看当前层所选构件的工程量和计算式。

(2) 报表输出(图 5.6.18)

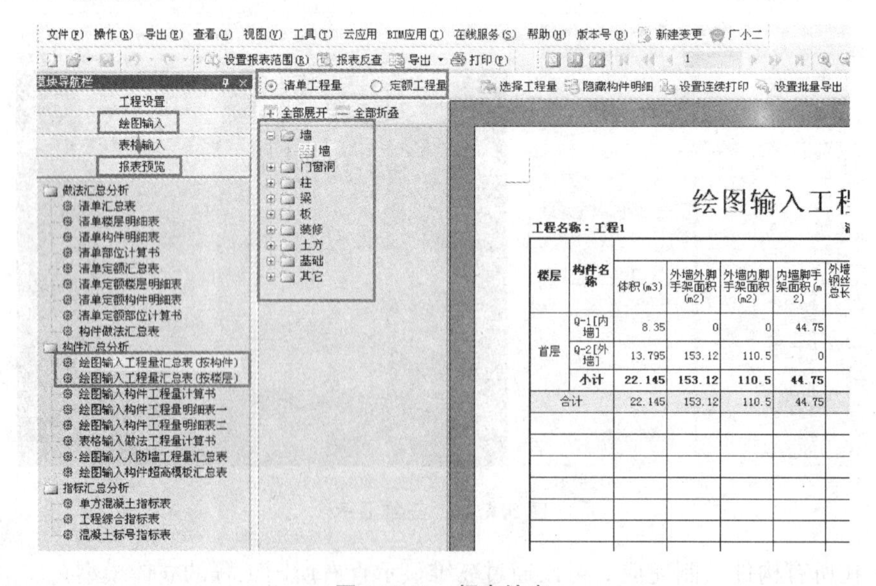


| 楼层 | 构件名称 | 体积(m3) | 外墙外脚手架面积(m2) | 外墙内脚手架面积(m2) | 内墙脚手架面积(m2) | 外墙钢丝总长 |
|---|---|---|---|---|---|---|
| 首层 | Q-1[内墙] | 8.35 | 0 | 0 | 44.75 | |
| | Q-2[外墙] | 13.795 | 153.12 | 110.5 | 0 | |
| | 小计 | 22.145 | 153.12 | 110.5 | 44.75 | |
| 合计 | | 22.145 | 153.12 | 110.5 | 44.75 | |

图 5.6.18 报表输出

① 左键单击“报表预览”,查看报表。

② 报表中有不同分类的汇总表及指标分析表,使用者可根据需要进行选用。

③ 根据报表中提供的工程量,可以反查出工程量的来源、组成,方便用户对量、查量及修改。

## 复习思考题

1. 叙述工程计量的概念及工程计量原理。

2. 与工程计量相关的因素有哪些?

3. 试计算图 5-复习-1 所示的预制钢筋混凝土花篮梁的工程量。

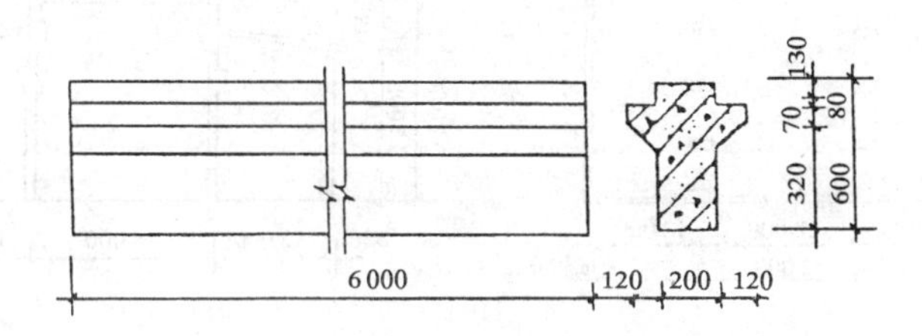


图 5-复习-1 预制钢筋混凝土花篮梁示意图

4. 如图 5-复习-2 所示的基础,已知室外设计地坪以下各种工程量:垫层2.4 $m^3$,砖基础16.24 $m^3$,分别按江苏省计价定额、工程计量规范的规则计算:(1)建筑物平整场地;(2)挖土方;(3)回填土;(4)房心回填土;(5)余(亏)土运输工程量(不考虑挖填土方的运输)。图中尺寸以毫米计算 ,放坡系数 $k$=0.33,工作面宽度 $c$=300。(从垫层边向外)

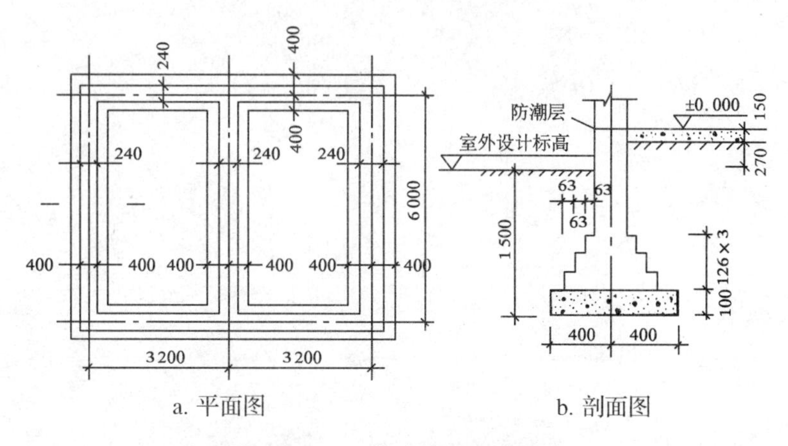


图 5-复习-2 基础平面图、剖面图

5. 按江苏省计价定额的计算规则,求图 5-复习-3 所示的单层厂房的建筑面积。

6. 钢筋的搭接长度是否应计入钢筋工程量中?如何计算?

7. 江苏省计价定额中，在计算混凝土柱工程量时，关于混凝土柱的高度计算有哪些规定？

8. 图形算量的主要步骤有哪些？

9. 计价定额下的工程计量与计算规范下的有何不同？

10. 图形算量有何意义？

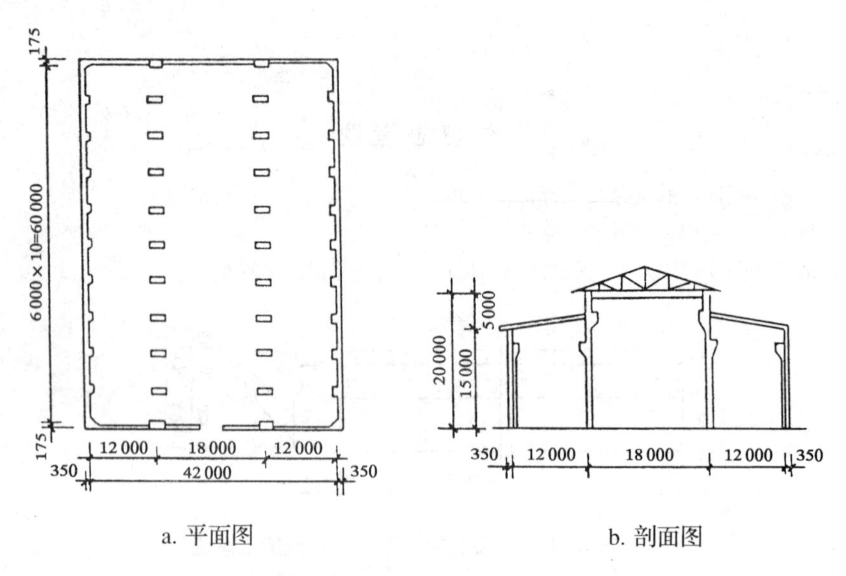


**图 5-复习-3　厂房平、剖面图**

# 6　投资估算

## 6.1　投资估算概述

### 6.1.1　投资估算的概念

投资估算是指在建设项目的决策阶段，对将来进行该项目建设可能要花费的各项费用的事先匡算。该匡算有两种操作方式：一是在明确项目建设必须达到的标准要求条件下，匡算需要多少资金；二是在投资额限制的条件下，框定项目建设的规模与标准。实际操作时往往将两者结合起来应用。

### 6.1.2　投资估算的阶段划分

项目的投资决策过程一般要经历一个由粗到细的技术经济论证过程，通常把项目的投资决策过程划分为投资机会研究阶段、初步可行性研究阶段、详细可行性研究阶段。投资估算工作也相应分为三个阶段，由于不同阶段估价条件及资料的详细程度不同，因而投资估算的准确程度不同，投资估算所起的作用也不同。但随着研究的不断深入，投资估算将逐步准确。概括起来如表 6.1.1 所示。

**表 6.1.1　不同阶段的投资估算**

| 阶段划分 | 误差幅度 | 主　要　作　用 |
| --- | --- | --- |
| 投资机会研究阶段 | ±30%以内 | 估出概略投资，作为有关部门审批项目建议书的依据，据此可否定一个项目，但不能完全肯定一个项目 |
| 初步可行性研究阶段 | ±20%以内 | 在项目方案初步明确的基础上作出投资估算，为项目进行技术经济论证提供依据 |
| 详细可行性研究阶段 | ±10%以内 | 为全面、详细、深入的技术经济分析论证提供依据，是决定项目可行性，也是编制设计文件、控制初步设计概算的依据 |

### 6.1.3　投资估算的作用

根据工程项目建设程序的要求，任何一个拟建项目都必须通过全面的技术、经济论证后才能决定其是否正式立项。在对拟建项目的全面论证过程中，除考虑国家经济发展上的需求和技术上的可行性外，还要考虑经济上的合理性。因此项目

的投资额是经济评价的重要依据。具体来说,投资估算具有以下作用:

(1) 项目主管部门审批项目建议书的依据之一。在项目建议书阶段,主管部门将根据所报项目的类型、初步规划、规模及其对应的投资估算额来初步分析评价决策项目。

(2) 可行性研究中进行经济评价和项目决策的重要依据。

(3) 控制设计概算的依据。在项目决策后的实施过程中,为保证有效控制投资,应进行限额设计,以保证设计概算不得突破批准的投资估算额,并应控制在投资估算额以内。

(4) 制定项目建设资金筹措计划的依据。

总之,投资估算的作用:一是作为建设项目投资决策的依据;二是在项目决策以后,成为项目实施阶段投资控制的依据。

## 6.2 投资估算编制的内容及要求

### 6.2.1 投资估算编制的内容

一份完整的投资估算应包括投资估算编制依据、投资估算编制说明及投资估算总表。其中投资估算总表是核心内容,它主要包括建设项目总投资的构成,但该构成的范围及按什么标准计算,要受编制依据的制约。所以估算编制中,编制依据及编制说明是不可缺少的内容,它是检验编制结果准确性的必要条件之一,包括明确待估项目的项目特征、所在地区的状况、政策条件、估算的基准时间等。

### 6.2.2 投资估算编制的要求

投资估算是建设项目投资决策的依据,也是项目实施阶段投资控制的依据,投资估算质量如何将影响项目的取舍,影响项目真正的投资效益。因此投资估算不能太粗糙,必须达到国家或部门规定的深度要求,如果误差太大,必然导致投资者决策失误,带来不良后果。所以投资估算的最根本要求是精度要求。但投资估算的精度怎样才算精确,一般难以定论。其实每一项工程在不同的建设阶段,由于条件不同,其估算准确度的标准也就不同,人们不可能超越客观条件,把建设项目投资估算编制得与最终实际投资(决算价)完全一致。但可以肯定,如果能充分地掌握市场变动信息,并全面加以分析,那么投资估算准确性就能提高。所以每一项工程在估算编制时应根据不同的估算阶段,充分收集相关资料,合理选用估算方法,以确保估算应有的精度。

投资估算的另一个要求是责任要求,为了保证投资的精度要求,对估算编制部门或个人应予以一定的责任要求,给予一定的约束,以防止主观原因造成估算的不准确。在美国，凡上马的建设项目都要进行前期可行性确定。咨询公司参与前期的工程造价估算，一旦估算经有关方面批准，就成为不可逾越的标准。另外咨询公司对自己的估算要负全责，如果实际工程超估算时，则咨询公司要进行认真分析；如果没有确切的理由进行说明，则咨询公司要以一定比例进行赔偿。这样便有效地控制了工程造价。而我国预算超估算、结算超预算的状况一直没有解决，这有待我们学习先进经验，参与工程全过程的控制，借鉴国外的管理方式，进一步提高投资估算的准确性。

## 6.3 投资估算的编制依据及编制方法

### 6.3.1 投资估算的编制依据

编制建设项目投资估算的依据一般包括下述几项：

(1) 项目特征(主要经济技术指标)

项目特征是指待建项目的类型、规模、建设地点、时间、总体建筑结构、施工方案、主要设备类型、建设标准、用地面积、总建筑面积、地上建筑面积(计算容积率)、地下建筑面积、公建配套面积、容积率、建筑密度、绿化率等，它是进行投资估算的最根本的内容，该内容越明确，则估算结果相对越准确。

(2) 同类工程的竣工决算资料

同类工程的竣工决算资料为投资估算提供可比性资料。

(3) 项目所在地区状况

项目所在地区的地质、地貌、交通等情况，是作为对同类投资估算资料调整的依据。

(4) 时间条件

时间条件是指待建项目的开工日期、竣工日期、每段时间的投资比例等。因为不同时间有不同的价格标准、利率等。

(5) 政策条件

政策条件是指投资中需缴哪些规费、税费、有关的取费标准及省市地方颁布的政策性文件等。

### 6.3.2 投资估算的编制方法

编制投资估算首先应分清项目的类型，然后根据该类项目的投资构成列出项目费用名称，进而依据有关规定、数据资料选用一定的估算方法，对各项费用进行估算。具体估算时，一般可分为动态、静态及铺底流动资金三部分。其中静态投资部分的估算，又因民用项目与工业生产项目的出发点及具体方法不同而有显著的区别。一般情况下，工业生产项目的投资估算从设备费用入手，而民用项目则往往从建筑工程投资估算入手。基本方法概括起来有下面几种。

1）系数法

系数法的原理是，以某部分的投资费用为基数，其他部分的投资则通过测定的系数与基数相乘求得。如工业项目的总建设费用，可通过以设备费为基数来求得，勘察设计监理费用可通过以匡算的投资为基数来求得等。该方法又可分为以下几种：

(1) 百分比系数

以拟建项目或装置的设备费为基数，根据已建成的同类项目或装置的建筑安装工程费和其他费用等占设备百分比，求出相应的建筑安装及其他有关费用，其总和即为项目或装置的投资。公式如下：

$$C = E(1 + f_1 P_1 ++ f_2 P_2 + f_3 P_3) + I \tag{6.3.1}$$

式中，$C$——拟建项目或装置的投资额；

$E$——根据拟建项目或装置的设备清单按当时当地价格计算的设备费（包括运杂费）的总和；

$P_1$、$P_2$、$P_3$——分别为已建项目中建筑、安装及其他工程费用占设备费百分比；

$f_1$、$f_2$、$f_3$——分别为由于时间因素引起的定额、价格、费用标准等变化的综合调整系数；

$I$——拟建项目的其他费用。

(2) 朗格系数

朗格系数方法是以设备费为基础，乘以适当系数来推算项目的建设费用。基本公式如下：

$$D = C(1 + \sum K_i) K_c \tag{6.3.2}$$

式中，$D$——总建设费用；

$C$——主要设备费用；

$K_i$——管线、建筑物等项费用的估算系数；

$K_c$——包括管理费、合同费、应急费等间接费在内的总估算系数。

总建设费用与设备费用之比为朗格系数 $K_L$。即：

$$K_L = (1 + \sum K_i) \cdot K_c \tag{6.3.3}$$

表6.3.1所示是国外的流体加工系统的典型经验系数值。

这种方法比较简单，但没有考虑设备规格、材质的差异，所以精确度不高。

(3) 经验或规定系数

估算主体建筑工程周边的附属及零星工程（道路、室外排水、围墙等）费用时，

表 6.3.1　某国流体加工系统的典型经验系数值表

| 主设备交货费用 | $C$ |
| --- | --- |
| 附属其他直接费用与 $C$ 之比 | $K_i$ |
| 主设备安装工程人工费 | 0.10～0.20 |
| 保温工程费 | 0.10～0.25 |
| 管线工程费 | 0.50～1.00 |
| 基础工程费 | 0.03～0.13 |
| 建筑物工程费 | 0.07 |
| 构架工程费 | 0.05 |
| 防火工程费 | 0.06～0.10 |
| 电气工程费 | 0.07～0.15 |
| 油漆粉刷工程费 | 0.06～0.10 |
| 其他直接费用估算系数 $\sum K_i$ | 1.04～1.93 |
| 通过直接费表示的间接费 | |
| 日常管理、合同费和利息 | 0.30 |
| 工程费 | 0.13 |
| 不可预见费 | 0.13 |
| 总体估算系数 $K_c$ | 1+0.56=1.56 |
| 总费用 $D=(1+\sum K_i)K_c C$ | $(3.18～4.57)C$ |

可以主体投资乘以 2.5%加入总投资中，基本预备费可以匡算的静态投资的 6%～10%来计算等。

2）指标估算法

指标估算方法是根据以往统计的或自行测定的投资估算指标来乘以待估项目的估算工程量，进行投资估算的一种方法。其中投资估算指标的表示形式多种多样，如建筑物的建筑面积为元/m$^2$，给排水工程或照明工程为元/m，变电工程为元/(kV·A)，道路工程为元/m$^2$，水库为元/m$^3$，饭店为元/客房，医院为元/床位，等等。

采用这种方法时，一般根据项目的设计深度不同选用不同的指标形式，同时要根据国家有关规定、投资主管部门或地区颁布的估算指标，结合工程的具体情况编制。一方面要注意，若套用的指标与具体工程之间的标准或条件有差异时，应加以必要的换算或调整；另一方面要注意，使用的指标单位应密切结合每个单位工程的特点，能正确反映其设计参数，切勿盲目地单纯套用一种单位指标。

（1）单位面积综合指标估算法

对于单项工程的投资估算，其投资包括土建、给排水、采暖、通风、空调、电气、动力管道等所需费用。其数学计算式如下：

单项工程投资额＝建筑面积×单位面积造价指标×

价格浮动指数±结构和装饰部分的价差 (6.3.4)

(2) 单元指标估算法

一般可按下式计算：

项目投资＝单元估价指标×单元数×调整系数 (6.3.5)

3) 生产能力指数法

根据已建成的、性质类似的建设项目或生产装置的投资额和生产能力及拟建项目或生产装置的生产能力估算项目的投资额。计算公式为

$$C_2 = C_1\left(\frac{A_2}{A_1}\right)^n \cdot f \tag{6.3.6}$$

式中，$C_1$，$C_2$——分别为已建类似项目(装置)和拟建项目(装置)的投资额；

$A_1$，$A_2$——分别为已建类似项目(装置)和拟建项目(装置)的生产能力；

$f$——不同时期、不同地点的定额、单价、费用变更等的综合调整系数；

$n$——生产能力指数，$0 \leqslant n \leqslant 1$。

若已建类似项目或装置的规模和拟建项目或装置的规模相差不大，生产规模比值在 0.5～2 之间，则指数 $n$ 的取值近似为 1。

若已建类似项目或装置与拟建项目或装置的规模相差不大于 50 倍，且拟建项目的扩大仅靠增大设备规格来达到时，则 $n$ 取值在 0.6～0.7 之间；若是靠增加相同规格设备的数量达到时，则 $n$ 的取值在 0.8～0.9 之间。

采用这种方法，计算简单，速度快；但要求类似工程的资料可靠，条件基本相同，否则误差就会增大。

**例 6.3.1** 已知建设日产 10 t 氢氰酸装置的投资额为 18 000 美元。试估计建设日产 30 t 氢氰酸装置的投资额(生产能力指数 $n=0.52$，$f=1$)。

**解**

$$C_2 = C_1\left(\frac{A_2}{A_1}\right)^n \cdot f = 18\,000 \times \left(\frac{30}{10}\right)^{0.52} \times 1 = 31\,869.52(\text{美元})$$

**例 6.3.2** 若将设计中的化工生产系统的生产能力在原有的基础上增加 1 倍，则投资额大约增加多少？

**解** 对于一般未加确指的化工生产系统，可按 $n=0.6$ 估计投资额。因此

$$\frac{C_2}{C_1} = \left(\frac{A_2}{A_1}\right)^n = \left(\frac{2}{1}\right)^{0.6} \approx 1.5$$

计算结果表明，生产能力增加 1 倍，投资额大约增加 50%。

4) 动态投资估算

动态投资估算主要包括由价格变动可能增加的投资额、建设期贷款利息两部

分内容，对于涉外项目还应考虑汇率的变化对投资的影响。

(1) 涨价预备费的估算

一般按下式估算：

$$PC = \sum_{t=1}^{n} K_t[(1+i)^t - 1] \tag{6.3.7}$$

式中，$PC$——涨价预备费估算额；

$K_t$—— 建设期中第 $t$ 年的投资计划数；

$n$——项目的建设期年数；

$i$——平均价格预计上涨指数；

$t$——施工年度。

**例 6.3.3** 某项目的静态投资为 35 230 万元，按本项目进度计划，项目建设期为三年，三年的投资分年使用比例为第一年 20%，第二年 55%，第三年 25%，建设期内年平均价格变动率预测为 6%，估计该项目建设期的涨价预备费。

**解** 第一年投资计划用款额：

$$K_1 = 35\,230 \times 20\% = 7\,046(\text{万元})$$

第一年涨价预备费：

$$PC_1 = K_1[(1+i)-1] = 7\,046 \times [(1+6\%)-1] = 422.76(\text{万元})$$

第二年投资计划用款额：

$$K_2 = 35\,230 \times 55\% = 19\,376.5(\text{万元})$$

第二年涨价预备费：

$$PC_2 = K_2[(1+i)^2-1] = 19\,376.5 \times [(1+6\%)^2-1] = 2\,394.94(\text{万元})$$

第三年投资计划用款额：

$$K_3 = 35\,230 \times 25\% = 8\,807.5(\text{万元})$$

第三年涨价预备费：

$$PC_3 = K_3[(1+i)^3-1] = 8\,807.5 \times [(1+6\%)^3-1] = 1\,682.37(\text{万元})$$

所以，建设期的涨价预备费：

$$PC = PC_1 + PC_2 + PC_3 = 422.76 + 2\,394.94 + 1\,682.37 = 4\,500.07(\text{万元})$$

计算涨价预备费要注意以下问题：

① 涨价预备费系按开工至竣工的合理建设工期计算，未包括编制年至工程开工时止这段时间因物价上涨所增加的费用。

工程开工与投资编制采用的价格水平年在两年及以内者，应按工程审定的物价指数调整各大部分的分年度投资和投资合计数，然后依据审定的基本预备费和物价指数，加编制年至工程开工时的涨价预备费，调整工程总投资。

投资编制采用的价格年份与工程开工年份超过两年以上的工程，应重编概算。

② 概算的投资总额度是否突破投资估算的总额度，应将投资估算调整至与概算相同年份的价格水平相比较。避免因采用的价格水平年份不同而影响投资的正确比较。

(2) 建设期贷款利息估算

建设期贷款利息一般按下式计算：

$$\text{建设期每年应计利息}=\left(\text{年初借款累计}+\frac{1}{2}\times\text{当年借款额}\right)\times\text{年利率} \tag{6.3.8}$$

**例 6.3.4** 某工程项目估算的静态投资为 15 620 万元，根据项目实施进度规划，项目建设期为三年，三年的投资分年使用比例分别为 30%、50%、20%，其中各年投资中贷款比例为年投资的 20%，预计建设期中三年的贷款利率分别为 5%、6%、6.5%。试求该项目建设期内的贷款利息。

**解** 第一年的利息 $=(0+\frac{1}{2}\times 15\ 620\times 30\%\times 20\%)\times 5\%=23.43$(万元)

第二年的利息 $=(15\ 620\times 30\%\times 20\%+23.43+\frac{1}{2}\times 15\ 620\times 50\%\times 20\%)\times 6\%=104.5$(万元)

第三年的利息 $=(15\ 620\times 80\%\times 20\%+23.43+104.5+\frac{1}{2}\times 15\ 620\times 20\%\times 20\%)\times 6.5\%=191.07$(万元)

建设期贷款利息合计为 319 万元。

5) 铺底流动资金估算

铺底部分的流动资金是指项目建成后，为保证项目正常生产或服务运营所必需的周转资金。它的估算对于项目规模不大且同类资料齐全的可采用分项估算法，其中包括劳动工资、原材料、燃料动力等部分；对于大项目及设计深度浅的可采用指标估算法。具体来讲有下面几种方法。

(1) 扩大指标估算法

① 按产值(或销售收入)资金率估算

一般加工工业项目大多采用产值(或销售收入)资金率进行估算。

$$\text{流动资金额}=\text{年产值(或年销售收入额)}\times\text{产值(或销售收入)资金率} \tag{6.3.9}$$

**例 6.3.5** 已知某项目的年产值为 5 000 万元，其类似企业百元产值的流动资金占用率为 20%，则该项目的流动资金应为：

$$5\,000\times 20\%=1\,000(\text{万元})$$

② 按经营成本(或总成本)资金率估算

由于经营成本(或总成本)是一项综合性指标，能反映项目的物资消耗、生产技术和经营管理水平以及自然资源条件的差异等实际状况，一些采掘工业项目常采用经营成本(或总成本)资金率估算流动资金。

**例 6.3.6** 某铁矿年经营成本为 8 000 万元，经营成本资金率取 35%，则该矿山的流动资金额为：

$$8\,000\times 35\%=2\,800(\text{万元})$$

③ 按固定资产价值资金率估算

有些项目如火电厂可按固定资产价值资金率估算流动资金。

$$\text{流动资金额}=\text{固定资产价值总额}\times\text{固定资产价值资金率} \tag{6.3.10}$$

固定资产价值资金率是流动资金占固定资产价值总额的百分比。

④ 按单位产量资金率估算

有些项目如煤矿，按吨煤资金率估算流动资金。

$$\text{流动资金额}=\text{年生产能力}\times\text{单位产量资金率} \tag{6.3.11}$$

(2) 分项详细估算法

① 按分项详细估算

按项目占用的储备资金、生产资金、成品资金、货币资金与结算资金分别进行估算，加总后即为项目的流动资金。为详细估算流动资金，需先估算产品成本。

a. 储备资金的估算

储备资金是指从用货币资金购入原材料、燃料、备品备件等各项投入物开始，到这些投入物投入生产使用为止占用流动资金的最低需要量。占用资金较多的主要投入物，需按品种类别逐项分别计算。计算公式为：

$$\text{某种主要投入物的流动资金定额}=\frac{\text{该投入物价格}\times\text{年耗量}}{360}\times\text{储存天数}$$

$$\begin{aligned}\text{储存天数}=&\text{在途天数}+\text{平均供应间隔天数}\times\text{供应间隔系数}+\text{验收天数}+\\&\text{整理准备天数}+\text{保险天数}\end{aligned} \tag{6.3.12}$$

供应间隔系数一般取 50%～60%。

各种主要投入物流动资金之和除以其所占储备资金的百分比，即为项目的储备资金。

b. 生产资金的估算

生产资金是指从投入物投入生产使用开始，到产成品入库为止的整个生产过程占用流动资金的最低额。

在制品按种类分别计算后汇总，计算公式为：

在制品流动资金定额＝在制品每日平均生产费用×生产周期天数×在制品成本系数　(6.3.13)

在制品成本系数是指在制品平均单位成本与产品单位成本之比。由于产品生产费用是在生产过程中形成的，随着生产的进展，生产费用不断地积累增加，直到产品完成时才构成完整的产品成本，因此在制品成本系数的大小依生产费用逐步增加的情况而定。如果费用集中在开始时投入，则在制品成本系数就大，反之则小。如果费用是在生产过程中均衡地发生，那么在制品成本系数可按 0.5 计算。式(6.3.13)是设定大部分原材料费用在开始时发生，其他费用在生产过程中均衡发生的。

c. 成品资金的估算

成品资金是指从产品入库开始，到发出商品收回货币为止占用的流动资金金额。产品应按品种类别分别计算后汇总。计算公式为：

成品资金定额＝产品平均日销售量×工厂单位产品经营成本×定额天数　(6.3.14)

d. 其他流动资金的估算

按类似企业平均占用天数估算。

以上各项资金加总，即为项目的流动资金需要量。

② 按分项分别采用定额指标估算

在设计中，为简化计算，按流动资金组成中各主要细项分别采用定额指标估算后加总。例如，某矿山项目扩建工程参照该矿区原有各项流动资金和流动资金占用率，结合有关规定确定各项资金占用率如下：

a. 营业现金取经营成本减原材料、减外购动力的 4%估算。

b. 应收账款按经营成本的 16%估算。

c. 库存材料、备件按材料费用的 40%估算。

d. 库存矿石按经营成本的 4%估算。

e. 应付账款按原材料、燃料、外购动力和工资的 8%估算。

按上述定额指标估算即得流动资金总需要量。

### 6.3.3 投资估算编制注意事项

为保证投资估算的精度，应注意以下几个方面：

(1) 费用项目要齐全，不能漏项

什么类型的项目通常包括哪些费用项目要清楚，另外应考虑项目的特殊性、地区的特殊性或区域差异等。

(2) 数据资料的收集要全面可靠

各种建设项目的竣工决算造价资料的广泛性与可靠性是保证投资精确度的前提和基础。因此,全面认真地收集整理和积累各种决策资料是做好投资估算的必备工作。

(3) 以往数据资料的应用要注意动态性

投资的估算必须考虑建设期物价、工资、政策性文件收费标准调整等方面的动态因素变化。

(4) 编制者工作态度的科学性

进行投资时,编制者要认真负责,实事求是,以科学的态度进行估算,既不可有意高估冒算,以免积压和浪费资金;也不应故意压价少估,而后进行投资追加,打乱项目投资计划。

总之,对拟建项目投资估算在深入调查研究和已掌握条件的基础上,应尽量做到估算投资与现实相符合,估足投资,不留缺口,以便拟建项目立项后在各阶段的实施过程中,使估算投资真正能够起到控制投资最高限额的作用。

## 6.4 投资估算编制实例

### 6.4.1 某火力发电厂项目的投资估算

表 6.4.1 是某火力发电厂项目的投资估算表。该总投资仅考虑固定资产投资,未计生产或运营铺底流动资金。

**表 6.4.1 某建设项目总投资估算表** (单位:万元)

| 序号 | 工程或费用名称 | 估算价值 | | | | | | | 占总估算价的百分比(%) | 备注 |
|---|---|---|---|---|---|---|---|---|---|---|
| | | 建筑工程费(一) | 安装工程费(二) | 设备购置费(三) | 其他费用(四) | 预备费用(五) | 建设期利息(六) | 小计(七) | | |
| 1 | 热力系统 | 13 451.53 | 34 570.47 | 16 138.26 | | | | 64 160.26 | 33.25 | |
| 2 | 燃料供应系统 | 5 168.76 | 896.71 | 2 014.33 | | | | 8 079.80 | 4.19 | |
| 3 | 除灰系统 | 9 013.28 | 1 019.65 | 7 103.59 | | | | 17 136.52 | 8.88 | |
| 4 | 水处理系统 | 502.41 | 201.70 | 4 586.13 | | | | 5 290.24 | 2.74 | |
| 5 | 供水系统 | 7 471.54 | 2 114.69 | 2 139.05 | | | | 11 725.28 | 6.08 | |
| 6 | 电气系统 | 1 397.38 | 9 013.78 | 1 989.78 | | | | 12 400.94 | 6.42 | |
| 7 | 热工控制系统 | | 903.20 | 8 135.29 | | | | 9 038.49 | 4.68 | |
| 8 | 道路工程 | 4 436.14 | | | | | | 4 436.14 | 2.30 | |
| 9 | 环境绿化费 | 411.91 | 205.30 | | | | | 617.21 | 0.32 | |
| 10 | 其他建设费 | | | | 38 285.81 | | | 38 285.81 | 19.84 | |
| | 土地费用 | | | | 18 357.43 | | | | | |
| | 排污费 | | | | 381.30 | | | | | |
| | 建设管理费 | | | | 2 103.72 | | | | | |

续表 6.4.1

| 序号 | 工程或费用名称 | 估算价值 | | | | | | | 占总估算价的百分比(%) | 备注 |
|---|---|---|---|---|---|---|---|---|---|---|
| | | 建筑工程费(一) | 安装工程费(二) | 设备购置费(三) | 其他费用(四) | 预备费用(五) | 建设期利息(六) | 小计(七) | | |
| | 通讯费 | | | | 528.60 | | | | | |
| | 勘察设计费 | | | | 1 578.60 | | | | | |
| | 可行性研究费 | | | | 420.00 | | | | | |
| | 工程监理费 | | | | 3 100.50 | | | | | |
| | 造价编审费 | | | | 1 952.00 | | | | | |
| | 开办费 | | | | 3 850.40 | | | | | |
| | 配套费 | | | | 5 723.94 | | | | | |
| | 工程保险费 | | | | 289.32 | | | | | |
| 11 | 预备费 | | | | | 15 815.80 | | 15 815.80 | 8.20 | |
| | 基本预备费 | | | | | 9 643.78 | | | | |
| | 涨价预备费 | | | | | 6 172.02 | | | | |
| 12 | 建设期利息 | | | | | | 5 979.14 | 5 979.14 | 3.10 | |
| | 小计 | 41 852.95 | 48 925.50 | 42 106.43 | 38 285.81 | 15 815.80 | 5 979.14 | 192 965.63 | | |
| | 占总估算价的百分比(%) | 21.69 | 25.35 | 21.82 | 19.84 | 8.20 | 3.10 | | 100 | |

## 6.4.2 房地产开发项目的投资估算

房地产项目投资不同于基本建设投资。根据国家有关规定，房地产开发项目的投资构成包括开发直接费用和间接费用，其构成如图 6.4.1 所示。

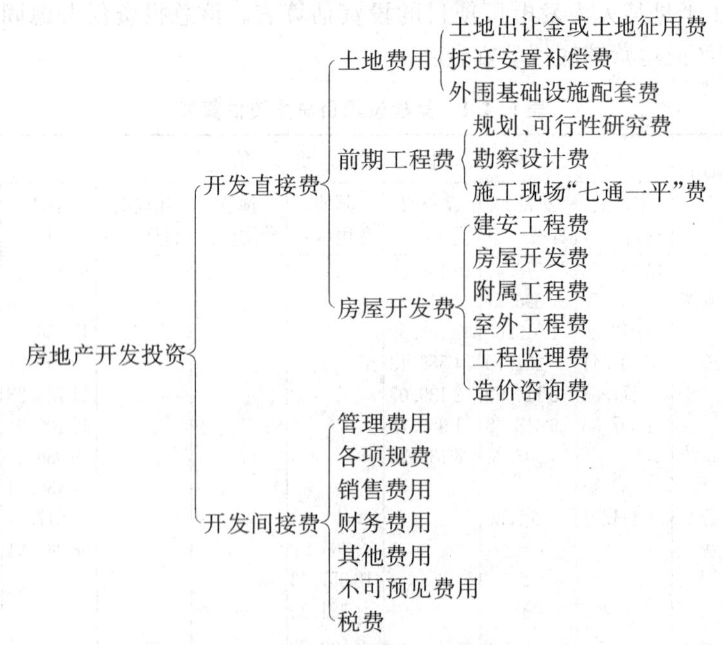


图 6.4.1 房地产开发项目的投资构成图

1) 土地费用估算

土地费用指为取得项目土地使用权而发生的费用。由于获取土地试用权的方式不同,因此所发生的土地费用也就略有差异。

(1) 土地出让金估算。国家以土地所有者身份将土地使用权在一定年限内让与土地使用者,土地使用者向国家支付土地使用权出让金。土地出让金的估算一般可参照政府近期出让的类似地块的出让金数额并进行时间、地段、用途、临街状况、建筑容积率、土地出让年限、周围环境状况及土地现状等因素的修正得到;也可以依据城市人民政府颁布的城市基准地价,根据项目用地所处的地段等级、用途、容积率和使用年限等因素修正得到。

(2) 土地征用费估算。根据《中华人民共和国土地管理法》的规定,国家建设征用农村土地发生的费用主要有土地补偿费、土地投资补偿费(青苗补偿费、树木补偿费、地面附着物补偿费)、人员安置补偿费、新菜地开发基金、土地管理法、耕地占用税和拆迁费等。这些费用的估算可参照国家和地方有关的现行标准进行估算。

(3) 拆迁安置补偿费估算。在城镇地区,国家或地方政府可以依照法定程序,将国有储备土地或已经由企事业单位或个人使用的土地划拨给房地产开发项目或其他建设项目使用。因划拨土地使原用地单位或个人造成经济损失,新用地单位应按规定给予合理补偿。拆迁安置补偿费实际包括两部分费用,即拆迁安置费和拆迁补偿费。

拆迁安置费指开发建设单位对被拆除房屋的使用人,依据有关规定给予安置所需的费用。一般情况下应按照拆除的建筑面积给予安置。被拆除房屋的使用人因拆迁而迁出时,作为拆迁人的开发建设单位应付给搬家费或临时搬迁安置费。拆迁补偿费指开发建设单位对被拆除房屋的所有权人,按照有关规定给予补偿所需的费用。拆迁补偿的形式可以分为产权调换、作价补偿或者产权调换与作价补偿相结合的形式。产权调换的面积按照所拆房屋的建筑面积计算;作价补偿的金额按照所拆除建筑物面积的重置价格结合新旧程度计算。

(4) 基础设施配套费估算。这是因进行城市基础设施如自来水厂、污水处理厂、煤气厂、供热厂和城市道路等的建设而分摊的费用,这些费用的收费标准在各地都有具体的规定,城市建设配套费的估算可参照这些规定或标准进行。

2) 前期工程费估算

前期工程费主要包括项目前期可行性研究、规划、设计、水文和地质勘测以及“七通一平”等土地开发工程费支出。

(1) 项目的规划、设计、可行性研究所需的费用支出一般可按项目总投资的1%估算。一般情况下,规划设计费为建安工程费的3%左右,可行性研究费占项目总投资的1%左右。水文和地质勘测所需的费用可根据所需工作量结合有关收费标准估算,一般为设计概算的0.5%。

(2)"七通一平"等土地开发费用主要包括地上原有建筑物、构筑物拆除费用以及场地平整费用和通水、电、路的费用。这些费用的估算可根据实际工作量,参照有关经费标准估算,也可包含在基础设施配套费中。

3) 房屋开发费估算

(1) 建安工程费指直接用于房屋工程的总成本,主要包括建筑工程费(结构、建筑、特殊装修工程费)、设备及安装工程费(给排水、电气照明及设备安装,通风空调、弱电设备及安装,电梯及其安装,其他设备及安装)和室内装修家具费等。

(2) 附属工程费包括锅炉房、热力站、变电室、煤气调压站、自行车棚和信报箱等建设费用。

(3) 室外工程费包括自来水、雨水、污水、煤气、热力、供电、电信、道路、绿化、环卫、室外照明和小区监控等的建设费用。

4) 开发间接费用估算

(1) 管理费用。管理费用指开发建设单位为管理和组织开发经营活动而发生的各种费用,包括公司经费、工会经费、职工教育培训经费、劳动保险费、待业保险费、董事会费、咨询费、审计费、诉讼费、排污费、房地产税、土地使用税、业务招待费、坏账损失、报废损失及其他管理费用。管理费可按开发直接费的一定百分比计算,一般取3%左右(或按开发建设面积35～50元/$m^2$计取)。

(2) 销售费用。销售费用指开发建设单位在销售其产品过程中发生的各项费用以及专设销售机构或委托销售代理的各项费用,包括销售人员的工资、奖金、福利费和差旅费等,销售机构的折旧费、修理费、物料消耗费、广告宣传费、代理费、销售服务费及销售许可证申领费等。

(3) 财务费用。财务费用指开发建设单位为筹集资金而发生的各项费用,主要为借款的利息,还包括金融机构手续费、融资代理费、承诺费、外汇汇兑净损失以及企业筹资发生的其他财务费用。利息的计算可参照金融市场利率和投资分期投入的情况按复利计算。利息以外的其他费用一般按利息的10%左右。财务费用计取依据为(土地费用+前期费用+建设规费+建安费用+公共设施配套费)×25%,一般规定利息计算基数不得超过以上五项费用的30%。利息计算时间为建筑物7层及以下不得超过18个月,7层以上者不超过30个月。

(4) 其他费用。其他费用主要包括临时用地费和临时建设费、标底编制费、招标管理费、总承包管理费、合同公证费、工程质量监督费、工程监理费、保险费、建材发展基金、基础设施配套费、检测费、测绘费、审图费、人防工程费和档案管理费等费用。这些费用一般按当地有关部门规定的费率估算。

(5) 不可预见费。不可预见费包括基本预备费和涨价预备费,基本预备费一般按项目工程建安投资及配套费之和的2%计入,涨价预备费一般根据前面已考虑的情况来决定。不可预见费根据项目的复杂程度和前述各项费用估算的准确程度,一般按上述各项费用的3%~7%估算。

(6) 税费。开发项目投资估算中应考虑项目所应缴纳的各种税项和地方政府或有关部门收取的行政规费。在一些大中型城市,这部分税费已经成为开发项目投资中占最大比重的费用。各项税费应根据当地有关标准估算。

**例 6.4.1** 某房地产开发项目,规划建设用地面积为38 325 m$^2$。为改善城市面貌,根据城市规划,政府决定由某开发商对该地块进行开发。根据规划管理部门批准的初步规划设计方案,该地块容积率1.57,总建筑面积81 600 m$^2$。其中:地上住宅楼57 600 m$^2$,商业建筑2 000 m$^2$,公建配套附属用房418 m$^2$;地下储藏室8 540 m$^2$,地下汽车库13 042 m$^2$。该项目的开发建设期预计为4年。

依据该项目的规划设计、该市同类建筑的造价资料以及有关房地产开发项目收费的规定,编制该项目的投资估算见表6.4.2所示。

**表 6.4.2 房地产开发项目投资估算表**

| 项目 | 成本名称 | 依据标准(元/m$^2$) | 费用(万元) | 备注说明 |
|---|---|---|---|---|
| 一 | 土地费用 | | | |
| 土地费用 | 土地出让金(含契税) | 3 000 | 11 497.50 | 合同出让价 |
| | 土地登记费 | | 0.00 | 苏价服〔2003〕175号文件,停收 |
| | 土地交易费 | 1.3 | 0.00 | 扬价工〔2005〕96号文件,停收 |
| | 土地费用小计 | | 11 497.50 | |
| 二 | 前期费用 | | | |
| 前期调研费用 | 环境影响评价费 | 1 | 8.16 | 计价格〔2002〕125号文件 |
| | 项目咨询费 | 4 | 0.00 | 苏价费〔2002〕86号文件,未发生 |
| | 地震评估费 | 2 | 16.32 | 苏价费〔1998〕368号文件 |
| | 可行性研究费 | 3 | 24.48 | 计价格〔1999〕1283号文件 |
| 设计费用 | 施工图设计费 | 16.5 | 134.64 | 根据已签合同 |
| | 建筑规划设计费 | 30 | 244.80 | 根据已签协议 |
| | 景观绿化设计 | 10 | 60.00 | |
| | 地质勘探费 | 1.5 | 12.24 | 根据已签合同 |

续表 6.4.2

| 项目 | 成本名称 | 依据标准(元/m²) | 费用(万元) | 备注说明 |
| --- | --- | --- | --- | --- |
| 前期工程费用 | “五通一平”、临时围墙 | 20 | 163.20 | 相似工程测算 |
| | 编标及招标代理费 | 总价的 0.25% | 23.68 | |
| | 监理招标费 | 1 050＋公证费(合同价的 0.018%) | 1.20 | |
| | 施工招标费 | 13 500＋公证费(合同价的 0.018%) | 2.00 | |
| | 合同印花税 | 0.3 | 2.06 | |
| | 前期费用小计 | | 692.78 | |
| 三 | 建设规费 | | | |
| 缴纳各种政府建设规费 | 基础设施配套费 | 105 | 856.80 | 扬价工〔2003〕408 号文件 |
| | 新型墙改基金 | 10 | 57.60 | 财综〔2007〕77 号文件 |
| | 水泥扶散费保证金 | 2 | 11.52 | 财综函〔2006〕1 号文件，达标可全退，乙方代交代扣 |
| | 白蚁防治费 | 1～7 层 2.3，8 层以上 1.5 | 8.64 | 苏财预〔2002〕95 号文件 |
| | 施工图设计审查费 | 1.85 | 15.10 | 苏价服〔2005〕146 号文件 |
| | 工程勘察文件审查费 | 施工图审查费的 12% | 1.81 | 苏价服〔2005〕146 号文件 |
| | 防雷设计审核及监督验收费 | 1.2(高层加 30%) | 9.36 | 苏价服函〔2001〕150 号文件 |
| | 劳保统筹基金 | 土建 10，水电 2，桩 2% | 0.00 | 扬政发〔1990〕215 号文件，乙方代交代扣 |
| | 前期规划测绘费 | 1 800 元/栋 | 1.62 | 国测财字〔2002〕3 号文件 2 594.32 元/栋 |
| | 规划技术服务费 | 1 | 8.16 | 扬价工〔2003〕84 号，按建筑面积 1.3 元/m² |
| | 质量监督费 | 总造价的 1.7‰ | 0.00 | 苏财预〔2003〕470 号文件，停收 |
| | 安全监督费 | 总造价的 0.6‰ | 13.81 | 苏财综〔2003〕5 号文件 |
| | 工程定额测定费 | 总造价的 1‰ | 0.00 | 苏财综〔2001〕145 号文件，停收 |
| | 人防费 | 50 | 144.00 | 扬价工〔2003〕408 号文件，暂先按 25 元/m² 计 |

续表 6.4.2

| 项目 | 成本名称 | 依据标准(元/$m^2$) | 费用(万元) | 备注说明 |
| --- | --- | --- | --- | --- |
| 缴纳各种政府建设规费 | 网络服务费 | 2 | 11.52 | 苏价服函〔2005〕252 号文件 |
| | 房产测绘费 | 1.6 | 13.06 | 扬价费〔2005〕96 号文件 |
| | 房屋产权交易手续费 | 3 | 17.28 | 苏价服〔2004〕301 号文件 |
| | 建筑垃圾处理费 | 2.5 | 20.40 | 扬府办发〔2003〕54 号文件 |
| | 城建档案费用 | 1 | 8.16 | 扬建档〔2008〕21 号文件 |
| 建设规费小计 | | | 1 198.83 | |
| 四 | 建安工程费 | | | |
| 建筑安装工程 | 小高层住宅建安工程费 | | 17 035.00 | 68 140 $m^2$ |
| | 地下车库建安工程费 | | 4 564.70 | 13 042 $m^2$ |
| | 配套公建 | | 104.50 | 418 $m^2$ |
| | 施工监理费 | 10 | 81.60 | 扬价服〔2005〕370 号文件,≤0.6%×合同价 |
| | 造价咨询跟踪审计费 | | 108.52 | 建安造价 5‰ |
| | 室内空气、氡气检测费 | 1.2 | 6.91 | 扬价费〔2004〕317 号文件 |
| | 沉降观测 | | 6.85 | 已签合同 |
| | 质量检测和材料试验费 | 7.3 | 59.57 | 苏价服〔2001〕113 号文件 |
| 设备 | 电梯 | | 540.00 | 已签合同 |
| | 太阳能 | | 65.00 | 已签合同 |
| | 牡丹花饰件及栏杆 | | 350.00 | 已签合同 |
| | 外遮阳 | | 75.00 | 已签合同 |
| | 信报箱 | | 18.00 | 已签合同 |
| 建安工程费小计 | | | 23 015.65 | |
| 五 | 公共设施配套费 | | | |
| 景观工程 | 园林绿化 | 60 | 360.00 | 按计容面积(或按占地面积计) |
| | 铺装小品、喷泉、假山、廊亭等硬质景观 | 40 | 240.00 | 按计容面积(或按占地面积计) |
| | 水处理系统 | 5 | 30.00 | 按计容面积 |

续表 6.4.2

| 项目 | 成本名称 | 依据标准(元/m²) | 费用(万元) | 备注说明 |
|---|---|---|---|---|
| 园区环境附属 | 园区智能化系统 | 30 | 180.00 | 按计容面积 |
| | 园区照明系统 | 4 | 24.00 | 按计容面积 |
| | 园区道路大门及围墙 | 30 | 180.00 | 按计容面积 |
| 水电煤等大配套 | 消防 | 60 | 489.60 | 按总建筑面积 |
| | 供水系统 | 40 | 326.40 | 按总建筑面积 |
| | 排雨污水化粪池 | 30 | 244.80 | 按总建筑面积 |
| | 供电系统 | 180 | 1 468.80 | 按总建筑面积 |
| | 燃气系统 | 35 | 210.00 | 按计容面积 |
| | 有线电视 | 18 | 108.00 | 按计容面积 |
| | 邮政通信费 | 0.48 | 2.88 | 按计容面积 |
| | 物业管理费 | 10 | 81.60 | 扬价工〔2003〕221号文件 |
| 公共设施配套费小计 | | | 3 946.08 | |
| 六 | 管理费用 | 50 | 408.00 | 扬价工〔2002〕340号文件 |
| 七 | 销售费用 | | | |
| 策划广告 | 策划费用 | 8 | 65.28 | 估算 |
| | 销售推广广告费 | 前五项之和为基数的1.0%计 | 403.51 | 扬价工〔2003〕221号文件 |
| 销售费用 | 现场行政办公 | | 10.00 | 估算 |
| | 代理销售公司佣金 | | 100.00 | 估算 |
| 销售费用小计 | | | 578.79 | |
| | | | | |
| 八 | 财务费用 | | 1 634.21 | 见编制说明中计算式 |
| | | | | |
| 九 | 不可预见费 | 基本预备费 | 539.23 | (建安费+配套费)×2% |
| 十 | 税金 | | | |
| 营业税、增值税及附加 | 住宅 | 57 600×8 000×10.0% | 4 608.00 | 暂定均价 |
| | 商铺 | 2 418×20 000×12.0% | 580.32 | 暂定均价 |
| | 公建配套附属用房 | 418 m² | 0.00 | 若不销售,不计税金 |
| | 独立储藏室 | 8 540×3 000×10.0% | 256.20 | 暂定均价 |
| | 停车位(地下车库) | 300×70 000×10.0% | 210.00 | 暂定均价 |

续表 6.4.2

| 项目 | 成本名称 | 依据标准(元/m²) | 费用(万元) | 备注说明 |
| --- | --- | --- | --- | --- |
| 税金小计 | | | 5 654.52 | |
| | | | | |
| 十一 | 总投资成本合计 | | 49 165.59 | |
| | | | | |
| 十二 | 开发总建筑面积综合成本单价 | | 6 025.20 | 元/m² |

## 复习思考题

1. 投资估算的概念是什么?
2. 投资估算的编制应掌握哪些编制依据?
3. 投资估算的作用有哪些?
4. 建设项目投资估算中其总投资的构成如何?
5. 投资估算的编制方法有哪些?编制时应如何选用?
6. 投资估算的编制应关注哪些注意事项?
7. 房地产开发项目的投资估算的费用组成有哪些?

# 7 设计概算

## 7.1 设计概算的基本概念

### 7.1.1 设计概算的含义

设计概算是指在工程建设项目的初步设计（或扩大初步设计）阶段，设计单位根据初步设计（或扩大初步设计）图纸、概算定额或概算指标、材料价格、费用定额和有关取费规定，对编制的建设工程对象进行概略的费用计算，称为设计概算。

设计概算是工程建设项目初步设计文件的重要组成部分，它是工程初步设计阶段计算建筑物、构筑物的造价以及从筹建开始起至交付使用为止所发生的全部建设费用的文件。根据国家有关规定，建设工程在初步设计阶段，必须编制设计概算；在报批设计文件的同时，必须报批设计概算；施工图设计阶段，必须按照经批准的初步设计及其相应的设计概算进行施工图的设计工作。

### 7.1.2 设计概算的编制依据

1）经批准的可行性研究报告

工程建设项目的可行性研究报告由国家或地方计划或建设主管部门批准，其内容随建设项目的性质而异，一般包括建设目的、建设规模、建设理由、建设布局、建设内容、建设进度、建设投资、产品方案和原材料来源等。

2）初步设计或扩大初步设计图纸和说明书

有了初步设计图纸和说明书，才能了解工程的具体设计内容和要求，并计算主要工程量。这些是编制设计概算的基础资料，并在此基础上制定概算的编制方案、编制内容和编制步骤。

3）概算定额，概算指标

概算定额、概算指标是由国家或地方建设主管部门编制颁发的一种能综合反映某种类型的工程建设项目在建设过程中资源和资金消耗量的数量标准。这种数量标准的大小与一定时期社会平均的生产力发展水平以及生产效率水平相一致。所以，概算定额、概算指标是计算设计概算的依据，不足部分可参照与其相应的预算定额或其他有关资料进行补充。

4）设备价格资料

各种定型的标准设备（如各种用途的泵、空压机、蒸汽锅炉等）均按国家有关部门规定的现行产品出厂价格计算。非标准设备按制造厂的报价计算。此外，还应具备计算供销部门的手续费、包装费、运输费及采购保管费等费用的资料。

5）地区材料价格，工资标准

用于编制设计概算的材料价格及人工工资标准一般是由国家或地方工程建设造价主管部门编制颁发的、能反映一定时期材料价格及工资标准一般水平的指导价格。

6）有关取费标准和费用定额

地区规定的各种费用、取费标准、计算范围、材差系数等有关文件内容，必须符合建设项目主管部门制定的基本原则。

7）投资估算文件

经批准的投资估算是设计概算的最高额度标准。设计概算不得突破投资估算，投资估算应切实控制设计概算。根据国家有关规定，如果设计概算超过投资估算的10%以上，则要进行初步设计（或扩大初步设计）及概算的修正。

### 7.1.3 设计概算的作用

工程建设项目设计概算文件是初步设计文件的重要组成部分。国家规定，建设项目在报审初步设计或扩大初步设计的同时，必须附有设计概算。没有设计概算，就不能作为完整的设计文件。具体地说，工程建设项目设计概算有以下作用：

1）国家制定和控制建设投资的依据

在我国，各项工程建设必须按国家批准的计划进行。国家投资的建设项目，只有当设计概算文件经主管部门批准后，才能列入年度建设计划，所批准的总费用就成为该建设项目投资的最高限额。国家拨款、银行贷款及竣工决算都不能突破这个限额。

2）编制建设计划的依据

建设年度计划安排的工程项目，其投资需要量的确定、建设物资供应计划和建筑安装施工计划等，都以主管部门批准的设计概算作为依据。

3）选择设计方案的依据

设计概算是设计方案的技术经济效果的反映，不同的设计方案有了设计概算就能进行比较，从而可以选出技术上先进和经济上合理的设计方案，达到节约投资的目的。所以说，设计概算是考核设计方案经济合理性的依据。

4）签订工程总承包合同的依据

对于施工期限较长的大中型建设项目，可以根据批准的建设计划、初步设计和总概算文件确定工程项目的总承包价，采用工程总承包的方式进行建设。而设计概算一般用作建设单位和工程总承包单位签订总承包合同的依据。

5）办理工程拨款、贷款的依据

在施工图预算未编出以前，可先根据设计概算进行申请贷款和工程拨款。

6）控制施工图设计的依据

依据施工图设计编制的施工图预算不能超过设计概算所规定的造价，否则要对施工图设计进行修改，使施工图预算造价在概算的控制以内，或报请主管部门批准后，才能突破概算额。

7）考核和评价工程建设项目成本和投资效果的依据

工程建设项目的投资转化为建设项目法人单位的新增资产，可根据建设项目的生产能力计算建设项目的成本、回收期以及投资效果系数等技术经济指标，并将以概算造价为基础计算的指标与以实际发生造价为基础计算的指标进行对比，从而对工程建设项目成本和投资效果进行评价。

## 7.2 编制设计概算的基本方法

### 7.2.1 编制设计概算的方法及步骤

编制设计概算的目的是计算相应的工程造价，在明确工程造价的概念及所需计算的费用范围基础上，根据工程造价的费用构成及不同费用的性质，采用逐个编制、层层汇总的原则开展编制工作。具体步骤如下：

第一，编制单位工程概算书。通过单位工程概算书的编制，分别计算确定工程建设项目所属每个单位工程的概算造价。单位工程的概算造价即该单位工程的工程费。

第二，编制工程项目（单项工程）综合概算书。编制工程项目（单项工程）综合概算书的目的是为了分别计算确定工程建设项目所属每个工程项目（单项工程）的概算造价。而该概算造价是指发生在该工程项目（单项工程）的建造过程中并且能直接计算的费用，该费用一般包括该工程项目（单项工程）所属的各单位工程造价之和再加上该工程项目（单项工程）所属的设备、工器具购置费用。所以，编制工程项目（单项工程）综合概算书的方法是将各单位工程概算书进行汇总，再加上该工程项目（单项工程）所属的设备、工器具购置费用即可。

第三，编制工程建设其他费用概算书。编制工程建设其他费用概算书的目的是计算确定工程建设项目所属的各项工程建设其他费用。其编制方法是根据概算工程的具体情况，采用一览表的形式，分别计算各项工程建设其他费用并汇总。

第四，编制工程建设项目总概算书。编制工程建设项目总概算书的目的是计算确定该工程建设项目在要求的概算范围内的总造价。工程建设项目总概算的编制方法是将各工程项目（单项工程）综合概算书进行汇总再加上相应的工程建设其他费用概算书即可。

### 7.2.2　设计概算编制的准备工作

(1) 深入现场,调查研究,掌握第一手材料。对新结构、新材料、新技术和非标准设备价格要搞清楚并落实,认真收集其他有关基础资料(如定额、指标等)。

(2) 根据设计要求、总体布置图和全部工程项目一览表等资料,对工程项目的内容、性质、建设单位的要求、建设地区的施工条件等作一概括性的了解。

(3) 在掌握和了解上述资料与情况的基础上,拟出编制设计概算的提纲,明确编制工作的主要内容、重点、步骤和审核方法。

(4) 根据已拟定的设计概算编制提纲,合理选用编制依据,明确取费标准。

## 7.3　单位工程设计概算的编制方法

单位工程设计概算是初步设计文件的重要组成部分。设计单位在进行初步设计时,必须同时编制出单位工程设计概算。

单位工程设计概算,是在初步设计阶段,利用国家颁发的概算指标、概算定额或综合预算定额(如江苏省在没有概算定额时规定其综合预算定额具有概算定额的作用)等,按照设计要求,概略地计算建筑物或构筑物的造价,以及确定人工、材料和机械等需用量。

一般情况下,施工图预算造价不允许超过设计概算造价,以使设计概算能起到控制施工图预算的作用。所以,建筑单位工程设计概算的编制,既要保证它的及时性,又要保证它的正确性。

单位工程设计概算一般有下列两种编制方法:一是根据概算指标进行编制,二是根据概算定额进行编制。

### 7.3.1　利用概算指标编制设计概算

1) 编制特点

概算指标一般是以建筑面积(或建筑体积)为单位,以整栋建筑物为依据而编制的指标。它的数据均来自各种已建的建筑物预算或竣工结算资料,用其建筑面积(或建筑体积)除需要的各种人工、材料等而得出。

由于概算指标通常是按每栋建筑物每 100 $m^2$ 建筑面积(或每栋建筑物每 1 000 $m^3$ 建筑体积)表示的价值或工料消耗量,因此,它比概算定额更为扩大、综合,所以按此编制的设计概算比按概算定额编制的设计概算更加简化,精确度显然也要比用概算定额编制的设计概算低一些,是一种对工程造价估算的方法。但由于编制速度快,能解决时间紧迫的要求,该法有一定的实用价值。

2) 编制方法

在初步设计阶段编制设计概算，如果已有初步设计图纸，则可根据初步设计图纸、设计说明和概算指标，按设计的要求、条件和结构特征（如结构类型、基础、内外墙、楼板、屋架；建筑外形、层数、层高、檐高、屋面、地面、门窗、建筑装饰等），查阅概算指标中的相同类型建筑物的简要说明和结构特征来编制设计概算。如果无初步设计图纸无法计算工程量，或在可行性研究阶段只有轮廓方案，也可用概算指标来编制设计概算。

(1) 直接套用概算指标编制概算

如果拟编工程项目在设计上与概算指标中的某建筑物相符，则可直接套用指标进行编制。以指标中所规定的土建工程每 100 $m^2$ 或每 1 000 $m^3$ 的造价或人工、主要材料消耗量，乘以设计工程项目的概算建筑面积（或建筑体积），即可得出该设计工程的全部概算价值（即直接费）和主要材料消耗量。具体步骤及计算公式如下：

① 根据概算指标中的人工工日数及工资标准计算人工费：

$$\text{每平方米建筑面积人工费} = \text{指标人工工日数} \times \text{地区日工资标准} \tag{7.3.1}$$

② 根据概算指标中的主要材料数量及材料预算价格计算材料费：

$$\text{每平方米建筑面积主要材料费} = \sum(\text{主要材料数量} \times \text{地区材料预算价格}) \tag{7.3.2}$$

③ 按求得的主要材料费及其他材料费占主要材料费中的百分比，求出其他材料费：

$$\begin{aligned}&\text{每平方米建筑面积其他材料费}\\&= \text{每平方米建筑面积主要材料费} \times \text{其他材料费与主要材料费的比率}\end{aligned} \tag{7.3.3}$$

④ 按求得的人工费、材料费、机械费，求出直接费：

$$\text{每平方米建筑面积直接费} = \text{人工费} + \text{主要材料费} + \text{其他材料费} + \text{机械费} \tag{7.3.4}$$

施工机械使用费在概算指标中一般是用“元”表示的，故不需计算，可直接按概算指标确定。

⑤ 按求得的直接费及地区规定取费标准，求出间接费、税金等其他费用及材料价差。

⑥ 将直接费和其他费用相加，得出概算单价：

$$\text{每平方米建筑面积概算单价} = \text{直接费} + \text{间接费} + \text{材料价差} + \text{税金} \tag{7.3.5}$$

⑦ 用概算单价和建筑面积相乘，得出单位工程概算造价：

设计工程概算造价＝设计工程建筑面积×每平方米建筑面积概算造价 (7.3.6)

⑧ 最后计算主要材料和人工用量：

设计所需主要材料、人工用量
＝设计工程建筑面积×每平方米建筑面积主要材料、人工耗用量 (7.3.7)

(2) 换算概算指标编制概算

随着建筑技术的发展，新结构、新技术、新材料的应用，设计做法也在不断地发展。因此，在套用概算指标时，设计内容不可能完全符合概算指标中所规定的结构特征。此时，就不能简单地按照类似的或最相近的概算指标套算，而必须根据差别的具体情况，对其中某一项或某几项不符合设计要求的内容分别加以修正和换算。经换算后的概算指标，方可使用。换算方法如下：

单位建筑面积造价换算概算指标
＝原概算指标单价－换出结构构件单价＋换入结构构件单价 (7.3.8)

其中：

换出(或换入)结构构件单价＝换出(或换入)结构构件工程量×相应的概算定额单价 (7.3.9)

设计内容与概算指标规定不符时需要换算概算指标，其目的是为了保证概算价值的正确性。具体编制步骤如下：

① 根据概算指标求出每平方米建筑面积的直接费。

② 根据求得的直接费，算出与设计对象不符的结构构件的价值。

③ 将换入结构构件工程量与相应概算定额单价相乘，得出设计对象所要的结构构件价值。

④ 将每平方米建筑面积直接费减去与设计对象不符的结构构件价值，再加上设计对象要的结构构件价值，即为修正后的每平方米建筑面积的直接费。

⑤ 求得修正后的每平方米建筑面积的直接费后，就可按照“直接套用概算指标法”编制出单位工程概算。

### 7.3.2 利用概算定额编制设计概算

1) 编制依据

(1) 初步设计或扩大初步设计的图纸资料和说明书。

(2) 概算定额。

(3) 概算费用指标。

(4) 施工条件和施工方法。

2) 编制方法

利用概算定额编制单位工程设计概算的方法与利用预算定额编制单位工程施工图预算的方法基本上相同,概算书所用表式与预算书表式亦基本相同。不同之处在于设计概算项目划分较施工图预算粗略,是把施工图预算中的若干个项目合并为一项,并且采用的是概算工程量计算规则。

利用概算定额编制概算,其编制对象必须是设计图纸中对建筑、结构、构造均有明确的规定,图纸内容比较齐全、完善,能够计算工程量。该法编制精度高,是编制设计概算的常用方法。

利用概算定额编制设计概算的具体步骤如下:

(1) 熟悉设计图纸,了解设计意图、施工条件和施工方法

由于初步设计图纸比较粗略,一些结构构造尚未能详尽表示出来,如果不熟悉结构方案和设计意图,就难以正确地计算出工程量,因而也就不能准确地计算出土建工程的造价。同样,如果不了解地质情况、土壤类别、挖土方法、余土外运等施工条件和施工方法,也会影响编制设计概算的准确性。

(2) 列出工程设计图中各分部分项的工程项目,并计算其工程量

在熟悉设计图纸和了解施工条件的基础上,按照概算定额分部分项工程的划分,列出各分项工程项目。工程量计算应按概算定额中规定的工程量计算规则进行,并将各分项工程量按概算定额编号顺序填入工程概算表内。

由于设计概算项目内容比施工图预算项目内容扩大,在计算工程量时,必须熟悉概算定额中每个项目所包括的工程内容,避免重算和漏算。

(3) 确定各分部分项工程项目的概算定额单价(基价)和工料消耗指标

工程量计算完毕并经复核整理后,即按照概算定额中分部分项工程项目的顺序,查概算定额的相应项目,将项目名称、定额编号、工程量及其计量单位、定额基准价和人工、材料消耗量指标分别填入工程概算表和工料分析表中的相应栏内。

当设计图中的分项工程项目名称、内容与采用的概算定额中相应的项目完全一致时,即可直接套用定额进行计算;如果遇有某些不相符时,则按规定对定额进行换算后才可以套用定额进行计算。

(4) 计算各分部分项工程的直接费和总直接费

将已算出的各分部分项工程的工程量及已查出的相应定额基准价相乘,即可得出各分项工程的直接费;汇总各分项工程的直接费,即可得到该单位工程的总直接费。

直接费计算结果均可取整数,小数点后四舍五入。如果规定有地区的人工、材料价差调整指标,计算直接费时,还应按规定的调整系数进行调整计算。

(5) 计算间接费和税金等费用

根据总直接费、各项施工取费标准,分别计算间接费和税金等费用。

(6) 计算单位工程的基本预备费

单位工程的基本预备费是指设计中无法预先估计而在施工中可能出现的费用。如果不扩大工程范围、不改变结构方案的设计变更所增加的费用，那么其计算方法是在直接费、间接费、税金等的总和基础上乘以一个合理的费率。

(7) 计算单位工程概算总造价

将上面算得的直接费、间接费、税金、预备费等相加，即得到单位工程概算总造价。

(8) 计算每平方米建筑面积造价

将建筑面积除概算总造价，即求出每平方米建筑面积的概算造价。

(9) 进行概算工料分析

工料分析是指对主要工种人工和主要建筑材料进行分析，计算出人工、材料的总耗用量。

(10) 编写概算编制说明

江苏省规定，在应用概算定额编制单位建筑设计概算时，可在基准价基础上增加概算编制期的材料价差、有关部门批准的政策性调价，然后根据工程特点、工期等情况再增加预备费(5%～10%)。如编制施工图预算和标底，在基准价基础上增加编制期的材料价差和有权部门批准的政策性调价；如编制投标报价，由投标单位根据各自的管理水平、技术水平和经济实力等因素，结合定额，自主报价。

## 7.4 工程建设项目总概算的编制

工程建设项目总概算是综合反映工程建设项目在建设过程中所需发生的所有一次性建设费用总和的概算文件。为了全面地计算和确定工程建设项目在建设过程中所需发生的所有一次性建设费用的总和，一般应根据工程造价的费用构成及不同费用的性质，在概算编制工作中采用逐个编制、层层汇总的原则，首先编制单位工程概算，其次编制工程项目综合概算，在此基础上通过综合汇总得到工程建设总概算。

下面结合江苏省有关编制设计概算的规定，具体讨论工程建设项目总概算文件所需包括的内容及相应的编制步骤。

工程建设项目设计概算是设计文件的重要组成部分，采用两阶段设计的建设项目，初步设计阶段必须编制设计概算；采用三阶段设计的建设项目，除了初步设计阶段必须编制设计概算外，技术设计阶段必须编制修正概算。

设计概算必须根据批准的可行性研究报告、初步设计文件、设备清单、概算定额或指标、费用标准、技术经济指标等资料，并考虑工程建设期贷款利率、汇率等动态因素进行编制，应完整地反映工程建设项目的全部投资费用。

### 7.4.1　工程建设项目设计总概算的内容

工程建设项目设计总概算一般应由以下内容组成：

(1) 封面、签署页及目录

(2) 编制说明

(3) 总概算表

(4) 前期工程费统计汇总表

(5) 单项(位)工程概算表

(6) 建筑工程概算表

(7) 设备安装工程概算表

(8) 工程建设其他费用概算表

(9) 工程主要工程量表

(10) 工程主要材料汇总表

(11) 工程主要设备汇总表

(12) 工程工日数量表

(13) 分年度投资汇总表

(14) 资金供应量汇总表

### 7.4.2　主要内容的要求及编制步骤

(1) 封面、签署页应按统一规定格式填写，其中签署页应设立工程经济人员的资格证号栏目，填写编制、校审人员的姓名并盖资格证书专用章。

(2) 编制说明应包括以下主要内容：

① 工程概况，简述工程建设项目的性质、特点，以及生产规模、建设周期、建设地点等主要情况，引进项目应说明引进内容以及国内配套工程等主要情况。

② 资金来源及投资方式。

③ 编制依据及编制原则。

④ 投资分析，主要分析各项投资的比重、各专业投资的比重等经济指标以及国内外同类工程的比较并分析投资高低的原因。

⑤ 其他需要说明的问题。

(3) 总概算表由静态投资和动态投资两部分组成：静态投资部分应根据工程所有项目，以前期工程费统计汇总表、各单项工程概算表、工程建设其他费用概算表、主要材料汇总表、主要设备汇总表为基础汇总编制；动态投资部分应按照建设项目的性质，计列相应的税、费。

(4) 单项工程概算应以其所辖的单位工程概算为基础汇总编制。单项工程是指建成后可以独立发挥生产能力或使用功能的工程。

(5) 单位工程概算应分为建筑工程概算和安装工程概算,单位工程是单项工程的组成部分,是指具有单独设计,可以单独组织施工,但不能独立发挥生产能力或使用的工程。单位工程概算由建筑安装工程费中的直接费、间接费、利润和税金组成,是编制单项工程概算的依据。

(6) 概算中,国内工程建设项目的投资额均以人民币计算,其中引进部分应列出外币金额;合资项目应分别列出外币和人民币,合计金额以人民币计算。

(7) 一个建设项目如由几个设计单位承担设计时,主体设计单位应负责制定统一概算的编制原则、编制依据及其他有关事项,负责汇编并对编制质量负责;其他设计单位负责各自承担设计部分的概算编制并做好配合协作工作。

设计单位在编制概算时,必须完整填报工程项目主要设备材料价格,并依据市场实际价格和各种设备、材料的品牌、性能及价格的不同,明确品牌、规格、型号及产地,择优选用。

(8) 设计概算的编制必须严格执行国家的有关方针、政策,要真正做到概算能控制预算,批准的设计概算是确定建设项目投资额的依据。

## 复习思考题

1. 简述设计概算的概念及其作用。
2. 简述编制设计概算的原则及步骤。

# 8 招标控制价

## 8.1 建设工程工程量清单计价规范

《建设工程工程量清单计价规范》(GB 50500—2013)(简称计价规范)于 2012 年 12 月 25 日以国家标准发布,自 2013 年 7 月 1 日起在全国范围内实施。

### 8.1.1 计价规范的基本规定

1) 计价规范的作用

为规范建设工程造价计价行为,统一建设工程计价文件的编制原则和计价方法,制定计价规范。计价规范适用于建设工程发承包及实施阶段的计价活动。

建设工程发承包及实施阶段的计价活动有工程量清单编制、招标控制价编制、投标报价编制、工程合同价款约定、工程施工过程中的工程计量、合同价款支付、索赔与现场签证、合同价款的调整、竣工结算的办理以及工程造价鉴定等活动。

2) 计价方式

使用国有资金投资的建设工程发承包必须采用工程量清单计价。非国有资金投资的建设工程宜采用工程量清单计价。

工程量清单应采用综合单价计价。综合单价是指完成一个规定清单项目所需的人工费、材料和工程设备费、施工机具使用费和企业管理费、利润以及一定范围内的风险费用。

建设工程发承包及实施阶段的工程造价应由分部分项工程费、措施项目费、其他项目费、规费和税金组成。

分部分项工程费是指各专业工程的分部分项工程应予列支的各项费用,由人工费、材料费、施工机具使用费、企业管理费和利润构成。分部工程是单项或单位工程的组成部分,是按结构部位、路段长度及施工特点或施工任务将单项或单位工程划分为若干分部的工程;分项工程是分部工程的组成部分,是按不同施工方法、材料、工序及路段长度等将分部工程划分为若干个分项或项目的工程。

措施项目费是指为完成建设工程施工发生于该工程施工前和施工过程中的技术、生活、安全、环境保护等方面的费用。根据现行工程量清单计算规范,措施项目费分为单价措施项目与总价措施项目。

措施项目中的安全文明施工费必须按国家或省级、行业建设主管部门的规定计算，不得作为竞争性费用。规费和税金必须按国家或省级、行业建设主管部门的规定计算，不得作为竞争性费用。

3）计价活动主体

工程造价咨询人是指取得工程造价咨询资质等级证书，接受委托从事建设工程造价咨询活动的当事人以及取得该当事人资格的合法继承人。造价工程师是指取得造价工程师注册证书，在一个单位注册、从事建设工程造价活动的专业人员。造价员是指取得全国建设工程造价员资格证书，在一个单位注册、从事建设工程造价活动的专业人员。

招标工程量清单、招标控制价、投标报价、工程计量、合同价款调整、合同价款结算与支付以及工程造价鉴定等工程造价文件的编制与核对，应由具有专业资格的工程造价人员承担。

承担工程造价文件的编制与核对的工程造价人员及其所在单位，应对工程造价文件的质量负责。

### 8.1.2 计价规范的基本概念

1）工程量清单的定义

（1）工程量清单

工程量清单是指载明建设工程分部分项工程项目、措施项目、其他项目的名称和相应数量以及规费、税金项目等内容的明细清单。

（2）招标工程量清单

招标工程量清单是指招标人依据国家标准、招标文件、设计文件以及施工现场实际情况编制的，随招标文件发布供投标报价的工程量清单，包括其说明和表格。

（3）已标价工程量清单

已标价工程量清单是指构成合同文件组成部分的投标文件中已标明价格，经算术性错误修正（如有）且承包人已确认的工程量清单，包括其说明和表格。

2）工程量清单的含义

（1）工程量清单是按照招标要求和施工设计图纸要求，将拟建招标工程的全部项目和内容依据统一的工程量计算规则和子目分项要求，计算分部分项工程实物量，列在清单上作为招标文件的组成部分，供投标单位逐项填写单价用于投标报价。

（2）工程量清单是把承包合同中规定的准备实施的全部工程项目和内容，按工程部位、性质以及它们的数量、单价、合价等列表表示出来，用于投标报价和中标后计算工程价款的依据，工程量清单是承包合同的重要组成部分。

(3) 工程量清单,严格地说不单是工程量,工程量清单已超出了施工设计图纸量的范围,它是一个工作量清单的概念。

3) 工程量清单的作用和要求

(1) 工程量清单是编制招标控制价、投标报价和工程结算时调整工程量的依据。

(2) 工程量清单必须依据行政主管部门颁发的工程量计算规则、分部分项工程项目划分及计算单位的规定、施工设计图纸、施工现场情况和招标文件中的有关要求进行编制。

(3) 工程量清单应由具有相应资质的中介机构进行编制。

(4) 工程量清单格式应当符合有关规定要求。

### 8.1.3 工程量清单计价的特点

计价规范具有明显的强制性、竞争性、通用性和实用性。

1) 强制性

强制性主要表现在:一是由建设主管部门按照强制性国家标准的要求批准颁布,规定全部使用国有资金或国有资金投资为主的大中型建设工程应按"计价规范"规定执行。二是明确工程量清单是招标文件的组成部分,并规定了招标人在编制工程量清单时必须遵守的规则。

2) 竞争性

竞争性表现在"计价规范"中从政策性规定到一般内容的具体规定,充分体现了工程造价由市场竞争形成价格的原则。"计价规范"中的措施项目在工程量清单中只列"措施项目"一栏,具体采用什么措施由投标人根据企业的施工组织设计,视具体情况报价。另一方面,"计价规范"中人工、材料和施工机械没有具体的消耗量,为企业报价提供了自主的空间。

3) 通用性

通用性是指我国采用的工程量清单计价是与国际惯例接轨的,符合工程量计算方法标准化、工程量计算规则统一化、工程造价确定市场化的要求。

4) 实用性

实用性体现在"计价规范"的附录中工程量清单项目及工程量计算规则的项目名称表现的是工程实体项目,项目名称明确清晰,工程量计算规则简洁明了。

## 8.2 房屋建筑与装饰工程计价定额

江苏省住房和城乡建设厅为了贯彻住房和城乡建设部《建设工程工程量清单计价规范》(GB 50500—2013)及其 9 本工程量计算规范,组织编制了《江苏省建筑与装饰工程计价定额》(简称计价定额)。

### 8.2.1 计价定额概述

1) 适用范围与编制依据

《江苏省建筑与装饰工程计价定额》适用于在江苏省行政区域内新建、扩建和改建的建筑与装饰工程。其编制依据为:

(1)《江苏省建筑与装饰工程计价表》(2004 年);

(2)《全国统一建筑工程基础定额》(GJD—101—95);

(3)《全国统一建筑装饰装修工程消耗量定额》(GYD—901—2002);

(4)《建设工程劳动定额 建筑工程》(LD/T 72.1～11—2008);

(5)《建设工程劳动定额 装饰工程》(LD/T 73.1～4—2008);

(6)《全国统一建筑安装工程工期定额》(2000 年);

(7)《全国统一施工机械台班费用编制规则》(2001 年);

(8) 南京市 2013 年下半年建筑工程材料指导价格。

2) 基本构成与编制原则

《江苏省建筑与装饰工程计价定额》由 24 章与 9 个附录组成。前 18 章为工程实体项目,第 19 章至 24 章为措施项目,不能列出定额项目的措施项目按《江苏省建设工程费用定额》(2014 年)的规定进行计算。

附录是工程计价的重要依据。为便于施工企业快速报价,在附录一中列出了混凝土及钢筋混凝土构件的模板、钢筋含量表,供使用单位参考。附录二至六分别列出机械、主要建筑材料、配合比材料(混凝土、砂浆)的价格,各项价格分别列出 8 位数代码,方便信息化管理。附录七给出各类抹灰的分层厚度及砂浆种类;附录八给出各种材料、半成品的损耗率;附录九是钢材理论重量计算、砖基础大放脚计算及各种形体的计算公式。

《江苏省建筑与装饰工程计价定额》编制原则是:

(1) 以江苏省 2004 版的建筑与装饰工程计价表为基础,定额表现形式不变;

(2) 按简明适用的原则,合理划分定额步距;

(3) 对 2004 计价表使用中不明确或定额水平有问题的子目进行调整;

(4) 对 2004 计价表缺项,实际使用较多的定额项目进行补充;

(5) 根据现行施工规范和工艺,调整定额子目;

(6) 2014 计价定额中的工程量计算规则尽量考虑调整为与《房屋建筑与装饰工程工程量计算规范》(GB 50854—2013)(简称计算规范)的口径一致;

(7) 与其他专业定额水平相协调,建立了统一的材料库,材料采用 8 位编码。

### 8.2.2 计价定额与计算规范的关系

1）工程实体项目

《房屋建筑与装饰工程工程量计算规范》(GB 50854—2013)共有16个附录为工程实体项目。《江苏省建筑与装饰工程计价定额》(2014年)前18章为工程实体项目。计价定额中的工程量计算规则尽量考虑调整为与计算规范的口径一致。计算规范16个附录与18章计价定额大部分有对应关系，其中附录R“拆除工程”另有专门的计价定额与之对应，附录E“混凝土及钢筋混凝土工程”与第五章“钢筋工程”、第六章“混凝土工程”对应，计价定额增立了第八章“构件运输及安装工程”、第十二章“厂区道路及排水工程”。

2）措施项目

计算规范附录S为措施项目，对应计价定额第19章至24章。

3）计价定额与计算规范应对照学习

学习计价定额与计算规范时，应尽量对照学习。举例如下。

(1) 平整场地的工程量。根据2013年计算规范，平整场地的工程量按建筑物首层建筑面积计算，2014年计价定额按建筑物外墙外边线每边各加2 m，以面积计算。

(2) 根据2013年计算规范，重新界定沟槽、基坑、一般土方等概念的定义：底宽≤7 m且底长>3倍底宽为沟槽；底长≤3倍底宽且底面积≤150 $m^2$ 为基坑；超出上述范围则为一般土方，一般土方不分挖土深度。计价定额与计算规范规定一致。

(3) 2014年计价定额对放坡的起放点规定如下：原坑、槽做基础垫层时，放坡自垫层上表面起算。垫层不利用原坑、槽，搭设模板时，放坡自垫层下表面起算。

(4) 2014年计价定额列出：支撑下挖土是指设置钢支撑或混凝土支撑的深基坑开挖；桩间挖土是指桩顶设计标高以下以及桩顶设计标高以上0.5 m范围内的挖土。桩间挖土不扣除桩的体积。

(5) 2014年计价定额指明：深层搅拌桩有单轴、双轴、三轴之分，其工程量计算规则为轴间重叠部分不重复计算，但组与组间搭接不扣除。

(6) 2014年计价定额对高压旋喷桩处理为成孔与喷浆分别设列子目。钻孔按自然地面至桩底标高，喷浆按设计桩长乘以截面面积。定额水泥用量按18%计算。组与组间搭接不扣除。

(7) 零星砌砖的范围，计价定额与计算规范不完全一致。计价定额中零星砌砖不包括台阶、砖胎膜。

(8) 计价定额与计算规范中钢筋的工程量计算规则都按设计和施工规范规定，采用平法制图，搭接和锚固长度计入清单工程量。

(9) 计价定额增补了屋面找平项目：细石混凝土找平(分泵送、非泵送)、水泥砂浆找平子目。刚性防水屋面增补了泵送商品细石混凝土(有分格缝、无分格缝)、非泵送商品细石混凝土(有分格缝、无分格缝)。

(10) 措施项目费用在计算规范中较笼统,应重点学习计价定额,才能做好措施项目的计价工作。例如综合脚手架应注意:地下室的综合脚手架按檐高 12 m 以内的综合脚手架乘以系数 0.5;基础超深时砖基础执行里架子、混凝土基础浇捣脚手架按满堂脚手架乘系数(泵送混凝土不计算);层高超过 3.6 m 的钢筋混凝土框架柱、梁、墙混凝土浇捣脚手架;20 m 以下悬挑脚手架应计算增加费;满堂支撑架另计费用。

# 8.3 工程量清单计价

## 8.3.1 土石方工程计价

### 8.3.1.1 土石方工程定额计价

1) 土石方工程定额计价要点

针对图纸工程项目,应套用合适的定额项目,详细分析设计做法,结合定额的工作内容,并根据定额说明进行计价和换算,部分定额项目的计价说明摘要如下。

(1) 本章定额中的人工单价按三类工标准计算,工资单价是每工日 77 元。

(2) 土石方工程人工挖湿土子目中的抽水费,轻型井点降水,基坑、地下室排水属于施工措施,现计价定额不在本章考虑,如需要排水,应根据施工组织设计的要求在措施项目中计算排水费用。

(3) 人工挖地槽、地坑、土方根据土壤类别套用相应定额,人工挖地槽、地坑、土方在城市市区或郊区一般按三类土定额执行。

(4) 运余松土或挖堆积期在一年以内的土,除按运土方定额执行外,另增加挖一类土的定额项目(工程量按实方计算,若为虚方按工程量计算规则的折算方法折算成实方)。取自然土回填时,按土壤类别执行挖土定额。

(5) 机械挖土方定额是按三类土计算的,如实际土壤类别不同时,定额中机械台班量按表 8.3.1 的系数调整。

表 8.3.1 机械挖土方机械台班量系数调整表

| 项 目 | 三类土 | 一、二类土 | 四类土 |
|---|---|---|---|
| 推土机推土方 | 1.00 | 0.84 | 1.18 |
| 铲运机铲运土方 | 1.00 | 0.84 | 1.26 |
| 自行式铲运机铲运土方 | 1.00 | 0.86 | 1.09 |
| 挖掘机挖土方 | 1.00 | 0.84 | 1.14 |

(6) 机械挖土方工程量按机械实际完成工程量计算。机械挖不到的地方，人工修边坡、整平的土方工程量套用人工挖一般土方相应定额(最多不得超过挖方量的 10%)，人工乘以系数 2。机械挖土、石方单位工程量小于 2 000 $m^3$ 或在桩间挖土、石方，按相应定额乘以系数 1.10。

(7) 本定额中自卸汽车运土，对道路的类别及自卸汽车吨位已分别综合计算。

(8) 自卸汽车运土定额是按正铲挖掘机挖土装车考虑的，如系反铲挖掘机挖土装车，则自卸汽车运土台班量乘系数 1.10。拉铲挖掘机装车，自卸汽车运土台班量乘以系数 1.20。

2) 土石方工程定额计价示例

**例 8.3.1** 某单位传达室基础平面图及基础详图如图 5.4.1 所示，土壤为三类土、干土，场内运土，要求人工挖土，工程量在例 5.4.1 中已计算，现按计价定额规定计价。

**相关知识**

(1) 沟槽底宽在 3 m 以内，沟槽底长是底宽的 3 倍以上，该土方应按底宽≤3 m 且底长>3 倍底宽的人工挖沟槽定额执行。

(2) 按土壤类别、挖土深度套相应定额。

(3) 运土距离和运土工具按施工组织设计要求确定。

**解** 计价定额计价：

(1) 三类干土、挖土深度 1.6 m(深度 3 m 以内)

计价定额 1-28　人工挖地槽　每立方米综合单价：53.80 元

人工挖地槽综合价：128.24×53.80=6 899.31(元)

(2) 场内运土 150 m，用双轮车运土

计价定额 1-92　运距在 50 m 以内

1-95　运距在 500 m 以内每增加 50 m

1-92+[1−95]×2　人力车运土 150 m

每立方米综合单价：20.05+4.22×2=28.49(元)

人力车运土综合价：128.24×28.49=3 653.56(元)

**例 8.3.2** 某建筑物地下室如图 5.4.2 所示，地下室墙外壁做涂料防水层，施工组织设计确定用反铲挖掘机挖土，土壤为三类土，机械挖土坑内作业，土方外运 1 km，回填土已堆放在距场地 150 m 处。工程量在例 5.4.2 中已计算，现按计价定额规定计价。

**相关知识**

(1) 用何种型号的挖土机械应按施工组织设计的要求和现场实际使用机械定。

(2) 机械挖土不分挖土深度及干湿土(如土含水率达到 25%时，定额中人工、

机械要乘系数)。

(3) 修边坡、整平等人工挖土方按人工挖一般土方定额人工乘系数“2”。

(4) 挖出土场内堆放或转运、转运距离等均按施工组织设计要求计算,本例题中挖出土全部外运 1 km,其中人工挖土部分在坑内集中堆放,人工运土 20 m,再由挖掘机挖出外运(松散土,按虚方体积算)。

(5) 反铲挖掘机挖土装车,自卸汽车运土台班量要乘系数“1.10”。

(6) 机械挖一类土,定额中机械台班数量要按表 8.3.1 乘系数。

(7) 回填土要考虑挖、运。

(8) 挖土机械进退场费在措施项目中计算。

(9) 单独编制概预算或在一个单位工程内挖方或填方在 5 000 立方米以上按大型土石方工程调整管理费和利润,本题不属此范围,仍按一般土建三类工程计算。

**解** 计价定额计价:

(1) 斗容量 1 $m^3$ 以内反铲挖掘机挖土装车

计价定额 1-204 反铲挖掘机挖土装车

每 1 000 立方米综合单价:5 053.89 元

反铲挖掘机挖土装车综合价:

2.147×5 053.89=10 850.70(元)

(2) 自卸汽车运土 1 km(反铲挖掘机装车)

计价定额 1-262 依据计价定额第一章说明第二条第 8 点:

自卸汽车运土每 1 000 立方米综合单价 10 223.58 元

自卸汽车台班乘“1.10”

增 自卸汽车台班:8.127×0.10×884.59=718.91(元)

增 管理费:718.91×25%=179.73(元)

增 利润:718.91×12%=86.27(元)

自卸汽车运土每 1 000 立方米综合单价:

10 223.58+718.91+179.73+86.27=11 208.49(元)

自卸汽车运土 1 km 综合价:

2.147×11 208.49=24 064.63(元)

(3) 人工修边坡整平,三类干土,深度 3.05 m

计价定额 1-3 人工挖一般土方

定额价换算:人工乘系数“2”,该项只有人工费、管理费、利润,因此也是综合单价乘以“2”。

每立方米综合单价:26.37×2=52.74(元)

人工挖土方综合价:179.30×52.74=9 456.28(元)

(4) 人工挖土方的量基坑内运输 20 m

计价定额 1-86　人工运土 20 m　每立方米综合单价:23.21 元

人工运土综合价:179.30×23.21=4 161.55(元)

(5) 人工挖出的土用挖掘机挖出装车(人工挖土部分)

计价定额 1-204 换　反铲挖掘机挖一类土、装车

定额价换算:机械台班乘系数“0.84”

减:挖掘机机械费　2.264×(1-0.84)×1 438.61=521.12(元)

减:推土机机械费　0.226×(1-0.84)×889.19=32.15(元)

减:管理费　(521.12+32.15)×25%=138.32(元)

减:利润　(521.12+32.15)×12%=66.39(元)

挖掘机挖一类土、装车每 1 000 立方米综合单价:

5 053.89-521.12-32.15-138.32-66.39=4 295.91(元)

机械挖土工程量(按实方体积):179.30 $m^3$

机械挖土方综合价:0.179×4 295.91=768.97(元)

(6) 自卸汽车运土 1 km,反铲挖掘机装车(人工挖土部分)

计价定额 1-262 换　自卸汽车运土 1 km(同第 2 项计算)

综合单价每 1 000 立方米 11 208.49 元

自卸汽车运土 1 km 综合价:

0.179×11 208.49=2 006.32(元)

(7) 回填土,人工回填夯实

计价定额 1-104　基坑回填土　每立方米综合单价 31.17 元

基坑回填土综合价:435.96×31.17=13 588.87(元)

(8) 挖回填土、堆积期在一年以内,为一类土

计价定额 1-1　人工挖土方　每立方米综合价:10.55 元

人工挖土方综合价:435.96×10.55=4 599.38(元)

(9) 双轮车运回填土 150 m

计价定额 1-92+[1-95]×2　人力车运土 150 m

每立方米综合单价:

20.05+4.22×2=28.49(元)

人力车运土综合价:

435.96×28.49=12 420.50(元)

#### 8.3.1.2　土石方工程清单计价

1) 土石方工程清单计价要点

土石方工程工程量清单组价计算前,应先对土石方设计图纸进行分析,结合工程量计算规范中各项清单中的工作内容,将需计算的图纸工程内容合理划分,纳入

相应的清单工作内容中，并采用合适的定额进行组价。通常某一清单的标准工作内容中不包含的项目不应纳入，而应另立清单项目；清单中标准工作内容中有的，而设计图纸中也有的项目，应并入相应的清单中组价，不应单列清单。组价的内容应与项目特征准确对应。下面对部分清单的工作内容和应包括的图纸工程内容进行说明。

(1) 工程量清单表格应按照计价规范规定设置，按照计价规范附录要求计列项目，工程量清单中的12位编码的前9位应按照附录中的编码确定，后3位由清单编制人根据同一项目的不同做法确定，工程量清单的计量单位应按照计价规范附录中的计量单位确定。

(2) 在编制工程量清单时，要详细描述清单中每个项目的特征，要明确清单中每个项目所含的具体工程内容。

(3) 在工程量清单计价时，要依据工程量清单的项目特征和工程内容，按照计价定额的定额项目、计量单位、工程量计算规则和施工组织设计确定清单中工程内容的含量和价格。

(4) 工程量清单的综合单价是由单个或多个工程内容按照计价定额规定计算出来的价格汇总，除以按计价规范规定计算出来的工程量。

用计算式可表示为

$$\text{工程量清单的综合单价} = \frac{\sum(\text{计价定额项目工程量} \times \text{计价定额项目综合单价})}{\text{清单工程量}}$$

2) 土石方工程清单计价示例

**例 8.3.3** 某单位传达室基础平面图及基础详图如图 5.4.1 所示，土壤为三类土、干土，场内运土，人工挖土。

要求计算：(1) 挖基础土方的工程量清单；

(2) 挖基础土方的工程量清单计价。

**解**

1. 挖基础土方的工程量清单

1) 确定项目编码和计量单位

项目编码：010101003001　挖沟槽土方　计量单位：$m^3$

2) 描述项目特征

三类干土、带形基础、垫层底宽 1.2 m、挖土深度 1.6 m、场内运土 150 m

3) 按计算规范规定计算工程量（见例 5.5.1）

$1.60 \times 1.20 \times (28.00 + 7.60) = 68.35(m^3)$

2. 挖基础土方的工程量清单计价

1) 按计价定额规定计算各项工程内容的工程量(见例 5.4.1)

人工挖地槽 $1.60\times(1.80+2.86)\times\frac{1}{2}\times(28.00+6.40)=128.24(m^3)$

人力车运土 工程量同挖土 128.24 $m^3$

2) 套计价定额计算各项工程内容的综合价(见例 8.3.1)

(1) 1-28 人工挖沟槽 $128.24\times53.80=6\,899.31$(元)

(2) 1-92+[1-95]×2 人力车运土 150 m

$128.24\times(20.05+4.22\times2)=3\,653.56$(元)

3) 计算挖基础土方的综合价、综合单价

(1) 挖基础土方的工程量清单综合价:$6\,899.31+3\,653.56=10\,552.87$(元)

(2) 挖基础土方的工程量清单综合单价:$\frac{10\,552.87}{68.35}=154.39$(元/$m^3$)

表 8.3.2 某工程挖基础土方的工程量清单计价

| 序号 | 项目编码 | 项目名称 | 项目特征描述 | 计量单位 | 工程量 | 金额(元) | | |
|---|---|---|---|---|---|---|---|---|
| | | | | | | 综合单价 | 合价 | 其中<br>暂估价 |
| 1 | 010101003001 | 挖沟槽土方 | 1. 土壤类别:三类土<br>2. 挖土深度:1.6 m<br>3. 弃土运距:150 m | $m^3$ | 68.35 | 154.39 | 10 552.87 | |
| 1.1 | 1-28 | 人工挖沟槽 | | $m^3$ | 128.24 | 53.80 | 6 899.31 | |
| 1.2 | 1-92+[1-95]×2 | 人力车运土 150 m | | $m^3$ | 128.24 | 28.49 | 3 653.56 | |

(注:此过程在计算机上由计价软件完成,无须人工计算)

**例 8.3.4** 某建筑物地下室如图 5.4.2 所示,地下室墙外壁做涂料防水层,施工组织设计确定用反铲挖掘机挖土,土壤为三类土,机械挖土坑内作业,土方外运 1 km,回填土已堆放在距场地 150 m 处。

要求计算:(1) 挖基础土方、土方回填的工程量清单;

(2) 挖基础土方、土方回填的工程量清单计价。

**解**

1. 挖基础土方的工程量清单

1) 确定项目编码和计量单位

项目编码:010101002001 挖一般土方 计量单位 $m^3$

2) 描述项目特征

三类干土、整板基础、垫层面积 31.00 m×21.00 m、挖土深度 3.05 m、场外运土 1 km。

3) 按计算规范计算工程量

3.05×31.00×21.00=1 985.55($m^3$)

2. 挖基础土方的工程量清单计价

1) 按计价定额规定计算工程内容的工程量(例 5.4.2)

(1) 机械挖土方:　　　　　　2 146.50 $m^3$

(2) 运机械挖出的土方:　　　2 146.50 $m^3$

(3) 人工修边坡:　　　　　　179.30 $m^3$

(4) 运人工挖出的土方:　　　179.30 $m^3$

(5) 机械挖、运人工挖出的土方:179.30 $m^3$

2) 套计价定额计算各项工程内容的综合价(见例 8.3.2)

(1) 1-204　　反铲挖掘机挖土、装车　　2.147×5 053.89=10 850.70(元)

(2) 1-262 换　自卸汽车运土 1 km　　2.147×11 208.49=24 064.63(元)

(3) [1-3]×2　人工挖土方深 4 m 以内

179.30×52.74=9 456.28(元)

(4) 1-86　人工挖土运 20 m

179.30×23.21=4 161.55(元)

(5) 1-204 换　反铲挖掘机挖一类土、装车

0.179×4 295.91=768.97(元)

(6) 1-262 换　自卸汽车运土 1 km

0.179×11 208.49=2 006.32(元)

3) 计算挖基础土方的综合价、综合单价

挖基础土方的工程量清单综合价(1～6 项合计)　51 308.46 元

挖基础土方的工程量清单综合单价　$\frac{51\ 308.46}{1\ 985.55}$=25.84(元/$m^3$)

3. 土方回填的工程量清单

1) 确定项目编码和计量单位

项目编码:010103001001　回填方　计量单位:$m^3$

2) 描述项目特征

基坑夯填、一类土,运距 150 m。

3) 按计算规范计算工程量

垫层体积 65.10 $m^3$,底板体积 256.26 $m^3$,地下室墙及地下室净空体积 1 568.48 $m^3$(计算过程略)。

回填土量:1 985.55－65.10－256.26－1 568.48=95.71($m^3$)

4. 土方回填的工程量清单计价

1) 按计价定额规定计算工程内容的工程量(见例 5.4.2)

回填土量:435.96 $m^3$

2) 套计价定额计算各项工程内容的综合价(见例 8.3.2)

(1) 1-104　基坑回填土　435.96×31.17=13 588.87(元)

(2) 1-1　人工挖一类土　435.96×10.55=4 599.38(元)

(3) 1-92+[1-95]×2　人力车运土 150 m　435.96×28.49=12 420.50(元)

3) 计算土方回填的综合价、综合单价

土方回填的工程量清单综合价(1~3)项合计　30 608.75 元

土方回填的工程量清单综合单价　$\frac{30\ 608.75}{95.71}=319.81$(元/$m^3$)

工程量清单编制如下：

**表 8.3.3　某工程挖基础土方、土方回填的工程量清单计价**

| 序号 | 项目编码 | 项目名称 | 项目特征描述 | 计量单位 | 工程量 | 金额(元) | | |
|---|---|---|---|---|---|---|---|---|
| | | | | | | 综合单价 | 合价 | 其中<br>暂估价 |
| 1 | 010101002001 | 挖一般土方 | 1. 土壤类别：三类土<br>2. 挖土深度：3.05 m<br>3. 弃土运距：1 km | $m^3$ | 1 985.55 | 25.84 | 51 308.46 | |
| 1.1 | 1-204 | 反铲挖掘机挖土、装车 | | 1 000 $m^3$ | 2.147 | 5 053.89 | 10 850.70 | |
| 1.2 | 1-262 换 | 自卸汽车运土 | | 1 000 $m^3$ | 2.147 | 11 208.49 | 24 064.63 | |
| 1.3 | [1-3]×2 | 人工挖土方深 4 m 以内 | | $m^3$ | 179.30 | 52.74 | 9 456.28 | |
| 1.4 | 1-86 | 人工挖土运 20 m | | $m^3$ | 179.30 | 23.21 | 4 161.55 | |
| 1.5 | 1-204 换 | 反铲挖掘机挖一类土、装车 | | 1 000 $m^3$ | 0.179 | 4 295.91 | 768.97 | |
| 1.6 | 1-262 换 | 自卸汽车运土 1 km | | 1 000 $m^3$ | 0.179 | 11 208.49 | 2 006.32 | |
| 2 | 010103001001 | 回填方 | 1. 基坑回填<br>2. 土壤类别：一类土<br>3. 运距：150 m | $m^3$ | 95.71 | 319.81 | 30 608.75 | |
| 2.1 | 1-104 | 基坑回填土 | | $m^3$ | 435.96 | 31.17 | 13 588.87 | |
| 2.2 | 1-1 | 人工挖一类土 | | $m^3$ | 435.96 | 10.55 | 4 599.38 | |
| 2.3 | 1-92+[1-95]×2 | 人力车运土 150 m | | $m^3$ | 435.96 | 28.49 | 12 420.50 | |

## 8.3.2　地基处理与边坡工程计价

### 8.3.2.1　地基处理与边坡工程定额计价

1) 地基处理与边坡工程定额计价要点

(1) 换填垫层适用于软弱地基的换材料加固，按定额第四章相应子目执行。

(2) 深层搅拌桩不分桩径大小执行相应子目。设计水泥量不同可换算，其他不调整。

(3) 深层搅拌桩(三轴除外)和粉喷桩是按四搅两喷施工编制，设计为两搅一喷，定额人工、机械乘以系数 0.7；六搅三喷，定额人工、机械乘以系数 1.4。

(4) 高压旋喷桩、压密注浆的浆体材料用量可按设计含量调整。

(5) 斜拉锚杆是指深基坑围护中，锚接围护桩体的斜拉桩。

(6) 基坑钢管支撑为周转摊销材料，其场内运输、回库保养均已包括在内。支撑处需挖运土方、围檩与基坑护壁的填充混凝土未包括在内，发生时应按实另行计算。场外运输按金属Ⅲ类构件计算。

(7) 打、拔钢板桩单位工程打桩工程量小于 50 t 时，人工、机械乘以系数1.25。场内运输超过 300 m 时，应按相应构件运输子目执行，并扣除打桩子目中的场内运费。

(8) 采用桩进行地基处理时，按定额第三章相应子目执行。

(9) 定额中本章未列混凝土支撑，若发生，按相应混凝土构件定额执行。

2) 地基处理与边坡工程定额计价示例

**例 8.3.5** 某基坑支护工程止水幕采用三轴水泥土搅拌桩，截面形式为三轴 ϕ850@1 200，桩截面面积为 1.495 $m^2$，搭接形式为套接一孔，两搅一喷法。已知桩顶标高－2.60 m，桩底标高－19.60 m，自然地面标高－0.60 m，桩数 210 根，要求按计价定额计算工程量和定额总价(管理费和利润按定额中费率计算)。

**相关知识点**

(1) 定额中已包括 2 m 以内的钻进空搅因素，超过 2 m 以外的空搅体积按相应子目人工，深层搅拌桩基乘以系数 0.3，其他不算。

(2) 深层搅拌桩三轴是按两搅一喷考虑的，设计不同应调整。

(3) 深层搅拌桩水泥掺入比按 12％计算，设计要求掺入比与定额取定不同时，水泥用量可以调整，其他不变。

**解** (1) 用定额算工程量：

1.495×(19.60－2.60＋0.50)×210(根数)＝5 494.13($m^3$)

(2) 查定额，套用定额 2-12 换，三轴深层搅拌桩

单价换算：146.42＋(20％÷12％－1)×76.73＝197.57(元)

综合价：5 494.13×197.57＝1 085 475.26(元)

**例 8.3.6** 某工程采用压密注浆进行复合地基加固，压密注浆孔孔径 ϕ50 mm，孔顶标高－1.00 m，孔底标高－6.00 m，自然地面标高－0.50 m，水泥用量按定额用量不调整，孔间距 1.0 m×1.0 m，沿基础满布，压密注浆每孔加固范围按 1 $m^2$ 计算，注浆孔数量 230 根，要求按计价定额计算工程量和定额总价(管理费和利润按定额中费率计算)。

**解** 用定额算工程量：

(1) 压浆注浆钻孔　(6.00－0.50)×230 根＝1 265(m)

(2) 压密注浆　1×(6.00－1.00)×230 根＝1 150($m^3$)

查定额，套用定额 2-21，压浆注浆钻孔　1 265×33.97＝42 972.05(元)

套用定额 2-22，压密注浆　1 150×84.36＝97 014.00(元)

综合价合计：139 986.05 元

8.3.2.2　地基处理与边坡工程清单计价

1）地基处理与边坡工程清单计价要点

(1) 砂石桩工作内容包括成孔、填充、振实、材料运输。

(2) 深层搅拌桩工作内容包括预搅下钻、水泥浆制作、喷浆搅拌提升成桩、材料运输。

(3) 土钉工作内容包括钻孔、浆液制作、运输、压浆、土钉制作、安装、土钉施工平台搭设、拆除。喷射混凝土、水泥砂浆工作内容包括修整边坡、混凝土(砂浆)制作、运输、喷射、养护、钻排水孔、安装排水管、喷射施工平台搭设、拆除。

(4) 项目特征中的桩长应包括桩尖，空桩长度＝孔深－桩长，孔深为自然地面至设计桩底的深度。

(5) 高压喷射注浆类型包括旋喷、摆喷、定喷，高压喷射注浆方法包括单管法、双重管法、三重管法。

(6) 如采用泥浆护壁成孔，工作内容包括土方、废泥浆外运；如采用沉管灌注成孔，工作内容包括桩尖制作、安装。

2）地基处理与边坡工程清单计价示例

**例 8.3.7**　某基坑支护工程止水幕采用三轴水泥土搅拌桩，截面形式为三轴 ϕ850@1200，桩截面面积为 1.495 $m^2$，搭接形式为套接一孔，两搅一喷法。已知桩顶标高－2.60 m，桩底标高－19.60 m，自然地面标高－0.60 m。设计采用 PO42.5 级普通硅酸盐水泥，水泥掺入比 20%，水灰比 1.2，桩数 210 根，要求编制工程量清单并组价(管理费和利润按定额中费率计算)。

**解**　项目编码：010201009001　深层搅拌桩

清单工程量：按设计图示尺寸以桩长计算

(19.60－0.60)×210(根数)＝3 990(m)

1. 工程量清单编制如下：

**表 8.3.4　某基坑支护工程工程量清单**

| 序号 | 项目编码 | 项目名称 | 项目特征描述 | 计量单位 | 工程量 | 金额(元) | | |
|---|---|---|---|---|---|---|---|---|
| | | | | | | 综合单价 | 合价 | 其中<br>暂估价 |
| 1 | 010201009001 | 深层搅拌桩 | 1. 地层情况：由投标人根据岩石工程勘察报告自行决定报价<br>2. 空桩长度、桩长：19 m<br>3. 桩截面尺寸：1.459 $m^2$<br>4. 水泥强度等级、掺量：采用 PO42.5 级普通硅酸盐水泥，水泥掺入比 20% | m | 3 990 | | | |

2. 定额组价：

表 8.3.5 某基坑支护工程组价表

| 序号 | 项目编码 | 项目名称 | 项目特征描述 | 计量单位 | 工程量 | 金额(元) | | |
|---|---|---|---|---|---|---|---|---|
| | | | | | | 综合单价 | 合价 | 其中 |
| | | | | | | | | 暂估价 |
| 1 | 010201009001 | 深层搅拌桩 | 1. 地层情况：由投标人根据岩石工程勘察报告自行决定报价<br>2. 空桩长度、桩长：19 m<br>3. 桩截面尺寸：1.459 $m^2$<br>4. 水泥强度等级、掺量：采用 PO42.5 级普通硅酸盐水泥，水泥掺入比 20% | m | 3 990 | 271.80 | 1 084 486.32 | |
| 1.1 | 2-12 换 | 深层搅拌桩 | | $m^3$ | 5 494.13 | 197.39 | 1 084 486.32 | |

**例 8.3.8** 某工程采用压密注浆进行复合地基加固，压密注浆孔孔径 ϕ50 mm，孔顶标高 −1.00 m，孔底标高 −6.00 m，自然地面标高 −0.50 m，水泥用量按定额用量不调整，孔间距 1.0 m×1.0 m，沿基础满布，压密注浆每孔加固范围按 1 $m^2$ 计算，注浆孔数量 230 根。要求编制工程量清单并组价（管理费和利润按定额中费率计算）。

**解** 项目编码：010201012001 高压喷射注浆桩

清单工程量：按设计图示尺寸以桩长计算：(6.00−1.00)×230 根＝1 150(m)

1. 工程量清单编制如下：

表 8.3.6 某高压喷射注浆桩工程量清单

| 序号 | 项目编码 | 项目名称 | 项目特征描述 | 计量单位 | 工程量 | 金额(元) | | |
|---|---|---|---|---|---|---|---|---|
| | | | | | | 综合单价 | 合价 | 其中 |
| | | | | | | | | 暂估价 |
| 1 | 010201012001 | 高压喷射注浆桩 | 1. 地层情况：由投标人根据岩石工程勘察报告自行决定报价<br>2. 空桩长度：0.5 m；桩长：5 m<br>3. 桩截面尺寸：1 $m^2$<br>4. 水泥强度等级、掺量：按定额用量 | m | 1 150 | | | |

2. 定额组价：

**表 8.3.7　某高压喷射注浆桩组价表**

| 序号 | 项目编码 | 项目名称 | 项目特征描述 | 计量单位 | 工程量 | 金额(元) | | |
|---|---|---|---|---|---|---|---|---|
| | | | | | | 综合单价 | 合价 | 其中<br>暂估价 |
| 1 | 010201012001 | 高压喷射注浆桩 | 1. 地层情况：由投标人根据岩石工程勘察报告自行决定报价<br>2. 空桩长度：0.5 m；桩长：5 m<br>3. 桩截面尺寸：1 $m^2$<br>4. 水泥强度等级、掺量：按定额用量 | m | 1 150 | 121.73 | 139 986.05 | |
| 1.1 | 2-21 | 压浆注浆钻孔 | | m | 1 265 | 33.97 | 42 972.05 | |
| 1.2 | 2-22 | 压密注浆 | | $m^3$ | 1 150 | 84.36 | 97 014 | |

## 8.3.3　桩基工程计价

### 8.3.3.1　桩基工程定额计价

1）桩基工程定额计价要点

(1) 打桩机的类别、规格在定额中不换算，但打桩机及为打桩机配套的施工机械进(退)场费和组装、拆卸费按实际进场机械的类别、规格在单价措施项目费中计算。

(2) 每个单位工程的打(灌注)桩工程量小于表 8.3.8 规定数量时为小型工程，其人工、机械(包括送桩)按相应定额项目乘系数 1.25。

**表 8.3.8　小型打(灌注)桩工程工程量指标表**

| 项　目 | 工程量($m^3$) |
|---|---|
| 预制钢筋混凝土方桩 | 150 |
| 预制钢筋混凝土离心管桩(空心方桩) | 50 |
| 打孔灌注混凝土桩 | 60 |
| 打孔灌注砂桩、碎石桩、砂石桩 | 100 |
| 钻孔灌注混凝土桩 | 60 |

(3) 打预制方桩、离心管桩的定额中已综合考虑了 300 m 的场内运输，当场内运输超过 300 m 时，运输费另外计算，同时扣除定额内的场内运输费。

(4) 打预制桩定额中不含桩本身，只有 1%的桩损耗，桩的制作费另按定额第五章、第六章相应定额计算。

(5) 各种灌注桩的定额中已考虑了灌注材料的充盈系数和操作损耗率(表 8.3.9)，但这个数量是供编制标底时参考使用的，结算时灌注材料的充盈系数应按打桩记录的灌入量进行计算，操作损耗率不变。

表 8.3.9　灌注桩充盈系数及操作损耗率表

| 项目名称 | 充盈系数 | 操作损耗率(%) |
| --- | --- | --- |
| 打孔沉管灌注混凝土桩 | 1.20 | 1.50 |
| 打孔沉管灌注砂(碎石)桩 | 1.20 | 2.00 |
| 打孔沉管灌注砂石桩 | 1.20 | 2.00 |
| 钻孔灌注混凝土桩(土孔) | 1.20 | 1.50 |
| 钻孔灌注混凝土桩(岩石孔) | 1.10 | 1.50 |
| 打孔沉管夯扩灌注混凝土桩 | 1.15 | 2.00 |

(6) 钻孔灌注混凝土桩钻孔定额中已含挖泥浆池及地沟土方的人工,但不含砌泥浆池的人工及耗用材料。在编制标底时暂按每立方米桩 2.0 元计算,结算时按实调整。

(7) 灌注桩中设计有钢筋笼时,按定额第五章计算。

(8) 本计价定额中,灌注混凝土桩的混凝土灌注有三种方法,即现场搅拌混凝土、泵送商品混凝土、非泵送商品混凝土,应根据设计要求或施工方案选择使用。

2) 桩基工程定额计价示例

**例 8.3.9**　某工程桩基础为现场预制混凝土方桩(图 5.4.4),C30 商品混凝土,室外地坪标高－0.30 m,桩顶标高－1.80 m,桩计 150 根。工程量在例 5.4.4 中已计算,现按计价定额规定计价。

**相关知识点**

(1) 本工程桩工程量小于表 8.3.8 中的工程量,属小型工程,打桩的人工、机械(包括送桩)按相应定额乘系数"1.25"。

(2) 打桩定额中预制桩 1%损耗为 C35 混凝土,混凝土强度等级不同按规定不调整。

(3) 桩基础的工程类别要根据桩长划分,本工程为桩基础工程三类工程,其管理费、利润的计取标准均与定额默认的不同,应按 2014 年版《江苏省建设工程费用定额》制作兼打桩的费率调整综合单价。

**解**　计价定额计价:

(1) 桩制作,用 C30 非泵送商品混凝土

计价定额 6-352　方桩制作

(管理费应由 25%调整为 11%,利润应由 12%调整为 7%,此过程可在电脑上操作调整,在本例题中不再细述)

每立方米综合单价:

(62.32＋18.12)×(1＋0.11＋0.07)＋368.31＝463.23(元)

方桩制作综合价:113.40×463.23＝52 530.28(元)

(2) 打预制方桩，桩长 8.4 m，工程量小于 150 m³

计价定额 3-1 换　打预制方桩　桩长 12 m 以内

(管理费为 11%，利润由 6%调整为 7%)

定额价换算：小型工程，人工、机械乘系数“1.25”

综合单价：

(68.68＋147.88)×(1＋0.11＋0.07)×1.25＋30.27＝349.70(元)

打预制方桩综合价：113.40×349.70＝39 655.98(元)

(3) 预制方桩送桩，桩长 8.4 m，送桩长度 2 m

计价定额 3-5 换　预制方桩送桩，桩长 12 m 以内

(管理费为 14%，利润由 6%调整为 7%)

定额价换算：小型工程，人工、机械乘系数“1.25”

综合单价：

(72.38＋126.97)×(1＋0.11＋0.07)×1.25＋26.70＝320.74(元)

预制方桩送桩综合价：27.0×320.74＝8 659.98(元)

(4) 预制方桩凿桩头

计价定额 3-93　凿方桩桩头

每 10 根桩综合单价：

215.6×(1＋0.11＋0.07)＋2＝256.41(元)

凿桩头综合价：15.0×256.41＝3 846.15(元)

**例 8.3.10**　某工程桩基础是钻孔灌注混凝土桩(图 5.4.5)，C30 混凝土现场搅拌，土孔中混凝土充盈系数为 1.25，自然地面标高－0.45 m，桩顶标高－3.00 m，设计桩长12.30 m，桩进入岩层 1 m，桩直径 $\phi$600 mm，计 100 根，泥浆外运 5 km。工程量在例 5.4.5 中已计算，现按计价定额规定计价。(管理费、利润按定额执行，不调整)

**相关知识**

(1) 钻土孔、岩石孔，灌注混凝土桩土孔、岩石孔，均分别套相应定额。

(2) 混凝土强度等级与定额不同要换算。

(3) 充盈系数与定额不符要调整混凝土灌入量，但操作损耗不变。

(4) 在投标报价时砖砌泥浆池要按施工组织设计要求计算工、料费用。

**解**　计价定额计价

(1) 钻 $\phi$600 mm 土孔

计价定额 3-28 钻土孔　每立方米综合单价：300.96 元

钻土孔综合价：391.40×300.96＝117 795.74(元)

(2) 钻 $\phi$600 mm 岩石孔

计价定额 3-31 钻岩石孔　每立方米综合单价：1 298.80 元

钻岩石孔综合价：28.26×1 298.8＝36 704.09(元)

(3) 自拌混凝土灌土孔桩

计价定额 3-39 换　钻土孔灌注 C30 混凝土桩

定额价换算：C30 混凝土充盈系数“1.25”

C30 混凝土用量：1.25÷1.2×1.218＝1.269($m^3$)

C30 混凝土桩每立方米综合单价：

458.83－351.03＋1.269×288.20＝473.53(元)

钻土孔灌注混凝土桩综合价：

336.29×473.53＝159 243.40(元)

(4) 自拌混凝土灌岩石孔桩

计价定额 3-40　钻岩石孔灌注 C30 混凝土桩

充盈系数同定额

C30 混凝土桩每立方米综合单价：421.18 元

钻岩石孔灌注桩综合价：28.26×421.18＝11 902.55(元)

(5) 泥浆外运 5 km

计价定额 3-41　泥浆外运　每立方米综合单价：112.21 元

泥浆外运综合价：419.66×112.21＝47 090.05(元)

(6) 泥浆池费用

按定额计算　364.55×2＝729.10(元)

(7) 灌注桩凿桩头

计价定额 3-92 凿灌注桩桩头　每立方米综合单价：207.79 元

凿灌注桩桩头综合价：

16.96×207.79＝3 524.12(元)

#### 8.3.3.2　桩基工程清单计价

1) 桩基工程清单计价要点

(1) 地层情况可按规范规定并根据岩土工程勘察报告按单位工程各地层所占比例(包括范围值)进行描述。对无法准确描述的地层情况，可注明由投标人根据岩土工程勘察报告自行决定报价。

(2) 项目特征中的桩截面、混凝土强度等级、桩类型等可直接用标准图代号或设计桩型进行描述。

(3) 预制钢筋混凝土方桩、预制钢筋混凝土管桩项目以成品桩编制，应包括成品桩购置费，如果用现场预制，应包括现场预制桩的所有费用。

(4) 打试验桩和打斜桩应按相应项目单独列项，并应在项目特征中注明试验桩或斜桩(斜率)。

(5) 截(凿)桩头项目适用于计算规范附录 B、附录 C 所列桩的桩头截(凿)。

(6) 预制钢筋混凝土管桩桩顶与承台的连接构造按计算规范附录 E 相关项目列项。

2) 桩基工程清单计价示例

**例 8.3.11** 某工程桩基础为现场预制混凝土方桩(图 5.4.4),C30 商品混凝土,室外地坪标高－0.30 m,桩顶标高－1.80 m,桩计 150 根。工程量在例 5.4.4 中已计算,请编制工程量清单并组价。

**解**

1. 工程量清单编制如下:

**表 8.3.10 某现场预制混凝土方桩工程量清单**

| 序号 | 项目编码 | 项目名称 | 项目特征描述 | 计量单位 | 工程量 | 金额(元) | | |
|---|---|---|---|---|---|---|---|---|
| | | | | | | 综合单价 | 合价 | 其中<br>暂估价 |
| 1 | 010301001001 | 预制钢筋混凝土方桩 | 1. 地层情况:由投标人根据岩石工程勘察报告自行决定报价<br>2. 桩长 8.40 m、桩断面 300 mm× 300 mm、C30 商品混凝土、桩顶标高－1.80 m | 根 | 150 | | | |

2. 定额组价:

**表 8.3.11 某现场预制混凝土方桩组价表**

| 序号 | 项目编码 | 项目名称 | 项目特征描述 | 计量单位 | 工程量 | 金额(元) | | |
|---|---|---|---|---|---|---|---|---|
| | | | | | | 综合单价 | 合价 | 其中<br>暂估价 |
| 1 | 010301001001 | 预制钢筋混凝土方桩 | 1. 地层情况:由投标人根据岩石工程勘察报告自行决定报价<br>2. 桩长 8.40 m、桩断面 300 mm × 300 mm、C30 商品混凝土、桩顶标高－1.80 m | 根 | 150 | 697.95 | 104 692.39 | |
| 1.1 | 6-352 | 方桩制作 | | $m^3$ | 113.40 | 463.23 | 52 530.28 | |
| 1.2 | 3-1 换 | 打预制方桩,桩长 12 m 以内 | | $m^3$ | 113.40 | 349.70 | 39 655.98 | |
| 1.3 | 3-5 换 | 预制方桩送桩,桩长 12 m 以内 | | $m^3$ | 27.00 | 320.74 | 8 659.98 | |
| 1.4 | 3-93 | 凿方桩桩头 | | $m^3$ | 15.00 | 256.41 | 3 846.15 | |

**例 8.3.12** 某工程桩基础是钻孔灌注混凝土桩(图 5.4.5),C30 混凝土现场搅拌,土孔中混凝土充盈系数为 1.25,自然地面标高 −0.45 m,桩顶标高 −3.00 m,设计桩长 12.30 m,桩进入岩层 1 m,桩直径 $\phi$600 mm,计 100 根,泥浆外运 5 km。工程量在例 5.4.5 中已计算,现要求编制工程量清单并组价(管理费和利润按定额中费率)。

**解**

1. 工程量清单编制如下:

**表 8.3.12 某钻孔灌注混凝土桩工程量清单**

| 序号 | 项目编码 | 项目名称 | 项目特征描述 | 计量单位 | 工程量 | 金额(元) | | |
|---|---|---|---|---|---|---|---|---|
| | | | | | | 综合单价 | 合价 | 其中 |
| | | | | | | | | 暂估价 |
| 1 | 010302001001 | 泥浆护壁成孔灌注桩 | 桩长 12.30 m,桩直径 600 mm,C30 混凝土自拌,桩顶标高 −3.00 m,桩进入岩层 1 m,计 100 根,泥浆外运 5 km | m | 1 230 | | | |

2. 定额组价:

**表 8.3.13 某钻孔灌注混凝土桩组价表**

| 序号 | 项目编码 | 项目名称 | 项目特征描述 | 计量单位 | 工程量 | 金额(元) | | |
|---|---|---|---|---|---|---|---|---|
| | | | | | | 综合单价 | 合价 | 其中 |
| | | | | | | | | 暂估价 |
| 1 | 010302001001 | 泥浆护壁成孔灌注桩 | 桩长 12.30 m,桩直径 600 mm,C30 混凝土自拌,桩顶标高 −3.00 m,桩进入岩层 1 m,计 100 根,泥浆外运 5 km | m | 1 230 | 306.50 | 376 989.05 | |
| 1.1 | 3-28 | 钻土孔 | | $m^3$ | 391.40 | 300.96 | 117 795.74 | |
| 1.2 | 3-31 | 钻岩石孔 | | $m^3$ | 28.26 | 1 298.80 | 36 704.09 | |
| 1.3 | 3-39 换 | 钻土孔灌注 C30 混凝土桩 | | $m^3$ | 336.29 | 473.53 | 159 243.40 | |
| 1.4 | 3-40 | 钻岩石孔灌注 C30 混凝土桩 | | $m^3$ | 28.26 | 421.18 | 11 902.55 | |
| 1.5 | 3-41 | 泥浆外运 | | $m^3$ | 419.66 | 112.21 | 47 090.05 | |
| 1.6 | 注 | 泥浆池费用 | | $m^3$ | 364.55 | 2 | 729.10 | |
| 1.7 | 3-92 | 凿灌注桩桩头 | | $m^3$ | 16.96 | 207.79 | 3 524.12 | |

### 8.3.4 砌筑工程计价

#### 8.3.4.1 砌筑工程定额计价

1) 砌筑工程定额计价要点

(1) 砖基础深度自室外地面至砖基础底面超过 1.5 m 时，其超过部分每立方米砌体应增加 0.041 工日。

(2) 门窗洞口侧预埋混凝土块，定额中已综合考虑，实际施工不同时，不做调整。

(3) 本计价定额中，只有标准砖有弧形墙定额，其他品种砖弧形墙按相应定额项目每立方米砌体人工增加 15%，砖增加 5%。

(4) 砖砌体内的钢筋加固，按第五章的砌体、板缝内加固钢筋定额执行。

(5) 砖砌体挡土墙以顶面宽度按相应墙厚内墙定额执行，顶面宽度超过 1 砖按砖基础定额执行。

(6) 墙基防潮层按墙基顶面水平宽度乘以长度以面积计算，有附垛时将其面积并入墙基内。

(7) 砖砌台阶按水平投影面积计算。

(8) 计价定额中的零星砌砖与清单中零星砌砖内容不同，砖胎模在计价定额第二十一章中有相应子目，容积在 3 $m^3$ 以内的水池执行计价定额中的零星砌砖子目。

2) 砌筑工程定额计价示例

**例 8.3.13** 某单位传达室基础平面图及基础详图如图 5.4.1 所示，室内地坪±0.00 m，防潮层−0.06 m，防潮层以下用 M10 水泥砂浆砌标准砖基础，防潮层以上为多孔砖墙身。条形基础用 C20 自拌混凝土，垫层用 C10 自拌混凝土。按计价定额规定计价。

**相关知识**

(1) 砌体砂浆与定额不同时要调整综合单价。

(2) 混凝土垫层、混凝土基础的模板套相应计价定额子目在单价措施项目费中计算。

(3) 混凝土基础中如有钢筋，则应按计价定额第五章钢筋工程中的相关项目计算。

**解** 计价定额计价：

(1) 计价定额 4-1 换　砖基础 M10 水泥砂浆

定额中 M5 水泥砂浆换为 M10 水泥砂浆

每立方米综合单价：

406.25−43.65+46.35=408.95(元)

砖基础合价：15.64×408.95=6 395.98(元)

(2) 计价定额 4-52　防水砂浆防潮层　每 10 平方米综合单价 173.94 元

防潮层合价：0.90×173.94=156.55(元)

(3) 计价定额 6-1　C10 混凝土垫层　每立方米垫层综合单价 385.69 元
垫层合价：4.27×385.69＝1 646.90(元)

(4) 计价定额 6-3　C20 混凝土条形基础　每立方米综合单价 373.32 元
混凝土条形基础工程量 6.48 $m^3$，计算过程略。
条形基础合价：6.48×373.32＝2 419.11(元)

**例 8.3.14**　某单位传达室平面图、剖面图、墙身大样图如图 5.4.6 所示，构造柱 240 mm×240 mm，并与墙嵌接，圈梁 240 mm×300 mm，屋面板厚 100 mm，门窗上口无圈梁处设置过梁厚 120 mm，过梁长度为洞口尺寸两边各加 250 mm，窗台板厚 60 mm，长度为窗洞口尺寸两边各加 60 mm，窗两侧有 60 mm 宽砖砌窗套，砌体材料为 KP1 多孔砖，女儿墙为标准砖，砌筑砂浆为 M5 混合砂浆。按计价定额规定计价。

**相关知识**

(1) 砌体材料不同，分别套定额。

(2) 多孔砖砌体定额不分内、外墙，标准砖砌体定额分内、外墙，女儿墙按外墙定额计算。

**解**　计价定额计价：

(1) 计价定额 4-28　KP1 多孔砖一砖外墙、内墙
每立方米综合单价 311.14 元
KP1 多孔砖墙合价：16.26×311.14＝5 059.14(元)

(2) 计价定额 4-27　KP1 多孔砖半砖内墙　每立方米综合单价 331.12 元
KP1 多孔砖半砖墙合价：0.62×331.12＝205.29(元)

(3) 计价定额 4-35　标准砖女儿墙　每立方米综合单价 442.66 元
标准砖女儿墙合价：1.61×442.66＝712.68(元)

#### 8.3.4.2　砌筑工程清单计价

1) 砌筑工程清单计价要点

(1)“砖基础”项目适用于各种类型砖基础，在工程量清单特征中应描述砖品种、规格、强度等级、基础类型、基础深度、砂浆强度等级；在工程量清单计价时要把“砖基础”工程发生的砂浆制作运输、砌砖基础、防潮层、材料运输等施工项目计算在“砖基础”项目报价内。

(2)“实心砖墙”、“空心砖墙”、“砌块墙”项目分别适用于实心砖、空心砖、砌块砌筑的各种墙(外墙、内墙、直墙、弧墙以及不同厚度、不同砂浆砌筑的墙)，在工程清单特征中应描述砖品种、规格、强度等级、墙体类型、墙体厚度、墙体高度、砂浆强度等级、配合比，在清单组价时应将砂浆制作运输、砌砖、材料运输等施工项目计算在报价内。

(3)“砖检查井”在工程量清单中以“座”计算，在清单描述中应描述井截面、深度，砖品种、规格、强度等级，垫层材料种类、厚度，底板厚度，井盖安装，混凝土强度等级，砂浆强度等级，防潮层材料种类；在工程量清单计价时要把“砖检查井”发生

的砂浆制作运输，铺设垫层，底板混凝土制作、运输、浇筑、振捣、养护，砌砖，刮缝，井池底、壁抹灰，抹防潮层、材料运输计入项目报价中。土方挖、填需另套土方章节清单，脚手架、模板等内容应列在单价措施项目费中。

2）砌筑工程清单计价示例

**例 8.3.15** 某单位传达室基础平面图及基础详图如图 5.4.1 所示，室内地坪±0.00 m，防潮层－0.06 m，防潮层以下用 M10 水泥砂浆砌标准砖基础，防潮层以上为多孔砖墙身。条形基础用 C20 自拌混凝土，垫层用 C10 自拌混凝土。计算工程量清单综合单价。

**解**

（1）砖基础的工程量清单计价

① 套计价定额计算各项工程内容的综合价

4-1 换　砖基础　15.64×408.95＝6 395.98（元）

4-52　防潮层　0.90×173.94＝156.55（元）

② 砖基础的工程量清单合价（1～2 项合计）　6 552.53 元

砖基础的工程量清单综合单价：$\frac{6\ 552.53}{15.64}$＝418.96（元/m$^3$）

**表 8.3.14　某砖基础工程量清单综合单价分析表**

| 项目编码 | 010401001001 | 项目名称 | 砖基础 | 计量单位 | m$^3$ | 清单工程量 | 15.64 |
|---|---|---|---|---|---|---|---|
| 清单综合单价组成明细 | | | | | | | |
| 定额编号 | 名称 | | | 单位 | 工程量 | 基价 | 合价 |
| 4-1 换 | 砖基础 | | | m$^3$ | 15.64 | 408.95 | 6 395.98 |
| 4-52 | 防潮层 | | | 10 m$^2$ | 0.90 | 173.94 | 156.55 |
| 计价表合价汇总（元） | | | | | | | 6 552.53 |
| 清单项目综合单价（元） | | | | | | | 418.96 |

（2）带形基础的工程量清单计价

**表 8.3.15　某带形基础的工程量清单综合单价分析表**

| 项目编码 | 010501002001 | 项目名称 | 带形基础 | 计量单位 | m$^3$ | 清单工程量 | 6.48 |
|---|---|---|---|---|---|---|---|
| 清单综合单价组成明细 | | | | | | | |
| 定额编号 | 名称 | | | 单位 | 工程量 | 基价 | 合价 |
| 6-3 | C20 混凝土条形基础 | | | m$^3$ | 6.48 | 373.32 | 2 419.11 |
| 计价表合价汇总（元） | | | | | | | 2 419.11 |
| 清单项目综合单价（元） | | | | | | | 373.32 |

(3) 垫层的工程量清单计价

**表 8.3.16　某垫层工程量清单综合单价分析表**

| 项目编码 | 010501001001 | 项目名称 | 垫层 | 计量单位 | $m^3$ | 清单工程量 | 4.27 |
|---|---|---|---|---|---|---|---|
| 清单综合单价组成明细 | | | | | | | |
| 定额编号 | 名称 | | | 单位 | 工程量 | 基价 | 合价 |
| 6-1 | C10 混凝土垫层 | | | $m^3$ | 4.27 | 385.69 | 1 646.90 |
| 计价表合价汇总(元) | | | | | | | 1 646.90 |
| 清单项目综合单价(元) | | | | | | | 385.69 |

**例 8.3.16**　某单位传达室平面图、剖面图、墙身大样图如图 5.4.6 所示，构造柱 240 mm×240 mm，并与墙嵌接，圈梁 240 mm×300 mm，屋面板厚100 mm，门窗上口无圈梁处设置过梁厚 120 mm，过梁长度为洞口尺寸两边各加250 mm，窗台板厚 60 mm，长度为窗洞口尺寸两边各加 60 mm，窗两侧有 60 mm 宽砖砌窗套，砌体材料为 KP1 多孔砖，女儿墙为标准砖，砌筑砂浆为 M5 混合砂浆。计算工程量清单综合单价。

**解**

(1) 一砖多孔砖墙的工程量清单计价

① 套计价定额

4-28　KP1 多孔砖一砖墙　16.26×311.14=5 059.14(元)

② 一砖多孔砖墙的工程量清单合价　5 059.14 元

一砖多孔砖墙的工程量清单综合单价　$\frac{5\ 059.14}{16.26}=311.14$(元/$m^3$)

**表 8.3.17　某一砖多孔砖墙工程量清单综合单价分析表**

| 项目编码 | 010401004001 | 项目名称 | 多孔砖墙 | 计量单位 | $m^3$ | 清单工程量 | 16.26 |
|---|---|---|---|---|---|---|---|
| 清单综合单价组成明细 | | | | | | | |
| 定额编号 | 名称 | | | 单位 | 工程量 | 基价 | 合价 |
| 4-28 | KP1 多孔砖一砖墙 | | | $m^3$ | 16.26 | 311.14 | 5 059.14 |
| 计价表合价汇总(元) | | | | | | | 5 059.14 |
| 清单项目综合单价(元) | | | | | | | 311.14 |

(2) 半砖多孔砖墙的工程量清单计价

① 套计价定额

4-27　KP1 多孔砖 1/2 砖墙　0.62×331.12=205.29(元)

② 半砖多孔砖墙的工程量清单合价：205.29 元

半砖多孔砖墙的工程量清单综合单价 $\frac{205.29}{0.62}=331.12$(元/$m^3$)

**表 8.3.18 某半砖多孔砖墙工程量清单综合单价分析表**

| 项目编码 | 010401004002 | 项目名称 | 多孔砖墙 | 计量单位 | $m^3$ | 清单工程量 | 0.62 |
|---|---|---|---|---|---|---|---|
| 清单综合单价组成明细 | | | | | | | |
| 定额编号 | 名称 | | | 单位 | 工程量 | 基价 | 合价 |
| 4-27 | KP1 多孔砖 1/2 砖墙 | | | $m^3$ | 0.62 | 331.12 | 205.29 |
| 计价表合价汇总(元) | | | | | | | 205.29 |
| 清单项目综合单价(元) | | | | | | | 331.12 |

(3) 女儿墙的工程量清单计价

① 套计价定额

4-35 标准砖一砖外墙　1.61×442.66=712.68(元)

② 女儿墙的工程量清单合价　712.68 元

女儿墙的工程量清单综合单价 $\frac{712.68}{1.61}=442.66$(元/$m^3$)

**表 8.3.19 某女儿墙工程量清单综合单价分析表**

| 项目编码 | 010401003001 | 项目名称 | 标准砖墙 | 计量单位 | $m^3$ | 清单工程量 | 1.61 |
|---|---|---|---|---|---|---|---|
| 清单综合单价组成明细 | | | | | | | |
| 定额编号 | 名称 | | | 单位 | 工程量 | 基价 | 合价 |
| 4-35 | 标准砖一砖外墙 | | | $m^3$ | 1.61 | 442.66 | 712.68 |
| 计价表合价汇总(元) | | | | | | | 712.68 |
| 清单项目综合单价(元) | | | | | | | 442.66 |

## 8.3.5 混凝土及钢筋混凝土工程计价

混凝土及钢筋混凝土清单组价时，一般包括钢筋、混凝土、预制构件运输吊装以及预制构件制作模板。本节定额计价同时介绍钢筋、混凝土、构件运输吊装三个部分。

### 8.3.5.1 混凝土及钢筋混凝土工程定额计价

1) 钢筋工程定额计价要点与示例

(1) 计价定额第五章包括现浇构件、预制构件、预应力构件及其他共四节，设置 51 个子目，其中现浇构件 8 个子目，主要包括普通钢筋、冷轧带肋钢筋、成型冷轧扭钢筋、钢筋笼、桩内主筋与底板钢筋焊接等；预制构件 6 个子目，主要包括现场预制混凝土构件钢筋、加工厂预制混凝土构件钢筋、点焊钢筋网片等；预应力构件

10 个子目，主要包括先张法、后张法钢筋和后张法钢丝束、钢绞线束钢筋等；其他 27 个子目，主要包括砌体、板缝内加固钢筋、铁件制作、地脚螺栓制作、端头螺杆螺帽制作、电渣压力焊、直螺纹接头、镦粗直螺纹接头、冷压套管接头、植筋等。

(2) 钢筋工程不分品种，以钢筋的不同规格按现浇构件钢筋、现场预制构件钢筋、加工厂预制构件钢筋、预应力构件钢筋、点焊网片分别套用定额项目。

(3) 钢筋工程内容包括除锈、平直、制作、绑扎(点焊)、安装以及浇灌混凝土时维护钢筋用工。

(4) 钢筋搭接所耗用的电焊条、电焊机、铅丝和钢筋余头损耗已包括在定额内，设计图纸注明的钢筋接头长度以及未注明的钢筋接头按规范的搭接长度计入设计钢筋用量中。

(5) 先张法预应力构件中的预应力、非预应力钢筋工程量应合并计算，按预应力钢筋相应项目执行；后张法预应力构件中的预应力钢筋、非预应力钢筋应分别套用定额。

(6) 预制构件点焊钢筋网片已综合考虑了不同直径点焊在一起的因素，如点焊钢筋直径粗细比在两倍以上时，其定额工日按该构件中主筋的相应子目乘系数 1.25，其他不变(主筋是指网片中最粗的钢筋)。

(7) 粗钢筋接头采用电渣压力焊、套管接头、直螺纹等接头者，应分别执行钢筋接头定额。注意:计算了钢筋接头的不能再计算钢筋搭接长度。

(8) 非预应力钢筋不包括冷加工，设计要求冷加工时，应另行处理。预应力钢筋设计要求人工时效处理时，应另行计算。

(9) 后张法钢筋的锚固是按钢筋帮条焊 V 形垫块编制的，如采用其他方法锚固时，应另行计算。

(10) 基坑护壁孔内安放钢筋不再按现场预制构件钢筋相应项目执行；基坑护壁壁上钢筋网片不再按点焊钢筋网片相应项目执行，计价定额第二章相应子目中已包括钢筋、钢筋网的制作、安装。

(11) 对构筑物工程，其钢筋应按定额中规定系数调整人工和机械用量。

(12) 钢筋制作、绑扎需拆分者，制作按 45%、绑扎按 55%折算。

(13) 管桩与承台连接所用钢筋和钢板应分别按钢筋笼和铁件执行。

(14) 钢筋、铁件在加工厂制作时，由加工厂至现场的运输费应另列项目计算，在现场制作的不计算此项费用。

**例 8.3.17** 根据例 5.4.8 所给的已知条件和工程量计算结果，按计价定额计算该梁钢筋的定额合计价。

**解** 套计价定额：

5-1 子目 现浇混凝土构件 ϕ12 mm 以内钢筋：

24.72÷1 000×5 470.72=135.24(元)

5-2子目　现浇混凝土构件ϕ25 mm以内钢筋：

62.49÷1 000×4 998.87=312.38(元)

合计:447.62元

**例8.3.18**　题目见例5.4.9,假设该梁所在的屋面高5 m,二类工程,请根据计算出的工程量套用2014年江苏省计价定额。

**解**　ϕ12 mm以内质量:204.05 kg

ϕ25 mm以内质量:1 440.79+11.63=1 452.42(kg)

子目换算

① 层高超3.6 m在8 m以内人工乘系数1.03。

② 定额中三类工程取费换算为二类工程取费。

单价换算:

5-1换

(885.6×1.03+79.11)×(1+28%+12%)+4 149.06=5 536.85(元/t)

5-2换

(523.98×1.03+82.87)×(1+28%+12%)+4 167.49=5 039.09(元/t)

子目套用:

5-1换　204.05÷1 000×5 536.85=1 129.79(元)

5-2换　1 452.42÷1 000×5 039.09=7 318.88(元)

合计:8 448.67元

2) 混凝土工程定额计价要点与示例

(1) 计价定额第六章混凝土工程分为自拌混凝土构件、预拌混凝土泵送构件、预拌混凝土非泵送构件三部分,共设置441个子目,其中自拌混凝土构件177个子目,主要包括现浇构件(基础、柱、梁、墙、板、其他),现场预制构件(桩、柱、梁、屋架、板、其他),加工厂预制构件,构筑物;预拌混凝土泵送构件123个子目,主要包括泵送现浇构件(基础、柱、梁、墙、板、其他),泵送预制构件(桩、柱、梁),泵送构筑物;预拌混凝土非泵送构件141个子目,主要包括非泵送现浇构件(基础、柱、梁、墙、板、其他),现场非泵送预制构件(桩、柱、梁、屋架、板、其他),非泵送构筑物。

(2) 现浇柱、墙子目中,均已按施工规范规定综合考虑了底部铺垫1∶2水泥砂浆的用量。

(3) 室内净高超过8 m的现浇柱、梁、墙、板(各种板)的人工工日按定额规定应分别乘以系数。

(4) 现场预制构件,如在加工厂制作,混凝土配合比按加工厂配合比计算;加工厂构件及商品混凝土改在现场制作,混凝土配合比按现场配合比计算;其工料、机械台班不调整。

(5) 加工厂预制构件其他材料费中已综合考虑了掺入早强剂的费用,现浇构件和现场预制构件未考虑用早强剂费用，设计需使用时，其费用可另行计算。

(6) 加工厂预制构件采用蒸汽养护时，立窑、养护池养护费用另行计算。

(7) 小型混凝土构件，系指单体体积在 0.05 $m^3$以内的未列出定额的构件。

(8) 构筑物中混凝土、抗渗混凝土已按常用的强度等级列入基价，设计与定额取定不符时，综合单价需调整。

(9) 构筑物中的混凝土、钢筋混凝土地沟是指建筑物室外的地沟，室内钢筋混凝土地沟按现浇构件相应定额执行。

(10) 泵送混凝土子目中已综合考虑了输送泵车台班、布拆管及清洗人工、泵管摊销费、冲洗费。

**例 8.3.19** 题目见例 5.4.12，请根据计算的工程量套 2014 年江苏省计价定额子目(二类工程)混凝土标号 C30，现场自拌混凝土。

**解** 6-8 换 单价换算

① 混凝土标号 C20 换算为 C30。

② 三类工程取费换算为二类工程取费。

单价：255.62+(61.50+31.20)×(1+28%+12%)=385.40(元/$m^3$)

套价：11.57×385.40=4 459.08(元)

**例 8.3.20** 题目见例 5.4.13，请根据计算的工程量套 2014 年江苏省计价定额子目(三类工程)。

**解** 6-4 有梁式条形基础 29.60×372.84=11 036.06(元)

**例 8.3.21** 根据设备基础(框架)施工数据计算(工程类别按三类工程)：

(1) 混凝土强度等级 C35。

(2) 柱基础为块体工程量 6.24 $m^3$；墙基础为带形基础，工程量 4.16 $m^3$；柱截面 450 mm×450 mm，工程量 12.75 $m^3$；基础墙厚度 300 mm，工程量 10.85 $m^3$；基础梁截面 350 mm×700 mm，工程量 17.01 $m^3$；基础板厚度 300 mm，工程量 40.53 $m^3$。

(3) 混凝土合计工程量 91.54 $m^3$。

(4) 螺栓孔灌浆：1∶3 水泥砂浆 12.03 $m^3$。

(5) 钢筋：ϕ12 mm 以内，工程量 2.829 t；ϕ12 mm～ϕ25 mm 内工程量4.362 t。

请按计价定额计算定额价。

**解** 套用 2014 年江苏省计价定额子目。

(1) 柱基础

6-8 换 C35 柱基 6.24×399.78=2 494.63(元)

单价换算：371.51−239.68+263.99×1.015=399.78(元/$m^3$)

(2) 带形混凝土基础

6-4 换 C35 条形混凝土基础 4.16×401.11=1 668.62(元)

单价换算：372.84－239.68＋263.99×1.015＝401.11(元/$m^3$)

(3) 柱

6-14 换　C35 混凝土柱　12.75×518.66＝6 612.92(元)

单价换算：506.05－261.01＋273.62＝518.66(元/$m^3$)

(4) 混凝土墙

6-27 换　C35 混凝土墙　10.85×488.46＝5 299.79(元)

单价换算：475.26－268.98＋0.987×285.90＝488.46(元/$m^3$)

(5) 基础梁

6-18 换　基础梁 C35　17.01×423.10＝7 196.93(元)

单价换算：410.09－268.95＋281.96＝423.10(元/$m^3$)

(6) 基础板

6-7 换　基础板 C35　40.53×408.75＝16 566.64(元)

单价换算：380.48－239.68＋1.015×263.99＝408.75(元/$m^3$)

(7) 螺栓孔灌浆

6-9　螺栓孔灌浆　12.03×399.01＝4 800.09(元)

(8) ϕ12 mm 以内钢筋

5-1　ϕ12 mm 以内钢筋　2.829×5 470.72＝15 476.67(元)

(9) ϕ25 mm 以内钢筋

5-2　ϕ25 mm 以内钢筋　4.362×4 998.87＝21 805.07(元)

3) 构件运输及安装工程定额计价要点与示例

(1) 计价定额第八章分为构件运输、构件安装两节，共设置 153 个子目，其中构件运输 48 个子目，主要包括混凝土构件、金属构件、门窗构件；构件安装 105 个子目，主要包括混凝土构件、金属构件。

(2) 根据构件运输的难易程度，将混凝土构件分为四类，金属构件分为三类。

(3) 定额子目中的运输机械、装卸机械是取定的综合机械台班单价，实际与定额取定不符不调整。

(4) 本定额包括混凝土构件、金属构件及门窗运输，运输距离应由构件堆放地(或构件加工厂)至施工现场的实际距离确定。

(5) 定额综合考虑了城镇、现场运输道路等级、上下坡等各种因素，不得因道路条件不同而调整定额。

构件运输过程中，如遇道路、桥梁限载而发生的加固、拓宽和公安交通管理部门的保安护送以及沿途发生的过路、过桥等费用，应另行处理。

定额中构件场外运输只适用于 45 km 以内，除装车、卸车外，运输费用不执行定额，应执行市场价。

(6) 现场预制构件已包括了机械回转半径 15 m 以内的翻身就位，如受现场条件限制，混凝土构件不能就位预制，其费用应按定额规定调整。

(7) 加工厂预制构件安装，定额中已考虑运距在 500 m 以内的场内运输。场内运距如超过时，应扣去上列费用，另按 1 km 以内的构件运输定额执行。

(8) 金属构件安装未包括场内运输费，如发生另按定额规定计算调整。

(9) 定额中本章子目不含塔式起重机台班，已包括在垂直运输机械费章节中。

(10) 本安装定额均不包括为安装工作需要所搭设的脚手架，若发生应按脚手架工程章节规定计算。

(11) 本定额构件安装是按履带式起重机、塔式起重机编制的，如施工组织设计需使用轮胎式起重机或汽车式起重机，经建设单位认可后，可按履带式起重机相应项目套用，其中人工、吊装机械乘系数，轮胎式起重机或汽车式起重机的起重吨位按履带式起重机相近的起重吨位套用，换算台班单价。

(12) 金属构件中轻钢檩条拉杆的安装是按螺栓考虑，其余构件拼装或安装均按电焊考虑。设计用连接螺栓，其连接螺栓按设计用量另行计算(人工不再增加)，电焊条、电焊机应相应扣除。

(13) 单层厂房屋盖系统构件如必须在跨外安装时，按相应构件安装定额中的人工、吊装机械台班乘系数。用塔吊安装时，不乘此系数。

(14) 履带式起重机安装点高度以 20 m 内为准，超过时，人工、吊装机械台班调整。

(15) 钢屋架单榀重量在 0.5 t 以下者，按轻钢屋架子目执行。

(16) 构件安装项目中所列垫铁是为了校正构件偏差用的，凡设计图纸中的连接铁件、拉板等不属于垫铁范围的，应按铁件相应子目执行。

(17) 钢屋架、天窗架拼装是指在构件厂制作、在现场拼装的构件，在现场不发生拼装或现场制作的钢屋架、钢天窗架不得套用本定额。

(18) 小型构件安装包括沟盖板、通气道、垃圾道、楼梯踏步板、隔断板以及单体体积小于 0.1 $m^3$ 的构件安装。

(19) 钢柱安装在混凝土柱上(或混凝土柱内)，其人工、吊装机械乘系数调整。混凝土柱安装后，如有钢牛腿或悬臂梁与其焊接时，钢牛腿或悬臂梁执行钢墙架安装定额，钢牛腿执行铁件制作定额。

(20) 钢管柱安装执行钢柱定额，其中人工调整为一半。

(21) 矩形、工型、空格型、双肢柱、管道支架预制钢筋混凝土构件安装，均按混凝土柱安装相应定额执行。

(22) 预制钢筋混凝土多层柱安装，第一层的柱按柱安装定额执行，二层及二层以上柱按柱接柱定额执行。

(23) 预制钢筋混凝土柱、梁通过焊接形成的框架结构，其柱安装按框架柱计算，梁安装按框架梁计算，框架梁与柱的接头现浇混凝土部分按混凝土工程相应项目另行计算。预制柱、梁一次制作成型的框架按连体框架柱梁定额执行。

(24) 单(双)悬臂梁式柱按门式钢架定额执行。

(25) 定额子目内既列有“履带式起重机”又列有“塔式起重机”的，可根据不同的垂直运输机械选用：选用卷扬机(带塔)施工的，套“履带式起重机”定额子目；选用塔式起重机施工的，套“塔式起重机”定额子目。

**例 8.3.22** 某工程从预制构件厂运输大型屋面板(6 m×1 m)100 $m^3$，8 t 汽车运输 9 km，求屋面板运费及安装费(该工程为二类工程)。

**解**

(1) 查阅 2014 年江苏省计价定额预制混凝土构件分类表，大型屋面板为Ⅱ类构件。

(2) 套子目 8-9 换。

(3) 8-9 单价换算　三类工程取费换算为二类工程取费。

176.90－31.63－15.18＋(20.02＋106.49)×(28%＋12%)＝180.69(元/$m^3$)

(4) 屋面板运费　100×1.018×180.69＝18 394.24(元)

(5) 套子目 8-82 换。

(6) 8-82 单价换算　三类工程取费换算为二类工程取费。

152.72－19.55－9.38＋(37.72＋40.47)×(28%＋12%)＝155.07(元/$m^3$)

(7) 屋面板安装费　100×1.01×155.07＝15 662.07(元)

#### 8.3.5.2 混凝土及钢筋混凝土工程清单计价

1) 混凝土及钢筋混凝土工程清单计价要点

(1)《房屋建筑与装饰工程工程量计算规范》附录 E 共 17 节，包括现浇混凝土基础、现浇混凝土柱、现浇混凝土梁、现浇混凝土墙、现浇混凝土板、现浇混凝土楼梯、现浇混凝土其他构件、后浇带、预制混凝土柱、预制混凝土梁、预制混凝土屋架、预制混凝土板、预制混凝土楼梯、其他预制构件、钢筋工程、螺栓、铁件等，适用于建筑物的混凝土工程。

(2)“带形基础”项目适用于各种带形基础，有肋带形基础、无肋带形基础应按规范中相关项目列项，并注明肋高。墙下的板式基础包括浇筑在一字排桩上面的带形基础。工程量计算时注意不扣除浇入带形基础体积内的桩头所占体积。

(3)“独立基础”项目适用于块体柱基、杯基、柱下的板式基础、无筋倒圆台基础、壳体基础、电梯井基础等。

(4)“满堂基础”项目适用于地下室的箱式、筏式基础等。箱式满堂基础底板按满堂基础项目列项。

(5)“设备基础”项目适用于设备的块体基础、框架基础等。应注意螺栓孔灌浆应包括在报价内。框架式设备基础中柱、梁、墙、板应分别编码列项。

(6)“桩承台基础”项目适用于浇筑在组桩(如梅花桩)上的承台,注意工程量不扣除浇入承台体积内的桩头所占体积。

(7)“矩形柱”、“异型柱”项目适用于各型柱,除无梁板柱的高度计算至柱帽下表面,其他柱都计算全高。应注意:①单独的薄壁柱根据其截面形状,确定以异型柱或矩形柱编码列项;②柱帽的工程量计算在无梁板体积内;③混凝土柱上的钢牛腿按规范钢构件编码列项。

(8)“构造柱”按全高计算,此处的全高是相对于墙体高度而言的,嵌接墙体部分(马牙槎)并入柱身体积。

(9)“有梁板”适用于现浇框架结构,包括现浇密肋板、井字梁板(即由同一平面内相互正交或斜交的梁与板所组成的结构构件)。

(10)“直形墙”、“弧形墙”项目也适用于电梯井。套用工程量清单时应注意剪力墙和柱的区别,短肢剪力墙是指截面厚度不大于300 mm、各肢截面高度与厚度之比的最大值大于4但不大于8的剪力墙;各肢截面高度与厚度之比的最大值不大于4的剪力墙按柱项目编码列项。

(11)混凝土板采用浇筑复合高强薄型空心管时,其工程量应扣除管所占体积,复合高强薄型空心管应包括在报价内。采用轻质材料浇筑在有梁板内,轻质材料应包括在报价内。

(12)现浇挑檐、天沟板、雨篷、阳台与板(包括屋面板、楼板)连接时,以外墙外边线为分界线;与圈梁(包括其他梁)连接时,以梁外边线为分界线。外边线以外为挑檐、天沟、雨篷或阳台。

(13)单跑楼梯的工程量计算与直形楼梯、弧形楼梯的工程量计算相同,单跑楼梯如无中间休息平台时,应在工程量清单中进行描述。

整体楼梯(包括直形楼梯、弧形楼梯)水平投影面积包括休息平台、平台梁、斜梁和楼梯的连接梁。当整体楼梯与现浇楼板无梯梁连接时,以楼梯的最后一个踏步边缘加300 mm为界。

(14)“其他构件”项目中的压顶、扶手工程量可按长度计算。台阶工程量可按水平投影面积计算,架空式混凝土台阶按现浇楼梯计算。现浇混凝土小型池槽、垫块、门框等,应按其他构件项目编码列项。

(15)“电缆沟、地沟”、“散水、坡道”需抹灰时,可包括在报价内,在清单特征描述中详细说明。

(16)“后浇带”项目适用于梁、墙、板的后浇带。

(17)“滑模筒仓”按《构筑物工程量清单计算规范》中“贮仓”项目编码列项。“滑模烟囱”按“烟囱”项目编码列项。

(18)三角形屋架按附录E中“折线形屋架”项目编码列项。

(19)不带肋的预制遮阳板、雨篷板、挑檐板、拦板等,应按平板项目编码列项。

(20) 预制F形板、双T形板、单肋板和带反挑檐的雨篷板、挑檐板、遮阳板等,应按带肋板项目编码列项。

(21) 预制大型墙板、大型楼板、大型屋面板等,按大型板项目编码列项。

(22) 预制构件的吊装机械的吊装费用(如履带式起重机、轮胎式起重机、汽车式起重机、塔式起重机等)包括在项目内,机械进退场费不包括在项目中,应另列入单价措施项目费中。

(23) 滑模的提升设备(如千斤顶、液压操作台等)应列在模板及支撑费内。

(24) 预制钢筋混凝土小型池槽、压顶、扶手、垫块、隔热板、花格等,按其他构件项目编码列项。

(25) 项目特征内的构件标高(如梁底标高、板底标高等)、安装高度,不需要每个构件都注上标高和高度,而是要求选择关键部件注明,以便投标人选择吊装机械和垂直运输机械。

(26) 现浇构件中伸出构件的锚固钢筋应并入钢筋工程量内。除设计(包括规范规定)标明的搭接外,其他施工搭接不计算工程量,在综合单价中综合考虑。

(27) 现浇构件中固定位置的支撑钢筋、双层钢筋用的"铁马"在编制工程量清单时,如果设计未明确,其工程数量可为暂估量,结算时按现场签证数量计算。

(28) 预制混凝土构件或预制钢筋混凝土构件,如施工图设计标注做法见标准图集时,项目特征注明标准图集的编码、页号及节点大样即可。

(29) 现浇或预制混凝土和钢筋混凝土构件,不扣除构件内钢筋、螺栓、预埋铁件、张拉孔道所占体积,但应扣除劲性骨架的型钢所占体积。

2) 混凝土及钢筋混凝土工程清单计价示例

**例 8.3.23** 根据设备基础(框架)施工图计算(工程类别按三类工程):

(1) 混凝土强度等级C35。

(2) 柱基础为块体工程量 6.24 $m^3$;墙基础为带形基础,工程量 4.16 $m^3$;柱截面 450 mm×450 mm,工程量 12.75 $m^3$;基础墙厚度 300 mm,工程量 10.85 $m^3$;基础梁截面 350 mm×700 mm,工程量 17.01 $m^3$;基础板厚度 300 mm,工程量 40.53 $m^3$。

(3) 混凝土合计工程量 91.54 $m^3$。

(4) 螺栓孔灌浆:1∶3 水泥砂浆　12.03 $m^3$。

(5) 钢筋:ϕ12 mm 以内,工程量 2.829 t;

ϕ12 mm~ϕ25 mm 内工程量 4.362 t。

请进行清单组价。

**解** 填写分部分项工程量清单计价表格。

(1) 分部分项工程量清单:

**表 8.3.20　分部分项工程量清单**

工程名称：某工厂　　　　　　　　　　　　　　　　　　　　　第　页　共　页

| 序号 | 项目编号 | 项目名称 | 计量单位 | 工程数量 | 金额(元) | |
|---|---|---|---|---|---|---|
| | | | | | 综合单价 | 合　价 |
| | | 混凝土及钢筋混凝土工程 | | | | |
| | 010501006001 | 设备基础<br>块体柱基础：6.24<br>带形墙基础：4.16<br>基础柱：截面 450 mm×450 mm<br>基础墙：厚度 300 mm<br>基础梁：截面 350 mm×700 mm<br>基础板：厚度 300 mm<br>混凝土强度：C35<br>螺栓孔灌浆细石混凝土<br>强度 C35 | $m^3$ | 91.54 | 487.65 | 44 639.62 |
| | 010515001001 | 现浇钢筋<br>ϕ10mm 以内：2.829<br>ϕ10 mm 以外：4.362 | t | 7.191 | 5 184.50 | 37 281.74 |
| | | 本页小计 | | | | |
| | | 合　　计 | | | | |

(2) 分部分项工程量清单综合单价计算表：

**表 8.3.21　分部分项工程量清单综合单价计算表**

工程名称：某工厂　　　　　　　　　　　　　　　　　　　　　计量单位：$m^3$

项目编码：010501006001　　　　　　　　　　　　　　　　　工程数量：91.54

项目名称：现浇设备基础(框架)　　　　　　　　　　　　　　综合单价：487.65 元

| 序号 | 定额编号 | 工程内容 | 单位 | 数量 | 其中(元) | | | | | |
|---|---|---|---|---|---|---|---|---|---|---|
| | | | | | 人工费 | 材料费 | 机械费 | 管理费 | 利润 | 小计 |
| | 6-8 换 | 柱基础：混凝土强度 C35 | $m^3$ | 6.24 | 383.76 | 1 702.15 | 194.69 | 144.64 | 69.39 | 2 494.63 |
| | 6-4 换 | 带形混凝土基础：混凝土强度 C35 | $m^3$ | 4.16 | 255.84 | 1 140.30 | 129.79 | 96.43 | 46.26 | 1 668.62 |
| | 6-14 换 | 基础柱：截面 450 mm × 450 mm、混凝土强度 C35 | $m^3$ | 12.75 | 2 007.36 | 3 673.40 | 138.34 | 536.39 | 257.42 | 6 612.91 |
| | 6-27 换 | 基础墙：厚度 300 mm、混凝土强度 C35 | $m^3$ | 10.85 | 1 396.83 | 3 224.87 | 117.72 | 378.67 | 181.74 | 5 299.83 |
| | 6-18 换 | 基础梁：截面 350 mm × 700 mm、混凝土强度 C35 | $m^3$ | 17.01 | 1 060.06 | 4 924.74 | 598.41 | 414.70 | 199.02 | 7 196.93 |
| | 6-7 换 | 基础板：厚度 300 mm、混凝土强度 C35 | $m^3$ | 40.53 | 2 725.24 | 11 100.76 | 1 264.54 | 997.44 | 478.66 | 16 566.64 |
| | 6-9 | 螺栓孔灌浆细石混凝土强度 C35 | $m^3$ | 12.03 | 1 016.05 | 2 997.76 | 299.55 | 328.90 | 157.83 | 4 800.09 |
| | | 合　　计 | | | 8 845.14 | 28 763.98 | 2 743.04 | 2 897.17 | 1 390.32 | 44 639.65 |

**表 8.3.22　分部分项工程量清单综合单价计算表**

工程名称:某工厂　　　　　　　　　　　　　　　　　　　　计量单位:t

项目编码:010515001001　　　　　　　　　　　　　　　　　工程数量:7.191

项目名称:现浇设备基础(框架)钢筋　　　　　　　　　　　　综合单价:5 184.50 元

| 序号 | 定额编号 | 工程内容 | 单位 | 数量 | 其中(元) | | | | | |
|---|---|---|---|---|---|---|---|---|---|---|
| | | | | | 人工费 | 材料费 | 机械费 | 管理费 | 利润 | 小计 |
| | 5-1 | 现浇混凝土钢筋 ϕ12 mm 以内 | t | 2.829 | 2 505.36 | 11 737.69 | 223.80 | 682.30 | 327.51 | 15 476.66 |
| | 5-2 | 现浇混凝土钢筋 ϕ mm25 以内 | t | 4.362 | 2 285.60 | 18 178.59 | 361.48 | 661.76 | 317.64 | 21 805.07 |
| | | 合　计 | | | 4 790.96 | 29 916.28 | 585.28 | 1 344.06 | 645.15 | 37 281.73 |

## 8.3.6　金属结构工程计价

### 8.3.6.1　金属结构工程定额计价

1) 金属结构工程定额计价要点

(1) 计价定额第七章共设置 63 个子目,主要内容包括钢柱制作,钢屋架、钢托架、钢桁架、网架制作,钢梁、钢吊车梁制作,钢制动梁、支撑、檩条、墙架、挡风架制作,钢平台、钢梯子、钢栏杆制作,钢拉杆制作、钢漏斗制安、型钢制作,钢屋架、钢桁架、钢托架现场制作平台摊销,其他。

(2) 金属构件不论在专业加工厂、附属企业加工厂或现场制作均执行本定额(现场制作需搭设操作平台,其平台摊销费按定额中本章相应项目执行)。

(3) 计价定额中各种钢材数量除定额已注明为钢筋综合、不锈钢管、不锈钢网架球的之外,各种钢材数量均以型钢表示,钢材总数量和其他工料均不变。

(4) 定额中本章的制作均按焊接编制,定额中的螺栓是在焊接之前临时加固螺栓,局部制作用螺栓或铆钉连接亦按本定额执行。轻钢檩条拉杆安装用的螺帽、圆钢剪刀撑用的花篮螺栓,以及螺栓球网架的高强螺栓、紧定钉,已列入定额本章相应子目中,执行时按设计用量调整。

(5) 定额除注明者外,均包括现场内(工厂内)的材料运输、下料、加工、组装及成品堆放等全部工序。除购入构件按含运输费的成品价计价,加工点至安装点的构件运输和自己加工的构件运输应另按构件运输定额相应项目计算。

(6) 定额构件制作项目中均已包括刷一遍防锈漆工料。

(7) 金属结构制作定额中的钢材品种系按普通钢材为准,如用锰钢等低合金钢者,其制作人工需调整。

(8) 劲性混凝土柱、梁、板内,用钢板、型钢焊接而成的 H、T 型钢柱,按 H、T 型钢构件制作定额执行,安装按相应钢柱、梁、板项目执行。截面由单根成品型钢构成的构件按成品型钢构件制作定额执行。

(9) 定额各子目均未包括焊缝无损探伤(如 X 光透视、超声波探伤、磁粉探伤、着色探伤等),亦未包括探伤固定支架制作和被检工件的退磁,如发生应按市场价另计。

(10) 轻钢檩条拉杆按檩条钢拉杆定额执行，木屋架、钢筋混凝土组合屋架拉杆按屋架钢拉杆定额执行。

(11) 钢屋架单榀重量在 0.5 t 以下者，按轻型屋架定额计算。

(12) 天窗挡风架、柱侧挡风板、挡雨板支架制作均按挡风架定额执行。

(13) 零星钢构件制作是指质量 50 kg 以内的其他零星铁件制作。

(14) 钢漏斗、晒衣架和钢盖板项目中已包括安装费在内，但未包括场外运输。角钢、圆钢焊制的入口截流沟箅盖制作、安装按设计质量执行钢盖板制、安定额。

(15) 薄壁方钢管、薄壁槽钢、成品 H 型钢檩条及车棚等小间距钢管、角钢槽钢等单根型钢檩条的制作，按 C、Z 型轻钢檩条制作执行。由双 C、双[、双 L 型钢之间断续焊接或通过连接板焊接的檩条和由圆钢或角钢焊接成的片形、三角形截面的檩条都按型钢檩条制作定额执行。

(16) 弧形构件的人工、机械需调整，但螺旋式钢梯、圆形钢漏斗、钢管柱不调整。

(17) 钢结构表面喷砂、抛丸除锈按照 Sa 2 级考虑，如设计不同，定额乘系数。

(18) 网架中的焊接空心球、螺栓球、锥头等热加工已含在网架制作工作内容中，不锈钢球按成品半球焊接考虑。

2) 金属结构工程定额计价示例

**例 8.3.24** 题目见例 5.4.16，请根据计算的工程量套 2014 年江苏省计价定额子目(三类工程)。

**解** 7-28 柱间钢支撑 0.077×7 045.80=542.53(元)

**例 8.3.25** 某单层工业厂房屋面钢屋架 12 榀，现场制作，根据 2014 年江苏省计价定额计算该屋架每榀 2.76 t，刷红丹防锈漆一遍，防火涂料厚型 2 小时，构件安装，场内运输 650 m，履带式起重机安装高度 5.4 m，跨外安装。请计算钢屋架造价。(三类工程)

**解** 工程量 2.76×12=33.12(t)

7-11 钢屋架制作 33.12×6 695.58=221 757.61(元)

17-135 换 红丹防锈漆一遍：

33.12×[20.40×1.1(系数)+(20.40×1.1×37%)+21.9×1.02(系数)+5.18+1.12+0.08+1]=2 002.46(元)

17-148 换 防火涂料厚型 2 小时：

33.12×[213.35×1.1(系数)+16.68+(213.35×1.1+16.68)×37%+337.50×1.02]=22 807.10(元)

17-130 换 调和漆两遍：

33.12×[95.20×1.1+(29.25×1.02+3.36+1.21+0.04)+95.20×1.1×0.37]=5 892.43(元)

8-25　金属构件运输　33.12×52.71=1 745.76(元)

8-120 换　钢屋架安装(跨外)　33.12×660.14=21 863.84(元)

单价:人工费　176.30×1.18=208.03(元)

材料费　114.43 元

机械费　168.16+123.02×0.18=190.30(元)

管理费　(208.03+190.30)×25%=99.58(元)

利润　(208.03+190.30)×12%=47.80(元)

单价合计:660.14 元/t

#### 8.3.6.2　金属结构工程清单计价

1) 金属结构工程清单计价要点

(1)《房屋建筑与装饰工程工程量计算规范》附录 F 共 7 节 31 个项目,包括钢网架,钢屋架、钢托架、钢桁架、钢桥架,钢柱,钢梁,钢板楼板、墙板,钢构件,金属制品等。适用于建筑物、构筑物的钢结构工程。

(2) 钢构件的除锈刷漆应包括在报价内。

(3) 钢构件拼装台的搭拆和材料摊销应列入措施项目费。

(4) 钢构件需探伤(包括射线探伤、超声波探伤、磁粉探伤、金相探伤、着色探伤、荧光探伤等)应包括在报价内。

(5) "钢屋架"项目适用于一般钢屋架、轻钢屋架和冷弯薄壁型钢屋架。

(6) "钢网架"项目适用于一般钢网架和不锈钢网架。不论节点形式(如球形节点、板式节点等)和连接方式(如焊结、丝结等)均使用该项目。

(7) "实腹柱"项目适用于实腹钢柱和实腹式型钢混凝土柱。"空腹柱"项目适用于空腹钢柱和空腹式型钢混凝土柱。

(8) "钢管柱"项目适用于钢管柱和钢管混凝土柱。应注意钢管混凝土柱的盖板、底板、穿心板、横隔板、加强环、明牛腿、暗牛腿应包括在报价内。

(9) "钢梁"项目适用于钢梁和实腹式型钢混凝土梁、空腹式型钢混凝土梁。

(10) "钢吊车梁"项目适用于钢吊车梁,吊车梁的制动梁、制动板、制动桁架、车挡应包括在报价内。

(11) "压型钢板楼板"项目适用于现浇混凝土楼板,该楼板使用压型钢板作永久性模板,并与混凝土叠合后组成共同受力的构件。压型钢板一般采用镀锌或经防腐处理的薄钢板。

(12) "钢栏杆"适用于工业厂房平台钢栏杆。

(13) 型钢混凝土柱、梁浇筑混凝土和压型钢板楼板上浇筑钢筋混凝土,其混凝土和钢筋部分应按规范其他章节中相关项目编码列项。

(14) 钢墙架项目包括墙架柱、墙架梁和连接杆件。

(15) 加工铁件等小型构件应按零星钢构件项目编码列项。

2）金属结构工程清单计价示例

**例 8.3.26** 某单层工业厂房屋面钢屋架 12 榀，现场制作，根据 2014 年江苏省计价定额计算该屋架每榀 2.76 t，刷红丹防锈漆一遍，防火涂料厚型 2 小时，构件安装，场内运输 650 m，履带式起重机安装高度 5.4 m，跨外安装。请计算钢屋架综合单价。（三类工程）

**解** 填写分部分项工程量计价表格。

（1）分部分项工程量清单：

**表 8.3.23 分部分项工程量清单**

工程名称：某工业厂房　　　　第　页　共　页

| 序号 | 项目编号 | 项目名称 | 计量单位 | 工程数量 | 金额（元） | |
|---|---|---|---|---|---|---|
| | | | | | 综合单价 | 合价 |
| | 010602001001 | 钢屋架<br>钢材品种、规格：<br>∟ 50×50×4<br>单榀屋架质量：2.76 t<br>屋架跨度：9 m<br>屋架无探伤要求<br>屋架防火涂料厚型 2 小时<br>屋架调和漆两遍 | 榀 | 12 | 23 005.77 | 276 069.20 |
| | | 本页小计 | | | | |
| | | 合　计 | | | | |

（2）分部分项工程量清单综合单价计算表：

**表 8.3.24 分部分项工程量清单综合单价计算表**

工程名称：某工业厂房　　　　计量单位：榀

项目编码：010602001001　　　　工程数量：12

项目名称：钢屋架　　　　综合单价：23 005.77 元

| 序号 | 定额编号 | 工程内容 | 单位 | 数量 | 其中（元） | | | | | |
|---|---|---|---|---|---|---|---|---|---|---|
| | | | | | 人工费 | 材料费 | 机械费 | 管理费 | 利润 | 小计 |
| | 7-11 | 钢屋架制作 | t | 33.12 | 32 644.40 | 156 852.35 | 14 731.78 | 11 844.04 | 5 685.05 | 221 757.62 |
| | 17-135 换 | 红丹防锈漆一遍 | t | 33.12 | 743.21 | 984.26 | 0 | 185.80 | 89.19 | 2 002.46 |
| | 17-148 换 | 防火涂料厚型 2 小时 | t | 33.12 | 7 772.77 | 11 401.56 | 552.44 | 2 081.30 | 999.03 | 22 807.10 |
| | 17-130 换 | 调和漆两遍 | t | 33.12 | 3 468.33 | 1 140.82 | 0 | 867.08 | 416.20 | 5 892.43 |
| | 8-25 | 金属构件运输 | t | 33.12 | 153.01 | 239.46 | 946.57 | 274.89 | 131.82 | 1 745.75 |
| | 8-120 换 | 钢屋架安装 | t | 33.12 | 6 889.95 | 3 789.92 | 6 302.74 | 3 298.09 | 1 583.14 | 21 863.84 |
| | | 合　计 | | | 51 671.67 | 174 408.37 | 22 533.53 | 18 551.20 | 8 904.43 | 276 069.20 |

## 8.3.7 屋面及防水工程计价

### 8.3.7.1 屋面及防水工程定额计价

1）屋面及防水工程定额计价要点

针对图纸工程项目，应套用合适的定额项目，详细分析设计做法，结合定额的工作内容，并根据定额说明进行计价和换算，部分定额项目的计价说明摘要如下：

(1) 瓦材规格与定额不同时，瓦的数量可以换算，其他不变。

(2) 油毡卷材屋面包括刷冷底子油一遍，但不包括天沟、泛水、屋脊、檐口等处的附加层在内，其附加层应另行计算。其他卷材屋面均包括附加层。

(3) 高聚物、高分子防水卷材粘贴，实际使用的黏结剂与定额不同，单价可以换算，其他不变。

(4) 各种卷材的防水层均已包括刷冷底子油一遍和平、立面交界处的附加层工料在内。

(5) 无分格缝的屋面找平层按定额第十三章相应子目执行。

2) 屋面及防水工程定额计价示例

**例 8.3.27** 某工程的屋面防水、排水做法如图 8.3.1 所示，按计价定额计算屋面中找平层、找坡层、防水层、排水管等的工程量，按定额计价法进行计价。已知条件：①人工工资单价：一类工 86 元/工日，二类工 83 元/工日，三类工 79 元/工日；②机械单价(含机械人工单价)按定额基价；③材料价格：4 mm 厚 SBS 防水卷材价格为 36 元/$m^2$，370 mm×310 mm(有效尺寸 335 mm×270 mm)烟灰色水泥彩瓦价格为 3.80 元/块，其余价格均采用定额基价。按三类工程计价。施工方案：SBS 防水卷材采用热熔满铺法施工，混凝土采用非泵送商品混凝土，砂浆采用现场拌砂浆。

**解** 第一部分 按计价定额计算工程量

(1) 计算现浇混凝土板上 20 mm 厚 1∶3 水泥砂浆找平层，根据计算规则，按水平投影面积乘以坡度系数计算。

平屋面：$2.00\times(10.80+0.24)-0.72\times0.72=21.56(m^2)$

(不含保温层上的水泥砂浆找平层)

坡屋面：$(10.80+0.24)\times(6.00+0.24)\times1.118=77.02(m^2)$

找平层总面积：$S=21.56+77.02=98.58(m^2)$

(2) 计算 SBS 卷材防水层。根据计算规则，按水平投影面积乘以坡度系数计算，弯起部分另加，檐沟按展开面积并入屋面工程量中。

平屋面：

平面部分：$2.00\times(10.80+0.24)-0.72\times0.72=21.56(m^2)$

检修孔弯起部分：$0.20\times0.72\times4=0.58(m^2)$

B 轴高低差处向上弯起部分：$0.10\times(10.80+0.24)=1.10(m^2)$

平屋面部分合计：$21.56+0.58+1.10=23.24(m^2)$

坡屋面：

斜面：$(10.80+0.24)\times(6.00+0.24)\times1.118=77.02(m^2)$

气窗弯起：$\frac{1.00\times0.50}{2}\times2+0.10\times0.80=0.58(m^2)$

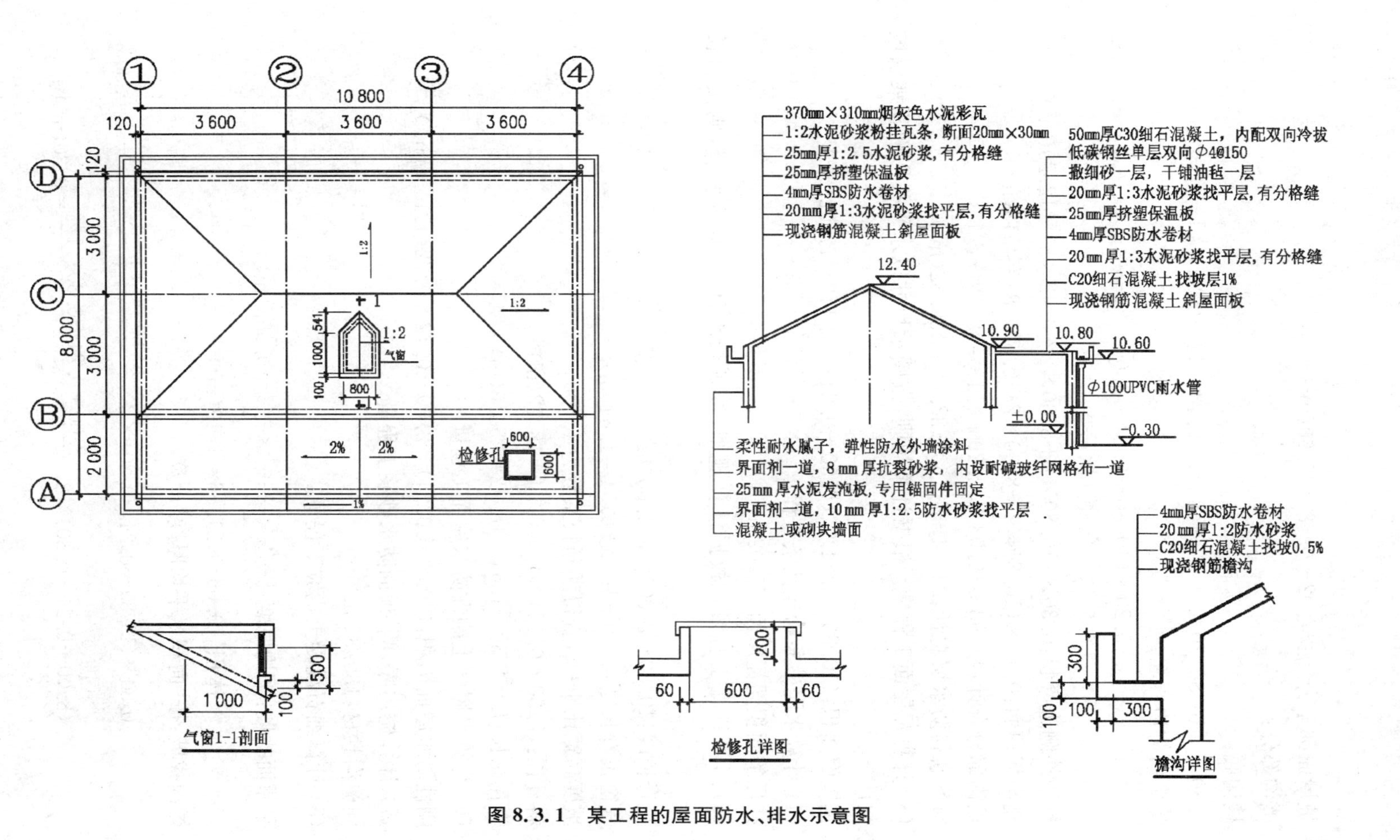


图 8.3.1 某工程的屋面防水、排水示意图

坡屋面部分合计：77.02＋0.58＝77.60($m^2$)

檐沟部分：

檐沟底：

0.30×[(10.80＋0.24)×2＋(8.00＋0.24)×2＋0.30×4]＝11.93($m^2$)

檐沟内侧边弯起：

0.20×(10.80＋0.24＋2.00×2)＋0.3×(10.84＋0.24＋6.24×2)＝10.08($m^2$)

檐沟外侧边弯起：0.30×(10.80×2＋8.00×2＋0.42×8)＝12.29($m^2$)

檐沟板顶面：0.10×(10.80×2＋8.00×2＋0.52×8)＝4.18($m^2$)

檐沟部分合计：11.93＋10.08＋12.29＋4.18＝38.48($m^2$)

SBS卷材防水层总计：23.24＋77.60＋38.48＝139.32($m^2$)

(3) 计算瓦屋面工程量。根据计算规则，按图示尺寸以水平投影面积乘以坡度系数计算。

瓦屋面面积：(10.80＋0.24)×(6.00＋0.24)×1.118＝77.02($m^2$)

(4) 计算水泥砂浆粉挂瓦条工程量。

挂瓦条面积同瓦屋面：77.02 $m^2$

(5) 计算脊瓦工程量。根据计算规则，按延长米计算，如为斜脊，则按斜长计算。

正脊长度：10.80－3.00×2＝4.80(m)

气窗正脊长度：0.10＋1.00＋0.54＝1.64(m)

坡度高宽比1∶2，查得隅延长系数为1.500。

斜脊长：(3.00＋0.12)×1.500×4＝18.72(m)

脊瓦总长：$L$＝4.80＋1.64＋18.72＝25.16(m)

(6) 计算平屋面上刚性防水屋面工程量。

刚性防水屋面面积：(10.80＋0.24)×2.00－0.72×0.72＝21.56($m^2$)

(7) 计算檐沟底、侧、顶面防水砂浆工程量。

同檐沟卷材：139.32 $m^2$

(8) 计算细石混凝土找坡工程量。

平屋面找坡：平均厚度 $\frac{10.8+0.24}{2}\times\frac{2\%}{2}=0.055(\mathrm{m})$

体积 $0.055\times21.56=1.19(\mathrm{m}^3)$

檐沟找坡：按“面积×平均厚度”计算。

$$0.30\times(10.80+0.24+0.30)\times2\times\frac{10.80+0.24+0.30}{2}\times\frac{1\%}{2}+0.30\times(8.00+0.24+0.30)\times2\times\frac{8.00+0.24+0.30}{2}\times\frac{1\%}{2}=0.30(\mathrm{m}^3)$$

细石混凝土找坡总计：1.19＋0.30＝1.49($m^3$)

(9) 计算屋面排水落水管、雨水斗、落水口工程量。根据计算规则，落水管从檐口滴水处算至设计室处地面高度，按延长米计算(本例中室内外高差按 0.30 m 考虑)。

落水管：$L$＝(10.60－0.10＋0.30)×4＝43.20(m)

雨水斗：4 个

落水口：4 个

(10) 计算刚性防水屋面中冷拔低碳钢丝单层双向 $\phi4$@150 的工程量。

$$长度：(10.80+0.24-0.025\times2)\times\left(\text{INT}\left(\frac{2.00}{0.15}\right)+1\right)+(2.00-0.025\times2)\times\left(\text{INT}\left(\frac{11.04}{0.15}\right)+1\right)-0.72\times4\times2=292.40(\text{m})$$

冷拔低碳钢丝工程量：0.099×292.40＝28.95(kg)＝0.029(t)

第二部分　按计价定额计算定额合价

(1) 现浇混凝土板上 20 mm 厚 1∶3 水泥砂浆有分格屋面找平层计价

查定额，套用定额 10-72，屋面找平层，水泥砂浆，有分格缝 20 mm 厚。

人工费：二类工，定额含量 0.8 工日。0.80×83＝66.40(元)

材料费：同定额材料费基价 69.59 元

机械费：同定额材料费基价 4.91 元

管理费：(人工费＋机械费)×管理费率＝(66.40＋4.91)×25%＝17.83(元)

利润：(人工费＋机械费)×利润率＝(66.40＋4.91)×12%＝8.56(元)

定额单价＝人工费＋材料费＋机械费＋管理费＋利润

＝66.40＋69.59＋4.91＋17.83＋8.56＝167.29(元)

$$定额合价＝定额单价×定额工程量＝167.29\times\frac{98.58}{10}=1\,649.14(元)$$

(2) SBS 卷材防水层计价

查定额，套用定额 10-32，SBS 改性沥青防水卷材，热熔满铺法，单层。

人工费：二类工，定额含量 0.73 工日。0.73×83＝60.59(元)

材料费：定额材料费基价 352.59 元，SBS 防水卷材材料费调整：

(市场价－定额价)×定额含量＝(36.00－25.00)×12.50＝137.50(元)

调整后的定额材料费　352.59＋137.50＝490.09(元)

机械费：同定额材料费基价 0.00 元

管理费：(人工费＋机械费)×管理费率＝(60.59＋0.00)×25%＝15.15(元)

利润：(人工费＋机械费)×利润率＝(60.59＋0.00)×12%＝7.27(元)

定额单价＝人工费＋材料费＋机械费＋管理费＋利润

$$=60.59+490.09+0.00+15.15+7.27=573.10(\text{元})$$

$$\text{定额合价}=\text{定额单价}\times\text{定额工程量}=573.10\times\frac{139.32}{10}=7\,984.43(\text{元})$$

(3) 瓦屋面计价

查定额，套用定额 10-7，水泥彩瓦，铺瓦。

人工费：二类工，定额含量 0.75 工日。0.75×83=62.25(元)

材料费：因实际采用的水泥彩瓦规格为 370 mm×310 mm(有效尺寸 335 mm×270 mm)，定额中水泥彩瓦规格为 420 mm×332 mm(有效尺寸 345 mm×295 mm)，需调整定额用量。根据定额说明中规定的换算公式计算定额含量为

$$\frac{10}{0.335\times0.270}\times1.025=113.32(\text{块})=1.13(\text{百块})$$

水泥彩瓦材料费调整为：3.80×100×1.13=429.40(元)

调整后的材料费：283.77+(429.40−275.00)=438.17(元)

机械费：同定额材料费基价 0.49 元

管理费：(人工费+机械费)×管理费率=(62.25+0.49)×25%=15.69(元)

利润：(人工费+机械费)×利润率=(62.25+0.49)×12%=7.53(元)

定额单价=人工费+材料费+机械费+管理费+利润

$$=62.25+438.17+0.49+15.69+7.53=524.13(\text{元})$$

$$\text{定额合价}=\text{定额单价}\times\text{定额工程量}=524.13\times\frac{77.02}{10}=4\,036.85(\text{元})$$

(4) 脊瓦计价

查定额，套用定额 10-8，水泥彩瓦，脊瓦。

按上述同样方法计算出定额单价为 299.19 元。

$$\text{定额合价}=\text{定额单价}\times\text{定额工程量}=299.19\times\frac{25.16}{10}=752.76(\text{元})$$

(5) 水泥砂浆粉挂瓦条计价

查定额，套用定额 10-5，水泥砂浆粉挂瓦条 断面 20 mm×30 mm，间距 345 mm。

按上述同样方法计算出定额单价为 69.70 元。

$$\text{定额合价}=\text{定额单价}\times\text{定额工程量}=69.70\times\frac{77.02}{10}=536.83(\text{元})$$

(6) 平屋面上刚性防水屋面计价

本项刚性防水屋面设计为 50 mm 厚，混凝土强度等级为 C30。

定额 10-83，刚性防水屋面 C20 非泵送预拌细石混凝土 有分格缝，40 mm 厚。

定额 10-85，刚性防水屋面 C20 非泵送预拌细石混凝土 每增(减)5 mm。

采用组合定额的计价方式：10-83+[10-85]×2，并将混凝土强度等级由C20换算为C30。

按定额单价分析表法计算的含所有人材机组成情况的定额单价如表8.3.25所示。

**表8.3.25 刚性防水屋面定额综合单价分析表**

<table>
<tr><td colspan="5">定 额 编 号</td><td colspan="2">10-83换</td></tr>
<tr><td colspan="3" rowspan="3">项 目</td><td rowspan="3">单位</td><td rowspan="3">单价</td><td colspan="2">C30非泵送预拌细石混凝土50 mm厚</td></tr>
<tr><td colspan="2">有分格缝</td></tr>
<tr><td>数量</td><td>合计</td></tr>
<tr><td colspan="5">综 合 单 价(元)</td><td colspan="2">471.44</td></tr>
<tr><td rowspan="5">其中</td><td colspan="4">人工费</td><td colspan="2">151.06</td></tr>
<tr><td colspan="4">材料费</td><td colspan="2">263.46</td></tr>
<tr><td colspan="4">机械费</td><td colspan="2">0.75</td></tr>
<tr><td colspan="4">管理费(25%)</td><td colspan="2">37.95</td></tr>
<tr><td colspan="4">利润(12%)</td><td colspan="2">18.22</td></tr>
<tr><td>人工</td><td colspan="2">二类工</td><td>工日</td><td>83.00</td><td>1.68+0.07×2=1.82</td><td>151.06</td></tr>
<tr><td rowspan="7">材料</td><td>80212105</td><td>预拌混凝土(泵送型)C30</td><td>m³</td><td>362.00</td><td>0.406+0.051×2=0.508</td><td>183.90</td></tr>
<tr><td>11573505</td><td>石油沥青油毡350#</td><td>m²</td><td>3.90</td><td>10.50</td><td>40.95</td></tr>
<tr><td>11592705</td><td>APP高强嵌缝膏</td><td>kg</td><td>8.80</td><td>3.69</td><td>32.47</td></tr>
<tr><td>32090101</td><td>周转木材</td><td>m³</td><td>1 850.00</td><td>0.001</td><td>1.85</td></tr>
<tr><td>04030105</td><td>细砂</td><td>t</td><td>54.80</td><td>0.03</td><td>1.64</td></tr>
<tr><td>03510701</td><td>铁钉</td><td>kg</td><td>4.20</td><td>0.05</td><td>0.21</td></tr>
<tr><td>31150101</td><td>水</td><td>m³</td><td>4.70</td><td>0.52</td><td>2.44</td></tr>
<tr><td>机械</td><td>99052108</td><td>混凝土振捣器 平板式</td><td>台班</td><td>14.93</td><td>0.05</td><td>0.75</td></tr>
</table>

(7) 檐沟内侧面防水砂浆、细石找坡工程量、屋面排水落水管、雨水斗、落水口定额计价计算过程略。

屋面及防水工程定额计价汇总表如表8.3.26所示。

表 8.3.26　屋面防水工程分部分项工程费综合单价

| 序号 | 定额编号 | | 定额名称 | 单位 | 工程量 | 金额 | |
|---|---|---|---|---|---|---|---|
| | | | | | | 综合单价 | 合价 |
| 1 | 10-72 | | 屋面找平层 水泥砂浆 有分格缝 20 mm 厚 | 10 m² | 9.858 | 167.29 | 1 649.15 |
| 2 | 10-32 | 换 | 卷材屋面 SBS 改性沥青防水卷材 热熔满铺法 单层 | 10 m² | 13.932 | 573.10 | 7 984.43 |
| 3 | 10-7 | 换 | 瓦屋面水泥彩瓦 铺瓦 | 10 m² | 7.702 | 524.13 | 4 036.85 |
| 4 | 10-8 | | 瓦屋面水泥彩瓦 脊瓦 | 10 m | 2.516 | 299.19 | 752.76 |
| 5 | 10-5 | | 水泥砂浆粉挂瓦条 断面 20 mm×30 mm,间距 345 mm | 10 m² | 7.702 | 69.70 | 536.83 |
| 6 | 10-83 +[10-85]×2 | 换 | 刚性防水屋面 C30 非泵送预拌细石混凝土 有分格缝 50 mm 厚 | 10 m² | 2.156 | 471.44 | 1 016.43 |
| 7 | 5-4 | 换 | 现浇构件 冷轧带肋钢筋 | t | 0.029 | 6 425.28 | 186.33 |
| 8 | 14-16 | 换 | 抹水泥砂浆 挑沿、天沟、腰线、栏杆、扶手 | 10 m² | 3.848 | 715.28 | 2 752.40 |
| 9 | 13-13 | 换 | C20 预拌混凝土 非泵送 不分格垫层 | m³ | 1.490 | 423.47 | 630.97 |
| 10 | 10-202 | | PVC 管排水 PVC 水落管 ϕ110 mm | 10 m | 4.320 | 365.21 | 1 577.71 |
| 11 | 10-206 | | PVC 管排水 PVC 水斗 ϕ110 mm | 10 只 | 0.400 | 422.56 | 169.02 |
| 12 | 10-214 | | 铸铁管排水 屋面铸铁落水口(带罩) ϕ100 mm | 10 只 | 0.400 | 460.59 | 184.24 |
| 合计 | | | | | | | 21 477.12 |

#### 8.3.7.2　屋面及防水工程清单计价

1) 屋面及防水工程清单计价要点

屋面及防水工程工程量清单组价计算前,应先对屋面及防水设计图纸进行分析,结合工程量计算规范中各项清单中的工作内容,将需计算的图纸工程内容合理划分,纳入相应的清单工作内容中,并采用合适的定额进行组价。通常某一清单中标准工作内容不包含的项目不应纳入,而应另立清单项目;清单中标准工作内容中有的而设计图纸中也有的项目,应并入相应的清单中组价,不应单列清单。组价的内容应与项目特征准确对应。下面对部分清单的工作内容和应包括的图纸工程内容进行说明。

(1) 瓦屋面。工作内容为砂浆制作、运输、摊铺、养护,安瓦、作瓦脊。本清单包含的图纸工程内容为屋面瓦、脊瓦,屋面瓦铺设方式如有砂浆结合层,应将砂浆结合层计算在内,脊瓦应计入清单组价。

(2) 屋面卷材防水。工作内容为基层处理、刷底油、铺油毡卷材、接缝。刷底油的工作量应纳入组价中。

(3) 屋面刚性层。工作内容为基层处理,混凝土制作、运输、铺筑、养护,钢筋制安。刚性防水层中的配筋工程量应包括在内,分格缝嵌缝包含在组价中。

(4) 屋面排水管。工作内容为排水管及配件安装、固定，雨水斗、山墙出水口、雨水箅子安装，接缝、嵌缝，刷漆。雨水斗、出水口、油漆的工程内容应计入本清单。

(5) 屋面天沟、沿沟。工作内容为天沟材料铺设、天沟配件安装、接缝、嵌缝、刷防护材料。

2) 屋面及防水工程清单计价示例

**例 8.3.28** 某工程的屋面防水、排水做法如图 8.3.1 所示，列出设计范围内的所有屋面及防水工程的工程量清单，进行项目特征描述，并计算相应的清单工程量，按清单计价法进行计价。组价计价条件同例 8.3.27 中的定额计价条件。

**解** 第一部分 计算清单工程量

(1) 列出瓦屋面工程量清单并计算工程量。

清单编号：010901001001。

清单名称：瓦屋面。

项目特征：瓦品种、规格为370 mm×310 mm 烟灰色水泥彩瓦，432 mm×228 mm 烟灰色水泥脊瓦。本项目设计为无砂浆结合层，为水泥砂浆挂瓦条，补充项目特征挂瓦材料为 1∶2 水泥砂浆粉挂瓦条，断面 20 mm×30 mm。

清单工程量：$(10.80+0.24)\times(6.00+0.24)\times1.118=77.02(m^2)$

(2) 列出屋面卷材防水工程量清单并计算工程量。

清单编号：010902001001。

清单名称：屋面卷材防水。

项目特征：卷材品种、规格、厚度：4 mm 厚 SBS 防水卷材；防水层数：单层；防水层做法：热熔满铺法。

清单工程量：

平屋面：

平面部分：$2.00\times(10.80+0.24)-0.72\times0.72=21.56(m^2)$

检修孔弯起部分：$0.20\times0.72\times4=0.58(m^2)$

B 轴高低差处向上弯起部分：$0.10\times(10.80+0.24)=1.10(m^2)$

平屋面部分合计：$21.56+0.58+1.10=23.24(m^2)$

坡屋面：

斜面：$(10.80+0.24)\times(6.0+0.24)\times1.118=77.02(m^2)$

气窗弯起：$\dfrac{1.00\times0.50}{2}\times2+0.10\times0.80=0.58(m^2)$

坡屋面部分合计：$77.02+0.58=77.60(m^2)$

总计：$S=23.24+77.60=100.84(m^2)$

(3) 列出屋面刚性层工程量清单并计算工程量。

清单编号：010902003001。

清单名称：屋面刚性层。

项目特征：①刚性层厚度：50 mm厚；②混凝土种类：非泵送预拌细石混凝土；③混凝土强度等级：C30；④嵌缝材料种类：APP高强嵌缝膏；⑤钢筋规格、型号：冷拔低碳钢丝 ϕ4@150。

清单工程量：$S=(10.80+0.24)\times2.00-0.72\times0.72=21.56(m^2)$

(4) 列出屋面排水管工程量清单并计算工程量。

清单编号：010902004001。

清单名称：屋面排水管。

项目特征：①排水管品种、规格：ϕ110UPVC雨水管；②雨水斗、山墙出水口品种、规格：ϕ100UPVC塑料落水斗，ϕ100带罩铸铁落水口。

清单工程量：$(10.60-0.10+0.30)\times4=43.20(m)$

(5) 列出屋面天沟、檐沟工程量清单并计算工程量。

清单编号：010902007001。

清单名称：屋面天沟、檐沟。

项目特征：材料品种、规格：20 mm厚1∶2防水砂浆找平层，4 mm厚SBS防水卷材。

清单工程量：

檐沟底：

$0.30\times[(10.80+0.24)\times2+(8.00+0.24)\times2+0.30\times4]=11.93(m^2)$

檐沟内侧边弯起：

$0.20\times(10.80+0.24+2.00\times2)+0.3\times(10.84+0.24+6.24\times2)=10.08(m^2)$

檐沟外侧边弯起：$0.30\times(10.80\times2+8.00\times2+0.42\times8)=12.29(m^2)$

檐沟板顶面：$0.10\times(10.80\times2+8.00\times2+0.52\times8)=4.18(m^2)$

檐沟部分合计：$11.93+10.08+12.29+4.18=38.48(m^2)$

(6) 列出以上清单工作内容中未包括的砂浆找平层工程量清单并计算工程量。

清单编号：011101006001。

清单名称：平面砂浆找平层。

项目特征：找平层厚度、砂浆配合比：20 mm厚1∶3水泥砂浆找平层。

清单工程量：

平屋面：$2.00\times(10.80+0.24)-0.72\times0.72=21.56(m^2)$

坡屋面：$(10.80+0.24)\times(6.00+0.24)\times1.118=77.02(m^2)$

找平层总面积：$S=21.56+77.02=98.58(m^2)$

(7) 列出以上清单工作内容中未包括的平屋面细石混凝土找坡层工程量清单并计算工程量。

采用楼地面工程中类似项目的清单。

清单编号:010501001001。

清单名称:垫层。

项目特征:①混凝土种类:非泵送商品细石混凝土;②混凝土强度等级:C20。

平屋面找坡:平均厚度 $\frac{10.80+0.24}{2}\times\frac{2\%}{2}=0.055(\text{m})$

体积 $0.055\times21.56=1.19(\text{m}^3)$

檐沟找坡:按"面积×平均厚度"计算。

$$0.30\times(10.80+0.24+0.30)\times2\times\frac{10.80+0.24+0.30}{2}\times\frac{1\%}{2}+0.3\times(8.00+0.24+0.30)\times2\times\frac{8.00+0.24+0.30}{2}\times\frac{1\%}{2}=0.30(\text{m}^3)$$

细石混凝土找坡总计:$1.19+0.30=1.49(\text{m}^3)$

按计价规范格式列出的屋面及防水工程工程量清单如表 8.3.27 所示。

**表 8.3.27 分部分项工程和单价措施项目清单与计价表**

| 序号 | 项目编码 | 项目名称 | 项目特征描述 | 计量单位 | 工程量 | 金额(元) | | |
|---|---|---|---|---|---|---|---|---|
| | | | | | | 综合单价 | 合价 | 其中 |
| | | | | | | | | 暂估价 |
| | | | 0109 屋面及防水工程 | | | | | |
| 1 | 010901001001 | 瓦屋面 | 1. 瓦品种、规格:370 mm×310 mm 烟灰色水泥彩瓦,432 mm×228 mm 烟灰色水泥脊瓦<br>2. 挂瓦材料:1∶2 水泥砂浆粉挂瓦条,断面 20 mm×30 mm | $\text{m}^2$ | 77.02 | | | |
| 2 | 010902001001 | 屋面卷材防水 | 1. 卷材品种、规格、厚度:4 mm 厚 SBS 防水卷材<br>2. 防水层数:单层<br>3. 防水层做法:热熔满铺法 | $\text{m}^2$ | 100.84 | | | |
| 3 | 010902003001 | 屋面刚性层 | 1. 刚性层厚度:50 mm<br>2. 混凝土种类:非泵送预拌细石混凝土<br>3. 混凝土强度等级:C30<br>4. 嵌缝材料种类:APP 高强嵌缝膏<br>5. 钢筋规格、型号:冷拔低碳钢丝单层双向 ϕ4@150<br>6. 隔离层:撒细砂一层,干铺油毡一层 | $\text{m}^2$ | 21.56 | | | |

续表 8.3.27

| 序号 | 项目编码 | 项目名称 | 项目特征描述 | 计量单位 | 工程量 | 金额(元) | | |
|---|---|---|---|---|---|---|---|---|
| | | | | | | 综合单价 | 合价 | 其中<br>暂估价 |
| 4 | 010902004001 | 屋面排水管 | 1. 排水管品种、规格:ϕ110UPVC 雨水管<br>2. 雨水斗、山墙出水口品种、规格:ϕ100UPVC 塑料落水斗,ϕ100 带罩铸铁落水口 | m | 43.20 | | | |
| 5 | 010902007001 | 屋面天沟、檐沟 | 材料品种、规格:20 mm 厚 1∶2 防水砂浆粉刷,4 mm 厚 SBS 防水卷材 | $m^2$ | 38.48 | | | |
| 6 | 011101006001 | 平面砂浆找平层 | 找平层厚度、砂浆配合比:20 mm 厚 1∶3水泥砂浆找平层,有分格缝 | $m^2$ | 98.58 | | | |
| 7 | 010501001001 | 垫层 | 1. 混凝土种类:非泵送商品细石混凝土<br>2. 混凝土强度等级:C20 | $m^3$ | 1.49 | | | |

第二部分　清单计价

(1) 瓦屋面清单计价。根据清单特征和工程内容,本项清单中包含的组价内容为屋面铺平瓦、屋面脊瓦和水泥砂浆粉挂瓦条的造价。根据例 8.3.27 的定额计价结果,计算清单的综合单价和清单合价。

瓦屋面清单综合单价:

$$\frac{\text{所有组价项目总价}}{\text{清单工程量}}=\frac{4\ 036.85+752.76+536.83}{77.02}=69.16(\text{元})$$

瓦屋面清单合价:清单综合单价×清单工程量=69.16×77.02=5 326.70(元)

(2) 屋面卷材防水清单计价。根据清单特征和工程内容,本项清单中包含的组价内容为平屋面和坡屋面 SBS 卷材防水。根据例 8.3.27 的定额计价结果,计算清单的综合单价和清单合价。

屋面卷材防水清单综合单价:

$$\frac{\frac{23.24+77.60}{10}\times 573.10}{100.84}=57.31(\text{元}/m^2)$$

屋面卷材防水清单合价:57.31×100.84=5 779.14(元)

(3) 屋面刚性层清单计价。根据清单特征和工程内容,本项清单中包含的组价内容为刚性防水屋面和其中配置的钢筋。根据例 8.3.27 的定额计价结果,计算清单的综合单价和清单合价。

屋面刚性层清单综合单价:$\frac{1\ 016.43+186.33}{21.56}=55.79(\text{元})$

屋面刚性层清单合价：55.79×21.56＝1 202.83(元)

(4) 用同样方法进行其他清单项目的综合单价和清单合价的计算。本例工程量清单计价及各清单项目下定额组价的详细情况如表 8.3.28 所示。

**表 8.3.28　屋面及防水工程清单计价及组价内容明细表**

| 序号 | 项目编码 | 项目名称 | 项目特征描述 | 计量单位 | 工程量 | 金额(元) | | |
|---|---|---|---|---|---|---|---|---|
| | | | | | | 综合单价 | 合价 | 其中<br>暂估价 |
| | | 0109 屋面及防水工程 | | | | | | |
| 1 | 010901001001 | 瓦屋面 | 1. 瓦品种、规格：370 mm×310 mm 烟灰色水泥彩瓦，432 mm×228 mm 烟灰色水泥脊瓦<br>2. 挂瓦材料：1∶2 水泥砂浆粉挂瓦条，断面 20 mm×30 mm | $m^2$ | 77.02 | 69.16 | 5 326.44 | |
| | 10-7 | 水泥彩瓦　铺瓦 | | 10 $m^2$ | 7.702 | 524.13 | 4 036.85 | |
| | 10-8 | 水泥彩瓦　脊瓦 | | 10 m | 2.516 | 299.19 | 752.76 | |
| | 10-5 | 水泥砂浆粉挂瓦条 断面 20 mm×30 mm，间距 345 mm | | 10 $m^2$ | 7.702 | 69.70 | 536.83 | |
| 2 | 010902001001 | 屋面卷材防水 | 1. 卷材品种、规格、厚度：4 mm 厚 SBS 防水卷材<br>2. 防水层数：单层<br>3. 防水层做法：热熔满铺法 | $m^2$ | 100.84 | 57.31 | 5 779.14 | |
| | 10-32 | 卷材屋面 SBS 改性沥青防水卷材 热熔满铺法 单层 | | 10 $m^2$ | 10.084 | 573.10 | 5 779.14 | |
| 3 | 010902003001 | 屋面刚性层 | 1. 刚性层厚度：50 mm<br>2. 混凝土种类：非泵送预拌细石混凝土<br>3. 混凝土强度等级：C30<br>4. 嵌缝材料种类：APP 高强嵌缝膏<br>5. 钢筋规格、型号：冷拔低碳钢丝单层双向 $\phi$4@150<br>6. 隔离层：撒细砂一层，干铺油毡一层 | $m^2$ | 21.56 | 55.79 | 1 202.76 | |
| | 10-83＋[10-85]×2 | 刚性防水屋面 C30 非泵送预拌细石混凝土 有分格缝 50 mm 厚 | | 10 $m^2$ | 2.156 | 471.44 | 1 016.43 | |
| | 5-4 | 现浇构件 冷轧带肋钢筋 | | t | 0.029 | 6 425.28 | 186.33 | |

**续表 8.3.28**

| 序号 | 项目编码 | 项目名称 | 项目特征描述 | 计量单位 | 工程量 | 金额(元) | | |
|---|---|---|---|---|---|---|---|---|
| | | | | | | 综合单价 | 合价 | 其中<br>暂估价 |
| 4 | 010902004001 | 屋面排水管 | 1. 排水管品种、规格：ϕ110UPVC 雨水管<br>2. 雨水斗、山墙出水口品种、规格：ϕ100UPVC 塑料落水斗，ϕ100 带罩铸铁落水口 | m | 43.20 | 44.70 | 1 930.97 | |
| | 10-202 | PVC 管排水 PVC 水落管 ϕ110 mm | | 10 m | 4.32 | 365.21 | 1 577.71 | |
| | 10-214 | 铸铁管排水 屋面铸铁落水口(带罩) ϕ100 mm | | 10 只 | 0.40 | 460.59 | 184.24 | |
| | 10-206 | PVC 管排水 PVC 水斗 ϕ110 mm | | 10 只 | 0.40 | 422.56 | 169.02 | |
| 5 | 010902007001 | 屋面天沟、檐沟 | 材料品种、规格：20 mm 厚 1∶2 防水砂浆粉刷，4 mm 厚 SBS 防水卷材 | $m^2$ | 38.48 | 128.84 | 4 957.69 | |
| | 10-32 | 卷材屋面 SBS 改性沥青防水卷材 热熔满铺法 单层 | | 10 $m^2$ | 3.848 | 573.10 | 2 205.29 | |
| | 14-16 | 抹水泥砂浆 挑沿、天沟、腰线、栏杆、扶手 | | 10 $m^2$ | 3.848 | 715.28 | 2 752.40 | |
| 6 | 011101006001 | 平面砂浆找平层 | 找平层厚度、砂浆配合比：20 mm 厚 1∶3 水泥砂浆找平层，有分格缝 | $m^2$ | 98.58 | 16.73 | 1 649.24 | |
| | 10-72 | 屋面找平层 水泥砂浆 有分格缝 20 mm 厚 | | 10 $m^2$ | 9.858 | 167.29 | 1 649.15 | |
| 7 | 010501001001 | 垫层 | 1. 混凝土种类：非泵送商品细石混凝土<br>2. 混凝土强度等级：C20 | $m^3$ | 1.49 | 423.47 | 630.97 | |
| | 13-13 | C20 预拌混凝土 非泵送 不分格垫层 | | $m^3$ | 1.49 | 423.47 | 630.97 | |
| 合　计 | | | | | | | 21 477.21 | |

## 8.3.8 单价措施项目清单与计价

### 8.3.8.1 脚手架工程

1) 脚手架工程清单应用要点

脚手架工程量清单项目分为综合脚手架、外脚手架、里脚手架、悬空脚手架、挑脚手架、满堂脚手架、整体提升架、外装饰吊篮等 8 个清单，使用时应注意以下事项：

(1) 使用综合脚手架时，不再使用外脚手架、里脚手架等单项脚手架；综合脚手架适用于能够按“建筑面积计算规则”计算建筑面积的建筑工程脚手架，不适用于房屋加层、构筑物及附属工程脚手架。

(2) 同一建筑物有不同檐高时，按建筑物竖向切面分别按不同檐高编列清单项目。

(3) 整体提升架已包括 2 m 高的防护架体设施。

(4) 脚手架材质可以不描述，但应注明由投标人根据工程实际情况按照《建筑施工扣件式钢管脚手架安全技术规范》(JGJ 130—2011)、《建筑施工附着升降脚手架管理暂行规定》(建建〔2000〕230 号)等规范自行确定。

2) 脚手架计价定额应用要点

(1) 适用范围

脚手架适用于各类工业与民用建筑以及构筑物的新建、扩建、改建工程的脚手架搭设。超过 20 m 脚手架材料增加费适用于建筑物设计室外标高至檐口高度超过 20 m 的工程(构筑物除外)。

脚手架分为综合脚手架和单项脚手架两部分。单项脚手架适用于单独地下室、装配式和多(单)层工业厂房、仓库、独立的展览馆、体育馆、影剧院、礼堂、饭堂(包括附属厨房)、锅炉房、檐高未超过 3.60 m 的单层建筑、超过 3.60 m 高的屋顶构架、构筑物等。除此之外的单位工程均执行综合脚手架项目。

(2) 综合脚手架使用注意点

① 檐高在 3.60 m 内的单层建筑不执行综合脚手架定额。

② 综合脚手架项目仅包括脚手架本身的搭拆，不包括建筑物洞口临边、电器防护设施等费用，以上费用已在安全文明施工措施费中列支。

③ 单位工程在执行综合脚手架时，遇有下列情况应另列项目计算，不再计算超过 20 m 脚手架材料增加费。

a. 各种基础自设计室外地面起深度超过 1.50 m(砖基础至大放脚砖基底面、钢筋混凝土基础至垫层上表面)，同时混凝土带形基础底宽超过 3 m、满堂基础或独立柱基(包括设备基础)混凝土底面积超过 16 $m^2$ 应计算砌墙、混凝土浇捣脚手架。砖基础以垂直面积按单项脚手架中里架子、混凝土浇捣按相应满堂脚手架定额执行。

b. 层高超过 3.60 m 的钢筋混凝土框架柱、梁、墙混凝土浇捣脚手架按单项定额规定计算。

c. 独立柱、单梁、墙高度超过 3.60 m 混凝土浇捣脚手架按单项定额规定计算。

d. 层高在 2.20 m 以内的技术层外墙脚手架按相应单项定额规定执行。

e. 施工现场需搭设高压线防护架、金属过道防护棚脚手架按单项定额规定执行。

f. 屋面坡度大于 45°时，屋面基层、盖瓦的脚手架费用应另行计算。

g. 未计算到建筑面积的室外柱、梁等，其高度超过 3.60 m 时，应另按单项脚手架相应定额计算。

h. 地下室的综合脚手架按檐高在 12 m 以内的综合脚手架相应定额乘以系数 0.5 执行。

i. 檐高 20 m 以下采用悬挑脚手架的可计取悬挑脚手架增加费用，20 m 以上悬挑脚手架增加费已包括在脚手架超高材料增加费中。

(3) 单项脚手架使用注意点

① 除高压线防护架外，本定额已按扣件式钢管脚手架编制，实际施工中不论使用何种脚手架材料，均按本定额执行。

② 因建筑物高度超过脚手架允许搭设高度、建筑物外形要求或工期要求，根据施工组织设计需采用型钢悬挑脚手架时，除计算脚手架费用外，应计算外架子悬挑脚手架增加费。

③ 本定额满堂扣件式钢管脚手架(简称满堂脚手架)不适用于满堂扣件式钢管支撑架(简称满堂支撑架)，满堂支撑架应根据专家论证后的实际搭设方案计价。

④ 单层轻钢厂房脚手架适用于单层轻钢厂房钢结构施工用脚手架，分钢柱梁安装脚手架、屋面瓦等水平结构安装脚手架和墙板、门窗、雨篷、天沟等竖向结构安装脚手架，不包括厂房内土建、装饰工作脚手架，实际发生时另执行相关单项脚手架子目。

⑤ 外墙镶(挂)贴脚手架定额适用于单独外装饰工程脚手架搭设。

⑥ 天棚、柱、梁、墙面不抹灰但满批腻子时，脚手架执行同抹灰脚手架。

⑦ 当结构施工搭设的电梯井脚手架延续至电梯设备安装使用时，套用安装用电梯井脚手架时应扣除定额中的人工及机械。

⑧ 建筑物外墙设计采用幕墙装饰，不需要砌筑墙体，根据施工方案需搭设外围防护脚手架的，且幕墙施工不利用外防护架，应按砌筑脚手架相应子目另计防护脚手架费。

(4) 超高脚手架材料增加费使用注意点

① 本定额中脚手架是按建筑物檐高在 20 m 以内编制的。檐高超过 20 m 时应计算脚手架材料增加费。

② 檐高超过 20 m 脚手架材料增加费内容包括脚手架使用周期延长摊销费、脚手架加固。脚手架材料增加费包干使用，无论实际发生多少，均按本章定额执行，不调整。

(5) 计算规则

① 综合脚手架

综合脚手架按建筑面积计算，单位工程中不同层高的建筑面积应分别计算。目前，建筑面积执行的是《建筑工程建筑面积计算规范》(GB/T 50353—2013)。

② 单项脚手架

A. 脚手架工程量计算一般规则：

a. 凡砌筑高度超过 1.5 m 的砌体均需计算脚手架。

b. 脚手架均按墙面(单面)垂直投影面积以平方米计算。

c. 计算脚手架时，不扣除门、窗洞口，空圈，车辆通道，变形缝等所占面积。

d. 建筑物高度不同时，按建筑物的竖向不同高度分别计算。

B. 砌筑脚手架工程量计算规则：

a. 外墙脚手架按外墙外边线长度（如外墙有挑阳台，则每只阳台计算一个侧面宽度，计入外墙面长度内，两户阳台连在一起的也只算一个侧面）乘以外墙高度以平方米计算。外墙高度指室外设计地坪至檐口（或女儿墙上表面）高度。坡屋面至屋面板下（或椽子顶面）墙中心高度。山墙算至山尖 1/2 处的高度。

b. 内墙脚手架以内墙净长乘以内墙净高计算。有山尖者算至山尖 1/2 处的高度；有地下室时，高度自地下室室内地坪至墙顶面高度。

c. 砌体高度在 3.60 m 以内者，套用里脚手架；高度超过 3.60 m 者，套用外脚手架。

d. 山墙自设计室外地坪至山尖 1/2 处的高度超过 3.60 m 时，该整个外山墙按相应外脚手架计算，内山墙按单排外架子计算。

e. 外墙脚手架包括一面抹灰脚手架在内，另一面墙可计算抹灰脚手架。

f. 砖基础自设计室外地坪至垫层（或混凝土基础）上表面的深度超过 1.50 m 时，按相应砌墙脚手架执行。

C. 外墙镶（挂）贴脚手架工程量计算规则：

a. 外墙镶（挂）贴脚手架工程量计算规则参照砌筑外墙脚手架相关规定。

b. 吊篮脚手架按装修墙面垂直投影面积以平方米计算（计算高度从室外地坪至设计高度）。安拆费按施工组织设计或实际数量确定。

D. 现浇钢筋混凝土脚手架工程量计算规则：

a. 钢筋混凝土基础自设计室外地坪至垫层上表面的深度超过 1.50 m 时，同时带形基础底宽超过 3.0 m、独立基础或满堂基础及大型设备基础的底面积超过 16 $m^2$ 的混凝土浇捣脚手架应按槽、坑土方规定放工作面后的底面积计算，按满堂脚手架相应定额乘以系数 0.3 计算脚手架费用。（使用泵送混凝土者，混凝土浇捣脚手架不得计算）

b. 现浇钢筋混凝土独立柱、单梁、墙高度超过 3.6 m 应计算浇捣脚手架。柱的浇捣脚手架以柱的结构周长加 3.6 m 乘以柱高计算；梁的浇捣脚手架按梁的净长乘以地面（或楼面）至梁顶面的高度计算；墙的浇捣脚手架以墙的净长乘以墙高计算。套柱、梁、墙混凝土浇捣脚手架。

c. 层高超过 3.60 m 的钢筋混凝土框架柱、墙（楼板、屋面板为现浇板）所增加的混凝土浇捣脚手架费用，以每 10 $m^2$ 框架轴线水平投影面积，按满堂脚手架相应子目乘以系数 0.3 执行；层高超过 3.60 m 的钢筋混凝土框架柱、梁、墙（楼板、屋面板为预制空心板）所增加的混凝土浇捣脚手架费用，以每 10 $m^2$ 框架轴线水平投影面积，按满堂脚手架相应子目乘以系数 0.4 执行。

E. 抹灰脚手架、满堂脚手架工程量计算规则：

a. 钢筋混凝土单梁、柱、墙抹灰脚手架，按以下规定计算脚手架。

单梁：以梁净长乘以地坪（或楼面）至梁顶面高度计算；

柱：以柱结构外围周长加 3.6 m 乘以柱高计算；

墙：以墙净长乘以地坪（或楼面）至板底高度计算。

b. 墙面抹灰：以墙净长乘以净高计算。

c. 如有满堂脚手架可以利用时，不再计算墙、柱、梁面抹灰脚手架。

d. 天棚抹灰高度在 3.60 m 以内，按天棚抹灰面（不扣除柱、梁所占的面积）以平方米计算。

e. 满堂脚手架：天棚抹灰高度超过 3.60 m，按室内净面积计算满堂脚手架，不扣除柱、垛、附墙烟囱所占面积。

基本层：高度在 8 m 以内计算基本层。

增加层：高度超过 8 m，每增加 2 m，计算一层增加层，计算式如下：

$$\text{增加层数}=\frac{\text{室内净高(m)}-8\text{ m}}{2\text{ m}}$$

计算结果保留整数，小数在 0.6 以内舍去，在 0.6 以上进位。满堂脚手架高度以室内地坪面（或楼面）至天棚面或屋面板的底面为准（斜的天棚或屋面板按平均高度计算）。室内挑台栏板外侧共享空间的装饰如无满堂脚手架利用时，按地面（或楼面）至顶层栏板顶面高度乘以栏板长度以平方米计算，套相应抹灰脚手架定额。

F. 其他脚手架工程量计算规则：

a. 外架子悬挑脚手架增加费按悬挑脚手架部分的面积计算，计算原则参照外墙脚手架。

b. 单层轻钢厂房脚手架柱梁、屋面瓦等水平结构安装按厂房水平投影面积计算，墙板、门窗、雨篷等竖向结构安装按厂房垂直投影面积计算。

c. 高压线防护架按搭设长度以延长米计算。

d. 金属过道防护棚按搭设水平投影面积以平方米计算。

e. 斜道、电梯井脚手架区别不同高度以座计算。

G. 满堂支撑架应根据建设单位认可的合理施工方案计算，搭拆按实际使用的脚手钢管重量计算，使用费按实际使用的脚手钢管重量和天数计算，应包括搭设和拆除天数，不包括现场囤积和转运天数。

③ 综合脚手架超高脚手架材料增加费

A. 建筑物檐高超过 20 m 可计算脚手架材料增加费。建筑物檐高超过 20 m 脚手架材料增加费以建筑物超过 20 m 部分建筑面积计算。

B. 层高超过 3.6 m 每增高 0.1 m 按增高 1 m 的比例换算（不足 0.1 m 按 0.1 m计算）。

C. 建筑物檐高高度超过 20 m，但其最高一层或其中一层楼面未超过 20 m 时，则该楼层在 20 m 以上部分仅能计算每增高 1 m 的增加费。

D. 同一建筑物中有 2 个或 2 个以上的不同檐口高度时，应分别按不同高度竖向切面的建筑面积套用相应子目。

E. 单层建筑物(无楼隔层者)高度超过 20 m，其超过部分除构件安装按定额第八章的规定执行外，另按本章相应项目计算脚手架材料增加费。

④ 单项脚手架超高脚手架材料增加费

建筑物檐高超过 20 m 可计算脚手架材料增加费。建筑物檐高超过 20 m 脚手架材料增加费同外墙脚手架计算规则，从设计室外地面算起。

同一建筑物中有 2 个或 2 个以上的不同檐口高度时，应分别按不同高度竖向切面的外脚手架面积套用相应子目。

3) 脚手架工程计价示例

**例 8.3.29** 如图 8.3.2 所示，某多层住宅变形缝宽度为 0.20 m，与室内不连通，阳台水平投影尺寸为 1.80 m×3.60 m(共 18 个)，雨篷水平投影尺寸为 2.60 m×4.00 m，坡屋面阁楼室内净高最高点为 3.65 m，坡屋面坡度为 1∶2，平屋面女儿墙顶

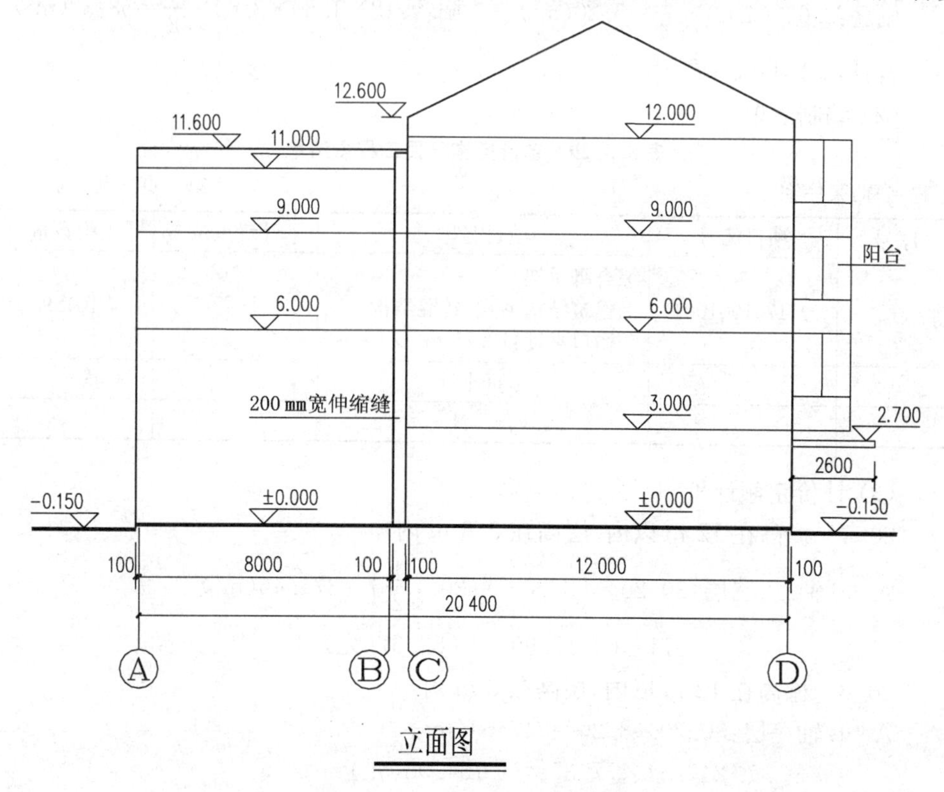


图 8.3.2 某多层住宅立面图

面标高为11.60 m,A—B轴部分长30.2 m,C—D轴部分长60.2 m。请按《建筑工程建筑面积计算规范》(GB/T 50353—2013)计算下图的建筑面积,并按2014年江苏省计价定额规定计算脚手架工程费。

**相关知识**

(1) 本工程属于住宅楼,根据江苏省计价定额的规定,应按综合脚手架计算,因此,计算规范中应套用综合脚手架清单项目。

(2) 工程量清单计算规则和计价定额计算规则是一样的,都是按建筑面积计算。

**解**

(1) 工程量计算

A—B轴:$30.20\times\left(8.20\times2+8.20\times\frac{1}{2}\right)=619.1(\text{m}^2)$

B—C轴:$60.20\times12.20\times4=2\,937.76(\text{m}^2)$

坡屋面:$60.20\times\left(6.20+1.80\times2\times\frac{1}{2}\right)=481.60(\text{m}^2)$

雨篷:$2.60\times4.00\times\frac{1}{2}=5.20(\text{m}^2)$　　阳台:$18\times1.80\times3.60\times\frac{1}{2}=58.32(\text{m}^2)$

合计:4 101.98 $\text{m}^2$

(2) 编制清单

表8.3.29　单价措施项目工程量清单

工程名称:某住宅　　　　第　页　共　页

| 序号 | 项目编号 | 项目名称 | 计量单位 | 工程数量 |
|---|---|---|---|---|
| | 011701001001 | 综合脚手架<br>建筑结构形式:砖混结构<br>檐口高度:12.75 m | $\text{m}^2$ | 4 101.98 |
| | | 本页小计 | | |
| | | 合　计 | | |

(3) 计价定额计价

20-1　檐高在12 m以内,层高在3.6 m内

A—B轴二、三层:$30.20\times\left(8.20+8.20\times\frac{1}{2}\right)=371.46(\text{m}^2)$

$371.46\times17.99=6\,682.57$(元)

20-3　檐高在12 m以内,层高在8 m内

A—B轴一层:$30.20\times8.20=247.64(\text{m}^2)$

$247.64\times77.35=19\,154.95$(元)

20-5　檐高在12 m以上,层高在3.6 m内

B—C 轴：60.20×12.20×4＝2 937.76($m^2$)

坡屋面：$60.20\times\left(6.20+1.80\times2\times\frac{1}{2}\right)=481.60(m^2)$

雨篷：$2.60\times4.00\times\frac{1}{2}=5.20(m^2)$　　阳台：$18\times1.80\times3.60\times\frac{1}{2}=58.32(m^2)$

小计：3 482.88 $m^2$

3 482.88×21.41＝74 568.46(元)

**表 8.3.30　单价措施项目工程量清单**

工程名称：某住宅　　　　　　　　　　　　　　　　　　　　第　页　共　页

| 序号 | 项目编号 | 项目名称 | 计量单位 | 工程数量 | 金额(元) | |
|---|---|---|---|---|---|---|
| | | | | | 综合单价 | 合价 |
| | 011701001001 | 综合脚手架<br>建筑结构形式：砖混结构<br>檐口高度：12.75 m | $m^2$ | 4 101.98 | 24.48 | 100 405.98 |
| | | 本页小计 | | | | 100 405.98 |
| | | 合　计 | | | | 100 405.98 |

清单综合单价组成明细

| 定额编号 | 名称 | 单位 | 工程量 | 基价 | 合价 |
|---|---|---|---|---|---|
| 20-1 | 檐高在 12 m 以内，层高在 3.6 m 内 | $m^2$ | 371.46 | 17.99 | 6 682.57 |
| 20-3 | 檐高在 12 m 以内，层高在 8 m 内 | $m^2$ | 247.64 | 77.35 | 19 154.95 |
| 20-5 | 檐高在 12 m 以上，层高在 3.6 m 内 | $m^2$ | 3 482.88 | 21.41 | 74 568.46 |
| 计价表合价汇总(元) | | | | | 100 405.98 |
| 清单项目综合单价(元) | | | | | 24.48 |

**例 8.3.30**　某工程取费三类工程，钢筋混凝土独立基础如图 8.3.3 所示，请判别该基础是否可计算浇捣脚手架费。如可以计算，请计算出工程量和合价。

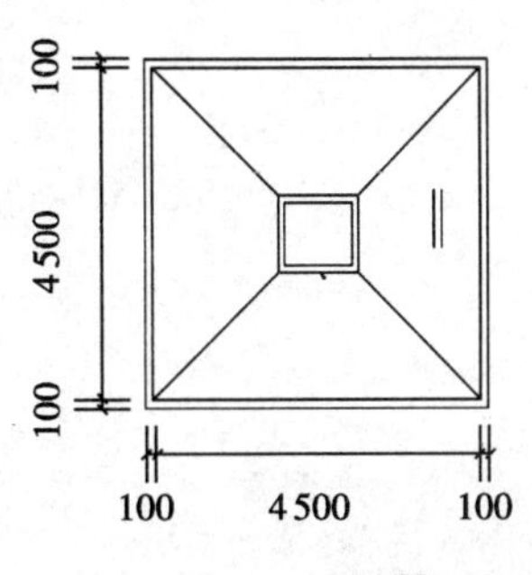


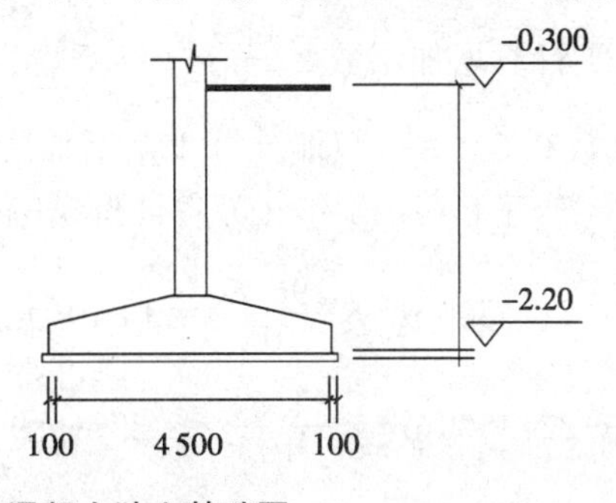


图 8.3.3　某钢筋混凝土独立基础图

**相关知识**

(1) 计算钢筋混凝土浇捣脚手架的条件。

混凝土带形基础:

① 自设计室外地坪至垫层上表面的深度超过 1.50 m;

② 带形基础混凝土底宽超过 3.00 m。

混凝土独立基础、满堂基础、大型设备基础:

① 自设计室外地坪至垫层上表面的深度超过 1.50 m;

② 混凝土底面积超过 16 $m^2$。

(2) 按槽坑规定放工作面后的底面积计算。

(3) 按满堂脚手架乘以 0.3 系数计算。

**解** (1) 因为该钢筋混凝土独立基础深度:2.20－0.30＝1.90(m)＞1.50(m)

该钢筋混凝土独立基础混凝土底面积:4.50×4.50＝20.25($m^2$)＞16($m^2$)

同时满足两个条件,故应计算浇捣脚手架费。

(2) 工程量计算

$$(4.50+0.30\times2)\times(4.50+0.30\times2)=26.01(m^2)$$

(0.30 m 为规定的工作面增加尺寸)

(3) 套 2014 版江苏省计价定额

20-20 子目 $\frac{26.01}{10}\times156.85\times0.3=122.39$(元)

**例 8.3.31** 某工业工程天棚抹灰需要搭设满堂脚手架,室内净面积为 500 $m^2$,室内净高为 11 m,计算该项满堂脚手架费。

**相关知识**

(1) 计算满堂脚手架的增加层数。

(2) 余数的处理,在 0.6 以内不计算增加层。

**解**

(1) 工程量为已知室内净面积 500 $m^2$。

(2) 计算增加层数$=\frac{11-8}{2}=1.5$

余数 0.5＜0.6,只能计算 1 个增加层

(3) 套子目(2014 年江苏省计价定额)

20-21 500 $m^2\times\frac{196.80}{10}=9\ 840$(元)

20-22 500 $m^2\times\frac{44.54}{10}=2\ 227$(元)

(4) 该项满堂脚手架费合计:12 067 元。

**例 8.3.32** 某单层建筑物平面如图 8.3.4 所示，室内外高差 0.30 m，平屋面，预应力空心板厚 0.12 m，天棚抹灰。试根据以下条件计算内外墙、天棚脚手架费用：(1)檐高 3.52 m；(2)檐高 4.02 m；(3)檐高 6.12 m。

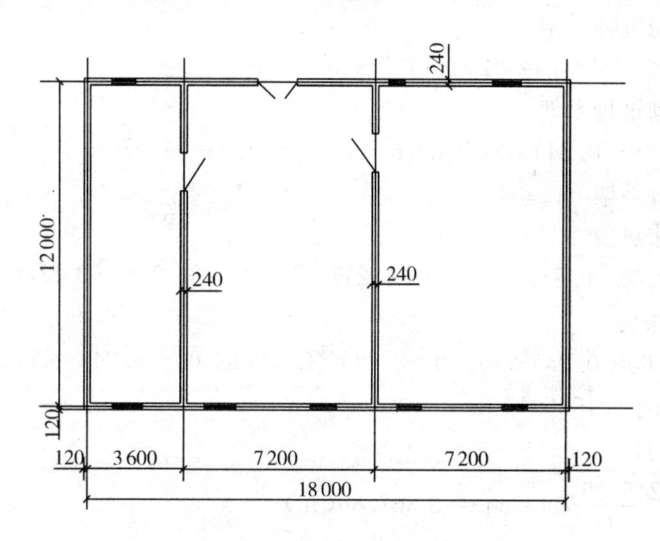


**图 8.3.4 某单层建筑物平面图**

**解**

1) 檐高 3.52 m

(1) 计算工程量

① 外墙砌筑脚手架

$(18.24+12.24)\times2\times3.52=214.58(m^2)$

② 内墙砌筑脚手架

$(12.00-0.24)\times2\times(3.52-0.30-0.12)=72.91(m^2)$

③ 抹灰脚手架

高度 3.6 m 以内的墙面，天棚套用 3.6 m 以内的抹灰脚手架。

a. 墙面抹灰(外墙面按砌筑脚手架可以利用考虑，内墙不考虑利用)

$[(12.00-0.24)\times6+(18-0.24)\times2]\times(3.52-0.30-0.12)=328.85(m^2)$

b. 天棚抹灰

$[(3.60-0.24)+(7.20-0.24)\times2]\times(12.00-0.24)=203.21(m^2)$

抹灰面积小计：$328.85+203.21=532.06(m^2)$

(2) 套子目(2014 年江苏省计价定额，下同)

20-9 $\dfrac{214.58+72.91}{10}\times16.33=469.47$(元)

20-23 $\dfrac{532.06}{10}\times3.90=207.50$(元)

所以内外墙、天棚的脚手架费 676.97 元。

2）檐高 4.02 m

(1) 计算工程量

① 外墙砌筑脚手架

$(18.24+12.24)\times2\times4.02=245.06(m^2)$

② 内墙砌筑脚手架

$(12.00-0.24)\times2\times(4.02-0.30-0.12)=84.67(m^2)$

③ 抹灰脚手架

a. 墙面抹灰

$[(12.00-0.24)\times6+(18-0.24)\times2]\times(4.02-0.30-0.12)=381.89(m^2)$

b. 天棚抹灰

$[(3.60-0.24)+(7.20-0.24)\times2]\times(12.00-0.24)=203.21(m^2)$

抹灰面积小计：585.10 $m^2$

(2) 套子目

20-10 $\frac{245.06}{10}\times137.43=3\ 367.86$(元)

20-9 $\frac{84.67}{10}\times16.33=138.27$(元)

20-23 $\frac{585.10}{10}\times3.90=228.29$(元)

因此：内外墙、天棚的脚手架费 3 734.32 元。

3）檐高 6.12 m

(1) 计算工程量

① 外墙砌筑脚手架

$(18.24+12.24)\times2\times6.12=373.08(m^2)$

② 内墙砌筑脚手架

$(12.00-0.24)\times2\times(6.12-0.30-0.12)=134.06(m^2)$

③ 抹灰脚手架

净高超 3.60 m，按满堂脚手架计算：

$[(3.60-0.24)+(7.20-0.24)\times2]\times(12.00-0.24)=203.21(m^2)$

(2) 套子目

20-10 $\frac{373.08+134.06}{10}\times137.43=6\ 969.63$(元)

20-21 $\frac{203.21}{10}\times196.80=3\ 999.17$(元)

所以内外墙、天棚的脚手架费为 10 968.80 元。

**例 8.3.33** 某工程施工图纸标明有独立柱 370 mm×490 mm 方形柱 10 根，高度 4.60 m；300 mm×400 mm 方形独立柱 6 根，高度 3.50 m。计算柱的浇捣脚手架费（三类工程）。

**相关知识**

现浇钢筋混凝土独立柱高度超 3.60 m 的应计算浇捣脚手架。

**解** (1) 工程量

$[(0.37+0.49)\times2+3.60]\times4.60\times10=244.72(m^2)$

(2) 套子目（2014 年江苏省计价定额）

20-26 $\frac{244.72}{10}\times36.16=884.91$(元)

(3) 柱的浇捣脚手架费为 884.91 元。

**例 8.3.34** 某工程施工图标明有现浇钢筋混凝土剪力墙三道，净长长度共为 15.50 m，二层楼表面至三层楼表面层高 3.80 m，楼板厚 80 mm。试计算该三道剪力墙的浇捣脚手架费。

**相关知识**

墙的浇捣脚手架以墙的净长乘以墙高计算。

(1) 计算工程量

$15.50\times(3.80-0.08)=57.66(m^2)$

(2) 套子目

20-26 $\frac{57.66}{10}\times36.16=208.50$(元)

剪力墙的浇捣脚手架费为 208.50 元。

#### 8.3.8.2 混凝土模板及支架(撑)

1) 混凝土模板及支架(撑)工程清单应用要点

(1) 根据江苏省的规定，现浇混凝土模板不与混凝土合并，在单价措施项目中列项，预制混凝土的模板包含在相应预制混凝土的项目中。

(2) 混凝土模板及支架(撑)工程量按模板与现浇混凝土构件的接触面积计算。

① 现浇钢筋混凝土墙、板单孔面积$\leqslant0.3\ m^2$的孔洞不予扣除，洞侧壁模板亦不增加；单孔面积$>0.3\ m^2$时应予扣除，洞侧壁模板面积并入墙、板工程量内计算。

② 现浇框架分别按梁、板、柱有关规定计算；附墙柱、暗梁、暗柱并入墙内工程量内计算。

③ 柱、梁、墙、板相互连接的重叠部分，均不计算模板面积。

④ 构造柱按图示外露部分计算模板面积，江苏省将构造柱模板工程量计算规则调整为按图示外露部分计算面积（锯齿形按锯齿形最宽面计算模板宽度）。

(3) 雨篷、悬挑板、阳台板按图示外挑部分尺寸的水平投影面积计算，挑出墙外的悬臂梁及板边不另计算。

(4) 楼梯按楼梯(包括休息平台、平台梁、斜梁和楼层板的连接梁)的水平投影面积计算，不扣除宽度≤500 mm 的楼梯井所占面积，楼梯踏步、踏步板、平台梁等侧面模板不另计算，伸入墙内部分亦不增加。

(5) 台阶按图示台阶水平投影面积计算，台阶端头两侧不另计算模板面积。架空式混凝土台阶按现浇楼梯计算

(6) 混凝土采用清水模板时，应在特征中注明。

(7) 若现浇混凝土梁、板支撑高度超过 3.6 m 时，项目特征应描述支撑高度。

(8) 原槽浇灌的混凝土基础、垫层，不计算模板。

2) 混凝土模板及支架(撑)计价定额应用要点

(1) 在定额编制中，现场预制构件的底模按砖底模考虑，侧模考虑了组合钢模板和复合木模板两种；加工厂预制构件的底模按混凝土底模考虑，侧模考虑定型钢模板和组合钢模板两种；现浇构件除部分项目采用全木模和塑壳模外，都考虑了组合钢模板配钢支撑和复合木模板配钢支撑两种。在编制报价时施工单位应根据制定的施工组织设计中的模板方案选择一种子目或补充一种子目执行。

(2) 为便于施工企业快速报价，在附录中列出了混凝土构件的模板含量表，供使用单位参考。按设计图纸计算模板接触面积或使用混凝土含模量折算模板面积，这两种方法仅能使用其中一种，相互不得混用。使用含模量者，竣工结算时模板面积不得再调整。构筑物工程中的滑升模板是以立方米混凝土为单位的，模板系综合考虑。倒锥形水塔水箱提升以"座"为单位。

(3) 预制构件模板子目，按不同构件，分别以组合钢模板、复合木模板、木模板、定型钢模板、长线台钢拉模、加工厂预制构件配混凝土地模、现场预制构件配砖胎模、长线台配混凝土地胎模编制。使用其他模板时，不予换算。

(4) 模板工作内容包括清理、场内运输、安装、刷隔离剂、浇灌混凝土时模板维护、拆模、集中堆放、场外运输。木模板包括制作(预制构件包括刨光，现浇构件不包括刨光)，组合钢模板、复合木模板包括装箱。

(5) 现浇钢筋混凝土柱、梁、墙、板的支模高度以净高(底层无地下室者高需另加室内外高差)在 3.6 m 以内为准，净高超过 3.6 m 的构件其钢支撑、零星卡具及模板人工分别乘相应系数。但其脚手架费用应按脚手架工程的规定另行执行。注意：轴线未形成封闭框架的柱、梁、板称独立柱、梁、板。

(6) 支模高度净高

① 柱：无地下室底层是指设计室外地面至上层板底面、楼层板顶面至上层板底面。

② 梁：无地下室底层是指设计室外地面至上层板底面、楼层板顶面至上层板底面。

③ 板：无地下室底层是指设计室外地面至上层板底面、楼层板顶面至上层板底面。

④ 墙：整板基础板顶面（或反梁顶面）至上层板底面、楼层板顶面至上层板底面。

(7) 模板项目中，仅列出周转木材而无钢支撑的项目，其支撑量已含在周转木材中，模板与支撑按 7∶3 拆分。

(8) 设计 T、L、十形柱，两边之和在 2 000 mm 内按 T、L、十形柱相应子目执行，其余按直行墙相应定额执行。

(9) 模板材料已包含砂浆垫块与钢筋绑扎用的 22# 镀锌铁丝在内，现浇构件和现场预制构件不用砂浆垫块，而改用塑料卡，应根据定额说明增加费用。目前，许多城市已强行规定使用塑料卡，因此在编制标底和投标报价时一定要注意。

(10) 有梁板中的弧形梁模板按弧形梁定额执行（含模量＝肋形板含模量），弧形板部分的模板按板定额执行。

(11) 砖墙基上带形混凝土防潮层模板按圈梁定额执行。

(12) 混凝土底板面积在 1 000 $m^2$ 以内，若使用含模量计算模板面积，有梁式满堂基础的反梁或地下室墙侧面的模板如用砖侧模时，砖侧模的费用应另外增加，同时扣除相应的模板面积（扣除的模板总量不得超过总的定额中的含模量，否则会出现倒挂现象）；超过 1 000 $m^2$ 时，按混凝土与模板接触面积计算。

(13) 地下室后浇墙带的模板应按已审定的施工组织设计另行计算，但混凝土墙体模板含量不扣。

(14) 弧形构件按相应定额执行，但带形基础、设备基础、栏板、地沟如遇圆弧形，除按相应定额的复合模板执行外，其人工、复合木模板乘系数 1.3 调整，其他不变。

(15) 用钢滑升模板施工的烟囱、水塔、贮仓使用的钢提升杆是按 φ25 mm 一次性用量编制的，设计要求不同时，进行换算。定额中施工时是按无井架计算的，并综合了操作平台，不再计算脚手架和竖井架。

(16) 本章定额的 21-250、21-251、21-252 子目中混凝土、钢筋混凝土地沟是指建筑物室外的地沟，室内钢筋混凝土地沟按 21-91、21-92 子目执行。

(17) 现浇有梁板、无梁板、平板、楼梯、雨篷及阳台，底面设计不抹灰者，增加模板缝贴胶带纸人工 0.27 工日/10 $m^2$。

(18) 模板工程计算规则

① 现浇混凝土及钢筋混凝土模板工程量

a. 现浇混凝土及钢筋混凝土模板工程量除另有规定者外，均按混凝土与模板的接触面积以平方米计算。若使用含模量计算模板接触面积者，其工程量＝构件体积×相应项目含模量，含模量表见定额附录一。

b. 钢筋混凝土墙、板上单孔面积在 0.3 $m^2$ 以内的孔洞，不予扣除，洞侧壁模板不另增加，但突出墙面的侧壁模板应相应增加。单孔面积在 0.3 $m^2$ 以外的孔洞，应予扣除，洞侧壁模板面积并入墙、板模板工程量之内计算。

c. 现浇钢筋混凝土框架分别按柱、梁、墙、板有关规定计算，墙上单面附墙柱、暗梁、暗柱并入墙内工程量计算，双面附墙柱按柱计算，但后浇墙、板带的工程量不扣除。

d. 设备螺栓套孔或设备螺栓分别按不同深度以"个"计算；二次灌浆按实灌体积以立方米计算。

e. 预制混凝土板间或边补现浇板缝，缝宽在 100 mm 以上者，模板按平板定额计算。

f. 构造柱外露均应按图示外露部分计算面积（锯齿形则按锯齿形最宽面计算模板宽度），构造柱与墙接触面不计算模板面积。

g. 现浇混凝土雨篷、阳台、水平挑板，按图示挑出墙面以外板底尺寸的水平投影面积计算（附在阳台梁上的混凝土线条不计算水平投影面积）。挑出墙外的牛腿及板边模板已包括在内。复式雨篷挑口内侧净高超过 250 mm 时，其超过部分按挑檐定额计算（超过部分的含模量按天沟含模量计算）。竖向挑板按 100 mm 内墙定额执行。

h. 整体直形楼梯包括楼梯段、中间休息平台、平台梁、斜梁及楼梯与楼板连接的梁，按水平投影面积计算，不扣除小于 500 mm 的梯井，伸入墙内部分不另增加。

i. 圆弧形楼梯按楼梯的水平投影面积以平方米计算（包括圆弧形梯段、休息平台、平台梁、斜梁及楼梯与楼板连接的梁）。

j. 楼板后浇带以延长米计算（整板基础的后浇带不包括在内）。

k. 现浇圆弧形构件除定额已注明者外，均按垂直圆弧形的面积计算。

l. 栏杆按扶手的延长米计算，栏板竖向挑板按模板接触面积以平方米计算。扶手、栏板的斜长按水平投影长度乘系数 1.18 计算。

m. 劲性混凝土柱模板按现浇柱定额执行。

n. 砖侧模分不同厚度，按砌筑面积以平方米计算。

o. 后浇带模板、支撑增加费，工程量按后浇板带设计长度以延长米计算。

p. 整板基础后浇带铺设热镀锌钢丝网，按实铺面积计算。

② 现场预制混凝土及钢筋混凝土模板工程量

a. 现场预制构件模板工程量，除另有规定者外，均按模板接触面积以平方米计算。若使用含模量计算模板面积者，其工程量＝构件体积×相应项目的含模量。砖地模费用已包括在定额含量中，不再另行计算。

b. 漏空花格窗、花格芯按外围面积计算。

c. 预制桩不扣除桩尖虚体积。

d. 加工厂预制构件有此项目，而现场预制无此项目，实际在现场预制时模板按加工厂预制模板子目执行。现场预制构件有此项目，加工厂预制构件无此项目，实际在加工厂预制时，其模板按现场预制模板子目执行。

③ 加工厂预制构件的模板工程量

a. 除漏空花格窗、花格芯外，混凝土构件体积一律按施工图纸的几何尺寸以实体积计算，空腹构件应扣除空腹体积。

b. 漏空花格窗、花格芯按外围面积计算。

3) 混凝土模板及支架(撑)计价示例

**例 8.3.35** 设现浇钢筋混凝土方形柱层高 5.00 m，板厚 100 mm，设计断面尺寸为 450 mm×400 mm，请计算模板接触面积和模板费用。（按一类工程计取）

**相关知识**

柱净高超 3.6 m 支模增加费，钢支撑、零星卡具模板乘以调整系数。

**解**

(1) 模板接触面积

$$(0.45+0.40)\times 2\times (5.00-0.10)=8.33(\text{m}^2)$$

(2) 根据施工组织设计，施工方法按复合木模板考虑。

21-27 换　单价换算

① 取费由三类工程换算为一类工程

$$(285.36+16.43)\times (1+31\%+12\%)+202.88=634.44(\text{元/m}^2)$$

② 超 3.6 m 增加费

$$(8.64+14.96)\times 0.07+285.36\times 0.3\times (1+31\%+12\%)=124.07(\text{元/m}^2)$$

(3) 套子目(2014 年江苏省计价定额)

21-27 换①　$\dfrac{8.33}{10}\times 634.44=528.49(\text{元})$

21-27 换②　$\dfrac{8.33}{10}\times 124.07=103.35(\text{元})$

模板费　528.49＋103.35＝631.84(元)。

**例 8.3.36** 有现浇梁板中的主梁长为 14.24 m，断面尺寸 300 mm×400 mm，板厚 80 mm，采用复合木模板、塑料卡垫保护层。计算模板费用(三类工程)。

**相关知识**

(1) 梁板中的肋梁部分模板应套用现浇板子目。

(2) 用塑料卡代替砂浆垫块,应增加费用。

**解**

(1) 模板接触面积

$[(0.40-0.08)\times 2+0.30]\times 14.24=13.39(m^2)$

(2) 套子目(2014 年江苏省计价定额)

21-57　$\frac{13.39}{10}\times 503.57=674.28$(元)

塑料卡费　$\frac{13.39}{10}\times 6=8.03$(元)

(3) 模板费　$674.28+8.03=682.31$(元)

**例 8.3.37**　设现浇 240 mm×250 mm 圈梁一道,其周长为 45 m,采用复合木模板。计算它的模板接触面积及模板费用(三类工程)。

**解**

(1) 模板接触面积

$(0.25+0.25)\times 45=22.50(m^2)$

(2) 套子目(2014 年江苏省计价定额)

21-42　$\frac{22.50}{10}\times 562.77=1\ 266.23$(元)

**例 8.3.38**　某工程地面上钢筋混凝土墙厚 180 mm,混凝土工程量 1 200 $m^3$。请根据附录中混凝土及钢筋混凝土构件模板含量表计算模板接触面积。

**解**　$1\ 200\times 13.63=16\ 356(m^2)$

模板接触面积为 16 356 $m^2$

**例 8.3.39**　请计算 L、T 形墙体处构造柱模板工程量,墙体厚 240 mm,构造柱高 2.80 m,三类工程。(L 形 20 根,T 形 10 根)

**相关知识**

构造柱按锯齿形最宽面计算模板宽度。

**解**　(1) 工程量

L 形:$(0.30\times 2+0.06\times 2)\times 2.80=2.02(m^2)$

T 形:$(0.36+0.12\times 2)\times 2.80=1.68(m^2)$

工程量:$2.02\times 20+1.68\times 10=57.20(m^2)$

(2) 套子目(2014 年江苏省计价定额)

21-31　$\frac{57.2}{10}\times 617.85=3\ 534.10$(元)

**例 8.3.40** 如图 8.3.5 所示某独立基础，复合木模板。计算该独立基础模板费用（三类工程）。

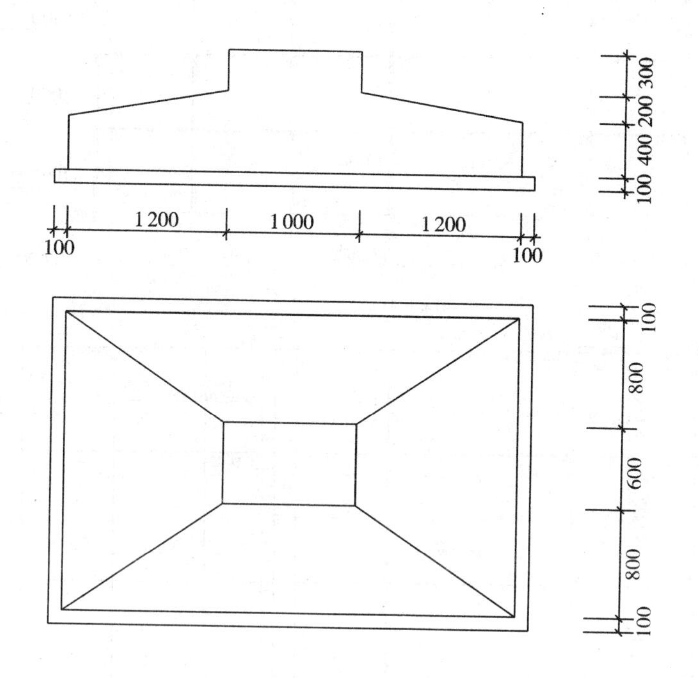


**图 8.3.5 某独立基础图**

**解** （1）工程量

$(1+1.20\times2+1.60\times2+1.20)\times2\times0.4+(1.00+1.20)\times2\times0.3=7.56(m^2)$

（2）套子目（2014 年江苏省计价定额）

21-12 $\frac{7.56}{10}\times605.78=457.97$（元）。

**例 8.3.41** 如图 8.3.6 所示，某带三层裙房的现浇框架高层建筑，一层至三层有关情况如下：层高底层 5.00 m，二、三层 4.50 m，室内外高差 0.60 m。房间面与墙中心线，墙厚 200 mm，二层至四层 C30 混凝土有梁楼板厚度 100 mm，后浇带 C35 混凝土，宽度 1 000 mm，后浇带立最底层支撑至拆四层屋面支撑预计需 10 个月零 8 天。底层柱上焊钢牛腿 0.48 t，现场制作钢牛腿刷一度防锈漆，二度调和漆。图中肋梁不考虑，每层的楼梯、电梯间等非有梁板面积 60.00 $m^2$，柱子工程量自室外地坪起算。请计算柱的混凝土、模板（按含量）、脚手架费用，钢牛腿、后浇带混凝土、模板费用。（工程类别等按定额执行，不调整）

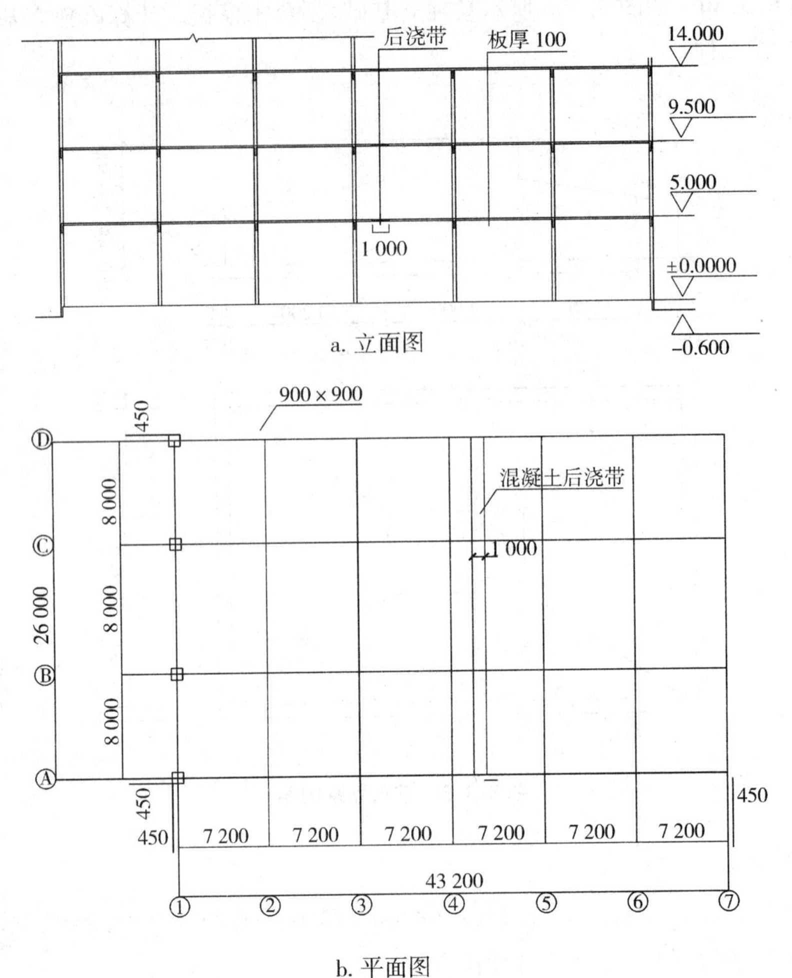


b. 平面图

**图 8.3.6　某三层裙房现浇框架图**

**解**

(1) 柱混凝土

计价定额　6-14　矩形柱　506.05 元/m$^3$

0.90×0.90×5.60×28=127.01(m$^3$)

0.90×0.90×4.50×28×2=204.12(m$^3$)

合计:331.13 m$^3$

柱混凝土费用:331.13×506.05=167 568.34(元)。

(2) 矩形柱模板

计价定额　21-27 换　矩形柱模板(支撑 8 m 以内)　678.51 元/10 m$^2$

工程量　127.01×5.56(含量)=706.18($m^2$)

单价

人工:285.36×1.60=456.58(元/10 $m^2$)

材料:202.88+14.96×0.15+8.64×0.15=206.42(元/10 $m^2$)

机械:16.43 元/10 $m^2$

管理、利润:(456.58+16.43)×(25%+12%)=175.01(元/10 $m^2$)

单价:854.44 元/10 $m^2$

计价定额　21-27 换　矩形柱模板(支撑 5 m 以内)

工程量　204.12×5.56=1 134.91($m^2$)

单价

人工:285.36×1.30=370.97(元/10 $m^2$)

材料:202.88+14.96×0.07+8.64×0.07=204.53(元/10 $m^2$)

机械:16.43 元/10 $m^2$

管理、利润:(370.97+16.43)×(25%+12%)=143.34(元/$m^2$)

单价:735.27 元/10 $m^2$

矩形柱模板费用:

706.18×854.44+1 134.91×735.27=1 437 853.71(元)

(3) 钢牛腿

依附于钢柱的牛腿应并入钢柱;混凝土柱上钢牛腿,制作按铁件制作,安装按钢墙架安装。

计价定额 7-57　钢牛腿制作　0.48×8 944.78=4 293.49(元)

计价定额 8-132　钢牛腿安装　0.48×1 358.96=652.30(元)

计价定额17-132+17-133

钢牛腿调和漆

0.48×23.94÷10×(45.21+41.19)=99.28(元/10 $m^2$)

注:系数 23.94 见《江苏省建筑与装饰工程计价定额(2014)交底材料》。

计价定额规定钢牛腿防锈漆一遍不另计算,钢结构制作中已含一遍防锈漆。

(4) 后浇带混凝土

计价定额　6-36 换　后浇带 C35

1.00×26.20×0.10×3(层)=7.86($m^3$)

单价:469.85-276.61+290.19=483.43(元/$m^3$)

后浇带混凝土费用:7.86×483.43=3 799.76(元)

(5) 后浇带模板

计价定额　21-57 换　后浇板带模板(8 m 以内)

工程量　1.00×26.20×0.10=2.62($m^3$)

2.62×10.7(系数)=28.03($m^2$)

单价

人工:201.72×1.6=322.75(元/10 $m^2$)

材料:203.76+24.26×0.15+8.83×0.15=208.72(元/10 $m^2$)

机械:17.12 元/10 $m^2$

管理、利润:(322.75+17.12)×(25%+12%)=125.75(元/$m^2$)

单价:674.34 元/10 $m^2$

计价定额　21-57 换　后浇板带模板(5 m 以内)　　519.71 元/10 $m^2$

工程量　1.00×26.2×0.10×2=5.24($m^3$)

5.24×10.7=56.07($m^2$)

单价

人工:201.72×1.30=262.24(元/10 $m^2$)

材料:203.76+24.26×0.07+8.83×0.07=206.08(元/10 $m^2$)

机械:17.12 元/10 $m^2$

管理、利润:(262.24+17.12)×(25%+12%)=103.36(元/10 $m^2$)

单价:588.80 元/10 $m^2$

计价定额　21-67+[21-68]×5 换　后浇板带模板支撑增加费(8 m 以内)

工程量:26.20 m

单价换算:1 997.98+404.38×0.15=2 058.64(元/10 m)

(91.17+80.87×0.15)×5=516.50(元/10 m)

单价:2 575.14 元/10 m

计价定额　21-67+[21-68]×5 换　后浇板带模板支撑增加费(5 m 以内)

工程量:26.20×2=52.40(m)

单价换算:1 997.98+404.38×0.07=2 026.29(元 10/m)

(91.17+80.87×0.07)×5=484.15(元/10 m)

单价:2 510.44 元/10 m

后浇带模板费用:

2.803×674.34+5.607×588.8+2.62×2 575.14+5.24×2 510.74=25 094.72(元)

(6) 浇捣脚手架(假设题目要求按单项脚手架计算)

计价定额[20-21]×0.3　框架浇捣脚手架(8 m 以内)　59.04 元/10 $m^2$

7.20×6.00×26=1 123.20($m^2$)

计价定额[20-20]×0.3　框架浇捣脚手架(5 m 以内)　47.06 元/10 $m^2$

7.20×6.00×26×2(层)=2 246.40($m^2$)

浇捣脚手架费用：112.32×59.04+224.64×47.06=17 202.93(元)。

### 8.3.8.3 垂直运输

1) 垂直运输工程清单应用要点

(1) 垂直运输计量单位为平方米时，按建筑面积计算；计量单位为天时，按施工工期日历天数计算。江苏省规定"施工工期日历天"为定额工期。

(2) 垂直运输费用指施工工程在合理工期内所需垂直运输机械费用，包括垂直运输机械的固定装置、基础制作、安装和行走式垂直运输机械轨道的铺设、拆除、摊销等费用。

(3) 如计量单位为建筑面积，同一建筑物有不同檐高时，按建筑物的不同檐高做纵向分割，分别计算建筑面积，以不同檐高分别编码列项。建筑物的檐口高度是指设计室外地坪至檐口滴水的高度(平屋顶系指屋面板底高度)，突出主体建筑物屋顶的电梯机房、楼梯出口间、水箱间、瞭望塔、排烟机房等不计入檐口高度。

2) 垂直运输计价定额应用要点

(1) 建筑工程垂直运输计价定额概况

《江苏省建筑与装饰工程计价定额》(2014 版)垂直运输一章划分为建筑物垂直运输，单独装饰工程垂直运输，烟囱、水塔、筒仓垂直运输，施工塔吊、电梯基础、塔吊及电梯与建筑物连接件等四节。

本章定额中所指的工期定额为《全国统一建筑安装工程工期定额》(建标〔2000〕38 号)。

本章定额中所指的江苏省工期调整规定为江苏省建设厅苏建定〔2000〕283 号《关于贯彻执行〈全国统一建筑安装工程工期定额〉的通知》。

江苏省工期调整规定如下：

① 民用建筑工程中的单项工程：

±0.00 以下工程调减 5%；

±0.00 以上工程中的宾馆、饭店、影剧院、体育馆调减 15%。

② 民用建筑工程中的单位工程：

±0.00 以下结构工程调减 5%；

±0.00 以上结构工程，宾馆、饭店及其他建筑的装修工程调减 10%。

③ 工业建筑工程均调减 10%。

④ 其他建筑工程均调减 5%。

⑤ 专业工程：设备安装工程中除电梯安装外均调减 5%。

⑥ 其他工程均按国家工期定额标准执行。

(2) 建筑工程垂直运输费说明

① "檐高"是指设计室外地坪至檐口的高度，突出主体建筑物顶的女儿墙、电

梯间、楼梯间、水箱等不计入檐口高度以内;“层数”指地面以上建筑物的层数,其中地下室、地面以上部分净高小于 2.1 m 的半地下室不计入层数。

② 本定额工作内容包括江苏省调整后的国家工期定额内完成单位工程全部工程项目所需的垂直运输机械台班,不包括机械的场外运输、一次安装、拆卸、路基铺垫和轨道铺拆等费用。施工塔吊与电梯基础、施工塔吊和电梯与建筑物连接的费用单独计算。

③ 本定额项目划分是以建筑物“檐高”、“层数”两个指标界定的,只要其中一个指标达到定额规定,即可套用该定额子目。

④ 一个工程,出现两个或两个以上檐口高度(层数),使用同一台垂直运输机械时,定额不作调整;使用不同垂直运输机械时,应依照国家工期定额分别计算。

⑤ 当建筑物垂直运输机械数量与定额不同时,可按比例调整定额含量。本定额按卷扬机施工配两台卷扬机,塔式起重机施工配一台塔吊和一台卷扬机(施工电梯)考虑。如仅采用塔式起重机施工,不采用卷扬机时,塔式起重机台班含量按卷扬机含量取定,卷扬机扣除。

⑥ 垂直运输高度小于 3.6 m 的单层建筑物、围墙和单独地下室,不计算垂直运输机械台班。

⑦ 预制混凝土平板、空心板、小型构件的吊装机械费用已包括在本定额中。

⑧ 本定额中现浇框架系指柱、梁、板全部为现浇的钢筋混凝土框架结构。如部分现浇,部分预制,按现浇框架乘系数 0.96。

⑨ 柱、梁、墙、板构件全部现浇的钢筋混凝土框筒结构、框剪结构按现浇框架执行;筒体结构按剪力墙(滑模施工)执行。

⑩ 预制屋架的单层厂房,不论柱为预制或现浇,按预制排架定额计算。

⑪ 单独地下室工程项目定额工期按不含打桩工期自基础挖土开始计算。多栋房屋下有整体连通地下室时,上部房屋分别套用对应单项工程工期定额,整体连通地下室按单独地下室工程执行。

⑫ 计算工期时未承包施工的工程内容,如打桩、挖土等的工期不扣除。

⑬ 混凝土构件,使用泵送混凝土浇筑者,卷扬机施工定额台班乘系数 0.96;塔式起重机施工定额中的塔式起重机台班含量乘系数 0.92。

⑭ 采用履带式、轮胎式、汽车式起重机(除塔式起重机外)吊(安)装预制大型构件的工程,除按本章定额规定计算垂直运输费外,另按定额第八章有关规定计算构件吊(安)装费。

⑮ 烟囱、水塔、筒仓的“高度”指设计室外地坪至构筑物的顶面高度,突出构筑物主体顶的机房等高度不计入构筑物高度内。

(3) 建筑工程垂直运输费计算规则

① 建筑物垂直运输机械台班用量,区分不同结构类型、檐口高度(层数)按国家工期定额以日历天计算。

② 单独装饰工程垂直运输机械台班,区分不同施工机械、垂直运输高度、层数按定额工日分别计算。

③ 烟囱、水塔、筒仓垂直运输机械台班,以“座”计算。超过定额规定高度时,按每增高 1 m 定额项目计算。高度不足 1 m,按 1 m 计算。

④ 施工塔吊、电梯基础、塔吊及电梯与建筑物连接件,按施工塔吊及电梯的不同型号以“台”计算。

(4) 工期定额说明

① 单项工程工期是指单项工程从基础破土开工(或原桩位打基础桩)起至完成建筑安装工程施工全部内容,并达到国家验收标准之日止的全过程所需的日历天数。

② 执行中的一些规定:

a.《全国统一建筑安装工程工期定额》(简称工期定额)是在原城乡建设环境保护部 1985 年制定的《建筑安装工程工期定额》基础上,依据国家建筑安装工程质量检验评定标准、施工及验收规范等有关规定,按正常施工条件、合理的劳动组织,以施工企业技术装备和管理的平均水平为基础,结合各地区工期定额执行情况,在广泛调查研究的基础上修编而成。

b. 本定额是编制招标文件的依据,是签订建筑安装工程施工合同、确定合理工期及施工索赔的基础,也是施工企业编制施工组织设计、确定投标工期、安排施工进度的参考。

c. 单项(位)工程中层高在 2.2 m 以内的技术层不计算建筑面积,但计算层数。

以下情况可以调整工期:因重大设计变更或发包方原因造成停工,经承发包双方确认后,可顺延工期;因承包方原因造成停工,不得增加工期;施工技术规范或设计要求冬季不能施工而造成工程主导工序连续停工,经承发包双方确认后,可顺延工期;基础施工遇到障碍物或古墓、文物、流砂、溶洞、暗滨、淤泥、石方、地下水等需要进行基础处理时,由承发包双方确定增加工期。

d. 单项(位)工程层数超出本定额时,工期可按定额中最高相邻层数的工期差值增加。

e. 一个承包单位同时承包两个以上(含两个)单项(位)工程时,工期的计算,以一个单项(位)工程的最大工期为基数,另加其他单项(位)工程工期总和乘相应系数计算:加一个乘系数 0.35,加两个乘系数 0.2,加三个乘系数 0.15,四个以上的单项(位)工程不另增加工期。

f. 坑底打基础桩,另增加工期。

③ 工期定额的基本内容

本定额总共有六章,根据工程类别,定额又分为三大部分:第一部分为民用建筑工程,第二部分为工业及其他建筑工程,第三部分为专业工程。

a. 第一部分民用建筑工程基本内容

在第一部分民用建筑工程中,包括第一章单项工程和第二章单位工程。

第一章单项工程:本章包括±0.00 以下工程、±0.00 以上工程、影剧院和体育馆工程。而±0.00 以下工程按土质分类,划分为无地下室和有地下室两部分,无地下室按基础类型及首层建筑面积划分,有地下室按地下室层数及建筑面积划分。其工期包括±0.00 以下全部工程内容。±0.00 以上工程按工程用途、结构类型、层数及建筑面积划分。其工期包括结构、装修、设备安装全部内容。影剧院和体育馆工程按结构类型、檐高及建筑面积划分。其工期不分±0.00以下、以上,均包括基础、结构、装修全部工程内容。另外,对于±0.00以上工程,按工程用途又划分为住宅工程,宾馆、饭店工程,综合楼工程,办公、教学楼工程,医院、门诊楼工程以及图书馆工程,可以按照这一分类方式分别计算各类工程工期。

第二章单位工程:本章包括结构工程和装修工程。结构工程包括±0.00 以下结构工程和±0.00 以上结构工程。±0.00 以下结构工程有地下室按地下室层数及建筑面积划分。±0.00 以上结构工程按工程结构类型、层数及建筑面积划分。±0.00 以下结构工程工期包括基础挖土、±0.00 以下结构工程、安装的配管工程内容。±0.00 以上结构工程工期包括±0.00 以上结构、屋面及安装的配管工程内容。装修工程按工程用途、装修标准及建筑面积划分。装修工程工期适用于单位工程,以装修单位为总协调单位,其工期包括内装修、外装修及相应的机电安装工程工期。宾馆、饭店星级划分标准按《中华人民共和国旅游涉外饭店星级标准》确定。其他建筑工程装修标准划分为一般装修、中级装修、高级装修,划分标准按规定执行。

b. 第二部分工业及其他建筑工程基本内容

在第二部分工业及其他建筑工程中,包括第三章工业建筑工程和第四章其他建筑工程。

第三章工业建筑工程:本章单层和多层厂房、降压站、冷冻机房、冷库、冷藏间、空压机房等工业建筑,工程工期是指一个单项工程(土建、安装、装修等)的工期,其中土建包括基础和主体结构。除本定额有特殊规定外,工业建筑工程的附属配套工程的工期已包括在一个单项工程工期内,不得再计算。冷库工程不适用于山洞冷库、地下冷库和装配式冷库工程,现浇框架结构冷库的工期也适用于柱板结构的冷库。

第四章其他建筑工程:本章包括地下汽车库、汽车库、仓库、独立地下工程、服务用房、停车场、园林庭院和构筑物工程等。地下车库为独立的地下车库工程工期。如遇有单独承包零星建筑工程(如传达室、有围护结构的自行车库、厕所等)，按服务用房工程定额执行。

c. 第三部分专业工程基本内容

在第三部分专业工程中，包括第五章设备安装工程和第六章机械施工工程。

第五章设备安装工程：本章适用于民用建筑设备安装和一般工业厂房的设备安装工程，包括电梯、起重机、锅炉、供热交换设备、空调设备、通风空调、变电室、开关所、降压站、发电机房、肉联厂屠宰间、冷冻机房、冷冻冷藏间、空压站、自动电话交换机及金属容器等的安装工程。本章工期从土建交付安装并具备连续施工条件起，至完成承担的全部设计内容，并达到国家建筑安装工程验收标准的全部日历天数。室外设备安装工程中的气密性试验、压力试验，如受气候影响，应事先征得建设单位同意后，工期可以顺延。

第六章机械施工工程：本章具体包括构件吊装、网架吊装、机械土方、机械打桩、钻孔灌注桩和人工挖孔桩等工程，而且是以各种不同施工机械综合考虑的，对使用任何机械种类，均不做调整。构件吊装工程(网架除外)包括柱子、屋架、梁、板、天窗架、支撑、楼梯、阳台等构件的现场搬运、就位、拼装、吊装、焊接等。不包括钢筋张拉、孔道灌浆和开工前的准备工作。单层厂房的吊装(网架除外)工期，以每10节间(柱距6 m)为基数，在定额规定10节间以上时，其增加节间的工期，按定额工期的60%计算。柱距在6 m以上时，按2个节间计算。网架吊装工程包括就位、拼装、焊接、搭设架子、刷油、安装等全过程，不包括下料、切管、喷漆等。机械土方工程的开工日期以基槽开挖开始计算，不包括开工前的准备工作时间。机械打桩工程包括桩的现场搬运、就位、打桩、接桩和2 m以内的送桩。打桩的开工日期以打第一根桩开始计算，不包括试桩时间。

3) 垂直运输计价示例

**例 8.3.42** 某办公楼工程位于一类地区，要求按照国家定额工期提前15%工期竣工。该工程为三类土、条形基础，现浇框架结构5层，每层建筑面积900 $m^2$，檐口高度16.95 m，使用泵送商品混凝土，配备40 t·m自升式塔式起重机、带塔卷扬机各一台。计算该工程定额垂直运输费。

**解**

(1) 基础定额工期

1-2　50天×0.95(江苏省调整系数)=47.5(天)

47.5天四舍五入为48天。

(2) 上部定额工期

1-1011　235天

合计　(1)+(2)　283天

(3) 定额综合单价

注意:由于是混凝土泵送,因此塔吊台班要乘系数,而不是整个子目乘系数,合同工期提前还要按定额工期计算。

23-8 子目换算过程:该子目人工费、材料费为 0,0.523 为机械台班含量,乘系数 0.92,卷扬机不动,管理费、利润相应变化。

机械费:

塔式起重机 0.523×511.46×0.92=246.09(元)

卷扬机 154.81 元

机械费小计 400.90 元

管理费:400.90×25%=100.23(元)

利润:400.90×12%=48.11(元)

综合单价:400.90+100.23+48.11=549.24(元/天)

23-8 换 549.24 元/天

(4) 垂直运输费

549.24×283(定额工期)=155 434.92(元)

**例 8.3.43** 某工程单独招标地下室土方和主体结构部分的施工(打桩工程已另行发包出去)。该地下室 2 层,三类土、钢筋混凝土箱形基础,每层建筑面积 1400 $m^2$,现场配置一台 80 t·m 自升式塔式起重机。计算该工程定额垂直运输费。

**解**

(1) 定额工期

2-6 115 天×0.95(江苏省调整系数)=109.25(天)

(2) 定额综合单价

23-28 换(二类工程,管理费 28%)

599.03+599.03×28%+71.88=838.64(元/天)

(3) 垂直运输费

838.64×110=92 250.40(元)

**例 8.3.44** 某大学砖混结构学生公寓工程概况如下:

(1) 该工程为留学生公寓,位于江苏省,总建筑面积 6 246 $m^2$,结构形式为砖混结构,基础采用筏基。

(2) 留学生公寓体型为"L"形,长边轴线尺寸为 57.04 m,短边轴线尺寸为 33.90 m,入口大门设在北面,建筑主体高 6 层,两翼作退层处理,局部高为 5 层。

(3) 建筑物层数为 6 层,首层屋高 4.20 m,2~5 层 3.00 m,6 层 3.30 m。

(4) 建筑物入口大厅设 2 层共享空间,通过内通道与建筑各个功能用房相联系，北面为圆弧形阶梯、圆弧形雨篷与入口门厅形成富于变化的交流共享环境。

(5) 建筑物首层设会议、办公、接待、阅览、洗衣、库房、咖啡厅、设备用房及部分公寓用房，其他层全部为公寓用房(每间公寓设简易厨房及一套卫生间)，顶层为水箱间与电梯机房。

(6) 建筑物有 2 座楼梯及 1 台电梯，其中 1 座楼梯设有封闭楼梯间。

(7) 建筑物每层均设有休息厅，屋顶设有屋顶平台，为留学生提供了充分的交流活动场所。

(8) 本建筑物设计抗震烈度为七度，耐火等级为二级。

(9) 屋面排水采用有组织外排水，直接排向室外。垃圾处理各自打包，由清洁工统一运出。

(10) 建筑物首层面积为 1 089 $m^2$，第 2 层为 1 010 $m^2$，3～5 层均为1 044 $m^2$，第 6 层为 911 $m^2$，顶层为 104 $m^2$，总建筑面积 6 246 $m^2$。

(11) 场地地面标高为 3.50～3.74 m，按由上而下依次为人工填土、黏土、粉质黏土、黏土、粉质黏土、粉土。

(12) 基础采用筏片基础，厚 300 m，由Ⅱ黏土作天然地基持力层，承载力标准值为 110 kPa，在大开间部分设置地梁加强整体刚度。

(13) 给水系统：生活用水分为两个系统供水，Ⅰ区为 1～4 层，由市政直接供水。Ⅱ区为 5～6 层，由设在首层设备用房内的生活泵加压到顶层生活及消防合用水箱，再由水箱上行下给供水，Ⅱ区生活泵共 2 台。

(14) 热源由 2 台燃油热水器提供热水，主要供 3 件套卫生间洗浴用水。

(15) 排水采用雨污分流制。

计算该工程的施工工期及垂直运输费。

**相关知识**

(1) 总工期为±0.00 以下工期与±0.00 以上工期之和。

(2) ±0.00 以上工程首先按照结构类型进行大的分类，这些结构类型包括砖混结构、内浇外砌结构、内浇外挂结构、全现浇结构、现浇框架结构、砖木结构、砌块结构、内板外砌结构、预制框架结构和滑模结构。

(3) 对于±0.00 以上工程的每一种结构类型，工期定额中按层数、建筑面积和地区类型来划分。

(4) 当建筑物垂直运输机械数量与定额不同时，可按比例调整定额含量。

**解**

一、工期计算

1. 基础工程工期(±0.00 以下工程工期)。该工程基础为筏基(满堂红基础)，查工期定额，见表 8.3.31 所示。

**表 8.3.31　无地下室工程工期表**

| 编号 | 基础类型 | 建筑面积($m^2$) | 工期天数 | |
|---|---|---|---|---|
| | | | Ⅰ、Ⅱ类土 | Ⅲ、Ⅳ类土 |
| 1-1 | 带形基础 | 500 以内 | 30 | 50 |
| 1-2 | | 1 000 以内 | 45 | 50 |
| 1-3 | | 1 000 以外 | 65 | 70 |
| 1-4 | 满堂红基础 | 500 以内 | 40 | 45 |
| 1-5 | | 1 000 以内 | 55 | 60 |
| 1-6 | | 1 000 以外 | 75 | 80 |
| 1-7 | 框架基础（独立柱基） | 500 以内 | 25 | 30 |
| 1-8 | | 1 000 以内 | 35 | 40 |
| 1-9 | | 1 000 以外 | 55 | 60 |

本工程地基为黏土、粉质黏土、黏土、粉质黏土、粉土，属Ⅰ、Ⅱ类土，单层面积为 1 041 $m^2$，由编号 1-6 查得：基础工期 $T_1=75$ 天。

2. 主体工程工期（±0.00 以上工程）。查工期定额，见表 8.3.32 所示。

**表 8.3.32　砖混结构工期表**

| 编号 | 层数 | 建筑面积($m^2$) | 工期天数 | | |
|---|---|---|---|---|---|
| | | | Ⅰ类 | Ⅱ类 | Ⅲ类 |
| 1-41 | 4 | 3 000 以内 | 125 | 135 | 155 |
| 1-42 | 4 | 5 000 以内 | 135 | 145 | 165 |
| 1-43 | 4 | 5 000 以外 | 150 | 160 | 185 |
| 1-44 | 5 | 3 000 以内 | 145 | 155 | 180 |
| 1-45 | 5 | 5 000 以内 | 155 | 165 | 190 |
| 1-46 | 5 | 5 000 以外 | 170 | 180 | 205 |
| 1-47 | 6 | 3 000 以内 | 170 | 180 | 205 |
| 1-48 | 6 | 5 000 以内 | 180 | 190 | 215 |
| 1-49 | 6 | 7 000 以内 | 195 | 205 | 235 |
| 1-50 | 6 | 7 000 以外 | 210 | 225 | 255 |
| 1-51 | 7 | 3 000 以内 | 195 | 205 | 235 |
| 1-52 | 7 | 5 000 以内 | 205 | 220 | 250 |
| 1-53 | 7 | 7 000 以内 | 220 | 235 | 265 |
| 1-54 | 7 | 7 000 以外 | 240 | 255 | 285 |

本工程在江苏，属Ⅰ类地区，层数为 6 层，建筑面积 6 246 $m^2$，由 1-49 查得主

体结构工期 $T_2$＝195 天。

3. 总工期

根据苏建定〔2000〕283 号规定，江苏省定额工期调整如下：

±0.00 以下工程调减 5%，±0.00 以上住宅楼工程不作调整。

某大学留学生公寓施工总工期

$T=T_1\times0.95+T_2=75\times0.95+195=266$(天)。

二、垂直运输费计算

本工程住宅 6 层，建筑面积 6 246 $m^2$，檐口高度小于 34 m，工程类别为三类。

根据施工组织设计，本工程使用两台塔式起重机。

套 2014 年江苏省计价定额子目 23-6 换算，该子目人工费、材料费为 0，卷扬机扣除，塔式起重机机械台班含量调整为 0.811 后乘以 2，管理费、利润相应变化。

机械费：

塔式起重机　0.811×2×511.46＝829.59(元)

机械费小计　829.59 元

管理费：829.59×25%＝207.40(元)

利润：829.59×12%＝99.55(元)

综合单价：829.59＋207.40＋99.55＝1 136.54(元/天)

本工程垂直运输费＝266×1 136.54＝302 319.64(元)。

**例 8.3.45**　江苏省某市电信枢纽综合楼工程概况如下：

(1) 该工程位于江苏省某市，枢纽大楼主体地上 17 层，地下 2 层，裙房 2 层，总建筑面积 33 329 $m^2$，其中地上部分建筑面积 29 807 $m^2$，地下部分建筑面积 3 522 $m^2$。

(2) 枢纽大楼主体 17 层建筑面积为 28 985 $m^2$，结构采用现浇钢筋混凝土框架结构——筒体结构，裙房两层建筑面积为 822 $m^2$，也采用现浇钢筋混凝土框架结构，且主楼与裙房用沉降缝分开。

(3) 地基基础，由于缺乏工程地质考察报告，凭该地区施工经验可知，一般为砂类土，所以基础设计初选结构基础为桩筏基础，桩选型为钻孔灌注桩。

(4) 装修工程，裙房外墙拟采用石材饰面，主楼外墙采用面砖，室内装修材料的选择将依工艺的环境要求而定，初步定在中级装修水平。

求该工程的施工工期和垂直运输费。

**相关知识**

(1) 主体建筑物施工工期的确定。根据已知设计情况，由工期定额说明，本工程分±0.00 以下和±0.00 以上两部分工期。

(2) ±0.00 以上工程首先按照结构类型进行大的分类，这些结构类型包括砖混结构、内浇外砌结构、内浇外挂结构、全现浇结构、现浇框架结构、砖木结构、砌块结构、内板外砌结构、预制框架结构和滑模结构。

(3) 工期定额第一部分第二章“单位工程”说明:单位工程±0.00 以上结构由2种或2种以上结构组成。无变形缝时,先按全部面积查出不同结构的相应工期,再按不同结构各自的建筑面积加权平均计算;有变形缝时,先按不同结构各自的面积查出相应工期,再以其中一个最大的工期为基数,另加其他部分工期的25%计算。

**解**

一、工期确定

(一) ±0.00 以下工程工期

本工程属综合楼工程,土质一般以砂类土为主,属Ⅰ、Ⅱ类土,由此可查工期定额,见表8.3.33所示。本工程有地下室2层,建筑面积为3 522 m²。

**表8.3.33 有地下室工程工期表**

| 编号 | 层数 | 建筑面积(m²) | 工期天数 | |
|---|---|---|---|---|
| | | | Ⅰ、Ⅱ类土 | Ⅲ、Ⅳ类土 |
| 2-1 | 1 | 500 以内 | 50 | 55 |
| 2-2 | 1 | 1 000 以内 | 60 | 65 |
| 2-3 | 1 | 1 000 以外 | 75 | 80 |
| 2-4 | 2 | 1 000 以内 | 85 | 90 |
| 2-5 | 2 | 2 000 以内 | 95 | 100 |
| 2-6 | 2 | 3 000 以内 | 110 | 115 |
| 2-7 | 2 | 3 000 以外 | 130 | 135 |
| 2-8 | 3 | 3 000 以内 | 140 | 150 |
| 2-9 | 3 | 5 000 以内 | 160 | 170 |

根据子目号2-7查得2层地下室工程工期 $T_1=130$ 天。

说明:本工程拟采用钻孔灌注桩基础,但由于该分部不在报价范围内,所以不考虑打桩工程。

(二) ±0.00 以上工程工期

本枢纽大楼为17层,建筑面积为28 985 m²,结构采用现浇钢筋混凝土框架结构——筒体结构,裙房两层建筑面积为822 m²,也采用现浇钢筋混凝土框架结构,且主楼与裙房用沉降缝分开。故其工期可以分为两部分。

(1) 高层部分计算施工工期。查工期定额,见表8.3.34所示。

表 8.3.34 现浇框架结构工期表(1)

| 编号 | 层数 | 建筑面积($m^2$) | 工期天数 | | |
|---|---|---|---|---|---|
| | | | Ⅰ类 | Ⅱ类 | Ⅲ类 |
| 2-199 | 16 以下 | 10 000 以内 | 320 | 335 | 370 |
| 2-200 | 16 以下 | 15 000 以内 | 335 | 350 | 385 |
| 2-201 | 16 以下 | 20 000 以内 | 350 | 365 | 405 |
| 2-202 | 16 以下 | 25 000 以内 | 370 | 385 | 425 |
| 2-203 | 16 以下 | 25 000 以外 | 390 | 410 | 455 |
| 2-204 | 18 以下 | 15 000 以内 | 365 | 380 | 420 |
| 2-205 | 18 以下 | 20 000 以内 | 380 | 395 | 435 |
| 2-206 | 18 以下 | 25 000 以内 | 395 | 415 | 460 |
| 2-207 | 18 以下 | 30 000 以内 | 415 | 435 | 480 |
| 2-208 | 18 以下 | 30 000 以外 | 440 | 460 | 505 |
| 2-209 | 20 以下 | 15 000 以内 | 390 | 410 | 455 |
| 2-210 | 20 以下 | 20 000 以内 | 405 | 425 | 470 |

该工程位于江苏省,属Ⅰ类地区,所以,根据上表采用编号 2-207 查得主体枢纽大楼工程工期 $T_{2-1}=415$ 天。

(2) 裙房部分施工工期。裙房两层建筑面积为 822 $m^2$,也采用现浇钢筋混凝土框架结构,且主楼与裙房用沉降缝分开。查工期定额,见表 8.3.35 所示。

表 8.3.35 现浇框架结构工期表(2)

| 编号 | 层数 | 建筑面积($m^2$) | 工期天数 | | |
|---|---|---|---|---|---|
| | | | Ⅰ类 | Ⅱ类 | Ⅲ类 |
| 2-175 | 6 以下 | 3 000 以内 | 160 | 165 | 185 |
| 2-176 | 6 以下 | 5 000 以内 | 170 | 175 | 195 |
| 2-177 | 6 以下 | 7 000 以内 | 180 | 185 | 205 |
| 2-178 | 6 以下 | 7 000 以外 | 195 | 200 | 220 |
| 2-179 | 8 以下 | 5 000 以内 | 210 | 220 | 245 |
| 2-180 | 8 以下 | 7 000 以内 | 220 | 230 | 255 |
| 2-181 | 8 以下 | 10 000 以内 | 235 | 245 | 270 |
| 2-182 | 8 以下 | 15 000 以内 | 250 | 260 | 285 |
| 2-183 | 8 以下 | 15 000 以外 | 270 | 280 | 310 |
| 2-184 | 10 以下 | 7 000 以内 | 240 | 250 | 275 |
| 2-185 | 10 以下 | 10 000 以内 | 255 | 265 | 295 |
| 2-186 | 10 以下 | 15 000 以内 | 270 | 280 | 310 |

根据子目号 2-175 可得裙房部分施工工期 $T_{2-2}=160$ 天。

高层部分施工工期 $T_2=T_{2-1}+T_{2-2}\times25\%=415+160\times25\%=455$(天)。

(3) 装修工程。根据工期定额,见表 8.3.36 所示。

**表 8.3.36　中级装修工期表**

| 编号 | 建筑面积 ($m^2$) | 工期天数 | | |
|---|---|---|---|---|
| | | Ⅰ类 | Ⅱ类 | Ⅲ类 |
| 2-405 | 500 以内 | 65 | 70 | 80 |
| 2-406 | 1 000 以内 | 75 | 80 | 90 |
| 2-407 | 3 000 以内 | 95 | 100 | 110 |
| 2-408 | 5 000 以内 | 115 | 120 | 130 |
| 2-409 | 10 000 以内 | 145 | 150 | 165 |
| 2-410 | 15 000 以内 | 180 | 185 | 205 |
| 2-411 | 20 000 以内 | 215 | 225 | 250 |
| 2-412 | 30 000 以内 | 285 | 295 | 325 |
| 2-413 | 35 000 以内 | 325 | 340 | 375 |
| 2-414 | 35 000 以外 | 380 | 400 | 440 |

因为该工程初步定在中级装修水平,所以根据编号 2-412 得装修工程工期 $T_3=285$ 天。

(三) 该工程总工期(不包括打桩工程工期)

$T=T_1+T_2+T_3=130\times0.95+455\times0.9+285\times0.9=790$(天)。

二、垂直运输费计算

本工程高层,地上 17 层,地下 2 层,建筑面积 33 329 $m^2$,工程类别为一类。

根据施工组织设计,本工程使用一台塔式起重机,一台人货电梯。

套子目 23-11 换　定额子目中三类工程换算为一类工程,管理费、利润相应变化。

管理费:754.64×31%=233.94(元)

利润:754.64×12%=90.56(元)

综合单价:754.64+233.94+90.56=1 079.14(元/天)

本工程垂直运输费=790×1 079.14=852 520.60(元)。

**例 8.3.46**　A、B、C 三栋 6 层带 1 层地下室建筑物,共用一台塔吊,各自配一台卷扬机,框架剪力墙结构,查工期定额三栋均为 286 天,已知三栋楼同时开工、竣工,工程类别为二类。计算 A 栋垂直运输费。

**相关知识**

多栋建筑物合用垂直运输机械的问题:垂直运输机械台班含量在取定时,按照垂直运输机械正常满负荷工作考虑。由于按照单项工程工期计算工程量,实际工程初期的土方、桩基的工期以及进入内装阶段时不使用塔吊的时间未扣除,反映到定额中塔吊的台班量小于 1。

对于部分建筑物由于单层建筑面积较小,实际两栋、三栋建筑物合用一台塔吊的情况,执行定额时,每栋房子垂直运输费工程量分别套用对应工期定额,定额中的台班含量乘以分摊系数。

**解** A栋垂直运输费工程量为286天,套用定额子目为23-8,其中起重机台班含量根据分摊的原则,调整为0.523÷3=0.174(台班)。

23-8换 (154.81+0.174×511.46)×(1+28%+12%)=341.33(元/天)

A栋垂直运输费=工程量×定额综合单价=286×341.33=97 620.38(元)。

**例8.3.47** A、B、C三栋楼,地下一层为连通地下室,地下室建筑面积为15 000 $m^2$。根据计价定额第二十三章说明第11条,多幢房屋下有整体连通地下室,整体连通地下室按单独地下室工程执行。已知设计室外地面至基础底板底面超过3.6 m,实际配置三台塔吊。地下室部分工程类别为一类。计算地下室部分垂直运输费。

**解** 查工期定额4-164补5(见江苏省2014计价定额交底材料),工期为

265×(1-5%)=251.75(天)。

23-27换 0.81×3×777.96×(1+31%+12%)=2 703.33(元/天)

连通地下室部分垂直运输费=工程量×定额综合单价

=251.75×2 703.33

=680 563.33(元)

8.3.8.4 超高施工增加

1) 超高施工增加工程清单应用要点

(1) 超高施工增加按建筑物超高部分的建筑面积计算。

(2) 超高施工增加包括建筑物超高引起的人工工效降低以及由于人工工效降低引起的机械降效、高层施工用水加压水泵的安装拆除及工作台班、通信联络设备的使用及摊销。

(3) 单层建筑物檐口高度超过20 m,多层建筑物超过6层时,可按超高部分的建筑面积计算超高施工增加。计算层数时,地下室不计入层数。

(4) 同一建筑物有不同檐高时,可按不同高度的建筑面积分别计算建筑面积,以不同檐高分别编码列项。

(5) 江苏省规定,"超高施工增加适用于建筑物檐口高度超过20 m或层数超过6层时。单层建筑物按超过20 m部分的建筑面积计算。多层建筑物按楼面超过20 m或超过6层部分的建筑面积计算。地下室不计算层数"。

2) 超高施工增加计价定额应用要点

(1) 建筑物超高增加费

① 建筑物设计室外地面至檐口的高度(不包括女儿墙、屋顶水箱、突出屋面的电梯间、楼梯间等的高度)超过20 m或建筑物超过6层时,应计算超高费。

② 超高费内容包括人工降效、除垂直运输机械外的机械降效费用、高压水泵摊销、上下联络通信费用。超高费包干使用，不论实际发生多少，均按定额执行，不调整。

③ 超高费按下列规定计算：

a. 建筑物檐高超过 20 m 或层数超过 6 层部分的按其超过部分的建筑面积计算。

b. 建筑物檐高超过 20 m，但其最高一层或其中一层楼面未超过 20 m 且在6 层以内时，则该楼层在 20 m 以上部分的超高费，每超过 1 m(不足 0.1 m 按 0.1 m 计算)按相应定额的 20%计算。

c. 建筑物 20 m 或 6 层以上楼层，如层高超过 3.6 m 时，层高每增高 1 m(不足 0.1 m 按 0.1 m 计算)，层高超高费按相应定额的 20%计取。

d. 同一建筑物中有 2 个或 2 个以上的不同檐口高度时，应分别按不同高度竖向切面的建筑面积套用定额。

e. 单层建筑物(无楼隔层者)高度超过 20 m，其超过部分除构件安装按江苏省计价定额第八章的规定执行外，另再按江苏省计价定额第十九章相应项目计算每增高 1 m 的层高超高费。

(2) 单独装饰工程超高人工降效

① “高度”和“层数”，只要其中一个指标达到规定，即可套用该项目。

② 当同一个楼层中的楼面和天棚不在同一计算段内，按天棚面标高段为准计算。

(3) 工程量计算规则

① 建筑物超高费以超过 20 m 或 6 层部分的建筑面积计算。

② 单独装饰工程超高人工降效，以超过 20 m 或 6 层部分的工日分段计算。

例如：19-19　20～30 m 的工程比 20 m 以下的人工增加 5%

19-20　30～40 m 的工程比 20 m 以下的人工增加 7.5%

19-21　40～50 m 的工程比 20 m 以下的人工增加 10%

其余计算段依此类推，均比上个计算段的比例基数递增 2.5%。

3) 超高施工增加计价示例

**例 8.3.48**　某综合楼，现浇框架结构，钢筋混凝土整板基础，15 层，另加地下室 1 层和顶层技术层 1 层，结构外围平面尺寸 20 m×50 m，室内外高差 0.30 m，地下室层高 4.00 m，第一层层高 5.50 m，第二层层高 4.50 m，技术层层高 1.90 m，其余层高为 3.00 m，计算该工程超高费。(按定额套价，不考虑工程类别)

**解**　(1) 建筑物超高 20～60 m，从第 7 层开始，每层面积 20×50＝1 000($m^2$)，1 000×9 层(技术层不计算)＝9 000($m^2$)。

(2) 建筑物顶层技术层超高费按定额 20%计算。

(3) 第 6 层超 20 m 以上部分计算超高费。

超高费计算如表 8.3.37 所示。

表 8.3.37　某综合楼超高费计算表

| 序号 | 定额编号 | 项目名称 | 计量单位 | 工程量 | 综合单价（元） | 合计（元） |
|---|---|---|---|---|---|---|
| | 19-4 | 超高费 20～60 m | $m^2$ | 9 000 | 66.89 | 602 010 |
| | [19-4]×20%×1.9 | 建筑物技术层超高费 | $m^2$ | 1 000 | 25.42 | 254 20 |
| | [19-4]×20%×2.3 | 第 6 层超 20 m 以上部分超高费 | $m^2$ | 1 000 | 30.77 | 307 70 |
| | 合计 | | | | | 658 200 |

**例 8.3.49**　某大楼，主楼为 19 层，每层建筑面积 1 000 $m^2$，副楼为 7 层，每层建筑面积 1 500 $m^2$，底层主副楼层高都为 4.20 m，其余各层层高都为 3 m，室内外高差 0.30 m，计算该楼的超高费。（按定额套价，不考虑工程类别）

**解**　根据本章节的说明，同一建筑物中有 2 个或 2 个以上的不同檐口高度时，应分别按不同高度竖向切面的建筑面积套用定额。因此，主楼和副楼需分开计算。

第六层顶高度 19.5 m，因此超高费应从第七层开始算。

(1) 主楼部分　七层至十九层，共 13 层，13×1 000＝13 000($m^2$)

(2) 副楼部分　第七层　1 500 $m^2$

超高费计算如表 8.3.38 所示。

表 8.3.38　某大楼超高费计算表

| 序号 | 定额编号 | 项目名称 | 计量单位 | 工程量 | 综合单价（元） | 合计（元） |
|---|---|---|---|---|---|---|
| | 19-4 | 主楼超高费 20～60 m | $m^2$ | 13 000 | 66.89 | 869 570 |
| | 19-1 | 副楼超高费 20～30 m | $m^2$ | 1 500 | 29.30 | 43 950 |
| | | 合计 | | | | 913 520 |

#### 8.3.8.5　大型机械设备进出场及安拆

1) 大型机械设备进出场及安拆工程清单应用要点

(1) 大型机械设备进出场及安拆按使用机械设备的数量及进退场台次计算。江苏省规定按“项”计算，即将所有项目的大型机械进出场及安拆费列入。

(2) 安拆费包括施工机械、设备在现场进行安装拆卸所需人工、材料、机械和试运转费用以及机械辅助设施的折旧、搭设、拆除等费用；进出场费包括施工机械、设备整体或分体自停放地点运至施工现场或由一施工地点运至另一施工地点所发生的运输、装卸、辅助材料等费用。

(3) 项目特征需描述机械设备名称、机械设备规格型号。江苏省规定项目特征可不描述。

2) 大型机械设备进出场及安拆计价定额应用要点

目前，江苏省执行的是《江苏省施工机械台班费用定额》(2007 版)，该定额包括机械台班单价表和特、大型机械场外运输及组装、拆卸费用两个部分。

(1) 安拆费指机械在施工现场进行安装、拆卸所需的人工费、材料费、机械费、试运转费以及安装所需的辅助设施的费用，包括基础、底座、固定锚桩、行走轨道、枕木和大型履带吊、汽车吊工作时行走路线加固所用的路基箱等的折旧费及其搭设、拆除费用。

(2) 场外运输费(进退场费)指机械整体或分体自停放场地运至施工现场或由一个施工地点至另一个施工地点，在城市范围内的机械进出场运输及转移费用(包括机械的装卸、运输及辅助材料费和机械在现场使用期需回基地大修理的因素等)。

(3) 机械在运输途中交纳的过路、过桥、过隧道费按交通运输部门的规定另行计算费用。如遇道路、桥梁限载、限高，公安交通部门保安护送，所发生的费用计入独立费用。远征工程在城市间的机械调运费按公路、铁路、航运部门运输的标准计算，列入独立费。

(4) 定额基价中未列入场外运费的，一指不应考虑本项费用的机械，如金属切削机械、水平运输机械等；二指不适于按台班摊销本项费用的机械，可计算一次性场外运费和安拆费。

(5) 大型施工机械在一个工程地点只计算一次场外运费(进退场费)及安装、拆卸费。大型施工机械在施工现场内单位工程或栋号之间的拆、卸转移，其安装、拆卸费按实际发生次数套安、拆费计算。机械转移费按其场外运输费用的75%计算。

(6) 不需拆卸安装、自身又能开行的机械(履带式除外)，如自行式铲运机、平地机、轮胎式装载机及水平运输机械等，其场外运输费(含回程费)按1个台班费计算。

(7) 注意机械台班定额仅是机械费，还不是综合单价，因此需再计取管理费和利润。(此条执行时应根据各地规定，部分地区不允许计取管理费和利润)

3) 大型机械设备进出场及安拆计价示例

**例 8.3.50** 某住宅工程大型机械共使用1台履带式单斗挖掘机(液压，斗容量1 $m^3$)、1台40 t塔式起重机。计算机械进出场及安拆费。(三类工程)

**解** 查阅《江苏省施工机械台班费用定额》(2007 版)

(1) 履带式单斗挖掘机进出场及安拆费

14001 履带式单斗挖掘机(液压)，斗容量1 $m^3$ 以内

定额基价 3 758.13 元

综合单价 3 758.13×(1+25%+12%)=5 148.64(元)

(2) 塔式起重机进出场及安拆费

14038 塔式起重机(60 t以内)场外运输费 9 729.95(元)

14039 塔式起重机(60 t以内)安装拆卸费 8 167.30(元)

定额基价 9 729.95+8 167.30(元)

综合单价 (9 729.95+8 167.30)×(1+25%+12%)=24 519.23(元)

| 项目编码 | 011705001001 | 项目名称 | 大型机械设备进出场及安拆 | 计量单位 | 项 | 清单工程量 | 1 |
|---|---|---|---|---|---|---|---|
| 清单综合单价组成明细 | | | | | | | |
| 定额编号 | 名　称 | | | 单位 | 工程量 | 基价 | 合价 |
| 14001 | 履带式单斗挖掘机(液压),斗容量 1 $m^3$ 以内 | | | 台次 | 1 | 3 758.13 | 5 148.64 |
| 14038+14039 | 塔式起重机(60 t 以内)场外运输、安装拆卸费 | | | 台次 | 1 | 17 897.25 | 24 519.23 |
| 计价表合价汇总(元) | | | | | | | 29 667.87 |
| 清单项目综合单价(元) | | | | | | | 29 667.87 |

8.3.8.6　施工排水、降水

1) 施工排水、降水工程清单应用要点

(1) 成井按设计图示尺寸以钻孔深度计算,包括准备钻孔机械、埋设护筒、钻机就位;泥浆制作、固壁;成孔、出渣、清孔等;对接上、下井管(滤管),焊接,安放,下滤料,洗井,连接试抽等。

(2) 排水、降水按排、降水日历天数计算,包括管道安装、拆除,场内搬运,抽水,值班,降水设备维修等。

2) 施工排水、降水计价定额应用要点

(1) 计价定额第二十二章划分为施工排水、施工降水两个部分。

(2) 人工土方施工排水是在人工开挖湿土、淤泥、流砂等施工过程中发生的机械排放地下水费用。

(3) 基坑排水是指地下常水位以下且基坑底面积超过 150 $m^2$(两个条件同时具备)的土方开挖以后,在基础或地下室施工期间所发生的排水包干费用。如果±0.00以上有设计要求待框架、墙体完成以后再回填基坑土方的,此期间的排水费用应该另算。

(4) 井点降水项目适用于地下水位较高的粉砂土、砂质粉土或淤泥质夹薄层砂性土的地层。一般情况下,降水深度在 6 m 以内。井点降水使用时间根据施工组织设计确定。井点降水材料使用摊销量中包括井点拆除时材料损耗量。井点间距根据地质和降水要求由施工组织设计确定,一般轻型井点管间距为 1.2 m。

(5) 强夯法加固地基坑内排水是指击点坑内的积水排抽台班费用。

(6) 机械土方工作面中的排水费已包含在土方中,但地下水位以下的施工排水费用不包括,如发生,依据施工组织设计规定,排水人工、机械费用另行计算。

(7) 施工排水、降水计算规则:

① 人工土方施工排水不分土壤类别、挖土深度,按挖湿土工程量以立方米计算。

② 人工挖淤泥、流砂施工排水按挖淤泥、流砂工程量以立方米计算。

③ 基坑、地下室排水按土方基坑的底面积以平方米计算。

④ 强夯法加固地基坑内排水，按强夯法加固地基工程量以平方米计算。

⑤ 井点降水 50 根为一套，累计根数不足一套者按一套计算，井点使用定额单位为套天，一天按 24 h 计算。井管的安装、拆除以“根”计算。

⑥ 深井管井降水安装、拆除按座计算，使用按座天计算，一天按 24 h 计算。

3) 施工排水、降水计价示例

**例 8.3.51** 某工程项目，整板基础，在地下常水位以下，基础面积 115.00 m×10.50 m，该工程不采用井点降水，采用坑底明沟排水。计算基坑排水费用(三类工程)。

**相关知识**

计算条件：(1) 地下常水位以下；

(2) 基坑底面积超过 150 $m^2$。

**解**

(1) 计算工程量

$(115.00+0.3\times2)\times(10.50+0.3\times2)=1\ 283.16(m^2)$

(2) 套子目(2014 年江苏省计价定额)

22-2 $\dfrac{1\ 283.16}{10}\times298.07=38\ 247.15$(元)

(3) 该工程基坑排水费用 38 247.15 元，包干使用。

**例 8.3.52** 若上题的工程项目因地下水位太高，施工采用井点降水，基础施工工期为 80 天。计算井点降水的费用(成孔产生的泥水处理不计)。

**解**

(1) 计算井点根数

$\dfrac{115.00+0.3\times2}{1.2}\approx97$(根)

$\dfrac{10.5+0.3\times2}{1.2}\approx10$(根)

因此四周一圈：$(97+10)\times2=214$(根)

$\dfrac{214}{50}\approx5$(套)

(2) 套 2014 年江苏省计价定额子目

22-11 $\dfrac{214}{10}\times783.61=16\ 769.25$(元)

22-12 $\dfrac{214}{10}\times306.53=6\ 559.74$(元)

22-13 $5\times372.81\times80=149\ 124$(元)

(3) 本工程井点降水费用：$16\ 769.25+6\ 559.74+149\ 124=172\ 452.99$(元)

#### 8.3.8.7 场内二次搬运

1) 场内二次搬运工程清单应用要点

清单编号:011707004,二次搬运费工作内容包括由于施工场地条件限制而发生的材料、成品、半成品等一次运输不能到达堆放地点而必须进行二次或多次搬运的费用。

2) 场内二次搬运计价定额应用要点

(1) 计价定额第二十四章定额按运输工具划分为机动翻斗车二次搬运和单(双)轮车二次搬运两部分。

(2) 现场堆放材料有困难,材料不能直接运到单位工程周边需再次中转,建设单位不能按正常合理的施工组织设计提供材料、构件堆放场地和临时设施用地的工程而发生的二次搬运费用,执行第二十四章定额。

(3) 执行第二十四章定额时,应以工程所发生的第一次搬运为准。

(4) 水平运距的计算,分别以取料中心点为起点,以材料堆放中心为终点。超运距增加运距不足整数者,进位取整计算。

(5) 运输道路已按 15%以内的坡度考虑,超过时另行处理。

(6) 松散材料运输不包括做方,但要求堆放整齐。如需做方者,应另行处理。

(7) 机动翻斗车最大运距为 600 m,单(双)轮车最大运距为 120 m。超过时,应另行处理。

(8) 场内二次搬运工程量计算规则:

① 砂子、石子、毛石、块石、炉渣、矿渣、石灰膏按堆积原方计算。

② 混凝土构件及水泥制品按实体积计算。

③ 玻璃按标准箱计算。

④ 其他材料按表中计量单位计算。

3) 场内二次搬运计价示例

**例 8.3.53** 某三类工程因施工现场狭窄,计有 300 t 弯曲成型钢筋和 20 万块空心砖发生二次转运。成型钢筋采用人力双轮车运输,转运运距 250 m。空心砖采用人力双轮车运输,转运运距 100 m。计算该工程定额二次转运费。

**解**

(1) 成型钢筋二次转运

24-107　300×25.32=7 596(元)

[24-108]×4　300×2.11×4=2 532(元)

(2) 空心砖二次转运

24-31　2 000×71.73=143 460(元)

[24-32]×1　2 000×8.44=16 880(元)

(3) 该工程定额二次转运费 170 468 元。

## 8.3.9 总价措施项目清单与计价

1）总价措施项目清单与计价应用要点

（1）总价措施项目是指在现行工程量清单计算规范中无工程量计算规则，以总价或计算基础乘以费率计算的措施项目。江苏省对各专业可能发生的通用总价措施项目作了以下调整。

总价措施项目调整和增加如表 8.3.39 所示。

**表 8.3.39 总价措施项目调整和增加表**

<table>
<tr><th>工程类型</th><th>项目编码</th><th>项目名称</th><th>工作内容及包含范围</th></tr>
<tr><td>房屋建筑与装饰工程</td><td>011707001</td><td rowspan="8">安全文明施工</td><td rowspan="8">1. 环境保护：现场施工机械设备降低噪音、防扰民措施费用；水泥和其他易飞扬细颗粒建筑材料密闭存放或采取覆盖措施等费用；工程防扬尘洒水费用；土石方、建渣外运车辆冲洗、防洒漏等费用；现场污染源的控制、生活垃圾清理外运、场地排水排污措施的费用；其他环境保护措施费用<br>2. 文明施工："五牌一图"的费用；现场围挡的墙面美化（包括内外粉刷、刷白、标语等）、压顶装饰费用；现场厕所便槽刷白、贴面砖，水泥砂浆地面或地砖费用，建筑物内临时便溺设施费用；其他施工现场临时设施的装饰装修、美化措施费用；现场生活卫生设施费用；符合卫生要求的饮水设备、淋浴、消毒等设施费用；生活用洁净燃料费用；防煤气中毒、防蚊虫叮咬等措施费用；施工现场操作场地的硬化费用；现场绿化费用、治安综合治理费用、现场电子监控设备费用；现场配备医药保健器材、物品费用和急救人员培训费用；用于现场工人的防暑降温费、电风扇、空调等设备及用电费用；其他文明施工措施费用<br>3. 安全施工：安全资料、特殊作业专项方案的编制，安全施工标志的购置及安全宣传的费用；"三宝"（安全帽、安全带、安全网）、"四口"（楼梯口、电梯井口、通道口、预留洞口）、"五临边"（阳台围边、楼板围边、屋面围边、槽坑围边、卸料平台两侧），水平防护架、垂直防护架、外架封闭等防护的费用；施工安全用电的费用，包括配电箱三级配电、两级保护装置要求、外电防护措施；起重机、塔吊等起重设备（含井架、门架）及外用电梯的安全防护措施（含警示标志）费用及卸料平台的临边防护、层间安全门、防护棚等设施费用；建筑工地起重机械的检验检测费用；施工机具防护棚及其围栏的安全保护设施费用；施工安全防护通道的费用；工人的安全防护用品、用具购置费用；消防设施与消防器材的配置费用；电气保护、安全照明设施费；其他安全防护措施费用<br>4. 绿色施工：建筑垃圾分类收集及回收利用费用；夜间焊接作业及大型照明灯具的挡光措施费用；施工现场办公区、生活区使用节水器具及节能灯具增加费用；施工现场基坑降水储存使用、雨水收集系统、冲洗设备用水回收利用设施增加费用；施工现场生活区厕所化粪池、厨房隔油池设置及清理费用；从事有毒、有害、有刺激性气味和强光、噪音施工人员的防护器具；现场危险设备、地段、有毒物品存放地安全标志和防护措施；厕所、卫生设施、排水沟、阴暗潮湿地带定期消毒费用；保障现场施工人员劳动强度和工作时间符合国家标准《体力劳动强度分级》（GB 3869）的增加费用等</td></tr>
<tr><td>仿古建筑工程</td><td>021007001</td></tr>
<tr><td>通用安装工程</td><td>031302001</td></tr>
<tr><td>市政工程</td><td>041109001</td></tr>
<tr><td>园林绿化工程</td><td>050405001</td></tr>
<tr><td>构筑物工程</td><td>070306001</td></tr>
<tr><td>城市轨道交通工程</td><td>081311001</td></tr>
</table>

续表 8.3.39

| 工程类型 | 项目编码 | 项目名称 | 工作内容及包含范围 |
|---|---|---|---|
| 房屋建筑与装饰工程 | 011707008 | 临时设施 | 临时设施包括：临时宿舍、文化福利及公用事业房屋与构筑物、仓库、办公室、加工厂等；<br>建筑、装饰、安装、修缮、古建园林工程规定范围内（建筑物沿边起 50 m 以内，多幢建筑两幢间隔 50 m 内）围墙、临时道路、水电、管线和轨道垫层等；<br>市政工程施工现场在定额基本运距范围内的临时给水、排水、供电、供热线路（不包括变压器、锅炉等设备）、临时道路，不包括交通疏解分流通道、现场与公路（市政道路）的连接道路、道路工程的护栏（围挡），也不包括单独的管道工程或单独的驳岸工程施工需要的沿线简易道路 |
| 仿古建筑工程 | 021007008 | | |
| 通用安装工程 | 031302008 | | |
| 市政工程 | 041109008 | | |
| 园林绿化工程 | 050405009 | | |
| 构筑物工程 | 070306009 | | |
| 城市轨道交通工程 | 081311007 | | |
| 房屋建筑与装饰工程 | 011707009 | 赶工措施 | 施工合同约定工期比江苏省现行工期定额提前，施工企业为缩短工期所发生的费用 |
| 仿古建筑工程 | 021007009 | | |
| 通用安装工程 | 031302009 | | |
| 市政工程 | 041109009 | | |
| 园林绿化工程 | 050405010 | | |
| 构筑物工程 | 070306010 | | |
| 城市轨道交通工程 | 081311008 | | |
| 房屋建筑与装饰工程 | 011707010 | 工程按质论价 | 施工合同约定质量标准超过国家规定，施工企业完成工程质量达到经有权部门鉴定或评定为优质工程所必须增加的施工成本费 |
| 仿古建筑工程 | 021007010 | | |
| 通用安装工程 | 031302010 | | |
| 市政工程 | 041109010 | | |
| 园林绿化工程 | 050405011 | | |
| 构筑物工程 | 070306011 | | |
| 城市轨道交通工程 | 081311009 | | |
| 房屋建筑与装饰工程 | 011707011 | 住宅分户验收 | 按《住宅工程质量分户验收规程》（DGJ 32/TJ103—2010）的要求对住宅工程进行专门验收（包括蓄水、门窗淋水等）发生的费用，不包含室内空气污染测试费用 |
| 通用安装工程 | 031302011 | | |

（2）总价措施费项目内容

①安全文明施工措施费，②夜间施工增加费，③冬雨季施工，④地上、地下设施，建筑物的临时保护设施，⑤已完工程及设备保护费，⑥临时设施费，⑦赶工措施费，⑧工程按质论价，⑨特殊条件下施工增加费，⑩住宅分户验收，⑪非夜间施工照明。

（3）总价措施费项目计算方法

总价措施费计算方法包括系数计算法和方案分析法两种。

① 系数计算法

系数计算法是用整体工程项目直接费(或人工费,或人工费与机械费之和)合计作为计算基数,乘以配套措施费用系数。

配套措施费用系数是根据以往有代表性工程的资料,通过分析计算取得的。

② 方案分析法

方案分析法是通过编制具体的措施实施方案,对方案所涉及的各种经济参数进行计算后,确定配套措施费用。

江苏省费用定额(2014 年)采用的是系数计算法,明确总价措施费的计算基础为"分部分项工程费+单价措施项目费-工程设备费"。

2) 总价措施项目计价示例

**例 8.3.54** 某住宅工程地处某市,住宅工程工期比定额工期提前 20%以内,赶工措施费按分部分项工程费和单价措施费的 2%~3.5%计取,住宅工程被评为优良工程,则增加分部分项工程费和单价措施费的 1.5%~2.5%。该工程建筑面积 6 200 $m^2$,甲方要求合同工期比定额工期提前 20%,该工程质量目标为"市优"。计算该工程的措施费。(分部分项工程费为 248 万元)

**解**

(1) 单价措施费

① 模板费用

根据江苏省计价定额第二十一章计算,并考虑到可利用部分已折旧完的原有的旧周转材料,该项费用为 8 万元。

② 脚手架费

根据江苏省计价定额第二十章计算,并考虑到可利用部分已折旧完的原有的旧周转材料,该项费用为 5 万元。

③ 垂直运输机械费

根据江苏省计价定额第二十三章计算,费用为 8 万元。

④ 大型机械设备进出场及安拆费

本工程使用一台 60 kN·m 的塔式起重机　17 897.25 元

⑤ 二次搬运费

本工程材料不需转运,该费用为 0。

单价措施费小计:227 897.25 元

(2) 总价措施费

① 安全文明施工措施费

(2 480 000+227 897.25)×3%=81 236.92(元)

② 夜间施工增加费

经测算,发生的照明设施、夜餐补助和工效降低的费用为 25 000 元。

③ 临时设施费

根据以往工程的资料测算，费率为2%。

(2 480 000+227 897.25)×2%=54 157.95(元)

④ 赶工措施费

甲乙双方约定按3%计取。

(2 480 000+227 897.25)×3%=81 236.92(元)

⑤ 工程优质奖

工程达到“市优”，甲乙双方约定按2.5%计取。

(2 480 000+227 897.25)×2.5%=67 697.43(元)

总价措施费小计　309 329.22元

该工程施工措施费

227 897.25+309 329.22=537 226.47(元)

### 8.3.10　其他项目计价

其他项目费是指暂列金额、暂估价、计日工、总承包服务费等金额的总和。

暂列金额：招标人在工程量清单中暂定并包括在合同价款中的一笔款项。用于工程合同签订时尚未确定或者不可预见的所需材料、工程设备、服务的采购，施工中可能发生的工程变更、合同约定调整因素出现时的合同价款调整，以及发生的索赔、现场签证确认等的费用。

暂估价：招标人在工程量清单中提供的用于支付必然发生但暂时不能确定价格的材料、工程设备的单价以及专业工程的金额。分为材料暂估价和专业工程暂估价。

计日工：在施工过程中，承包人完成发包人提出的工程合同范围以外的零星项目或工作，按合同中约定的综合单价计价的一种方式。

总承包服务费：总承包人为配合协调发包人进行的专业工程分包，对发包人自行采购的材料、工程设备等进行保管以及施工现场管理、竣工资料汇总整理等服务所需的费用。

**表8.3.40　其他项目清单与计价汇总表**

工程名称：　　　　　　　　　　　　　标段：　　　　　　　　　　第　页　共　页

| 序号 | 项目名称 | 金额(元) | 结算金额(元) | 备注 |
|---|---|---|---|---|
| 1 | 暂列金额 | | | |
| 2 | 暂估价 | | | |
| 2.1 | 材料(工程设备)暂估价/结算价 | — | | |
| 2.2 | 专业工程暂估价/结算价 | | | |
| 3 | 计日工 | | | |

续表 8.3.40

| 序号 | 项目名称 | 金额(元) | 结算金额(元) | 备注 |
| --- | --- | --- | --- | --- |
| 4 | 总承包服务费 | | | |
| 5 | 索赔与现场签证 | | | |
| 合计 | | | | — |

注:材料(工程设备)暂估单价进入清单项目综合单价,此处不汇总。

**表 8.3.41　暂列金额明细表**

工程名称:　　　　　　　　　　　　标段:　　　　　　　　　　第　页　共　页

| 序号 | 项目名称 | 计量单位 | 暂定金额(元) | 备注 |
| --- | --- | --- | --- | --- |
| 1 | | | | |
| 2 | | | | |
| 3 | | | | |
| 合计 | | | — | |

注:此表由招标人填写,如不能详列,也可只列暂定金额总额,投标人应将上述暂列金额计入投标总价中。

**表 8.3.42　材料(工程设备)暂估单价及调整表**

工程名称:　　　　　　　　　　　　标段:　　　　　　　　　　第　页　共　页

| 序号 | 材料(工程设备)名称、规格、型号 | 计量单位 | 数量 | | 暂估(元) | | 确认(元) | | 差额±(元) | | 备注 |
| --- | --- | --- | --- | --- | --- | --- | --- | --- | --- | --- | --- |
| | | | 暂估 | 确认 | 单价 | 合价 | 单价 | 合价 | 单价 | 合价 | |
| | | | | | | | | | | | |
| | | | | | | | | | | | |
| 合计 | | | | | | | | | | | |

注:此表由招标人填写"暂估单价",并在备注栏说明暂估价的材料、工程设备拟用在哪些清单项目上,投标人应将上述材料、工程设备暂估单价计入工程量清单综合单价报价中。

**表 8.3.43　专业工程暂估价及结算价表**

工程名称:　　　　　　　　　　　　标段:　　　　　　　　　　第　页　共　页

| 序号 | 工程名称 | 工程内容 | 暂估金额(元) | 结算金额(元) | 差额±(元) | 备注 |
| --- | --- | --- | --- | --- | --- | --- |
| | | | | | | |
| | | | | | | |
| | | | | | | |
| 合计 | | | | | | |

注:此表"暂估金额"由招标人填写,投标人应将"暂估金额"计入投标总价中。结算时按合同约定结算金额填写。

**表 8.3.44　计日工表**

工程名称：　　　　　　　　　　　　标段：　　　　　　　　　　　第　页　共　页

| 编号 | 项目名称 | 单位 | 暂定数量 | 实际数量 | 综合单价（元） | 合价（元） | |
|---|---|---|---|---|---|---|---|
| | | | | | | 确定 | 实际 |
| 一 | 人工 | | | | | | |
| 1 | | | | | | | |
| 2 | | | | | | | |
| | 人工小计 | | | | | | |
| 二 | 材料 | | | | | | |
| 1 | | | | | | | |
| 2 | | | | | | | |
| | 材料小计 | | | | | | |
| 三 | 施工机械 | | | | | | |
| 1 | | | | | | | |
| 2 | | | | | | | |
| | 施工机械小计 | | | | | | |
| 四、企业管理费和利润 | | | | | | | |
| | 总　计 | | | | | | |

注：此表项目名称、暂定数量由招标人填写。编制招标控制价时，单价由招标人按有关计价规定确定；投标时，单价由投标人自主报价，按暂定数量计算合价计入投标总价中。结算时，按发承包双方确认的实际数量计量合价。

**表 8.3.45　总承包服务费计价表**

工程名称：　　　　　　　　　　　　标段：　　　　　　　　　　　第　页　共　页

| 序号 | 项目名称 | 项目价值（元） | 服务内容 | 计算基础 | 费率（%） | 金额（元） |
|---|---|---|---|---|---|---|
| 1 | 发包人发包专业工程 | | | | | |
| 2 | 发包人供应材料 | | | | | |
| | | | | | | |
| | | | | | | |
| | 合计 | — | — | | — | |

注：此表项目名称、服务内容由招标人填写。编制招标控制价时，费率及金额由招标人按有关计价规定确定；投标时，费率及金额由投标人自主报价，计入投标总价中。

**表 8.3.46　索赔与现场签证计价汇总表**

工程名称：　　　　　　　　　　　　标段：　　　　　　　　　　第　页　共　页

| 序号 | 签证及索赔项目名称 | 计量单位 | 数量 | 单价（元） | 合价（元） | 索赔及签证依据 |
|---|---|---|---|---|---|---|
| | | | | | | |
| | | | | | | |
| | | | | | | |
| — | 本页小计 | — | — | — | | — |
| — | 合计 | — | — | — | | — |

注：签证及索赔依据是指经双方认可的签证单和索赔依据的编号。

1）编制工程量清单

暂列金额应根据工程特点按有关计价规定估算；暂估价中的材料、工程设备暂估单价应根据工程造价信息或参照市场价格估算，列出明细表；专业工程暂估价应分不同专业，按有关计价规定估算，列出明细表；计日工应列出项目名称、计量单位和暂估数量；总承包服务费应列出服务项目及其内容等。

2）编制招标控制价

暂列金额应按招标工程量清单中列出的金额填写；暂估价中的材料、工程设备单价应按招标工程量清单中列出的单价计入综合单价；暂估价中的专业工程金额应按招标工程量清单中列出的金额填写；计日工应按招标工程量清单中列出的项目根据工程特点和有关计价依据确定综合单价计算；总承包服务费应根据招标工程量清单列出的内容和要求估算。

3）投标报价

暂列金额应按招标工程量清单中列出的金额填写；材料、工程设备暂估价应按招标工程量清单中列出的单价计入综合单价；专业工程暂估价应按招标工程量清单中列出的金额填写；计日工应按招标工程量清单中列出的项目和数量，自主确定综合单价并计算计日工金额；总承包服务费应根据招标工程量清单中列出的内容和提出的要求自主确定。

4）施工阶段调整、确定

(1) 计日工

① 发包人通知承包人以计日工方式实施的零星工作，承包人应予执行。

② 采用计日工计价需按合同约定提交报表和有关凭证，内容包括工作名称、内容和数量；投入该工作所有人员的姓名、工种、级别和耗用工时；投入该工作的材料名称、类别和数量；投入该工作的施工设备型号、台数和耗用台时。

③ 承包人应在约定时间提交现场签证报告，发包人应在约定时间内确认或提出修改意见。

④ 承包人应按照确认的计日工现场签证报告核实该类项目的工程数量，根据核实的工程数量和承包人已标价工程量清单中的计日工单价计算，提出应付价款；已标价工程量清单中没有该类计日工单价的，由发承包双方商定计日工单价后计算。

（2）暂定价

① 发包人在招标工程量清单中给定暂估价的材料、工程设备属于依法必须招标的，应由发承包双方以招标的方式选择供应商，确定价格，并应以此为依据取代暂估价，调整合同价款。

② 发包人在招标工程量清单中给定暂估价的材料、工程设备不属于依法必须招标的，应由承包人按照合同约定采购，经发包人确认单价后取代暂估价，调整合同价款。

③ 发包人在招标工程量清单中给定暂估价的专业工程，依法必须招标的，应当由发承包双方依法组织招标选择专业分包人，并接受有管辖权的建设工程招标投标管理机构的监督，还应符合下列要求：

a. 除合同另有约定外，承包人不参加投标的专业工程发包招标，应由承包人作为招标人，但拟定的招标文件、评标工作、评标结果应报送发包人批准。与组织招标工作有关的费用应当被认为已经包括在承包人的签约合同价（投标总报价）中。

b. 承包人参加投标的专业工程发包招标，应由发包人作为招标人，与组织招标工作有关的费用由发包人承担。同等条件下，应优先选择承包人中标。

c. 应以专业工程发包中标价为依据取代专业工程暂估价，调整合同价款。

④ 发包人在工程量清单中给定暂估价的专业工程不属于依法必须招标的，应由发承包双方按规定确定专业工程价款，并应以此为依据取代专业工程暂估价，调整合同价款。

（3）暂列金额

① 已签约合同价中的暂列金额应由发包人掌握使用。

② 发包人按规定支付变更、签证等后，暂列金额余额应归发包人所有。

5）竣工结算编制、审核

计日工应按发包人实际签证确认的事项计算；暂估价应按上述规定计算；总承包服务费应依据已标价工程量清单金额计算；发生调整的，应以发承包双方确认调整的金额计算；索赔费用应依据发承包双方确认的索赔事项和金额计算；现场签证费用应依据发承包双方签证资料确认的金额计算；暂列金额应减去合同价款调整（包括索赔、现场签证）金额计算，如有余额归发包人。

### 8.3.11 规费、税金项目计价

1）规费

规费项目清单应按照下列内容列项：

（1）社会保障费，包括养老保险费、失业保险费、医疗保险费、工伤保险费、生育保险费。

（2）住房公积金。

（3）工程排污费。

2）税金

税金项目清单应包括下列内容：

（1）营业税。

（2）城市维护建设税。

（3）教育费附加。

（4）地方教育附加。

3）计算

规费和税金应按各地造价管理部门发布的计费基础和费率计算。规费中的工程排污费应按工程所在地环境保护部门规定的标准缴纳后按实列入。

**表 8.3.47　规费、税金项目计价表**

工程名称：　　　　　　　　　　　　标段：　　　　　　　　　　第　页　共　页

| 序号 | 项目名称 | 计算基础 | 计算基数 | 计算费率（%） | 金额（元） |
|---|---|---|---|---|---|
| 1 | 规费 | | | | |
| 1.1 | 社会保险费 | | | | |
| （1） | 养老保险费 | | | | |
| （2） | 失业保险费 | | | | |
| （3） | 医疗保险费 | | | | |
| （4） | 工伤保险费 | | | | |
| （5） | 生育保险费 | | | | |
| 1.2 | 住房公积金 | | | | |
| 1.3 | 工程排污费 | 按工程所在地环境保护部门收取标准按实计入 | | | |
| 2 | 税金 | 分部分项工程费＋措施项目费＋其他项目费＋规费－按规定不计税的工程设备金额 | | | |
| 合　计 | | | | | |

编制人（造价人员）：　　　　　　　　　　　　复核人（造价工程师）：

## 8.4 招标控制价编制

### 8.4.1 招标控制价编制概述

国有资金投资的工程建设项目应实行工程量清单招标，并应编制招标控制价。招标控制价超过批准的概算时，招标人应将其报原概算部门审核。投标人的投标报价高于招标控制价的，其投标应予以拒绝。招标控制价应由具有编制能力的招标人，或受其委托具有相应资质的工程造价咨询人编制。

1）招标控制价编制依据

（1）《建设工程工程量清单计价规范》(GB 50500—2013)。

（2）国家或省级、行业建设主管部门颁发的计价定额和计价办法。

（3）建设工程设计文件及相关资料。

（4）招标文件中的工程量清单及有关要求。

（5）与建设项目相关的标准、规范、技术资料。

（6）工程造价管理机构发布的工程造价信息，工程造价信息没有发布的参照市场价。

（7）其他相关资料。

2）各清单项费用的确定

（1）分部分项工程费应根据招标文件中的分部分项工程量清单项目的特征描述及有关要求，按计价规范第 5.2.3 条的规定确定综合单价计算。综合单价中应包括招标文件中要求投标人承担的风险费用。招标文件提供了暂估单价的材料，按暂估的单价计入综合单价。

（2）措施项目费应根据招标文件中的措施项目清单按计价规范第 3.1.4 条、3.1.5 条和 5.2.3 条的规定计价。

（3）其他项目费应按下列规定计价：

① 暂列金额应根据工程特点，按有关计价规定估算。

② 暂估价中的材料单价应根据工程造价信息或参照市场价格估算；暂估价中的专业工程金额应分不同专业，按有关计价规定估算。

③ 计日工应根据工程特点和有关计价依据计算。

④ 总承包服务费应根据招标文件列出的内容和要求估算。

（4）规费和税金应按计价规范第 4.5.1 条、4.6.1 条的规定计算。

（5）招标控制价应在招标时公布，不应上调或下浮，招标人应将招标控制价及有关资料报送工程所在地工程造价管理机构备查。

（6）投标人经复核认为招标人公布的招标控制价未按照计价规范的规定编制

的，应在开标前5天向招投标监督机构或(和)工程造价管理机构投诉。

(7) 招投标监督机构应会同工程造价管理机构对投诉进行处理，发现有错误的，应责成招标人修改。

### 8.4.2 招标控制价编制原则

(1) 根据《建设工程工程量清单计价规范》的要求，工程量清单的编制与计价必须遵循四统一原则。

① 项目编码统一。

② 项目名称统一。

③ 计量单位统一。

④ 工程量计算规则统一。

四统一原则即是在同一工程项目内对内容相同的分部分项工程只能有一组项目编码与其对应，同一编码下分部分项工程的项目名称、计量单位、工程量计算规则必须一致。四统一原则下的分部分项工程计价必须一致。

(2) 遵循市场形成价格的原则。市场形成价格是市场经济条件下的必然产物。长期以来我国工程招标控制价的确定受国家(或行业)工程预算定额的制约，招标控制价反映的是社会平均消耗水平，不利于市场经济条件下企业间的公平竞争。

工程量清单计价由投标人自主报价，有利于企业发挥自己的最大优势。各投标企业在工程量清单报价条件下必须对单位工程成本、利润进行分析，统筹考虑，精心选择施工方案，并根据企业自身能力合理地确定人工、材料、施工机械等生产要素的投入与配置，优化组合，有效地控制现场费用和技术措施费用，形成最具有竞争力的报价。

工程量清单下的招标控制价反映的是由市场形成的具有社会先进水平的生产要素市场价格。

(3) 体现公开、公平、公正的原则。工程造价是工程建设的核心内容，也是建设市场运行的核心。工程量清单下的招标控制价应充分体现公开、公平、公正原则。公开、公平、公正不仅是投标人之间的公开、公平、公正，亦包括招投标双方间的公开、公平、公正。即招标控制价的确定应同其他商品一样，由市场价值规律来决定，不能人为地盲目压低或提高。

(4) 风险合理分担原则。风险无处不在，对建设工程项目而言，存在风险是必然的。

工程量清单计价方法是在建设工程招投标中，招标人按照国家统一的工程量计算规则计算提供工程数量，由投标人依据工程量清单所提供的工程数量自主报价，即由招标人承担工程量计量的风险，投标人承担工程价格的风险。在标底价的编制过程中,编制人应充分考虑招投标双方风险可能发生的概率,风险对工程量变化和工程造价变化的影响在招标控制价中予以体现。

(5) 标底的计价内容、计价口径与工程量清单计价规范下招标文件的规定完全一致的原则。标底的计价过程必须严格按照工程量清单给出的工程量及其所综合的工程内容进行计价,不得随意变更或增减。

(6) 一个工程只能编制一个标底的原则。要素市场价格是工程造价构成中最活跃的成分,只有充分把握其变化规律才能确定招标控制价的唯一性。一个标底的原则,即是确定市场要素价格唯一性的原则。

### 8.4.3 招标控制价的编制程序与方法

1) 招标控制价的编制程序

招标控制价的编制必须遵循一定的程序才能保证招标控制价的正确性。

(1) 确定招标控制价的编制单位。招标控制价由招标单位(或业主)自行编制,或受其委托具有编制招标控制价资格和能力的中介机构代理编制。

(2) 搜集审阅编制依据。

(3) 取定市场要素价格。

(4) 确定工程计价要素消耗量指标。

(5) 勘察施工现场。

(6) 招标文件质疑。对招标文件(工程量清单)表述不清的问题向招标人质疑,请求解释,明确招标方的真实意图,力求计价精确。

(7) 综合上述内容,按工程量清单表述工程项目特征和描述的综合工程内容进行计价。

(8) 招标控制价初稿完成。

2) 招标控制价的编制方法

招标控制价由五部分内容组成:分部分项工程量清单计价、措施项目清单计价、其他项目清单计价、规费、税金。

(1) 分部分项工程量清单计价

分部分项工程量清单计价有预算定额调整法、工程成本测算法两种方法。

按测算法计算工程成本,编制人员必须有丰富的现场施工经验,才能准确地确定工程的各种消耗。造价人员应深入现场,不断积累现场施工知识,当现场知识累积到一定程度后才能自如完成相关估算。工程技术与工程造价相结合是今后工程造价人员业务素质发展的方向。

管理费的计算可分为费用定额系数计算法和预测实际成本法。费用定额系数计算法是利用有关的费用定额取费标准,按一定的比例计算管理费。在工程量清单计价条件下,基本直接费的组成内容已经发生变化。一部分费用进入措施清单项目，造成人工费基数不完整。在利用费用定额系数法计算管理费时，要注意调整因基数不同造成的影响。

预测实际成本法是把施工现场和总部为本工程项目预计要发生的各项费用逐项进行计算，汇总出管理费总额，建筑工程以直接费为权数分摊到各分部分项工程量清单中。

利润是投标报价竞争最激烈的项目，在标底编制时其利润率的确定应根据拟建项目的竞争程度，以及参与投标各单位在投标报价中的竞争能力而确定。例如，有五家单位投标，其中三家企业近期工程量不足急于承揽新的工程，这样就会产生激烈的竞争。竞争的手段首先是削减工程利润。标价的编制就要顺应形势以低利润计价，以免投标价与标底价产生较大的偏离。

综上所述，工程量清单下的标底必须严格遵照《建设工程工程量清单计价规范》进行编制，以工程量清单给出的工程数量和综合的工程内容，按市场价格计价。对工程量清单开列的工程数量和综合的工程内容不得随意更改、增减，必须保持与各投标单位计价口径的统一。

(2) 措施项目清单计价

《建设工程工程量清单计价规范》为工程量清单的编制与计价提供了一份措施项目一览表，供招标投标双方参考使用。

招标控制价编制人要对表内内容逐项计价。如果编制人认为表内提供的项目不全，亦可列项补充。

措施项目标底价的计算依据主要来源于施工组织设计和施工技术方案。措施项目招标控制价的计算，宜采用成本预测法估算。计价规范提供的措施项目费分析表可用于计算此项费用。

(3) 其他项目清单计价

其他项目清单计价按单位工程计取。分为招标人、投标人两部分，分别由招标人与投标人填写。由招标人填写的内容包括预留金、材料购置费等。由投标人填写的包括总承包服务费、零星工作项目费等。

招标人部分的数据由招标人填写，并随同招标文件一同发至投标人或标底编制人。在标底计价中，编制人如数填写，不得更改。

投标人部分由投标人或标底编制人填写，总承包服务费根据工程规模、工程的复杂程度、投标人的经营范围计取，一般不大于分包工程总造价的5%。

零星工作项目表由招标人提供具体项目和数量，由投标人或标底编制人对其进行计价。

零星工作项目计价表中的单价为综合单价，其中人工费综合了管理费与利润，材料费综合了材料购置费及采购保管费，机械费综合了机械台班使用费、车船使用税以及设备的调遣费。

(4) 规费

规费亦称地方规费,是税金之外由政府或政府有关部门收取的各种费用。各地收取的内容多有不同,在标底编制时应按工程所在地的有关规定计算此项费用。

(5) 税金

税金包括营业税、城市维护建设税、教育费附加等三项内容。因为工程所在地的不同,税率也有所区别。招标控制价编制时应按工程所在地规定的税率计取税金。

### 8.4.4 招标控制价的审查与应用

1) 招标控制价的审查

(1) 招标控制价审查的意义

招标控制价编制完成后,需要认真进行审查。加强招标控制价的审查,对于提高工程量清单计价水平,保证标底质量具有重要作用。

① 发现错误,修正错误,保证招标控制价的正确率。

② 促进工程造价人员提高业务素质,成为懂技术、懂造价的复合型人才,以适应市场经济环境下工程建设对工程造价人员的要求。

③ 提供正确的工程造价基准,保证招标投标工作的顺利进行。

(2) 招标控制价的审查过程

招标控制价的审查分三个阶段进行。

① 编制人自审。招标控制价初稿完成后,编制人要进行自我审查,检查分部分项工程生产要素消耗水平是否合理,计价过程的计算是否有误。

② 编制人之间互审。编制人之间互审可以发现不同编制人对工程量清单项目理解的差异,统一认识,准确理解。

③ 审核单位审查。审核单位审查包括对招标文件的符合性审查,计价基础资料的合理性审查,招标控制价整体计价水平的审查,招标控制价单项计价水平的审查,是完成定稿的权威性审查。

(3) 招标控制价审查的内容

① 符合性。符合性包括计价价格对招标文件的符合性,对工程量清单项目的符合性,对招标人真实意图的符合性。

② 计价基础资料合理性。计价基础资料合理是招标控制价合理的前提。计价基础资料包括工程施工规范、工程验收规范、企业生产要素消耗水平、工程所在地生产要素价格水平。

③ 招标控制价整体价格水平。招标控制价是否大幅度偏离概算价,是否无理由偏离已建同类工程造价,各专业工程造价是否比例失调,实体项目与非实体项目价格比例是否失调。

2）招标控制价的应用

招标控制价最基本的应用形式是招标控制价与各标单位投标价格的对比。对比分为工程项目总价对比、分项工程总价对比、单位工程总价对比、分部分项工程综合单价对比、措施项目列项与计价对比、其他项目列项与计价对比。

在《建设工程工程量清单计价规范》下的工程量清单报价，为招标控制价在商务标测评中建立了一个基准的平台，即招标控制价的计价基础与各投标单位报价的计价基础完全一致，方便了招标控制价与投标报价的对比。

## 复习思考题

1. 举例说明定额计价时常见的定额换算种类。
2. 工作面宽度与放坡比例确定的依据是什么？
3. 工作面宽度与放坡比例的确定方法在编制招标控制价与投标报价时有何不同？
4. 分析本章屋面防水例题中清单工程量与定额工程量之间的关系。
5. 计算附录一工程中模板工程量。

# 9 承包商的工程估价与投标报价

## 9.1 建筑工程投标概述

### 9.1.1 工程量清单计价与招投标

1）工程量清单在招标投标过程中的运作

由于工程量清单详细地反映了工程的实物消耗和有关费用，因此，这种计价模式易于结合建设工程的具体情况，变现行以预算定额为基础的静态计价模式为将各种因素考虑在单价内的动态计价模式。过去的招标投标制，招投标双方针对某一建筑产品，依据同一施工图纸，运用相同的预算定额和取费标准，一个编制招标标底，一个编制投标报价。由于两者角度不同，出发点不同，工程造价差异很大，而且大多数招标工程实施标底评标制度，评标定标时将报价控制在标底的一定范围内，超过者定为废标，扩大了标底的作用，不利于市场竞争。

采用工程量清单招投标，要求招投标双方严格按照规范要求的工程量清单标准格式填写，招标人在表格中详细、准确描述应该完成的工程内容；投标人根据清单表格中描述的工程内容，结合工程情况、市场竞争情况和本企业实力，充分考虑各种风险因素，自主填报清单，列出包括工程直接成本、间接成本、利润和税金等项目在内的综合单价与汇总价，并以所报综合单价作为竣工结算调整价的招标投标方式。它明确划分了招投标双方的工作，招标人计算量，投标人确定价，互不交叉、重复，不仅有利于业主控制造价，也有利于承包商自主报价；不仅提高了业主的投资效益，还促使承包商在施工中采用新技术、新工艺、新材料，努力降低成本、增加利润，在激烈的市场竞争中保持优势地位。

评标过程中，评标委员会在保证质量、工期和安全等条件下，根据《招标投标法》和有关法规，按照“合理低价中标”原则，择优选择技术能力强、管理水平高、信誉可靠的承包商承建工程，既能优化资源配置，又能提高工程建设效益。

2）工程量清单计价对完善招标投标制的促进作用

随着我国建设市场的快速发展，招标投标制度的逐步完善，以及中国加入WTO等对我国工程建设市场提出的新要求，改革现行按预算定额计价方法，实行工程量清单计价法，是建立公开、公正、公平的工程造价计价和竞争定价的市场环境，逐步解决定额计价中与工程建设市场不相适应的因素，彻底铲除现行招标投标工作中弊端的根本途径之一。

(1) 充分引入市场竞争机制,规范招标投标行为

1984 年 11 月,国家出台了《建筑工程招标投标暂行规定》,在工程施工发包与承包中开始实行招投标制度。但无论是业主编制标底还是承包商编制报价,在计价规则上均未超出定额规定的范畴。这种传统的以定额为依据、施工图预算为基础、标底为中心的计价模式和招标方式,因为建筑市场发育尚不成熟,监管不到位,加上定额计价方式的限制,原本希望通过实行招标投标制度引入竞争机制,却没有完全起到竞争的作用。

作为市场主体的施工企业,应具有根据其自身的生产经营状况和市场供求关系自主决定其产品价格的权利。而原有工程预算由于定额项目和定额水平总是与市场相脱节,价格由政府确定,投标竞争往往蜕变为预算人员水平的较量,还容易诱导投标单位采取不正当手段去探听标底,严重阻碍了招投标市场的规范化运行。

把定价权交还给企业和市场,取消定额的法定作用,在工程招标投标程序中增加"询标"环节,让投标人对报价的合理性、低价的依据、如何确保工程质量及落实安全措施等进行详细说明。通过询标,不但可以及时发现错、漏、重等报价,保证招投标双方当事人的合法权益,而且还能将不合理报价、低于成本报价排除在中标范围之外,有利于维护公平竞争和市场秩序,又可改变过去"只看投标总价,不看价格构成"的现象,排除了"投标价格严重失真也能中标"的可能性。

(2) 实行量价分离、风险分担,强化中标价的合理性

现阶段工程预算定额及相应的管理体系在工程发承包计价中调整双方利益和反映市场实际价格、需求方面还有许多不相适应的地方。市场供求失衡,使一些业主不顾客观条件,人为压低工程造价,导致标底不能真实反映工程价格,招标投标缺乏公平和公正,承包商的利益受到损害。还有一些业主在发包工程时就有自己的主观倾向,或因收受贿赂,或因碍于关系、情面,总是希望自己想用的承包商中标,所以标底泄漏现象时有发生,保密性差。

"量价分离、风险分担",指招标人只对工程内容及其计算的工程量负责,承担量的风险;投标人根据市场的供求关系自行确定人工、材料、机械价格和利润、管理费,只承担价的风险。由于成本是价格的最低界限,投标人减少了投标报价的偶然性技术误差,就有足够的余地选择合理标价的下浮幅度,掌握一个合理的临界点,既使报价最低,又有一定的利润空间。另外,由于制定了合理的衡量投标报价的基础标准,并把工程量清单作为招标文件的重要组成部分,既规范了投标人计价行为,又在技术上避免了招标中弄虚作假和暗箱操作。

合理低价中标是在其他条件相同的前提下,选择所有投标人中报价最低但又不低于成本的报价,力求工程价格更加符合价值基础。在评标过程中,增加询标环节,通过综合单价、工料机价格分析,对投标报价进行全面的经济评价,以确保中标价是合理低价。

(3) 增加招投标的透明度,提高评标的科学性

当前,招标投标工作中存在着许多弊端,有些工程招标人也发布了公告,开展了登记、审查、开标、评标等一系列程序,表面上按照程序操作,实际上却存在着出卖标价、互相串标、互相陪标等现象。有的承包商为了中标,打通业主、评委,打人情分、受贿分,或者干脆编造假投标文件,提供假证件、假资料,甚至有的工程开标前就已暗定了承包商。

要体现招标投标的公平合理,评标定标是最关键的环节,必须有一个公正合理、科学先进、操作准确的评标办法。目前国内还缺乏这样一套评标办法,一些业主仍单纯看重报价高低,以取低标为主。评标过程中自由性、随意性大,规范性不强;评标中定性因素多,定量因素少,缺乏客观公正;开标后议标现象仍然存在,甚至把公开招标演变为透明度极低的议标。

工程量清单的公开,提高了招投标工作的透明度,为承包商竞争提供了一个共同的起点。由于淡化了标底的作用,把它仅作为评标的参考条件,设与不设均可,不再成为中标的直接依据,消除了编制标底给招标活动带来的负面影响,彻底避免了标底的跑、漏、靠现象,使招标工程真正做到了符合公开、公平、公正和诚实信用的原则。

承包商"报价权"的回归和"合理低价中标"的评标定标原则,杜绝了建设市场可能的权钱交易,堵住了建设市场恶性竞争的漏洞,净化了建筑市场环境,确保了建设工程的质量和安全,促进了我国有形建筑市场的健康发展。

总之,工程量清单计价是建筑业发展的必然趋势,是市场经济发展的必然结果,也是适应国际国内建筑市场竞争的必然选择,它对招标投标机制的完善和发展,建立有序的建设市场公平竞争秩序都将起到非常积极的推动作用。

### 9.1.2 工程估价工作的组织与步骤

投标报价是整个投标工作中最重要的一环。一项工程好坏的重要标志是工期、造价、质量,而工期与质量尽管从承包商的历史、技术状况可以看出一部分,但真正的工期与质量还要在施工开始以后才能直观地看出。可是报价却是在开工之前确定,因此,工程投标报价对于承包商来说是至关重要的。

投标报价要根据具体情况,充分进行调查研究,内外结合,逐项确定各种定价依据,切实掌握本企业的成本,力求做到报价对外有一定的竞争力,对内又有盈利,工程完工后又非常接近实际水平。这样就必须采取合理措施,提高管理水平,更要讲究投标策略,运用作价技巧,在全企业范围内开动脑筋,才能作出合理的标价。

竞争程度的激烈和工程项目的复杂使得报价工作成为涉及企业经营战略、市场信息、技术活动的综合的商务活动,因此必须进行科学的组织。

1）工程估价工作机构

工程估价，不论承包方式和工程范围如何，都必须涉及承包市场竞争态势、生产要素市场行情、工程技术规范和标准、施工组织和技术、工料消耗标准或定额、合同形式和条款以及金融、税收、保险等方面的问题。因此，需要有专门的机构和人员对估价的全部活动加以组织和管理，组织一个业务水平高、经验丰富、精力充沛的工程估价工作机构是投标获得成功的基本保证。

工程估价工作机构一般由公司主管副总直接领导，工作机构的成员应是懂技术、懂经济、懂造价、懂法律的多面手，这样的估价班子人员精干，工作效率高，可以提高估价工作的连续性、协调性和系统性。但是，对上述多方面知识都很精深且能力强的专门人才毕竟是比较少的，因此在实际工作中，对工程估价工作机构的领导人及注册造价师尽可能按上述要求配备，而对工作机构的其他人员则侧重某一方面的专长。一般来说，工程估价工作机构的工作人员应由经济管理、专业技术、商务金融和合同管理等方面的人才组成。

经济管理类人才，主要是指工程估价人员。他们对本公司各类分部分项工程工料消耗的标准和水平应了如指掌，而且对本公司的技术特长和优势以及不足之处有客观的分析和认识，对竞争对手和生产要素市场的行情和动态也非常熟悉。他们应对所掌握的信息和数据能进行正确的处理，使估价工作建立在可靠的基础之上。另外，他们对常见工程的主要技术特点和常用施工方法也应有足够的了解。

专业技术类人才，主要是指懂设计和施工的技术人员。他们应掌握本专业最新的技术知识，具备熟练的实际操作能力，能解决本专业的技术难题，以便在估价时能从本公司的实际技术水平出发，根据投标工程的技术特点和需要，选择适当的施工方案。

商务金融类人才，是指从事金融、贸易、采购、保险、保函、贷款等方面工作的专业人员。他们要懂税收、保险、财会、外汇管理和结算等方面的知识，根据招标文件的有关规定选择有关的工作方案，如材料采购计划、贷款计划、保险方案、保函业务等。

合同管理类人才，是指从事合同管理和索赔工作的专业人员。他们应熟悉与工程承包有关的重要法律，能对招标文件所规定采用的合同条件进行深入分析，从中找出对己方有利和不利的条款，提出要予以特别注意的问题，并善于发现索赔的可能性及其合同依据，以便在估价时予以考虑。

估价工作机构仅仅做到个体素质好还不够，各类专业人员既要有明确分工，又要能通力合作，及时交流信息。为此，估价工作机构的负责人就显得相当重要，他不仅要具有比一般人员更全面的知识和更丰富的经验，而且要善于管理、组织和协调，使各类专业人员都能充分发挥自己的主动性和积极性以及专业特长，按照既定的工作程序开展估价工作。

另外，作为承包商来说，要注意保持估价工作机构成员的相对稳定，以便积累和总结经验，不断提高其素质和水平，提高估价工作的效率，从而提高本公司投标报价的竞争力。一般来说，除了专业技术类人才要根据投标工程的工程内容、技术特点等因素而有所变动之外，其他三类专业人员尽可能不作大的调整或变动。

2）工程估价的工作步骤

工程估价是正确进行投标决策的重要依据，其工作内容繁多，工作量大，而时间往往十分紧迫，因而必须周密地进行，统筹安排，遵照一定的工作程序，使估价工作有条不紊、紧张而有序地进行。一般来说，估价工作在投标者通过资格预审并获得招标文件后即行开始，其主要工作环节可概括为询价、估价和报价。

（1）询价

询价是工程估价非常重要的一个环节。建筑材料、施工机械设备（购置或租赁）的价格有时差异较大，"货比三家"对承包商总是有利的。询价时要注意两个问题：一要确保产品质量满足招标文件的有关规定；二是要关注供货方式、时间、地点、有无附加费用。如果承包商准备在工程所在地招募劳务，必须进行劳务询价。招募劳务主要有两种情况：一种是成建制的劳务公司，相当于劳务分包，一般费用较高，但素质较可靠，工效较高，承包商的管理任务较轻；另一种是在劳务市场招募零散劳动力，这种方式虽然劳务价格较低，但往往素质达不到要求，承包商的管理工作较繁重。估价人员应在对劳务市场充分了解的基础上决定采用哪种方式，并以此为依据进行估价。分包商的选择往往也需要通过询价决定。如果总包商或主包商在某一地区有长期稳定的任务来源，这时与一些可靠的分包商建立相对稳定的总分包关系，分包询价工作可以大大简化。

（2）估价

估价与报价是两个不同的概念。估价是指估价人员在施工进度计划、主要施工方法、分包计划和资源安排确定之后，根据本公司的工料机消耗标准以及询价结果，对本公司完成招标工程所需要支出的费用的估价。其原则是根据本公司的实际情况合理补偿成本。不考虑其他因素，不涉及投标决策问题。

（3）报价

报价是在估价的基础上，分析该招标工程以及竞争对手的情况，判断本公司在该招标工程上的竞争地位，拟定本公司的经营目标，确定在该工程上的预期利润水平。报价实质上是投标决策，要考虑运用适当的投标技巧或策略，与估价的任务和性质是不同的。因此，报价通常是由承包商主管经营管理的负责人作出。

### 9.1.3 投标文件的编制原则

1）资格预审书的编制原则

资格预审是在投标之前发包单位对各个承包单位在财务状况、技术能力等方面所进行的一次全面审查。只有那些财力雄厚、技术水平高、经验丰富、信誉高的承包单位才有可能被通过，而那些在各个方面比较薄弱的公司是很难通过的。编制资格预审书时有几个原则性的问题必须掌握。

(1) 获得信息后，针对工程性质、规模、承包方式及范围，首先进行一次决策，以决定是否有能力承包。

(2) 针对资格预审文件要求，要求报什么就应该报什么，与文件要求无关的内容切记不要报送，于事无补。

(3) 应反映承包商的真正实力。资格预审最主要的目的是考察承包商的能力，特别要注意对财力、人员资格、承包经验、施工设备等方面的要求，必须满足。切记避免使企业对承包商产生不信任感。

(4) 资格预审的所有内容应有证明文件。以往的经验及成就中所列出的全部项目，都要有用户的证明文件(原件)，以证明真实性。有关人员资格应提供相应的资格证明文件，财力方面应由相关机构提供书面证明。

(5) 施工设备要有详细的性能说明。许多公司在承包工程中所报出的施工机具仅明示名称、规格、型号、数量，这是不够的。因为现代建筑工程往往规模大、要求高，没有先进的施工机具几乎是不可能完成的。因此，业主对施工机具的要求很严、很细。

(6) 资格预审文件的内容不能做任何改动，有错误也不能改。如果承包商有不同看法、异议或补充等，可在最后一项"声明"一栏里填写清楚，或另加表格加以补充。

(7) 编制资格预审书时要特别注意打分最多的几项。如业绩、人员、机具这三项一般得分最多，一定要不丢分或少丢分。

(8) 报送的资格预审资料应有一份原件及数份复印件，并按指定的时间、地点报送。

2) 技术标和商务标的编制原则

技术标和商务标是是否中标的关键。如果水平太低而不能中标，则在整个投标过程所耗费的费用全部付诸东流。

(1) 技术标与商务标报价必须统一协调

有时报价书的关键数字在技术标与商务标中不统一，主要有以下几种情况：技术标中对一项工程耗用的工日数大于商务标中的工日数，特别是高峰人数一般都大得多；耗用机械在技术标中比在商务标中大；施工方案与商务标计算时的口径不一；进度计划中的时间、人数与商务标不一致。

出现上述问题主要有以下两方面的原因：

① 编制技术标与商务标的两套班子脱节，技术人员考虑的问题与编制商务标人员所考虑的问题不一样。如编制商务标的人员首先根据所选定的定额计算出的工日数与定额水平是相符的，然后，以工期除以工日数而得出人员数。而编制技术

标的人员是根据组织人数及其施工条件因素，重点考虑的是留有余地，所以与定额水平肯定有一定差距。

② 定额的编制是考虑了通常使用的施工方法，而当施工方案发生变化时，编制商务标时往往套用相近的定额，致使出现口径不一的现象。

这些问题的出现，可能会导致如下后果：标书质量低劣，前后矛盾，使业主无法衡量承包商的水平而将其淘汰；使报价水平降低，费用过高而不中标；商务标中标后，成本失控而造成亏损。

(2) 技术标与商务标编制注意点

① 遵守报价的计算程序。当资格预审合格后，承包商将立即接到购买标书的通知。在研究、吃透标书的基础上，进行现场调查和质疑，然后开始编制报价书。

② 首先计算出直接费中的各种数据。如人工工日数和其中各工种的工日数、材料(各种消耗材料)各个品种的数量、耗用各种机械的品种和台班数。在此基础上进行决策，确定工日数和机械化水平。最后，计算直接费。

③ 商务报价人员将计算依据通知编制技术标人员，而编制技术人员将所考虑的方案通知编制商务标人员，取得一致意见。

④ 用人工工日数、施工机械耗用台班数编制进度计划。

⑤ 用各种材料用量和各种施工机械耗用台班数控制技术标中各种材料、机械的数量。

### 9.1.4 投标中应注意的问题

(1) 投标从计算标价开始到工程完工为止往往时间较长，在建设期内工资、材料价格、设备价格等可能上涨，这些因素在投标时应该予以充分地考虑。

(2) 公开招标的工程，承包者在接到资格预审合格的通知以后，或采用邀请招标方式的投标者，在收到招标者的投标邀请信后，即可按规定购买标书。

(3) 取得招标文件后，投标者首先要详细弄清全部内容，然后对现场进行实地勘察。重点要了解劳动力、道路、水、电、大宗材料等供应条件，以及水文地质条件，必要时地下情况应取样分析。这些因素对报价影响颇大，招标者有义务组织投标者参观现场，对提出的问题给以必要的介绍和解答。除对图纸、工程量清单和技术规范、质量标准等要进行详细审核外，对招标文件中规定的其他事项如开标、评标、决标、保修期、保证金、保留金、竣工日期、拖期罚款等，也一定要搞清楚。

(4) 投标者对工程量要认真审核，发现重大错误应通知招标单位，未经许可，投标单位无权变动和修改。投标单位可以根据实际情况提出补充说明或计算出相关费用，写成函件作为投标文件的一个组成部分。招标单位对于工程量差错而引起的投标计算错误不承担任何责任，投标单位也不能据此索赔。

(5) 估价计算完毕，可根据相关资料计算出最佳工期和可能提前完工的时间，以供决策，最后报出工期、费用、质量等具有竞争力的报价。

(6) 投标单位准备投标的一切费用，均由投标单位自理。

(7) 注意投标的职业道德，不得行贿，营私舞弊，更不能串通一气哄抬标价，或出卖标价，损害国家和企业利益。如有违反，将被取消投标资格，严重者将受到经济与法律的制裁。

## 9.2 承包商工程估价准备工作

### 9.2.1 研究招标文件

认真研究招标文件，旨在搞清承包商的责任和报价的范围，明确招标书中的各种问题，使得在投标竞争中做到报价适当，击败竞争对手；在实施过程中，依据合同文件不致承包失误；在执行过程中能索取应该索取的赔款，使承包商获得理想的经营效果。

招标文件包括投标者须知、通用合同条件、专用合同条件、技术规范、图纸、工程量清单，以及必要的附件，如各种担保或保函的格式等。这些内容可归纳为两个方面：一是投标者为投标所需了解并遵守的规定，二是投标者投标所需提供的文件。

招标文件除了明确了招标工程的范围、内容、技术要求等技术问题之外，还反映了业主在经济、合同等方面的要求或意愿，是承包商投标的主要依据。因此，对招标文件进行仔细的分析研究是估价工作中不可忽视的重要环节。

招标书中关于承包商的责任是十分苛刻的。工程业主聘请有经验的咨询公司编制严密的招标文件，对承包商的制约条款几乎达到无所不包的地步，承包商基本上是受限制的一方。但是，有经验的承包商并不是完全束手无策，既应当接受那些基本合同的限制，同时，对那些明显不合理的制约条款，可以在投标价中埋下伏笔，争取在中标后作某些修改，以改善自己的地位。

由于招标文件内容很多，涉及多方面的专业知识，因而对招标文件的研究要作适当的分工。一般来说，经济管理类人员研究投标者须知、图纸和工程量清单；专业技术类人员研究技术规范和图纸以及工程地质勘探资料；商务金融类人员研究合同中的有关条款和附件；合同管理类人员研究条件，尤其要对专用合同条件予以特别注意。不同的专业人员所研究的招标文件的内容可能有部分交叉，因此相互配合和及时交换意见相当重要。

1) 研究投标须知

(1) 弄清招标项目的资金来源

进行公开招标的工程大多是政府投资项目。这些项目的建筑工程资金可通过多种形式解决，可以是政府提供资金，也可以是地方政府或部门提供资金。投标人通过对资金来源的分析，可以了解建设资金的落实情况和今后的支付实力，并摸清资金提供机构的有关规定。

(2) 投标担保

投标担保是对招标者的一个保护。若投标者在投标有效期内撤销投标，或在中标后拒绝在规定时间内签署合同，或拒绝在规定时间内提供履约保证，则招标者有权没收投标担保。投标担保一般由银行或其他担保机构出具担保文件(保函)，金额一般为投标价格的1%～3%，或业主规定的某一数额。估价人员要注意招标文件对投标担保形式、担保机构、担保数额和担保有效期的规定，其中任何一项不符合要求，均可能视为投标文件未作出应有的投标担保而被判定为废标。

(3) 投标文件的编制和提交

投标须知中对投标文件的编制和提交有许多具体的规定，例如，投标文件的密封方式和要求，投标文件的份数和语种，改动处必须签名或盖章，工程量清单和单价表的每一页页末写明合计金额、最后一页末写明总计金额，等等。估价人员必须注意每一个细节，以免被判为废标。若邮寄提交投标书，要充分考虑邮递所需的时间，以确保在投标截止之日前到达。

(4) 更改或备选方案

估价人员必须注意投标须知中对更改或备选方案的规定。一般来说，招标文件中的内容不得更改，如有任何改动，该投标书即不予考虑。若业主在招标文件中鼓励投标者提出不同方案投标，这时，投标者所提出的方案一定要具有比原方案明显的优点，如降低造价、缩短工期等。

必须注意的是，在任何情况下，投标者都必须对招标文件中的原方案报价，相应的投标书必须完整，符合招标文件中的所有规定。

(5) 评标定标办法

对于大型、复杂的建设项目来说，在评标时，除考虑投标价格外，还需考虑其他因素。有时在招标文件中明确规定了评标所考虑的各种因素，如投标价格、工期、施工方法的先进性和可靠性、特殊的技术措施等。若招标文件不给定评定因素的权重，估价人员要对各评标因素的相对重要作出客观的分析，把估价的计算工作与方案很好地结合起来。需要说明的是，除少数特殊工程之外，投标价格一般都是很重要的因素。

2) 合同条件分析

(1) 承包商的任务、工作范围和责任

承包商的任务、工作范围和责任是工程估价最基本的依据，通常由工程量清单、图纸、工程说明、技术规范所定义。在分项承包时，要注意本公司与其他承包商，尤其是工程范围相邻或工序相衔接的其他承包商之间的工程范围界限和责任界限;在施工总包或主包时,要注意在现场管理和协调方面的责任。另外,要注意为业主管理人员或监理人员提供现场工作和生活条件方面的责任等。

(2) 工程变更及相应的合同价格调整

工程变更几乎是不可避免的,承包商有义务按规定完成,但同时也有权利得到合理的补偿。工程变更包括工程数量增减和工程内容变化。一般来说,工程数量增减所引起的合同价格调整的关键在于如何调整幅度,这在合同款中并无明确规定。估价人员应预先估计哪些分项工程的工程量可能发生变化,增加还是减少以及幅度大小,并内定相应的合同价格调整计算方式和幅度。至于合同内容变化引起的合同价格调整,究竟调还是不调、如何调,都很容易发生争议。估价人员应注意合同条款中有关工程变更程序、合同价格调整前提等规定。

(3) 付款方式、时间

估价人员应注意合同条款中关于工程预付款、材料预付款的规定,如数额、支付时间、起扣时间和方式,还要注意工程进度款的支付时间、每月保留金扣留的比例、保留金总额及退还时间和条件。根据这些规定和预计的施工进度计划,估价人员可绘出本工程现金流量图,计算出占有资金的数额和时间,从而可计算出需要支付的利息数额并计入估价。如果合同条款中关于付款的有关规定比较含糊或明显不合理,应要求业主在标前答疑会上澄清或解释,最好能修改。

(4) 施工工期

合同条款中关于合同工期、工程竣工日期、部分工程分期交付工期等规定,是投标者制订施工进度计划的依据,也是估价的重要依据。但是,在招标文件中业主可能并未对施工工期作出明确规定,或仅提出一个最后期限,而将工期作为投标竞争的一个内容,相应的开竣工日期仅是原则性的规定。估价要注意合同条款中有无工期奖的规定,工期长短与估价结果之间的关系,尽可能做到在工期符合要求的前提下报价有竞争力,或在报价合理的前提下工期有竞争力。

(5) 业主责任

通常,业主有责任及时向承包商提供符合开工条件要求的施工场地、设计图纸和说明,及时供应业主负责采购的材料和设备,及时办理有关手续、支付工程款等。投标者所制订的施工进度计划和作出的估价都是以业主正确和完全履行其责任为前提的。虽然估价人员在估价中不必考虑由于业主责任而引起的风险费用,但是应当考虑到业主不能正确和完全履行其责任的可能性以及由此而造成的承包商的损失。因此,估价人员要注意合同条款中关于业主责任措辞的严密性以及关于索赔的有关规定。

3) 工程报价及承包商获得补偿的权利

(1) 合同种类

招标项目可以采用总价合同、单价合同、成本加酬合同、"交钥匙"合同中的一种或几种。有的招标项目可能对不同的工程内容采用不同的计价合同种类，两种合同方式并用的情况是较为常见的。承包商应当充分注意，承包商在总价合同中承担着工程量方面的风险，应当将工程量核算得准确一些；在单价合同中，承包商主要承担单价不准确的风险，就应对每一子项工程的单价作出详尽细致的分析和综合。

（2）工程量清单

应当仔细研究招标文件中工程量清单的编制体系和方法。例如有无初期付款，是否将临时工程、机具设备、临时水电设备设施等列入工程量表。业主对初期工程单独付款，抑或要求承包商将初期准备工程费用摊入正式工程中，这两种不同报价体系对承包商计算标价有很大影响。

另外，还应当认真考虑招标文件中工程量的分类方法及每一项子工程的具体含义和内容。在单价合同方式中，这一点尤其重要。为了正确地进行工程估价，估价人员应对工程量清单进行认真分析，主要应注意以下三方面问题：

① 工程量清单复核

工程量清单中的各分部分项工程量并不十分准确，若设计深度不够则可能有较大的误差。工程量清单仅作为投标报价的基础，并不作为工程结算的依据，工程结算以经监理工程师审核的实际工程量为依据。如此，估价还要复核工程量，因为工程量的多少是选择施工方法、安排人力和机械、准备材料等必须考虑的因素，也自然影响分项工程的单价。如果工程量不准确，偏差太大，就会影响估价的准确性。若采用固定总价合同，对承包商的影响就更大。因此，估价人员一定要复核工程量，若发现误差太大，应要求业主澄清，但不得擅自改动工程量。

② 措施项目、其他项目及零星项目计价

措施项目清单计价表中的序号、项目名称必须按措施项目清单中的相应内容填写。投标人可根据施工组织设计采取的措施增加项目。其他项目清单计价表中的序号、项目名称必须按其他项目清单中的相应内容填写。投标人部分的金额必须按计价规范6.2.4条及6.2.5条的规定填写。零星工作项目计价表中的人工、材料、机械的名称、计量单位和相应数量应按零星工作项目表中相应的内容填写，工程竣工后零星工作费应按实际完成的工程量所需费用结算。

③ 计日工单价

计日工是指在工程实施过程中，业主有一些临时性的或新增的但未列入工程量清单的工作需要使用的人工和机械（有时还可能包括材料）。投标者应对计日工报出单价，但并不计入总价。估价人员应注意工作费用包括哪些内容、工作时间如何计算。一般来说，计日工单价可报得较高，但不宜太高。

（3）永久工程之外项目的报价要求

永久工程之外的项目如对旧建筑物的拆除，监理工程师的现场办公室的各项开支，模型、广告、工程照片和会议费用等，招标文件有何具体规定，应怎样列入工程总价中去。搞清楚一切费用纳入工程总报价的方法，不得有任何遗漏或归类的错误。

(4) 承包商可能获得补偿的权利

搞清楚有关补偿的权利可使承包商正确评估执行合同的风险。一般惯例，由于恶劣气候或工程变更而增加工程量等，承包商可以要求延长工期。有些招标文件还明确规定，如果遇到自然条件和人为障碍等不能合理预见的情况而导致费用增加时，承包商可以得到合理的补偿。但是某些招标项目的合同文件故意删去这一类条款，甚至写明"承包商不得以任何理由而索取合同价格以外的补偿"，这就意味着承包商要承担很大的风险。在这种情况下，承包商投标时不得不增大不可预见费用，而且应当在投标致函中适当提出，以便在商签合同时争取修订。

除索取补偿外，承包商也要承担违约罚款、损害赔偿，以及由于材料或工程不符合质量要求等责任。搞清楚责任及赔偿限度等规定也是降低风险的一个重要方面，承包商也必须在投标前充分注意和估量。

### 9.2.2 工程现场调查

工程现场调查是投标者必须经过的投标程序。业主应在招标文件中明确注明投标者进行工程现场调查的时间和地点。投标者所提出的报价一般被认为是在审核招标文件后并在工程现场调查的基础上编制出来的。一旦报价提出以后，投标者就无权因为现场调查不周、情况了解不细或其他因素考虑不全面提出修改报价、调整报价或给予补偿等要求。因此，工程现场调查既是投标者的权利又是投标者的责任，必须慎重对待。

工程现场调查之前一定要做好充分准备。首先，针对工程现场调查的目的对招标文件的内容进行研究，主要是工作范围、专用合同条件、设计图纸和说明等。其次，应拟订尽可能详细的调查提纲，确定重点要解决的问题，调查提纲尽可能标准化、规格化、表格化，以减少工程现场调查的随意性，避免因选派的工程现场调查人员的不同而造成调查结果的明显差异。

现场调查所发生的费用由承包商自行承担，可列入标价内，但对于未中标的承包商将是一笔损失。调查的主要内容包括三方面。

1) 一般情况调查

(1) 当地自然条件调查

自然条件包括年平均气温、年最高气温和最低气温，风向图、最大风速和风压值，日照，年平均降雨(雪)量和最大降雨(雪)量，年平均湿度、最高和最低湿度，其中尤其要分析全年不能或不宜施工的天数。

(2) 交通、运输和通信情况调查

① 当地公路运输情况，如公路和桥梁收费、限速、限载、管理等有关规定，运

费，车辆租赁价格，汽车零配件供应情况，油料价格及供应情况等。

② 当地铁路运输情况，如动力、装卸能力、提货时间限制、运费、运输保险和其他服务内容等。

③ 当地水路运输情况，如离岸停泊情况（码头吃水或吨位限制、泊位等）、装卸能力、平均装卸时间和压港情况，运输公司的选择及港口设施使用的申请手续等。

④ 当地水、陆联运手续的办理程序、所需时间、承运人责任、价格等。

⑤ 当地空运条件及价格水平等。

⑥ 当地网络、电话、传真、邮递的可靠性、费用、所需时间等。

(3) 生产要素市场调查

① 主要建筑装饰材料的采购渠道、质量、价格、供应方式等。

② 工程上所需的机、电设备采购渠道、订货周期、付款规定、价格，设备供应商是否负责安装、如何收费，设备质量和安装质量的保证等。

③ 施工用地方材料的货源和价格、供应方式等。

④ 当地劳动力的技术水平、劳动态度和工效水平、雇佣价格及雇佣当地劳务的手续、途径等。

2) 工程施工条件调查

(1) 工程现场的用地范围、地形、地貌、地物、标高等。

(2) 工程现场周围的道路、进出场条件（材料运输、大型施工机具）、有无特殊交通限制（如单向行驶、夜间行驶、转弯方向限制、货载重量、高度、长度限制等规定）等。

(3) 工程现场施工临时设施、大型施工机具、材料堆放场地安排的可能性，是否需要二次搬运等。

(4) 工程现场邻近建筑物与招标工程的间距、高度等。

(5) 市政给水及污水、雨水排放管线位置、标高、管径、压力，废水、污水处理方式，市政消防供水管管径、压力、位置等。

(6) 当地供电方式、方位、距离、电压等。

(7) 工程现场通信线路的连接和铺设等。

(8) 当地政府有关部门对施工现场管理的一般要求、特殊要求及规定，是否允许节假日和夜间施工等。

(9) 建筑装饰构件和半成品的加工、制作和供应条件等。

(10) 是否可以在工程现场安排工人住宿，对现场住宿条件有无特殊规定和要求等。

(11) 是否可以在工程现场或附近搭建食堂，自己供应施工人员伙食。若不可能，通过什么方式解决施工人员餐饮问题，其费用如何等。

(12) 工程现场附近治安情况如何，是否需要采用特殊加强施工现场保卫工作等。

(13) 工程现场附近的生产厂家、商店、各种公司和居民的一般情况，本工程施工可能对他们所造成的不利影响程度等。

(14) 工程现场附近各种社会设备设施和条件，如当地的卫生、医疗、保健、通信、公共交通、文化、娱乐设施情况，其技术水平、服务水平、费用如何，有无特殊的地方病、传染病，等等。

3) 对业主方的调查

对业主方的调查包括对业主、建设单位、咨询公司、设计单位及监理单位的调查。

(1) 工程的资金来源、额度及到位情况等。

(2) 工程的各项审批手续是否齐全，是否符合工程所在地关于工程建设管理的各项规定等。

(3) 工程业主是首次组织工程建设还是长期有建设任务，若是后者，要了解该业主在工程招标、评标上的习惯做法，对承包商的基本态度，履行业主责任的可靠程度，尤其是能否及时支付工程款、合理对待承包商的索赔要求等。

(4) 业主项目管理的组织和人员，其主要人员的工作方式和习惯、工程建设技术和管理方面的知识和经验、性格和爱好等个人特征。

(5) 若业主委托咨询单位进行施工阶段监理，要弄清其委托监理的方式，弄清业主项目管理人员和监理人员的权力和责任分工以及与监理有关的主要工作程序等。

(6) 调查监理工程师的资历，对承包商的基本态度，对承包商的正当要求能否给予合理的补偿，当业主与承包商之间出现合同争端时，能否站在公正的立场提出合理的解决方案等。

### 9.2.3 确定影响估价的其他因素

确定影响估价的其他因素即确定施工方案。主要包括确定进度计划、主要分部工程施工方案、资源计划及分包计划。

1) 拟订进度计划

招标文件中一般都明确对工程项目的工期及竣工日期的要求，有时还规定分部工程的交工日期，有时合同中还规定了提前工期奖及拖期惩罚条款。

估价前编制的进度计划不是直接指导施工的作业计划，不必十分详细，但都必须标明各项主要工程的开始和结束时间，要合理安排各个工序，体现主要工序间的合理逻辑关系，并在考虑劳动力、施工机械、资金运用的前提下优化进度计划。施工进度计划必须满足招标文件的要求。

2) 选择施工方法

施工方法影响工程造价。估价前应结合工程情况和本企业施工经验、机械设备及技术力量等，选择科学、经济、合理的施工方法，必要时还可进行技术经济分析，比选适当的施工方法。

3）资源安排

资源安排由施工进度计划和施工方法决定。资源安排涉及劳动力、施工设备、材料和工程设备以及资金的安排。资源安排合理与否，对于保证施工进度计划的实现、保证工程质量和承包商的经济效益有重要意义。

(1) 劳动力的安排

劳动力的安排计划一方面取决于施工进度计划，另一方面又影响施工进度计划。因此，施工总进度计划的编制与劳动力的安排应同时考虑，劳动力的安排要尽可能均衡，避免短期内出现劳动力使用高峰，从而增加施工现场临时设施，降低功效。

(2) 施工机械设备的安排

施工机械设备的安排，一方面应尽可能满足施工进度计划的要求，另一方面考虑本企业的现有机械条件，也可以采用租赁的方式。安排施工机械应采用经济分析的方法，并与施工进度、施工方法等同时考虑。

(3) 材料及工程设备的安排

材料及设备的采购应满足施工进度的要求，时间安排太紧有可能耽误施工进度，购买太早又造成资金的浪费。材料采购应考虑采购地点、产品质量、价格、运输方式、所需时间、运杂费以及合理的储备数量。设备采购应考虑设备价格、订货周期、运输所需时间及费用、付款方式等。

(4) 资金的安排

根据施工进度计划，劳动力和施工机械安排，材料和工程设备采购计划，可以绘制出工程资金需要量图。结合业主支付的工程预付款，材料和设备预付款，工程进度款等，就可以绘制出该工程的资金流量图。要特别注意业主预付款和进度款的数额，支付的方式和时间，预付款起扣时间，扣款方式和数额。此外，贷款利率也是必须考虑的重要因素之一。

(5) 分包计划

作为总包商或主承包商，如果对某些分部分项工程由自己施工不能保证工程质量要求或成本过高而引起报价过高，就应当对这些工程内容考虑选择适当的分包商来完成。通常对以下工程内容可以考虑分包：

① 劳务性工程

对不需要什么技术也不需要施工机械和设备的工作内容，在工程所在地选择劳务分包公司通常是比较经济的，例如室外绿化、清理现场施工垃圾、施工现场二次搬运、一般维修工作等。

② 需要专用施工机械的工程

这类工程亦可以在当地购置或租赁施工机械由自己施工。但是，如果相应的工程量不大，或专用机械价格或租赁费过高时，可将其作为分包工程内容。

③ 机电设备安装工程

机电设备供应商负责相应设备的安装在工程承包中是常见的，这比承包商自己安装要经济，而且利于保证安装工程质量。依据分包内容选择分包商，若分包商报价不低于自己施工的费用可调整分包内容。

## 9.3 工程询价及价格数据维护

工程询价及价格数据维护是工程估价的基础。承包商在估价前必须通过各种渠道，采用各种手段对所需各种材料、设备、劳务、施工机械等生产要素的价格、质量、供应时间、供应数量等进行系统的调查，这一工作过程称为询价。

询价不仅要了解生产要素价格，还应对影响价格的因素有准确的了解，这样才能够为工程估价提供可靠的依据。因此，询价人员不但应具有较高的专业技术知识，还应熟悉和掌握市场行情并有较好的公共关系能力。

由于投标报价往往时间十分紧迫，因此，工程估价人员在平时就应做好价格数据的维护工作。估价人员可从互联网及其他公共媒体获得一部分价格信息，从工程造价主管部门及中介机构获得一部分价格信息，结合询价结果形成本企业的生产要素价格、半成品价格信息库，并不断维护更新。

### 9.3.1 生产要素询价

1) 劳务询价

随着经评审最低价中标法的推行、按工程量清单报价实施细则的出台，人工单价也必将随行就市。估价人员可参考国际惯例将操作工人划分为高级技术工、熟练工、半熟练工和普工等若干个等级，分别确定其人工单价。若为劳务分包，还应考虑劳务公司的管理费用。

2) 材料询价

材料价格在工程造价中占有很大的比例，为60%～70%。材料价格是否合理对工程估价影响很大。因此，对材料进行询价是工程询价中最主要的工作。当前建筑市场竞争激烈，价格变化迅速，作为估价人员必须通过询价搜集市场上的最新价格信息。

(1) 询价渠道

① 生产厂商。与生产厂商直接联系可使询价准确，又因为减少了流通环节，售价比市场价要便宜。

② 生产厂商的代理商、代理人或从事该项业务的经纪人。

③ 经营该项产品的门市部。

④ 咨询公司。向咨询公司进行询价,所得的询价资料比较可靠,但要支付一定的咨询费。

⑤ 同行或友好人士。

⑥ 自行进行市场调查或信函询价。

询价要抱着“货比三家不吃亏”的原则进行,并要对所询问的资料汇总分析。但要特别注意业主在招标文件中明确规定采用某厂生产的某种牌号产品的条文。询价时,该厂商报价可能还较合适,可到订货时,一旦知道该产品是业主指定需要的产品可能会提价。这种情况下,在中标后既要订货迅速,又要订货充足并配齐足够的配件,否则可能会吃亏。

(2) 询价内容

材料询价一般考虑以下内容:

① 材料的规格和质量要求,应满足设计和施工验收规范规定的标准,并达到业主或招标文件提出的要求。

② 材料的数量及计量单位应与工程总需要相适应,并考虑合理的损耗。

③ 材料的供应计划,包括供货期及每段时间内材料的需求量应满足施工进度。

④ 到货地点及当地各种交通限制。

⑤ 运输方式、材料报价的形式、支付方式及所报单价的有效时间。

承包商询价部门应备有用于材料询价的标准文件格式供随时使用。有时还可以从技术规范或其他合同文件摘取有关内容作为询价单的附件。

(3) 询价分析

询价人员在项目的施工方案初步研究后,应立即发出材料询价单,并催促材料供应商及时报价。收到询价单后,询价人员应将从各种渠道所询得的材料报价及其他有关资料加以汇总整理。对同种材料从不同经销部门所得到的所有资料进行比较分析,选择合适、可靠的材料供应商的报价,提供给工程估价及投标报价人员使用。询价资料应采用表格形式,并借助计算机进行分析、管理。

3) 施工机械设备询价

施工用的大型机械设备,不一定要从基地运往工程所在地,有时在当地租赁更为有利。因此,在估价前有必要进行施工机械设备的询价。对必须采购的机械设备,可向供应厂商询价,其询价方法与材料询价方法基本一致。对于租赁的机械设备,可向专门从事租赁业务的机构询价,并详细了解其计价方法。例如,各种机械每台时的租赁费,最低计费起点,燃料费和机械进出场运费以及机上人员工资是否包括在台时租赁费内,如需另行计算,这些费用项目的具体数额是多少,等等。

### 9.3.2 分包询价

1) 分包形式

分包形式通常有两种。

(1) 业主指定分包形式

业主指定分包形式是由业主直接与分包单位签订合同。总包商或主承包商仅负责在现场为分包商提供必要的工作条件、协调施工进度或提供一些约定的施工配合，总包可向业主收取一定数量的管理费。指定分包的另一种形式是由业主和监理工程师指定分包商，但由总包商或主承包商与指定分包商签订分包合同，并不与业主直接发生经济关系。当然，这种指定分包商，业主不能强制总包商或主承包商接受。

(2) 总包确定分包形式

总包确定分包这种形式由总包商或主承包商直接与分包商签订合同，分包商完全对总包商负责，而不与业主发生关系。如果承包合同没有明文禁止分包，或没有明文规定分包必须由业主许可，采用这种形式是合法的，业主无权干涉。分包工程应由总包商统一报价，业主也不干涉。承包商最好在签订分包合同前向业主报告，以取得业主许可。

2) 分包询价的内容

除由业主指定的分包工程项目外，总承包商应在确定施工方案的初期就定出需要分包的工程范围。决定分包商范围主要考虑工程的专业性和项目规模。大多数承包商都把自己不熟悉的专业化程度高或利润低、风险大的分部分项工程分包出去。决定了分包工作内容后，承包商应备函将准备交分包商的图纸说明送交预定的几个分包商，请他们在约定的时间内报价，以便进行比较选择。

分包询价单相当于一份招标文件，其主要内容应包括：

(1) 分包工程施工图及技术说明。

(2) 分包工程在总包工程的进度安排。

(3) 需要分包商提供服务的时间，以及这段时间可能发生的变化范围，以便适应日后进度计划不可避免的变动。

(4) 分包商对分包工程应负的责任和应提供的技术措施。

(5) 总包商提供的服务设施及分包商到总包现场认可的日期。

(6) 分包商应提供的材料合格证明、施工方法及验收标准、验收方式。

(7) 分包商必须遵守的现场安全和劳资关系条例。

(8) 分包工程报价及报价日期。

上述资料主要来源于合同文件和总承包商的施工计划。询价人员可把合同文件中有关部分的复印件、图纸及总包施工计划有关细节发给分包商，使他们能清楚地了解在总工程中分包工程需要达到的水平与进度,以及与其他分包商之间的关系。

3）分包询价分析

分包询价分析在收到各分包商报价单之后,可从以下几方面开展工作:

(1) 分析分包标函的完整性

审核分包标函是否包括分包询价单要求的全部工作内容,对于那些分包商用模棱两可的含糊语言来描述的工作内容,既可解释为已列入报价又可解释未列入报价应特别注意,必须用更确切的语言加以明确,以免在今后工作中引起争议。

(2) 核实分项工程单价的完整性

估价人员应核准分项工程单价的内容,如材料价格是否包括运杂费,分项单价是否含人工费、管理费等。

(3) 分析分包报价的合理性

分包工程报价的高低对总包商影响很大。总包商应对分包商的标函进行全面分析,不能仅把报价的高低作为唯一的标准。作为总包商,除了要保护自己的利益之外,还应考虑分包商的利益。与分包商友好交往,实际上也是保护了总包商的利益。总包商让分包商有利可图,分包商也会帮助总包商共同搞好工程项目,完成总包合同。

(4) 其他因素的分析

对有特殊要求的材料或特殊要求的施工技术的关键性的分包工程,估价人员不仅要弄清标函的报价,还应当分析分包商对这些特殊材料的供货情况和为该关键分项工程配备人员等措施是否有保证。

分析分包询价时还要分析分包商的工程质量、合作态度及其可信赖性。总分包商在决定采用某个分包商的报价之前,必须通过各种渠道来确定并肯定该分包商是可信赖的。

### 9.3.3 价格数据维护

承包商进行工程估价需要用到大量的价格数据,估价人员应注意各类价格数据的积累与维护。

1）价格信息的获得

通常价格信息可以从下列渠道获得:

(1) 互联网

许多工程造价网站提供当地或本部门、本行业的价格信息,不少材料设备供应商也利用互联网介绍其产品性能和价格。网络价格信息量大,更新快,成本低,适用于产品性能和价格的初步比选,但主要材料的价格尚需进一步核实。

(2) 政府部门

各地工程造价管理机构定期发布各类材料预算价格、材料价格指数及材差调整系数，可以作为编制投标报价的主要依据。

(3) 厂商及其代理人

主要设备及主要材料应向厂商及其代理人询价，货比三家以求获得更准确的价格信息。

(4) 其他

估价人员还可从同行、招标市场及相关机构或部门等获得各类价格信息。

2) 价格数据的分类

(1) 按价格种类划分

按价格种类可划分为人工单价、材料价格、机械台班价格、设备价格。人工单价又可按不同工种、不同熟练程度细分。材料按大类划分为建筑材料、安装材料、装饰材料。建筑材料又可细分为地方材料及建材制品、木材及竹材类、金属及有色金属类、金属制品类、涂料类、防水及保温材料类、燃料及油料类。《江苏省建筑与装饰工程计价定额》(2014 年)按一定的分类规则给出了代码编号，这些人工、材料及机械的代码编号可以作为造价软件中的电算代码，承包商的估价人员可以参照这种分类方法建立本企业的价格信息库。

(2) 按价格用途划分

按价格用途可分为以下几类：

① 辅助价格信息。辅助价格信息是计算基础价格即要素单价的辅助资料，如材料的运输单价、中转堆放、过闸装卸收费标准等。

② 基础价格。包括人工、材料、机械单价。

③ 半成品单价。如抹灰砂浆等混合材料单价。

3) 价格数据的维护

价格数据面广量大，变化快，工程估价人员应在平时积累各类价格数据，应用计算机和网络技术实现本企业内各分公司间的信息共享，参加有关的工程估价协会，实现会员间的信息共享，从而为快速准确估价做好充分的准备。

## 9.4 工程估价

### 9.4.1 分项工程单价计算

分项工程单价由直接费、管理费和利润等组成。

1) 分项工程直接费估价方法

分项工程直接费包括人工费、材料费和机械使用费。估算分项工程直接费涉及人工、材料、机械的用量和单价。每个建筑工程可能有几十项、几百项分项工程。在这些分项工程中，通常是较少比例的(例如 20%)的分项工程包含合同工程款的绝大部分(例如80%),因此可根据不同分项工程所占费用比例的重要程度采用不同的估价方法。

(1) 定额估价法

定额估价法是我国现阶段主要采用的估价方法,有些项目可以直接套用地区计价定额中的人工、材料、机械台班用量,有些项目应根据承包商自身情况在地区估价定额的基础上进行适当调整,也可自行补充本企业的定额消耗量。人工、材料、机械台班的价格则尽量采用市场价或招标文件指定的价格。

(2) 作业估价法

定额估价法是以定额消耗为依据,不考虑作业的持续时间。当机械设备所占比重较大,使用均衡性较差,机械设备搁置时间难以在定额估价中给予恰当的考虑,这时可以采用作业估价法进行计算。

应用作业估价法应首先制订施工作业计划,即先计算各分项工程的工作量,各分项工程的资源消耗,拟订分项工程作业时间及正常条件下人工、机械的配备及用量,在此基础上计算该分项工程作业时间内的人工、材料、机械费用。

(3) 匡算估价法

对于某些分项工程的直接费单价的估算,估价人员可以根据以往的实际经验或有关资料,直接估算出分项工程中人工、材料的消耗定额,从而估算出分项工程的直接费单价。采用这种方法,估价师的实际经验直接决定了估价的正确程度。因此,该法往往适用于工程量不大,所占费用比例较小的那些分项工程。

2) 分项工程基础单价的计算与确定

分项工程基础单价是指人工、材料、半成品、设备单价及施工机械台班使用费等。

(1) 人工工资单价的计算与确定

人工工资单价的计算与确定有下列三种方法。

① 综合人工单价

工人不分等级,采用综合人工单价。人工预算单价由下列内容组成:基础工资、工资性津贴、流动施工津贴、房租津贴、职工福利费、劳动保护费等。

② 分等级分工种工资单价

可以将工人划分为高级熟练工、熟练工、半熟练工和普工,不同等级、不同工种的工作采用不同的工资标准。

工资单价可以由基本工资、辅助工资、工资附加费、劳动保护费四部分组成。其中基本工资由技能工资、岗位工资、年功工资三部分组成;辅助工资包括地区津贴、施工津贴、夜餐津贴、加班津贴等;工资附加费包括职工福利基金、工会经费、劳动保险基金、职工待业保险基金四项内容。

③ 人工费价格指数或市场定价

人工费单价的计算还可以采用国家统计局发布的工程所在地的人工费价格指

数，即职工货币工资指数，结合工程情况调整确定该工程人工工资单价。投标报价时人工工资单价也可根据市场行情，或向劳务公司询价确定。但工资单价的内容应包含政策规定的劳动保险或劳保统筹、职工待业保险等内容。

(2) 材料、半成品和设备单价的计算

估价人员通过询价可以获得材料、设备的报价，这些报价是材料及设备供应商的销售价格，估价人员还必须仔细确定材料设备的运杂费用、损耗费以及采购保管费用。同一种材料来自不同的供应商，则按供应比例加权平均计算单价。

半成品主要是按一定的配合比混合组成的材料，如砂浆等，这些材料应用广泛，可以先计算各种配合比下的混合材料的单价。也可根据各种材料所占总工程量的比例加权计算出综合单价，作为该工程统一使用的单价。

(3) 施工机械使用费

施工机械使用费由基本折旧费、运杂费、安装拆卸费、燃料动力费、机上人工费、维修保养费以及保险费等组成。有时施工机械台班费还包括银行贷款利息、车船使用税、牌照税、养路费等。

在招标文件中，施工机械使用费可以列入不同的费用项目中。一是在施工措施项目中列出机械使用费的总数，在工程单价中不再考虑；二是全部摊入工程量单价中；三是部分列入施工措施费，如垂直运输机械等，部分摊入工程量单价，如土方机械等。具体处理方法应根据招标文件的要求确定。

施工机械若向专业公司租借，其机械使用费就包括付给租赁公司的租金以及机上人员工资、燃料动力费和各种消耗材料费用。若租赁公司提供机上操作人员，且租赁费包含了他们的工资，估价人员可适当考虑他们的奖金、加班费等内容。

3) 管理费的内容

工程估价时，有许多内容在招标文件中没有直接开列，但又必须编入工程估价，这些内容包括许多项目，各个工程情况也不尽相同。我们将可以分摊到每个分项工程单价的内容称为管理费，也称分摊费用，而将不宜分摊到每个分项工程单价的内容称为措施项目费用，措施项目费单独列项、独立报价。

## 9.4.2 措施项目费的估算

措施项目费按招标文件要求单独列项，各个工程的内容可能不一样。如沿海某市将措施项目费确定为在施工图纸以外，施工前和施工期间可能发生的费用项目以及特殊项目费用，内容包括履约担保手续费、工期补偿费、风险费、优质优价补偿费、使用期维护费、临时设施费、夜间施工增加费、雨季施工增加费、高层建筑施工增加费、施工排水费、保险费、维持交通费、工地环卫费、工地保安费、大型施工机械及垂直运输机械使用费、施工用脚手架费、施工照明费、流动津贴、临时停水停电影响费、施工现场招牌围板费、职工上下班交通费、特殊材料设备采购费，原有建筑财产保护费、地盘管理费、业主管理费及其他项目等。计算施工措施费时，避免与分项工程单价所含内容重复(如脚手架费、临时设施费等)。施工措施费需逐项分析计算。

## 9.5 投标报价

### 9.5.1 投标价编制要求

投标价应由投标人或受其委托具有相应资质的工程造价咨询人编制。除《建设工程工程量清单计价规范》(GB 50500—2013)强制性规定外，投标价由投标人自主确定，但不得低于成本。

投标人应按招标人提供的工程量清单填报价格。填写的项目编码、项目名称、项目特征、计量单位、工程量必须与招标人提供的一致。分部分项工程费按招标文件中分部分项工程量清单项目的特征描述确定综合单价计算，综合单价中应考虑招标文件中要求投标人承担的风险费用。招标文件中提供了暂估单价的材料，按暂估的单价计入综合单价。

投标人可根据工程实际情况结合施工组织设计，对招标人所列的措施项目进行增补。措施项目费应根据招标文件中的措施项目清单及投标时拟定的施工组织设计或施工方案确定。

其他项目费应按下列规定报价：

(1) 暂列金额应按招标人在其他项目清单中列出的金额填写。

(2) 材料暂估价应按招标人在其他项目清单中列出的单价计入综合单价；专业工程暂估价应按招标人在其他项目清单中列出的金额填写。

(3) 计日工按招标人在其他项目清单中列出的项目和数量，自主确定综合单价并计算计日工费用。

(4) 总承包服务费根据招标文件中列出的内容和提出的要求自主确定。

投标总价应当与分部分项工程费、措施项目费、其他项目费和规费、税金的合计金额一致。估价人员在分项工程单价和拟建项目初步标价的基础上，根据招标工程具体情况及收集到的各方面的信息资料，对初拟标价进行自评，应用报价技巧，经过报价决策，最终确定招标项目的投标报价。

### 9.5.2 标价自评

标价自评是在分项工程单价及其汇总表的基础上，对各项计算内容进行仔细检查，对某些单价作出必要的调整，并形成初步标价后，再对初步标价作出盈亏及风险分析，进而提出可能的低标价和可能的高标价，供决策者选择。

1）影响标价调整的因素

（1）业主及其工程师

实践表明，业主及其工程师对承包商的效益有较大的影响，因此报价前应对业主及其工程师作出如下三方面的分析：

① 业主的资金情况。若业主资金可靠，标价可适当降低；若业主资金紧缺或可能很难以及时到位，标价宜适当提高。

② 业主的信誉情况。若业主是政府拨款或是信誉良好的大型企事业单位，则资金风险小，标价可降低，反之标价应提高。

③ 业主及工程师的其他情况。包括业主及工程师是否有建设管理经验，是否会为难承包商等。

（2）竞争对手

竞争对手是影响报价的重要因素，承包商不仅要收集分析对手的既往工程资料，更应采取有效措施了解竞争对手在本工程项目中的各种信息。

（3）分包商

承包商应慎重选择分包商，并对分包商的报价作出严格的比选，以确保分包商的报价科学合理，从而提高总报价的竞争力。

（4）工期

工期的延误有两种原因。一是非承包商原因造成的工期延误，从理论上讲，承包商可以通过索赔获得补偿。但从我国工程实际出发，这种工期延误给承包商造成的损失往往很难由索赔完全获得，因此报价应对这种延误考虑适当的风险及损失。二是由于承包商原因造成的工期延误，如管理失误、质量问题等导致工期延误，不仅增大承包商的管理费、劳务费、机械费及资金成本，还可能发生违约拖期罚款，因此投标阶段可对工期因素进行敏感性分析，测定工期变化对费用增加的影响关系。

（5）物价波动

物价波动可能造成材料、设备、工资及相关费用的波动，报价前应对当地的物价趋势幅度作出适当的预测，借助敏感性分析测出物价波动时对项目利润的影响。

（6）其他可变因素

影响报价的因素很多，有些因素难以作出定量分析，有些因素投标人无法控制。但投标人仍应对这些因素作出必要的预测和分析，如政策法规的变化、汇率利率的波动等。

2）标价风险分析

在项目实施过程中，承包商可能遭遇到各种风险。标价风险分析就是要对影响标价的风险因素进行评价，对风险的危害程度和发生概率作出合理的估计，并采取有效对策与措施来避免或减少风险。

风险管理的内容包括风险识别、风险分析与评价、风险处理和风险监督。对潜在的可能损失的识别是最首要、最困难的任务，识别风险的方法可依靠观察、掌握有关知识、调查研究、实地踏勘、采访或参考有关资料、听取专家意见、咨询有关法规等方法。

风险分析和评价是对已识别的风险进行分析和评价，这一阶段的主要任务是测度风险量 $R$。德国人马特提出风险量的测度模型为

$$R=f(p\cdot q\cdot A) \tag{9.5.1}$$

式中，$p$——风险发生的概率；

$q$——风险对项目财务的影响量；

$A$——风险评价员的预测能力。

从上述模型可以看出，由于均为风险评价员预测而得出，所以评价员的预测能力和水平就成了至关重要的因素。

常见的工程风险有两类：一是因估价人员素质低、经验少，在估价计算上有质差、量差、漏项等而造成的费用差别；另一类是属于估价时依据不足，工程量估算粗糙造成的费用差别。对这些风险进行估算时可遵循下列原则：现场勘察资料充分，风险系数小，反之风险系数大；标书计算依据完整、详细，风险系数可以小一些；规模大、工期长的工程，风险系数应大一些；分包多，用当地工人多，风险系数应增大。

风险费用的计算可以采用系数方法。某工程风险系数计算如表 9.5.1 所示。

**表 9.5.1　某工程风险系数计算表**

| 费用名称 | 占造价比例(%) | 风险概率(%) | 风险系数 |
|---|---|---|---|
| 工程设备 | 37 | 4.4 | 0.016 28 |
| 材料采购 | 8 | 10 | 0.008 |
| 人工费 | 12 | 15 | 0.018 |
| 施工机械 | 2.6 | 15 | 0.003 9 |
| 分包 | 25 | 4.8 | 0.011 52 |
| 施工管理费 | 4.8 | 15 | 0.007 2 |
| 上涨增加费 | 10 | 15 | 0.015 |
| 其他 | 0.6 | 20 | 0.003 2 |
| 合计 | 100 | | 8.31% |

该工程风险系数为 8.31%。

3) 标价盈亏分析

(1) 标价盈余分析

标价盈余分析是指对标价所采用数据中的人工、材料、机械消耗量，人工、材料

单价，机械台班(时)价，综合管理费，施工措施费，保证金，保险费，贷款利息等各计价因素逐项分析，重新核实，找出可以挖掘潜力的地方。经上述分析，最后得出估计盈余总额。

(2) 标价亏损分析

标价亏损分析是对计价中可能少算或低估，以及施工中可能出现的质量问题，可能发生的工期延误等带来的损失的预测。主要内容包括可能发生的工资上涨，材料设备价格上涨，质量缺陷造成的损失，估价计算失误，业主或监理工程师引起的损失，不熟悉法规、手续而引起的罚款，管理不善造成的损失等。

(3) 盈亏分析后的标价调整

估价人员可根据盈亏分析调整标价：

$$\text{低标价} = \text{基础标价} - \text{估计盈利} \times \text{修正系数} \tag{9.5.2}$$

$$\text{高标价} = \text{基础标价} + \text{估计亏损} \times \text{修正系数} \tag{9.5.3}$$

上两式中修正系数一般为0.5～0.7。

4) 提高报价的竞争力

业主通过招标促使多个承包商在以价格为核心的各方面(如工期、质量、技术能力、施工等)展开竞争，从而达到工期短、质量好、费用低的目的。承包商要击败其他竞争对手而中标，在很大程度上取决于能否迅速报出极有竞争力的价格。

提高报价的竞争力可从以下几个方面入手：

(1) 提高报价的准确性

提高报价的准确性既要注意核实各项报价的原始数据，使报价建立在数据可靠、分析科学的基础之上，更要注意施工方案比选、施工设备选择，从而实现价格、工期、质量的优化。

(2) 价格水平务求真实准确

对工程所在地的情况应尽最大可能调查清楚，这样报价才有针对性。对于那些专业性强、技术水平要求高的工程，可以报高。在特殊情况下，一个高级工的工资可能高于工程师，工种之间的价格也要有区别。对于物资价格应了如指掌，用货比三家的原则选择最低的价格，力争报出有竞争力的价格。

(3) 提高劳动生产率

长期以来，我国的承包商往往重视向业主算钱，而轻视企业内部的管理。但是承包商要想提高竞争力，取得好的效益，就必须大力挖掘企业内部的潜力。首先要周密科学地安排计划，巧妙地减少工序交叉和组织工序衔接，提倡一专多能，使劳动效力能够最大限度地发挥出来；同时努力采用先进的施工工艺和方法，提高机械化水平，特别是应用先进的中小型机械及相应的工具，可以加快进度、缩短工期；当然始终认真控制质量减少返工损失也会增加盈利。

(4) 加强和改善管理,降低成本

科学的施工组织,合理的平面布置,高效的现场管理,可以减少二次搬运,节省工时和机具,减少临时房屋的面积,提高施工机械的效率,从而降低成本。

(5) 降低非生产人员的比例

降低非生产人员比例,要求非生产人员懂技术又懂管理,减少机构层次,提高工作效率,降低管理费用。

(6) 提高生产人员技术素质

生产人员技术素质高,可以提高效率,保证质量,这对提高报价竞争力影响很大。

总之,认真分析影响报价的各项因素,充分合理地反映本企业的较高的管理、技术和生产水平,可以提高报价的竞争力。

### 9.5.3 投标报价决策

在招标市场的激烈竞争中,任何建筑施工企业都必须重视投标报价决策问题的研究,投标报价决策是企业经营成败的关键。

1) 投标报价决策的主要内容

建筑施工企业的投标报价决策实际就是解决投标过程中的对策问题。决策贯穿竞争的全过程,对于招标投标中的各个主要环节都必须及时做出正确的决策,才能取得竞争的全胜。投标报价决策的主要内容可概括为下列四方面:

(1) 分析本企业现有资源条件下,在一定时间内,应当和可以承揽的工程任务的数量。

(2) 对可投标工程的选择和决定。只有一项工程可供投标时,决定是否投标;有若干项工程可供投标时,正确选择投标对象,决定向哪个或哪几个工程投标。

(3) 确定进行某工程项目投标后,在满足招标单位对工程质量和工期要求的前提下对工程成本的估价作出决策,即对本企业的技术优势和实力结合实际工程作出合理的评价。

(4) 在收集各方信息的基础上,从竞争谋略的角度确定"高价"、"微利"、"保本"等方面的投标报价决定。

投标报价应遵循经济性和有效性的原则。所谓经济性,是尽量利用企业的有限资源,发挥企业的优势,积极承揽工程,保证企业的实际施工能力和工程任务的平衡。所谓有效性,是指决策方案必须合理可行,必须促进企业兴旺发达,谨防因决策不正确致使企业经营管理背上包袱。

2) 确定企业承揽工程任务的能力

企业承揽的工程任务超过了企业的生产能力,就只能追加单位工程量投入的资源,从而增大成本;企业承揽任务不足,人力窝工,设备闲置,维持费用增加,可能导致企业亏损。因此,正确分析企业的生产能力十分重要。

(1) 用企业经营能力指标确定生产能力

企业经营能力指标包括技术装备产值率、流动资金周转率、全员劳动生产率等。这些指标均以年为单位,并依据历史数据,再采用一元线性回归等方法考虑生产能力的变动趋势,确定未来的生产能力和经营规模。

(2) 用量、本、利分析确定生产能力

根据量本利关系计算出盈亏平衡点,即确定企业或内部核算单位保本的最低限度的经营规模。盈亏平衡点可按实物工程量、营业额等分别计算。

(3) 用边际收益分析方法确定生产能力

产品的成本可分为固定成本和变动成本两部分。在一定限度下总成本随着产量的增加而增加,但单位产品的成本却随着产量的增加而逐渐减少。因为固定成本是不变的,产量越多,摊入每个产品的固定成本越来越少,但产量超过一定限度时,必须追加设备、管理人员等,这样平均成本又会随着产量的增加而增加。我们把由增加每一个产品而同时增加的成本称为边际成本,即每增加一个单位产量而带来总成本的增量。

当边际成本小于平均成本时,平均成本是随产量的增加而减少;若边际成本大于平均成本,这时再增大产量就是增大平均成本。因此企业生产存在一个最高产量点。在盈亏平衡点与最高产量点之间的产量都是可盈利的产量。

上述三种确定企业生产能力的具体方法,读者可参阅有关书籍。

3) 决定是否参加某项工程投标

(1) 确定投标的目标

决定是否参加某项工程的投标,首先应根据企业的经营状况确定投标的目标,投标的目标可能是为了获得最大的利润,可能是确保企业有活干,也可能是为了克服一次生存危机。

(2) 确定对投标机会判断的标准

所谓对投标机会判断的标准即达到该标准就决定参加投标,达不到该标准则不参加投标。投标的目标不同,确定的判断标准也不同。判断标准一般从三个方面综合拟定。一是现有技术对招标工程的满足程度,包括技术水平、机械设备、施工经验等能否满足施工要求;二是经济条件,如资金运转能否满足施工进度、利润的大小等;三是对生存与发展方面的考虑,包括招标单位的资信、是否已经履行各项审批手续、工程会不会中途停建缓建、有没有内定的得标人、能不能通过该工程的施工而取得有利于本企业的社会影响、竞争对手的情况、自身的优势等。将上述三方面的内容分别制定评分办法,若该工程这三方面得分之和达到某一标准则决定投标。

(3) 判断是否投标的步骤

首先应确定评价是否投标的影响因素,其次确定评分方法,再依据以往经验确定最低得分标准。

举例如表 9.5.2 所示,该工程影响投标因素共八个方面,权数合计为 20,每个因素按 5 分制打分,满分 100 分。该工程最低得分标准 65 分,实际打分 70 分,满足最低得分标准,可以投标。

**表 9.5.2　投标条件评分表**

| 影响投标的因素 | 权数 | 评价 | 得分 |
|---|---|---|---|
| 技术水平 | 4 | 5 | 20 |
| 机械设备能力 | 4 | 3 | 12 |
| 设计能力 | 1 | 3 | 3 |
| 施工经验 | 3 | 5 | 15 |
| 竞争的激烈程度 | 2 | 3 | 6 |
| 利润 | 2 | 2 | 4 |
| 对今后机会的影响 | 2 | 0 | 0 |
| 招标单位信誉 | 2 | 5 | 10 |
| 合　计 | 20 | — | 70 |
| 最低可接受的分数 | | | 65 |

(4) 与竞争者对比分析,确定是否投标

首先确定对比分析的因素及评分标准,再收集各竞争对手的信息,采用表 9.5.3 的方法综合评分。若得分优于对手,显然参加投标是合适的;若与对手不相上下,则应考虑应变措施;若明显低于对手,则要慎重考虑是否投标。

**表 9.5.3　投标优势评价表**

| 评价因素(满分 5 分) | 投　标　单　位 | | | |
|---|---|---|---|---|
| | A | B | C | D |
| 劳动工效与技术装备水平 $L$ | 3 | 3 | 5 | 3 |
| 施工速度 $V$ | 4 | 3 | 5 | 3 |
| 施工质量 $M$ | 3 | 4 | 4 | 2 |
| 成本控制水平 $C$ | 2 | 3 | 4 | 5 |
| 在本地区的信誉与影响 $B$ | 3 | 3 | 5 | 3 |
| 与招标单位的关系及交往渠道 $R$ | 3 | 3 | 4 | 5 |
| 过去中标的概率 $P$ | 3 | 3 | 4 | 3 |
| 合　计 | 21 | 22 | 31 | 24 |

4）选择投标工程

当企业有若干工程可供投标时，选择其中一项或几项工程投标。

(1) 权数计分评价法

即采用表 9.5.2 所示的方法对不同的投标工程打分，选择得分较高的一个或几个工程去投标。

(2) 其他决策方法

有条件时可采用线性规划模型分析、决策树等现代管理中的决策方法确定是否投标。

## 复习思考题

1. 承包商的工程估价工作机构应由哪些人员组成？
2. 简述工程估价的工作步骤。
3. 简述投标文件的编制原则。
4. 承包商进行工程估价应做好哪些准备工作？
5. 工程现场勘查的内容有哪些？一般应采取哪些方法？
6. 如何进行工程询价？
7. 如何进行分包询价？
8. 估价人员如何做好价格数据的维护工作？
9. 简述工程估价与报价的区别。
10. 常用的报价策略和技巧有哪些？

# 10　工程估价管理

## 10.1　工程估价管理概述

工程估价管理就是指遵循工程造价的客观规律和特点，运用科学、技术原理和经济、法律等管理手段，解决工程建设活动中的造价确定与控制、技术与经济、经营与管理等实际问题，进而进行项目的正确决策、投资的合理确定和有效控制，达到提高投资效益和经济效益的全部业务行为和组织活动。

### 10.1.1　工程估价管理的分类

估价管理工作可从不同的方面来分析：一是从项目建设的过程来看，有项目决策、设计、施工、竣工等不同阶段的估价管理；二是从不同的管理主体来看，有政府部门，设计、施工、咨询等不同主体单位的估价管理；三是从管理的内容上来看，有宏观估价管理和微观估价管理。政府部门及行业协会的管理是宏观估价管理，它是指国家利用法律、经济、行政等手段对建设项目的建设成本和工程承发包价格进行调控，通过利率、税收、汇率、价格等政策影响建设成本的高低走向，在对承发包价格的宏观管理方面，主要是规范市场行为和对市场定价的管理。另一方面是业主或参加项目建设的某一方对某一建设项目的建设成本或承发包价格的微观管理。通过该项管理，以谋求较低的投入，获取较高的产出，降低建设成本，取得较好的经济效益。此外，承发包双方为维护各自的利益，保证价格的兑现和风险的补偿，也要加强管理，如工程价款的支付、结算、变更、索赔、奖惩等。

### 10.1.2　工程估价管理的作用

工程估价管理对不同的管理主体在估价管理的不同阶段有不同的作用，但综合来讲，估价管理的作用有以下几方面：

（1）从宏观上对国家的固定资产投资进行调控。

（2）规范建筑市场，为建筑市场的公平竞争提供保证。

（3）维护当事人和国家及社会公共利益。

（4）为建设项目的正确决策提供依据。

（5）通过合理确定和有效控制提高投资的经济效益。

（6）规范和约束市场主体行为，提高投资的利用率。

（7）促进承包商加强管理，降低工程成本。

(8) 促进工程估价工作的健康发展。

### 10.1.3 工程估价管理的内容

工程估价管理内容概括起来包括两大方面:一是工程造价的合理确定,二是工程造价的有效控制。

1) 工程估价的合理确定

为了合理确定工程造价,需掌握造价确定的依据,其依据有:

(1) 建设目标、标准。

(2) 设计方案、图纸。

(3) 施工方案、施工组织设计。

(4) 各类定额、造价指标。

(5) 相关的法律、法规、政策等。

2) 工程造价的有效控制

为了有效控制工程造价,需掌握工程造价的控制原理和方法,正确运用造价控制的依据,熟悉造价控制的步骤。总体来讲应明确项目建设目标、控制标准、实事求是、客观公正、资料把握充分、避免多变,具体包括以下方面:

(1) 明确建设目标、确定建设标准。

(2) 算准、算足估概算投资。

(3) 优化设计方案、控制设计标准。

(4) 加强项目总体组织。

(5) 做好施工招标。

(6) 加强施工期间管理。

(7) 做好竣工结、决算审查。

(8) 加强团队合作。

## 10.2 不同管理主体的估价管理

### 10.2.1 政府部门的估价管理

政府部门的估价管理是通过对我国国民经济发展规划及我国经济政策、经济形势的分析研究,制定出健全、完善的法律法规体系,利用政策条例及强制性的标准来监督、引导、调控和规范市场行为,并对不良行为进行惩处,从而保证市场竞争有序,维护建设市场各方的正当权益。具体表现在以下几个方面:

1) 制定和完善相关法律、法规

为保证建筑市场及估价工作的有序健康发展,政府部门先后制定了《合同法》、

《招投标法》、《建筑法》、《建筑工程质量管理条例》等一系列法律法规。但随着我国市场机制不断成熟，相配套的法律、法规有待进一步建立和完善，如工程担保法、工程保险制度、社会信用制度等。

2）改革造价管理体制

随着市场经济体制的不断完善，造价管理体制也进行了一系列的改革，如项目法人责任制、招标投标制、建设监理制、造价工程师执业资格制度、咨询服务单位的脱钩改制等。为适应经济体制的改革，估价管理体制也应作相应变更，具体表现在工程项目的建设管理将进入完全市场化阶段，政府部门应主要行使协调监督职能，建筑市场将进一步开放，招投标制将进一步完善，咨询服务机构将逐步成为一个独立行业，公正开展相关业务，建立统一的工程量计算规则，在国家宏观调控的前提下，实行企业自主报价。

3）改革计价方式

我国沿用多年的计价方式是按预算定额价来计算直接费，然后以此为基础并按有关规定计取其他直接费、间接费、利润和税金等。近几年造价管理部门对这种计价方式制定了一些针对性的调价政策，把有些费用单列为竞争费，但生产者仍不能成为真正的定价者，体现不出真正的市场竞争性。因此，政府部门结合我国的市场情况推行了工程量清单计价方式。

4）制定相关的管理条例

为规范和调整估价管理工作，政府部门不断制定和出台相关的管理条例。同时随着市场机制的进一步完善，原来制定的相应的管理条例等也有待于进一步改进和完善。

5）加强对估价工作的监督和审计

政府部门虽是宏观的管理主体，但同时需对政府投资项目的实施情况进行监督检查，以确保政府投资的合理使用和效益的发挥。所以政府部门应大力推动建设项目工程造价的监督和审计工作的开展。

### 10.2.2 行业协会的估价管理

1）行业协会估价管理的作用

行业协会的估价管理是介于政府与企业之间的一种行业管理，是学术性、非营业性的社会团体机构。行业协会在估价管理中的作用主要表现在以下几方面：

（1）为政府职能的转变提供保证。

（2）为政府部门制定相关的政策法规提供依据。

（3）促进估价管理工作的交流和发展。

（4）维护当事人的合法权益。

（5）组织开展各类学术交流活动，有利于估价管理水平的提高。

(6) 组织各种业务学习与培训,有利于工程估价人员素质的提高。

(7) 在政府部门与会员之间发挥桥梁和纽带作用。

2) 行业协会估价管理的主要任务

(1) 注重对估价管理的应用研究

充分发挥协会的优势,开展工程造价管理的研究,适应新形势的发展。当前,要着重研究如何从工程造价的确定、控制方法上更好地适应新形势,与国际惯例接轨。针对建设市场中存在的问题,从加强工程造价管理着手,因地制宜,实事求是,逐步促进整个建设市场的规范化发展,在认真调查研究的基础上提出新的管理办法,为政府部门决策提供依据。

(2) 利用协会的人才优势,积极配合政府部门做好相关的基础工作

这几年,我国科学技术突飞猛进,新结构、新材料、新工艺不断投入应用,基层单位急需这方面的补充定额。如果把这项工作做好,既解决了补充定额滞后于实际应用的问题,也可以推动新结构、新材料、新工艺的应用。

(3) 通过资料、信息的整理、收集及发布,为估价做好服务工作

随着工程量清单报价办法的推行,行业协会应建立一个与之配套的工程估价信息网,其内容应包括人工、材料、机械台班单价的信息网,根据新结构、新材料、新工艺测算的补充定额,工程承发包价格的最新行情,竣工工程经济、技术指标分析,造价咨询单位名册及注册造价工程师人才库等。信息内容要广,适用性要强。总之,这个信息网的建立要为建设行业提供全方位、多层次的信息服务。

(4) 配合政府主管部门,做好人才培训工作

协会应利用自身优势,加强人才培训,造就一批高素质的工程造价从业队伍,包括造价管理队伍、企业的造价编审人员及造价工程师队伍。应抓好注册造价工程师的继续教育工作,努力培养与提高工程造价从业人员的整体素质。在注重业务水平教育的同时,更要注重对所有从业人员职业道德的教育和培养。同时,要加强对外交流,不断充实新内容。

(5) 加强自身建设,更好地发挥作用

协会应注重加强自身的组织建设,包括组织机构、组织网络、会员素质、管理硬件等,要吸收具有一定工程经验的人员到协会中来,真正把协会办成一个具有一定研究能力、能为企业服务的社会团体。

### 10.2.3 业主方的估价管理

业主方是投资的主体,负有对估价的全过程的管理责任。业主方的估价管理可以采用自行管理的方式,或采用委托咨询服务单位管理的方式。管理措施包括组织措施、技术措施、经济措施和合同措施。不同的业主方由于其管理的建设项目个数不同,有的多少年才有一个建设项目,所以其管理方式也不同,不能各类项目

都由业主自己来管理，这样不易积累管理经验，往往只有一次教训没有两次经验。所以在现今的社会状态下，为了提高管理效率，业主方的估价管理应提倡聘请专业的咨询部门进行管理。

### 10.2.4 设计部门的估价管理

设计部门的估价管理有两方面的含义。一是受业主的委托，代表业主从业主的角度进行多方位的造价管理，这方面的管理内容取决于业主的委托范围。另一方面是从设计部门自身的角度进行的估价管理，这方面的管理内容主要是在满足项目功能的要求下进行设计方案的比选优化，同时要满足业主的投资要求，实行限额设计，改进优化设计方案。

### 10.2.5 咨询单位的估价管理

随着经济发展和社会进步，咨询业在社会领域中发挥的作用也越来越重要。建设项目工程咨询属于咨询业中的一个专业领域，是以工程技术和科学管理为基础的服务行业，它为工程项目从投资决策、建设实施到竣工交付使用提供专业化的服务。

目前工程造价咨询业务的范围包括：

(1) 建设项目建议书及可行性研究投资估算、项目经济评价报告的编制和审核。

(2) 建设项目概算的编制与审核，并配合设计方案比选、优化设计、限额设计等工作进行工程造价分析与控制。

(3) 进行项目建设各项招投标工作的组织与实施，包括招标文件、工程量清单、招标控制价的编制等。

(4) 进行建设项目合同价款的确定、合同价款的调整、施工过程中的造价管理等。

(5) 工程造价经济纠纷的鉴定和仲裁的咨询。

(6) 提供工程造价信息服务等。

## 10.3 不同阶段的估价管理

一个建设项目从决策到停止使用直至拆除，要经历一个漫长的过程，在整个过程中会涉及不同阶段的估价管理内容，具体包括下列几个方面。

### 10.3.1 决策阶段的估价管理

项目投资决策是选择和决定投资行动方案的过程，是对拟建项目的必要性和可行性进行技术经济论证，对不同建设方案进行技术经济比较选择及作出判断和决定的过程。项目投资决策阶段的投资估算是进行投资方案选择的重要依据之一,因此该阶段的估价正确与否,直接关系到项目的取舍,关系到投资效果的好坏,其方法是在投资估算的基础上进行可行性研究。

1) 建设项目决策对工程造价的影响

(1) 项目决策的正确性是工程造价合理性的前提。

(2) 项目决策的内容是决定工程造价的基础。

(3) 项目决策的深度影响投资估算的精确度,也影响工程造价的控制效果。

(4) 造价高低、投资多少也影响项目决策。

2) 项目决策阶段影响工程造价的因素

建设项目决策阶段各项技术经济决策对拟建项目的工程造价有着重大影响,特别是建设标准的确定、建设地点的选择、生产工艺的选定、设备选用等,对工程造价的高低有着直接的、重大的影响。在项目建设各阶段中,决策阶段对工程造价的影响度最高,是决定工程造价的基础阶段,直接影响着以后各阶段工程造价管理的有效性与科学性。因此,在项目建设决策阶段,应加强对工程造价影响较大的因素的管理,为有效进行造价管理打下基础。主要影响因素包括以下几方面:

(1) 项目建设规模。

(2) 选用的生产技术方案。

(3) 建设地区及建设地点。

(4) 项目的建设标准。

### 10.3.2 设计阶段的估价管理

设计阶段的估价管理是进行投资控制的主要内容。国内外实践证明,影响投资的关键是决策,而项目作出投资决策后,控制造价的关键就在设计。对工程造价影响较大的阶段是约占工程项目总建设周期四分之一的设计阶段。在初步设计阶段,影响工程造价的可能性为75%~95%;施工图设计阶段,影响工程造价的可能性为35%~75%;施工中,通过技术组织措施节约工程造价的可能性只有5%~10%。要搞好设计阶段的估价管理,应注意下面一些问题。

1) 应明确设计阶段估价管理的目标

设计阶段估价管理的目标是使该项目的总投资小于该项目的计划投资(或预期投资),即通过各种手段,在各设计阶段进行对造价的控制,使其在计划投资范围内实现项目的功能、建筑造型和选材质量的优化。

2) 采取有效的管理措施

(1) 优选设计单位及设计方案。采用设计招标或方案设计竞选,通过竞争选择最优的设计单位和设计方案,促使设计单位改进管理,采用先进技术,降低工程造价,缩短工期,提高投资效益。在设计招标或竞选的招标文件中,尤应重视对造价的要求，如必须提供切合实际的投资估算，并阐明降低造价的措施。

(2) 实行限额设计。限额设计是根据已批准的可行性研究(或设计任务书)及其投资估算来控制初步设计，根据已批准的初步设计概算来控制施工图设计。此外各设计专业在保证达到使用功能的前提下，按分配的造价限额来控制设计，以保证和控制在项目总造价限额内。要实现限额设计，业主单位应在合同中明确设计单位承担的责任范围。

(3) 推行设计监理。

(4) 设计概算的准确编制与必要审查。

3) 充分发挥价值工程在设计中的应用

价值工程是在成本控制及经济分析中经常采用的一种方法。一般而言，凡是有费用发生的地方，价值工程就有用武之地。在建筑设计领域，价值工程亦有很大的运用潜力。因此，设计单位应尽力运用价值工程原理进行设计方案优化分析，从而为控制投资服务。

### 10.3.3 施工阶段的估价管理

施工阶段的估价管理包括两方面的内容。一是施工之前的招投标管理，另一方面是施工过程中的估价管理。对招投标的管理主要是招标文件的编制和合同主要条款的制定。施工过程中的管理，关键是科学地组织建设，正确处理造价、质量和工期的辩证关系，提高工程建设的综合经济效益。具体包括下面一些内容。

(1) 编制完善的招标文件。

(2) 签订周密的承发包合同。在施工合同中，涉及造价控制的内容较多，必须缜密考虑，如预付款的额度及开始抵扣工程款的时间、工程款项的支付方式、工程设计变更调整造价的办法、竣工结算办法等都应在合同中制定合理、周全的条文。

(3) 抓好施工过程中的动态估价管理。该阶段的工作可委托监理单位或造价咨询单位负责，其主要内容有：

① 对各单位工程的工程量及其造价要有全面的掌握，并做好各项“台账及费用支出计划”，以利于对按进度拨款的控制。

② 审核工程进度中的工程量及其造价。

③ 随时核对已完工程量与拨款之间的合理比例，并每月做出造价控制报告，发现问题应及时提出预控措施，必要时应调整控制造价目标值。

④ 严格控制施工过程中的设计变更，并做到先算账后实施。

⑤ 及时审核合理的设计变更和施工索赔账单，对其中的不实之处及不合理的取费应进行严格核定。

⑥ 对施工企业提出的有利于降低造价的合理化建议要积极支持其实施，并给予一定奖励。

(4) 控制好索赔管理。索赔管理内容详见本书 10.4 章节。

(5) 处理好工程价款结算。工程价款结算，是指承包商将已完成的部分工程向业主单位结算工程价款，其目的是用以补偿施工过程中的资金和物资的耗用，保证工程施工的顺利进行。

由于建筑工程施工周期长，如果待工程竣工后再结算价款，显然会使承包商的资金发生困难。承包商在工程施工过程中消耗的生产资料和支付的工人工资所需要的周转资金，必须要通过向业主预收备料款和结算工程款的形式定期予以补充和补偿。

① 预付备料款的拨付。

预付备料款在施工合同签订后拨付。拨付备料款的安排要适应承包的方式，并在施工合同中明确约定，做到款物结合，防止重复占用资金。建筑工程承包有以下三种方式：

a. 包工包全部材料工程。当预付备料款数额确定后，由业主通过其开户银行将备料款一次性或按施工合同规定分次付给承包商。

b. 包工包地方材料工程。当供应材料范围和数额确定后，业主应及时向承包商结算。

c. 包工不包料工程。业主不需要向承包商预付备料款。

② 预付备料款额度的确定。预付备料款额度应当不超过当年建筑安装工程工作量的 25%。

③ 预付备料款的扣回。业主拨付给承包商的备料款属于预付性质款项。因此，随着施工工程进度情况，应以抵充工程价款的方式陆续扣回。

预付备料款扣回常有以下三种方法：

a. 采用固定的比例扣回备料款。如有的地区规定，当工程施工进度达 60%以后，即开始抵扣备料款。扣回的比例是按每次完成 10%进度后即扣预付备料款总额的 25%。

b. 采用工程竣工前一次抵扣备料款。工程施工前一次性拨付备料款，而在施工过程中不分次抵扣。当工程进度款与预付备料款之和达到施工合同总价的 95%时，便停付工程进度款，待工程竣工验收后一并结算。

c. 按公式计算起扣点及扣抵额。如某施工企业承建某建设单位的建筑工程，双方签订合同中规定，工程备料款额度按 25%计算，当年计划工作量为 200 万元，其中全部材料比重为 62.5%，则预收备料款起扣时已完工程价值，即起扣点为：

$$200-\frac{50}{62.5\%}=120(\text{万元})$$

未完工程为200－120＝80(万元)。

所需主要材料费为80×62.5％＝50(万元)。

应扣还的预付备料款可按下列公式计算：

第一次扣抵额＝(累计已完工程价值－起扣点已完工程价值)×全部材料比重

以后每次扣抵额＝每次完成工程价值×全部材料比重

在上例中，当截止某次结算日期时，累计已完工程价值140万元，超过起扣点，则

第一次扣抵额＝(140－120)×62.5％＝12.5(万元)

若再完成40万元工作量，则

扣抵额＝40×62.5％＝25(万元)。

④ 工程进度款的结算。根据建筑生产和产品的特点，工程进度款常有按月结算和分段结算两种结算办法：

一是按月结算，对在建工程，每月由承包商提出已完工程月报表及其工程款结算单，一并送交业主，办理已完工程款结算，具体做法又分以下两种：

a. 月中预支部分工程款，月终一次结算。月中预支部分工程款，按当月施工计划工作量的50％支付。承包商根据施工图预算和月度施工作业计划填报“工程款预支账单”，送交业主审查签证同意后办理预支拨款；待月终时，承包商根据已完工程的实际统计进度编制“工程款结算账单”，送交业主签证同意后，办理月终结算。承包商在月终办理工程价款结算时，应将月中预支的部分工程款额抵作工程价款。

b. 月中不预支部分工程款，月终一次结算。此种结算办法与第一种做法的月终结算手续相同。

二是分段结算，按建筑工程施工形象进度将工程划分为几个段落进行结算。工程按进度计划规定的段落完成后立即进行结算，所以它是一种不定期的结算方法。具体做法有以下三种：

a. 按段落预支，段落完工后结算。这种方法是根据建筑工程的特性，将在建的建筑物划分为几个施工段落。然后测算确定出每个施工段落的造价占整个单位工程预算造价的金额比重，作为每次预支金额。承包商据此填写“工程价款预支账单”，送交业主签证同意后办理结算。

b. 按段落分次预支，完工后一次结算。这种方法与前一种方法比较，其相同点均是按段落预支，不同点是不按段落结算，而是完工后一次结算。

c. 分次预支，竣工一次结算。分次预支，每次预支金额数，也应与施工工程的进度大体一致。此种结算方法的优点是可以简化结算手续，适用于投资少、工期

短、技术简单的工程。

⑤ 工程签证。预算造价(合同造价)确定后,施工过程中如有工程变更和材料代用,则由承包商根据变更核定单和材料代用单来编制变更补充预算,经业主签证,对原预算进行调整。为明确业主和承包商的经济关系和责任,凡施工中发生一切合同预算未包括的工程项目和费用,必须及时根据施工合同规定办理签证,以免事后发生补签和结算困难。

追加合同价款签证指在施工过程中发生的,经业主确认后按计算合同价款的方法增加合同价款的签证。主要内容如下:

a. 设计变更增减费用。业主、设计单位和授权部门签发设计变更单,承包商应及时编制增减预算,确定变更工程价款,向业主办理结算。

b. 材料代用增减费用。因材料数量不足或规格不符,应由承包商的材料部门提出经技术部门决定的材料代用单,经设计单位、业主签证后,承包商应及时编制增减预算,向业主办理结算。

c. 设计原因造成的返工、加固和拆除所发生的费用,可按实结算确定。

d. 技术措施费。施工时采取施工合同中没有包括的技术措施及因施工条件变化所采取的措施费用,应及时与业主办理签证手续。

e. 材料价差。从预算编制期至结算期,因材料价格的变化导致材料价格的差值。

费用签证指业主在合同价款之外需要直接支付的签证,主要内容如下:

a. 图纸资料延期交付,造成窝工损失。

b. 停水、停电、材料计划供应变更,设计变更造成停工、窝工损失。

c. 停建、缓建和设计变更造成材料积压或不足的损失。

d. 停建、缓建和设计变更造成机械停置的损失。

e. 其他费用。包括业主不按时提供各种许可证,不按期提供建设场地,不按期拨款的利息或罚金的损失,计划变更引起临时工招募或遣散等费用。

⑥ 工程造价动态结算。动态结算是指把各种动态因素渗透到结算过程中,使结算价大体能反映实际的消耗费用。工程结算时是否实行动态结算,选用什么方法调整价差,应在施工合同中事先明确,以免造成造价的失控。

### 10.3.4 竣工阶段的估价管理

1) 加强竣工结算的审核

(1) 竣工结算的概念

一个单位工程或单项工程,施工过程中由于设计图纸及施工条件等发生了变化,与原合同造价比较有增加或减少的地方,这些变化将影响工程的最终造价。在单位工程竣工并经验收合格后,将有增减变化的内容,按照施工合同约定的方法与规定，对原合同造价进行相应的调整，编制确定工程实际造价并作为最终结算工程价款的经济文件，称为竣工结算。竣工结算一般由施工单位编制，经业主或造价咨询单位审查无误，由承包商和业主共同办理竣工结算确认手续。

单位工程完工后，承包方在向业主移交有关技术资料和竣工图纸办理交工验收时，必须同时编制竣工结算，作为办理财务价款结算的依据。

通过竣工结算与施工图预算的对比，能发现竣工结算比施工图预算超支或节约的情况，可进一步检查和分析这些情况所造成的原因。因此，业主、设计单位和承包商可以通过竣工结算总结工作经验和教训，找出不合理的设计和施工浪费的原因，逐步提高设计质量和施工管理水平，为更好地进行估价管理提供依据。

(2) 竣工结算的编制方式

工程承包方式不同，竣工结算编制方式也不同。

① 以施工图预算为基础编制竣工结算

在施工图预算编制后，由于施工过程中经常会发生增减变更，因而会影响工程的造价。因此，在工程竣工后，一般都以施工图预算为基础，再加上增减变更因素来编制竣工结算书。但用此种方式编制竣工结算手续繁琐，审查费用时经常发生矛盾，因此难以定案。

② 以平方米造价指标为基础编制竣工结算

以平方米造价指标为基础编制竣工结算，比按施工图预算为基础编制的竣工结算较为简化，但适用范围有一定的局限性，难以处理材料价格的变化、设计标准的差异、工程局部的变更等因素的影响。故按此种方式编制的竣工结算也经常会出现一些矛盾。

③ 以包干造价为基础编制竣工结算

以包干造价的方式，也就是指按施工图预算加系数包干为基础编制竣工结算。此种方式编制工程竣工结算时，如果不发生包干范围以外的增加工程，包干造价就是工程竣工结算，竣工结算手续大为简化，也可以不编制竣工结算书，而只要根据设计部门的变更图纸或通知书编制“设计变更增(减)项目预算表”，纳入竣工结算即可。

④ 以投标造价为基础编制竣工结算

以招标投标的办法承包工程，造价的确定不但具有包干的性质，而且还含有竞争的内容，报价可以进行合理浮动。中标的承包商根据标价并结合工期、质量、奖罚、双方责任等与业主签订合同，实行一次包干。合同规定的造价一般就是结算的造价。因此，也可以不编制竣工结算书，只进行财务上的“价款结算”(预付款、进度款、业主供料款等)。只要将合同内规定的因奖罚发生的费用和合同外发生的包干范围以外的增加工程项目列入作为“补充协议”处理即可。

(3) 竣工结算编制的内容

竣工结算按单位工程编制。一般内容如下：

① 竣工结算书封面形式与施工图预算书封面相同，要求填写工程名称、结构类型、建筑面积、造价等内容。

② 编制说明主要说明施工合同有关规定、有关文件和变更内容等。

③ 结算造价汇总计算表、竣工结算表形式与施工图预算表相同。

④ 汇总表的附表包括工程增减变更计算表、材料价差计算表、建设单位供料计算表等内容。

⑤ 工程竣工资料包括竣工图、各类签证、核定单、工程量增补单、设计变更通知单等。

(4) 竣工结算的编制依据

一般情况下竣工结算的编制依据包括：

① 工程清单、招标控制价及投标报价。

② 图纸会审纪要。指图纸会审会议中设计方面有关变更内容的决定。

③ 设计变更通知。指在施工过程中，由设计单位提出的设计变更通知单，或结合工程的实际情况需要，由业主提出设计修改要求后经设计单位同意的设计修改通知单。

④ 施工签证单或施工记录。凡施工图预算未包括而在施工过程中实际发生的工程项目(如原有房屋拆除、树木草根清除、古墓处理、淤泥垃圾土挖除换土、地下水排除、因图纸修改造成返工等)，要按实际耗用的工料，由承包商作出施工记录或填写签证单，经业主签字盖章后方为有效。

⑤ 工程施工合同规定的工程项目范围、造价数额、施工工期、质量要求、施工措施、双方责任、奖罚办法等内容。

⑥ 竣工图。

⑦ 工程竣工报告和竣工验收单。

⑧ 有关定额、费用调整的补充项目等。

(5) 竣工结算的审核

竣工结算的审核是竣工阶段估价管理的主要内容，竣工结算的审核首先要审核送审内容的完整性(预算书、合同、工程量计算书、竣工图、签证、变更记录等)，其次要审核结算编制依据的充分性(进入结算造价的内容对应的依据)，最后要进行重点内容的审查(取费、独立费、费用项目、单价、大的工程量)和一些详细内容的审查，最终保证结算结果的准确性和合理性。

2) 竣工决算的编制与审查

竣工决算是建设单位按照国家有关规定，以实物数量和货币指标为计量单位，综合反映竣工项目从筹建开始到项目竣工交付使用为止的全部建设费用、建设成果和财务状况的总结性文件。竣工决算是正确核定新增固定资产价值，考核分析投资效果，建立健全经济责任制的依据，是反映建设项目实际造价和投资效果的文件。

为了严格执行建设项目竣工验收制度，正确核定新增固定资产价值，考核分析投资效果，建立健全经济责任制，竣工决算应及时编制，其次要保证竣工决算编制的完整性，最后要保证竣工决算编制的正确性。

为充分反映建设项目投资的构成，投资的实际使用状况，加强估价管理，应注重对竣工决算的审查。一般情况下，审查可从以下几方面进行：

(1) 审查竣工决算的文字说明是否实事求是，有无掩盖问题的情况。

(2) 审查竣工决算与投资估算、设计概算是否有超计划的现象。

(3) 审查各项支出是否符合规章制度，有无乱挤乱摊以及扩大开支范围和铺张浪费等问题。

(4) 审查报废工程损失、非常损失等项目是否经有关部门批准。

(5) 审查工程建设历年财务收支是否与开户银行账户收支额相符。

(6) 审查工程建设拨款、借贷款，交付使用财产应核销投资，转出的应核销其他支出等项的金额是否与历年财务决算中有关项目的合计数额相符。

(7) 审查应收、应付的每笔款项是否完全结清，工程建设应摊销的费用是否已全部摊销，应退余料是否已清退。

(8) 审查工程建设有无结余资金和剩余物资，数额是否真实，处理是否符合有关规定。

## 10.4 施工索赔

索赔是指在合同的履行过程中，合同一方因对方不履行或未能正确履行合同所规定的义务而导致超出合同规定的资源消耗或损失时，向对方提出的赔偿或补偿要求。

1) 正确看待索赔

在市场经济环境中，承包商要提高工程经济效益必须重视索赔问题，必须有索赔意识。索赔意识主要体现在如下三方面：

(1) 法律意识。索赔是法律赋予承包商的正当权利，是保护自己正当权益的手段。强化索赔意识，实质上强化了承包商的法律意识。这不仅可以加强承包商的自我保护意识，提高自我保护能力，而且还能提高承包商履约的自觉性，自觉地防止自己侵害他人利益。

(2) 市场经济意识。在市场经济环境中，承包企业以追求经济效益为目标，索赔是在合同规定的范围内合理合法地追求经济效益的手段。通过索赔可补偿损失，增加收益。

(3) 工程管理意识。索赔工作涉及工程项目管理的各个方面。要取得索赔的成功，必须提高施工管理水平，进一步健全和完善管理机制。在工程管理中，必须有专人负责索赔管理工作，将索赔管理贯穿于工程项目全过程、工程实施的各个环节，所以搞好索赔能带动承包商管理水平的提高。

2) 遵守索赔程序

要搞好索赔，不仅要善于发现和把握索赔的机会，更重要的是要按照一定的程序来处理索赔。

(1) 意向通知

发现索赔或意识到存在的索赔机会后，承包商要做的第一件事就是要将自己的索赔意向书面通知给监理工程师(业主)。这种意向通知是非常重要的，它标志着一项索赔的开始。FIDIC土木工程施工合同条件第53.3条规定："在引起索赔事件第一次发生之后的28天内，承包商将他的索赔意向以书面形式通知工程师，同时将一份副本呈交业主。"事先向监理工程师(业主)通知索赔意向，这不仅是承包商要取得补偿必须遵守的基本要求之一，也是承包商在整个合同实施期间保持良好的索赔意识的最好办法。

索赔意向通知通常包括以下四个方面的内容：

① 事件发生的时间和情况的简单描述。

② 合同依据的条款和理由。

③ 有关后续资料的提供，包括及时记录和提供事件发展的动态。

④ 对工程成本和工期产生不利影响的严重程度，以期引起监理工程师(业主)的注意。

(2) 证据资料准备

索赔的成功很大程度上取决于承包商对索赔作出的解释和具有强有力的证明材料。因此，承包商在正式提出索赔报告前的资料准备工作极为重要，这就要求承包商注意记录和积累保存以下各方面的资料。

① 施工日志。应指定有关人员现场记录施工中发生的各种情况，包括天气，出工人数，设备数量及其使用情况，进度，质量情况，安全情况，监理工程师在现场有什么指示，进行了什么实验，有无特殊干扰施工的情况，遇到了什么不利的现场条件，多少人员参观了现场，等等。这种现场记录和日志有利于及时发现和正确分析索赔，可能是索赔的重要证明材料。

② 来往信件。与监理工程师、业主、有关政府部门、银行、保险公司的来往信函必须认真保存，并注明发送和收到的详细时间。

③ 气象资料。在分析进度安排和施工条件时，天气是考虑的重要因素之一。

因此，要保持一份如实完整、详细的天气情况记录，包括气温、风力、温度、降雨量、暴雨雪、冰雹等。

④ 备忘录。承包商对监理工程师和业主的口头指示和电话应随时用书面记录，并请他们签字给予书面确认。事件发生和持续过程的重要情况应记录。

⑤ 会议纪要。承包商、业主和监理工程师举行会议时要作好详细记录，对其主要问题形成会议纪要，并由会议各方签字确认。

⑥ 工程进度计划。承包商编制的经监理工程师或业主批准同意的所有工程总进度、年进度、季进度、月进度计划都必须妥善保管，任何与延期有关的索赔分析、工程进度计划都是非常重要的证据。

⑦ 工程核算资料。工人劳动计时卡和工资单，设备、材料和零配件采购单，付款收据，工程开支月报，工程成本分析资料，会计报表，财务报表，货币汇率，物价指数，收付款票据都应分类装订成册，这些都是进行索赔费用计算的基础。

⑧ 工程图纸。工程师和业主签发的各种图纸，包括设计图、施工图、竣工图及其相应的修改图，应注意对照检查和妥善保存。设计变更一类的索赔，原设计图和修改图的差异是索赔最有力的证据。

⑨ 招投标文件。招标文件是承包商报价的依据，是工程成本计算的基础资料，是索赔时进行附加成本计算的依据。投标文件是承包商编标报价的成果资料，对施工所需的设备、材料列出了数量和价格，也是索赔的基本依据。

(3) 索赔报告的编写

索赔报告是承包商向监理工程师(业主)提交的一份要求业主给予一定经济(费用)补偿和(或)延长工期的正式报告，承包商应该在索赔事件对工程产生的影响结束后尽快(一般合同规定 28 天内)向监理工程师(业主)提交正式的索赔报告。编写索赔报告应注意以下几个问题：

① 索赔报告的基本要求。第一，必须说明索赔的合同依据，即基于何种理由提出索赔要求。一种是根据合同某条款规定，承包商有资格因合同变更或追加额外工作而取得费用补偿和(或)延长工期；一种是业主或其代理人任何违反合同规定的行为给承包商造成损失，承包商有权索取补偿。第二，索赔报告中必须有详细准确的损失金额及时间的计算。第三，要证明客观事务与损失之间的因果关系，说明索赔前因后果的关联性，要以合同为依据，说明业主违约或合同变更与引起索赔的必然性联系。

② 索赔报告必须准确。其中责任分析应清楚、准确，索赔值的计算依据要正确，计算结果要准确，措辞要婉转和恰当。

③ 索赔报告的形式和内容。索赔报告应简明扼要，条理清楚，便于对方由表及里、由浅入深地阅读和了解。索赔报告形式和内容的安排也是很重要的，一般可以考虑用金字塔的形式安排编写，如图 10.4.1 所示。

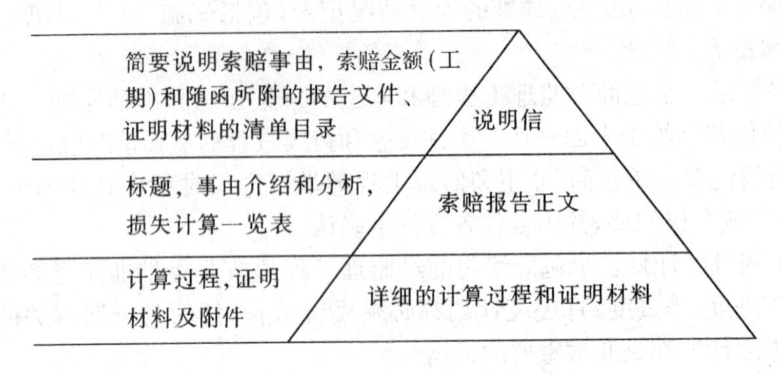


**图 10.4.1　索赔报告的形式和内容**

(4) 提交索赔报告

索赔报告编写完毕后，应及时提交给监理工程师(业主)正式提出索赔。索赔报告提交后，承包商不能被动等待，应隔一定的时间主动向对方了解索赔处理的情况，根据所提出问题进一步做资料方面的准备，或提供补充资料，尽量为监理工程师处理索赔提供帮助、支持和合作。

(5) 参加索赔问题的解决

索赔报告提交后，业主(工程师)通过对报告的仔细阅读审查，会对不合理的索赔进行反驳或提疑问，这时承包商应对工程师提出的各种质疑作出答复。对答复不满意的，双方要进行谈判。对有些不能通过谈判解决的，将进一步提交监理工程师解决直至仲裁。

3) 索赔费计算

索赔事件发生后，如何正确计算索赔给承包商造成的损失，直接牵涉承包商的利益。因此，承包商要熟练掌握有关计算方法。

(1) 总费用法和修正的总费用法

总费用法又称总成本法，就是计算出该项工程的总费用，再从这个已实际开支的总费用中减去投标报价时的成本费用，即为要求补偿的索赔费用额。

总费用法不十分科学，但仍被经常采用，原因是对于某些索赔事件，难于精确地确定各项费用的增加额。

一般认为在具备以下条件时采用总费用法是合理的：

① 已开支的实际总费用经过审核，认为是比较合理的。

② 承包商的原始报价是比较合理的。

③ 费用的增加是由于对方原因造成的，其中没有承包商管理不善的责任。

④ 由于该项索赔事件的性质以及现场记录的不足，难以采用更精确的计算方法。

修正总费用法是指对难以用实际总费用进行审核的，可以考虑是否能计算出与索赔事件有关的单项工程的实际总费用和该单项工程的投标报价。若可行，可按其单项工程的实际费用与报价的差值来计算其索赔的金额。

(2) 分项法

分项法是将索赔的损失费用分项计算，下面是其主要内容。

① 人工费索赔

人工费索赔包括额外雇佣劳务人员、加班工资、工资上涨、人员闲置和劳动生产率降低的费用。

对于额外雇佣劳务人员和加班工资，用投标时的人工单价乘以工时数即可。对于人员闲置费用，一般折算为人工单价的 0.75。工资上涨是指由于工程变更，使承包商的大量人力资源的使用从前期推到后期，而后期工资水平上调，因此应得到相应的补偿。有时工程师指令进行计日工，则人工费按计日工表中的人工单价计算。对于劳动生产率降低导致的人工费索赔，一般可用实际成本和预算成本比较法，或正常施工与其受影响比较法。

如工程吊装浇注混凝土，前 5 天工作正常，第 6 天起业主架设临时电线，共有 6 天时间使吊车不能在正常角度下工作，导致吊运混凝土的方量减少。现要计算由此引起的索赔费用。对此可通过承包商的正常施工记录和受干扰时施工记录来计算，如表 10.4.1 和表 10.4.2 所示。

**表 10.4.1　未受干扰时正常施工记录**

| 时间(天) | 1 | 2 | 3 | 4 | 5 | 平均值 |
|---|---|---|---|---|---|---|
| 平均劳动生产率($m^3$/h) | 7 | 6 | 6.5 | 8 | 6 | 6.7 |

**表 10.4.2　受干扰时施工记录**

| 时间(天) | 1 | 2 | 3 | 4 | 5 | 6 | 平均值 |
|---|---|---|---|---|---|---|---|
| 平均劳动生产率($m^3$/h) | 5 | 5 | 4 | 4.5 | 6 | 4 | 4.75 |

通过以上施工记录比较，劳动生产率降低值为

$$6.7-4.75=1.95(m^3/h)$$

索赔费用的计算公式为

$$索赔费用=计划台班\times\frac{劳动生产率降低值}{预期劳动生产率}\times台班单价$$

② 材料费索赔

材料费索赔包括材料消耗量增加和材料单位成本增加两个方面。追加额外工作，变更工程性质，改变施工方法等，都可能造成材料用量的增加或使用不同的材

料。材料单位成本增加的原因包括材料价格上涨、手续费增加、运输费用增加、仓储保管费增加等等。

③ 施工机械费索赔

施工机械费索赔包括增加台班数量、机械闲置或工作效率降低，可参考劳动生产率降低的人工索赔的计算方法。台班量的计算数据来自机械使用记录。对于租赁的机械，取费标准按租赁合同计算。

④ 现场管理费索赔计算

管理费包括现场管理费，如临时设施费、通信费、办公费、现场管理人员和服务人员的工资等。

现场管理费索赔计算的方法一般为

现场管理费索赔值＝索赔的直接成本费用×现场管理费率

其中现场管理费率可通过合同百分比法、行业平均水平法、原始估价法、历史数据法等方法来确定。

## 10.5 估价管理的新理念

### 10.5.1 建设项目的全过程估价管理

1) 传统的估价管理存在的不足

(1) 缺少统一的建设项目范围界定与决策的方法。

(2) 缺少按基于活动的建设项目估价确定的方法。

(3) 缺少基于活动的建设项目估价控制的方法。

(4) 缺少项目相关利益主体共同管理估价的方法。

(5) 缺少按建设项目生命周期估价评估的方法。

(6) 缺少同时管理建设项目不确定性估价的方法。

(7) 缺少按建设项目诸要素集成管理估价的方法。

(8) 缺少建设项目工程估价变更系统控制的方法。

2) 全过程估价管理的提出

由于传统的估价管理存在上述的不足，为了改进原有的管理模式，适应现代估价管理的需要，估价管理人员提出了全过程估价管理的理念、构想和一些理论做法。

3) 全过程估价管理的内容

全过程估价管理目前主要围绕以下几个方面进行：

(1) 建设项目各阶段的全过程的连续性。

(2) 建设项目各项相关活动的全过程关联性。

(3) 建设项目各部门全过程的沟通性。

(4) 建设项目各利益主体全过程的平衡性。

(5) 建设项目实施全过程中各相关要素的协调性。

### 10.5.2 建设项目的全要素估价管理

由于建设项目的估价管理不是孤立地、单一地只对造价一个要素进行管理，建设项目的估价与建设项目的范围、工期和质量等多要素直接相关，所以估价管理是多要素共同作用的结果。

1) 建设项目全要素估价管理的思想

在一个建设项目的实现过程中，项目的各种要素都会直接或间接地影响一个项目的其他要素，并最终影响项目建设的成败。建设项目任何一个要素的变化都会引起项目其他方面因素的变化，例如，一个项目的功能、范围发生变化，通常就会直接造成一个项目的造价和工期等要素发生变化。这种建设项目各要素之间的相互影响和关联就要求人们在一个项目的估价管理中必须充分、有效地开展项目的集成管理，并且通过这种项目的集成管理对项目各方面活动和目标进行协调，对建设项目的各项活动及其所消耗的资源进行综合性的控制。

2) 建设项目全要素估价管理的内容

建设项目全要素估价管理的根本目标就是保障一个建设项目各方面的工作能够有机地协调与配合，在最佳的投资支出下，使各项工作都能够更好地实现建设项目的目标。

建设项目全要素估价管理的主要内容包括为达到甚至超过项目相关利益者的期望去协调人们各方面的目标和要求，去计划和安排项目各项活动的集成行动方案，并在实施这些集成计划的过程中采用集成管理的方法去协调行动，同时在实施过程中集成控制项目的变更和做好项目变更的配置管理。建设项目全要素估价管理的本质就是从全局的观点出发，以项目整体利益最大化为目标，以估价管理为主线，以功能、范围、时间、质量等要素的协调与整合为主要内容而开展的一种综合性和系统性的管理活动。建设项目全要素估价管理的主要工作内容包括三个方面：一是要素集成计划的制订，这是统一考虑各个专项计划的要求，通过全面综合平衡而编制出要素集成计划；二是要素集成计划的实施，这是将集成计划付诸实施，将项目集成计划转变成产出物的工作；三是对于项目变更的总体控制，这是协调和控制整个项目目标与估价之间变化管理的工作。

### 10.5.3 建设项目的全风险估价管理

建设项目的实现过程是一个存在着很大不确定性的过程，因为这一过程是一个复杂的、一次性的、开放并涉及许多关系与变数的过程，这些特性使得在建设项目的实现过程中存在各种各样的风险。如果不能很好地管理这些建设风险，就会造成各种各样的损失，而这些损失最终都会转换成建设项目造价的增加，从而造成估价管理目标的失控。因此，在建设项目的估价管理中，必须考虑各种风险对估价的影响，同时开展对确定性和不确定性的估价全面管理。全风险估价管理主要包括以下内容：

1）项目估价风险的识别

对于一个建设项目来说，它究竟存在什么样的风险，一方面取决于项目本身的特性，另一方面取决于项目所处的外部环境与条件，当然，还有一个方面就是参加项目及其管理的项目团队成员，这些包括团队成员对于项目风险的认识能力以及项目团队成员的沟通和决策能力等。不同的建设项目、不同的项目环境与条件、不同的项目团队成员与团队间的沟通与决策都会带来不同的估价风险事件。

2）项目估价风险的度量

在识别出建设项目的估价风险以后，还必须采用一定的技术和方法对这些风险对估价的影响程度进行度量，以便人们能够更好地认识风险的影响，从而能够制定和实施各种风险的应对措施。估价风险的度量一般包括对项目风险和风险性造价发生概率的估量，对风险影响估价大小的估量，对项目风险影响范围的估量，以及风险发生时间进程的估量等。

3）项目风险的应对措施

根据项目风险的发生阶段及其应对措施，可分为风险潜在阶段的应对措施、风险发生阶段的应对措施和风险后果阶段的应对措施。

### 10.5.4 建设项目全团队的估价管理

建设项目的估价管理涉及多个不同的相关利益主体的利益，如何使他们的利益协调一致，通过共同管理建设项目造价去实现项目利益的最大化和项目成本的最小化是建设项目估价管理的根本目标。由于这些建设项目相关利益主体的利益不同、立场不同、专业知识背景不同、企业文化与思维方法不同，实际上在现有的建设项目估价管理中存在大量的不同利益主体的明争暗斗，不同立场项目组织之间的相互对抗，不同专业知识背景的项目人员之间的沟通障碍，不同企业和组织的文化与思想冲突等许多问题，而这些问题所造成的建设项目估价管理方面的损失有时是巨大的。为了解决这些问题，使那些不同的相关利益主体能够形成一个有机的团队去开展建设项目的估价管理，就必须要建立一套建设项目全团队估价管理的技术方法。

1）全团队的含义及团队成员构成

建设项目的全团队是指建设项目的实施过程中各参与方与项目业主并存的建设项目相关利益主体所构成的一个组织整体。从广义上看，该团队成员包括投资方、建设单位、政府主管部门、设计单位、承包商、供应商、管理咨询机构、项目使用者等。

2）全团队合作伙伴关系的建立

全团队估价管理的关键就是团队合作伙伴关系的建立，这种关系有利于实现项目的根本目标，这种做法涉及一份在建设项目实现过程中风险共担和多方合作的合作伙伴式管理的协议。该协议不是合同，也不能代替项目合同或协定，而是要在完成项目建设过程中寻求建立一种共同合作的关系。要建立这种项目合作伙伴关系，合作的项目各方都要努力去理解对方的目标和要求，并且通过协商和协调使多方的目标和要求能够达到共同一致。合作伙伴关系的建立基于信任、基于相互信赖和支持、基于诚信。

3）全团队估价管理的组织

全团队估价管理的组织一般需要一个合作促进人来进行管理，该合作促进人是以第三者的独立身份出现，去充当全团队估价管理中的合作促进者。合作促进者在团队合作中起着合作进程的管理者、合作观念的推行者、合作方法的培训人、合作关系的维护者、合作会议的组织者的作用。通过促进者的组织，通过团队的合作，来实现全面沟通、全面参与、共同受益、快速反应，最终达到实现最优目标的目的。

前面所述的估价管理理念，其实不是单纯的估价管理问题，而是针对一个建设项目的综合性管理。广义的估价管理不是其自身的独立的一方面内容，而是各因素、各环节、各部门的综合。

估价管理是一个动态过程，贯穿于项目建设的始终（全寿命、全过程），不能简单地理解为被动计算造价，而要能动地影响项目的决策。

上述的估价管理理念只是一种定性的描述和理想状态，要能有效运用还需不断探索，不断完善。

## 10.6 建设工程工程量清单计价条件下的估价管理

### 10.6.1 招标控制价

（1）国有资金投资的工程建设项目应实行工程量清单招标，并应编制招标控制价。招标控制价超过批准的概算时，招标人应将其报原概算部门审核。投标人的投标报价高于招标控制价的，其投标应予以拒绝。

（2）招标控制价应由具有编制能力的招标人，或受其委托具有相应资质的工程造价咨询人编制。

（3）招标控制价应根据下列依据编制：

①《建设工程工程量清单计价规范》。

② 国家或省级、行业建设主管部门颁发的计价定额和计价办法。

③ 建设工程设计文件及相关资料。

④ 招标文件中的工程量清单及有关要求。

⑤ 与建设项目相关的标准、规范、技术资料。

⑥ 工程造价管理机构发布的工程造价信息，工程造价信息没有发布的参照市场价。

⑦ 其他的相关资料。

(4) 分部分项工程费应根据招标文件中的分部分项工程量清单项目的特征描述及有关要求，按规范的规定确定综合单价计算。

综合单价中应包括招标文件中要求投标人承担的风险费用。

招标文件提供了暂估单价的材料，按暂估的单价计入综合单价。

(5) 措施项目费应根据招标文件中的措施项目清单按规范规定计价。

(6) 其他项目费应按下列规定计价：

① 暂列金额应根据工程特点，按有关计价规定估算。

② 暂估价中的材料单价应根据工程造价信息或参照市场价格估算；暂估价中的专业工程金额应分不同专业，按有关计价规定估算。

③ 计日工应根据工程特点和有关计价依据计算。

④ 总承包服务费应根据招标文件列出的内容和要求估算。

(7) 规费和税金应按规范的规定计算。

(8) 招标控制价应在招标时公布，不应上调或下浮，招标人应将招标控制价及有关资料报送工程所在地工程造价管理机构备查。

(9) 投标人经复核认为招标人公布的招标控制价未按照计价规范的规定编制的，应在开标前 5 天向招投标监督机构或(和)工程造价管理机构投诉。招投标监督机构应会同工程造价管理机构对投诉进行处理，发现有错误的，应责成招标人修改。

### 10.6.2 投标价

(1) 除规范强制性规定外，投标价由投标人自主确定，但不得低于成本。投标价应由投标人或受其委托具有相应资质的工程造价咨询人编制。

(2) 投标人应按招标人提供的工程量清单填报价格。填写的项目编码、项目名称、项目特征、计量单位、工程量必须与招标人提供的一致。

(3) 投标报价应根据下列依据编制：

①《建设工程工程量清单计价规范》。

② 国家或省级、行业建设主管部门颁发的计价办法。

③ 企业定额，国家或省级、行业建设主管部门颁发的计价定额。

④ 招标文件、工程量清单及其补充通知、答疑纪要。

⑤ 建设工程设计文件及相关资料。

⑥ 施工现场情况、工程特点及拟定的投标施工组织设计或施工方案。

⑦ 与建设项目相关的标准、规范等技术资料。

⑧ 市场价格信息或工程造价管理机构发布的工程造价信息。

⑨ 其他的相关资料。

(4) 分部分项工程费应依据规范综合单价的组成内容,按招标文件中分部分项工程量清单项目的特征描述确定综合单价计算。综合单价中应考虑招标文件中要求投标人承担的风险费用。招标文件中提供了暂估单价的材料,按暂估的单价计入综合单价。

(5) 投标人可根据工程实际情况结合施工组织设计对招标人所列的措施项目进行增补。

措施项目费应根据招标文件中的措施项目清单及投标时拟定的施工组织设计或施工方案按规范的规定自主确定。其中安全文明施工费应按照规范对应条的规定确定。

(6) 其他项目费应按下列规定报价:

① 暂列金额应按招标人在其他项目清单中列出的金额填写。

② 材料暂估价应按招标人在其他项目清单中列出的单价计入综合单价,专业工程暂估价应按招标人在其他项目清单中列出的金额填写。

③ 计日工按招标人在其他项目清单中列出的项目和数量自主确定综合单价并计算计日工费用。

④ 总承包服务费根据招标文件中列出的内容和提出的要求自主确定。

(7) 税金应按规范的规定确定。

(8) 投标总价应当与分部分项工程费、措施项目费、其他项目费和规费、税金的合计金额一致。

### 10.6.3 工程合同价款的约定

(1) 实行招标的工程合同价款应在中标通知书发出之日起 30 天内,由发、承包人双方依据招标文件和中标人的投标文件在书面合同中约定。

不实行招标的工程合同价款在发、承包人双方认可的工程价款基础上,由发、承包人双方在合同中约定。

(2) 实行招标的工程,合同约定不得违背招、投标文件中关于工期、造价、质量等方面的实质性内容。招标文件与中标人投标文件不一致的地方,以投标文件为准。

(3) 实行工程量清单计价的工程宜采用单价合同。

(4) 发、承包人双方应在合同条款中对下列事项进行约定。合同中没有约定或约定不明的，由双方协商确定；协商不能达成一致的按计价规范执行。

① 预付工程款的数额、支付时间及抵扣方式。

② 工程计量与支付工程进度款的方式、数额及时间。

③ 工程价款的调整因素、方法、程序、支付及时间。

④ 索赔与现场签证的程序、金额确认与支付时间。

⑤ 发生工程价款争议的解决方法及时间。

⑥ 承担风险的内容、范围以及超出约定内容、范围的调整办法。

⑦ 工程竣工价款结算编制与核对、支付及时间。

⑧ 工程质量保证(保修)金的数额、预扣方式及时间。

⑨ 与履行合同、支付价款有关的其他事项等。

### 10.6.4 工程计量与价款支付

(1) 发包人应按照合同约定支付工程预付款。支付的工程预付款按照合同约定在工程进度中抵扣。

(2) 发包人支付工程进度款应按照合同约定计量和支付，支付周期同计量周期。

(3) 工程计量时，若发现工程量清单中出现漏项、工程量计算偏差，以及工程变更引起工程量的增减，应按承包人在履行合同义务过程中实际完成的工程量计算。

(4) 承包人应按照合同约定向发包人递交已完工程量报告。发包人应在接到报告后按合同约定进行核对。

(5) 承包人应在每个付款周期末向发包人递交进度款支付申请，并附相应的证明文件。除合同另有约定外，进度款支付申请应包括下列内容：

① 本周期已完成工程的价款。

② 累计已完成的工程价款。

③ 累计已支付的工程价款。

④ 本周期已完成计日工金额。

⑤ 应增加和扣减的变更金额。

⑥ 应增加和扣减的索赔金额。

⑦ 应抵扣的工程预付款。

⑧ 应扣减的质量保证金。

⑨ 根据合同应增加和扣减的其他金额。

⑩ 本付款周期实际应支付的工程价款。

(6) 发包人在收到承包人递交的工程进度款支付申请及相应的证明文件后，

应在合同约定时间内核对和支付工程进度款。发包人应扣回的工程预付款与工程进度款同期结算抵扣。

(7) 发包人未在合同约定时间内支付工程进度款,承包人应及时向发包人发出要求付款的通知,发包人收到承包人通知后仍不按要求付款,可与承包人协商签订延期付款协议,经承包人同意后延期支付。协议应明确延期支付的时间和从付款申请生效后按同期银行贷款利率计算应付款的利息。

(8) 发包人不按合同约定支付工程进度款,双方又未达成延期付款协议,导致施工无法进行时,承包人可停止施工,由发包人承担违约责任。

### 10.6.5 索赔与现场签证

(1) 合同一方向另一方提出索赔,应有正当的索赔理由和有效证据,并应符合合同的相关约定。

(2) 若承包人认为非承包人原因发生的事件造成了承包人的经济损失,承包人应在确认该事件发生后按合同约定向发包人发出索赔通知。

(3) 承包人索赔按下列程序处理:

① 承包人在合同约定的时间内向发包人递交费用索赔意向通知书。

② 发包人指定专人收集与索赔有关的资料。

③ 承包人在合同约定的时间内向发包人递交费用索赔申请表。

④ 发包人指定的专人初步审查费用索赔申请表符合计价规范第 9.13.2 条规定的条件时予以受理。

⑤ 发包人指定的专人进行费用索赔核对,经造价工程师复核索赔金额后,与承包人协商确定并由发包人批准。

⑥ 发包人指定的专人应在合同约定的时间内签署费用索赔审批表,或发出要求承包人提交有关索赔的进一步详细资料的通知,待收到承包人提交的详细资料后,按计价规范第 9.13.3 规定的程序进行。

(4) 若承包人的费用索赔与工程延期索赔要求相关联时,发包人在作出费用索赔的批准决定时,应结合工程延期的批准,综合作出费用索赔与工程延期的决定。

(5) 若发包人认为由于承包人的原因造成额外损失,发包人应在确认引起索赔的事件后,按合同约定向承包人发出索赔通知。承包人在收到发包人索赔通知后并在合同约定时间内未向发包人作出答复,视为该项索赔已经认可。

(6) 承包人应发包人要求完成合同以外的零星工作或非承包人责任事件发生时,承包人应按合同约定及时向发包人提出现场签证。

(7) 发、承包双方确认的索赔与现场签证费用与工程进度款同期支付。

### 10.6.6 工程价款调整

(1) 招标工程以投标截止日前 28 天，非招标工程以合同签订前 28 天为基准日，其后国家的法律、法规、规章和政策发生变化影响工程造价的，应按省级或行业建设主管部门或其授权的工程造价管理机构发布的规定调整合同价款。

(2) 若施工中出现施工图纸(含设计变更)与工程量清单项目特征描述不符的，发、承包双方应按新的项目特征确定相应工程量清单的综合单价。

(3) 因分部分项工程量清单漏项或非承包人原因的工程变更，造成增加新的工程量清单项目，其对应的综合单价按下列方法确定：

① 合同中已有适用的综合单价，按合同中已有的综合单价确定。

② 合同中有类似的综合单价，参照类似的综合单价确定。

③ 合同中没有适用或类似的综合单价，由承包人提出综合单价，经发包人确认后执行。

(4) 因分部分项工程量清单漏项或非承包人原因的工程变更引起措施项目发生变化，造成施工组织设计或施工方案变更，原措施费中已有的措施项目，按原有措施费的组价方法调整；原措施费中没有的措施项目，由承包人根据措施项目变更情况提出适当的措施费变更，经发包人确认后调整。

(5) 因非承包人原因引起的工程量增减，该项工程量变化在合同约定幅度以内的，应执行原有的综合单价；该项工程量变化在合同约定幅度以外的，其综合单价及措施费应予以调整。

(6) 若施工期内市场价格波动超出一定幅度时，应按合同约定调整工程价款；合同没有约定或约定不明确的，应按省级或行业建设主管部门或其授权的工程造价管理机构的规定调整。

(7) 因不可抗力事件导致的费用，发、承包双方应按以下原则分别承担并调整工程价款。

① 工程本身的损害、因工程损害导致第三方人员伤亡和财产损失以及运至施工现场用于施工的材料和待安装的设备的损害，由发包人承担。

② 发包人、承包人人员伤亡由其所在单位负责，并承担相应费用。

③ 承包人的施工机械设备的损坏及停工损失由承包人承担。

④ 停工期间，承包人应发包人要求留在施工现场的必要的管理人员及保卫人员的人工费用由发包人承担。

⑤ 工程所需清理、修复费用由发包人承担。

(8) 工程价款调整报告应由受益方在合同约定时间内向合同的另一方提出，经对方确认后调整合同价款。受益方未在合同约定时间内提出工程价款调整报告的，视为不涉及合同价款的调整。收到工程价款调整报告的一方应在合同约定时间内确认或提出协商意见，否则视为工程价款调整报告已经确认。

(9) 经发、承包双方确定调整的工程价款，作为追加(减)合同价款与工程进度款同期支付。

### 10.6.7 竣工结算

(1) 工程完工后，发、承包双方应在合同约定时间内办理工程竣工结算。

(2) 工程竣工结算由承包人或受其委托具有相应资质的工程造价咨询人编制，由发包人或受其委托具有相应资质的工程造价咨询人核对。

(3) 工程竣工结算应根据下列依据：

①《建设工程工程量清单计价规范》。

② 施工合同。

③ 工程竣工图纸及资料。

④ 双方确认的工程量。

⑤ 双方确认追加(减)的工程价款。

⑥ 双方确认的索赔、现场签证事项及价款。

⑦ 投标文件。

⑧ 招标文件。

⑨ 其他依据。

(4) 分部分项工程量费应依据双方确认的工程量、合同约定的综合单价计算；如发生调整的，以发、承包双方确认调整的综合单价计算。

(5) 措施项目费应依据合同约定的项目和金额计算；如发生调整的，以发、承包双方确认调整的金额计算，其中安全文明施工费应按规范规定计算。

(6) 其他项目费用应按下列规定计算：

① 计日工应按发包人实际签证确认的事项计算。

② 暂估价中的材料单价应按发、承包双方最终确认价在综合单价中调整，专业工程暂估价应按中标价或发包人、承包人与分包人最终确认价计算。

③ 总承包服务费应依据合同约定金额计算，如发生调整的，以发、承包双方确认调整的金额计算。

④ 索赔费用应依据发、承包双方确认的索赔事项和金额计算。

⑤ 现场签证费用应依据发、承包双方签证资料确认的金额计算。

⑥ 暂列金额应减去工程价款调整与索赔、现场签证金额计算，如有余额归发包人。

(7) 规费和税金应按规范规定计算。

(8) 承包人应在合同约定时间内编制完成竣工结算书，并在提交竣工验收报告的同时递交给发包人。承包人未在合同约定时间内递交竣工结算书，经发包人催促后仍未提供或没有明确答复的，发包人可以根据已有资料办理结算。

(9) 发包人在收到承包人递交的竣工结算书后，应按合同约定时间核对。同一工程竣工结算核对完成，发、承包双方签字确认后，禁止发包人又要求承包人与另一个或多个工程造价咨询人重复核对竣工结算。

(10) 发包人或受其委托的工程造价咨询人收到承包人递交的竣工结算书后，在合同约定时间内不核对竣工结算或未提出核对意见的，视为承包人递交的竣工结算书已经认可，发包人应向承包人支付工程结算价款。承包人在接到发包人提出的核对意见后，在合同约定时间内不确认也未提出异议的，视为发包人提出的核对意见已经认可，竣工结算办理完毕。

(11) 发包人应对承包人递交的竣工结算书签收，拒不签收的，承包人可以不交付竣工工程。

承包人未在合同约定时间内递交竣工结算书的，发包人要求交付竣工工程，承包人应当交付。

(12) 竣工结算办理完毕，发包人应将竣工结算书报送工程所在地工程造价管理机构备案。竣工结算书作为工程竣工验收备案、交付使用的必备文件。

(13) 竣工结算办理完毕，发包人应根据确认的竣工结算书在合同约定时间内向承包人支付工程竣工结算价款。

(14) 发包人未在合同约定时间内向承包人支付工程结算价款的，承包人可催告发包人支付结算价款。如达成延期支付协议的，发包人应按同期银行同类贷款利率支付拖欠工程价款的利息。如未达成延期支付协议，承包人可以与发包人协商将该工程折价，或申请人民法院将该工程依法拍卖，承包人就该工程折价或者拍卖的价款优先受偿。

### 10.6.8 工程计价争议处理

(1) 在工程计价中，对工程造价计价依据、办法以及相关政策规定发生争议事项的，由工程造价管理机构负责解释。

(2) 发包人对工程质量有异议，拒绝办理工程竣工结算的，已竣工验收或已竣工未验收但实际投入使用的工程，其质量争议按该工程保修合同执行，竣工结算按合同约定办理；已竣工未验收且未实际投入使用的工程以及停工、停建工程的质量争议，双方应就有争议的部分委托有资质的检测鉴定机构进行检测，根据检测结果确定解决方案，或按工程质量监督机构的处理决定执行后办理竣工结算，无争议部分的竣工结算按合同约定办理。

(3) 发、承包双方发生工程造价合同纠纷时，应通过下列办法解决：

① 双方协商。

② 提请调解，工程造价管理机构负责调解工程造价问题。

③ 按合同约定向仲裁机构申请仲裁或向人民法院起诉。

（4）在合同纠纷案件处理中，需作工程造价鉴定的，应委托具有相应资质的工程造价咨询人进行。

## 复习思考题

1. 叙述工程估价管理的概念，并阐述估价管理的作用。
2. 政府部门的估价管理的内容有哪些？
3. 如何认识和发挥行业协会估价管理的作用？
4. 估价管理按管理主体的不同有哪些？
5. 不同阶段的估价管理体现在哪些方面？
6. 应如何正确看待和处理索赔？
7. 如何认识和运用工程造价的动态结算？
8. 工程估价管理的新理念有哪些？
9. 如何认识和运用估价管理的新理念？
10. 什么是索赔？为什么会有索赔？
11. 建设工程工程量清单计价条件下的估价管理工作有哪些主要内容？

# 附录一　建筑工程工程量清单编制实例

一、编制依据

1. 设计文件详见附表 1.1～附表 1.2、附图 1.1～附图 1.17 及附页“建筑设计说明”、“结构设计说明”。

2. 地质勘察资料

2.1 根据地质勘察资料分析，土方类别为三类土。

2.2 地下水位在－3.00 m(相对室内地面标高)。

3.《建设工程工程量清单计价规范》(GB 50500—2013)。

4.《房屋建筑与装饰工程工程量计算规范》(GB 50854—2013)。

5. 与清单编制相关的施工招标文件的主要内容。

5.1 招标单位：×××投资发展有限公司。

5.2 项目名称：食堂土建。

5.3 工程质量等级要求：合格工程。

5.4 安全生产文明施工要求：创建省级文明工地。

5.5 工期要求：定额工期。

5.6 合同类型：单价合同。

5.7 材料供应方式：材料均为承包人供应。

5.8 暂列金额：考虑到设计变更、材料涨价风险等因素，按 50 000 元计入。

5.9 地砖、墙砖的价格为暂定。

5.10 进户塑钢门及成品雨篷由专业厂家制作安装，由招标人指定分包。

二、工程量清单成果文件

1. 清单工程量计算表见附表 1.3。

2. 工程量清单见附表 1.4。

# 建筑设计说明

**1. 设计依据**

1.1 设计委托合同书。

1.2 建设、规划、消防、人防等主管部分对项目的审批文件。

1.3 其他(略)。

**2. 项目概况**

2.1 建筑名称:食堂。

2.2 建设单位:×××投资发展有限公司。

2.3 建筑面积:506.64 $m^2$。

2.4 建筑层数:二层。

2.5 主要结构类型:框架结构。

2.6 抗震设防烈度:7度。

2.7 设计使用年限:50年。

**3. 标高及定位(略)**

**4. 墙体工程**

4.1 外墙:200 mm 厚 A5.0,B06 级蒸压粉煤灰加气混凝土砌块,DMM5 专用水泥类砌筑砂浆砌筑。

4.2 内墙:200 mm 或 100 mm 厚 A3.5,B06 级蒸压粉煤灰混凝土砌块,DMM5 专用石膏类砌筑砂浆砌筑。

**5. 屋面工程**

5.1 屋面工程执行《屋面工程技术规范》(GB 50345—2012)和地方的有关规程和规定。

5.2 平屋面做法(自上而下):

① 50 mm 厚 C30 细石混凝土保护层内配 $\phi 4@150$ 钢筋网;

② 20 mm 厚 1∶3 水泥砂浆找平层;

③ 55 mm 厚 XPS 挤塑保温板(B1 型);

④ 3.0 mm 厚 SBS 改性沥青防水卷材;

⑤ 20 mm 厚 1∶3 水泥砂浆找平层;

⑥ 20 mm 厚(最薄处)1∶8 水泥炉渣找 2%坡;

⑦ 现浇钢筋混凝土屋面板。

**6. 门窗工程**

6.1 外门窗的抗风压、气密性、水密性三项指标应符合 GB 7101 的有关规定。

6.2 门窗的选型见门窗表。

**7. 外装饰工程**

7.1 外墙做法如下:

① 墙体基层;

② 界面剂一道;

③ 10 mm 厚 1∶3 水泥砂浆找平;

④ 20 mm 厚膨胀玻化微珠保温砂浆;

⑤ 热镀锌钢丝网一层(涂塑玻纤网格布一层);

⑥ 10 mm 厚防裂抗渗砂浆;

⑦ 仿石面砖(外墙涂料)。

7.2 其他(略)。

**8. 内装饰工程**

8.1 内装饰工程做法详见用料做法表。

8.2 其他(略)。

**9. 油漆涂料工程**

9.1 详见用料做法表。

9.2 其他(略)。

**10. 室外工程**

10.1 散水做法:苏 J01—2005—3/12。

10.2 坡道做法:03J926—3/22。

**11. 其他(略)**

**附表 1.1　用料做法表**

| 类别 | 编号 | 名　称 | 做法 | 使用部位及说明 |
|---|---|---|---|---|
| 地面 | 地 1 | 地砖地面 | 1. 10 厚地砖地面，干水泥擦缝<br>2. 洒适量清水<br>3. 5 厚 1∶1 水泥细砂浆结合层<br>4. 20 厚 1∶3 水泥砂浆找平层，四周做成圆弧状<br>5. 60 厚 C15 细石混凝土<br>6. 素土夯实 | 用于一层除卫生间以外部分 |
| | 地 2 | 防滑地砖地面（带防水层） | 1. 8～10 厚防滑地面砖，干水泥擦缝<br>2. 5 厚 1∶1 水泥细砂浆结合层<br>3. 30 厚 C20 细石混凝土<br>4. 1.8 厚 JS 复合防水涂料，与竖管、转角处上翻 300<br>5. 20 厚 1∶3 水泥砂浆找坡（四角做钝角，坡向地漏，最薄处 10 厚）<br>6. 60 厚 C15 细石混凝土<br>7. 素土夯实 | 用于一层卫生间，卫生间防水涂料上翻 1 800 |
| 楼面 | 楼 1 | 地砖楼面 | 1. 10 厚地面砖，干水泥擦缝<br>2. 5 厚 1∶1 水泥细石砂浆结合层<br>3. 20 厚 1∶3 水泥砂浆（DSM20）找平层<br>4. 现浇钢筋混凝土楼面 | 用于一层除卫生间以外部分 |
| | 楼 2 | 防滑地砖楼面（带防水层） | 1. 8～10 厚防滑地面砖，干水泥擦缝<br>2. 5 厚 1∶1 水泥细砂浆结合层<br>3. 30 厚 C20 细石混凝土<br>4. 1.8 厚 JS 复合防水涂料，与竖管、墙转角上翻 300<br>5. 20 厚 1∶3 水泥砂浆（DSM20）找坡（四角钝角，坡向地漏，最薄处 10 厚）<br>6. 现浇混凝土楼面 | 用于卫生间 |
| 踢脚 | 踢脚 1 | 地砖踢脚 | 1. 8 厚地砖素水泥擦缝<br>2. 5 厚 1∶1 水泥细砂结合层<br>3. 12 厚 1∶3 水泥砂浆打底<br>4. 刷界面处理剂一道 | 用于除卫生间外的房间 |
| 内墙面 | 内 1 | 釉面砖墙面 | 1. 5 厚釉面砖白水泥擦缝<br>2. 2～3 厚建筑陶瓷胶黏剂<br>3. 6 厚 1∶2.5 水泥砂浆粉面<br>4. 12 厚 1∶3 防水水泥砂浆打底（内掺防水剂）<br>5. 刷专用墙体界面处理剂一道 | 用于卫生间 |

续附表 1.1

| 类别 | 编号 | 名　称 | 做法 | 使用部位及说明 |
| --- | --- | --- | --- | --- |
| 内墙面 | 内 2 | 乳胶漆墙面 | 1. 刷乳胶漆<br>2. 5 厚 1：0.3：3 水泥石灰膏砂浆粉面<br>3. 12 厚 1：1：6 水泥石灰膏砂浆打底<br>4. 刷专用墙体界面处理剂一道 | 用于除卫生间外的所有房间 |
| 护角线 | | 水泥护角线 | 15 厚 1：2.5 水泥砂浆每边宽大于 50，高 2 000 护角线，粉面同墙面 | 用于除表面贴面材者外所有墙柱阳角 |
| 顶棚 | 棚 1 | 白色乳胶漆顶棚（由下至上） | 1. 白色乳胶漆<br>2. 批白水泥两道<br>3. 板底腻子抹平<br>4. 刷水泥浆一道（内掺建筑胶）<br>5. 现浇钢筋混凝土楼板 | 用于雨篷等屋面、楼梯间、公共走道 |

**附表 1.2　门　窗　表**

| 序号 | 设计编号 | 洞口尺寸（宽×高） | 数量（樘） | 类型 | 图集 |
| --- | --- | --- | --- | --- | --- |
| 窗 | C-1 | 1 800×1 800 | 20 | 塑钢推拉窗 | |
| | C-2 | 3 000×1 800 | 3 | 塑钢推拉窗 | |
| | C-3 | 1 800×900 | 1 | 塑钢推拉窗 | |
| | C-4 | 1 200×1 800 | 1 | 塑钢推拉窗 | |
| | C-5 | 1 500×900 | 1 | 塑钢推拉窗 | |
| | C-6 | 1 500×1 800 | 1 | 塑钢推拉窗 | |
| | C-7 | 3 600×1 800 | 2 | 塑钢窗 | |
| 门 | M-1 | 3 600×2 800 | 1 | 全玻门 | |
| | M-2 | 1 800×2 700 | 1 | 全玻门 | |
| | M-3 | 1 200×2 200 | 1 | 钢质防火门 | |
| | M-4 | 1 000×2 200 | 5 | 成品木门 | |
| | M-5 | 800×2 200 | 2 | 成品木门 | |
| | M-6 | 1 500×2 200 | 1 | 成品木门 | |

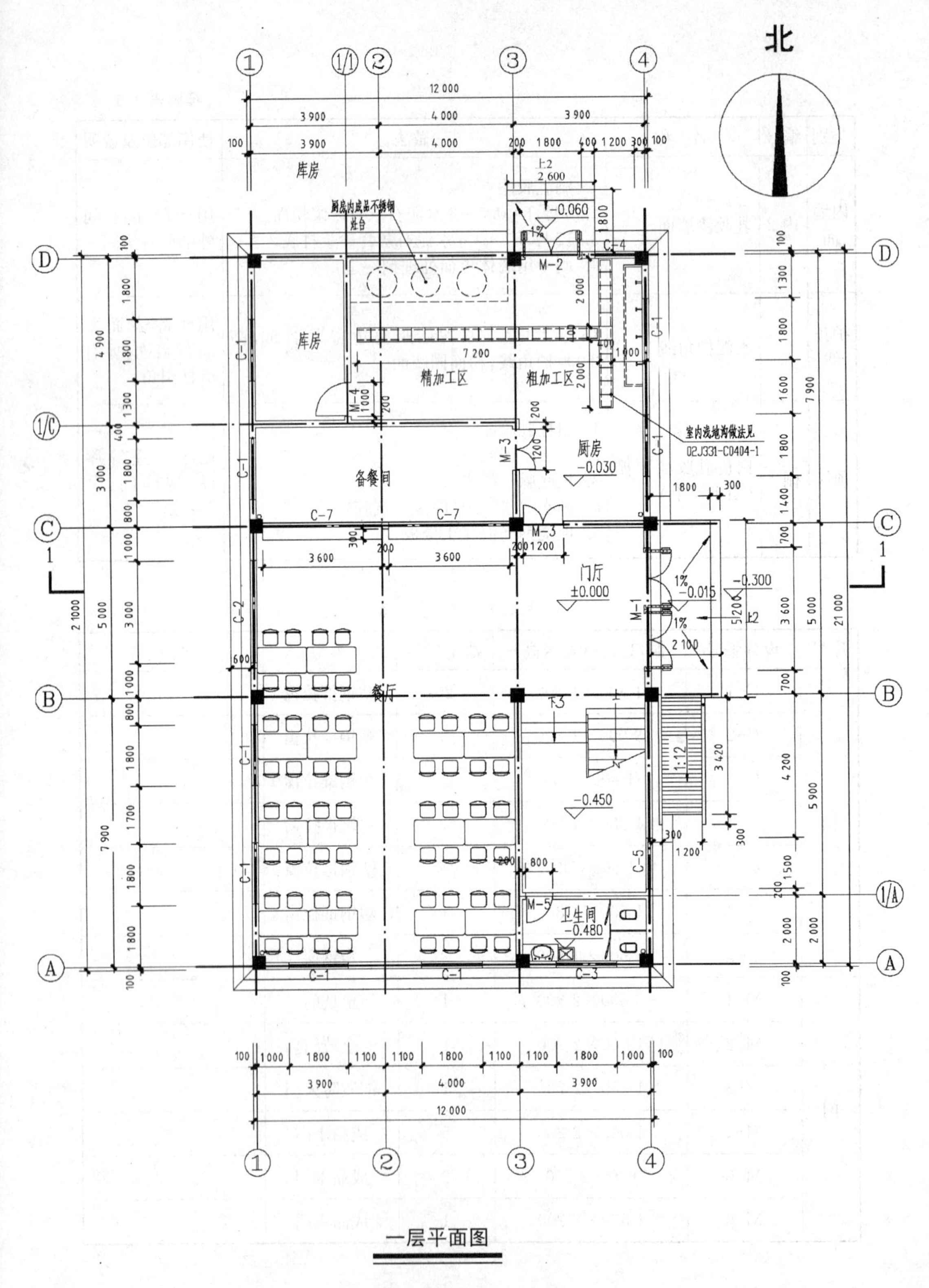

北
库房
厨房内成品不锈钢灶台
精加工区
粗加工区
备餐间
厨房
-0.030
门厅
±0.000
餐厅
卫生间
-0.480
-0.450
-0.060
-0.015
-0.300
室内洗地沟做法见
02J331-C0404-1
一层平面图


附图 1.1　一层平面图

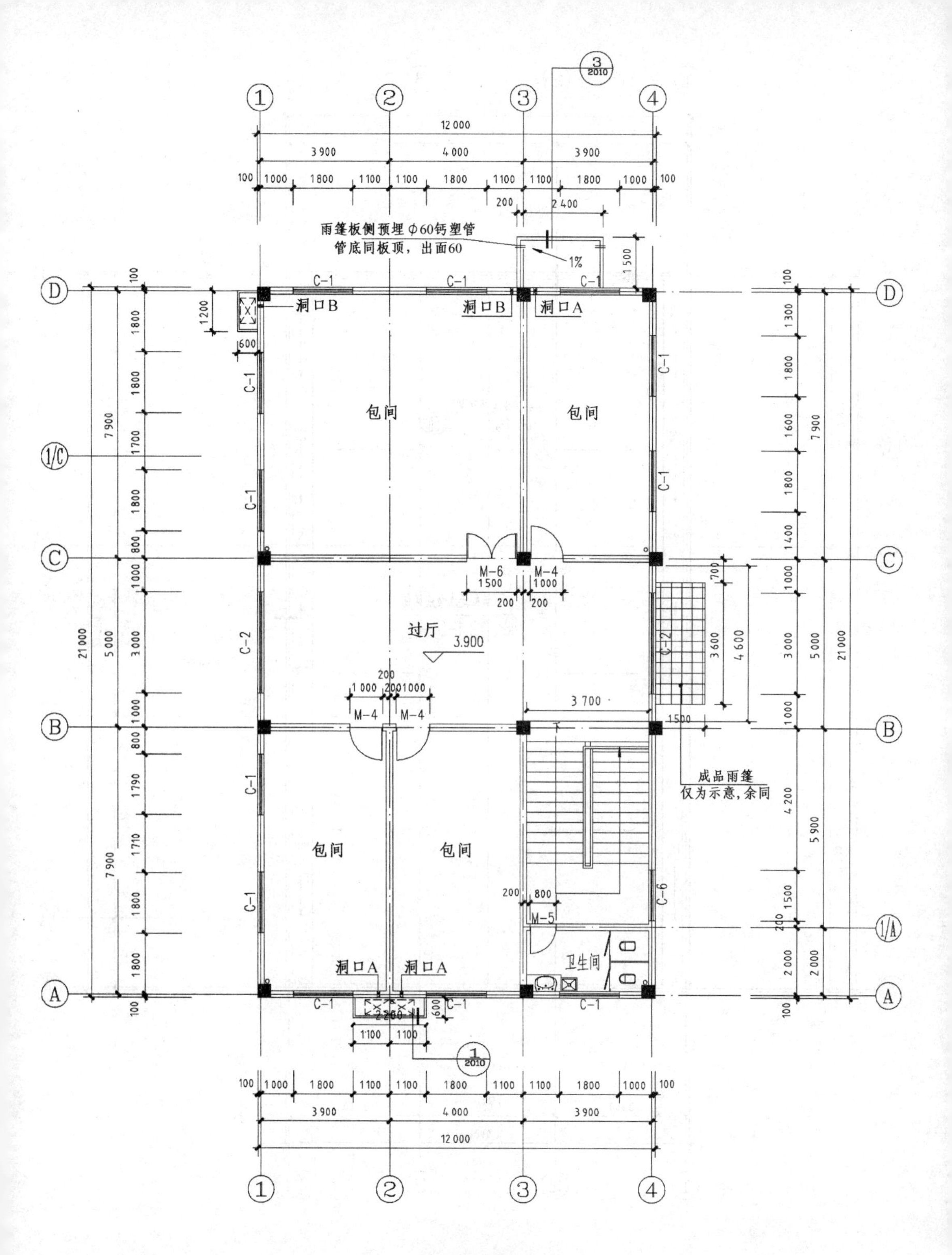

二层平面图
雨篷板侧预埋φ60钙塑管
管底同板顶，出面60
1%
洞口B
洞口A
包间
过厅
3.900
卫生间
成品雨篷
仅为示意，余同


附图 1.2 二层平面图

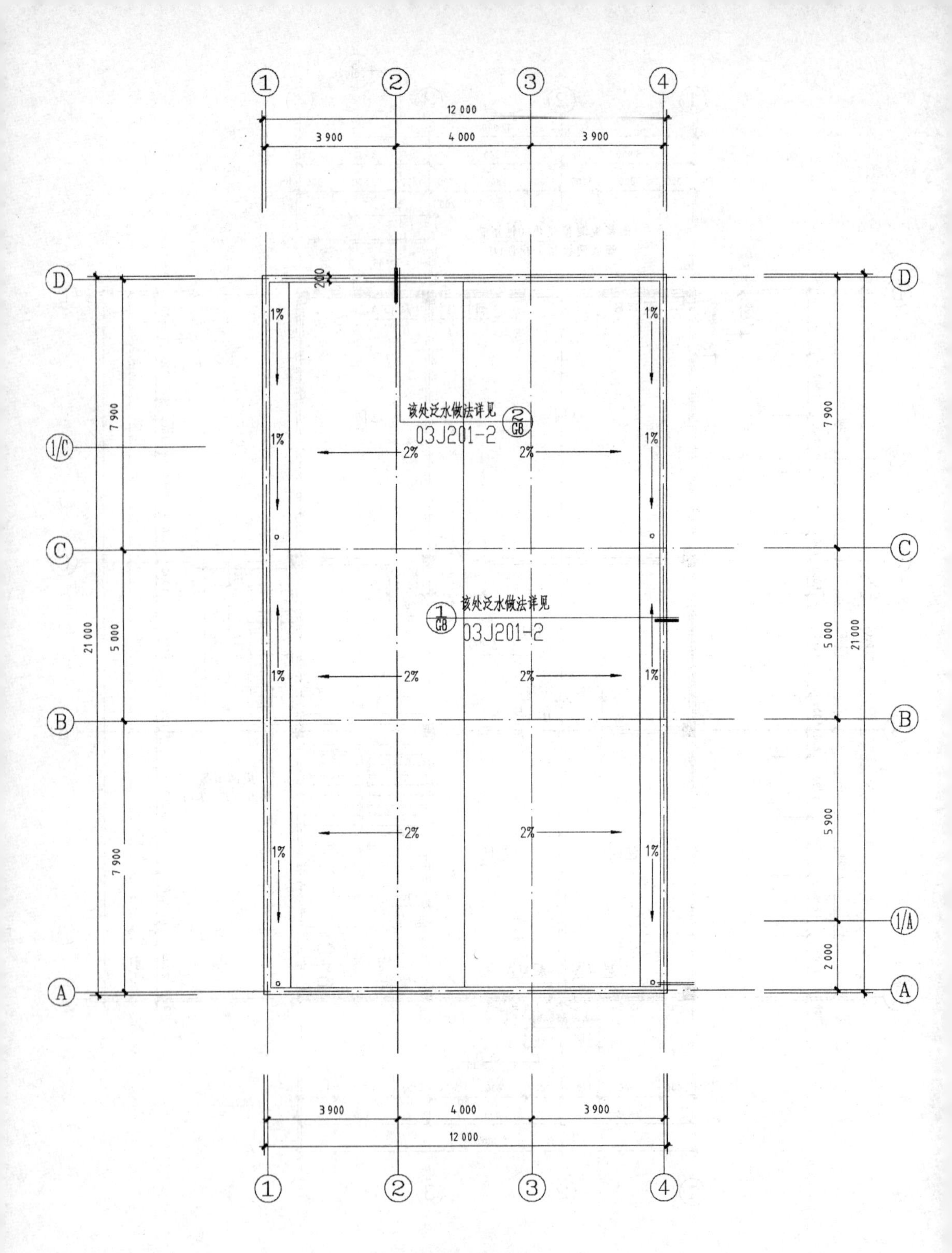

1
2
3
4
12 000
3 900
4 000
3 900
D
1/C
C
B
1/A
A
200
7 900
5 000
7 900
21 000
5 900
2 000
1%
2%
该处泛水做法详见
03J201-2
2
GB
1
GB
屋面平面图


附图 1.3　屋面平面图

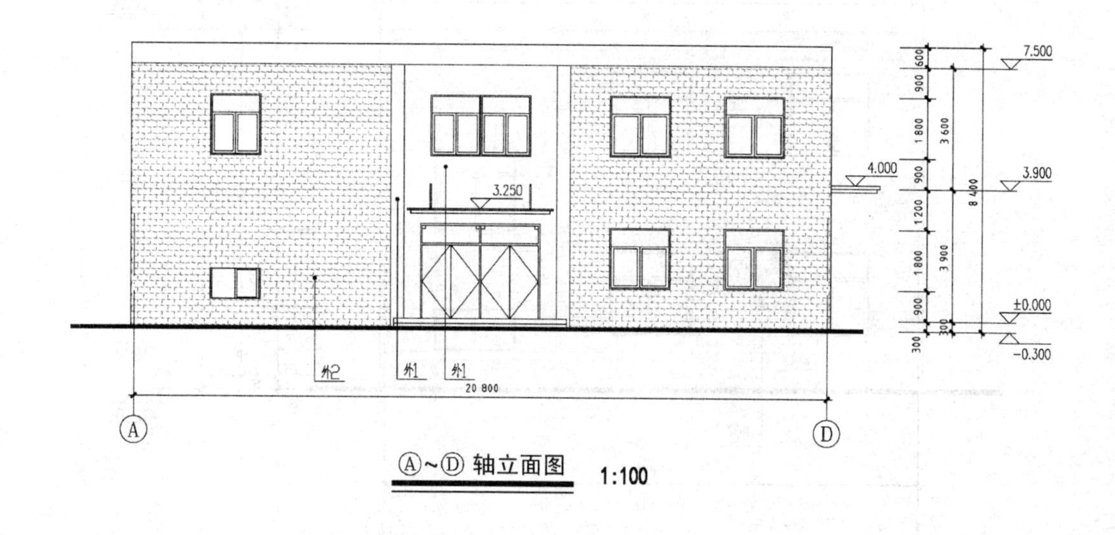

7.500
4.000
3.900
3.250
±0.000
-0.300
600
900
1800
900
1200
1800
900
300
300
3600
8400
3900
外2
外1
外1
20 800
A
D
Ⓐ~Ⓓ 轴立面图
1:100


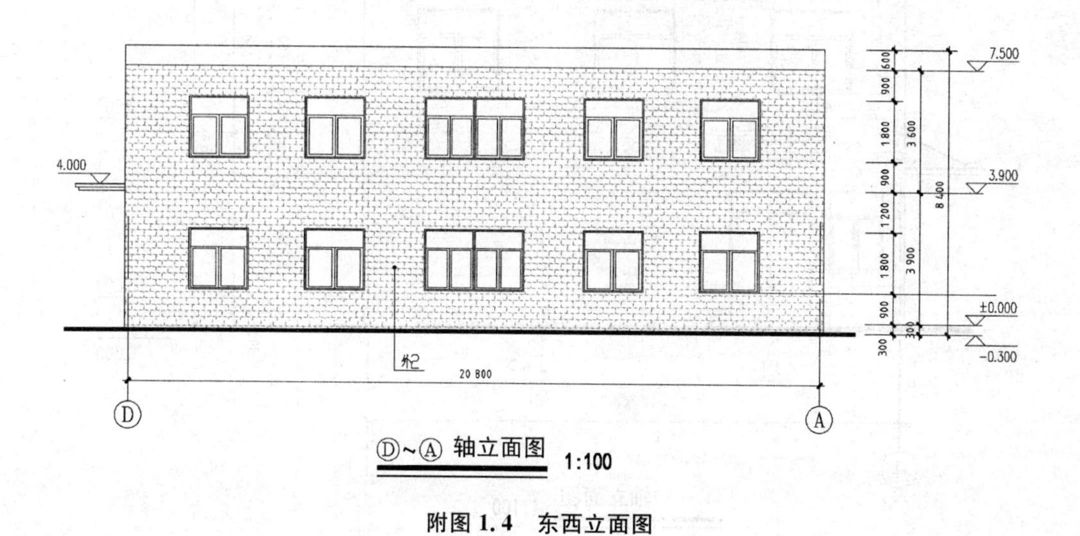

7.500
4.000
3.900
±0.000
-0.300
600
900
1800
900
1200
1800
900
300
300
3600
8400
3900
外2
20 800
D
A
Ⓓ~Ⓐ 轴立面图
1:100


附图 1.4　东西立面图

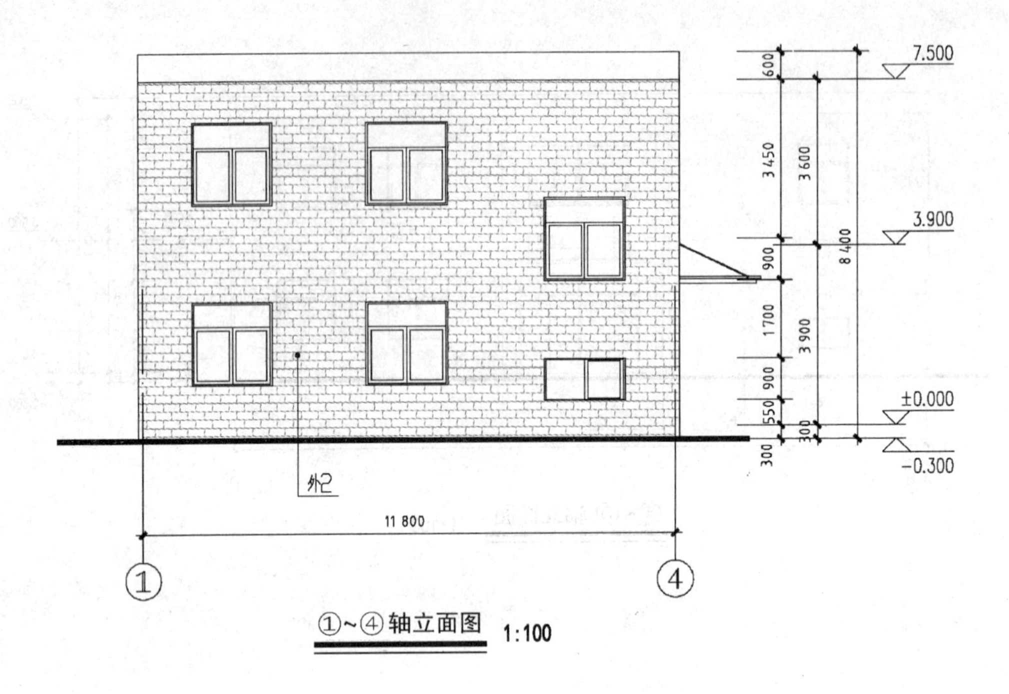

600
3 450
900
1 700
900
550
300
3 600
3 900
300
8 400
7.500
3.900
±0.000
-0.300
外2
11 800
①
④
①~④轴立面图 1:100


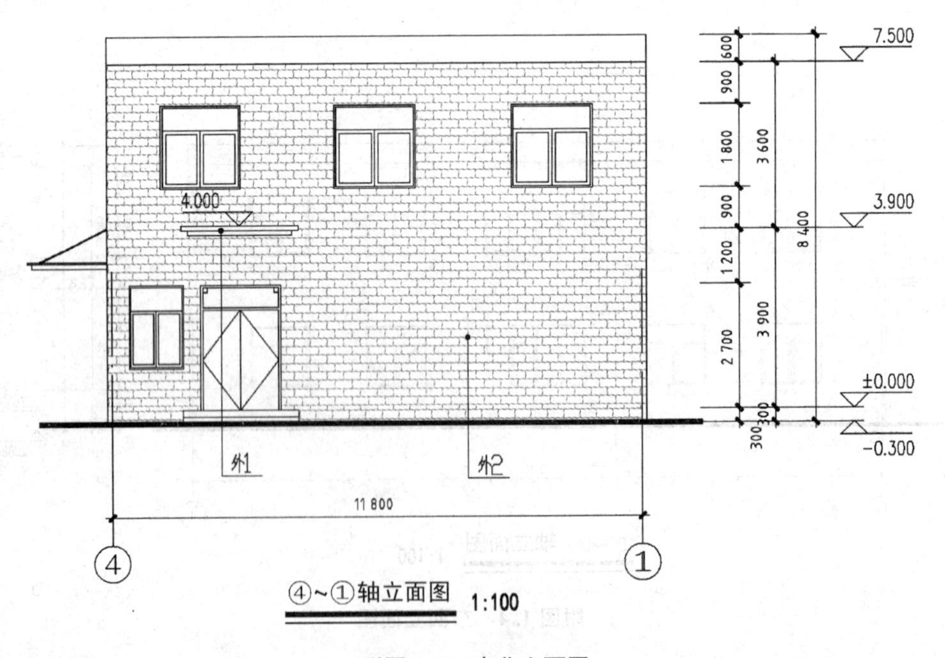

600
900
1 800
900
1 200
2 700
300
3 600
3 900
300
8 400
7.500
3.900
±0.000
-0.300
4.000
外1
外2
11 800
④
①
④~①轴立面图 1:100


附图 1.5 南北立面图

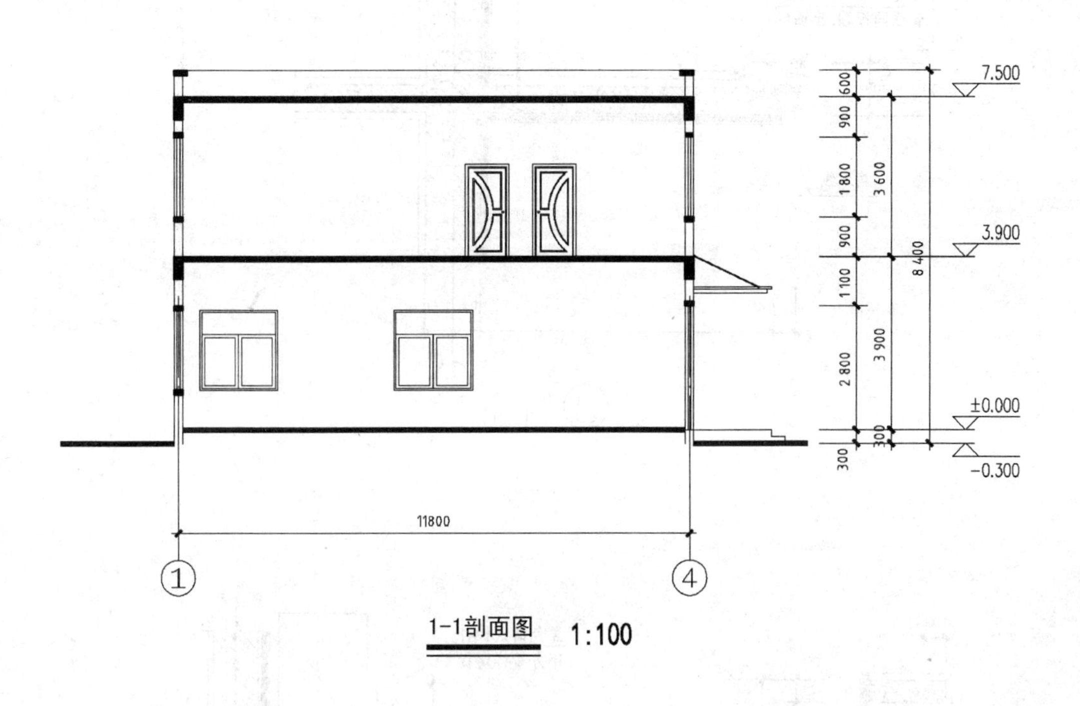

7.500
3.900
±0.000
−0.300
600
900
1800
900
1100
2800
300
300
3600
3900
8400
11800
1
4


1-1剖面图 1:100

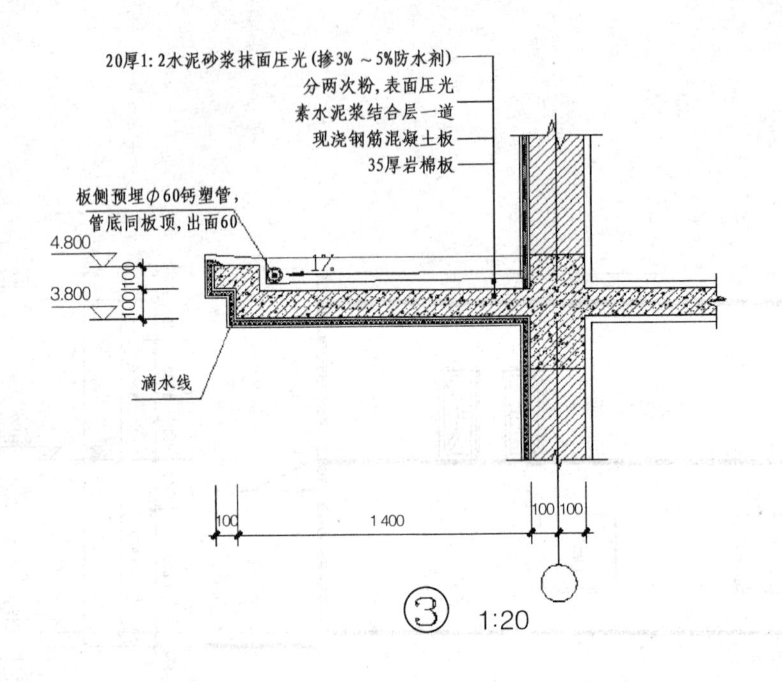
20厚1:2水泥砂浆抹面压光(掺3%～5%防水剂)
分两次粉,表面压光
素水泥浆结合层一道
现浇钢筋混凝土板
35厚岩棉板
板侧预埋φ60钙塑管,
管底同板顶,出面60
4.800
3.800
100
100
1%
滴水线
100
1 400
100
100
③ 1:20

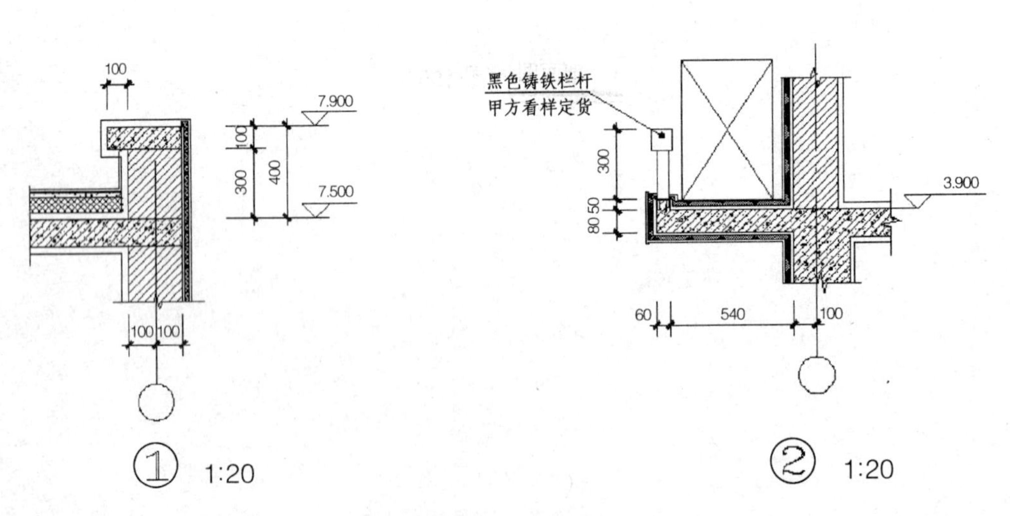
100
7.900
7.500
100
300
400
100
100
① 1:20
黑色铸铁栏杆
甲方看样定货
300
80
50
3.900
60
540
100
② 1:20

附图 1.6 剖面图

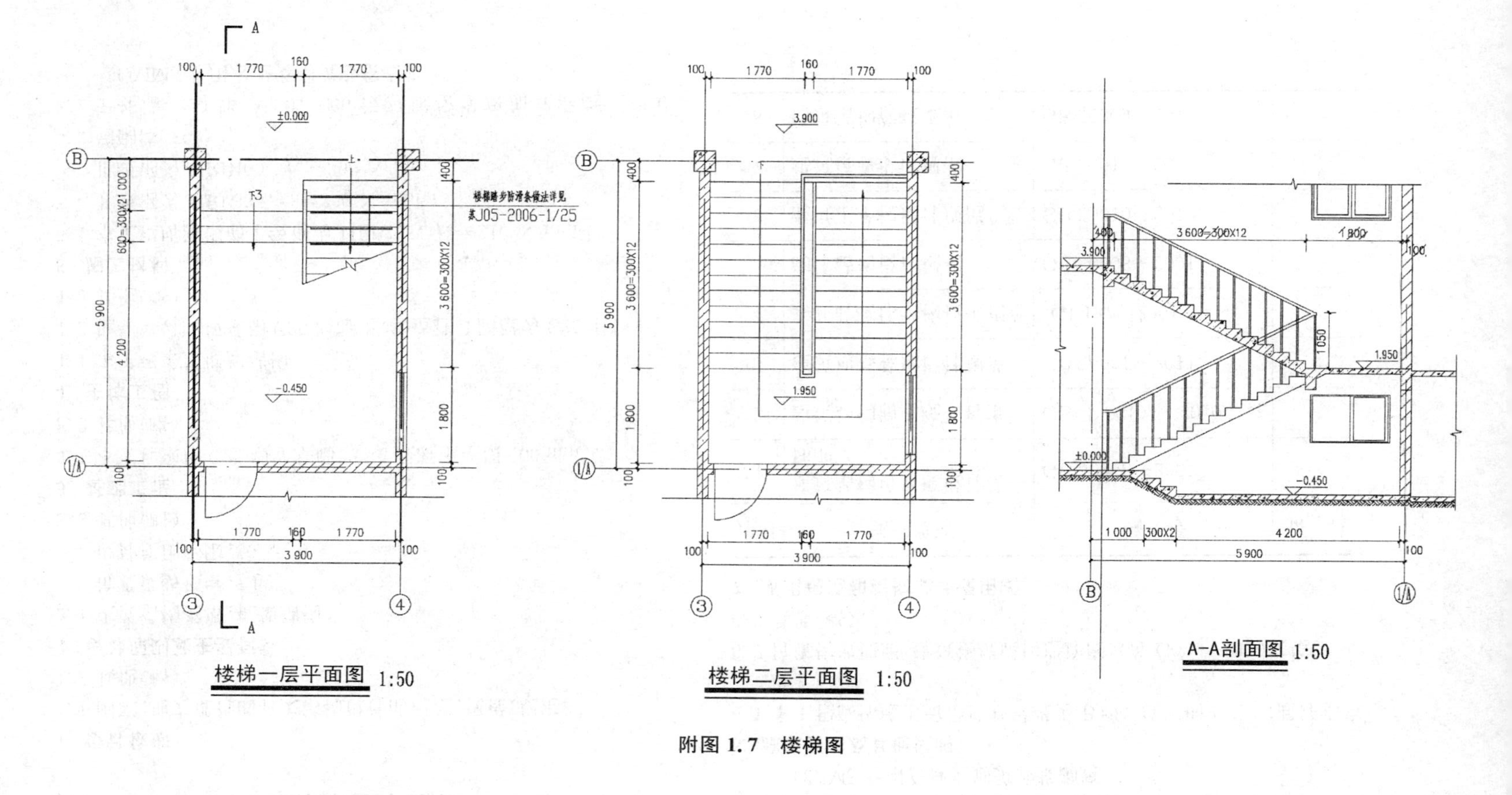

楼梯一层平面图 1:50
楼梯二层平面图 1:50
A-A剖面图 1:50
楼梯踏步防滑条做法详见
苏J05-2006-1/25
±0.000
-0.450
3.900
1.950
600=300X21 000
3 600=300X12
300X2
1 770
160
100
400
1 800
1 050
1 000
4 200
5 900
3 900
下3
上
A
B
1/A
3
4


附图 1.7 楼梯图

# 结构设计说明

**1. 设计依据**

1.1 国家、地方现行的有关结构设计的规范、规程、规定。

1.2 其他(略)。

**2. 设计原则及主要荷载**

2.1 主要结构类型:框架结构。

抗震设防烈度:7度。

设计使用年限:50年。

2.2 其他(略)。

**3. 基础工程**

3.1 本工程采用C25独立基础,C15混凝土垫层100 mm厚。

3.2 其他(略)。

**4. 主体工程**

4.1 本工程采用框架结构。

4.2 框架梁、柱、板采用C25混凝土,构造柱及圈梁为C25混凝土。

4.3 其他(略)。

**5. 施工材料**

5.1 本工程所注钢筋Ⅰ级钢为HPB235,$f_y=210\ N/mm^2$;

Ⅱ级钢为HRB335,$f_y=300\ N/mm^2$;

Ⅲ级钢为HRB400,$f_y=360\ N/mm^2$。

5.2 砖砌体

5.2.1 外墙:200厚A5.0,B06级蒸压粉煤灰加气混凝土砌块,DMM5专用水泥类砌筑砂浆砌筑。

5.2.2 内墙:200或100厚A3.5,B06级蒸压粉煤灰混凝土砌块,DMM5专用石膏类砌筑砂浆砌筑。

**6. 施工要求及其他说明**

6.1 本工程砌体施工质量控制等级为B级,施工时必须掌握好垂直度。

6.2 抗震构造按照《建筑物抗震构造详图》(苏G02—2011)实施。

6.3 其他(略)。

**7. 所用规范和结构设计通用图**

| 序号 | 规范类别 | 编　号 | 备　注 |
|---|---|---|---|
| 1 | 建筑结构可靠度设计统一标准 | GB 50068—2001 | |
| 2 | 建筑结构制图统一标准 | GB/T 50105—2010 | |
| 3 | 建筑地基基础设计规范 | GB 50007—2011 | |
| 4 | 多孔砖砌体结构技术规范 | JGJ 137—2001 | |
| 5 | 砌体结构设计规范 | GB 50003—2001 | |
| 6 | 混凝土结构设计规范 | GB 50010—2010 | |
| 7 | 建筑抗震设计规范 | GB 50011—2010 | |
| 8 | 建筑结构荷载规范 | GB 50009—2012 | |

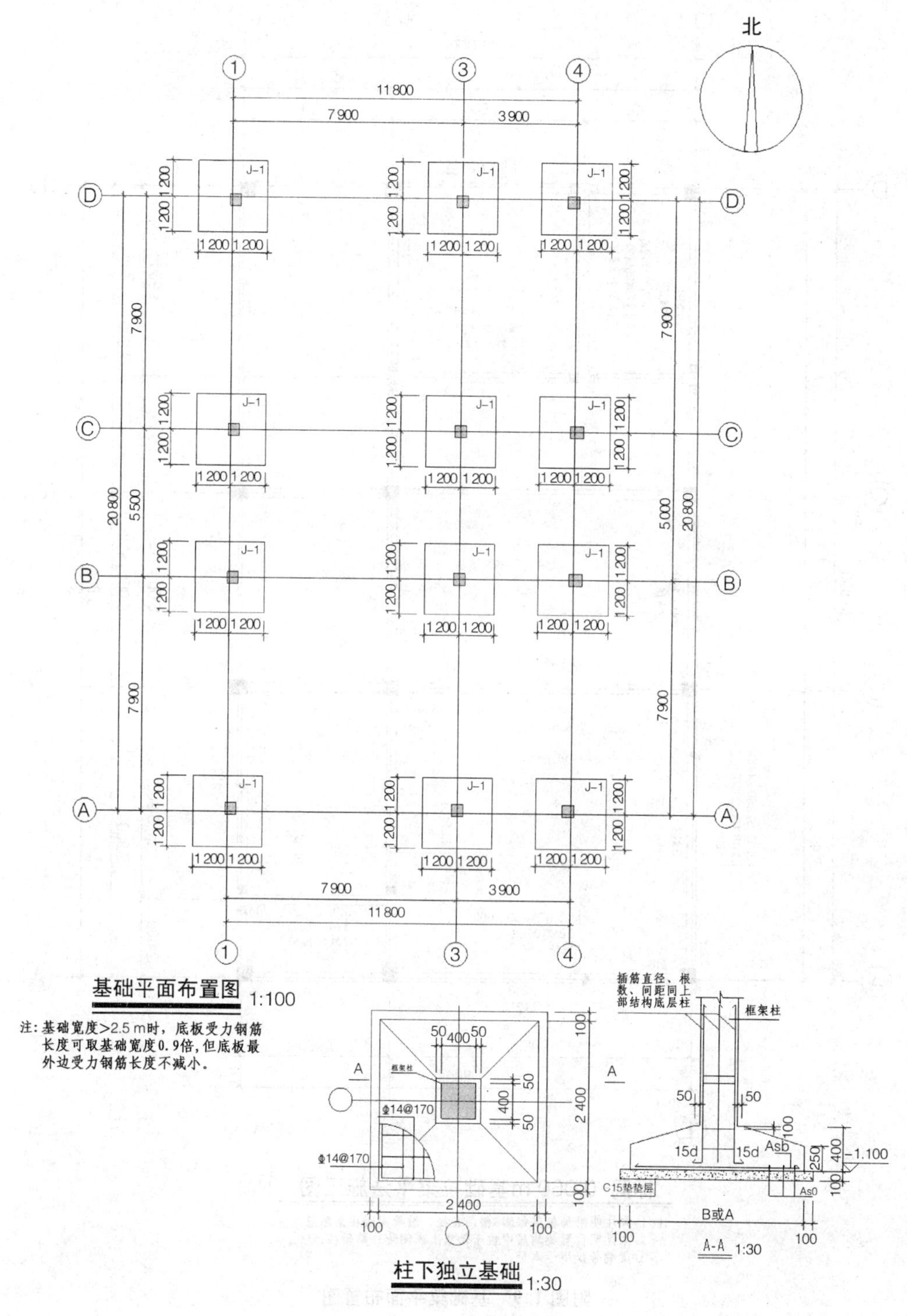


附图 1.8　基础平面布置图

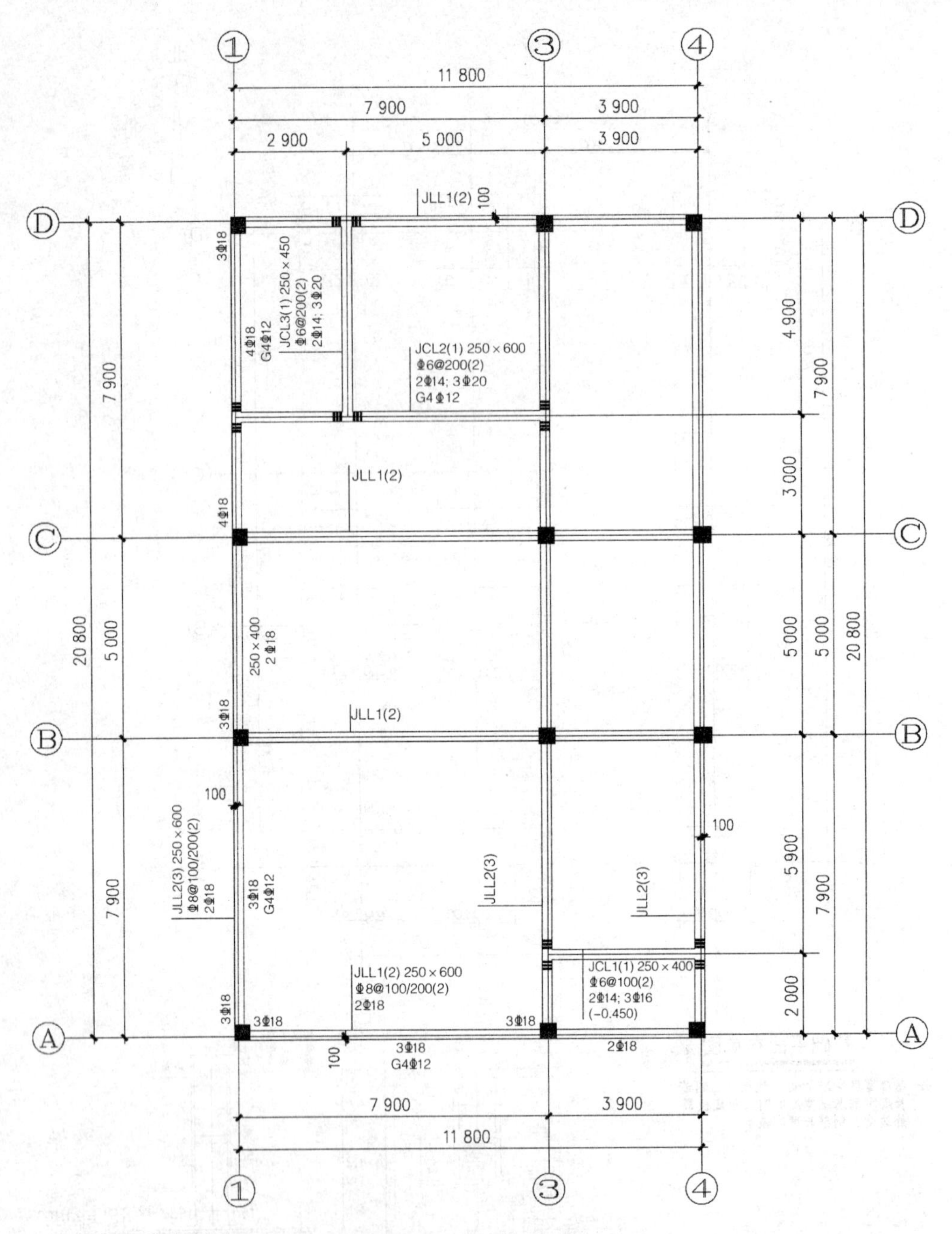


标高-0.060 m基础拉梁平法施工图 1:100

注：1. 未注明附加箍筋每侧3根，直径、肢数同所在梁箍筋。
2. 未注明位置梁均居中位于轴线上或侧边外贴轴线。
3. 梁编号仅用于本层。

**附图 1.9 基础梁平面布置图**

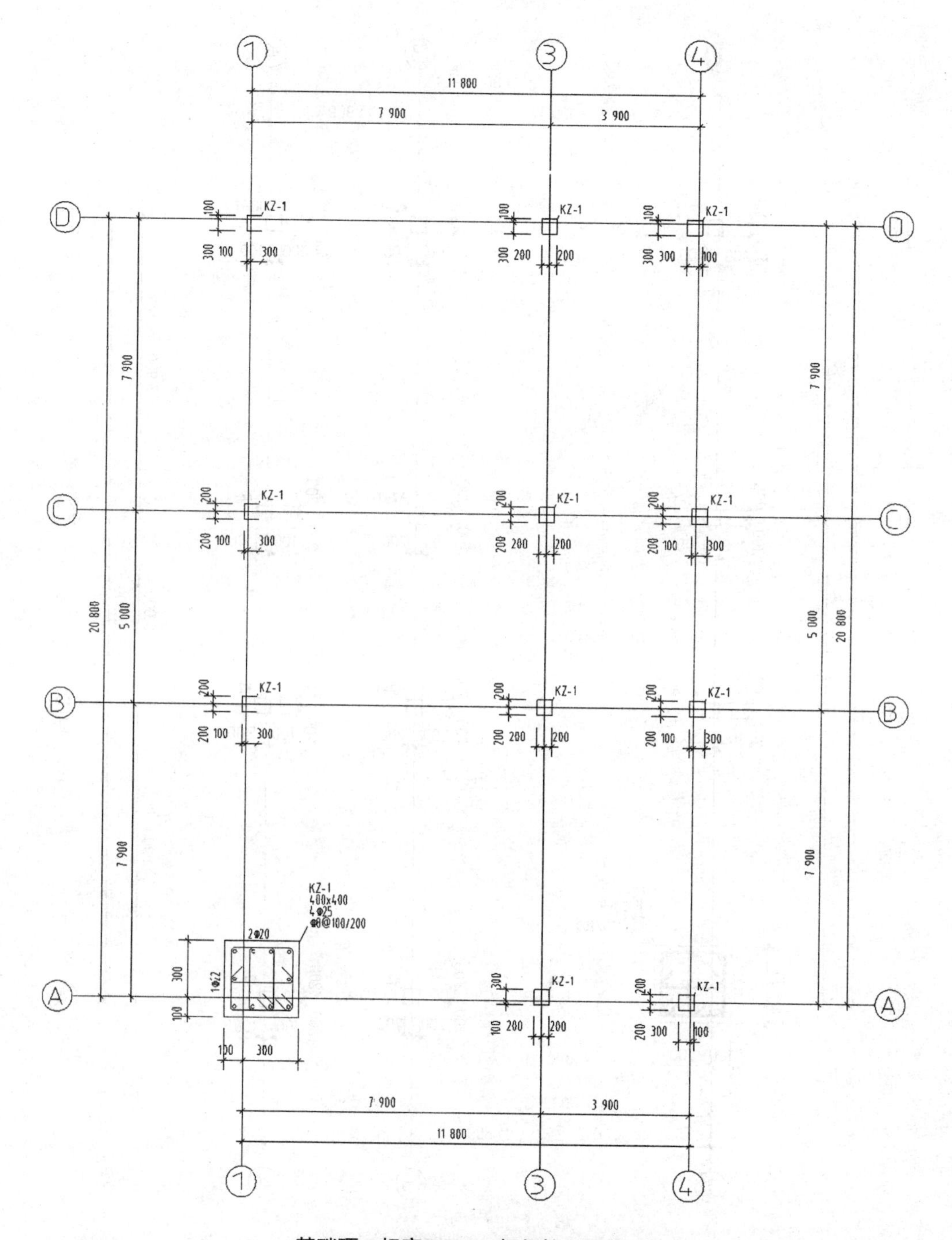

基础顶～标高3.850 m框架柱平法施工图 1:100

注：1.柱编号仅用于本层。

2.楼梯间与平台梁相连的框架柱箍筋全高加密。

附图 1.10　一层柱平面布置图

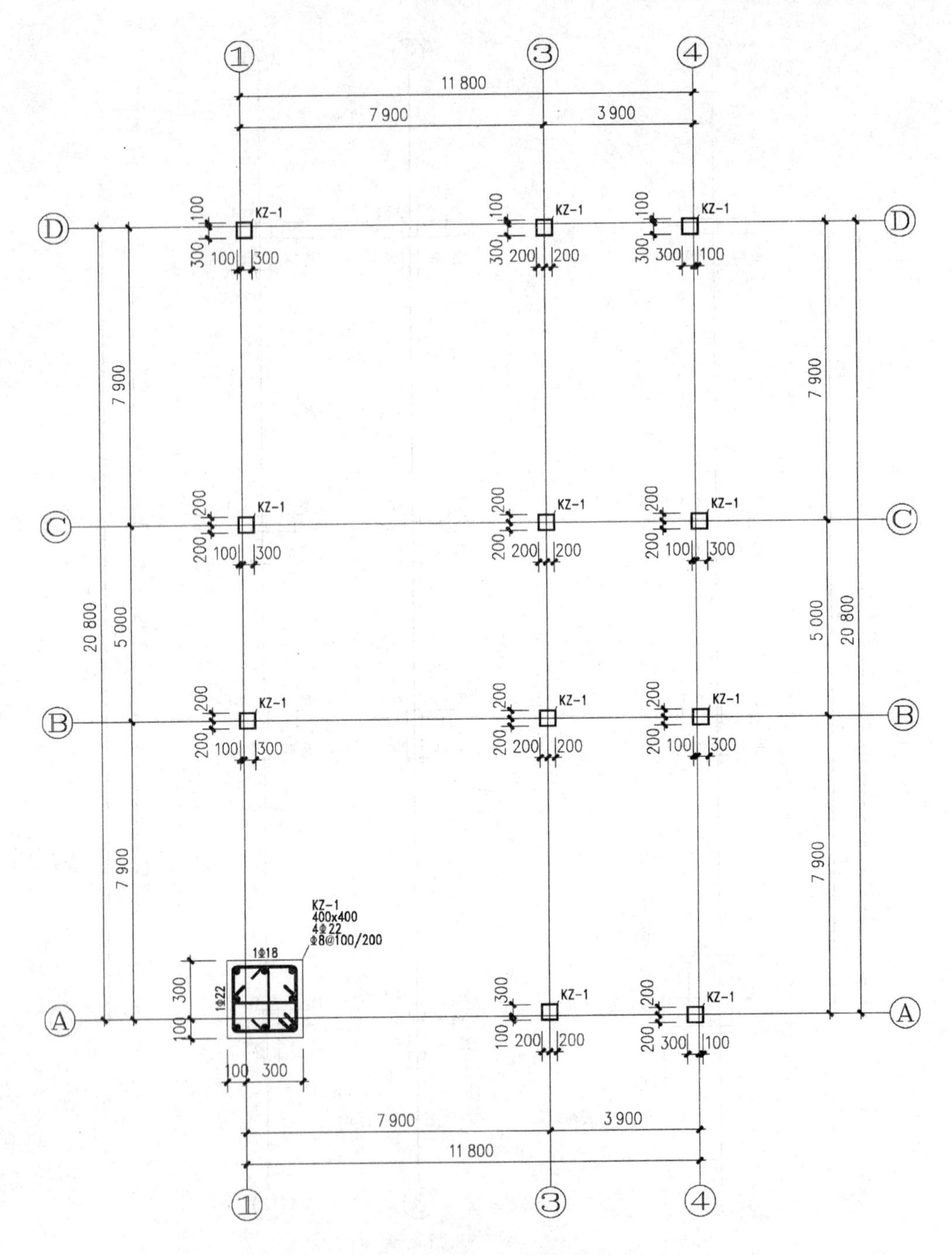


标高3.850 m~标高7.500 m框架柱平法施工图　1:100

注：1. 柱编号仅用于本层。

2. 楼梯间与平台梁相连的框架柱箍筋全高加密。

**附图 1.11　二层柱平面布置图**

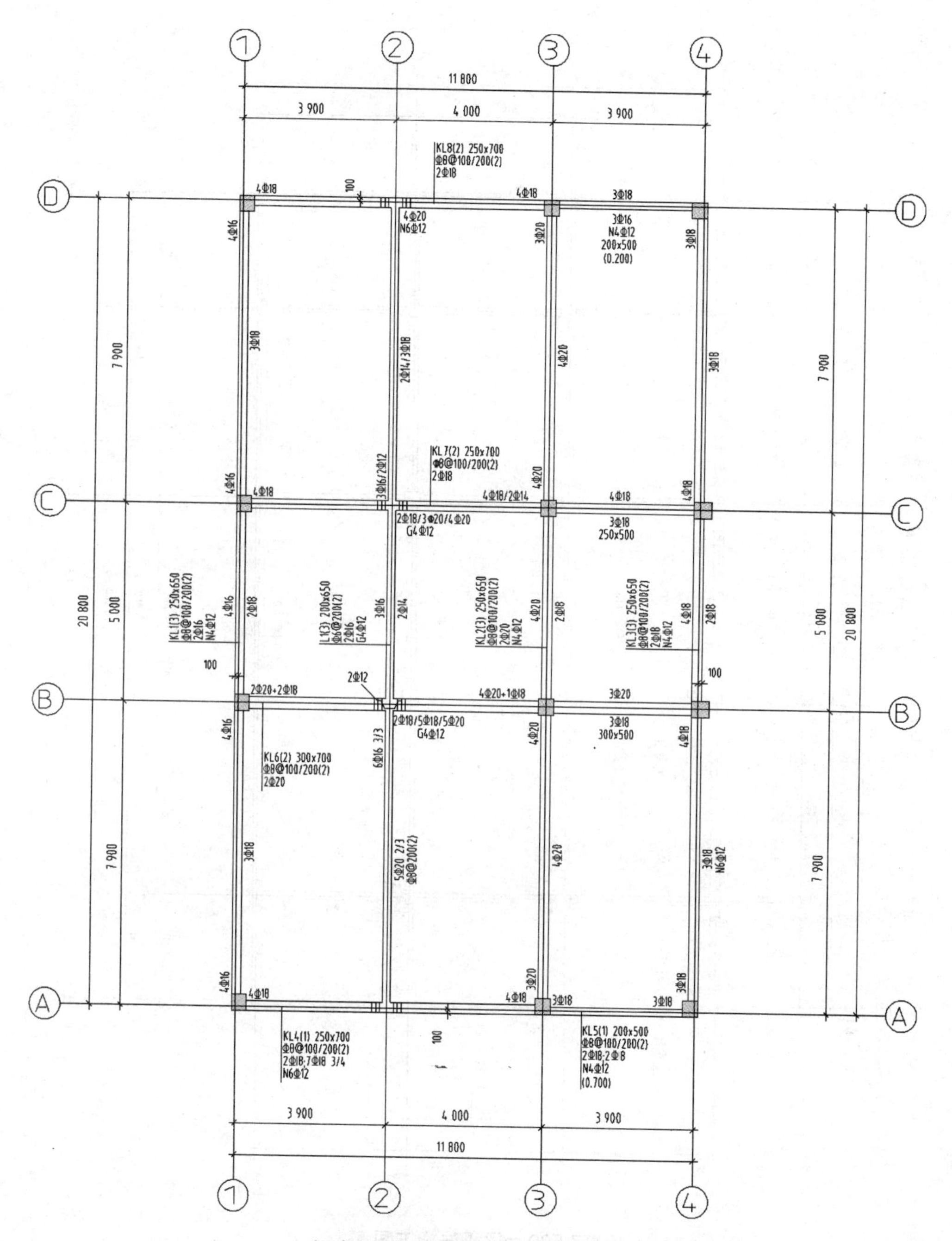


标高3.850 m梁平法施工图　1:100

注：1. 未注明附加箍筋每侧3根，直径、肢数同所在梁箍筋，每侧的附加箍筋间距50 mm。
2. 未注明梁位置均居中位于轴线上或侧边外贴轴线。
3. 梁编号仅用于本层。

**附图 1.12　一层梁平面布置图**

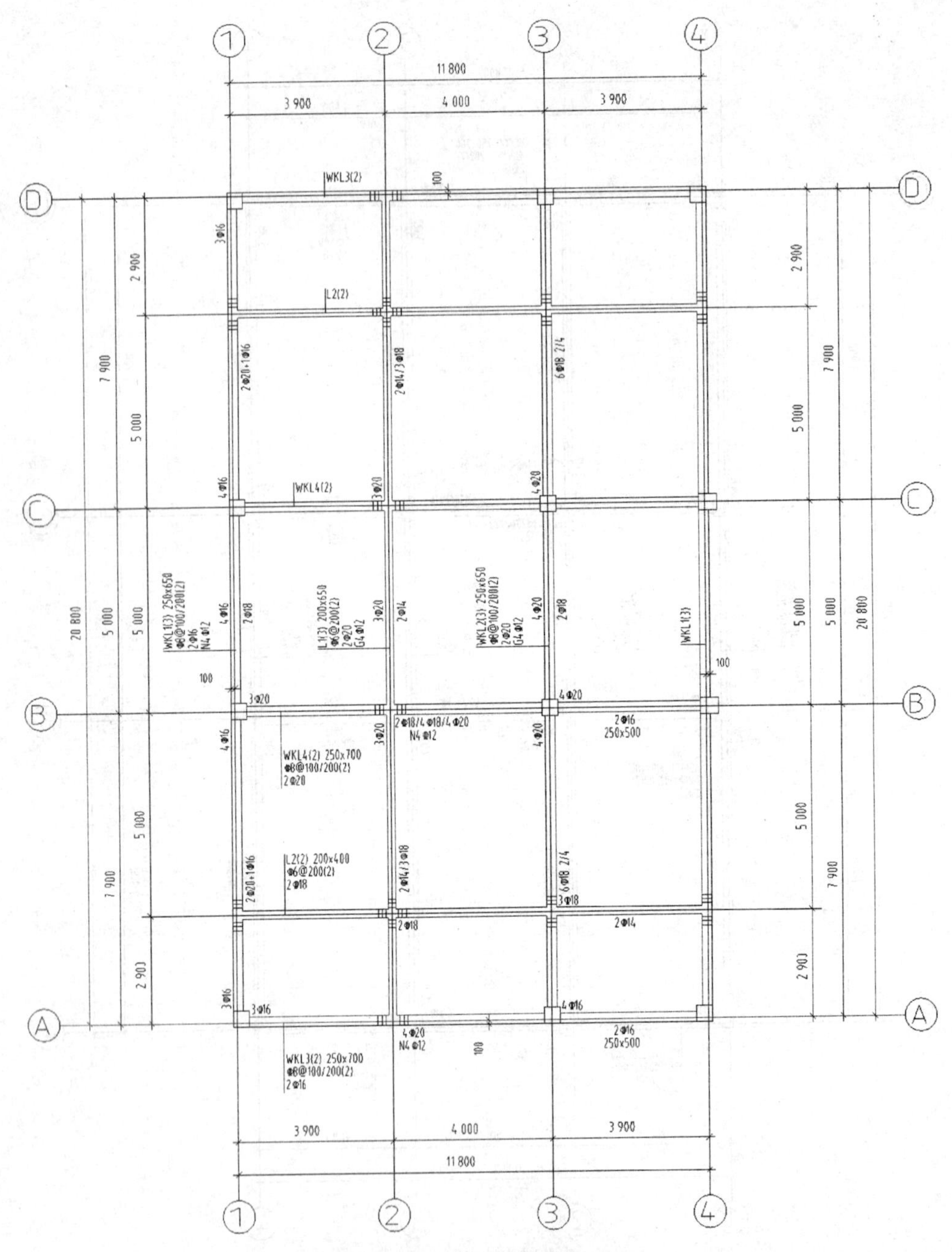


注：1. 注明附加箍筋每侧3根，直径、肢数同所在梁箍筋，每侧的附加箍筋间距50 mm。
2. 未注明位置均居中位于轴线上或侧边外贴轴线。
3. 梁编号仅用于本层。

附图 1.13　二层梁平面布置图

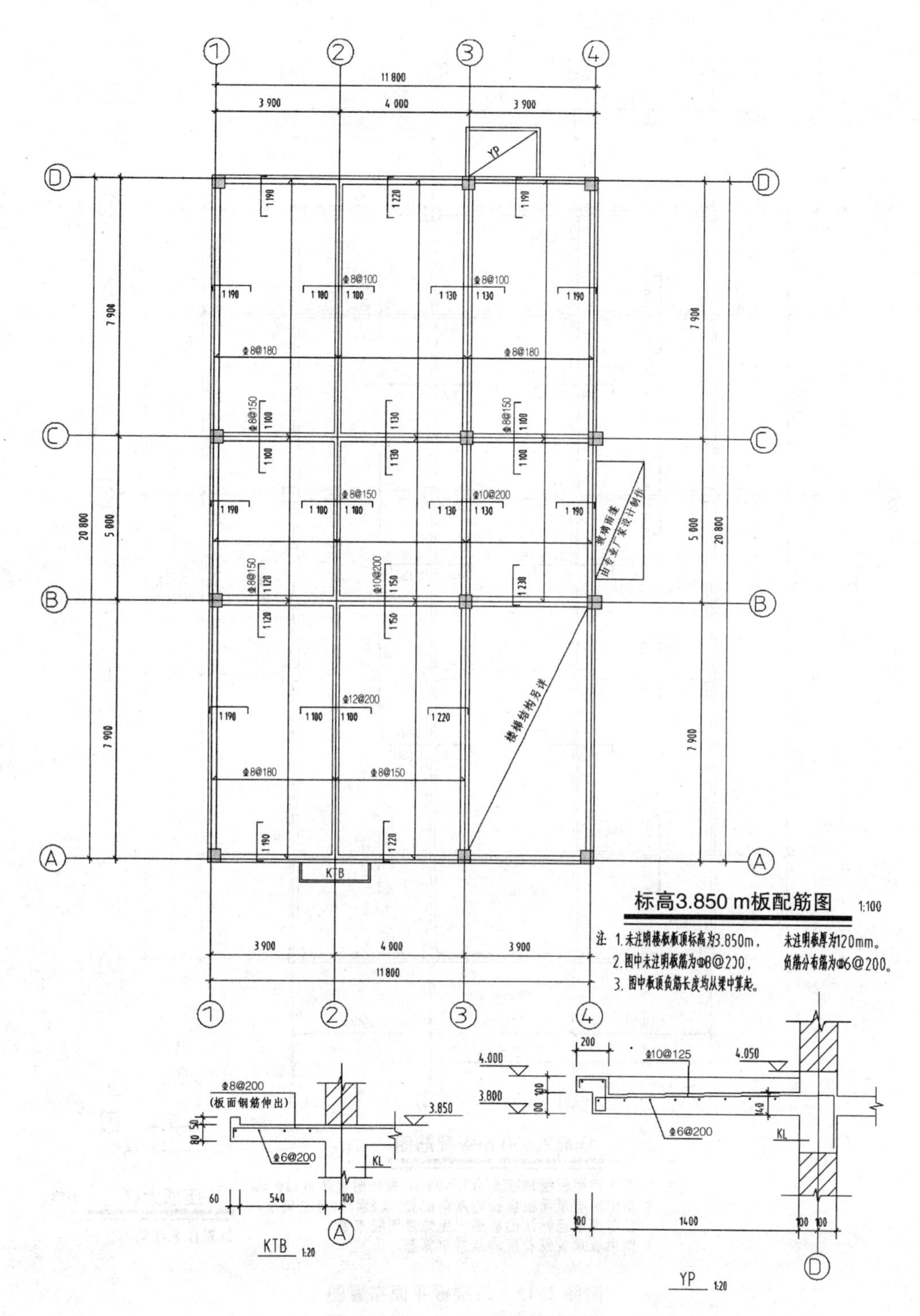


附图 1.14　一层板平面布置图

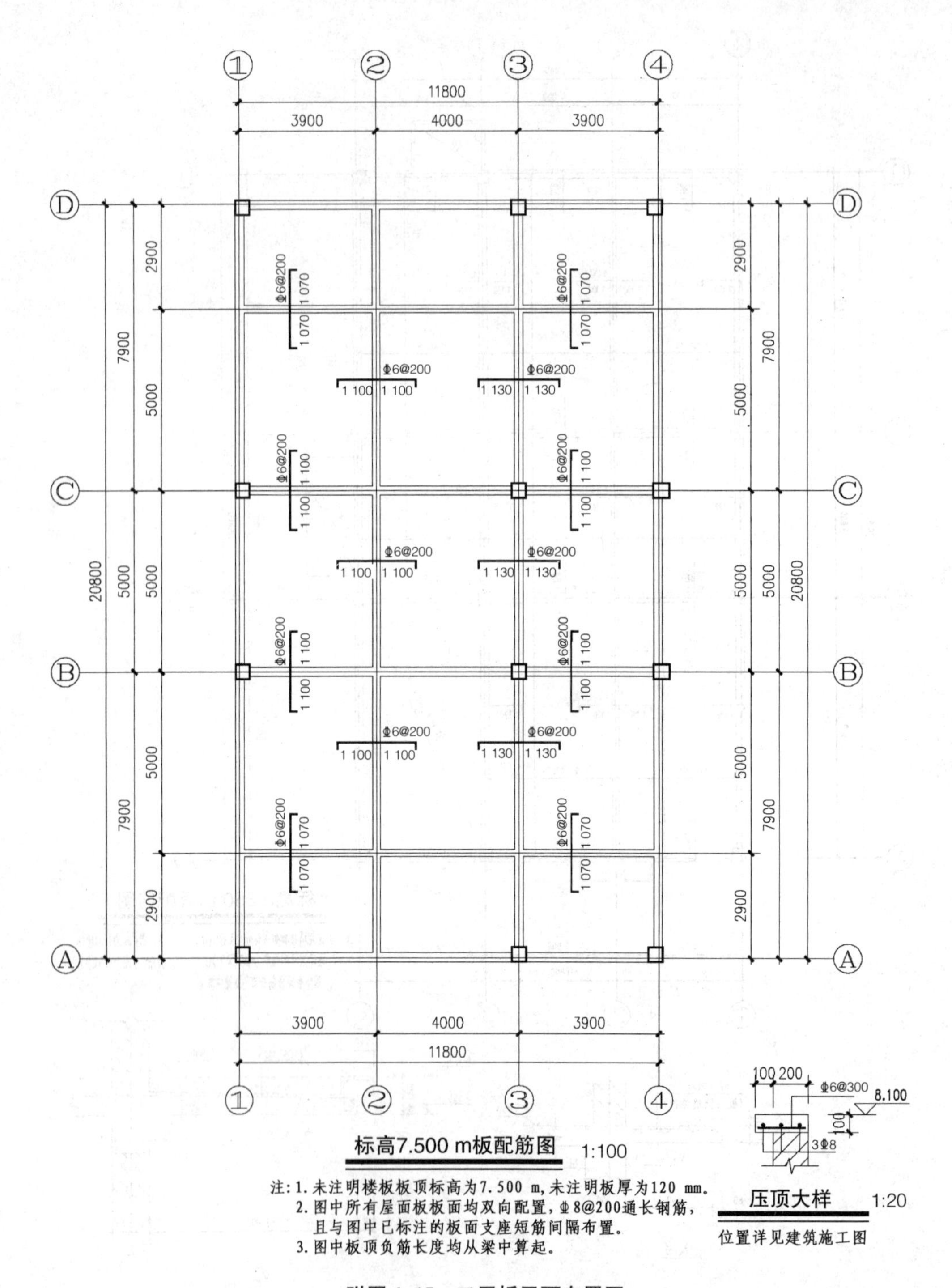

标高7.500 m板配筋图 1:100
注：1. 未注明楼板板顶标高为7.500 m，未注明板厚为120 mm。
2. 图中所有屋面板板面均双向配置，Φ8@200通长钢筋，且与图中已标注的板面支座短筋间隔布置。
3. 图中板顶负筋长度均从梁中算起。
压顶大样 1:20
位置详见建筑施工图


附图 1.15　二层板平面布置图

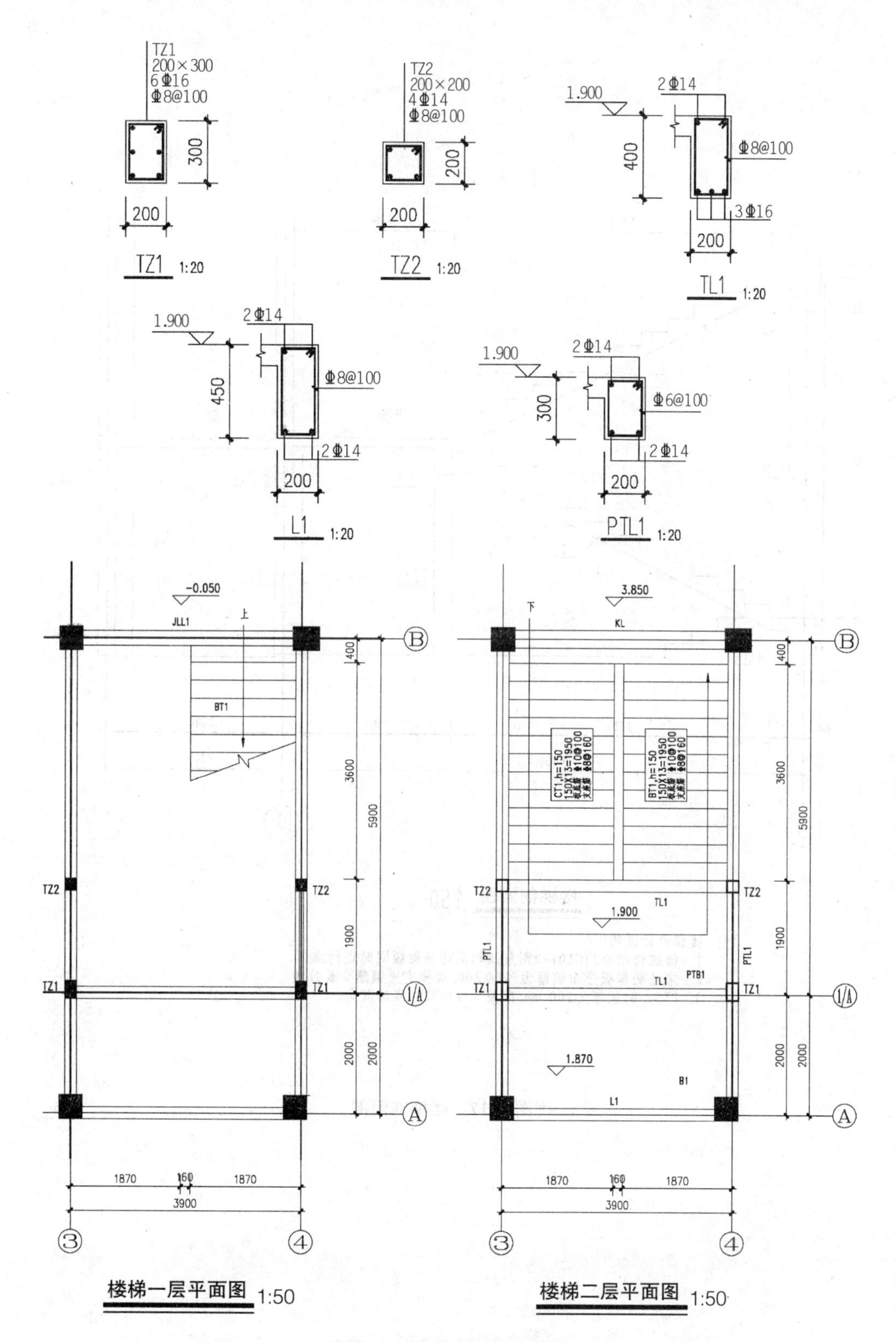


附图 1.16 楼梯平面布置图

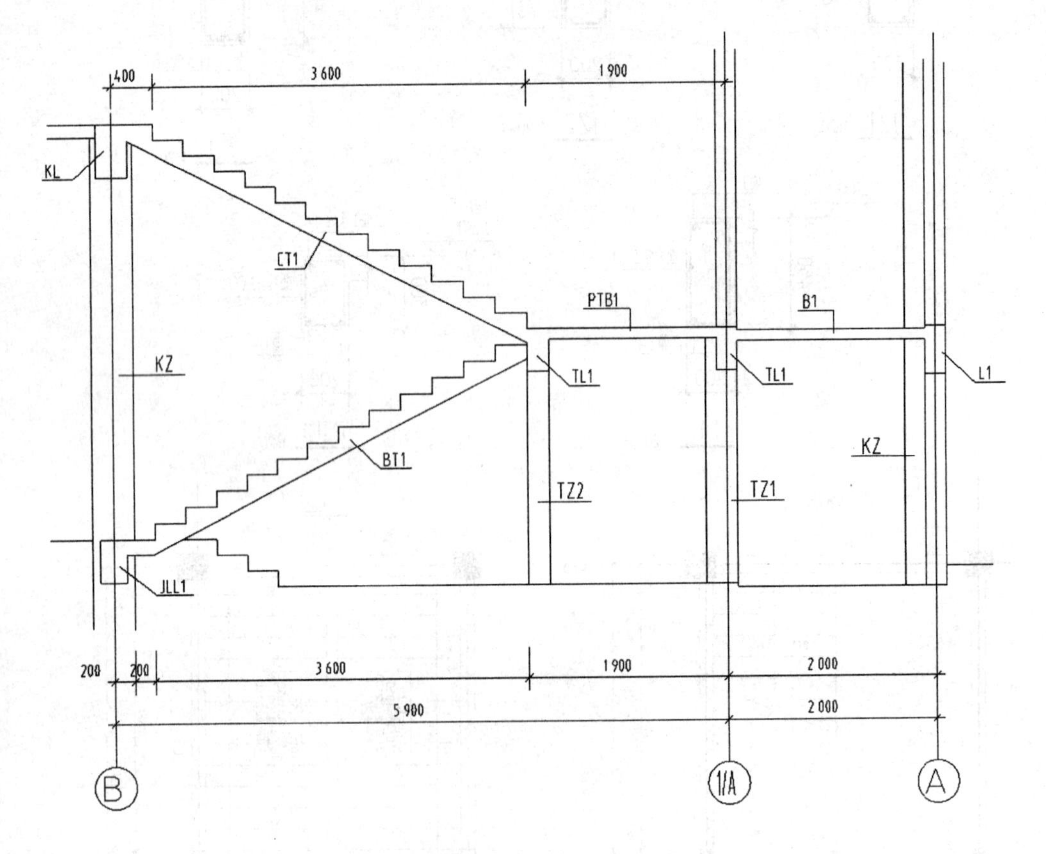


楼梯剖面图 1:50

楼梯设计说明：

1. 楼梯请结合11G101-2图集及相应楼层梁板同时进行施工。
2. 未注明梯板分布钢筋为 Φ6@200，楼梯支座钢筋全长拉通。
3. PTB、B1板厚为100 mm，配筋为 Φ8@200双层双向。

**附图 1.17　楼梯剖面图**

附表 1.3　清单工程量计算表

| 清单序号 | 分项工程名称（清单编号） | 单位 | 数量 | 工程量计算式 |
|---|---|---|---|---|
| | 建筑面积按《建筑工程建筑面积计算规范》(GB/T 50353—2013)计算 | $m^2$ | 506.64 | 一层:(12+0.04)×(21+0.04)=253.32($m^2$)<br>二层:(12+0.04)×(21+0.04)=253.32($m^2$)<br>总建筑面积:253.32+253.32=506.64($m^2$) |
| 0101 土(石)方工程 | | | | |
| 1 | 平整场地(010101001001) | $m^2$ | 253.32 | 建筑物首层建筑面积:<br>(12+0.04)×(21+0.04)= 253.32($m^2$) |
| 2 | 挖基坑土方(010101004001) | $m^3$ | 110.64 | 独立基础:垫层支模,工作面 300 mm<br>放工作面后的面积:(2.4+0.1×2+0.3×2)×(2.4+0.1×2+0.3×2)=10.24($m^3$)<br>土方工程量:10.24×(1.1+0.1−0.3)=9.22($m^3$)<br>共计 12 个,土方量共计:9.22×12=110.64($m^3$) |
| 3 | 挖沟槽土方(010101003001) | $m^3$ | 15.29 | JLL1(3 个):<br>(0.3×2+0.25)×(0.6−0.3)×[11.8−(1.2+0.1+0.3)×2−(2.4+0.1×2+0.3×2)]=1.38($m^3$)<br>JLL2(3 个):<br>(0.3×2+0.25)×(0.6−0.3)×[20.8−(1.2+0.1+0.3)×2−(2.4+0.1×2+0.3×2)×2]=2.86($m^3$)<br>JCL1(1 个):<br>(0.3×2+0.25)×(0.4−0.3)×[3.9−(0.1+0.15+0.3×2)]=0.26($m^3$)<br>JCL2(1 个):<br>(0.3×2+0.25)×(0.6−0.3)×[7.9−(0.15+0.15+0.3×2)]=1.79($m^3$)<br>JCL3(1 个):<br>(0.3×2+0.25)×(0.45−0.3)×[4.9−(0.1+0.15+0.3×2)]=0.52($m^3$)<br>土方工程量:<br>1.38×3+2.86×3+0.26+1.79+0.52=15.29($m^3$) |
| 4 | 回填方(010103001001) | $m^3$ | 77.63 | 挖方:110.64+15.29=125.93($m^3$)<br>扣除室外地面下基础体积:<br>1.25+17.33+21.61+8.11=48.30($m^3$)<br>125.93−48.30=77.63($m^3$) |

续附表 1.3

| 清单序号 | 分项工程名称（清单编号） | 单位 | 数量 | 工程量计算式 |
| --- | --- | --- | --- | --- |
| 0104 砌筑工程 | | | | |
| 5 | 填充墙<br>（无水房间、无混凝土坎台）<br>(010401008001) | $m^3$ | 64.27 | 一层：<br>A 轴/1～3 轴净长：3.9＋4－0.2－0.3＝7.4(m)<br>墙高：3.9－0.7＝3.2(m)<br>扣窗台梁：0.2×0.06×7.4＝0.09($m^3$)<br>扣过梁：0.2×0.18×(1.8＋0.25×2)×2＝0.17($m^3$)<br>扣窗框柱：0.2×0.1×1.8×4＝0.14($m^3$)<br>扣门窗：1.8×1.8×2×0.2＝1.3($m^3$)<br>体积：<br>0.2×7.4×3.2－(0.09＋0.17＋0.14＋1.3)＝3.04($m^3$)<br>其余略 |
| 6 | 填充墙<br>（有水房间、有混凝土坎台）<br>(010401008002) | $m^3$ | 27.12 | 一层：<br>A 轴/3～4 轴净长：3.9－0.2－0.3＝3.4(m)<br>墙高：3.9－0.45＝3.45(m)<br>扣窗台梁：0.2×0.06×3.4＝0.04($m^3$)<br>扣窗框柱：0.2×0.1×0.9×2＝0.04($m^3$)<br>扣门窗：1.8×0.9×0.2＝0.32($m^3$)<br>体积：<br>0.2×3.4×3.45－(0.04＋0.04＋0.32)＝1.95($m^3$)<br>其余略 |
| 0105 混凝土及钢筋混凝土工程 | | | | |
| 7 | 垫层<br>(010501001001) | $m^3$ | 8.11 | (2.4＋0.1×2)×(2.4＋0.1×2)×0.1×12＝8.11($m^3$) |
| 8 | 独立基础<br>(010501003001) | $m^3$ | 21.6 | 2.4×2.4×0.25＋(2.4×2.4＋0.5×0.5＋2.9×2.9)×0.15/6＝1.8($m^3$)<br>独立基础体积：1.8×12＝21.6($m^3$) |
| 9 | 矩形柱<br>(010502001001) | $m^3$ | 15.74 | (1) 基础部分：<br>0.4×0.4×(1.1－0.4)×12＝1.34($m^3$)<br>(2) 一层部分：<br>0.4×0.4×3.9×12＝7.49($m^3$)<br>(3) 二层部分：<br>0.4×0.4×3.6×12＝6.91($m^3$)<br>柱的体积：1.34＋7.49＋6.91＝15.74($m^3$) |
| 10 | 构造柱<br>(010502002001) | $m^3$ | 3.44 | 略 |
| 11 | 构造柱<br>（门窗框侧柱）<br>(010502002002) | $m^3$ | 2.28 | 略 |

续附表 1.3

| 清单序号 | 分项工程名称（清单编号） | 单位 | 数量 | 工程量计算式 |
| --- | --- | --- | --- | --- |
| 12 | 基础梁<br>(010503001001) | $m^3$ | 17.33 | JLL1：0.25×0.6×(11.8−0.3×2−0.4)＝1.62($m^3$)<br>其余略 |
| 13 | 矩形梁<br>(010503002001) | $m^3$ | 1.27 | 一层:KL3(3)/A～B轴:0.25×0.65×(7.9−0.3−0.2)＝1.2($m^3$)<br>其余略 |
| 14 | 圈梁<br>(010503004001) | $m^3$ | 3.62 | 略 |
| 15 | 过梁<br>(010503005001) | $m^3$ | 1.10 | 略 |
| 16 | 有梁板<br>(010505001001) | $m^3$ | 1.48 | 标高 1.87 m：<br>A～1/A轴/3～4轴：<br>(3.9＋0.1×2)×(2＋0.1×2)×0.1＋0.2×(0.45−0.1)×(3.9−0.2−0.3)＋0.2×(0.4−0.1)×(3.9−0.1×2)＋0.2×(0.3−0.1)×(2−0.2−0.3)×2＝1.48($m^3$) |
| 17 | 有梁板<br>(010505001002) | $m^3$ | 87.48 | 略 |
| 18 | 雨篷、悬挑板、阳台板<br>(010505008001) | $m^3$ | 0.70 | YP：<br>1.5×2.6×(0.1＋0.14)/2＋0.2×0.1×(2.6＋1.5×2)＝0.58($m^3$)<br>KTB：<br>0.6×0.08×2.2＋0.05×0.06×(0.6×2＋2.2)＝0.12($m^3$)<br>合计:0.58＋0.12＝0.70($m^3$) |
| 19 | 直形楼梯<br>(010506001001) | $m^2$ | 21.09 | (5.9−0.1×2)×(3.9−0.2)＝21.09($m^2$) |
| 20 | 散水、坡道<br>(010507001001) | $m^2$ | 34.31 | 散水：<br>0.6×(7.8＋1.6＋8.5＋5.08＋12＋22.2)＝34.31($m^2$) |
| 21 | 散水、坡道<br>(010507001002) | $m^2$ | 4.79 | 1.4×3.42＝4.79($m^2$) |
| 22 | 台阶<br>(010507004001) | $m^2$ | 4.68 | 2.6×(0.3×2)＋5.2×(0.3×2)＝4.68($m^2$) |
| 23 | 现浇构件钢筋(ϕ12 mm 以内Ⅰ、Ⅱ级钢)<br>(010515001001) | t | 0.291 | 略 |

**续附表 1.3**

| 清单序号 | 分项工程名称（清单编号） | 单位 | 数量 | 工程量计算式 |
|---|---|---|---|---|
| 24 | 现浇构件钢筋（ϕ12 mm 以内Ⅲ级钢）（010515001002） | t | 8.837 | 略 |
| 25 | 现浇构件钢筋（ϕ25 mm 以内Ⅲ级钢）（010515001003） | t | 10.871 | 略 |
| 26 | 现浇构件钢筋（ϕ6.5 mm 以内Ⅰ级钢）（010515001004） | t | 0.302 | 略 |
| 27 | 支撑钢筋(铁马)（ϕ25 mm 以内Ⅲ级钢）（010515009001） | t | 0.076 | 略 |
| 28 | 钢筋电渣压力焊接头（ϕ16 mm 以上Ⅲ级钢）（010516004001） | 个 | 168 | 略 |
| 0108 门窗工程 | | | | |
| 29 | 木质门（010801001001） | $m^2$ | 17.82 | 见门窗表 |
| 30 | 钢质防火门（乙级防火门）（010802003001） | $m^2$ | 2.64 | 见门窗表 |
| 31 | 金属（塑钢、断桥)窗（010807001001） | $m^2$ | 95.31 | 见门窗表 |
| 0109 屋面及防水工程 | | | | |
| 32 | 平面砂浆找平层（011101006001） | $m^2$ | 238.96 | 20.6×11.6=238.96($m^2$) |

续附表 1.3

| 清单序号 | 分项工程名称（清单编号） | 单位 | 数量 | 工程量计算式 |
| --- | --- | --- | --- | --- |
| 33 | 屋面卷材防水（010902001001） | $m^2$ | 265.88 | 平面面积：238.96 $m^2$<br>保温等结构层厚度：<br>0.02＋0.02＋0.003＋0.055＋0.02＋0.05＝0.168(m)<br>卷材上翻成活面向上 250 mm,卷材上翻量：<br>(20.6＋11.6)×2×(0.25＋0.168)＝26.92($m^2$)<br>屋面卷材防水工程量:238.96＋26.92＝265.88($m^2$) |
| 34 | 平面砂浆找平层（011101006002） | $m^2$ | 238.96 | 同平面面积：238.96 $m^2$ |
| 35 | 屋面刚性层（010902003001） | $m^2$ | 238.96 | 同平面面积：238.96 $m^2$ |
| 36 | 楼（地）面涂膜防水（010904002001） | $m^2$ | 19.76 | 平面面积:13.64 $m^2$<br>翻边:(11－0.8)×0.3×2＝6.12($m^2$)<br>防水面积:13.64＋6.12＝19.76($m^2$) |
| 37 | 平面砂浆找平层（011101006003） | $m^2$ | 13.64 | 平面面积:13.64 $m^2$ |
| | | | | 0110 保温、隔热、防腐工程 |
| 38 | 保温隔热屋面（011001001001） | $m^2$ | 238.96 | 同平面面积：238.96 $m^2$ |
| 39 | 保温隔热屋面（011001001002） | $m^2$ | 238.96 | 同平面面积：238.96 $m^2$ |
| 40 | 保温隔热墙面（011001003001） | $m^2$ | 400.59 | 1～4 轴：<br>12×(0.3＋3.9＋3.6)－(1.8×1.8×5＋1.8×0.9)＝75.78($m^2$)<br>A～D 轴：<br>(7.8＋7.8)×(0.3＋3.9＋3.6)－(1.8×1.8×4＋1.5×0.9＋1.5×1.8)＝104.67($m^2$)<br>4～1 轴：<br>12×(0.3＋3.9＋3.6)－(1.8×2.7＋1.8×1.8×3)＝79.02($m^2$)<br>D～A 轴：<br>21×(0.3＋3.9＋3.6)－(1.8×1.2×8＋3×1.8)＝141.12($m^2$)<br>外墙面砖面层保温面积：<br>75.78＋104.67＋79.02＋141.12＝400.59($m^2$) |

续附表 1.3

| 清单序号 | 分项工程名称（清单编号） | 单位 | 数量 | 工程量计算式 |
|---|---|---|---|---|
| 41 | 保温隔热墙面<br>(011001003002) | $m^2$ | 72.48 | B～C 轴：<br>(0.2×4＋5.4)×(0.3＋3.9＋3.6)－(3.6×2.8＋3×1.8)＝32.88($m^2$)<br>女儿墙外侧：(12＋21)×2×0.6＝39.60($m^2$)<br>外墙涂料面层保温面积：32.88＋39.60＝72.48($m^2$) |
| 42 | 立面砂浆找平层<br>(011201004001) | $m^2$ | 473.07 | 外墙面砖面层保温面积：400.59 $m^2$<br>外墙涂料面层保温面积：72.48 $m^2$<br>保温找平层：400.59＋72.48＝473.07($m^2$) |
| 0111 楼地面装饰工程 | | | | |
| 43 | 垫层<br>(010404001001) | $m^3$ | 1.64 | 北侧台阶：2.6×(1.5－0.3)＝3.12($m^2$)<br>东侧台阶：5.2×(1.8－0.3)＝7.80($m^2$)<br>台阶面积：3.12＋7.80＝10.92($m^2$)<br>垫层体积：10.92×0.15＝1.64($m^3$) |
| 44 | 垫层<br>(010501001002) | $m^3$ | 13.48 | 首层地面面积：224.60 $m^2$<br>垫层体积：224.60×0.06＝13.48($m^3$) |
| 45 | 垫层<br>(010501001003) | $m^3$ | 1.09 | 台阶面积：10.92 $m^2$<br>垫层体积：10.92×0.10＝1.09($m^3$) |
| 46 | 块料楼地面<br>(011102003001) | $m^2$ | 426.18 | 略 |
| 47 | 块料楼地面<br>(011102003002) | $m^2$ | 13.64 | 卫生间一层：<br>(3.9－0.1×2)×(2－0.1×2)＋0.8×0.2＝6.82($m^2$)<br>卫生间二层同一层：6.82($m^2$)<br>卫生间块料楼地面：13.64 $m^2$ |
| 48 | 石材楼地面<br>(011102001001) | $m^2$ | 10.92 | 台阶面积：10.92 $m^2$ |
| 49 | 块料踢脚线<br>(011105003001) | $m^2$ | 26.09 | 略 |
| 50 | 块料楼梯面层<br>(011106002001) | $m^2$ | 21.09 | 同直形楼梯面积：21.09 $m^2$ |
| 51 | 石材台阶面<br>(011107001001) | $m^2$ | 4.68 | 同混凝土台阶面积：4.68 $m^2$ |
| 0112 墙、柱面装饰与隔断、幕墙工程 | | | | |
| 52 | 墙面一般抹灰<br>(不保温外墙面)<br>(011201001001) | $m^2$ | 51.52 | 女儿墙内侧墙面：<br>(20.6＋11.6)×2×(0.6＋0.2)＝51.52($m^2$) |

续附表 1.3

| 清单序号 | 分项工程名称（清单编号） | 单位 | 数量 | 工程量计算式 |
| --- | --- | --- | --- | --- |
| 53 | 墙面一般抹灰（011201001002） | $m^2$ | 1 009.37 | 略 |
| 54 | 墙面一般抹灰（011201001003） | $m^2$ | 83.09 | 略 |
| 55 | 块料墙面（011204003001） | $m^2$ | 83.09 | 同卫生间墙面 |
| 56 | 块料墙面（011204003002） | $m^2$ | 419.19 | 保温面积：400.59 $m^2$<br>门窗侧边增加：[(1.8+1.8)×2×20+(3+1.8)×2×2+(1.8+0.9)×2+(1.8+1.2)×2+(1.5+0.9)×2+(1.8+1.5)×2]×0.1=18.60($m^2$)<br>合计面积：400.59+18.60=419.19($m^2$) |
| 57 | 零星项目一般抹灰（空调、雨篷板）（011203001001） | $m^2$ | 5.22 | KTB<br>0.6×2.2=1.32($m^2$)<br>YP<br>1.5×2.6=3.90($m^2$)<br>雨篷面积：1.32+3.90=5.22($m^2$) |
| 0114 油漆、涂料、裱糊工程 | | | | |
| 58 | 墙面喷刷涂料（外墙面）（011407001001） | $m^2$ | 124.00 | 保温墙面：72.48 $m^2$<br>不保温墙面：51.52 $m^2$<br>外墙涂料面积：72.48+51.52=124.00 ($m^2$) |
| 59 | 墙面喷刷涂料（墙面）（011407001002） | $m^2$ | 1 009.37 | 同内墙面面积：1 009.37 $m^2$ |
| 60 | 天棚喷刷涂料（天棚面）（011407002001） | $m^2$ | 506.52 | 略 |
| 0115 其他装饰工程 | | | | |
| 61 | 硬木扶手、栏杆、栏板（011503002001） | m | 10.37 | 3.6×1.18×2+1.87=10.37(m) |
| 62 | 金属扶手、栏杆、栏板（011503001001） | m | 7.44 | 3.72×2=7.44(m) |

续附表 1.3

| 清单序号 | 分项工程名称（清单编号） | 单位 | 数量 | 工程量计算式 |
|---|---|---|---|---|
| 011701 脚手架工程 | | | | |
| 1 | 综合脚手架（011701001001） | $m^2$ | 506.64 | 建筑面积：506.64 $m^2$ |
| 011703 垂直运输 | | | | |
| 2 | 垂直运输（011703001001） | 天 | 274 | 基础：<br>三类土：30×0.95＝29(天)<br>框架结构±0.00 以上部分：245 天<br>总工期：29＋245＝274(天) |
| 011702 混凝土模板及支架(撑)(按计价表含模量计算) | | | | |
| 3 | 基础（011702001001） | $m^2$ | 8.11 | 垫层模板：1×8.11＝8.11($m^2$) |
| 4 | 基础（011702001002） | $m^2$ | 38.03 | 1.76×21.61＝38.03($m^2$) |
| 5 | 矩形柱（011702002001） | $m^2$ | 209.81 | 13.33×15.74＝209.81($m^2$) |
| 6 | 构造柱（011702003001） | $m^2$ | 38.18 | 11.1×3.44＝38.18($m^2$) |
| 7 | 构造柱（011702003002） | $m^2$ | 27.54 | 12.08×2.28＝27.54($m^2$) |
| 8 | 基础梁（011702005001） | $m^2$ | 177.11 | 10.22×17.33＝177.11($m^2$) |
| 9 | 矩形梁（011702006001） | $m^2$ | 11.02 | 8.68×1.27＝11.02($m^2$) |
| 10 | 圈梁（011702008001） | $m^2$ | 30.15 | 8.33×3.62＝30.15($m^2$) |
| 11 | 过梁（011702009001） | $m^2$ | 13.2 | 12×1.1＝13.20($m^2$) |
| 12 | 有梁板（011702014001） | $m^2$ | 15.84 | 10.7×1.48＝15.84($m^2$) |
| 13 | 有梁板（011702014002） | $m^2$ | 705.96 | 8.07×87.48＝705.96($m^2$) |
| 14 | 雨篷、悬挑板、阳台板（011702023001） | $m^2$ | 5.22 | 水平投影面积：5.22 $m^2$ |
| 16 | 楼梯（011702024001） | $m^2$ | 21.09 | 水平投影面积：21.09 $m^2$ |
| 17 | 台阶（011702027001） | $m^2$ | 4.68 | 水平投影面积：4.68 $m^2$ |

# 招标控制价总说明

工程名称：食堂工程　　　　　　　　　　　　　　　　　　　　　　　第1页　共2页

一、工程概况

1. 建设规模：建筑面积506.64 $m^2$；

2. 工程特征：框架结构，二层；

3. 计划工期：274日历天；

4. 施工现场实际情况：施工场地较平整；

5. 交通条件：交通便利，有主干道通入施工现场；

6. 环境保护要求：必须符合当地环保部门对噪音、粉尘、污水、垃圾的限制或处理的要求。

二、招标范围：设计图纸范围内的土建工程，详见招标文件。

三、工程量清单编制依据

1.《建设工程工程量清单计价规范》(GB 50500—2013)；

2.《房屋建筑与装饰工程工程量计算规范》(GB 50854—2013)；

3. 国家及省级建设主管部门颁发的有关规定；

4. 江苏省建设厅文件苏建价〔2014〕448号《省住房城乡建设厅关于〈建设工程工程量清单计价规范〉(GB 50500—2013)及其9本工程量计算规范的贯彻意见》；

5. 本工程项目的设计文件；

6. 与本工程项目有关的标准、规范、技术资料；

7. 招标文件及其补充通知、答疑纪要；

8. 施工现场情况、工程特点及常规施工方案；

9. 其他相关资料。

四、工程质量：合格工程，详见招标文件。

五、安全生产文明施工：创省级文明工地，详见招标文件。

六、投标人在投标时应按《建设工程工程量清单计价规范》(GB 50500—2013)和招标文件规定的格式，提供完整齐全的文件。

七、投标文件的份数详见招标文件。

八、工程量清单编制的相关说明

1. 分部分项工程量清单

1.1　挖基础土方自设计室外地面标高算起；

1.2　本工程中的所有混凝土要求使用商品混凝土。

2. 措施项目清单

根据本项目的具体情况，列入以下措施项目清单：

2.1　总价措施项目清单

2.1.1　安全文明施工费。

2.1.1.1　基本费；

2.1.1.2　省级标化增加费。

2.1.2　夜间施工费；

2.1.3　冬雨季施工增加费；

2.1.4　已完工程及设备保护；

2.1.5　临时设施。

2.2　单价措施项目清单

2.2.1　大型机械设备进出场及安拆；

2.2.2　混凝土、钢筋混凝土模板及支架按《江苏省建筑与装饰工程计价定额》(2014 年)中的定额含量计算；

2.2.3　脚手架；

2.2.4　垂直运输运输机械。

2.3　投标人可根据工程实际与施工组织设计进行增补措施项目，但不得更改本清单中已列措施项目。结算时，除工程变更引起施工方案改变外，承包人不得以招标工程措施项目清单缺项为由要求新增措施项目。

3. 其他项目清单

3.1　暂列金额：考虑工程量偏差及设计变更的因素计入 30 000 元，材料涨价风险因素计入 20 000 元，详见《暂列金额明细表》。

3.2　暂估价

3.2.1　材料暂估价：地砖、墙砖为暂估价，详见《材料(工程设备)暂估单价及调整表》；

3.2.2　专业工程暂估价：进户塑钢门由专业厂家生产并安装，详见《专业工程暂估价及结算价表》。

3.3　计日工：详见《计日工表》。

3.4　总承包服务费：见《总承包服务费计价表》。

4. 规费和税金项目清单

此项为不可竞争费，必须按《江苏省建设工程费用定额》(2014)的费用标准及相关的规定计价。

4.1　规费

4.1.1　工程排污费；

4.1.2　社会保险费；

4.1.3　住房公积金。

4.2　税金。

## 附表 1.4　分部分项工程和单价措施项目清单与计价表

工程名称：食堂　　　　　　　　　标段：　　　　　　　　　　第1页　共13页

| 序号 | 项目编码 | 项目名称 | 项目特征描述 | 计量单位 | 工程量 | 金额(元) | | |
|---|---|---|---|---|---|---|---|---|
| | | | | | | 综合单价 | 合价 | 其中<br>暂估价 |
| | | 0101 土(石)方工程 | | | | | | |
| 1 | 010101001001 | 平整场地 | 1. 土壤类别：三类土<br>2. 弃土运距：投标人自行考虑 | $m^2$ | 253.32 | | | |
| 2 | 010101004001 | 挖基坑土方 | 1. 土壤类别：三类土<br>2. 挖土深度：1.5 m内<br>3. 弃土运距：50 m内 | $m^3$ | 110.64 | | | |
| 3 | 010101003001 | 挖沟槽土方 | 1. 土壤类别：三类土<br>2. 挖土深度：1.5 m内<br>3. 弃土运距：50 m内 | $m^3$ | 15.29 | | | |
| 4 | 010103001001 | 回填方 | 1. 密实度要求：按设计要求<br>2. 填方材料品种：按设计要求<br>3. 填方粒径要求：按设计要求<br>4. 填方来源、运距：投标人自行考虑 | $m^3$ | 77.63 | | | |
| | | 分部小计 | | | | | | |
| | | 0104 砌筑工程 | | | | | | |
| 5 | 010401008001 | 填充墙 | 1. 砖品种、规格、强度等级：A5.0，B06级蒸压粉煤灰加气混凝土砌块<br>2. 墙体类型：用于无水房间、底无混凝土坎台<br>3. 填充材料种类及厚度：200 mm<br>4. 砂浆强度等级、配合比：DMM5 混合砂浆 | $m^3$ | 64.27 | | | |
| | | | 本页小计 | | | | | |
| | | | 合　　计 | | | | | |

**分部分项工程和单价措施项目清单与计价表**

工程名称：食堂　　　　　　　　　标段：　　　　　　　　　　　　第2页　共13页

| 序号 | 项目编码 | 项目名称 | 项目特征描述 | 计量单位 | 工程量 | 金额(元) | | |
|---|---|---|---|---|---|---|---|---|
| | | | | | | 综合单价 | 合价 | 其中<br>暂估价 |
| 6 | 010401008002 | 填充墙 | 1. 砖品种、规格、强度等级：A5.0，B06级蒸压粉煤灰加气混凝土砌块<br>2. 墙体类型：用于有水房间、底有混凝土坎台<br>3. 填充材料种类及厚度：200 mm<br>4. 砂浆强度等级、配合比：DM M5 混合砂浆 | $m^3$ | 27.12 | | | |
| | | 分部小计 | | | | | | |
| | | 0105 混凝土及钢筋混凝土工程 | | | | | | |
| 7 | 010501001001 | 垫层 | 1. 混凝土种类：商品混凝土<br>2. 混凝土强度等级：C15 | $m^3$ | 8.11 | | | |
| 8 | 010501003001 | 独立基础 | 1. 混凝土种类：商品混凝土<br>2. 混凝土强度等级：C25 | $m^3$ | 21.61 | | | |
| 9 | 010502001001 | 矩形柱 | 1. 混凝土种类：商品混凝土<br>2. 混凝土强度等级：C25<br>3. 截面尺寸：周长1.6 m内 | $m^3$ | 15.74 | | | |
| 10 | 010502002001 | 构造柱 | 1. 混凝土种类：商品混凝土<br>2. 混凝土强度等级：C25 | $m^3$ | 3.44 | | | |
| | | 本页小计 | | | | | | |
| | | 合　　计 | | | | | | |

分部分项工程和单价措施项目清单与计价表

工程名称:食堂　　　　　　　　标段:　　　　　　　　第 3 页　共 13 页

| 序号 | 项目编码 | 项目名称 | 项目特征描述 | 计量单位 | 工程量 | 金额(元) | | |
|---|---|---|---|---|---|---|---|---|
| | | | | | | 综合单价 | 合价 | 其中 暂估价 |
| 11 | 010502002002 | 构造柱 | 1. 混凝土种类:商品混凝土<br>2. 混凝土强度等级:C25<br>3. 部位:门(窗)框侧柱 | $m^3$ | 2.28 | | | |
| 12 | 010503001001 | 基础梁 | 1. 混凝土种类:商品混凝土<br>2. 混凝土强度等级:C25 | $m^3$ | 17.33 | | | |
| 13 | 010503002001 | 矩形梁 | 1. 混凝土种类:商品混凝土<br>2. 混凝土强度等级:C25 | $m^3$ | 1.27 | | | |
| 14 | 010503004001 | 圈梁 | 1. 混凝土种类:商品混凝土<br>2. 混凝土强度等级:C25<br>3. 部位:窗台梁(板)、腰梁等 | $m^3$ | 3.62 | | | |
| 15 | 010503005001 | 过梁 | 1. 混凝土种类:商品混凝土<br>2. 混凝土强度等级:C25 | $m^3$ | 1.10 | | | |
| 16 | 010505001001 | 有梁板 | 1. 混凝土种类:商品混凝土<br>2. 混凝土强度等级:C25<br>3. 板厚:100 mm 内 | $m^3$ | 1.48 | | | |
| 17 | 010505001002 | 有梁板 | 1. 混凝土种类:商品混凝土<br>2. 混凝土强度等级:C25<br>3. 板厚:200 mm 内 | $m^3$ | 87.48 | | | |
| 本页小计 | | | | | | | | |
| 合　　计 | | | | | | | | |

**分部分项工程和单价措施项目清单与计价表**

工程名称:食堂　　　　　　　　标段:　　　　　　　　第4页　共13页

<table>
<tr><th rowspan="3">序号</th><th rowspan="3">项目编码</th><th rowspan="3">项目名称</th><th rowspan="3">项目特征描述</th><th rowspan="3">计量单位</th><th rowspan="3">工程量</th><th colspan="3">金额(元)</th></tr>
<tr><th rowspan="2">综合单价</th><th rowspan="2">合价</th><th>其中</th></tr>
<tr><th>暂估价</th></tr>
<tr><td>18</td><td>010505008001</td><td>雨篷、悬挑板、阳台板</td><td>1. 混凝土种类:商品混凝土<br>2. 混凝土强度等级:C25</td><td>$m^3$</td><td>0.70</td><td></td><td></td><td></td></tr>
<tr><td>19</td><td>010506001001</td><td>直形楼梯</td><td>1. 混凝土种类:商品混凝土<br>2. 混凝土强度等级:C25</td><td>$m^2$</td><td>21.09</td><td></td><td></td><td></td></tr>
<tr><td>20</td><td>010507001001</td><td>散水、坡道</td><td>1. 垫层材料种类、厚度:素土夯实,向外坡5%,120厚碎石,60厚C15混凝土,上撒1∶1水泥砂子压实抹光<br>2. 面层厚度:20厚1∶2水泥砂浆抹面<br>3. 变形缝填塞材料种类:每隔6 m留伸缩缝一道,墙身与散水设10 mm宽,沥青砂浆嵌缝<br>4. 部位:散水</td><td>$m^2$</td><td>34.31</td><td></td><td></td><td></td></tr>
<tr><td>21</td><td>010507001002</td><td>散水、坡道</td><td>1. 垫层材料种类、厚度:素土夯实,150厚3∶7灰土<br>2. 面层厚度:25厚1∶3干硬性水泥砂浆黏结层,撒素水泥面,30厚烧毛花岗岩石板面层,干石灰粗砂扫缝后洒水封缝<br>3. 部位:残疾人坡道</td><td>$m^2$</td><td>4.79</td><td></td><td></td><td></td></tr>
<tr><td colspan="6">本页小计</td><td></td><td></td><td></td></tr>
<tr><td colspan="6">合　　计</td><td></td><td></td><td></td></tr>
</table>

分部分项工程和单价措施项目清单与计价表

工程名称：食堂　　　　　　　　　　　　　　标段：　　　　　　　　　　　　　　第5页　共13页

| 序号 | 项目编码 | 项目名称 | 项目特征描述 | 计量单位 | 工程量 | 金额（元） | | |
|---|---|---|---|---|---|---|---|---|
| | | | | | | 综合单价 | 合价 | 其中 |
| | | | | | | | | 暂估价 |
| 22 | 010507004001 | 台阶 | 1. 踏步高、宽：高150 mm，宽300 mm<br>2. 混凝土种类：商品混凝土<br>3. 混凝土强度等级：C15 | $m^2$ | 4.68 | | | |
| 23 | 010515001001 | 现浇构件钢筋 | 钢筋种类、规格：$\phi$12以内Ⅰ、Ⅱ级钢 | t | 0.291 | | | |
| 24 | 010515001002 | 现浇构件钢筋 | 钢筋种类、规格：$\phi$12以内Ⅲ级钢 | t | 8.837 | | | |
| 25 | 010515001003 | 现浇构件钢筋 | 钢筋种类、规格：$\phi$25以内Ⅲ级钢 | t | 10.871 | | | |
| 26 | 010515001004 | 现浇构件钢筋 | 钢筋种类、规格：Ⅰ级钢、$\phi$6.5 | t | 0.302 | | | |
| 27 | 010515009001 | 支撑钢筋（铁马） | 钢筋种类：$\phi$25以内Ⅲ级钢 | t | 0.076 | | | |
| 28 | 010516004001 | 钢筋电渣压力焊接头 | 钢筋类型、规格：Ⅲ级钢，$\phi$16以上的竖向构件 | 个 | 168 | | | |
| | | 分部小计 | | | | | | |
| | | 0108 门窗工程 | | | | | | |
| 29 | 010801001001 | 木质门 | 门类型：成品木门 | $m^2$ | 17.82 | | | |
| 30 | 010802003001 | 钢质防火门 | 门类型：乙级防火门（成品） | $m^2$ | 2.64 | | | |
| 31 | 010807001001 | 金属（塑钢、断桥）窗 | 1. 框、扇材质：塑钢<br>2. 玻璃品种、厚度：6较低透光Low－E＋12空气＋6透明 | $m^2$ | 95.31 | | | |
| | | 分部小计 | | | | | | |
| | | 0109 屋面及防水工程 | | | | | | |
| 本页小计 | | | | | | | | |
| 合　计 | | | | | | | | |

**分部分项工程和单价措施项目清单与计价表**

工程名称:食堂　　　　　　　　标段:　　　　　　　　第6页　共13页

| 序号 | 项目编码 | 项目名称 | 项目特征描述 | 计量单位 | 工程量 | 金额(元) | | |
|---|---|---|---|---|---|---|---|---|
| | | | | | | 综合单价 | 合价 | 其中<br>暂估价 |
| 32 | 011101006001 | 平面砂浆找平层 | 找平层厚度、砂浆配合比:20 厚 1:3 水泥砂浆 | $m^2$ | 238.96 | | | |
| 33 | 010902001001 | 屋面卷材防水 | 卷材品种、规格、厚度:3 厚 SBS 卷材 | $m^2$ | 265.88 | | | |
| 34 | 011101006002 | 平面砂浆找平层 | 找平层厚度、砂浆配合比:20 厚 1:3 水泥砂浆 | $m^2$ | 238.96 | | | |
| 35 | 010902003001 | 屋面刚性层 | 1. 刚性层厚度:50 mm<br>2. 混凝土种类:商品混凝土<br>3. 混凝土强度等级:C30<br>4. 钢筋规格、型号:$\phi$4@150 双向钢筋网 | $m^2$ | 238.96 | | | |
| 36 | 010904002001 | 楼(地)面涂膜防水 | 1. 防水膜品种:JS 复合防水涂料<br>2. 涂膜厚度、遍数:1.8 厚<br>3. 反边高度:与竖管、墙转角处上翻 300 | $m^2$ | 19.76 | | | |
| 37 | 011101006003 | 平面砂浆找平层 | 找平层厚度、砂浆配合比:20 厚 1:3 水泥砂浆找坡(四周做钝角,坡向地漏,最薄处 10 厚) | $m^2$ | 13.64 | | | |
| | | 分部小计 | | | | | | |
| | | 0110 保温、隔热、防腐工程 | | | | | | |
| 38 | 011001001001 | 保温隔热屋面 | 保温隔热材料品种、规格、厚度:20 厚(最薄处)1:8 水泥炉渣找 2%坡 | $m^2$ | 238.96 | | | |
| | | | 本页小计 | | | | | |
| | | | 合　　计 | | | | | |

## 分部分项工程和单价措施项目清单与计价表

工程名称:食堂　　　　　　　　　　标段:　　　　　　　　　　　　　　　第7页　共13页

| 序号 | 项目编码 | 项目名称 | 项目特征描述 | 计量单位 | 工程量 | 金额(元) | | |
|---|---|---|---|---|---|---|---|---|
| | | | | | | 综合单价 | 合价 | 其中<br>暂估价 |
| 39 | 011001001002 | 保温隔热屋面 | 保温隔热材料品种、规格、厚度:挤塑保温板55厚 | $m^2$ | 238.96 | | | |
| 40 | 011001003001 | 保温隔热墙面 | 1. 保温隔热部位:墙体<br>2. 保温隔热材料品种、规格及厚度:20厚膨胀玻化微珠保温砂浆<br>3. 增强网及抗裂防水砂浆种类:热镀锌钢丝网一层,10厚防裂抗渗砂浆 | $m^2$ | 400.59 | | | |
| 41 | 011001003002 | 保温隔热墙面 | 1. 保温隔热部位:墙体<br>2. 保温隔热材料品种、规格及厚度:20厚膨胀玻化微珠保温砂浆<br>3. 增强网及抗裂防水砂浆种类:涂塑玻纤网格布一层,10厚防裂抗渗砂浆 | $m^2$ | 72.48 | | | |
| 42 | 011201004001 | 立面砂浆找平层 | 找平层砂浆厚度、配合比:刷界面处理剂一道,10厚1:3水泥砂浆找平 | $m^2$ | 473.07 | | | |
| | | 分部小计 | | | | | | |
| | | 0111 楼地面装饰工程 | | | | | | |
| 43 | 010404001001 | 垫层 | 1. 垫层材料种类、配合比、厚度:150厚碎石<br>2. 部位:室外平台 | $m^3$ | 1.64 | | | |
| | | | 本页小计 | | | | | |
| | | | 合　计 | | | | | |

## 分部分项工程和单价措施项目清单与计价表

工程名称:食堂　　　　　　　　　标段:　　　　　　　　　　第 8 页　共 13 页

| 序号 | 项目编码 | 项目名称 | 项目特征描述 | 计量单位 | 工程量 | 金额(元) | | |
|---|---|---|---|---|---|---|---|---|
| | | | | | | 综合单价 | 合价 | 其中 暂估价 |
| 44 | 010501001002 | 垫层 | 1. 混凝土种类:商品混凝土<br>2. 混凝土强度等级:C15 | $m^3$ | 13.48 | | | |
| 45 | 010501001003 | 垫层 | 1. 混凝土种类:商品混凝土<br>2. 混凝土强度等级:C15<br>3. 部位:室外平台 | $m^3$ | 1.09 | | | |
| 46 | 011102003001 | 块料楼地面 | 1. 找平层厚度、砂浆配合比:20 厚 1∶3 水泥砂浆<br>2. 结合层厚度、砂浆配合比:5 厚 1∶2 水泥细砂浆<br>3. 面层材料品种、规格、颜色:10 厚地砖面,干水泥擦缝 | $m^2$ | 426.18 | | | |
| 47 | 011102003002 | 块料楼地面 | 1. 找平层厚度、砂浆配合比:30 厚 C20 细石混凝土<br>2. 结合层厚度、砂浆配合比:5 厚 1∶1 水泥细砂浆<br>3. 面层材料品种、规格、颜色:10 厚防滑地砖,干水泥擦缝<br>4. 部位:卫生间 | $m^2$ | 13.64 | | | |
| 48 | 011102001001 | 石材楼地面 | 1. 结合层厚度、砂浆配合比:素水泥浆一道,30 厚 1∶3 干硬性水泥砂浆结合层<br>2. 面层材料品种、规格、颜色:撒素水泥面(洒适量清水),20 厚石材,水泥浆擦缝<br>3. 部位:入口平台 | $m^2$ | 10.92 | | | |
| | | | 本页小计 | | | | | |
| | | | 合　计 | | | | | |

**分部分项工程和单价措施项目清单与计价表**

工程名称:食堂　　　　　　　　　　标段:　　　　　　　　　　第9页　共13页

| 序号 | 项目编码 | 项目名称 | 项目特征描述 | 计量单位 | 工程量 | 金额(元) | | |
|---|---|---|---|---|---|---|---|---|
| | | | | | | 综合单价 | 合价 | 其中<br>暂估价 |
| 49 | 011105003001 | 块料踢脚线 | 1. 踢脚线高度:100 mm<br>2. 黏结层厚度、材料种类:12厚1∶2.5水泥砂浆打底扫毛,水泥浆一道,5厚1∶1水泥砂浆结合层<br>3. 面层材料品种、规格、颜色:10厚面砖(稀水泥浆擦缝) | $m^2$ | 26.09 | | | |
| 50 | 011106002001 | 块料楼梯面层 | 1. 黏结层厚度、材料种类:水泥浆一道(内掺建筑胶),20厚1∶2干硬性水泥砂浆结合层,撒素水泥面(洒适量清水)<br>2. 面层材料品种、规格、颜色:8～10厚防滑地砖,水泥浆擦缝(面层防滑处理) | $m^2$ | 21.09 | | | |
| 51 | 011107001001 | 石材台阶面 | 1. 黏结材料种类:素水泥浆一道,30厚1∶3干硬性水泥砂浆结合层<br>2. 面层材料品种、规格、颜色:撒素水泥面(洒适量清水),20厚石材,水泥浆擦缝<br>3. 部位:室外台阶 | $m^2$ | 4.68 | | | |
| | | 分部小计 | | | | | | |
| | | 0112 墙、柱面装饰与隔断、幕墙工程 | | | | | | |
| 52 | 011201001001 | 墙面一般抹灰 | 1. 底层厚度、砂浆配合比:12厚1∶3水泥砂浆<br>2. 面层厚度、砂浆配合比:8厚1∶3水泥砂浆<br>3. 部位:女儿墙内侧 | $m^2$ | 51.52 | | | |
| | | | 本页小计 | | | | | |
| | | | 合　计 | | | | | |

**分部分项工程和单价措施项目清单与计价表**

工程名称:食堂　　　　　　　　标段:　　　　　　　　第10页　共13页

| 序号 | 项目编码 | 项目名称 | 项目特征描述 | 计量单位 | 工程量 | 金额(元) | | |
|---|---|---|---|---|---|---|---|---|
| | | | | | | 综合单价 | 合价 | 其中<br>暂估价 |
| 53 | 011201001002 | 墙面一般抹灰 | 1. 底层厚度、砂浆配合比:刷专用墙体界面处理剂一道,12厚1∶1∶6水泥石灰膏砂浆打底<br>2. 面层厚度、砂浆配合比:5厚1∶0.3∶3水泥石灰膏砂浆粉面<br>3. 部位:用于除卫生间外的所有房间 | $m^2$ | 1 009.37 | | | |
| 54 | 011201001003 | 墙面一般抹灰 | 1. 底层厚度、砂浆配合比:刷专用墙体界面处理剂一道,12厚1∶3防水砂浆打底(内掺防水剂)<br>2. 面层厚度、砂浆配合比:6厚1∶2.5水泥砂浆粉面<br>3. 部位:用于卫生间 | $m^2$ | 83.09 | | | |
| 55 | 011204003001 | 块料墙面 | 面层材料品种、规格、颜色:2～3厚建筑陶瓷胶黏剂,5厚釉面砖白水泥擦缝 | $m^2$ | 83.09 | | | |
| 56 | 011204003002 | 块料墙面 | 面层材料品种、规格、颜色:2～3厚建筑陶瓷胶黏剂,仿石面砖 | $m^2$ | 419.19 | | | |
| 57 | 011203001001 | 零星项目一般抹灰 | 1. 基层类型、部位:混凝土、空调及雨篷板外挑板<br>2. 面层厚度、砂浆配合比:20厚DPM20防水砂浆抹面 | $m^2$ | 5.22 | | | |
| | | 分部小计 | | | | | | |
| | | 0114 油漆、涂料、裱糊工程 | | | | | | |
| 本页小计 | | | | | | | | |
| 合　计 | | | | | | | | |

**分部分项工程和单价措施项目清单与计价表**

工程名称:食堂　　　　　　　　　标段:　　　　　　　　　第11页　共13页

<table>
<tr><th rowspan="3">序号</th><th rowspan="3">项目编码</th><th rowspan="3">项目名称</th><th rowspan="3">项目特征描述</th><th rowspan="3">计量单位</th><th rowspan="3">工程量</th><th colspan="3">金额(元)</th></tr>
<tr><th rowspan="2">综合单价</th><th rowspan="2">合价</th><th>其中</th></tr>
<tr><th>暂估价</th></tr>
<tr><td>58</td><td>011407001001</td><td>墙面喷刷涂料</td><td>1. 基层类型:抹灰面<br>2. 喷刷涂料部位:外墙<br>3. 腻子种类:弹性底漆、柔性耐水腻子<br>4. 涂料品种、喷刷遍数:外墙乳胶漆</td><td>$m^2$</td><td>124.00</td><td></td><td></td><td></td></tr>
<tr><td>59</td><td>011407001002</td><td>墙面喷刷涂料</td><td>1. 基层类型:抹灰面<br>2. 喷刷涂料部位:内墙<br>3. 涂料品种、喷刷遍数:底漆一道,乳胶漆两道<br>4. 部位:墙面</td><td>$m^2$</td><td>1 009.37</td><td></td><td></td><td></td></tr>
<tr><td>60</td><td>011407002001</td><td>天棚喷刷涂料</td><td>1. 基层类型:混凝土面<br>2. 腻子种类:素水泥浆一道,刮内墙腻子两遍,打磨平整<br>3. 涂料品种、喷刷遍数:乳胶漆<br>4. 部位:天棚面</td><td>$m^2$</td><td>506.52</td><td></td><td></td><td></td></tr>
<tr><td></td><td></td><td colspan="2">分部小计</td><td></td><td></td><td></td><td></td><td></td></tr>
<tr><td></td><td></td><td colspan="2">0115 其他装饰工程</td><td></td><td></td><td></td><td></td><td></td></tr>
<tr><td>61</td><td>011503002001</td><td>硬木扶手、栏杆、栏板</td><td>1. 扶手材料种类、规格:50 mm×120 mm<br>2. 栏杆材料种类、规格:2□28×2 mm @3G<br>3. 栏板材料种类、规格、颜色:2－40×5＋－50×5<br>4. 固定配件种类:苏J05—2006—1/5<br>5. 部位:楼梯栏杆</td><td>m</td><td>10.37</td><td></td><td></td><td></td></tr>
<tr><td colspan="7">本页小计</td><td></td><td></td></tr>
<tr><td colspan="7">合　计</td><td></td><td></td></tr>
</table>

**分部分项工程和单价措施项目清单与计价表**

工程名称：食堂　　　　标段：　　　　

| 序号 | 项目编码 | 项目名称 | 项目特征描述 | 计量单位 | 工程量 | 金额(元) | | |
|---|---|---|---|---|---|---|---|---|
| | | | | | | 综合单价 | 合价 | 其中<br>暂估价 |
| 62 | 011503001001 | 金属扶手、栏杆、栏板 | 1. 扶手材料种类、规格：不锈钢 $\phi75\times1.5+\phi45\times1.5$<br>2. 栏杆材料种类、规格：不锈钢 $\phi50\times1.5$@1200+$\phi25\times1.5$@200<br>3. 高度：$H=850$ mm<br>4. 部位：无障碍坡道栏杆 | m | 7.44 | | | |
| | | 分部小计 | | | | | | |
| | | 分部分项合计 | | | | | | |
| 1 | 011701001001 | 综合脚手架 | 1. 建筑结构形式：框架结构<br>2. 檐口高度：7.0 m | $m^2$ | 506.64 | | | |
| 2 | 011703001001 | 垂直运输 | 1. 建筑物建筑类型及结构形式：办公楼、框架结构<br>2. 建筑物檐口高度、层数：7.0 m，二层 | 天 | 274 | | | |
| 3 | 011705001001 | 大型机械设备进出场及安拆 | 1. 机械设备名称：塔吊<br>2. 机械设备规格型号：60 t·m | 台次 | 1 | | | |
| 4 | 011702001001 | 基础 | | $m^2$ | 8.11 | | | |
| 5 | 011702001002 | 基础 | | $m^2$ | 38.03 | | | |
| 6 | 011702002001 | 矩形柱 | | $m^2$ | 209.81 | | | |
| 7 | 011702003001 | 构造柱 | | $m^2$ | 38.18 | | | |
| 8 | 011702003002 | 构造柱 | | $m^2$ | 27.54 | | | |
| 本页小计 | | | | | | | | |
| 合　计 | | | | | | | | |

分部分项工程和单价措施项目清单与计价表

工程名称：食堂　　　　　　　　标段：　　　　　　　　第13页　共13页

| 序号 | 项目编码 | 项目名称 | 项目特征描述 | 计量单位 | 工程量 | 金额(元) | | |
|---|---|---|---|---|---|---|---|---|
| | | | | | | 综合单价 | 合价 | 其中 |
| | | | | | | | | 暂估价 |
| 9 | 011702005001 | 基础梁 | | $m^2$ | 177.11 | | | |
| 10 | 011702006001 | 矩形梁 | | $m^2$ | 11.02 | | | |
| 11 | 011702008001 | 圈梁 | | $m^2$ | 30.15 | | | |
| 12 | 011702009001 | 过梁 | | $m^2$ | 13.20 | | | |
| 13 | 011702014001 | 有梁板 | | $m^2$ | 15.84 | | | |
| 14 | 011702014002 | 有梁板 | | $m^2$ | 705.96 | | | |
| 15 | 011702023001 | 雨篷、悬挑板、阳台板 | | $m^2$ | 5.22 | | | |
| 16 | 011702024001 | 楼梯 | | $m^2$ | 21.09 | | | |
| 17 | 011702027001 | 台阶 | | $m^2$ | 4.68 | | | |
| 单价措施合计 | | | | | | | | |
| 本页小计 | | | | | | | | |
| 合　　计 | | | | | | | | |

## 总价措施项目清单与计价表

工程名称:食堂　　　　　　　　标段:　　　　　　　　第1页　共2页

| 序号 | 项目编码 | 项目名称 | 计算基础 | 费率(%) | 金额(元) | 调整费率(%) | 调整后金额(元) | 备注 |
|---|---|---|---|---|---|---|---|---|
| 1 | 011707001001 | 安全文明施工费 | | | | | | |
| 1.1 | | 基本费 | 分部分项合计+单价措施项目合计－设备费 | 3.000 | | | | |
| 1.2 | | 增加费 | 分部分项合计+单价措施项目合计－设备费 | 0.700 | | | | |
| 2 | 011707002001 | 夜间施工 | 分部分项合计+单价措施项目合计－设备费 | | | | | |
| 3 | 011707003001 | 非夜间施工照明 | 分部分项合计+单价措施项目合计－设备费 | | | | | |
| 4 | 011707004001 | 二次搬运 | 分部分项合计+单价措施项目合计－设备费 | | | | | |
| 5 | 011707005001 | 冬雨季施工 | 分部分项合计+单价措施项目合计－设备费 | | | | | |
| 6 | 011707006001 | 地上、地下设施、建筑物的临时保护设施 | 分部分项合计+单价措施项目合计－设备费 | | | | | |
| 7 | 011707007001 | 已完工程及设备保护 | 分部分项合计+单价措施项目合计－设备费 | | | | | |
| 8 | 011707008001 | 临时设施 | 分部分项合计+单价措施项目合计－设备费 | | | | | |

## 总价措施项目清单与计价表

工程名称：食堂　　　　标段：　　　　第2页　共2页

| 序号 | 项目编码 | 项目名称 | 计算基础 | 费率（%） | 金额（元） | 调整费率（%） | 调整后金额（元） | 备注 |
|---|---|---|---|---|---|---|---|---|
| 9 | 011707009001 | 赶工措施 | 分部分项合计＋单价措施项目合计－设备费 | | | | | |
| 10 | 011707010001 | 工程按质论价 | 分部分项合计＋单价措施项目合计－设备费 | | | | | |
| 11 | 011707011001 | 住宅分户验收 | 分部分项合计＋单价措施项目合计－设备费 | | | | | |
| 12 | 011707012001 | 特殊条件下施工增加费 | 分部分项合计＋单价措施项目合计－设备费 | | | | | |

编制人（造价人员）：　　　　复核人（造价工程师）：

## 其他项目清单与计价汇总表

工程名称：食堂　　　　标段：　　　　第1页　共1页

| 序号 | 项目名称 | 金额（元） | 结算金额（元） | 备注 |
|---|---|---|---|---|
| 1 | 暂列金额 | 50 000.00 | | |
| 2 | 暂估价 | 26 730.00 | | |
| 2.1 | 材料暂估价 | | | |
| 2.2 | 专业工程暂估价 | 26 730.00 | | |
| 3 | 计日工 | | | |
| 4 | 总承包服务费 | | | |
| 合　计 | | 76 730.00 | | |

## 暂列金额明细表

工程名称：食堂　　　　标段：　　　　第1页　共1页

| 序号 | 项目名称 | 计量单位 | 暂定金额（元） | 备注 |
|---|---|---|---|---|
| 1 | 暂列金额 | | 50 000.00 | |
| 合　计 | | | 50 000.00 | |

**材料(工程设备)暂估单价及调整表**

工程名称:食堂　　　　标段:　　　　第1页　共1页

| 序号 | 材料编码 | 材料(工程设备)名称、规格、型号 | 计量单位 | 数量 | | 暂估(元) | | 确认(元) | | 差额±(元) | | 备注 |
|---|---|---|---|---|---|---|---|---|---|---|---|---|
| | | | | 投标 | 确认 | 单价 | 合价 | 单价 | 合价 | 单价 | 合价 | |
| 1 | 06612145 | 墙面砖 300×450 | $m^2$ | | | 250 | | | | | | |
| 2 | 06650101 | 同质地砖 | $m^2$ | | | 50 | | | | | | |
| 合计 | | | | | | | | | | | | |

**专业工程暂估价及结算价表**

工程名称:食堂　　　　标段:　　　　第1页　共1页

| 序号 | 工程名称 | 工程内容 | 暂估金额(元) | 结算金额(元) | 差额±(元) | 备注 |
|---|---|---|---|---|---|---|
| 1 | 全玻门 | | 22 410.00 | | | |
| 2 | 成品雨篷 | | 4 320.00 | | | |
| 合　计 | | | 26 730.00 | | | |

**计日工表**

工程名称:食堂　　　　标段:　　　　第1页　共1页

| 编号 | 项目名称 | 单位 | 暂定数量 | 实际数量 | 综合单价 | 合价(元) | |
|---|---|---|---|---|---|---|---|
| | | | | | | 暂定 | 实际 |
| 一 | 人工 | | | | | | |
| 1 | 计日工 | 工日 | 10 | | | | |
| 人工小计 | | | | | | | |
| 二 | 材料 | | | | | | |
| 材料小计 | | | | | | | |
| 三 | 施工机械 | | | | | | |
| 机械小计 | | | | | | | |
| 四 | 企业管理费和利润 | | | | | | |
| 总　　计 | | | | | | | |

## 总承包服务费计价表

工程名称:食堂　　　　　　　　标段:　　　　　　　　第1页　共1页

| 序号 | 项目名称 | 项目价值(元) | 服务内容 | 计算基础 | 费率(%) | 金额(元) |
|---|---|---|---|---|---|---|
| 1 | 发包人发包专业工程 | | | 项目价值 | | |
| 2 | 发包人供应材料 | | | 项目价值 | | |
| | 合　计 | | | | | |

## 规费、税金项目计价表

工程名称:食堂　　　　　　　　标段:　　　　　　　　第1页　共1页

| 序号 | 项目名称 | 计算基础 | 计算基数(元) | 计算费率(%) | 金额(元) |
|---|---|---|---|---|---|
| 1 | 规费 | 工程排污费+社会保险费+住房公积金 | | 100.000 | |
| 1.1 | 社会保险费 | 分部分项工程费+措施项目费+其他项目费-工程设备费 | | 3.000 | |
| 1.2 | 住房公积金 | 分部分项工程费+措施项目费+其他项目费-工程设备费 | | 0.500 | |
| 1.3 | 工程排污费 | 分部分项工程费+措施项目费+其他项目费-工程设备费 | | 0.100 | |
| 2 | 税金 | 分部分项工程费+措施项目费+其他项目费+规费-按规定不计税的工程设备金额 | | 3.477 | |
| 合　计 | | | | | |

编制人(造价人员):　　　　　　　　　　复核人(造价工程师):

## 承包人提供主要材料和工程设备一览表
## (适用造价信息差额调整法)

工程名称:食堂　　　　　　　　标段:　　　　　　　　第1页　共1页

| 序号 | 材料编码 | 名称、规格、型号 | 单位 | 数量 | 风险系数(%) | 基准单价(元) | 投标单价(元) | 发承包人确认单价(元) | 备注 |
|---|---|---|---|---|---|---|---|---|---|
| 1 | 80212114 | 预拌混凝土(非泵送型) C15 | $m^3$ | | 5.00 | 402.00 | | | |
| 2 | 80212104 | 预拌混凝土(泵送型) C25 | $m^3$ | | 5.00 | 424.00 | | | |
| 3 | 01010100 | 钢筋 综合 | t | | 5.00 | 2 281.00 | | | |
| 4 | 010101001 | 钢筋 三级钢 | t | | 5.00 | 2 178.00 | | | |
| 5 | 80212102 | 预拌混凝土(泵送型) C15 | $m^3$ | | 5.00 | 389.00 | | | |

# 附录二　工程招标控制价编制实例

一、工程内容：同附录一中的食堂。

二、根据附录一的工程量清单，按《建设工程工程量清单计价规范》(GB 50500—2013)规定的格式和要求编制招标控制价。

三、本附录中只列出部分工程量清单项目中计价工程量计算公式，其他均从略。

四、与招标控制价相关的施工组织设计

(一) 项目工期要求

根据招标文件的要求，本项目计划工期按定额工期，为 274 天。

(二) 项目质量要求

根据招标文件的要求，为合格工程。

(三) 安全文明施工费要求

根据招标文件的要求，创省级文明工地。

(四) 主要分部分项工程施工方法及安排

1. 基础工程

1) 土方工程：采用人工平整场地，土方就地平整，不考虑运输；

2) 基础采用人工开挖，人力车运至 50 m 处弃土堆放；

3) 回填土从弃土处运回；

4) 因基础开挖深度较小，根据现场测量资料，基底标高在下水位线以上60 cm，因此无需人工降低地下水位。

2. 钢筋混凝土工程

1) 模板支设：均采用复合木模板。

2) 钢筋工程：钢筋接头采用搭接接头。

3) 混凝土工程：根据招标文件的要求，采用商品混凝土。

五、报表及计算公式

(1) 建筑工程招标控制价报表如附表 2.1 所示。

(2) 分部分项工程和单价措施项目清单与计价表如附表 2.2 所示。

**附表 2.1　工程量清单所含组价项目工程量计算表**

| 清单序号 | 分项工程名称（清单编号） | 单位 | 清单数量 | 组表项目 | 计价表工程量计算式 |
|---|---|---|---|---|---|
| | 建筑面积 | $m^2$ | 506.64 | 建筑面积 | 同清单计算部分：506.64 $m^2$ |
| 0101 土(石)方工程 | | | | | |
| 010101 土方工程 | | | | | |
| 1 | 平整场地（010101001001） | $m^2$ | 253.32 | 1-98 平整场地： | 首层建筑面积：253.32 $m^2$<br>外扩 2 m：[(12+21)×2+2×4]×2=148($m^2$)<br>平整场地面积：<br>253.32+148=401.32($m^2$) |
| 2 | 挖基坑土方（010101004001） | $m^3$ | 110.64 | 1-59 人工挖基坑 三类干土 深度在 1.5 m 以内 | 同清单工程量：110.64 $m^3$ |
| | | | | 1-92 单(双)轮车运输 运距在 50 m 以内土 | 同清单工程量：110.64 $m^3$ |
| 3 | 挖沟槽土方（010101003001） | $m^3$ | 15.29 | 1-27 人工挖沟槽 深度 1.5 m 以内 三类干土 | 同清单工程量：15.29 $m^3$ |
| | | | | 1-92 单(双)轮车运输 运距在 50 m 以内土 | 同清单工程量：15.29 $m^3$ |
| 010103 回填 | | | | | |
| 4 | 回填方（010103001001） | $m^3$ | 77.63 | 1-1 人工挖一般土方 一类土 | 同清单工程量：77.63 $m^3$ |
| | | | | 1-92 单(双)轮车运输 运距在 50 m 以内土 | 同清单工程量：77.63 $m^3$ |
| | | | | 1-104 回填土 基(槽)坑 夯填 | 同清单工程量：77.63 $m^3$ |
| 0104 砌筑工程 | | | | | |
| 5 | 填充墙(200 mm，用于无水房间、底无混凝土坎台)（010401008001） | $m^3$ | 64.27 | 4-7 M5 普通砂浆砌筑加气混凝土砌块墙 200 厚(用于无水房间、底无混凝土坎台) | 同清单工程量：64.27 $m^3$ |

续附表 2.1

| 清单序号 | 分项工程名称（清单编号） | 单位 | 清单数量 | 组表项目 | 计价表工程量计算式 |
| --- | --- | --- | --- | --- | --- |
| 6 | 填充墙(200 mm，用于有水房间、有混凝土坎台)(010401008002) | $m^3$ | 27.12 | 4-10 M5 普通砂浆砌筑加气混凝土砌块墙200厚(用于多水房间、底有混凝土坎台) | 同清单工程量：27.12 $m^3$ |
| 0105 混凝土及钢筋混凝土工程 | | | | | |
| 010501 现浇混凝土基础 | | | | | |
| 7 | 垫层(010501001001) | $m^3$ | 8.11 | 6-178 泵送现浇构件 C15 现浇垫层 | 同清单工程量：8.11 $m^3$ |
| 8 | 独立基础(010501003001) | $m^3$ | 21.61 | 6-185 泵送现浇构件 C25 现浇桩承台独立柱基 | 同清单工程量：21.61 $m^3$ |
| 010502 现浇混凝土柱 | | | | | |
| 9 | 矩形柱(010502001001) | $m^3$ | 15.74 | 6-190 泵送现浇构件 C25 现浇矩形柱 | 同清单工程量：15.74 $m^3$ |
| 10 | 构造柱(010502002001) | $m^3$ | 3.44 | 6-316 非泵送现浇构件 C25 构造柱 | 同清单工程量：3.44 $m^3$ |
| 11 | 构造柱(门窗框侧柱)(010502002002) | $m^3$ | 2.28 | 6-346 非泵送现浇构件 C25 门框柱 | 同清单工程量：2.28 $m^3$ |
| 010503 现浇混凝土梁 | | | | | |
| 12 | 基础梁(010503001001) | $m^3$ | 17.33 | 6-193 泵送现浇构件 C25 现浇基础梁、地坑支撑梁 | 同清单工程量：17.33 $m^3$ |
| 13 | 矩形梁(010503002001) | $m^3$ | 1.27 | 6-194 泵送现浇构件 C25 现浇单梁、框架梁、连续梁 | 同清单工程量：1.27 $m^3$ |
| 14 | 圈梁(010503004001) | $m^3$ | 3.62 | 6-320 非泵送现浇构件 C25 圈梁 | 同清单工程量：3.62 $m^3$ |
| 15 | 过梁(010503005001) | $m^3$ | 1.10 | 6-321 非泵送现浇构件 C25 过梁 | 同清单工程量：1.10 $m^3$ |
| 010505 现浇混凝土板 | | | | | |
| 16 | 有梁板(010505001001) | $m^3$ | 1.48 | 6-207 泵送现浇构件 C25 现浇有梁板 | 同清单工程量：1.48 $m^3$ |

续附表 2.1

| 清单序号 | 分项工程名称（清单编号） | 单位 | 清单数量 | 组表项目 | 计价表工程量计算式 |
|---|---|---|---|---|---|
| 17 | 有梁板（010505001002） | $m^3$ | 87.48 | 6-207 泵送现浇构件 C30 现浇有梁板 | 同清单工程量：87.48 $m^3$ |
| 18 | 雨篷、悬挑板、阳台板（010505008001） | $m^3$ | 0.70 | 6-216 泵送现浇构件 C25 现浇水平挑檐 复式雨篷 | 雨篷板：0.6×2.2+1.5×2.6=5.22($m^2$) |
| 010506 现浇混凝土楼梯 | | | | | |
| 19 | 直形楼梯（010506001001） | $m^2$ | 21.09 | 6-213 泵送现浇构件 C25 现浇楼梯直行 | 同清单工程量：21.09 $m^3$ |
| 010507 现浇混凝土其他构件 | | | | | |
| 20 | 散水、坡道（010507001001） | $m^2$ | 34.31 | 13-163 C15 混凝土散水 | 同清单工程量：34.31 $m^2$ |
| | | | | 10-171 伸缩缝 沥青砂浆 | 与外墙交接处：7.8+1.6+8.5+5.08+12+22.2=57.18(m)<br>每隔 6 m 一道：57.18÷6=9.53<br>伸缩缝长度：57.18+0.6×9=62.58(m) |
| 21 | 散水、坡道（010507001002） | $m^2$ | 4.79 | 13-1 垫层 灰土 3∶7 | 4.79×0.15=0.72($m^3$) |
| | | | | 13-44 石材块料面板 干硬性水泥砂浆 楼地面 | 同清单工程量：4.79 $m^2$ |
| 22 | 台阶（010507004001） | $m^2$ | 4.68 | 6-351 非泵送现浇构件 C15 台阶 | 同清单工程量：4.68 $m^2$ |
| 010515 钢筋工程 | | | | | |
| 23 | 现浇构件钢筋（ϕ12 mm 以内 Ⅰ、Ⅱ级钢）（010515001001） | t | 0.291 | 5-1 现浇混凝土构件钢筋 12 mm 以内 | 同清单工程量：0.291 t |
| 24 | 现浇构件钢筋（ϕ12 mm 以内 Ⅲ级钢）（010515001002） | t | 8.837 | 5-1 现浇混凝土构件钢筋 12 mm 以内 | 同清单工程量：8.837 t |
| 25 | 现浇构件钢筋（ϕ25 mm 以内 Ⅲ级钢）（010515001003） | t | 10.871 | 5-2 现浇混凝土构件钢筋 25 mm 以内 | 同清单工程量：10.871 t |

续附表 2.1

| 清单序号 | 分项工程名称（清单编号） | 单位 | 清单数量 | 组表项目 | 计价表工程量计算式 |
| --- | --- | --- | --- | --- | --- |
| 26 | 现浇构件钢筋（ϕ6.5 mmⅠ级钢）（010515001004） | t | 0.302 | 5-25 砌体、板缝内加固钢筋 不绑扎 | 同清单工程量：0.302 t |
| 27 | 支撑钢筋（010515009001） | t | 0.076 | 5-2 现浇混凝土构件钢筋 直径 25 mm 以内 | 同清单工程量：0.076 t |
| 010516 螺栓、铁件 | | | | | |
| 28 | 钢筋电渣压力焊接头（ϕ16 mm 以上Ⅲ级钢）（010516004001） | 个 | 168 | 5-32 电渣压力焊 | 同清单工程量：168 个 |
| 0108 门窗工程（按洞口面积计算，含框、扇的制作和安装及油漆） | | | | | |
| 010801 木门 | | | | | |
| 29 | 木质门（010801001001） | $m^2$ | 17.82 | 16-31 成品木门 实拼门夹板面 | 同清单工程量：17.82 $m^2$ |
| 010802 金属门 | | | | | |
| 30 | 钢质防火门（010802003001） | $m^2$ | 2.64 | 9-32 乙级防火门 | 同清单工程量：2.64 $m^2$ |
| 010807 金属窗 | | | | | |
| 31 | 金属（塑钢、断桥）窗（010807001001） | $m^2$ | 95.31 | 16-12 塑钢窗 | 同清单工程量：95.31 $m^2$ |
| 0109 屋面及防水工程 | | | | | |
| 32 | 平面砂浆找平层（011101006001） | $m^2$ | 238.96 | 13-16 找平层 水泥砂浆在填充材料上 | 同清单工程量：238.96 $m^2$ |
| 33 | 屋面卷材防水（010902001001） | $m^2$ | 265.88 | 10-34 卷材屋面 SBS 改性沥青防水卷材热熔条铺、点铺法单层 | 同清单工程量：265.88 $m^2$ |
| 34 | 平面砂浆找平层（011101006002） | $m^2$ | 238.96 | 13-16 找平层 水泥砂浆在填充材料上 | 同清单工程量：238.96 $m^2$ |

**续附表 2.1**

| 清单序号 | 分项工程名称（清单编号） | 单位 | 清单数量 | 组表项目 | 计价表工程量计算式 |
|---|---|---|---|---|---|
| 35 | 屋面刚性层（010902003001）保温隔热层面（011001001001） | $m^2$ | 238.96 | 10-83＋[10-85]×2 刚性防水屋面 C20 非泵送细石混凝土 有分格缝 50 mm 厚 | 同清单工程量：238.96 $m^2$ |
| | | t | 0.358 | 5-4 现浇构件 冷轧带肋钢筋 | 略 |
| 36 | 楼（地）面涂膜防水（010904002001） | $m^2$ | 19.76 | 10-118 涂刷油类 聚合物水泥 防水涂料 一布四涂 | 同清单工程量：19.76 $m^2$ |
| | | | | 14-28 保温砂浆及抗裂基层 墙面耐碱玻纤网格布 一层 | 扣 10-118 子目中所含网格布，工程量同清单量：－19.76 $m^2$ |
| 37 | 平面砂浆找平层（011101006003） | $m^2$ | 13.64 | 13-15 找平层 水泥砂浆混凝土或硬基层上 | 同清单工程量：13.64 $m^2$ |
| 0110 保温、隔热、防腐工程 | | | | | |
| 38 | 保温隔热屋面（011001001001） | $m^3$ | 238.96 | 11-6 屋面、楼地面保温隔热 现浇水泥珍珠岩 | 平均厚度：(11.6÷2×0.02)÷2＋0.02＝0.078(m)<br>238.96×0.078＝18.64($m^3$) |
| 39 | 保温隔热屋面（011001001002） | $m^2$ | 238.96 | 11-15 屋面、楼地面保温隔热 聚苯乙烯挤塑板 | 同清单工程量：238.96 $m^2$ |
| 40 | 保温隔热墙面（011001003001） | $m^2$ | 400.59 | 11-50－[11-51] 外墙聚苯颗粒保温砂浆 砖墙面、混凝土及砌块墙面 | 同清单工程量：400.59 $m^2$ |
| | | | | 14-30 保温砂浆及抗裂基层 热镀锌钢丝网 | 同清单工程量：400.59 $m^2$ |
| | | | | 14-36 保温砂浆及抗裂基层 热镀锌钢丝网 | 同清单工程量：400.59 $m^2$ |

续附表 2.1

| 清单序号 | 分项工程名称（清单编号） | 单位 | 清单数量 | 组表项目 | 计价表工程量计算式 |
|---|---|---|---|---|---|
| 41 | 保温隔热墙面（011001003002） | $m^2$ | 72.48 | 11-50—[11-51]外墙聚苯颗粒保温砂浆砖墙面、混凝土及砌块墙面 | 同清单工程量：72.48 $m^2$ |
| | | | | 14-28 保温砂浆及抗裂基层墙面耐碱玻纤网格布 一层 | 同清单工程量：72.48 $m^2$ |
| | | | | 14-35 保温砂浆及抗裂基层 抗裂砂浆抹面 10 mm（网格布） | 同清单工程量：72.48 $m^2$ |
| 42 | 立面砂浆找平层（011201004001） | $m^2$ | 473.07 | 14-25 水泥砂浆刮糙（毛坯）砖墙 | 同清单工程量：473.07 $m^2$ |
| | | | | 14-32 保温砂浆及抗裂基层 刷界面剂 加气混凝土面 | 同清单工程量：473.07 $m^2$ |
| 0111 楼地面装饰工程 | | | | | |
| 43 | 垫层（010404001001） | $m^3$ | 1.64 | 13-9 垫层 碎石 干铺 | 同清单工程量：1.64 $m^3$ |
| 44 | 垫层（010501001002） | $m^3$ | 13.48 | 13-13 C15 预拌混凝土 非泵送 不分格缝垫层 | 同清单工程量：13.48 $m^3$ |
| 45 | 垫层（010501001003） | $m^3$ | 1.09 | 13-13 C15 预拌混凝土 非泵送 不分格缝垫层 | 同清单工程量：1.09 $m^3$ |
| 46 | 块料楼地面（011102003001） | $m^2$ | 426.18 | 13-83 楼地面单块 0.4 $m^2$ 以内地砖 水泥砂浆 | 同清单工程量：426.18 $m^2$ |
| 47 | 块料楼地面（011102003002） | $m^2$ | 13.64 | 13-83 楼地面单块 0.4 $m^2$ 以内地砖 水泥砂浆 | 同清单工程量：13.64 $m^2$ |
| | | | | 13-15 找平层 水泥砂浆 混凝土或硬基层上 | 扣定额子目 13-83 中所含水泥砂浆找平层，同清单工程量：−13.64 $m^2$ |
| | | | | 13-18—[13-19]×2 楼地面 30 mm 厚非泵送细石混凝土找平层 | 同清单工程量：13.64 $m^2$ |

**续附表 2.1**

| 清单序号 | 分项工程名称（清单编号） | 单位 | 清单数量 | 组表项目 | 计价表工程量计算式 |
| --- | --- | --- | --- | --- | --- |
| 48 | 石材楼地面（011102001001） | $m^2$ | 10.92 | 12-B11 楼面刷素水泥浆一道 | 同清单工程量:10.92 $m^2$ |
| | | | | 13-44 石材块料面板干硬性水泥砂浆 楼地面 | 同清单工程量:10.92 $m^2$ |
| 011105 踢脚线 | | | | | |
| 49 | 块料踢脚线（011105003001） | $m^2$ | 26.09 | 13-95 地砖、橡胶塑料板 同质地砖踢脚线 水泥砂浆 | 同清单工程量:26.086 $m^2$ |
| 011106 楼梯面层 | | | | | |
| 50 | 块料楼梯面层（011106002001） | $m^2$ | 21.09 | 13-91 地砖、橡胶塑料板 楼梯单块 0.4 $m^2$ 以内 水泥砂浆 | 平面面积:21.09 $m^2$<br>垂直面积:(1.87 − 0.1)×(3.85+0.05)=6.9 ($m^2$)<br>块料楼梯:21.09 + 6.9 = 27.99 ($m^2$) |
| 011107 台阶装饰 | | | | | |
| 51 | 石材台阶面（011107001001） | $m^2$ | 4.68 | 13-46 石材块料面板干硬性水泥砂浆 台阶 | 平面面积:4.68 $m^2$<br>垂直面积:2.6 × 0.6 + 5.2 × 0.6=4.68($m^2$)<br>块料楼梯:4.68 + 4.68 = 9.36 ($m^2$) |
| 0112 墙、柱面装饰与隔断、幕墙工程(略) | | | | | |
| 0114 油漆、涂料、裱糊工程 | | | | | |
| 58 | 墙面喷刷涂料（011407001001） | $m^2$ | 124.00 | 17-195 −[17-196] 柔性耐水腻子两遍 | 同清单工程量:124.00 $m^2$ |
| | | | | 17-192 外墙苯丙乳胶漆 抹灰面 | 同清单工程量:124.00 $m^2$ |
| 59 | 墙面喷刷涂料（011407001002） | $m^2$ | 1 009.37 | 17-177 内墙面 在抹灰面上 901 胶白水泥腻子批、刷乳胶漆各三遍 | 同清单工程量:1 009.37 $m^2$ |

续附表 2.1

| 清单序号 | 分项工程名称（清单编号） | 单位 | 清单数量 | 组表项目 | 计价表工程量计算式 |
|---|---|---|---|---|---|
| 60 | 天棚喷刷涂料（011407002001） | $m^2$ | 506.52 | 12-B11 楼面刷素水泥浆一道 | 同清单工程量:506.52 $m^2$ |
| | | | | 17-181 内墙面在刮糙面上 901 胶白水泥腻子批两遍、刷乳胶漆三遍 | 同清单工程量:506.52 $m^2$ |
| 0115 其他装饰工程 | | | | | |
| 011503 扶手、栏杆、栏板装饰 | | | | | |
| 61 | 硬木扶手、栏杆、栏板（011503002001） | m | 10.37 | 13-153 型钢栏杆 木扶手制作安装 | 同清单工程量:10.37 m |
| 62 | 金属扶手、栏杆、栏板（011503001001） | m | 7.44 | 13-149 不锈钢管栏杆 不锈钢管扶手 | 同清单工程量:7.44 m |
| 011701 脚手架工程 | | | | | |
| 1 | 综合脚手架（011701001001） | $m^2$ | 506.64 | 20-2 综合脚手架 檐高在 12 m 以内 层高在 5 m 内 | 同首层建筑面积:253.32 $m^2$ |
| | | | | 20-1 综合脚手架 檐高在 12 m 以内 层高在 3.6 m 内 | 同二层建筑面积:253.32 $m^2$ |
| 2 | 垂直运输（011703001001） | 天 | 274 | 23-8 塔式起重机施工 现浇框架 檐口高度 20 m 以内(6 层以内) | 同清单工程量:274 天 |
| 011702 混凝土模板及支架(撑)(按计价表含模量计算,公式略) | | | | | |

食　　堂　　工程

# 招 标 控 制 价

招　标　人：__________________

（单位盖章）

造价咨询人：__________________

（单位盖章）

## 单位工程招标控制价表

工程名称:食堂　　　　　　　　标段:　　　　　　　　第1页　共1页

| 序号 | 汇总内容 | 金额(元) | 其中:暂估价(元) |
|---|---|---|---|
| 1 | 分部分项工程费 | 605 206.03 | 47 255.03 |
| 1.1 | 人工费 | 170 757.56 | |
| 1.2 | 材料费 | 360 170.30 | 47 255.03 |
| 1.3 | 施工机具使用费 | 8 106.97 | |
| 1.4 | 企业管理费 | 44 715.88 | |
| 1.5 | 利润 | 21 455.32 | |
| 2 | 措施项目费 | 327 009.92 | |
| 2.1 | 单价措施项目费 | 278 410.99 | |
| 2.2 | 总价措施项目费 | 48 598.93 | |
| 2.2.1 | 其中:安全文明施工措施费 | 32 693.83 | |
| 3 | 其他项目费 | 77 590.00 | 26 730.00 |
| 3.1 | 其中:暂列金额 | 50 000.00 | |
| 3.2 | 其中:专业工程暂估 | 26 730.00 | 26 730.00 |
| 3.3 | 其中:计日工 | 860.00 | |
| 3.4 | 其中:总承包服务费 | 0.00 | |
| 4 | 规费 | 36 353.02 | |
| 4.1 | 社会保险费 | 30 294.18 | |
| 4.2 | 住房公积金 | 5 049.03 | |
| 4.3 | 工程排污费 | 1 009.81 | |
| 5 | 税金 | 36 374.95 | |
| | | | |
| | | | |
| | | | |
| | | | |
| | | | |
| | | | |
| | | | |
| | | | |
| | | | |
| | | | |
| | | | |
| | | | |
| | | | |
| | | | |
| | | | |
| | | | |
| | | | |
| | | | |
| 招标控制价合计=1+2+3+4+5 | | 1 082 533.92 | 73 985.03 |

## 附表 2.2 分部分项工程和单价措施项目清单与计价表

工程名称:食堂　　　　　　　　标段:　　　　　　　　第 1 页　共 12 页

| 序号 | 项目编码 | 项目名称 | 项目特征描述 | 计量单位 | 工程量 | 金额(元) | | |
|---|---|---|---|---|---|---|---|---|
| | | | | | | 综合单价 | 合价 | 其中<br>暂估价 |
| | | 0101 土石方工程 | | | | | | |
| 1 | 010101001001 | 平整场地 | 1. 土壤类别:三类土<br>2. 弃土运距:投标人自行考虑 | $m^2$ | 253.32 | 10.24 | 2 594.00 | |
| 2 | 010101004001 | 挖基坑土方 | 1. 土壤类别:三类土<br>2. 挖土深度:1.5 m 内<br>3. 弃土运距:50 m 内 | $m^3$ | 110.64 | 79.59 | 8 805.84 | |
| 3 | 010101003001 | 挖沟槽土方 | 1. 土壤类别:三类土<br>2. 挖土深度:1.5 m 内<br>3. 弃土运距:50 m 内 | $m^3$ | 15.29 | 72.77 | 1 112.65 | |
| 4 | 010103001001 | 回填方 | 1. 密实度要求:按设计要求<br>2. 填方材料品种:按设计要求<br>3. 填方粒径要求:按设计要求<br>4. 填方来源、运距:投标人自行考虑 | $m^3$ | 77.63 | 66.44 | 5 157.74 | |
| | | 0104 砌筑工程 | | | | | | |
| 5 | 010401008001 | 填充墙 | 1. 砖品种、规格、强度等级:A5.0,B06 级蒸压粉煤灰加气混凝土砌块<br>2. 墙体类型:用于无水房间、底无混凝土坎台<br>3. 填充材料种类及厚度:200 mm<br>4. 砂浆强度等级、配合比:DM M5 混合砂浆 | $m^3$ | 64.27 | 421.90 | 27 115.51 | |
| | | 本页小计 | | | | | | |
| | | 合　计 | | | | | | |

## 分部分项工程和单价措施项目清单与计价表

工程名称:食堂　　标段:　　第 2 页　共 12 页

| 序号 | 项目编码 | 项目名称 | 项目特征描述 | 计量单位 | 工程量 | 金额(元) | | |
|---|---|---|---|---|---|---|---|---|
| | | | | | | 综合单价 | 合价 | 其中<br>暂估价 |
| 6 | 010401008002 | 填充墙 | 1. 砖品种、规格、强度等级:A5.0,B06 级蒸压粉煤灰加气混凝土砌块<br>2. 墙体类型:用于有水房间、底有混凝土坎台<br>3. 填充材料种类及厚度:200 mm<br>4. 砂浆强度等级、配合比:DM M5 混合砂浆 | $m^3$ | 27.12 | 403.58 | 10 945.09 | |
| | | 0105 混凝土及钢筋混凝土工程 | | | | | | |
| 7 | 010501001001 | 垫层 | 1. 混凝土种类:商品混凝土<br>2. 混凝土强度等级:C15 | $m^3$ | 8.11 | 473.42 | 3 839.44 | |
| 8 | 010501003001 | 独立基础 | 1. 混凝土种类:商品混凝土<br>2. 混凝土强度等级:C25 | $m^3$ | 21.61 | 491.34 | 10 617.86 | |
| 9 | 010502001001 | 矩形柱 | 1. 混凝土种类:商品混凝土<br>2. 混凝土强度等级:C25<br>3. 截面尺寸:周长 1.6 m 内 | $m^3$ | 15.74 | 554.44 | 8 726.89 | |
| 10 | 010502002001 | 构造柱 | 1. 混凝土种类:商品混凝土<br>2. 混凝土强度等级:C25 | $m^3$ | 3.44 | 673.36 | 2 316.36 | |
| | | 本页小计 | | | | | | |
| | | 合　计 | | | | | | |

## 分部分项工程和单价措施项目清单与计价表

工程名称：食堂　　　　　　　　　　标段：　　　　　　　　　　第3页　共12页

| 序号 | 项目编码 | 项目名称 | 项目特征描述 | 计量单位 | 工程量 | 金额(元) | | |
|---|---|---|---|---|---|---|---|---|
| | | | | | | 综合单价 | 合价 | 其中<br>暂估价 |
| 11 | 010502002002 | 构造柱 | 1. 混凝土种类：商品混凝土<br>2. 混凝土强度等级：C25<br>3. 部位：门(窗)框侧柱 | $m^3$ | 2.28 | 588.25 | 1 341.21 | |
| 12 | 010503001001 | 基础梁 | 1. 混凝土种类：商品混凝土<br>2. 混凝土强度等级：C25 | $m^3$ | 17.33 | 504.12 | 8 736.40 | |
| 13 | 010503002001 | 矩形梁 | 1. 混凝土种类：商品混凝土<br>2. 混凝土强度等级：C25 | $m^3$ | 1.27 | 536.11 | 680.86 | |
| 14 | 010503004001 | 圈梁 | 1. 混凝土种类：商品混凝土<br>2. 混凝土强度等级：C25<br>3. 部位：窗台梁(板)、腰梁等 | $m^3$ | 3.62 | 582.98 | 2 110.39 | |
| 15 | 010503005001 | 过梁 | 1. 混凝土种类：商品混凝土<br>2. 混凝土强度等级：C25 | $m^3$ | 1.10 | 629.83 | 692.81 | |
| 16 | 010505001001 | 有梁板 | 1. 混凝土种类：商品混凝土<br>2. 混凝土强度等级：C25<br>3. 板厚：100 mm内 | $m^3$ | 1.48 | 527.26 | 780.34 | |
| 17 | 010505001002 | 有梁板 | 1. 混凝土种类：商品混凝土<br>2. 混凝土强度等级：C25<br>3. 板厚：200 mm内 | $m^3$ | 87.48 | 527.26 | 46 124.70 | |
| 本页小计 | | | | | | | | |
| 合　计 | | | | | | | | |

## 分部分项工程和单价措施项目清单与计价表

工程名称：食堂　　　　标段：　　　　

| 序号 | 项目编码 | 项目名称 | 项目特征描述 | 计量单位 | 工程量 | 金额(元) | | |
|---|---|---|---|---|---|---|---|---|
| | | | | | | 综合单价 | 合价 | 其中 |
| | | | | | | | | 暂估价 |
| 18 | 010505008001 | 雨篷、悬挑板、阳台板 | 1. 混凝土种类：商品混凝土<br>2. 混凝土强度等级：C25 | $m^3$ | 0.70 | 481.57 | 337.10 | |
| 19 | 010506001001 | 直形楼梯 | 1. 混凝土种类：商品混凝土<br>2. 混凝土强度等级：C25 | $m^2$ | 21.09 | 117.46 | 2 477.23 | |
| 20 | 010507001001 | 散水、坡道 | 1. 垫层材料种类、厚度：素土夯实，向外坡 5%，120 厚碎石，60 厚 C15 混凝土，上撒 1∶1 水泥砂子压实抹光<br>2. 面层厚度：20 厚 1∶2 水泥砂浆抹面<br>3. 变形缝填塞材料种类：每隔 6 m 留伸缩缝一道，墙身与散水设 10 mm 宽，沥青砂浆嵌缝<br>4. 部位：散水 | $m^2$ | 34.31 | 115.18 | 3 951.83 | |
| 21 | 010507001002 | 散水、坡道 | 1. 垫层材料种类、厚度：素土夯实，150 厚 3∶7 灰土<br>2. 面层厚度：25 厚 1∶3 干硬性水泥砂浆黏结层，撒素水泥面，30 厚烧毛花岗岩石板面层，干石灰粗砂扫缝后洒水封缝<br>3. 部位：残疾人坡道 | $m^2$ | 4.79 | 343.84 | 1 646.99 | |
| | | | 本页小计 | | | | | |
| | | | 合　计 | | | | | |

## 分部分项工程和单价措施项目清单与计价表

工程名称：食堂　　　　标段：　　　　第5页　共12页

| 序号 | 项目编码 | 项目名称 | 项目特征描述 | 计量单位 | 工程量 | 金额(元) 综合单价 | 合价 | 其中 暂估价 |
|---|---|---|---|---|---|---|---|---|
| 22 | 010507004001 | 台阶 | 1. 踏步高、宽：高150 mm，宽300 mm<br>2. 混凝土种类：商品混凝土<br>3. 混凝土强度等级：C15 | $m^2$ | 4.68 | 86.03 | 402.62 | |
| 23 | 010515001001 | 现浇构件钢筋 | 钢筋种类、规格：ϕ12以内Ⅰ、Ⅱ级钢 | t | 0.291 | 3 806.65 | 1 107.74 | |
| 24 | 010515001002 | 现浇构件钢筋 | 钢筋种类、规格：ϕ12以内Ⅲ级钢 | t | 8.837 | 3 701.59 | 32 710.95 | |
| 25 | 010515001003 | 现浇构件钢筋 | 钢筋种类、规格：ϕ25以内Ⅲ级钢 | t | 10.871 | 3 302.99 | 35 906.80 | |
| 26 | 010515001004 | 现浇构件钢筋 | 钢筋种类、规格：Ⅰ级钢、ϕ6.5 | t | 0.302 | 4 961.34 | 1 498.32 | |
| 27 | 010515009001 | 支撑钢筋(铁马) | 钢筋种类：ϕ25以内Ⅲ级钢 | t | 0.076 | 3 302.99 | 251.03 | |
| 28 | 010516004001 | 钢筋电渣压力焊接头 | 钢筋类型、规格：Ⅲ级钢，ϕ16以上的竖向构件 | 个 | 168 | 7.06 | 1 186.08 | |
| | | 0108门窗工程 | | | | | | |
| 29 | 010801001001 | 木质门 | 门类型：成品木门 | $m^2$ | 17.82 | 737.40 | 13 140.47 | |
| 30 | 010802003001 | 钢质防火门 | 门类型：乙级防火门(成品) | $m^2$ | 2.64 | 575.08 | 1 518.21 | |
| 31 | 010807001001 | 金属(塑钢、断桥)窗 | 1. 框、扇材质：塑钢<br>2. 玻璃品种、厚度：6较低透光Low-E+12空气+6透明 | $m^2$ | 95.31 | 334.82 | 31 911.69 | |
| 32 | 011101006001 | 平面砂浆找平层 | 找平层厚度、砂浆配合比：20厚1∶3水泥砂浆 | $m^2$ | 238.96 | 17.03 | 4 069.49 | |
| 33 | 010902001001 | 屋面卷材防水 | 卷材品种、规格、厚度：3厚SBS卷材 | $m^2$ | 265.88 | 42.18 | 11 214.82 | |
| | | 本页小计 | | | | | | |
| | | 合　计 | | | | | | |

**分部分项工程和单价措施项目清单与计价表**

工程名称:食堂　　　　　　　　　　　标段:　　　　　　　　　　　第6页　共12页

| 序号 | 项目编码 | 项目名称 | 项目特征描述 | 计量单位 | 工程量 | 金额(元) | | |
|---|---|---|---|---|---|---|---|---|
| | | | | | | 综合单价 | 合价 | 其中<br>暂估价 |
| | | 0109 屋面及防水工程 | | | | | | |
| 34 | 011101006002 | 平面砂浆找平层 | 找平层厚度、砂浆配合比:20厚1∶3水泥砂浆 | $m^2$ | 238.96 | 17.03 | 4 069.49 | |
| 35 | 010902003001 | 屋面刚性层 | 1. 刚性层厚度:50 mm<br>2. 混凝土种类:商品混凝土<br>3. 混凝土强度等级:C30<br>4. 钢筋规格、型号:ϕ4@150双向钢筋网 | $m^2$ | 238.96 | 54.58 | 13 042.44 | |
| 36 | 010904002001 | 楼(地)面涂膜防水 | 1. 防水膜品种:JS复合防水涂料<br>2. 涂膜厚度、遍数:1.8厚<br>3. 反边高度:与竖管、墙转角处上翻300 | $m^2$ | 19.76 | 31.21 | 616.71 | |
| 37 | 011101006003 | 平面砂浆找平层 | 找平层厚度、砂浆配合比:20厚1∶3水泥砂浆找坡(四周做钝角,坡向地漏,最薄处10厚) | $m^2$ | 13.64 | 13.60 | 185.50 | |
| | | 0110 保温、隔热、防腐工程 | | | | | | |
| 38 | 011001001001 | 保温隔热屋面 | 保温隔热材料品种、规格、厚度:20厚(最薄处)1∶8水泥炉渣找2%坡 | $m^2$ | 238.96 | 27.71 | 6 621.58 | |
| 39 | 011001001002 | 保温隔热屋面 | 保温隔热材料品种、规格、厚度:挤塑保温板55厚 | $m^2$ | 238.96 | 52.55 | 12 557.35 | |
| 40 | 011001003001 | 保温隔热墙面 | 1. 保温隔热部位:墙体<br>2. 保温隔热材料品种、规格及厚度:20厚膨胀玻化微珠保温砂浆<br>3. 增强网及抗裂防水砂浆种类:热镀锌钢丝网一层,10厚防裂抗渗砂浆 | $m^2$ | 400.59 | 94.56 | 37 879.79 | |
| | | 本页小计 | | | | | | |
| | | 合　计 | | | | | | |

## 分部分项工程和单价措施项目清单与计价表

工程名称:食堂　　　　　　　　　　标段:　　　　　　　　　　第7页　共12页

| 序号 | 项目编码 | 项目名称 | 项目特征描述 | 计量单位 | 工程量 | 金额(元) | | |
|---|---|---|---|---|---|---|---|---|
| | | | | | | 综合单价 | 合价 | 其中 暂估价 |
| 41 | 011001003002 | 保温隔热墙面 | 1. 保温隔热部位:墙体<br>2. 保温隔热材料品种、规格及厚度:20厚膨胀玻化微珠保温砂浆<br>3. 增强网及抗裂防水砂浆种类:涂塑玻纤网格布一层,10厚防裂抗渗砂浆 | $m^2$ | 72.48 | 67.62 | 4 901.10 | |
| 42 | 011201004001 | 立面砂浆找平层 | 找平层砂浆厚度、配合比:刷界面处理剂一道,10厚1∶3水泥砂浆找平 | $m^2$ | 473.07 | 27.69 | 13 099.31 | |
| | | 0111 楼地面装饰工程 | | | | | | |
| 43 | 010404001001 | 垫层 | 1. 垫层材料种类、配合比、厚度:150厚碎石<br>2. 部位:室外平台 | $m^3$ | 1.64 | 226.28 | 371.10 | |
| 44 | 010501001002 | 垫层 | 1. 混凝土种类:商品混凝土<br>2. 混凝土强度等级:C15 | $m^3$ | 13.48 | 498.26 | 6 716.54 | |
| 45 | 010501001003 | 垫层 | 1. 混凝土种类:商品混凝土<br>2. 混凝土强度等级:C15<br>3. 部位:室外平台 | $m^3$ | 1.09 | 498.26 | 543.10 | |
| 46 | 011102003001 | 块料楼地面 | 1. 找平层厚度、砂浆配合比:20厚1∶3水泥砂浆<br>2. 结合层厚度、砂浆配合比:5厚1∶2水泥细砂浆<br>3. 面层材料品种、规格、颜色:10厚地砖面,干水泥擦缝 | $m^2$ | 426.18 | 100.92 | 43 010.09 | 21 735.18 |
| | | | 本页小计 | | | | | |
| | | | 合　计 | | | | | |

分部分项工程和单价措施项目清单与计价表

工程名称:食堂　　　　　　　　　　标段:　　　　　　　　　　第8页　共12页

| 序号 | 项目编码 | 项目名称 | 项目特征描述 | 计量单位 | 工程量 | 金额(元) | | |
|---|---|---|---|---|---|---|---|---|
| | | | | | | 综合单价 | 合价 | 其中 暂估价 |
| 47 | 011102003002 | 块料楼地面 | 1. 找平层厚度、砂浆配合比:30厚C20细石混凝土<br>2. 结合层厚度、砂浆配合比:5厚1:1水泥细砂浆<br>3. 面层材料品种、规格、颜色:10厚防滑地砖,干水泥擦缝<br>4. 部位:卫生间 | $m^2$ | 13.64 | 102.33 | 1 395.78 | 695.64 |
| 48 | 011102001001 | 石材楼地面 | 1. 结合层厚度、砂浆配合比:素水泥浆一道,30厚1:3干硬性水泥砂浆结合层<br>2. 面层材料品种、规格、颜色:撒素水泥面(洒适量清水),20厚石材,水泥浆擦缝<br>3. 部位:入口平台 | $m^2$ | 10.92 | 315.44 | 3 444.60 | |
| 49 | 011105003001 | 块料踢脚线 | 1. 踢脚线高度:100 mm<br>2. 黏结层厚度、材料种类:12厚1:2.5水泥砂浆打底扫毛,水泥浆一道,5厚1:1水泥砂浆结合层<br>3. 面层材料品种、规格、颜色:10厚面砖(稀水泥浆擦缝) | $m^2$ | 26.09 | 215.01 | 5 609.61 | 1 995.58 |
| 50 | 011106002001 | 块料楼梯面层 | 1. 黏结层厚度、材料种类:水泥浆一道(内掺建筑胶),20厚1:2干硬性水泥砂浆结合层,撒素水泥面(洒适量清水)<br>2. 面层材料品种、规格、颜色:8～10厚防滑地砖,水泥浆擦缝(面层防滑处理) | $m^2$ | 21.09 | 229.87 | 4 847.96 | 1 536.82 |
| | | | 本页小计 | | | | | |
| | | | 合　计 | | | | | |

分部分项工程和单价措施项目清单与计价表

工程名称:食堂　　　　　　　　　　标段:　　　　　　　　　　第9页　共12页

| 序号 | 项目编码 | 项目名称 | 项目特征描述 | 计量单位 | 工程量 | 金额(元) | | |
|---|---|---|---|---|---|---|---|---|
| | | | | | | 综合单价 | 合价 | 其中<br>暂估价 |
| 51 | 011107001001 | 石材台阶面 | 1. 黏结材料种类:素水泥浆一道,30厚1∶3干硬性水泥砂浆结合层<br>2. 面层材料品种、规格、颜色:撒素水泥面(洒适量清水),20厚石材,水泥浆擦缝<br>3. 部位:室外台阶 | $m^2$ | 4.68 | 654.45 | 3 062.83 | |
| | | 0112 墙、柱面装饰与隔断、幕墙工程 | | | | | | |
| 52 | 011201001001 | 墙面一般抹灰 | 1. 底层厚度、砂浆配合比:12厚1∶3水泥砂浆<br>2. 面层厚度、砂浆配合比:8厚1∶3水泥砂浆<br>3. 部位:女儿墙内侧 | $m^2$ | 51.52 | 24.12 | 1 242.66 | |
| 53 | 011201001002 | 墙面一般抹灰 | 1. 底层厚度、砂浆配合比:刷专用墙体界面处理剂一道,12厚1∶1∶6水泥石灰膏砂浆打底<br>2. 面层厚度、砂浆配合比:5厚1∶0.3∶3水泥石灰膏砂浆粉面<br>3. 部位:用于除卫生间外的所有房间 | $m^2$ | 1 009.37 | 28.20 | 28 464.23 | |
| 54 | 011201001003 | 墙面一般抹灰 | 1. 底层厚度、砂浆配合比:刷专用墙体界面处理剂一道,12厚1∶3防水砂浆打底(内掺防水剂)<br>2. 面层厚度、砂浆配合比:6厚1∶2.5水泥砂浆粉面<br>3. 部位:用于卫生间 | $m^2$ | 83.09 | 30.24 | 2 512.64 | |
| 本页小计 | | | | | | | | |
| 合　计 | | | | | | | | |

## 分部分项工程和单价措施项目清单与计价表

工程名称：食堂　　　　　　　　　　标段：　　　　　　　　　　第10页　共12页

| 序号 | 项目编码 | 项目名称 | 项目特征描述 | 计量单位 | 工程量 | 金额(元) | | |
|---|---|---|---|---|---|---|---|---|
| | | | | | | 综合单价 | 合价 | 其中 暂估价 |
| 55 | 011204003001 | 块料墙面 | 面层材料品种、规格、颜色：2～3厚建筑陶瓷胶黏剂，5厚釉面砖白水泥擦缝 | $m^2$ | 83.09 | 344.27 | 28 605.39 | 21 291.81 |
| 56 | 011204003002 | 块料墙面 | 面层材料品种、规格、颜色：2～3厚建筑陶瓷胶黏剂，仿石面砖 | $m^2$ | 419.19 | 104.94 | 43 989.80 | |
| 57 | 011203001001 | 零星项目一般抹灰 | 1. 基层类型、部位：混凝土、空调及雨篷板外挑板<br>2. 面层厚度、砂浆配合比：20厚DPM20防水砂浆抹面 | $m^2$ | 5.22 | 113.63 | 593.15 | |
| | | 0114 油漆、涂料、裱糊工程 | | | | | | |
| 58 | 011407001001 | 墙面喷刷涂料 | 1. 基层类型：抹灰面<br>2. 喷刷涂料部位：外墙<br>3. 腻子种类：弹性底漆、柔性耐水腻子<br>4. 涂料品种、喷刷遍数：外墙乳胶漆 | $m^2$ | 124.00 | 36.13 | 4 480.12 | |
| 59 | 011407001002 | 墙面喷刷涂料 | 1. 基层类型：抹灰面<br>2. 喷刷涂料部位：内墙<br>3. 涂料品种、喷刷遍数：底漆一道，乳胶漆两道<br>4. 部位：墙面 | $m^2$ | 1 009.37 | 26.61 | 26 859.34 | |
| 60 | 011407002001 | 天棚喷刷涂料 | 1. 基层类型：混凝土面<br>2. 腻子种类：素水泥浆一道，刮内墙腻子两遍，打磨平整<br>3. 涂料品种、喷刷遍数：乳胶漆<br>4. 部位：天棚面 | $m^2$ | 506.52 | 33.26 | 16 846.86 | |
| | | | 本页小计 | | | | | |
| | | | 合　计 | | | | | |

**分部分项工程和单价措施项目清单与计价表**

工程名称:食堂　　　　　　　　　　标段:　　　　　　　　　　第11页　共12页

| 序号 | 项目编码 | 项目名称 | 项目特征描述 | 计量单位 | 工程量 | 金额(元) | | |
|---|---|---|---|---|---|---|---|---|
| | | | | | | 综合单价 | 合价 | 其中 |
| | | | | | | | | 暂估价 |
| | | 0115 其他装饰工程 | | | | | | |
| 61 | 011503002001 | 硬木扶手、栏杆、栏板 | 1. 扶手材料种类、规格:50 mm×120 mm<br>2. 栏杆材料种类、规格:2□28×2 mm @3G<br>3. 栏板材料种类、规格、颜色:2－40×5＋－50×5<br>4. 固定配件种类:苏J05—2006—1/5<br>5. 部位:楼梯栏杆 | m | 10.37 | 194.70 | 2 019.04 | |
| 62 | 011503001001 | 金属扶手、栏杆、栏板 | 1. 扶手材料种类、规格:不锈钢 ϕ75×1.5＋ϕ45×1.5<br>2. 栏杆材料种类、规格:不锈钢 ϕ50×1.5@1 200＋ϕ25×1.5@200<br>3. 高度:$H$＝850 mm<br>4. 部位:无障碍坡道栏杆 | m | 7.44 | 347.91 | 2 588.45 | |
| | | 分部分项合计 | | | | | 605 206.02 | 47 255.03 |
| 1 | 011701001001 | 综合脚手架 | 1. 建筑结构形式:框架结构<br>2. 檐口高度:7.0 m | $m^2$ | 506.64 | 39.31 | 19 916.02 | |
| 2 | 011703001001 | 垂直运输 | 1. 建筑物建筑类型及结构形式:办公楼、框架结构<br>2. 建筑物檐口高度、层数:7.0 m,二层 | 天 | 274 | 557.32 | 152 705.68 | |
| | | 本页小计 | | | | | | |
| | | 合　计 | | | | | | |

## 分部分项工程和单价措施项目清单与计价表

工程名称:食堂　　　　　　标段:　　　　　　第12页　共12页

| 序号 | 项目编码 | 项目名称 | 项目特征描述 | 计量单位 | 工程量 | 金额(元) | | |
|---|---|---|---|---|---|---|---|---|
| | | | | | | 综合单价 | 合价 | 其中<br>暂估价 |
| 3 | 011705001001 | 大型机械设备进出场及安拆 | 1. 机械设备名称:塔吊<br>2. 机械设备规格型号:60 t·m | 台次 | 1 | 23 080.37 | 23 080.37 | |
| 4 | 011702001001 | 基础 | | $m^2$ | 8.11 | 74.68 | 605.65 | |
| 5 | 011702001002 | 基础 | | $m^2$ | 38.03 | 64.89 | 2 467.77 | |
| 6 | 011702002001 | 矩形柱 | | $m^2$ | 209.81 | 65.90 | 13 826.48 | |
| 7 | 011702003001 | 构造柱 | | $m^2$ | 38.18 | 79.12 | 3 020.80 | |
| 8 | 011702003002 | 构造柱 | | $m^2$ | 27.54 | 84.74 | 2 333.74 | |
| 9 | 011702005001 | 基础梁 | | $m^2$ | 177.11 | 48.61 | 8 609.32 | |
| 10 | 011702006001 | 矩形梁 | | $m^2$ | 11.02 | 73.38 | 808.65 | |
| 11 | 011702008001 | 圈梁 | | $m^2$ | 30.15 | 59.59 | 1 796.63 | |
| 12 | 011702009001 | 过梁 | | $m^2$ | 13.20 | 77.73 | 1 026.04 | |
| 13 | 011702014001 | 有梁板 | | $m^2$ | 15.84 | 54.54 | 863.91 | |
| 14 | 011702014002 | 有梁板 | | $m^2$ | 705.96 | 60.83 | 42 943.55 | |
| 15 | 011702023001 | 雨篷、悬挑板、阳台板 | | $m^2$ | 5.22 | 121.50 | 634.23 | |
| 16 | 011702024001 | 楼梯 | | $m^2$ | 21.09 | 172.18 | 3 631.28 | |
| 17 | 011702027001 | 台阶 | | $m^2$ | 4.68 | 30.10 | 140.87 | |
| | | 单价措施合计 | | | | | 278 410.99 | |
| 合　计 | | | | | | | 883 617.01 | 47 255.03 |

## 总价措施项目清单与计价表

工程名称:食堂　　　　标段:　　　　第1页　共1页

| 序号 | 项目编码 | 项目名称 | 计算基础 | 费率(%) | 金额(元) | 调整费率(%) | 调整后金额(元) | 备注 |
|---|---|---|---|---|---|---|---|---|
| 1 | 011707001001 | 安全文明施工费 | | 100.000 | 32 693.83 | | | |
| 1.1 | | 基本费 | 分部分项合计+单价措施项目合计一设备费 | 3.000 | 26 508.51 | | | |
| 1.2 | | 增加费 | 分部分项合计+单价措施项目合计一设备费 | 0.700 | 6 185.32 | | | |
| 2 | 011707002001 | 夜间施工 | 分部分项合计+单价措施项目合计一设备费 | 0.050 | 441.81 | | | |
| 3 | 011707003001 | 非夜间施工照明 | 分部分项合计+单价措施项目合计一设备费 | | | | | |
| 4 | 011707004001 | 二次搬运 | 分部分项合计+单价措施项目合计一设备费 | | | | | |
| 5 | 011707005001 | 冬雨季施工 | 分部分项合计+单价措施项目合计一设备费 | 0.125 | 1 104.52 | | | |
| 6 | 011707006001 | 地上、地下设施、建筑物的临时保护设施 | 分部分项合计+单价措施项目合计一设备费 | | | | | |
| 7 | 011707007001 | 已完工程及设备保护 | 分部分项合计+单价措施项目合计一设备费 | 0.025 | 220.90 | | | |
| 8 | 011707008001 | 临时设施 | 分部分项合计+单价措施项目合计一设备费 | 1.600 | 14 137.87 | | | |
| 9 | 011707009001 | 赶工措施 | 分部分项合计+单价措施项目合计一设备费 | | | | | |
| 10 | 011707010001 | 工程按质论价 | 分部分项合计+单价措施项目合计一设备费 | | | | | |
| 11 | 011707011001 | 住宅分户验收 | 分部分项合计+单价措施项目合计一设备费 | | | | | |
| 12 | 011707012001 | 特殊条件下施工增加费 | 分部分项合计+单价措施项目合计一设备费 | | | | | |
| | | | | | | | | |
| | | 合　计 | | | 48 598.93 | | | |

### 其他项目清单与计价汇总表

工程名称:食堂　　　　标段:　　　　第1页　共1页

| 序号 | 项目名称 | 金额(元) | 结算金额(元) | 备注 |
|---|---|---|---|---|
| 1 | 暂列金额 | 50 000.00 | | |
| 2 | 暂估价 | 26 730.00 | | |
| 2.1 | 材料暂估价 | | | |
| 2.2 | 专业工程暂估价 | 26 730.00 | | |
| 3 | 计日工 | 860.00 | | |
| 4 | 总承包服务费 | | | |
| 合　计 | | 77 590.00 | | |

### 暂列金额明细表

工程名称:食堂　　　　标段:　　　　第1页　共1页

| 序号 | 项目名称 | 计量单位 | 暂定金额(元) | 备注 |
|---|---|---|---|---|
| 1 | 暂列金额 | | 50 000.00 | |
| 合　　计 | | | 50 000.00 | |

### 材料(工程设备)暂估单价及调整表

工程名称:食堂　　　　标段:　　　　第1页　共1页

| 序号 | 材料编码 | 材料(工程设备)名称、规格、型号 | 计量单位 | 数量 | | 暂估(元) | | 确认(元) | | 差额±(元) | | 备注 |
|---|---|---|---|---|---|---|---|---|---|---|---|---|
| | | | | 投标 | 确认 | 单价 | 合价 | 单价 | 合价 | 单价 | 合价 | |
| 1 | 06612145 | 墙面砖 300×450 | $m^2$ | 85.167 250 | | 250 | 21 291.81 | | | | | |
| 2 | 06650101 | 同质地砖 | $m^2$ | 519.264 294 | | 50 | 25 963.21 | | | | | |
| 合　　计 | | | | | | | 47 255.02 | | | | | |

### 专业工程暂估价及结算价表

工程名称:食堂　　　　标段:　　　　第1页　共1页

| 序号 | 工程名称 | 工程内容 | 暂估金额(元) | 结算金额(元) | 差额±(元) | 备注 |
|---|---|---|---|---|---|---|
| 1 | 全玻门 | | 22 410.00 | | | |
| 2 | 成品雨篷 | | 4 320.00 | | | |
| 合　　计 | | | 26 730.00 | | | |

## 计日工表

工程名称:食堂　　　　标段:　　　　第1页　共1页

| 编号 | 项目名称 | 单位 | 暂定数量 | 实际数量 | 综合单价 | 合价(元) | |
|---|---|---|---|---|---|---|---|
| | | | | | | 暂定 | 实际 |
| 一 | 人工 | | | | | 860.00 | |
| 1 | 计日工 | 工日 | 10 | | 86.00 | 860.00 | |
| 人工小计 | | | | | | 860.00 | |
| 二 | 材料 | | | | | | |
| 材料小计 | | | | | | | |
| 三 | 施工机械 | | | | | | |
| 机械小计 | | | | | | | |
| 四 | 企业管理费和利润 | | | | | | |
| 总　　计 | | | | | | 860.00 | |

## 总承包服务费计价表

工程名称:食堂　　　　标段:　　　　第1页　共1页

| 序号 | 项目名称 | 项目价值(元) | 服务内容 | 计算基础 | 费率(%) | 金额(元) |
|---|---|---|---|---|---|---|
| 1 | 发包人发包专业工程 | | | 项目价值 | 2.000 | |
| 2 | 发包人供应材料 | | | 项目价值 | | |
| | 合　计 | | | | | |

## 规费、税金项目计价表

工程名称:食堂　　　　标段:　　　　第1页　共1页

| 序号 | 项目名称 | 计算基础 | 计算基数(元) | 计算费率(%) | 金额(元) |
|---|---|---|---|---|---|
| 1 | 规费 | 工程排污费+社会保险费+住房公积金 | 36 353.02 | 100.000 | 36 353.02 |
| 1.1 | 社会保险费 | 分部分项工程费+措施项目费+其他项目费-工程设备费 | 1 009 805.94 | 3.000 | 30 294.18 |
| 1.2 | 住房公积金 | 分部分项工程费+措施项目费+其他项目费-工程设备费 | 1 009 805.94 | 0.500 | 5 049.03 |
| 1.3 | 工程排污费 | 分部分项工程费+措施项目费+其他项目费-工程设备费 | 1 009 805.94 | 0.100 | 1 009.81 |
| 2 | 税金 | 分部分项工程费+措施项目费+其他项目费+规费-按规定不计税的工程设备金额 | 1 046 158.96 | 3.477 | 36 374.95 |
| 合　　计 | | | | | 72 727.97 |

**承包人提供主要材料和工程设备一览表**

**(适用造价信息差额调整法)**

工程名称:食堂　　　　　　　　　　　标段:　　　　　　　　　　　　第1页　共1页

| 序号 | 材料编码 | 名称、规格、型号 | 单位 | 数量 | 风险系数(%) | 基准单价(元) | 投标单价(元) | 发承包人确认单价(元) | 备注 |
|---|---|---|---|---|---|---|---|---|---|
| 1 | 80212114 | 预拌混凝土(非泵送型) C15 | $m^3$ | 17.819 594 | 5.00 | 402.00 | 402.00 | | |
| 2 | 80212104 | 预拌混凝土(泵送型) C25 | $m^3$ | 152.284 182 | 5.00 | 424.00 | 424.00 | | |
| 3 | 01010100 | 钢筋 综合 | t | 11.787 600 | 5.00 | 2 281.00 | 2 281.00 | | |
| 4 | 01010100～1 | 钢筋 三级钢 | t | 9.013 740 | 5.00 | 2 178.00 | 2 178.00 | | |
| 5 | 80212102 | 预拌混凝土(泵送型) C15 | $m^3$ | 8.231 650 | 5.00 | 389.00 | 389.00 | | |

# 主要参考文献


1. 中华人民共和国住房和城乡建设部. GB 50500—2013　建设工程工程量清单计价规范,2012.
2. 中华人民共和国住房和城乡建设部. GB 50854—2013　房屋建筑与装饰工程工程量计算规范,2012.
3. 江苏省住房和城乡建设厅. 江苏建设工程费用定额[S],2014.
4. 江苏省住房和城乡建设厅. 江苏建筑与装饰工程计价定额[M]. 南京:江苏凤凰科学技术出版社,2014.
5. 刘钟莹,俞启元,李泉,等. 工程估价[M]. 2 版. 南京:东南大学出版社,2010.
6. 上官子昌,杜贵成. 招标工程师实务手册[M]. 北京:机械工业出版社,2006.
7. 王卓甫,简迎辉. 工程项目管理模式及其创新[M]. 北京:中国水利水电出版社,2006.
8. 戚安邦. 工程项目全面造价管理[M]. 天津:南开大学出版社,2000.
9. 刘钟莹,茅剑,魏宪,等. 建筑工程工程量清单计价[M]. 2 版. 南京:东南大学出版社,2010.
10. 卜龙章,李蓉,周欣,等. 装饰工程工程量清单计价[M]. 南京:东南大学出版社,2004.
11. 戚安邦,孙贤伟. 建设项目全过程造价管理理论与方法[M]. 天津:天津人民出版社,2004.